# 国际
# 科学技术前沿
# 报告 *2019*

张志强　主编

科学出版社

北京

# 内容简介

本书从基础与交叉前沿、空间光电、信息、材料与制造、先进能源、生物、人口健康、农业、海洋、生态环境资源等主要科技领域及重大基础设施，选择纳米电子学、深空探测、量子计算、轴承钢、多能互补系统、合成生物制造、癌症新疗法、植物微生物组、海洋牧场、新生代生态环境演化、X射线自由电子激光这11个科技创新前沿领域、前沿学科、热点问题或技术领域，逐一对其进行国际研究发展态势的全面系统分析，剖析这些前沿领域和热点学科或科学问题的国际整体研究进展状况、研究动态与发展趋势、国际竞争发展态势，并提出我国开展这些相关前沿领域和热点问题研究的对策建议，为我国这些领域的科技创新发展的科技布局、研究决策等提供重要的咨询依据，为有关科研机构开展这些科技领域的研究部署提供国际相关领域科技发展的重要参考背景。

本书中所阐述的科技前沿领域或热点问题，选题新颖，具有前瞻性，资料数据翔实，分析全面透彻，采取了科技战略情报研究人员与领域战略研究专家合作的研究模式，有关研究与发展的对策建议可操作性强，适合政府科技管理部门和科研机构的科研管理人员、科技战略研究人员和相关科技领域的研究人员等阅读。

**图书在版编目（CIP）数据**

国际科学技术前沿报告. 2019 / 张志强主编. —北京：科学出版社，2020. 6

ISBN 978-7-03-065582-0

Ⅰ. ①国…　Ⅱ. ①张…　Ⅲ. ①科技发展－研究报告－世界－2019
Ⅳ. ①N11

中国版本图书馆 CIP 数据核字（2020）第 106501 号

责任编辑：杨婵娟　唐　傲　陈晶晶 / 责任校对：韩　杨
责任印制：徐晓晨 / 封面设计：黄华斌

**科 学 出 版 社** 出版

北京东黄城根北街 16 号
邮政编码：100717
http://www.sciencep.com

**北京虎彩文化传播有限公司** 印刷

科学出版社发行　各地新华书店经销

\*

2020 年 6 月第 一 版　开本：787×1092　1/16
2020 年 6 月第一次印刷　印张：26 1/4　插页：4
字数：633 000

**定价：198.00 元**
（如有印装质量问题，我社负责调换）

# 《国际科学技术前沿报告 2019》研究组

组　长　张志强

成　员（按照报告作者顺序排列）

| | | | | |
|---|---|---|---|---|
| 刘小平 | 陈　欣 | 吕凤先 | 郭世杰 | 董　璐 |
| 魏　韧 | 李泽霞 | 王立娜 | 田倩飞 | 唐　川 |
| 张　娟 | 徐　婧 | 冯瑞华 | 姜　山 | 万　勇 |
| 岳　芳 | 郭楷模 | 陈　伟 | 丁陈君 | 吴晓燕 |
| 陈　方 | 郑　颖 | 宋　琪 | 苏　燕 | 许　丽 |
| 王　玥 | 徐　萍 | 谢华玲 | 李东巧 | 杨艳萍 |
| 董利苹 | 王金平 | 牛艺博 | 曲建升 | 张树良 |
| 肖仙桃 | 刘燕飞 | 刘文浩 | 卢晓荣 | 李宜展 |

# 前　言

中国科学院文献情报系统作为国家级的科技信息与决策咨询知识服务骨干引领机构，以服务国家科技发展决策、科技研究创新、区域与产业创新发展的科技战略情报需求为使命，在全面建设支撑科技创新的系统性科技信息知识资源体系的同时，全面建立起了科技发展全领域、多层次、专业化、集成化、协同化、及时性的支持科技战略研究、科技发展规划和科技发展决策、科技创新与产业化发展应用的科技战略情报研究与决策咨询知识服务体系，全面监测国际科技领域发展态势与趋势，系统分析判断科技领域前沿热点方向与突破方向，深度关注国际重大科技规划布局和研发计划，全面分析国际科技战略与科技政策最新变革与调整动态，重点评价国际重要科技领域与科技发达国家科技发展竞争态势，建立起了系统的国际科技发展态势与趋势监测分析及科技战略研究的决策知识咨询服务机制，系统性、长期性开展基础与前沿交叉、空间光电、信息、材料与制造、先进能源、生物、人口健康、农业、海洋、生态环境资源等主要科技领域及重大基础设施的科技发展战略、科技政策、科技信息等方面的科技战略情报与咨询服务。

中国科学院文献情报系统根据国家及中国科学院科技研发创新的战略布局，发挥其系统性整体化优势，按照"统筹规划、系统布局、协同服务、整体集成"的发展原则，构建"领域分工负责、长期研究积累、深度专业分析、支撑科技决策"的战略情报研究服务体系，面向国家和中国科学院科技创新的宏观科技战略决策、中国科学院科技创新领域和前沿方向的科技创新发展决策，开展深层次专业化战略情报研究与咨询服务：中国科学院文献情报中心负责基础与前沿交叉、空间光电、农业、科技基础设施等科技领域的战略情报研究；中国科学院成都文献情报中心负责信息、生物等科技领域的战略情报研究；中国科学院武汉文献情报中心负责材料与制造、先进能源等科技领域的战略情报研究；中国科学院西北生态环境资源研究院文献情报中心负责生态环境资源、海洋等科技领域的战略情报研究；中国科学院上海营养与健康研究所生命科学信息中心负责人口健康等科技领域的战略情报研究。基于上述统筹规划，形成了覆盖主要科技创新领域的学科领域科技战略情报研究团队体系。科技决策问题与需求导向、研究与咨询服务体系建设、科技前沿与重大问题聚焦、科技领域专业化战略分析、科技战略与政策咨询研究的发展机制和措施，促进了这些学科领域科技战略情报研究与决策咨询的专业化知识服务中心、专业化科技智库的快速建设、成长和发展。

从 2006 年起，我们部署的这些学科领域科技战略情报研究团队，围绕各自分工关注的科技创新领域的科技发展态势，结合国家和中国科学院科技创新的决策需求，每年会选择相应科技创新领域的前沿科技问题或热点科技方向，开展国际科技发展态势的系统性战略分析研究，汇编形成年度《国际科学技术前沿报告》，呈交国家相关科技管理部门以及中国科学院有关部门和研究所，以供科技发展的相关决策参考。从 2010 年开始，完成的各年度《国际科学技术前沿报告》公开出版发行，供更大范围、更广泛的科研人员和科技管理人员参考。《国际科学技术前沿报告》的逻辑框架特色鲜明，不同于现有的其他相关的科技前沿发展报告，其中收录的专题领域科技发展态势分析报告，从相应领域的科技战略与规划计划、研究前沿热点与进展、发展态势与趋势、发展启示与对策建议等方面进行系统分析，定性与定量相结合、战略与政策相结合、启示与建议相结合。在研究模式上，更是采取了战略情报分析人员与科技领域战略专家相结合的研究方式，有针对性地咨询相关领域的战略专家。多个年度的《国际科学技术前沿报告》汇集在一起，就形成了观察各相关科技领域重大科技问题与前沿方向发展的小型百科全书系列，可以系统性、历史性地观察主要科技领域的重大发展变化情况。因此，《国际科学技术前沿报告》的研究与编制是一项系统性、战略性、基础性的科技战略研究工作，对相关科技领域的发展战略研究、科技前沿分析、科技发展决策等具有重要的参考咨询价值。

2019 年，我们继续部署这些学科领域战略情报研究团队，选择相应科技创新领域的前沿学科、热点问题或重点技术领域，开展国际发展态势分析研究，完成这些研究领域的分析研究报告 11 份。中国科学院文献情报中心完成了《纳米电子学国际发展态势分析》《深空探测领域国际发展态势分析》《植物微生物组国际发展态势分析》《X 射线自由电子激光国际发展态势分析》；中国科学院成都文献情报中心完成了《量子计算研究国际发展态势分析》和《合成生物制造领域国际发展态势分析》；中国科学院武汉文献情报中心完成了《轴承钢国际发展态势分析》和《多能互补系统国际发展态势分析》；中国科学院西北生态环境资源研究院文献情报中心完成了《海洋牧场研究国际发展态势分析》和《新生代生态环境演化前沿研究国际发展态势分析》；中国科学院上海营养与健康研究所生命科学信息中心完成了《癌症新疗法国际发展态势分析》。本书将这 11 份前沿学科、热点问题或技术领域的国际发展态势分析研究报告汇编为《国际科学技术前沿报告 2019》正式出版，以供科技创新决策部门和科研管理部门、相关领域的科研人员和科技战略研究人员参考。

面对国家深入实施创新驱动发展战略、建设创新型国家乃至世界科技强国、深化科技体制机制改革、建设具有全球影响力的科创中心和国家综合性科学中心、强化国家战略性科技力量、加快中国特色新型智库建设、全面推进科技咨询服务业发展的新形势，以及大数据信息环境和知识服务环境持续快速调整变化的新挑战，围绕有效支撑与服务国家和中国科学院的科技战略研究、科技发展规划和科技战略决策的新需求，适应数字信息环境和数据密集型科研新范式的新趋势，中国科学院文献情报系统的科技战略研究与决策咨询工作，将进一步面向前沿、面向需求、面向决策，着力推动建设科技战略情报研究的新型决策知识服务发展模式，着力推动开展专业型、计算型、战略型、政策型和方法型"五型融合"的科技战略情报分析和科技战略决策咨询研究，实时持续监测和系统分析国际最新科技进展和态势、重要国家和国际组织关注的重要科技问题和相关科技新思想，系统开展科技热点和前沿进展、科技发展战略与规划、科技政策与科技评价等方面的研究和分析，及时把握科技发展新趋势、新方向、新变革和新突破，及时揭示国际科技政策、科技管理发展的新动态与新举措，为重大咨询研究、学科战略研究、科技领域战略研究、科技政策研究等提供战略情报分析和决策咨询服务，围绕高水平专业科技智库建设和发展的大方向，在中国科学院国家高端科技智库的建设和发展中发挥不可替代的作用。

中国科学院文献情报系统的战略情报研究服务工作，一直得到中国科学院院领导和院有关部门的指导和支持，得到中国科学院院属有关研究所科技战略专家的指导和帮助，以及国家有关科技部委领导和专家的大力支持和指导，得到相关科技领域的专家学者的指导和帮助，在此特别表示诚挚感谢！衷心希望我们的工作能够继续得到中国科学院和国家有关部门领导及战略研究专家的大力指导、支持和帮助。

《国际科学技术前沿报告》研究组

2019 年 7 月 20 日

# 目　　录

**彩图**

# 1 纳米电子学国际发展态势分析

刘小平　陈　欣　吕凤先

（中国科学院文献情报中心）

**摘　要**　纳米电子学在特征长度为 0.1～100 纳米的纳米器件中探测、识别与控制量子或量子波的运动，研究原子、分子人工组装和自组装而成的器件，研究量子或量子波所表现出来的特征和功能在信息器件、信息电路、信息系统、信息科学技术、纳生物学、纳测量学、纳显微学和纳机械学等中的应用。在分子束外延、X 射线和电子束等光刻技术发展，扫描隧道显微镜发明，介观物质层次概念和理论研究迅速发展的基础上，纳米电子学能够突破传统极限，开发物质潜在的信息和结构潜力，显著提高单位体积物质的存储和处理信息的能力，实现信息采集和信息处理能力的革命性突破。同时，纳米电子学将对量子计算、量子通信、材料、生物及环境等产生革命性的影响，推动未来社会发生重大变革。

20 世纪 90 年代以来，纳米电子学与纳米电子技术已经成为美国、欧盟、日本等世界科技强国/组织关注的重点研发和关键技术竞争领域，在世界各国经济实力与国防实力的较量中具有重要的战略地位，我国也及时在该领域进行了规划制定与项目部署，进一步完善和深入纳米电子学研究对我国具有重要的战略意义。

从纳米电子学研究论文定量分析可以看出，2009～2018 年，世界各国的研究论文产出呈现稳定的增长趋势。在发文量方面，中国和美国的论文发表数量最多；中国科学院、北京大学、法国国家科学研究院的发文量以较大优势领先于其他研究机构。在影响力方面，论文数量排名前十位的国家中，论文影响力较大的国家为美国、德国、英国和法国；论文数量排名前十位的机构中，论文影响力较大的机构为哈佛大学与法国国家科学研究院等。在国际合作方面，中国和美国均与其他国家开展了较多合作，中国的主要合作伙伴为美国、德国和日本，美国的主要合作伙伴为中国、韩国、日本和德国。

依据我国在纳米技术以及纳米电子学领域的发展情况，我国可以从如下四方面进一步完善我国的纳米电子学研究：①重点研究纳米电子学核心基础领域；②通过优先发展纳米电子学的优势机构，提高我国在该领域的科研影响力；③夯实基础研究到产业转化链条，加速科学技术转化；④兼顾伦理、能源和环境要求，推进纳米电子学可持续发展。

**关键词**　纳米电子学　发展态势　战略计划　重大项目　文献计量

# 1.1 引言

信息社会对集成电路的要求越来越高，这促使人们不断探索突破器件的尺寸、已发现的原理、集成、工作速度等限制。微电子技术中所使用的分子束外延、X 射线和电子束等光刻技术的发展，扫描隧道显微镜的发明，介观物质层次概念和理论研究的迅速发展，为纳米科学技术，特别是纳米电子学的发展提供了强有力的支持。纳米电子学在此背景下应运而生（信息与电子科学和技术综合专题组，2004；康明才和黄锦安，2004）。

## 1.1.1 纳米电子学定义

纳米电子学（nanoelectronics）是纳米科学与技术的核心。从人类传统概念的自上而下的制造观而言，它是微电子学发展的自然延伸；从费曼的自下而上的原子组装观而言，它又是在全新概念上构建量子结构、量子器件、量子电路和量子系统的新领域。纳米电子学是在纳米尺度（0.1～100 纳米）范围内研究量子或者量子波的运动规律、特性及其应用的科学技术，并利用这些规律、特性制成纳米电子器件和集成电路。其简称有量子功能电子学和纳电子学（蒋建飞和蔡琪玉，1997；彭英才等，2006）。

纳米电子学是微电子学的延伸，与微电子学的区别主要表现在如下两个方面：①微电子学对应于器件的宏观结构（也就是微米尺度），器件的工作机制由大量微观粒子构成的统计系综来描述，需要的物理基础是经典物理。进入纳米尺度以后，经典物理和量子物理共同作为其物理基础，器件的工作机制是由一个或少数几个粒子的输运来描述的，半经典器件和半经典电路与量子器件和量子电路同时存在。②纳米器件在结构上有一个显著的特点，即低维性。人们要处理的不是已经习惯的三维宏观系统，而是维数小于 3 的低维结构，即二维、一维和零维（林鸿溢，1995），它们与数学抽象产物（如平面、线和点等）相对应，没有实际尺寸，意味着约束于量子面（量子阱）上的电子（或其他信息载体）没有三维自由度，只有二维运动的自由度，而约束于一个量子点之内的电子（或其他信息载体）则在任何维上都没有运动的自由度（蒋建飞和蔡琪玉，1997）。

在纳米电子学定义中所提到的量子主要包括电子、电子对、磁通量子、原子、分子、孤子、光子、激发子、激发子对、极化子等，量子波包括电子波、光波、磁声波、电荷密度波、螺旋波、自旋波等（蒋建飞和蔡琪玉，1997）。在纳米尺度内，量子和量子波的主要特性有量子相干效应、量子霍尔效应、普适电导涨落特性、库仑阻塞效应、海森堡不确定性效应等（薛增泉，1998）。纳米电子器件的分类问题在学术界存在分歧，本书所述的分类方式参考了天津大学郭维廉的分类方法（郭维廉，2002）。按照两个条件，即器件的工作原理基于量子效应以及都具有相类似的典型的器件结构——隧穿势垒包围"岛"（或势阱），将纳米电子器件分成两类：一类是固体纳米电子器件，主要包括共振隧穿器件（共振隧穿二极管和共振隧穿晶体管）、量子点器件和单电子器件；另一类是分子电子器件，主要包括量子效应分子电子器件和电机械分子电子器件。

## 1.1.2 主要研究机构与公司

（1）美国

哈佛大学、斯坦福大学、加州大学伯克利分校、美国国家标准与技术研究院（National Institute of Standards and Technology，NIST）都有纳米电子学研究组。

哈佛大学主要有纳米电子学和纳米传感器研究组、纳米科学与工程中心。纳米电子学和纳米传感器研究组的研究包括碳纳米管、半导体纳米线和单分子在内的各种纳米材料的电子输运特性，并以此为基础开发纳米传感器。纳米科学与工程中心是哈佛大学、麻省理工学院、加州大学圣巴巴拉分校和波士顿科学博物馆的合作项目，有荷兰代尔夫特理工大学、瑞士巴塞尔大学、日本东京大学以及美国布鲁克海文、橡树岭和桑迪亚国家实验室参与，结合了"自上而下"和"自下而上"的方法来构建具有纳米尺寸的新型电子和磁性器件，并了解它们的行为，包括量子现象（NSEC，2011）。

斯坦福大学的纳米电子器件实验室研究新兴纳米电子学，使用新型纳米电子材料（如碳纳米管和石墨烯）以及纳米机电继电器等新概念进行新器件概念、器件物理、电路设计、建模和器件制造（Stanford University，2014）。

加州大学伯克利分校的量子纳米电子学实验室，研究各种凝聚态物质系统的量子相干性，从微观纳米磁铁，如单分子磁铁到复杂的宏观电路，研究课题包括量子相干对系统复杂性的依赖性、非线性振荡器的非平衡量子统计力学、单分子的量子相干以及超导电路中最大相干的拓扑结构。

NIST 研发纳米电子技术的先进测量方法。NIST 的纳米电子器件计量项目，旨在开发和推进测量技术，用以理解和评估有前景的纳米电子技术的特征，涉及分子界面、凝聚态物理、计算的替代方法和受限结构（石墨烯、二维材料、纳米线等）领域的前沿研究，特别强调化学、物理和电学性质的新测量（NIST，2018）。

除了上述主要研究机构外，国际商业机器公司（International Business Machines Corporation，IBM）也在不断改进纳米电子技术。2008 年，IBM 联合开发合作伙伴，包括特许半导体制造有限公司、飞思卡尔半导体公司、英飞凌科技股份公司、三星电子有限公司、意法半导体有限公司和东芝集团，在 300 毫米硅片上使用了一种被称为"高 K 金属栅"的突破性材料，展示了与行业标准相比显著的性能和功耗优势（IBM，2008）。2015 年，IBM 中国研究院、格罗方德半导体股份有限公司（Global Foundries）、三星电子有限公司及纽约州立大学理工学院的纳米科学和工程学院共同协作，制造出首款配置功能性晶体管的 7 纳米节点测试芯片，其具备在指甲盖大小的芯片上放置 200 亿只晶体管的能力（IBM，2015）。2017 年，IBM 及其研究联盟的合作伙伴格罗方德半导体有限公司、三星电子有限公司以及相关供应商研发出了一种新型纳米薄片硅电晶体，厚度仅 5 纳米，利用堆叠的硅纳米薄片替代了标准鳍式场效应的晶体管结构，以此作为电晶体设备结构。和当前市场上 10 纳米主流技术相比，5 纳米尺寸的薄片技术在固定功率条件下可增强 40%的工作性能，在匹配性能条件下可节能 75%（IBM，2017）。

（2）欧洲

法国原子能和替代能源委员会、浓缩物理实验室、法国国家科学研究院，与巴黎-萨克雷大学的纳米电子研究组结合低温技术、高灵敏度电子技术和纳米技术，接触和操纵量子电路中的光和物质的新状态（Nanoelectronics Group）。

位于德累斯顿的弗劳恩霍夫光子微系统研究所致力于实用性的研究，在光学传感器和执行器、集成电路、微系统和纳米电子领域提供技术、专业知识和现代研发基础设施，是德国乃至欧洲领先的应用研究组织——弗劳恩霍夫应用研究促进协会（Fraunhofer-Gesellschaft）的 72 个研究所之一。其纳米电子技术中心对集成电路制造商、供应商、设备制造商和研发合作伙伴的 300 毫米硅片进行应用研究，在超大规模集成层面提供 300 毫米设备和增值解决方案以及 300 毫米硅片筛选工厂服务（Fraunhofer IPMS）。

（3）中国

中国科学院苏州纳米技术与纳米仿生研究所在纳米电子学领域的研究主要包括：①石墨烯、石墨烯-半导体异质结、石墨烯纳米带器件的电子、自旋输运性质研究；②准一维限域体系的量子输运特性（中科院苏州纳米技术与纳米仿生研究所，2012）；③蛋白质指导的多功能纳米结构的构建及其在肿瘤诊疗中的应用（中科院苏州纳米技术与纳米仿生研究所，2012）。北京大学深圳校区纳米电子科学实验室主要进行碳纳米管的生长、薄膜晶体管的优化与设计、柔性显示工艺、纳米摩擦电技术、碳纳米管电学模型的构建，以及相关电路设计等多个课题的研究。

# 1.2  世界各国纳米电子学规划与项目部署

## 1.2.1  美国

根据 2005 年国际半导体技术发展路线图委员会提出的时间节点，在 2020 年前后，硅基互补型金属氧化物半导体（CMOS）技术将达到其性能极限，美国政府基于此做了系统规划。2008 年，美国国家科学基金会（National Science Foundation，NSF）启动 "超越摩尔定律的科学与工程" 项目，资助可能的硅基 CMOS 器件的替代技术。2001 年启动的美国国家纳米技术计划（National Nanotechnology Initiative，NNI）出自《2011 总统预算案补充报告》。该计划的成员机构提出了《2011 纳米技术签名倡议》计划，其中的子计划《2020 及未来纳米电子器件发展》旨在发现并利用纳米尺度制备工艺，创新概念生产革命性的材料、器件、系统和体系结构，促进纳米电子学领域的发展。由美国国家科学基金会、国防部（Department of Defense，DOD）、国家标准与科学技术研究院、能源部（Department of Energy，DOE）和情报中心（Information Center，IC）共同承担。

《2020 及未来纳米电子器件发展》计划资助 5 个重要领域，包括：①探索应用于计算的新 "态变量"；②纳米光子学与纳米电子学的融合；③探索碳基纳米电子学；④探索应用于量子信息科学的纳米尺度工艺和现象；⑤构建国家纳米电子学研究与制造基础设施网络（依托大学的基础设施）。美国联邦部门对这 5 个重要领域的贡献如表 1-1 所示。NSF 与 NIST 对 5 个领域都有贡献，而 DOE 则侧重于其中的两个领域，即"探索应用于计算的新'态变量'"与"纳米光子学与纳米电子学的融合"。2013～2018 年的资助金额以及 2019 年的预算资助金额如表 1-2 所示。其资助的机构有美国商务部-国家标准与科学技术研究院（Department of Commerce-National Institute of Standards and Technology，DOC-NIST）、DOD、美国国家航空航天局（National Aeronautics and Space Administration，NASA）、NSF、美国农业部（United States Department of Agriculture，USDA）、DOE 等。2019 年，DOC/NIST、DOD、NSF 在纳米电子学领域提出了预算，预算总金额为 5850 万美元。

**表 1-1　美国联邦部门/机构对 5 个重要领域的贡献**

| 2020 年及未来纳米电子学计划资助的 5 个重要领域 | NSF | DOD | NIST | DOE | IC |
|---|---|---|---|---|---|
| 探索应用于计算的新"态变量" | √ | √ | √ | √ | √ |
| 纳米光子学与纳米电子学的融合 | √ | √ | √ | √ | |
| 探索碳基纳米电子学 | √ | | √ | | √ |
| 探索应用于量子信息科学的纳米尺度工艺和现象 | √ | √ | √ | | √ |
| 构建国家纳米电子学研究与制造基础设施网络（依托大学的基础设施） | √ | √ | √ | | |

**表 1-2　《2020 及未来纳米电子器件发展》计划的资助金额**　（单位：百万美元）

| 年份 | DOC-NIST | DOD | NASA | NSF | USDA | DOE | 其他 | 合计 |
|---|---|---|---|---|---|---|---|---|
| 2013 | 18.2 | 26.3 | 0.2 | 42.6 | 0 | 0 | 0 | 87.3 |
| 2014 | 17.3 | 25.7 | 0.2 | 34.4 | 1.0 | 0 | 0 | 78.6 |
| 2015 | 11.5 | 22.6 | 0.7 | 60.8 | 0 | 0 | 0 | 95.6 |
| 2016 | 13.3 | 18.3 | 0.6 | 67.8 | 0.1 | 4.9 | 0 | 105.0 |
| 2017 | 9.2 | 18.2 | 0.5 | 39.6 | 0.1 | 0 | 3.9 | 71.5 |
| 2018 | 10.0 | 16.2 | 0.9 | 35.3 | 0 | 0 | 0 | 62.4 |
| 2019 | 10.0 | 15.7 | 0.8 | 32.0 | 0 | 0 | 0 | 58.5 |

注：2019 年为预算资助金额

（1）探索应用于计算的新"态变量"

"探索应用于计算的新'态变量'"领域已经得到了多家政府机构[①]以及私营公司的大量投资。NSF 的投资主要集中在逻辑和存储器组件的新的可替代"态变量"的探索性研究、合适的计算架构、基于计算机的新器件研究、纳米电子和纳米光子组件集成新系统，以及新的量子信息组件和系统。NSF 主要通过"电子和光子材料计划"项目和"电子、光子学和磁性器件"项目支持该研究的重点领域。美国国防高级研究计划局（Defense Advanced Research Projects Agency，DARPA）的介观动力学架构计划开发了量子级的调制状态和稳定电路的方法，并研究了利用中尺度和纳米级材料的内在非线性的新材料和器件架构。美

---

① Raytheon，BBN Technologies，Hypres，Northrop Grumman，IBM，Global Foundries，Intel Corporation，Micron Technology and Texas Instruments.

国空军研究实验室（The Air Force Research Laboratory，AFRL）的材料和制造理事会研究纳米电子材料及其合成，以提高器件性能和可靠性，并降低对其他国家铸造厂的依赖。NIST成立的纳米电子学小组开展基础研究，以推进未来纳米电子和薄膜器件创新所需的光学和电气测量科学基础设施。NIST 和 DARPA 资助的合作项目"智能数据信号非常规处理"旨在利用纳米结构中基于自旋的效应来开发非布尔计算方法，以实现复杂信号输入（如视频）的实时有效模式匹配。NIST、DARPA 和几家私营公司①建立了合作伙伴关系，专注于开发基于自旋的纳米级低温存储器和用于节能的亿亿次级的计算逻辑。自 2005 年以来，纳米电子学研究计划一直支持长期研究，以发现未来纳米电子学的基本结构单元——用于计算的新器件和电路架构，其被认为是继续提高信息技术性能的基础。在美国半导体行业协会、联邦机构（NIST 和 NSF）以及州和地方政府的公私联盟的支持下，纳米电子学研究计划资助了 63 个学术机构、330 名教职员工和 700 名学生，共发表 3362 篇科学论文和申请 62 项专利②。2016 年，半导体研究公司（Semiconductor Research Corporation，SRC）推出纳米电子学计算研究计划，这是一项耗资 6000 万美元的公私合作研究计划，旨在通过提高效率、增强性能和新功能来实现新型计算模式。2016 年，SRC 宣布了联合大学微电子计划。这是一项耗资 1.5 亿美元的新项目，旨在支持参与大学的高性能、高能效微电子技术的长期研究。

（2）纳米光子学与纳米电子学的融合

"纳米光子学与纳米电子学的融合"旨在利用光子学的潜力来彻底改变微电子工业。多核处理器将在未来十年内拥有 1000 个核心或更多核心，只有克服其固有的扩展和编程挑战，才能提高性能。由 NSF 支持的麻省理工学院的研究人员正在通过开发高性能芯片上的网络来应对多核编程挑战，并研究使用这些器件构建节能、高性能网络的方法，以使数百（或数千）个处理核协同工作。AFRL 的光电子和光子学计划探索用于航空和航天平台的光电信息处理、集成光子学以及相关的光学和光子器件组件的纳米技术方法，以提高空军在计算、通信、存储、传感和监视方面的能力。该计划主要的研究方向是纳米光子学和纳米加工，其中，AFRL 资助了集成混合纳米光子电路项目，旨在开发电驱动等离子体源，通过短等离子体波导（short plasmonic waveguides），可以与低损耗电介质波导和等离子体电路元件耦合。2012～2016 年，该项目在纳米级金属-半导体光电探测器、新型等离子体材料、光学超表面、表面受限光子器件、反向相位匹配光学测量、微波声子的光传导与路由等领域取得了重要的进展（Stanford University，2014）。2015 年 7 月，美国国防部提供 1.1 亿美元，非联邦机构提供超过 5 亿美元，共同资助了美国制造业集成光子学研究所，这是一个由 124 家公司、非营利组织和由纽约州立大学研究基金会领导的大学组成的联盟。该研究所将打造美国"端到端光子生态系统"，推动集成光子回路的高效模拟及集成设计工具、国内光子装置制造铸造接入、自动化包装、组装和测试，以及劳动力发展。该研究所将作为一个区域性枢纽，通过将企业、大学、其他学术和培训机构及联邦机构集合在一起共同投资关键技术领域以鼓励美国的投资和生产方式，消除应用研究和产品开发之间的鸿沟。

---

① Raytheon，BBN Technologies，Hypres，Northrop Grumman and IBM.
② As of March 29，2017.

（3）探索碳基纳米电子学

基于纳米碳材料理想的电子特性，"探索碳基纳米电子学"领域重点研究碳纳米管和石墨烯中的纳米电子学。NASA 的戈达德太空飞行中心资助了"合成和处理大面积、高质量石墨烯"项目和"基于石墨烯的器件的研发"项目。戈达德太空飞行中心关注的应用包括：石墨烯透明电极，用于复合结构的结构健康监测的集成石墨烯应变传感器，以及石墨烯-氮化镓紫外检测器和超灵敏化学传感器。戈达德太空飞行中心的合作者已经研究出了基于石墨烯的逻辑电路和存储器件。NIST 组织了一个石墨烯团队来开发测量和建模技术，以了解机械张力诱导的相互作用。该团队的研究人员通过研究石墨烯的电子带隙解决与石墨烯有源器件相关的技术问题。研究人员已证明，拉紧的石墨烯膜可以诱导限制石墨烯电子并产生量子化的量子点能级的伪磁场。此外，NIST 的研究人员在纳米电子生产纳米碳材料方面取得重要进展。他们开发了一种快速而经济的方法来生产高纯度的碳纳米管样品和监测其纯度。NSF 和 AFRL 通过 NSF 研究和创新新兴前沿办公室合作开展了"二维原子层研究和工程"项目。

（4）探索应用于量子信息科学的纳米尺度工艺和现象

美国联邦政府支持"探索应用于量子信息科学的纳米尺度工艺和现象"研究。例如，2012 年，NIST 研究人员大卫·维因兰德因发现测量和操控单个量子系统的突破性实验方法而获得了诺贝尔物理学奖。尽管量子信息系统可能对未来的计算机设计产生巨大影响，但量子信息和纳米技术研究团体的运行比 2010 年纳米电子学联名计划白皮书中设想得更独立。美国的私营部门有许多独立的、资金充足的量子计算项目。例如，谷歌、IBM 和量子电路公司（Quantum Circuits）在超导回路的研究；美国量子计算初创公司（IonQ）捕获离子量子逻辑的研究；英特尔硅量子点的研究；微软和贝尔实验室的拓扑量子比特研究。

（5）构建国家纳米电子学研究与制造基础设施网络（依托大学的基础设施）

2010 年纳米电子学联名计划白皮书设想参与联名计划的机构将受益于"构建国家纳米电子学研究与制造基础设施网络（依托大学的基础设施）"。由 NSF 支持的国家纳米技术协调基础设施（The National Nanotechnology Coordinated Infrastructure，NNCI）由 16 个区域中心组成，机构包含 24 所大学的实验室以及多个大学和社区学院的教育合作伙伴。用户设施站点包括处理纳米科学、工程和技术的广泛领域中符合用户需求的功能和仪器。NIST 的纳米科学与技术中心通过为工业界、学术界、NIST 和其他政府机构提供世界一流的纳米测量和制造的方法与技术，为美国纳米技术企业从研究到生产提供支持。DOE 的五个纳米科学和研究中心是 DOE 在纳米尺度上进行跨学科研究的首要用户中心，服务于包含新科学、新工具和新计算能力的国家项目，与其他 DOE 设施（如专用光源）的合作也为纳米电子学研究提供了重要支撑。

### 1.2.2 欧盟

1.2.2.1 欧盟通过欧洲研究协调机构（尤里卡计划）（European Research Coordination Agency，EUREKA）、第七框架计划（FPT）、"地平线 2020"共同推动纳米电子学发展

2004 年，欧盟委员会发布了《愿景 2020：处于变革中心的纳米电子学》报告，提出为纳米电子创造一个欧洲技术平台，使工业研究机构、大学研究人员、政府当局和金融组织能够在很长的时间内进行互动，以期促进合作和充分利用人才。该报告同时强调，除了技术平台和战略研究议程，欧洲在纳米电子学领域领导地位的实现还应通过加强 EUREKA、第七框架计划、"地平线 2020"各方案之间的协调实现。基于该报告，欧洲纳米电子活动协会（Association for European Nanoelectronics Activities，AENEAS）、欧盟、电子领导小组等机构从不同的角度对纳米电子学的发展路线提出建议。

（1）微电子和纳米电子尤里卡计划——增强纳米/微电子工业竞争力

2008 年，欧洲纳米电子活动协会发起了尤里卡计划——欧洲纳米电子学应用和技术研究集群（Cluster for Application and Technology Research in Europe on Nanoelectronics，CATRENE），旨在提供纳米/微电子解决方案，以满足整个社会的需求，增强工业竞争力。2012 年 11 月，欧洲纳米电子活动协会和 CATRENE 向欧盟副主席提交了《创新欧洲未来：2020 年后的纳米电子学》（European Commission，2012），报告中提到纳米电子学的优先发展事项包括：①与研究机构和学术界合作，进行前沿纳米电子学研究；②为最先进的微芯片技术建设试验线；③增强欧洲大规模半导体 150 毫米、200 毫米、300 毫米晶圆尺寸芯片制造技术；④为 450 毫米晶圆尺寸微芯片研发设备和材料专用试验平台；⑤在汽车、航天、医药、工业和通信等欧洲优势领域进行系统集成以及应用发展，聚焦应对社会挑战的可持续性方法。为了实现以上优先发展事项，报告建议：①扩大关键使能技术的专项预算，反映对纳米电子学的共同依靠；②简化提案通知的烦琐程度，降低公共资助在纳米电子学领域的准入门槛；③强调使用欧盟对区域计划的资助来支持提案。2015 年底，CATRENE 发起了最后一次项目提案呼吁，之后将由泛欧微型和纳米电子技术及应用伙伴关系（Pan-European partnership in micro-and Nano-electronic Technologies and Applications，PENTA）继续推进微纳米电子系统和应用。

（2）"地平线 2020"

A. 2018～2020 年工作计划设立非常规纳米电子技术的目标

除尤里卡计划 CATRENE 之外，欧盟通过"地平线 2020"对纳米电子学领域的研究进行资助。"地平线 2020"是欧盟委员会于 2013 年 12 月 11 日批准实施的一项科研规划方案，实施时间自 2014 年至 2020 年，是第七框架计划之后欧盟的主要科研规划。"地平线 2020"2018～2020 年工作计划将非常规纳米电子学作为欧洲实现数字化转型的技术主题之一（European Commission，2017）。非常规纳米电子学技术主题旨在展示计算组件的新方法的

可行性，可以基于材料、计算单元架构（晶体管或其他）以及电路层级，对通用或特定应用带来性能提高的晶体管或电路层级进行概念示范，重点关注设备和组件以及相关的处理技术。应实现以下所述至少一个目标，并为其提供评价指标：①通过预期方法的关键参数（功率、能效、尺寸、频率和成本）和要实现的定量指标，确定可能从中受益的应用；②确保及时出现具有高计算潜力的新技术，以供业界采用，进而推动欧洲纳米电子行业的发展；③专注于 3D 集成问题以及低温下的电子设备，满足技术集成需求；④推动欧洲工业形成按需设计先进电路的能力。该提案范围在如下四个方面契合"研究和创新行动"：①超出当前 CMOS 范式的节能计算设备，包括高斜率的器件、固态量子比特、自旋电子器件、单电子器件、纳米机械开关等；②节能计算电路架构，可以基于①中所述设备，也可基于神经形态计算或其他硬件实现的方法；③研究可行的应对连续和单片 3D 堆栈紧凑性、散热以及减少互连长度挑战的方法；④开发低温电子器件以支持计算应用的进步（超导、量子计算）或空间面临的限制，目的是通过集成适当的功能模块来实现电路级功能的示范；⑤先进纳米电子技术设计，重点将放在能效、高可靠性和稳健性的设计技术解决方案上。

B. 《微型和纳米电子元件及系统战略路线图》致力推动微型纳米电子产品的设计和制造占据领先地位

2014 年电子领导小组制定的《微型和纳米电子元件及系统战略路线图》对外发布，路线图旨在确保欧洲在微型和纳米电子产品的设计和制造方面处于领先地位（EPoSS, 2014）。发展目标包括：①有助于在欧盟发展一个强大且具有全球竞争力的电子元件和系统行业；②确保关键市场和应对社会挑战的电子元件与系统的可用性，使欧洲处于技术发展的前沿，缩小研究和开发之间的差距，增强创新能力，创造欧盟的经济和就业增长；③与会员国协调战略，吸引私人投资；④维持和发展欧洲的半导体和智能系统制造能力；⑤确保并加强设计和系统工程的指挥地位；⑥为所有利益相关者提供设计和制造的世界级基础设施；⑦构建一个涉及中小企业的动态生态系统，加强现有集群，创建新的集群。路线图提出设立一项联合技术倡议，即欧洲领导力电子元器件和系统（Electronic Components and Systems for European Leadership，ECSEL），支持"地平线 2020"的微型和纳米电子的研发行动等建议。目前，成员单位包含：三个代表来自微型和纳米电子、智能集成系统和嵌入式/网络物理系统领域的参与者的协会［欧洲智能系统集成技术平台（the European Technology Platform on Smart Systems Integration，EPoSS）、欧洲纳米电子活动协会、嵌入式智能系统的先进研究与技术工业协会］；欧盟（通过委员会）；自愿参加"地平线 2020"框架方案的会员国和相关国家。其中，会员国包括：奥地利、比利时、保加利亚、捷克、德国、丹麦、爱沙尼亚、希腊、西班牙、芬兰、法国、匈牙利、爱尔兰、意大利、立陶宛、拉脱维亚、卢森堡、马耳他、荷兰、波兰、葡萄牙、罗马尼亚、瑞典、斯洛文尼亚、斯洛伐克、土耳其；相关国家包括：以色列、挪威、瑞士；其他国家：英国。

C. 欧洲纳米电子中长期路线图聚焦半导体应用的需求、聚焦研究机构先进科学问题、致力识别新型和关键技术

在欧盟"地平线 2020"研究和创新方案的资助下，"欧洲纳米电子路线图：识别和传播"项目（2015～2018 年）（NEREID, 2018）聚焦于欧洲半导体应用的需求，聚焦于研究中心和大学所提出的先进科学问题，识别出潜在的新型纳米技术，识别出整个创新价值链

中的瓶颈技术，最终制作出新的纳米电子学中长期路线图，用以实现对两个短期路线图，即欧洲纳米电子活动协会战略议程和 ECSEL 多年度战略研究和创新议程的补充。

新的中长期路线图在纳米场效应晶体管、连通性、智能传感器、能量收集、超越 CMOS、系统设计和异构集成领域的主要建议如下。

纳米场效应晶体管聚焦五个方面的研究：①纳米线，确定逻辑（高速和低功耗）的最佳材料和几何形状选择，利用Ⅲ-Ⅴ族金属氧化物半导体厂效应晶体管（通信、雷达应用）开发毫米波前端，并考虑 3D 方面的处理；②全耗尽型绝缘层上硅，在汽车、物联网、智能传感器的应用等领域，物联网市场的超低功耗设计（可穿戴、医疗等），以及未来神经形态和量子计算方法的 3D 集成上开发差异化选项（射频、嵌入式存储器、成像或分子传感器）；③鳍式场效应晶体管，开发不同通道材料的共同集成、低接触电阻率和高应变解决方案，提高鳍式场效应晶体管的模拟性能；④3D 顺序集成，定义哪些应用程序将受益于极高密度的互联（物联网、神经形态等），并开发 3D 布局布线工具；⑤建模/仿真和表征，开发新工具，考虑所有新材料、技术和设备架构，以便加速技术优化并降低技术开发成本。

连通性聚焦四个方面的研究：①天线和无源器件，按需提供可重新配置和可调谐的天线和无源器件，非常紧凑和大规模的多输入、多输出天线，具有波束成形系统和非常高的天线指向性；②收发器和前端无线电，高达 100 千兆赫和太赫的收发器，稳定和精确的本机振荡器，以及针对高频和灵活频谱使用的天线接口，具有更宽的通信频段，允许全双工通信和解决干扰管理，以及随需应变的新物理层波形生成；③低功率微瓦功耗收音机聚焦超低功率接收器传感器网络和物联网网络；④有线器件聚焦低成本 1300 纳米和 1500 纳米激光光源、光调制器、发光二极管、PIN 二极管，以及其电气接口、驱动器和反式阻抗接收器的研究，用于提供 400Gbs 到 Tbs（1000Gbs）的调制。

智能传感器在 20 世纪 80 年代和 2030 年之间可以确定的主要差距是可制造性和成本（混合集成）、设计和生产的稳健性、功率计算和可靠性，聚焦四个方面的研究：①传感器开发兼顾稳定性、可靠性、高重复性、功能化特征、形状因子和平台功耗；②智能传感器的装配测试、计量和校准研发；③CMOS 集成、兼容性和电路读出研发；④指定每种传感器技术的成熟度，建立技术成熟度与技术之间的明确关联。

能量收集聚焦五个方面的研究：①提高材料和器件的性能和效率，与开发替代有毒/稀有材料（基于铅的压电材料，用于热电材料的碲化铋）的"绿色"材料同样重要；②开发可穿戴品的柔性且低成本的方法；③增加低频目标（低于 100 赫）的带宽，以适应基于振动的机械能量采集器的应用场景；④室内光伏应用，开发适应的结构和材料（光强度和光谱等）；⑤电源管理电路方面，关键在于研究减小电感器的尺寸、提高无电感器功率转换器电路拓扑结构的效率、开发平面替代电感器以及调整微电子工艺参数和技术以减少泄漏和降低功耗、允许低输入电压。

超越 CMOS，突破新兴技术的散热障碍。几乎所有当前和新兴技术中的替代计算方法都存在散热方面的显著障碍：从概念、实验和技术层面上理解所涉及的材料和界面的热性质。而欧洲有潜力在这一领域发挥领导作用，从而消除这一障碍。聚焦三个方面的研究：①在短期内，神经形态计算在物联网和大数据等领域具有很好的应用前景，正在硬件和算法领域取得进展；②研究基于硅的量子光子学；③针对替代计算范例内除了硅之外的其他材料，研究可扩展的材料生产技术，使用创新工具的晶圆级纳米制造，与设计等研究团队协同研究。

系统设计和异构集成研究注意，从应用程序开始，在中间添加软件；价值不在设备本身，而在系统集成和相关数据中，信息处于系统级别；提出可接受的健壮性指标，平衡每个节点发生的事件和传输能量（出于可靠性/安全性考虑）；在何处定位情报；未来将从嵌入式计算转向嵌入式智能；互操作性标准的定义；可重用性/可重新配置性；软件般的可重新编程性，硬件般的效率；管理能源，仅在必要时使用能源，根据能源边界对应用进行分类；自动化设计空间探索和自动化设计决策；从连接设备到分布式嵌入式系统（系统中的系统），到网络综合，网络是一个设计维度；将环境看作系统的一部分。

（3）"石墨烯未来和新兴技术旗舰计划"提出纳米电子学在石墨烯多个研究领域的发展路线

2009 年，欧盟启动"石墨烯未来和新兴技术旗舰计划"。经过对竞标提案的两次筛选，2013 年 1 月，欧盟委员会将"石墨烯"作为代表未来前沿科技的科研项目之一。"石墨烯未来和新兴技术旗舰计划"分为两个阶段：一是在第七框架计划下的过渡阶段（2013 年 10 月 1 日至 2016 年 3 月 31 日），总资助额为 5400 万欧元；二是在"地平线 2020"内的稳定阶段，每年资助额为 5000 万欧元。2015 年"石墨烯未来和新兴技术旗舰计划"发布了《石墨烯、相关二维晶体以及混合系统的科技路线图》（Ferrari et al.，2015）。路线图指出，石墨烯在高频器件、触摸屏、柔性可穿戴器件、超灵敏传感器、纳米电机系统、超密度数据存储、光子器件等电子领域有较好的应用前景；在能源领域可应用于电池和超级电容器进行电能的储存和转移，还可用于太阳能电池。路线图明确了 11 个科技领域的未来发展路线和目标，在基础研究、电子器件（光子学和光电子学、传感器、柔性电子、能量转化与存储、生物医药器件）领域，提出了纳米电子学的具体发展路线。

石墨烯基础研究领域的短期目标为：①确定功能石墨烯纳米结构在微电子器件的理论极限；②探索层状材料在电子领域的应用。长期目标为：①探索后 CMOS 时代石墨烯在经典和量子信息过程中的应用；②发展基于石墨烯的度量应用以及高端电子仪器；③制备新型无机二维晶体材料并对其物理性质进行系统性研究，评估其在光电领域的应用前景；④研究石墨烯-二维晶体杂化材料的电学、光学及热力学-机械性质。路线图给出了石墨烯基础研究的时间表，明确在 2~3 年内了解石墨烯基础动力学过程以及缺陷的影响；在 4~7 年内了解石墨烯-二维晶体杂化材料的电学、光学及热力学-机械性质，并明确含有电子带隙的杂化材料的理论极限；在 7~10 年内了解垂直混合器件的集成以及石墨烯基度量系统和高端电子仪器的发展。

路线图还给出了石墨烯在电子器件领域应用的时间表，2010~2014 年主要是应用于显示器件，2013~2021 年，中等质量的石墨烯材料将被逐步用于触摸屏、可收卷电子纸、可折叠有机发光二极管，2020~2035 年，高质量石墨烯材料将被逐步用于射频晶体管（2020~2025 年）、逻辑晶体管/薄膜晶体管（2025~2030 年）和未来电子器件（2030~2035 年）。在石墨烯基微纳电子器件方面，短期目标是制造出第一批石墨烯基电子元件（如互连线），20 年后的长期目标是将石墨烯晶体管转化为可实现、取代或集成在硅以及复合半导体电子器件的多样化器件。例如，预计将在 5~10 年内，以超快（>100 吉赫）集成数字逻辑门取代发射极耦合逻辑门，在柔性衬底或透明衬底上实现简单数字逻辑门；在 15～20 年内，用多用途低功耗石墨烯纳米带数字逻辑门取代硅 CMOS。关于集成电路中的互连线，将在 5～8 年内实现石墨烯集成电路上的互连线，在 5～10 年内实现功率集成电路和多用途集成电路中的互连线。在高频电子器件方面，10 年内，低噪放大器、倍频器、振荡器等多种模拟射频通信电子设备将逐步产生重大影响：低噪放大器（3～4 年内）、音频和射频电压放大器（4～5 年内）、谐波振荡器（5～6 年内）、功率放大器（5～10 年内）可实现。在自旋电子学方面，3～4 年内，将全面理解室温下石墨烯的自旋弛豫机制，这是控制材料结构缺陷和环境扰动对自旋输运的不利影响的基础；5～9 年内，自旋门控功能演示；10 年以上，器件导向的集成，包括全自旋架构的探索以及利用晶圆大小的石墨烯在室温下实现计算与数据存储的集成。在光子学和光电子学方面，3 年内，可调谐超材料、太赫兹平面波探测、电吸收和等离子体光开关、可见光和近红外石墨烯光电探测器、超宽频可调谐激光器和长波长光电探测器可实现；3～7 年内，光路由和交换网络、超快和宽频锁模激光器的集成、近红外和太赫兹相机、太赫兹光谱仪、概念验证系统的实现；7～10 年内，石墨烯集成光电系统和集成电路可实现。在传感器方面，3 年内，单层膜，气体传感器，10 皮米共振振幅的位移监测，$520zN/(Hz)^{0.5}$ 的力灵敏度，直径为 600 微米、灵敏度为 1 纳米/帕的麦克风，单分子测序技术可实现；7～10 年内，磁场传感器、芯片上的可扩展石墨烯基传感器可实现。在柔性电子方面，3 年内，用于柔性电子的石墨烯油墨、柔性衬底上可靠的化学气相沉积制备石墨烯工艺、柔性触摸屏、柔性天线可实现；3～7 年内，柔性用户界面、柔性无线连接、柔性传感器、柔性储能和能量获取解决方案、异构集成可实现；7～10 年内，柔性智能器件可实现。在能量转换和存储方面，3 年内，用于复合材料和插层化合物的原始和功能化的石墨烯材料，用于光伏水处理技术的石墨烯处理工艺可实现；3～7 年内，高电容石墨烯介孔电极、光伏电极和吸收器可实现；7～10 年内，柔性光伏电池、轻型电存储和储氢系统可实现。在复合材料方面，7～10 年内用于机械、光电子学和能源领域的石墨烯功能复合材料可实现。在生物医学设备方面，5～7 年内，石墨烯的生物兼容性、场效应晶体管和电化学传感器可实现；7～10 年内，动物和人体体内柔性器件测试、输送系统、成像平台、生物传感器、诊疗用的石墨烯多功能系统可实现。

（4）小结

尤里卡计划 CATRENE、第七框架计划、"地平线 2020"发布的路线图各有侧重。CATRENE 侧重与研究机构和学术界合作进行前沿纳米电子学研究、建设试验线、增强芯片制造技术、研发 450 毫米微芯片研发设备和材料专用试验平台以及在欧洲优势领域进行系统集成以及应用发展。"地平线 2020"2018～2020 年工作计划将非常规纳米电子学作为欧洲实现数字化转型的技术主题之一，展示计算组件的新方法的可行性示范。"石墨烯未来和新兴技术旗舰计划"发布的《石墨烯、相关二维晶体以及混合系统的科技路线图》提出了纳米电子学在基础研究、电子器件（光子学和光电子学、传感器、柔性电子、能量转化与存储、生物医药器件）领域的具体发展路线。

### 1.2.2.2　欧洲纳米电子可持续发展联盟

针对欧洲微电子工业依赖于稀有原材料的现状，综合经济战略独立性要求，兼顾伦理和环境，欧洲纳米电子可持续发展联盟（European Nanoelectronics consortium on sustainability，ENCOS）提出开发先进的方法，综合进行经济分析、地缘政治问题、可接受性、生命周期、多标准影响评估，以及新技术方案耐久性等研究。既定的方法将向学术界、实验室和工业界开放，并通过技术横向比较帮助其做出决定，推进可持续的电子过程、设计和系统。联盟提出7个纳米电子学的先进研究领域：①降低电子设备及组件制造过程中的能耗和工业废物；②替代或减少有毒、有害和关键材料的使用，以减少环境退化、健康问题、地缘政治危机，避免未来关键材料的工业中断；③通过设计延长电子设备的寿命；④创新回收解决方案；⑤降低电子设备的能耗；⑥提高消费电子行业供应链的透明度；⑦开发新的商业模式，从传统的制造和销售产品转向以服务为导向的模式。

## 1.2.3　德国

德国参与尤里卡计划，也独立发布纳米技术计划和部署纳米电子学项目。

德国的6家机构，即罗伯特·博世有限公司、弗劳恩霍夫应用研究促进协会的微电子所、罗斯劳奥特纳（Roth & Rau-Ortner）股份有限公司、奥迪股份公司、英飞凌科技股份公司、微流体芯片厂有限公司，参与了欧盟在纳米电子学领域的尤里卡计划PENTA。除德国之外，来自法国、荷兰、比利时、爱尔兰、西班牙的26个机构也参与了该计划。PENTA是继CATRENE后微电子和纳米电子领域新的尤里卡计划，始于2016年，为期5年，旨在支持电子领导小组2014年发布的《微型和纳米电子元件及系统战略路线图》中包含的愿景、战略和计划的实施。该计划可以识别机会，快速评估国家政府的支持，并通过简短有效的审批程序运作，以确保尽快获得快速竞争性开发的机会。

2016年10月，德国联邦内阁通过了"纳米技术行动计划2020"，这是继"纳米技术行动计划2010"（2006年）和"纳米技术行动计划2015"（2010年）后，第三次启动跨部门合作资助纳米技术的战略计划。计划明确了联邦政府在2016～2020年这段时期对纳米技术提供的跨部门支持，将在总结归纳之前的研究成果的基础上，紧随德国新高科技战略的目标，持续开发其国内纳米技术的潜能以带来新的机遇，并研究对人类和环境可能产生的风险。通过进一步整合与纳米技术相关的项目，大力支持中小型企业的创新发展，继续采用多种途径研究和监管纳米技术的潜在风险，进一步加强国际合作和支持人才培养以实现上述目标（Nanowerk，2016）。

基于德国的微电子产业在欧洲发展处于领先地位的基础，2017年，德国联邦教育与研究部（BMBF）资助了纳米电子学领域的大型合作项目——微电子与纳米电子研究工厂，资助经费为3.5亿欧元。研发工作主要瞄准4个未来技术领域：硅基技术、化合物半导体及特定衬底、异质整合和设计检测及可靠性。研究工厂的扩展和运行将由一个公共办事处协调和组织，位于不同地方的研究所仍然保留，这有利于给大企业、中小企业以及大学的客户直接提供一站式的有关微电子和纳米电子技术的整个价值创造链的技术服务。

## 1.2.4  日本

### 1.2.4.1  日本纳米电子学相关的战略规划与项目

20 世纪 90 年代后期，随着半导体小型化的限制越发明显，以及在存储领域，存储单元的小型化和存储量的提升，急需超越摩尔定律，需要技术的革新，这正推动了纳米技术的研究与发展，而支持信息技术革命的纳米电子学研究也成为那个时代的主题。

日本《第三期科学技术基本计划》（2006～2010 年）重点关注纳米电子领域。1996 年，日本开始实施第一个科学技术基本计划，目前正在实施第五个科学技术基本计划。在《第三期科学技术基本计划》（2006～2010 年）中，重点关注"纳米电子领域""纳米生物技术/生物材料领域""材料领域""纳米技术/材料领域促进基础领域""纳米科学与材料科学"这 5 个与纳米材料相关的领域。其中纳米电子领域的重点研究课题有：新一代硅基半导体纳米电子技术开发、电子/光控制纳米电子技术、纳米级电子器件制造技术、纳米电子器件低成本化技术、实现与环境和经济和谐发展节约能源的纳米电子技术、安全纳米电子科学技术等。

《第五期科学技术基本计划》（2016～2020 年）重新强调加强纳米电子技术等基础技术的研发。《第四期科学技术基本计划》（2011～2015 年）重点推进绿色技术创新和生命科学技术创新，使环保、能源、医疗、护理、健康以及灾后恢复与重建等成为未来的经济发展支柱；对纳米技术与材料发展有所弱化，使纳米材料与技术作为环保、能源、生物的支撑技术存在。《第五期科学技术基本计划》（2016～2020 年）通过科技创新支撑四大国家级目标，建立实现未来可持续增长的四大核心支柱，通过研发应对未来挑战，实现领先世界的"超智能社会"。要实现超智能社会，就必须加强服务平台的基础技术研发，特别是纳米电子技术、机器人技术、传感器技术等具有核心优势的基础技术。

"先进技术的探索性计划"重点资助纳米电子学相关课题。日本文部科学省下属的科学技术振兴机构（JST）实行的"先进技术的探索性计划"（1981 年设立），重点资助新兴的萌芽技术，而且 10～15 年后对新的科学技术和新产业的研究方向产生了重大影响。该计划重点资助领域之一就是纳米技术相关课题，其中涉及纳米材料学、纳米电子学、纳米分子学、纳米加工等相关课题。项目一般持续 5 年，每个项目可得到上限为 15 亿日元的资助。该项目从人员配置到研究经费方面都得到充分保障，从而促进了纳米技术的初期发展。"先进技术的探索性计划"中与纳米电子学相关的在研课题有：2013～2018 年安达分子激子工程；2014～2020 年齐藤自旋量子整流计划；2016～2022 年中村宏观量子器件项目。科学技术振兴机构的战略性基础研究项目重点推进日本于国际领先的基础研究，形成知识资产与新产业，研究经费规模达 0.4 亿～2 亿日元/年。在研与纳米电子学相关的课题有：利用微小能源进行环境发电的创新技术（2015～2022 年）；利用材料、设备和系统集成融合的新纳米电子学（2013～2022 年）。科学技术振兴机构研究与发展战略中心在发布的《研究开发俯瞰报告·纳米技术与材料领域 2017》中，列出了日本将在未来十年内长期关注的 37 个纳米技术与材料研发领域，其中之一就是超低能耗的纳米电子器件。

日本经济产业省也先后实施了多个与纳米电子学相关的研究计划：1991～2001年的量子功能器件研究计划（4000万美元）；1992～2002年的原子分子极限操纵研究计划（250亿日元）；2007～2010年的纳米电子半导体新材料及新结构的基础技术开发项目（11亿日元）；2010～2012年的实行超低能耗电子器件项目（25亿日元）。而国立先进工业科学和技术研究院成立的纳米电子器件研发中心和纳米芯片应用研究中心主要追求CMOS的微细化、高性能化的极限，推进纳米电子学创新平台的构建和运用以及纳米芯片的实际应用。

### 1.2.4.2 日本纳米电子研发中心——筑波创新中心

纳米电子的研发中心主要集中在几个地点，如比利时的微电子研究中心（IMEC）、法国的微纳米技术创新中心（MINATEC）、美国的奥尔巴尼纳米技术研究中心、日本筑波创新中心（Tsukuba Innovation Arena，TIA）以及中国的苏州纳米技术与纳米仿生研究所（SINANO）等。在这些研发中心里仪器制造、装置制造和材料制造等方面的研究人才聚集在一起共同构建新一代仪器与工艺研发生态系统，不仅进行先进的半导体的研究，而且培养可以利用最先进的设备和研发计划进行开发的人才。

日本的TIA是由五个组织运营的开放式创新中心，成立于2010年。这五个组织分别是国立先进工业科学技术研究所、国立材料科学研究所、筑波大学、高能加速器研究组织和东京大学。TIA支持从创造新知识到工业应用的所有必要过程，通过五个研究组织的合作，将他们的潜力和资源（包括研究人员、设施和知识产权）汇集在一起。为了更有效地发挥核心基地的作用，TIA将明确了解产业界研究开发的需求，促进材料和元器件研究的紧密结合，以日本国内主要大学研究生院为中心培养研究开发人才。

TIA的研究内容主要包括：①纳米电子学研究，包括硅基光子学、纳米CMOS；②功率电子学研究，以碳化硅为基础的器件系统开发；③纳米技术和微机电系统的结合研究；④碳纳米管研究；⑤使用纳米技术的环境能源技术研究；⑥纳米材料的安全性评价；⑦使用基地进行研究生教育的人才培养；⑧和其他研究机关、大学的合作。通过TIA建设，将努力促进日本纳米技术成果的产业化和市场化。

## 1.2.5 中国

我国从20世纪末进行纳米电子学的研究与发展规划的制定，数次将纳米电子学作为纳米科学与技术的重点研发领域，"十三五"（2016～2020年）期间，还在产业技术体系建设的微纳电子与系统集成技术、纳米材料与器件领域进行了具体的规划。

### 1.2.5.1 纳米电子学相关规划

我国从2001年起开始在纳米科技领域制定发展规划，2001年科学技术部会同有关部委成立了"国家纳米科学技术指导协调委员会"，对全国纳米科学技术工作进行指导和协调。委员会成员由科学技术部、国家发展和改革委员会、教育部、国防科学技术工业委员会、财政部、总装备部、国家质量监督检验检疫总局、中国科学院、中国工程院、国家自然科学基金委员会等各相关部委代表和专家组组成。该委员会致力于制定纳米科技发展纲要、推动纲要实施以及确定新时期的发展思路与任务等方面的工作。

"十五"（2001~2005 年）期间，纳米电子学被列为主要中长期目标之一。2001 年科学技术部、国家计划委员会、教育部、中国科学院和国家自然科学基金委员会联合发布了《国家纳米科技发展纲要（2001—2010）》，纲要指出"十五"期间的重点是：加强纳米科技的基础研究和应用基础研究，加强应用技术开发，推动纳米科技成果的产业化，逐步形成国家纳米科技创新体系。其中在应用发展方面，以纳米材料及其应用为主要近期目标，以发展纳米生物和医疗技术、纳米电子学和纳米器件为主要中、长期目标。

纳米电子学被"十一五"科学技术发展规划列为重点研究领域。2006 年科学技术部发布了国家"十一五"科学技术发展规划，将纳米科学技术研究作为 4 项重大科学研究计划之一，在研究领域以及研究团体方面进行规划。重点研究纳米材料的可控制备、自组装和功能化，纳米材料的结构、优异特性及其调控机制，纳米加工与集成原理，概念性和原理性纳器件，纳米电子学，纳米生物和医学，分子聚集体和生物分子的光、电、磁学性质及信息传递，单分子行为与操纵，分子机器，纳米表征度量学，等等。研究开发纳米材料及器件的设计与制造技术，纳米级 CMOS 器件，纳米药物载体，纳米能源转换材料、环境净化材料和信息存储材料。建立纳米材料、纳米器件、纳米生物和医学研究体系，形成若干个在国际上有带头作用的研究群体。

纳米"十二五"（2011~2015 年）专项规划提出我国要在纳米材料、器件和系统、生物医学、测量表征等方面取得国际一流的原创性成果。2011 年科学技术部发布了国家"十二五"科学技术发展规划，将纳米研究作为六大重大科学研究计划之一，重点在面向国家重大战略需求的纳米材料、传统工程材料的纳米化技术、纳米材料的重大共性问题、纳米技术在环境与能源领域应用的科学基础、纳米材料表征技术与方法、纳米表征技术的生物医学和环境检测应用学等方面加强部署。2012 年，科学技术部组织编制了纳米研究国家重大科学研究计划"十二五"专项规划，该规划从基础研究、应用研究、规模化应用和人才培养等角度发展纳米研究。其中在基础研究领域强调在纳米材料、器件和系统、生物医学、测量表征等方面取得国际一流的原创性成果。

"十三五"国家科技创新规划中，对产业体系的微纳电子与系统集成技术、纳米材料与器件领域进行了具体的规划。2016 年，国务院发布了"十三五"国家科技创新规划，将纳米科技作为 13 项战略性前瞻性重大科学问题之一，在该领域强化以原始创新和系统布局为特点的大科学研究组织模式，部署基础研究重点专项，实现重大科学突破、抢占世界科学发展制高点。除此之外，还在产业体系与学科建设两个方面对纳米科技进行规划。在现代产业技术体系的微纳电子与系统集成技术中，开展逼近器件物理极限和面向不同系统应用的半导体新材料、新器件、新工艺和新电路的前沿研究和相关理论研究，突破极低功耗器件和电路、7 纳米以下新器件及系统集成工艺、下一代非易失性存储器、下一代射频芯片、硅基太赫兹技术、新原理计算芯片等关键技术，加快 10 纳米及以下器件工艺的生产研发，显著提升智能终端和物联网系统芯片产品的市场占有率。在现代产业技术体系的纳米材料与器件领域，研发新型纳米功能材料、纳米光电器件及集成系统、纳米生物医用材料、纳米药物、纳米能源材料与器件、纳米环境材料、纳米安全与检测技术等，突破纳米材料宏量制备及器件加工的关键技术与标准，加强示范应用。

### 1.2.5.2  纳米电子学相关项目

我国于 1998～2002 年进行了纳米电子学的基础研究；2004～2006 年进行了纳电子运算器的研究；2016 年发布了纳米器件辐射效应机理及模拟试验关键技术立项指南；2019 年，"纳米科技"重点专项的重点研究方向之一为研究动量空间谱学的纳米结构和纳米薄膜多参数正电子谱学表征新方法，研究微观结构中电子动量、能量、密度对磁学和热学性能的调控规律。

"纳米电子学基础研究"于 1998 年 4 月开始立项执行，2002 年 3 月完成。项目共设八个子课题，分别由北京大学、中国科学院物理研究所、上海交通大学、南京大学、吉林大学、中南大学、中国科学院化学研究所等单位负责。经过四年的研究工作，于纳米电子器件结构、信息存储、新思想、新原理的探索、纳米材料与器件的制备技术等方面取得成果。

国家重点基础研究发展计划（973 计划）中的项目"纳电子运算器材料的表征与性能基础研究"，开始于 2004 年 6 月，结束于 2006 年 8 月，项目关注的核心问题是纳电子运算器的物理基础，即未来的纳电子运算器是基于什么样的物理学原理工作的，应该具有什么样的基本单元结构。

2016 年 7 月，国家自然科学基金委员会发布"纳米器件辐射效应机理及模拟试验关键技术"重大项目指南，该项目为"十三五"第一批 26 个重大项目之一。该项目针对我国空间发展对器件抗辐射加固的迫切需求，以先进的 28 纳米及以下特征尺寸器件为典型载体，揭示纳米材料辐照损伤微观机制和纳米器件辐射效应新的辐射损伤机理，研究纳米器件敏感区域分布和薄弱环节分析的重离子微束模拟试验方法，提出纳米器件和电路抗辐射加固设计的新方法。项目成果将为我国未来新一代先进电子系统用高端核心器件的抗辐射加固奠定理论和技术基础。在抗辐射加固技术领域做出国际一流的研究工作，提升我国辐射效应研究的理论和实验技术水平，为我国抗辐射加固领域储备技术和人才。该项目主要研究内容包含三方面：①基于分子动力学相关理论，模拟不同能量重离子、质子等粒子在绝缘介质、半导体材料等常用器件材料中的电荷、缺陷产生过程及其时空演化过程，阐明辐射引起器件材料结构损伤与电学特性变化的基本规律，为纳米器件及电路辐射效应机理研究提供基础数据。②针对典型平面结构、三维鳍式场效应晶体管结构和 U 型沟道晶体管等纳米器件结构，开展不同入射粒子对不同结构纳米器件单粒子效应电荷收集机制的影响研究；开展超薄栅氧化层在多应力条件下的退化机制研究，分析辐射环境下纳米器件的可靠性及寿命；揭示纳米器件辐射效应机理，为器件抗辐射加固提供技术支撑。③开展纳米电路单粒子效应敏感区域定位模拟试验技术研究，分析纳米电路单粒子效应薄弱环节；开展单粒子瞬态在纳米电路中传播的敏感路径分析方法研究，分析单粒子瞬态在电路中的传播规律及影响范围；探索纳米电路加固新技术，为纳米电路抗辐射加固提供有效方法。

2016 年我国正式启动实施纳米科技重点专项。"纳米科技"重点专项部署了 7 个方面的研究任务：新型纳米制备与加工技术、纳米表征与标准、纳米生物医药、纳米信息材料与器件、能源纳米材料与技术、环境纳米材料与技术、纳米科学重大基础问题。2016～2018

年，"纳米科技"重点专项围绕以上主要任务，共立项支持 98 个研究项目（其中青年科学家项目 24 项）。科学技术部、教育部、中国科学院等部门/机构组织专家编制了 2019 年"纳米科技"重点专项实施方案。该方案部署 7 个方面的任务，其中包括纳米表征与标准，研究动量空间谱学的纳米结构和纳米薄膜多参数正电子谱学表征新方法；研究内容包括：研究具备高探测效率、高时间分辨及高空间灵敏度的正电子谱学表征纳米材料新方法，纳米材料和纳米薄膜中结构缺陷的形成和演化动力学机制，微观结构中电子动量、能量、密度对磁学和热学性能的调控规律。

# 1.3　纳米电子学研究论文定量分析

本部分内容对纳米电子学领域发表的科学引文索引（Science Citation Index，SCI）论文进行定量分析，挖掘该领域的研究发展态势。以科睿唯安（Clarivate Analytics）公司的 Web of Science 平台中的科学引文索引扩展版（Science Citation Index Expanded，SCIE）数据库为数据源，构建纳米电子学计算领域的关键词检索式，检索了数据库中所有以纳米电子学为主题的 SCI 论文。文献类型包括研究论文（article，letter）、研究综述（review）和学术会议论文（proceedings paper），数据采集时间为 2018 年 12 月 10 日。利用德温特数据分析（Derwent Data Analyzer，DDA）工具对相关数据进行清洗和分析。

## 1.3.1　发文量年度变化趋势

2009～2018 年，纳米电子学研究的 SCI 论文共 5391 篇，这十年间发文量呈稳定增长态势，2018 年的发文量是 2007 年的 1.8 倍，其中，2013 年、2015 年的发文数量相比前一年分别有 11.8%、16.0%的增长，是论文数量增速较快的两年。总体来看，纳米电子学研究是一个日益活跃的研究领域，研究成果的产出稳定增长。需要指出的是，这一论文数量不能涵盖纳米电子学研究论文的全部 SCI 论文，仅代表以纳米电子学为主题的研究论文，并没有包含专利产出情况，并且研究论文与研究活动的发展存在一定的时滞性，研究活动的趋势稍微早于研究论文的发表情况（图 1-1）。

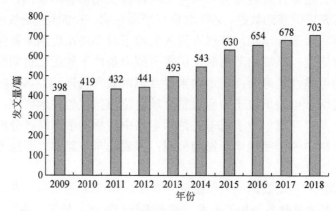

图 1-1　2009～2018 年纳米电子学研究发文量年度变化趋势

## 1.3.2　主要国家

2009～2018 年，纳米电子学研究发文量排名前 10 位国家为中国、美国、德国、印度、韩国、法国、日本、伊朗、英国、意大利，发文情况如图 1-2 所示。排名前 10 位的国家共发表论文 5419 篇，占纳米电子学领域总发文量的 72.4%，而其他国家的发文量只占总发文量的 27.6%。其中，中国和美国分别居前两位，分别发表论文 1662 篇、1504 篇，分别占纳米电子学领域总发文量的 22.2%、20.1%，表明中国和美国在纳米电子学领域的科研活动相当活跃。德国、印度和韩国的发文量相差不大，分别居第 3 位、第 4 位和第 5 位，其发文量分别占总发文量的 5.7%、4.6%和 4.2%。

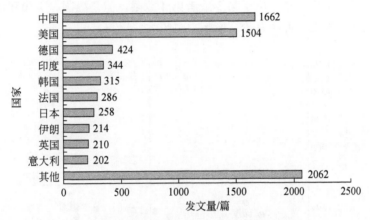

图 1-2　纳米电子学研究主要国家发文量对比

从国家发文量年度变化（图 1-3）来看，中国和美国在各年份明显领先于其他国家。中国呈现较高的年发文增长趋势，2014 年起，中国超过美国，成为年发文量最多的国家，

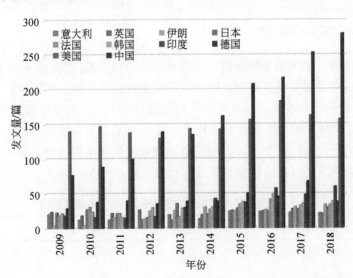

图 1-3　2009～2018 年排名前 10 位国家的纳米电子学研究发文量年度变化趋势

2018 年，中国在纳米电子学领域的发文量为 281 篇。美国表现出较平稳的发文增长趋势，年均发文量为 150 篇。德国、印度、韩国、法国、日本、伊朗、英国、意大利发文量均表现出整体增长的态势。

纳米电子学研究重要国家的 SCI 发文量和篇均被引次数相对位置分布如图 1-4 所示，从中可以看出重要国家在该研究领域的相对影响力。美国处于篇均被引次数和发文量均高于平均值的第一象限，属于双高（高篇均被引次数、高发文量）国家，其论文在该领域具有较大的影响力。中国处于发文量高于平均值，篇均被引次数低于平均值的第二象限，属于高发文量、低篇均被引次数的国家，其篇均被引量低于美国、德国、英国、法国、日本和意大利，中国在该领域的论文影响力水平有待提高。除中国和美国外，其他 8 个主要国家的发文量均低于平均水平，位于第 3 或者第 4 象限，但是德国、英国和法国的篇均被引频次较高，仅次于美国，说明其论文影响力也较大。

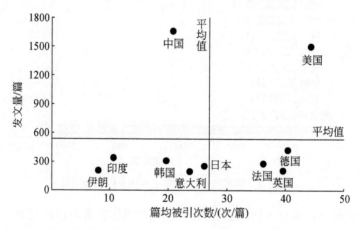

图 1-4 纳米电子学研究重要国家 SCI 发文量和篇均被引次数相对位置分布图

### 1.3.3 主要研究机构

2009～2018 年，纳米电子学研究发文量排名前 10 位的研究机构见表 1-3。中国科学院是纳米电子学研究发文量最多的研究机构，其次是北京大学和法国国家科学研究院。在发文量排名前 10 位的研究机构中，中国的研究机构有 4 个，分别是中国科学院、北京大学、清华大学、南京大学；新加坡的研究机构有 2 个，分别是新加坡南洋理工大学、新加坡国立大学；美国的研究机构有 2 个，分别是美国普渡大学和美国哈佛大学；其余的两个机构是法国的国家科学研究院和伊朗的伊斯兰阿扎德大学。

表 1-3　纳米电子学研究发文量排名前 10 位的研究机构　　（单位：篇）

| 主要研究机构 | 国家 | 发文量 |
| --- | --- | --- |
| 中国科学院 | 中国 | 350 |
| 北京大学 | 中国 | 131 |
| 法国国家科学研究院 | 法国 | 79 |

续表

| 主要研究机构 | 国家 | 发文量 |
| --- | --- | --- |
| 新加坡南洋理工大学 | 新加坡 | 75 |
| 伊朗伊斯兰阿扎德大学 | 伊朗 | 74 |
| 清华大学 | 中国 | 66 |
| 美国普渡大学 | 美国 | 63 |
| 南京大学 | 中国 | 59 |
| 新加坡国立大学 | 新加坡 | 59 |
| 美国哈佛大学 | 美国 | 56 |

表 1-4 为中国纳米电子学研究发文量排名前 10 位的研究机构,中国科学院和北京大学的发文量以较大优势领先于其他研究机构。中国科学院的发文量约是北京大学的 2.7 倍。2009～2018 年,中国科学院的纳米电子学研究发文量占中国纳米电子学研究总发文量的 21%。清华大学、南京大学、复旦大学分别居第 3 位、第 4 位和第 5 位。

**表 1-4　中国纳米电子学研究发文量排名前 10 位的研究机构**　（单位：篇）

| 主要研究机构 | 发文量 |
| --- | --- |
| 中国科学院 | 350 |
| 北京大学 | 131 |
| 清华大学 | 66 |
| 南京大学 | 59 |
| 复旦大学 | 51 |
| 中南大学 | 44 |
| 香港城市大学 | 41 |
| 台湾交通大学 | 39 |
| 苏州大学 | 37 |
| 浙江大学 | 36 |

对 2009～2018 年纳米电子学 SCI 论文排名前 10 位的机构进行论文质量的比较分析（图 1-5）,分别以前 10 位机构发文量的平均值与世界篇均被引次数作为 SCI 论文数量基准与篇均被引次数基准,划分出了 4 个象限。中国科学院和北京大学位于第 1 象限,这两个机构发文量高于其他 8 个机构,篇均被引次数高于世界平均篇均被引次数,但低于位于第 4 象限中的哈佛大学、法国国家科学研究院、新加坡南洋理工大学、新加坡国立大学和普渡大学,同时位于第 4 象限的机构还有清华大学。南京大学与伊朗伊斯兰阿扎德大学位于第 3 象限,其篇均被引次数低于世界平均水平。

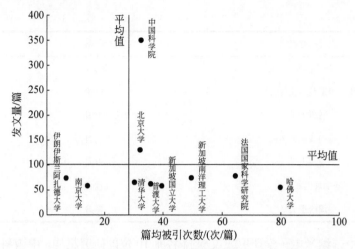

图 1-5　纳米电子学研究重要机构 SCI 发文量和篇均被引次数相对位置分布图

## 1.3.4　国际合作

### 1.3.4.1　主要国家的国际合作

纳米电子学研究 SCI 发文量排名前 10 位国家的合作情况如图 1-6 所示，节点的大小表示国家发文量的多少，线条的粗细代表国家之间的合作强度。可以看出，中国是开展合作最多的国家，与中国合作最多的国家是美国，其次为德国和日本。美国的主要合作国家为中国，其次为韩国和德国。印度、伊朗与其他国家合作较少。

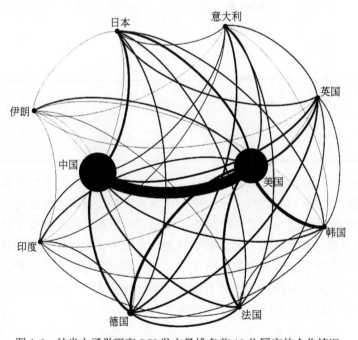

图 1-6　纳米电子学研究 SCI 发文量排名前 10 位国家的合作情况

### 1.3.4.2 主要机构的国际合作

纳米电子学研究发文量排名前 10 位研究机构的合作情况如图 1-7 所示。中国科学院与 7 家主要机构开展合作，分别来自中国、新加坡和美国，其合作发表论文占中国科学院发文总量的 15.4%，中国科学院和北京大学合作发表的论文占中国科学院发文总量的 6.6%，中国科学院和新加坡南洋理工大学的合作发文量占中国科学院发文总量的 1.7%。北京大学与 6 家主要机构开展合作，分别来自中国、法国、新加坡和美国，其合作发表论文占北京大学发文总量的 26.7%，北京大学与中国科学院的合作发文量占北京大学发文总量的 17.6%，北京大学与哈佛大学的合作发文量占北京大学发文总量的 3.8%。新加坡南洋理工大学与 6 家主要机构开展合作，分别来自法国、中国、新加坡和美国，其合作发表的论文数量占新加坡南洋理工大学发文总量的 22.7%，新加坡南洋理工大学与新加坡国立大学的合作发文量占新加坡南洋理工大学发文量的 6.7%，新加坡南洋理工大学与中国科学院的合作发文量占新加坡南洋理工大学发文量的 8%。

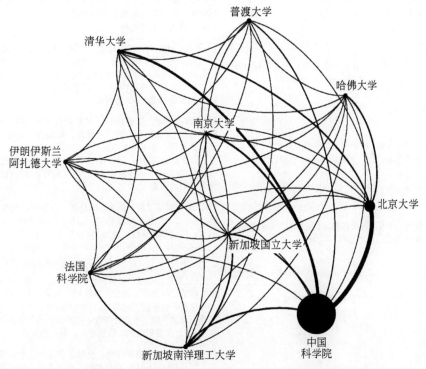

图 1-7　纳米电子学研究发文量排名前 10 位研究机构的合作情况

## 1.3.5　研究主题

使用 DDA 对纳米电子学研究论文的主题词进行分析，可以大致把握领域的总体特征、发展趋势、研究热点和重点方向。2009～2018 年纳米电子学研究受关注的主题词和新出现的主题词见表 1-5。2009～2018 年，碳纳米管、石墨烯出现频次较高，说明这两个主题受到较多关注。基于每年新出现的且受到较多关注的主题词对纳米电子学新兴研究领域进行分析，聚焦材料、器件、量子及其性质、性能等方面的变化[分别对应表1-5中编号1)、2)、3)、4)]。2010~2013年，主要研究的材料包含层状石墨烯、单层石墨烯、少层石墨烯、石墨氧化物、石墨烷、石墨炔、氮掺杂石墨烯；单层二硫化钼、原子级二硫化钼；碳化硅、非晶碳；等等。2014~2018年，新出现的材料或者材料形态包含：单晶石墨烯；天然二硫化钼、$MoS_{2(1-x)}Se_{2x}$；过渡金属碳化物、二维碳化钛；等等。2010~2013年，主要研究的器件包含：硼氮化物纳米管、石墨烯晶体管、氧化锌纳米线、二硫化钼晶体管、二硫化钼纳米带等。2014~2018年，新出现的器件或者器件形态包含：二硫化钼纳米片、锑化镓纳米线、二碲化钼晶体管等。

**表1-5　2009~2018年纳米电子学研究最受关注的主题词和新出现的主题词**

| 年份 | 受关注的主题词 | 新出现的主题词 |
|---|---|---|
| 2009 | 阵列、运输、设备、场效应晶体管、制造、生长、纳米结构、碳纳米管、纳米线、晶体管 | |
| 2010 | 场效应晶体管、碳纳米管、阵列、生长、薄膜、运输、设备、制造、纳米线 | 1）黑磷、氮化硼、层状石墨烯、单层石墨烯、少层石墨烯、石墨氧化物、碳化硅；2）硼氮化物纳米管、门电路、异质结；3）原子层沉积、增强拉曼散射、库仑阻塞效应、晶界；4）大面积、高性能、功率、电气检测 |
| 2011 | 薄膜、生长、场效应晶体管、设备、碳纳米管、运输、晶体管、阵列、制造 | 1）单层二硫化钼、二硫化钼、过渡金属二硫代甘氨酸、氮化物、石墨烷、硒化铋、碲化铋、二维电子气体；2）集成电路、石墨烯晶体管、光电晶体管、非理想晶体管、忆阻器、药物-递送；3）有效势、偏振、热电特性、非理想性、手性、广义梯度近似、紧凑SPICE模型；4）灵敏度 |
| 2012 | 生长、薄膜、碳纳米管、场效应晶体管、设备、化学气相沉积、运输、阵列、制造、薄膜 | 1）六角氮化硼、折叠DNA、氮掺杂石墨烯、磷、非晶碳、钛酸钡、锂；2）锂离子电池、发射体、谐振器、生物医学应用、氧化锌纳米线、算术运算电路；3）谷极化、载流子迁移率、动作点位、拉曼能量转换、分子动力学模拟、光催化活性、光电子谱、（晶体）取向附生、石墨电子、X射线衍射、接触电阻；4）高效、化学吸附、陶瓷 |
| 2013 | 薄膜、生长、场效应晶体管、晶体管、石墨烯、碳纳米管、纳米结构、运输 | 1）二硫化钼原子层、超薄二硫化钼、石墨炔、铋铁氧体、铜箔、钙钛矿；2）二硫化钼晶体管、二硫化钼纳米带、纳米线晶体管阵列、氧化物纳米线、$LaAlO_3/SrTiO_3$接口、全加器、纳米膜；3）拓扑绝缘子、晶格动力学、电阻率、受控制的方向；4）便捷合成、氢气析出、绝缘体转变、单晶表面（111）、可测试性设计 |
| 2014 | 石墨烯、场效应晶体管、薄膜、碳纳米管、生长、纳米粒子、阵列 | 1）层状黑磷、硅烯、锗烯、层状二硫化钼、原子级薄二硫化钼、片状剥落二硫化钼、双层二硫化钼、多层二硫化钼、二硒化钨、二硫化钨、铁酸铋、超晶格；2）蜂窝结构；3）双分子层、量子电容、可调带隙、电催化活性、热输运、蒸气相增长、电子运输性质；4）大面积合成、热稳定性、氧化物界面 |
| 2015 | 石墨烯、场效应晶体管、晶体管、化学气相沉积、薄膜 | 1）亚磷、过渡金属碳化物、少层二硫化钼、单晶石墨烯、少量磷；2）DER-WAALS异质结构、离子电池、平面异质结构、二硫化钼纳米片、相变存储器3）光响应、温度相关的拉曼、光生成、DER-WAALS取向附生、运输各向异性、畴壁；4）异质双层、敏感检测、非相互作用、催化活性、IR（111） |
| 2016 | 石墨烯、薄膜、场效应晶体管、晶体管、薄膜、化学气相沉积、纳米粒子 | 1）锑烯、硒化锡、单层锡原子、二维硼、二维碳化钛、ALPHA-二碲化钼、天然二硫化钼、石墨碳氮化物、二碲化钼；2）大孔纳米电子网络混合设备、晶圆级、超薄纳米片、原子系统；3）电子局域化、空穴迁移率、旋转霍尔绝缘子、拓扑绝缘子、单轴应变、柔性电子、拉伸应变共轭、狄拉克锥、边缘修正；4）偏差导电峰值、化学腐蚀、电击穿 |

| 年份 | 受关注的主题词 | 新出现的主题词 |
|---|---|---|
| 2017 | 石墨烯、场效应晶体管、薄膜、晶体管、化学气相沉积、薄膜、性能 | 1）单层砷烯、二维半导体、硼吩；2）鳍式场效、横向异质结构、微电极阵列、芯片；3）同步注入电子、共价功能化、表面能、最低能量路径、负电容、压电电子、热电子发射、横向电子运输、可调电子结构；4）表面合成、高性能光电探测器、平面各向异性、金膜、充电密度 |
| 2018 | 石墨烯、场效应晶体管、晶体管、薄膜、总能量计算、纳米片 | 1）$MoS_{2(1-x)}Se_{2x}$、1T 二硫化钽晶体、活性炭、非晶碳膜、蓝磷、锗硒化物、氢硫化物、单层二硒化钨；2）太阳能电池薄膜、逆变器、锑化镓纳米线、二碲化钼晶体管；3）捆绑互连、电荷密度波、密度泛函理论、边缘状态、费米弧、弗兰克-康登阻塞、界面破坏；4）射频性能、深层脑刺激、引流、皮质、气体吸附、微波、直接电化学、底部合成、源扩展、金表面、配体交换 |

注：对 2009～2018 年的 SCI 论文进行定量分析

## 1.4　总结与建议

从美国、欧洲、日本、中国的纳米电子学研究现状可以看到，各国/地区均重视纳米电子学的发展，并以各自的实际情况为基础制定了纳米电子学的发展规划。美国以纳米技术计划为依托发展纳米电子学，在《2020 及未来纳米电子器件发展》计划中重点推进 5 个重要领域：应用于计算的新"态变量"、应用于量子信息科学的纳米尺度工艺和现象、纳米光子学与纳米电子学的融合、碳基纳米电子学、构建国家纳米电子学研究与制造基础设施网络。欧盟强调工业研究机构、大学研究人员、政府和金融组织的合作推动纳米电子学与技术的发展。欧盟从 2004 年起，通过尤里卡计划、第七框架计划、"地平线 2020"发布路线图，在芯片制造技术设备和材料专用试验平台研发、纳米电子学在石墨烯（基础研究、电子器件领域）研究、展示计算组件的新方法的可行性示范等领域进行了具体的规划。日本的《第三期科学技术基本计划》（2006～2010 年）将纳米电子作为重要研发领域，正在执行的《第五期科学技术基本计划》（2016～2020 年）将纳米电子技术等作为发展超智能社会的核心优势基础技术之一，通过开放式筑波创新中心支持从创造新知识到工业应用的所有必要过程。我国从 20 世纪初即进行纳米电子学的研究与发展规划的制定，数次将纳米电子学作为纳米科学与技术的重点研发领域，"十三五"期间，在产业技术体系建设方面，在微纳电子与系统集成技术、纳米材料与器件领域进行了具体的规划。

我国在纳米技术以及纳米电子学领域及时制定了规划并部署了相关项目，在纳米电子学领域的研究论文数量也处于领先地位。借鉴美国、欧洲与日本的规划制定办法，依据我国目前研究论文影响力有待提高的情况，我国可以从如下四方面进一步完善我国纳米电子学研究。

（1）重点研究纳米电子学核心基础领域

基础研究是推动纳米电子技术发展的重要支撑。遵循基础研究的发展规律，对纳米电子学的核心基础领域提出建议。

将纳米电子学的实验现象与基础理论结合起来,不断发展完善基础理论;加强对纳米电子学核心基础科学问题的判断,对其进行长期探索,给予持续支持;加强对纳米电子学未来发展方向的预测,定期对预测的方法与效力进行回顾与评估,形成纳米电子学发展方向的预测体系;在科研机构中营造良好的基础研究氛围,通过制定基础研究专门的评价机制等方式推动纳米电子学等学科基础研究的发展;鼓励有条件的企业加大基础研究投入力度。

(2)通过优先发展纳米电子学优势机构,带动我国在该领域的科研影响力

通过纳米电子学定量分析可以看到,我国的纳米电子学研究论文影响力整体排名低于世界平均水平,同时国内有若干机构在该领域论文的影响力高于世界平均水平。针对这种情况,建议通过对纳米电子学各分支领域进行全面与动态的评估,确定优势机构,并通过优势机构带动我国在纳米电子学各个分支领域的国际影响力,并引导优势机构合作,推动纳米电子学学科的发展。

(3)夯实基础研究到产业转化链条,加速科学技术转化

纳米电子学研究纳米空间量子或者量子波的运动规律,并利用这些规律制造纳米电子器件和集成电路,建议包括以下三个方面。

1)集中力量攻坚。纳米电子学研究为未来芯片技术的竞争提供了基础的研究支撑,我国应确定若干重要的纳米电子器件和集成电路,并建立从基础研究到产业发展的路线图,集中优势力量进行攻关。

2)建立研究机构与企业之间的桥梁。有效收集企业的重要问题与需求,形成重要一手资料;使用多种方式建立企业与研究机构的沟通桥梁,促进有研究基础的研究机构提炼基础科学问题,推动企业与研究机构之间的合作,将研究成果应用于企业生产,形成经济效益,从而推动企业与研究机构的双向发展。

3)为研究人员提供先进的实验平台。集中国家资源,为全国范围内的研究机构建立若干标准的先进公用实验平台,使得研究人员均有机会使用先进的仪器,从而推动高影响力研究成果的产出。

(4)兼顾伦理、能源和环境要求,推进纳米电子学可持续发展

纳米电子器件和集成电路所涉及的伦理和环境问题主要包含纳米材料生产过程中的安全性、器件的能耗、废旧纳米电子器件回收对环境的影响等问题。我国已经开展了对纳米材料安全性的研究,但是在这一研究的深入及成果的普及方面还有待加强。能耗与环境因素是所有科学研究中都需要考虑的基本问题,随着人们生活水平的不断提高,地球上的能源资源日益减少,能源和环境问题更深刻地为人类所感知与重视,在纳米电子学的研究中进行能源环境影响评估变得日益迫切,亟待形成一套受到公众认可和容易执行的能源环境影响评估的方法体系。

**致谢** 国家纳米科学中心副主任魏志祥研究员、孙向南研究员等对本书的初稿进行了审阅并提出了宝贵的修改意见，特致感谢！

## 参 考 文 献

郭维廉. 2002. 固体纳米电子器件和分子器件. 微纳电子技术，（4）：1-7.

蒋建飞，蔡琪玉. 1997. 纳米电子学——电子学的前沿. 固体电子学研究与进展，（3）：218-226.

康明才，黄锦安. 2004. 纳米科技与纳电子学. 电气电子教学学报，26（4）：4-6.

科学技术部. 2017. 德国启动微电子与纳米电子研究工厂项目. http://www.most.gov.cn/ gnwkjdt/201706/t201 70626_133726.htm

林鸿溢. 1995. 跨世纪新学科——纳米电子学. 电子学报，（2）：59-64.

彭英才，赵新为，傅广生. 2006. 面向 21 世纪的纳米电子学. 微纳电子技术，（1）：1-7.

信息与电子科学和技术综合专题组. 2004. 2020 年中国信息与电子科学和技术发展研究. 2020 中国科学和技术发展研究（上）：100-167.

薛增泉. 1998. 纳米电子学. 现代科学仪器，（Z1）：8-12，16.

中国科学院苏州纳米技术与纳米仿生研究所（SINANO）. 2012. 准一维限域体系的量子输运特性研究. http:// biomed.sinano.ac.cn/research.php?id=10&id2=28&id3=0&page=4.

中国科学院苏州纳米技术与纳米仿生研究所（SINANO）. 2012. http://biomed.sinano.ac.cn/research.php?id= 10& id2=28［2019-10-31］.

Andrea C. Ferrari，Francesco Bonaccorso，Vladimir Fal'ko，et al. 2015. Science and technology roadmap for graphene，related two-dimensional crystals，and hybrid systems. Nanoscale，7（11）：4598-4810.

EPoSS. 2014. A European Industrial Strategic Roadmap for Micro- and Nano-Electronic Components and Systems. https://www.smart-systems-integration.org/public/news-events/news/a-european-industrial-strategic-roadma p-for-micro-and-nano-electronic-components-and-systems［2019-10-31］.

European Commission. 2012. Innovation for the future of Europe： Nanoelectronics Beyond 2020. https://ec.europa. eu/digital-single-market/en/news/innovation-future-europe-nanoelectronics-beyond-2020［2019-10-31］.

European Commission. 2017. Horizon 2020 Work Programme from 2018 to 2020. https://ec.europa.eu/ commission/ presscorner/detail/en/MEMO_17_4123［2019-10-31］.

IBM. 2015. IBM Research Alliance Produces Industry's First 7nm Node Test Chips - United States. https://www-03. ibm.com/press/us/en/pressrelease/47301.wss［2019-10-31］.

IBM. 2017. IBM Research Alliance Builds New Transistor for 5nm Technology - United States. https://www-03. ibm. com/press/us/en/pressrelease/52531.wss［2019-10-31］.

IBM. 2018. IBM-Led Chip Alliance Delivers Major Semiconductor Performance Leap，Power Savings Using Innovative "High-K/Metal Gate" Material. https://www-03.ibm.com/press/us/en/pressrelease/23901.wss ［2019-10-31］.

Nanoscale Science and Engineering Center（NSEC）. 2011. http://www.nsec.harvard.edu/.

Nanowerk. 2016. Germany's Nanotechnology 2020 Action Plan. https://www.nanowerk.com/spotlight/spotid= 45146. php［2019-10-31］.

NEREID. 2018. NEREID presents its final Roadmap. https://www.nereid-h2020.eu/content/nereid-presents-its-final- roadmap［2019-10-31］.

NIST. 2018. Nanoelectronic Device Metrology. https://www.nist.gov/programs-projects/ nanoelectronic- device-metrology［2019-10-31］.

Stanford University. 2014. Nanoelectronic devices. https://nano.stanford.edu/nanoelectronic-devices［2019-10-31］.

# 2 深空探测领域国际发展态势分析

郭世杰 董 璐 魏 韧 李泽霞

（中国科学院文献情报中心）

**摘 要** 世界深空探测的历史从美国和苏联太空竞赛时代开始，对太阳系天体的探测基本按照由近及远、由易及难的顺序开展。深空探测的关键科学目标包括探索太阳系起源、生命起源、太阳系天体演化等。美国、欧洲、俄罗斯、日本、印度、韩国、以色列、阿联酋和中国等近期均规划部署了一系列深空探测任务，其中美国提出的"月球轨道空间站"已得到"国际空间站"各合作方的支持，可能将在特朗普提出的"重返月球"计划中扮演重要角色。

月球及火星是目前国际深空探测的主要目标，多国针对木星卫星、火星卫星、小行星的探测任务也在稳步推进。深空探测的关键技术包括空间推进技术、生命保障技术、空间能源技术、机器人与自动化系统、深空通信与导航、再入下降及着陆系统、空间核能技术等，其中空间核能技术是我国尚需从国外引进、需要突破的关键核心技术之一。从文献计量结果看，国际深空探测相关研究论文数量持续增长，美国、德国、法国、英国、意大利、中国是发表研究论文数量最多的几个国家，美国国家航空航天局、加州理工学院、亚利桑那大学、德国航空航天中心是发表论文数量最多的几个研究机构。美国、中国的论文中大多数为本国研究人员自主研究成果（超过60%），而其他主要国家的研究成果中大多数为国际合作论文（超过50%），欧洲国家的国际合作最为紧密。展望未来，深空探测的"普查期"已结束，探测项目需更注重有特色的科学价值；根据国外总结的"渐进性扩张策略""增量建造策略"等经验，未来深空探测项目规划应注重循序渐进，并保持探索目标和路线图的长期稳定。

**关键词** 深空探测 月球 火星 小行星 太阳系探测

## 2.1 引言

习近平总书记在 2016 年 4 月 24 日（首个"中国航天日"）指出："探索浩瀚宇宙，

发展航天事业，建设航天强国，是我们不懈追求的航天梦。"①我国自 1992 年启动载人航天工程"三步走"发展战略、2004 年开始实施月球探测工程"三步走"发展战略（庞之浩，2018）以来，在稳定的规划指引下，步步为营、稳扎稳打，取得了一系列举世瞩目的成就，目前这两项重大工程都已进入关键的"第三步"，即近地轨道载人空间站建设和月球采样返回阶段。另外，国际上各航天大国也在空间探索领域紧密合作，积极谋划以近地轨道为起点向月球、火星轨道进发的载人探索征程。特别是在深空探测领域，随着国际空间站（ISS）即将退役，美国、俄罗斯、欧洲、日本、印度等国家/地区正在筹划以月球轨道空间站"门户"（Gateway）为代表的下一代重大国际合作空间项目；2018 年以来，各国发射或即将发射的一系列针对月球、小行星、火星等深空目标的探测任务更是掀起了新一轮国际竞争热潮，包括我国"嫦娥四号"（Chang'E-4）月球探测器和 2020 年火星探测任务，美国"洞察"（InSight）号火星探测器、"火星 2020"（Mars 2020）探测器，印度"月船 2 号"（Chandrayaan-2）月球探测器，日本隼鸟 2 号（Hayabusa-2）小行星探测器，等等。新兴空间国家不断涌现，国际空间活动的"棋手"数量急剧增多，以色列、韩国、阿联酋等均通过实施或规划本国的月球探测（或火星探测）项目，在深空探测的国际竞争舞台上崭露头角。

为了揭示国际深空探测的发展态势，本章首先简要回顾深空探测的历史，然后从各国政策及战略规划、重要科技成果及突破、科学论文成果产出、关键技术等方面进行研究，通过文献计量、案例分析的手段，力图描绘国际深空探测及相关科研活动的宏观图景和趋势，为我国深空探测领域的科学家和战略决策者提供信息支撑。

## 2.1.1 深空探测的概念

一般而言，深空探测指"人类航天器离开近地轨道、进入太阳系空间和宇宙空间，对地球以外天体或空间环境开展的科学探测"（范全林等，2019）。太阳系内距离太阳系中心最近的天体是距离地球最近的恒星——太阳，向外依次为水星、金星、地球（月球）、火星、木星、土星、天王星、海王星，直至太阳风与星际介质相互作用而形成的日球层顶（Heliosphere top）；还有许多小型天体分散在这一区域内，包括矮行星（如冥王星）、小行星、彗星等。更遥远的太阳系边界可一直延伸到受太阳引力影响的奥尔特云（Oort Cloud），许多彗星轨道也可延伸至这一区域。对于太阳系之外更遥远的天体（如黑洞、中子星、系外行星等），人类一般只能通过天文观测（包括引力波探测）进行研究，因此非本章探讨的重点。

从技术要求上看，深空探测的目标均远在近地轨道（距地面约 2000 千米以内的轨道）和地球同步轨道（距地面约 3.6 万千米）之外，人造探测器要进入这一区域，火箭推力、轨道设计、测量遥控等技术均需达到较高水平，且探测的目标天体距地球越远，成本越高，难度越大。因此，深空探测中研究最多的是距离地球最近的天体——月球，其次是内太阳系的 3 颗类地行星：火星、金星、水星。对于外太阳系的几颗气态巨行星（木星、土星、天王星、海王星）以及它们的卫星，人类目前探测次数较少，所知依然非常有限。

虽然从地球看，太阳远在金星、水星之外，但太阳在整个太阳系的主导地位以及对地球至高无上的影响作用，使太阳物理学成为一门重要而独立的学科。对太阳的光学观测既

---

① 中国共产党新闻网. 2019. 习近平谈航天：星空浩瀚无比，探索永无止境. http://cpc.people.com.cn/n1/2019/0221/c164113-30852331.html?tdsourcetag=s_pcqq_aiomsg [2019-10-31]．

可以通过航天器进行，也可以通过地基望远镜进行，并非本章讨论的重点内容。但是，发射探测器前往太阳附近乃至深入日冕中研究太阳的手段和方法与深空探测的范畴更加接近，因此这一类技术和方法也属于本章所关注的内容。

## 2.1.2 世界深空探测的历史

世界深空探测的历史是在美国和苏联太空竞赛的时代背景下开始的。1957 年苏联发射世界首颗人造卫星后，美国和苏联很快便将眼光投向深空，争相向月球、火星、金星发射无人探测器。本书将一些具有重要历史意义的探测任务总结在表 2-1 中。

**表 2-1 1958 年至今具有重要历史意义的部分深空探测任务**

| 年份 | 月份 | 国家/地区 | 中文名 | 英文名 | 历史意义 |
|------|------|-----------|--------|--------|----------|
| 1958 | 8 | 美国 | 先锋 0 号 | Pioneer 0, 又名 Able 1 | 人类首个深空探测任务，发射 73.6 秒后爆炸 |
| 1959 | 1 | 苏联 | 月球 1 号 | Luna 1 | 首次飞掠月球、进入深空、围绕太阳公转 |
| 1959 | 9 | 苏联 | 月球 2 号 | Luna 2 | 首次撞击月球表面 |
| 1961 | 2 | 苏联 | 金星 1 号 | Venera 1 | 首次飞掠其他行星（金星） |
| 1965 | 7 | 美国 | 水手 4 号 | Mariner 4 | 首次飞掠火星 |
| 1966 | 3 | 苏联 | 金星 3 号 | Venera 3 | 首次在另一颗行星（金星）表面硬着陆 |
| 1970 | 12 | 苏联 | 金星 7 号 | Venera 7 | 首次在另一颗行星（金星）表面软着陆和发回信号 |
| 1971 | 11 | 美国 | 水手 9 号 | Mariner 9 | 首次成功进入围绕另一颗行星（火星）飞行的轨道 |
| 1971 | 11 | 苏联 | 火星 2 号 | Mars 2 | 首次在火星表面硬着陆 |
| 1971 | 12 | 苏联 | 火星 3 号 | Mars 3 | 首次在火星表面软着陆并发回信号 |
| 1972 | 3 | 美国 | 先驱者 10 号 | Pioneer 10 | 首次进入小行星带、首次飞掠木星 |
| 1974 | 2 | 美国 | 水手 10 号 | Mariner 10 | 首次实施"引力助推" |
| 1974 | 3 | 美国 | 水手 10 号 | Mariner 10 | 首次飞掠水星 |
| 1975 | 10 | 苏联 | 金星 9 号 | Venera 9 | 首个绕金星运行的人造探测器 |
| 1976 | 4 | 美国、德国 | 太阳神 2 号 | Helios 2 | 以近距离（4343.2 万千米）飞掠太阳 |
| 1976 | 7 | 美国 | 海盗登陆器 | Viking Lander | 首次在火星表面拍摄照片、分析火星土壤样品 |
| 1979 | 9 | 美国 | 先驱者 11 号 | Pioneer 11 | 首次飞掠土星 |
| 1982 | 3 | 苏联 | 金星 13 号 | Venera 13 | 首次进行金星土壤分析 |
| 1983 | 6 | 美国 | 先驱者 10 号 | Pioneer 10 | 首次到达太阳系八大行星轨道以外 |
| 1986 | 1 | 美国 | 旅行者 2 号 | Voyager 2 | 首次飞掠天王星 |
| 1989 | 8 | 美国 | 旅行者 2 号 | Voyager 2 | 首次飞掠海王星 |
| 1991 | 10 | 美国 | 伽利略 | Galileo | 首次飞掠小行星 |
| 1992 | 2 | 美国、欧洲 | 尤利西斯 | Ulysses | 首次围绕太阳极轨运行 |
| 1995 | 12 | 美国 | 伽利略 | Galileo | 首次围绕木星飞行、首次进入气体行星大气层 |
| 1997 | 7 | 美国 | 火星探路者 | Mars Pathfinder | 首个火星遥控车 |
| 2004 | 9 | 美国 | 起源号 | Genesis | 首次从月球轨道以外带回宇宙物质标本（太阳风粒子） |

| 年份 | 月份 | 国家/地区 | 中文名 | 英文名 | 历史意义 |
|---|---|---|---|---|---|
| 2005 | 1 | 美国 | 卡西尼-惠更斯 | Cassini-Huygens | 首次在土卫六软着陆 |
| 2005 | 11 | 日本 | 隼鸟 | Hayabusa | 首次小行星采样返回 |
| 2006 | 1 | 美国 | 星尘 | Stardust | 首次彗星采样返回 |
| 2012 | 8 | 美国 | 旅行者 1 号 | Voyager 1 | 首次飞出日球层 |
| 2019 | 1 | 中国 | 嫦娥四号 | Chang'E 4 | 首次在月球背面软着陆 |

在月球探测领域，美国的动作更快一步，但最初几年里苏联取得的成果更加丰硕。1958年 3 月 27 日，美国在刚刚成功发射本国首颗人造卫星不到 2 个月后，就宣布将在当年内发射 4～5 个月球探测器。同年 8 月 17 日，人类历史上首个深空探测任务"先锋 0 号"（Pioneer 0，又名 Able 1）由美国空军发射，但在发射 73.6 秒后爆炸。1959 年 1 月 2 日，苏联在经历数次发射失败后，成功发射了"月球 1 号"（Luna 1）探测器，它是人类首个成功进入深空的探测器，于 1959 年 1 月 4 日飞掠月球，距离月球表面最近距离约为 5995 千米（但其任务目标原为撞击月球），并成为人类历史上首个脱离地球引力、围绕太阳公转的人造物体。1959 年 9 月 12 日，苏联发射的"月球 2 号"（Luna 2）探测器成功撞击月球表面。此后一直到 20 世纪 70 年代初，苏联共向月球发射了 32 个探测器，这些探测器取得了一系列重大成果，包括首张月球背面照片、首次月球探测器软着陆、首颗围绕月球运转的卫星等。

美国在 1959～1960 年先后发射过 Pioneer 0、Pioneer 1、Pioneer 2、Pioneer 4、Pioneer P-1、Pioneer P-3、Pioneer P-30、Pioneer P-31 等以月球为目标的无人探测器，但这些任务均未获得完全成功，原因包括未能进入预定轨道、探测器距离月球过远等。1961 年 5 月 25 日，美国总统肯尼迪在国会演讲中提出一个宏伟的目标："在十年之内，将一个人送到月球上，并将他安全带回地球。"（NASA，2011）此后，美国有针对性地开展了一系列研究月球表面放射性及土壤成分的任务，以及为载人登月进行支持和技术验证的任务，包括"探测者"（Explorer）、"徘徊者"（Ranger）、"月球环绕器"（Lunar Orbiter）和"阿波罗"（Apollo）系列等，最终在 1969 年 7 月由"阿波罗 11 号"（Apollo 11）完成了首次载人登月任务。此后直到 1972 年 12 月，美国共成功实施了 6 次载人登月任务（登月任务为 Apollo 11～17 号，其中 Apollo 13 在发射后发生氧气罐爆炸事故，因而放弃了登月并成功返回地球），有 12 名航天员登上过月球，至今尚无其他国家成功进行载人登月任务。

从表 2-1 可以看出，距离地球最近的两大行星——金星和火星是人类首先探测的目标。从 1972 年起，针对木星、水星的探测开始逐步开展。1976 年之后，针对太阳、土星、天王星、海王星的探测任务登上历史舞台。冷战结束至今，受政治驱动的"天体普查"式任务数量逐渐减少，科学目标驱动的研究型任务逐步增多，且参与深空探测的国家数量大大增加。时至今日，人类探测的轨迹已遍布太阳系所有主要行星，基本涵盖全部天体类型（恒星、行星、卫星、小行星、彗星、矮行星）。截至 2018 年底，各主要航天国家/地区所开展的深空探测任务数量如表 2-2 所示（卢波，2019），可见中国的深空探测对象主要集中在月球，在数量和天体种类上与其他国家尚有差距。

表2-2　2018年底前世界各国/地区开展的深空探测任务统计　（单位：次）

| 探测对象 | 美国 | 俄罗斯 | 欧洲 | 日本 | 中国 | 印度 |
|---|---|---|---|---|---|---|
| 月球 | 42/26 | 64/23 | 1/1 | 2/2 | 5/5 | 1/1 |
| 火星 | 21/16 | 19/5 | 2/2 | 1/0 | 1/0 | 1/1 |
| 金星 | 6/5 | 33/16 | 1/1 | 1/1 | 0/0 | 0/0 |
| 水星 | 2/2 | 0/0 | 1/1 | 1/1 | 0/0 | 0/0 |
| 木星、土星、天王星、海王星 | 7/7 | 0/0 | 0/0 | 0/0 | 0/0 | 0/0 |
| 小行星、彗星、矮行星 | 8/8 | 0/0 | 2/2 | 5/4 | 0/0 | 0/0 |
| 太阳 | 13/12 | 0/0 | 2/2 | 0/0 | 0/0 | 0/0 |

注：中国的5次探月发射分别是："嫦娥一号"、"嫦娥二号"、"嫦娥三号"、"嫦娥四号"及"鹊桥号"中继星

## 2.1.3　深空探测的关键科学目标和科学问题

人类的航天活动可以分成空间科学、空间技术、空间应用等。其中，空间科学又可以分为空间物理学、太阳物理学、空间天文学、空间地球科学、空间生命科学、空间基础物理、微重力科学、月球与行星科学等。深空探测的科学研究目标既包括深空环境中的各种天体，也包括与天体相关的特性，如行星化学、行星大气科学、行星地质学、行星生物学等；此外，深空探测为"比较行星学"提供了非常重要的数据支撑，即以地球作为参照物，研究行星及其卫星的大气物理、化学和动力性质、表面特征、内部化学组分和构造、磁场性质、气候环境以及生命存在的可能性（胡永云等，2014）。

历史上，随着人类深空探测的步伐在太阳系中逐渐扩张和地球上超级大国之间冷战的结束，深空探测的政治意义开始变得不如太空竞赛时那么显著，而探索太阳系起源、生命起源、太阳系天体的演化等科学问题逐渐成为国际深空探测任务的主要目标。

2003年，美国国家科学院（NAS）发布题为"太阳系的新前沿：集成探索战略"的行星科学10年调查报告，提炼出2003～2013年太阳系探测的四大主题：①太阳系最初10亿年历史；②搜寻与生命有关的挥发物和有机物；③宜居世界的起源和演化；④行星系统运行机制。基于这份报告，美国国家航空航天局（NASA）在2006年9月发布《太阳系探索路线图》，将未来30年太阳系探索的科学目标归结为五大方面：①太阳系行星和小天体的起源；②太阳系的演化；③太阳系导致生命起源的特征；④地球生命起源和演化及太阳系是否存在地外生命；⑤"人类进入空间"产生影响的太阳系中的威胁和资源。2008年，NAS发布《NASA太阳系探索计划评级中期报告》，对目标和任务的优先级进行了修订，包括将火星探索的长期目标从"寻找水"发展为"寻找有机物或生命"。2011年，NAS发布《2013—2022年行星科学的愿景和旅程》10年调查报告，提出2013～2022年的任务建议，包括彗星表面取样返回、月球极区取样返回、土星探测、小行星探测和金星原位探测等。

2018年11月，美国NAS发布了《2013—2022年未来十年行星科学的发展展望：中期回顾》，对行星科学十年规划做出中期评估，为实现十年调研剩余年份的目标提供指导，并为目前计划于2020年开始的下一个十年调研做准备。报告首先回顾了近10年的重要科学成就，指出这10年是行星科学史上最重要和科学成果收获最为丰富的时期之一：仅仅在5年前，冥王星在最灵敏的天文望远镜头下仅是一个模糊的斑点，但今天人们终于知道冥王星是一个

高度复杂的世界；人类对木星的大气和磁场进行了前所未有的详细探索；土卫二和木卫二的地下海洋已经被确认；土星环、土星卫星和大气也被以新的方式发现；火星的大气层及表面正在被仔细勘察，地下水是否存在的秘密即将被揭开。由于 NASA 和国际合作伙伴的努力，水星、金星、谷神星、灶神星、彗星 67P/Churyumov-Gerasimenko、小行星 Itokawa 和月球的成分与起源都有了新的答案，关于太阳系形成的原因有了新的见解。报告还推荐了在未来开展木卫二轨道器、木卫二着陆器、冰巨星（天王星或海王星）探测、火星采样返回等任务。

俄罗斯和美国共同研究过专门面向金星的科学问题和科学目标。2017 年 3 月，俄美"金星-D"（Venera-D）任务联合科学定义小组（JSDT）举行工作会议，商议金星探测任务的科学目标、有效载荷和飞行方案，发布了《Venera-D：通过开展金星综合探测拓展行星气候与地质学认知》科学评估报告（NASA，2017）。报告明确 Venera-D 任务轨道器的主要科学目标包括：①研究超旋转和辐射平衡的动力学性质以及温室效应；②表征大气、风、热力潮的热结构；③测定大气组成，研究云的结构、组成、微物理和化学；④研究高层大气、电离层、电活动、磁层和逃逸率。着陆器的主要科学目标则包括：①对金星表面物质进行化学分析，研究其元素组成，包括放射性元素；②研究表面与大气之间的相互作用；③测定金星大气组成，包括痕量气体和稀有气体的丰度和同位素比值；④对云气溶胶进行化学分析；⑤表征不同尺度地区的地貌。

## 2.2 深空探测各国规划及政策

### 2.2.1 美国

#### 2.2.1.1 深空探测主路线图一直因总统而反复调整

美国在深空探测方面长期保持世界领导者的地位，但其主要探测目标和路线图并不长期稳定，在 20 世纪 90 年代前后就提出过"重返月球"的口号，但后来主要探测目标转变为火星：1989 年 7 月，美国总统老布什宣布，"在新的世纪，我们要重返月球，重返未来，而且这一次要待下去"，即要开发利用月球矿产资源、能源和特殊环境，建设月球基地，实现在月球的长期存在。在此要求下，1993 年，美国提出了建设月球基地的"从月球获取液氧"（LUNOX）方案。2004 年 1 月 14 日，美国总统小布什提出 2008 年前开始发射无人探测器到月球进行系统的月球探测，2020 年前重新载人登月，并在月球上长期居留（USRA，2018）。与此对应，2004 年 11 月美国国会通过了关于美国国家航空航天局的 2005 年预算的决议，决定在 2005 年向 NASA 提供 162 亿美元，用于开始进行月球任务的规划，以及使航天飞机重新飞行、研究代替航天飞机的新型飞船等。2005 年 12 月，小布什签署了《2005年 NASA 授权法案》（NASA，2005），该法案指示 NASA "开展一项先导计划，研究人类在月球上的持续存在"。在这一背景下，2005～2009 年 NASA 开展了"星座计划"（Constellation Program），以研究将航天员送上国际空间站和月球，然后以月球基地为中转站将航天员送往火星及更远的目的地。

但是，2010 年美国总统奥巴马提议废除星座计划，理由是"预算超支、落后于预期和缺乏创新"，同时提出拨款数十亿美元用于鼓励私人企业为航天局制造、发射和运营太空飞行器（The White House，2016）。其结果是与星座计划相配套的运载火箭和猎户座飞船（Orion）的研发被终止，仅保留压缩版的 Orion 载人航天器，将这种原本用于登月的运输工具改造为航天员的紧急逃生设备，并在之后几年内将它送至国际空间站，以确保美国航天员在空间站发生意外时不必依赖俄罗斯飞船逃生。2010 年 4 月 15 日，奥巴马宣布了新的太空探索计划（The White House，2013），希望在 21 世纪 30 年代中期之前将航天员送上火星，而不再延续布什政府时代在月球建立基地的目标。根据新计划，美国政府在航天飞机编队退役后将邀请更多私营企业参与太空探索，研制运载火箭等太空运载工具。谈及为何要放弃其前任总统小布什制定的重返月球计划时，奥巴马说："我们以前已经到过那里（月球），而眼下有更广阔的太空等待探索。美国政府将不仅只在资金方面支持太空探索，而且，探索太空有明确目标，存在更进一步的目的。"

### 2.2.1.2  计划 2024 年前载人重返月球

美国特朗普政府重新提出了"重返月球"的目标，同时继续支持针对火星等天体的探测任务。2018 年 3 月 23 日，美国公布特朗普政府《国家航天战略》要点（The White House，2019），指出特朗普总统已采取一系列重大举措重新定位美国航天政策，包括指导 NASA 将美国航天员送回月球进行长期探索和开发利用，随后开展前往火星和其他目的地的载人探索任务。

2018 年 9 月 27 日，NASA 发布《国家空间探索行动报告》，提出美国"国家空间探索行动"的 5 项战略目标：①将近地轨道的美国载人航天活动转变为支持 NASA 和新兴商业经济需求的商业运营活动；②领导开发支持月球表面作业的能力，并促进超越地月空间的任务；③通过一系列机器人任务，促进月球科学研究，发现和表征月球资源；④将美国航天员送回月球表面进行持续的探索和资源利用；⑤在月球上展示人类执行火星任务和前往其他目的地所需的能力。

2019 年 3 月 26 日，美国副总统迈克·彭斯（Mike Pence）在美国国家空间委员会第 5 次会议上谈到 NASA 让美国航天员重返月球和火星的任务，宣布美国计划在未来五年内让航天员登陆月球，在月球表面建立一个永久性基地，并开发技术，将美国航天员带到火星及其他地方。该基地很可能建在月球的南极附近。美国国家安全委员会（NSC）将帮助引导和简化美国的太空政策。Pence 承认 2024 年这一时间节点是非常紧迫的，但强调这是可以实现的，理由是在太空时代开始仅仅 12 年后，1969 年阿波罗 11 号就登月成功了。他还表示，这次成功需要采取一切可能的方式，如果 NASA 正在开发的空间发射系统届时无法准备就绪，可能使用商业公司所开发的火箭。NASA 局长 Jim Bridenstine 则在会议上表示，NASA 2020 年将通过猎户座飞船搭载航天发射系统（SLS）火箭执行探索任务 1 号，并在 2022 年前将航天员送至月球附近。此外，NASA 正在寻找创新的方法来推进 SLS 的制造和测试，以确保在 2020 年发射探索任务 1 号；已经指示 NASA 内部进行新的调整，以确保有效地支持这项工作，包括建立一个新的任务理事会——月球到火星任务理事会，以专注于制定和执行探索开发活动。

### 2.2.1.3 将"门户"空间站视为重要中转站并争取到国际支持

美国计划建造的月球轨道空间站"门户"是 NASA 主导的多国空间合作项目,是实现美国重返月球计划的关键步骤。根据 2018 年 12 月 10 日 NASA 咨询委员会(NAC)在会议上披露的规划情况,Gateway 的规模远小于国际空间站,距地球约 $3.84×10^5$ 千米,环月轨道周期为 6 天,具备 50 千瓦的太阳能电推进能力,拥有 125 立方米加压容积,在猎户座飞船停靠时最多可容纳 $7.5×10^4$ 千克货物,可容纳 4 名航天员开展为期 30~90 天的任务。NASA 认为,通过 Gateway 作为中转站到达月球,比像 Apollo 计划那样直接抵达月球表面的好处更多,包括有助于建设可重复使用的月球探索系统、在中转站检查和维护航天器、增加商业合作和国际合作机会、开展时间更长的月球表面探索任务、提供长期在轨科学研究平台、建设深空基础设施、降低火星探测成本等。

美国已经争取到国际空间站合作方对 Gateway 的支持。加拿大总理 Justin Trudeau 于 2019 年 2 月 28 日宣布加拿大支持月球前哨站 Gateway 和深空探测,成为 Gateway 的第一个国际合作伙伴(NASA,2019)。2019 年 3 月 5 日,国际空间站多边协调委员会(MCB)举行会议,发表了联合声明,支持 Gateway 作为下一步在月球附近部署的人类前哨站,认可它是国际空间合作关键的下一步;Gateway 将支持人类和机器人进入月球表面,并为以后人类火星任务面临的挑战积累宝贵的经验。

### 2.2.1.4 在 2020 财年预算中支持载人重返月球目标

2019 年 3 月 11 日,NASA 公布 2020 财年预算目标,其中包括 107 亿美元的探测活动费用,用于将航天员送至月球或更远的星球。这些预算支持活动包括:①开发用于空间发射的系统火箭(不可重复使用的重型运载火箭),在 21 世纪 20 年代早期,需要保持此类火箭处于可发射状态,以便在需要时可将搭载航天员的猎户座飞船发射至月球附近;②研制 Gateway 作为 21 世纪 20 年代中期绕月中途站;③开发商业发射设备能以低成本方式定期抵达月球附近和月球表面;④在 21 世纪 20 年代晚期,通过月球登陆器将人类或货物运送至月球表面;⑤投资长期利用和探索月球表面的技术。2019 年 6 月初,NASA 与三家商业公司签订价值 2.535 亿美元关于开发月球着陆器和相关技术的合同(NASA,2019)。

### 2.2.1.5 火星及其他深空探测目标仍稳步推进,但规模可能受到削减

尽管目前美国正在如火如荼地开展 2024 年前重返月球的准备工作,但针对火星及其他深空目标的探测计划同时也一直在紧锣密鼓地部署。2015 年 10 月,美国发布了《火星之路——开启太空探索新旅程》战略报告(于登云等,2016),提出了其未来深空探索的发展路径,规划在 21 世纪 30 年代末实现载人登陆火星的远期目标:继 2018 年发射"洞察号"着陆器后,美国计划在 2020 年发射"火星 2020"火星车、2022 年发射"火星 2022"轨道器、2025 年左右发射无人猎户座飞船。图 2-1 是 2018 年 11 月美国 NAS 发布的《2013—2022 年未来十年行星科学的发展展望:中期回顾》中梳理的至 2024 年美国的深空探测(行星科学)任务,可见未来 5 年,美国除实施"重返月球"计划外,还将继续实施(参与)或新发射一系列针对木星、小行星和火星的深空探测任务。

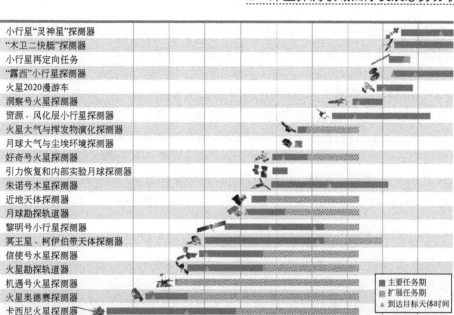

图 2-1　NASA 开展和参与的行星科学任务（2000～2024 年）

　　目前，尚未看到 NASA 可能因为重返月球的资金压力取消已立项的其他探测计划的意图和迹象；但是已有部分任务经费受到削减。据 *Nature* 网站 2019 年 3 月 19 日报道，NASA 削减欧罗巴（木卫二）任务经费激怒了行星科学家。任务中原本计划建造的一个仪器被取消，该仪器名为"探测木卫二内部特性的磁强计"（ICEMAG），旨在通过测量海水中的盐含量，帮助确定木卫二被冰覆盖的海洋是否能够承载生命。NASA 于 2019 年还削减了另一项巨行星探测任务——2017 年在土星大气中坠毁结束任务生命的"卡西尼号"（Cassini）探测器的经费，取消了用于分析该探测器收集的最后一部分数据的 1000 万美元拨款。

## 2.2.2　欧洲

　　欧洲在深空探测战略上紧密跟随美国，支持 Gateway 建设计划，同时与美国相比更强调国际合作（特别是同中国的合作）。2019 年 3 月 11 日，欧洲空间局（ESA）网站报道，包括 ESA 在内的国际空间站合作伙伴已经批准了继续开发月球轨道空间站 Gateway 的计划，ESA 可能参与的项目包括"提供燃料加注、基建、通信的欧洲系统"（ESPRIT）模块以及用于部署科学有效载荷和立方体卫星的科学气闸。而据法国新闻社 2019 年 3 月 25 日报道，法国和中国当天签署了一份探月计划意向书，法国将参与中国在 2023～2024 年实施的"嫦娥六号"探月计划，准备在"嫦娥六号"上搭载重约 15 千克的法国设备，包括一台照相机和一台分析仪。这份协议的签订时间恰好比美国副总统彭斯提出在 5 年内让美国航天员重返月球的要求的时间（3 月 26 日）早一天，这个时间上的巧合或许暗示，中法探月合作给美国探月项目的决策部署造成了一定影响。

　　另外，欧洲重视深空探测活动，特别是探月活动的经济价值，也积极推动商业公司参与深空探测活动。2019 年 3 月 2 日，欧洲科学家宣布计划：最早于 2025 年开始开采月球资源，开采对象是价值数万亿美元的氦-3 原料。据《大众机械》杂志报道，此项计划将由欧洲空间局与阿丽亚娜（Ariane）集团合作完成，目标是在月球表面放置一个"着陆器"（lander），以开采和加工月球土壤，获取水、氧、金属和氦的同位素（可为未来的聚变反应堆提供燃料）；曾参加谷歌登月竞赛的德国民间科学家也将参加此项计划。2019 年 4 月 3 日，ESA 网站报道，ESA 专家正在帮助总部设在柏林的新欧洲太空创业公司 PTScientists 发射探测器至月球。PTScientists 计划在未来推出月球登陆器和漫游车作为常规服务，预计将于 2020 年首飞。目前这些计划都不是由 ESA 官方统一部署和推动的（官方同意部署需 22 个成员国一致认可），ESA 尚无自己独立的探月计划，但针对火星、木星等部署了一系列深空探测项目，包括 ExoMars 2020 火星任务、2022 年"木星冰月探测器"（JUICE）等。

### 2.2.3　俄罗斯

俄罗斯作为国际空间站的主要建设方之一，和美国拥有紧密的空间合作关系。2017 年 9 月，俄罗斯同美国签订月球轨道空间站合作协议，将"深空门户"视为值得进一步研究的合作空间探索体系的一部分。2019 年 3 月 13 日，据塔斯社报道，俄罗斯科学家正同美国同行讨论开发"全月球定位系统"，以让所有参与月球探测的项目都可以从中受惠。

另外，俄罗斯在规划中比较强调独立自主地开展深空探测，特别是在探月方面，2018 年 11 月，俄罗斯国家航天集团（ROSCOSMOS）总裁透露，俄罗斯计划在 2025 年后启动月球基地计划，规模将超越美国 1961～1972 年的 Apollo 计划。2019 年 2 月 9 日，俄罗斯卫星通讯社援引俄中央机械制造研究所的一份文件显示：俄罗斯预计将于 2031 年完成本国首次载人登月计划；预计在 2032 年，将一辆能够运送航天员的重型月球车送抵月球，并完成第二次载人登月探险活动；预计在 2033 年，使航天员能够乘坐月球车进行长途旅行，进行科学研究和机器人系统测试；预计在 2034 年，开始建设俄罗斯第一个月球基地。

在月球无人探测器方面，俄罗斯计划于 2023 年后发射"月球-26"（Luna 26），作为月球着陆任务的信号中继轨道器；后续还计划发射"月球-27"（月球着陆器）、"月球-28"（月球采样返回）等任务（俄罗斯卫星通讯社，2019）。

### 2.2.4　日本

日本在空间探测领域善于利用同美国合作的优势，重视开展具有特色的科学项目，曾取得许多举世瞩目的重大成果，包括于 2010 年在国际上首次实现了小行星采样返回任务（从探测器发射到取样返回历时 7 年之久）。

2018 年 3 月 30 日，日本宇宙航空研究开发机构（JAXA）发布《第四期中长期发展规划》（2018～2025 年），提出在空间科学与探索方面，与国内外大学、科研机构开展多种形式的合作，探索宇宙起源、银河系及行星结构，探索太阳系生命起源；积极参与美国提出的月球基地建设项目等国际空间探索计划，发挥日本技术优势，开发空间补给、载人月面着陆等技术。

2018 年 12 月 11 日，日本召开宇宙开发战略本部会议，发布《宇宙基本计划》实施进度表修订版（内阁府，2019），在"空间科学、探索和载人空间活动"方面，明确日本将推进"月球探索智能着陆器"（SLIM）、火星卫星探测器（MMX），研制"行星际旅程、法厄松小行星飞越和尘埃科学的空间技术验证与实验"（DESTINY+）深空探测技术验证卫星，参与 ESA 的"木星冰月探测器"项目；参加美国提出的"门户"计划，以国际合作形式开展月球着陆探索。此外，JAXA 正在与 NASA 合作开发"火星卫星探测器"任务，计划于 2020 年代中期发射，探测目标为火卫一（Phobos）和火卫二（Deimos）。

日本还积极推进商业公司参与深空探测活动。2019 年 3 月 12 日，JAXA 和丰田公司同意共同研发使用燃料电池汽车技术的载人加压月球车。根据计划，该加压月球车长 6.0 米，宽 5.2 米，高 3.8 米，约为两个小型中巴车的大小，生活空间为 13 立方米，可容纳两人（紧急情况下可容纳四人），巡航总里程可超过 10 000 千米。JAXA 副总裁 Wakata 称，载人加压的月球车将是支持人类月球探索的一个重要元素，预计将在 21 世纪 30 年代实现，自 2018 年 5 月以来，丰田和 JAXA 一直在共同就载人加压月球车开展概念研究。日本的目标是在 2029 年发射这种月球车进入太空。

### 2.2.5　印度

印度曾于 2008 年成功发射月球轨道器"月船 1 号"（Chandrayaan-1），并在 2013 年成功发射火星探测器"曼加里安号"（Mangalyaan），于 2019 年发射"月船 2 号"，可以看出其在深空探测领域具有良好基础。

2018 年 11 月 21 日，*Science* 报道印度空间研究组织（ISRO）正在征集金星探测项目，计划于 2023 年发射金星轨道探测器。这一计划包括将一个气球投入金星大气层，受到了金星研究领域科学家的欢迎。许多科学家认为，与月球和火星相比，金星在过去 20 年里受到了冷落。印度计划中的探测器可能重 2500 千克，有效载荷为 100 千克，将由印度第三代地球同步卫星运载火箭 Mark III 发射（Science，2018）。

### 2.2.6　韩国

韩国在航天领域拥有宏大的规划蓝图，但是其深空探测能力主要依赖国外技术的帮助，且探月工程多次延期。2015 年，韩国启动探月工程一期，计划使用国外运载火箭发射其与 NASA 合作研制的月球轨道器（KPLO），后推迟至 2020 年发射。2018 年 2 月，韩国《第三次宇宙开发振兴基本计划》（2018～2022 年）提出未来 5 年实现火箭技术自主、2020 年启动建设"韩国定位系统"（KPS），拟于 2035 年实现小行星采样返回；探月工程的关键节点时间有所延后，计划 2030 年实现月球表面着陆（祁首冰和付郁，2018）。

2019 年 1 月 1 日，韩国科学技术信息通信部发布"2019 年科学技术与 ICT 领域研发项目综合实施计划"，在"航天与极地海洋技术"领域投入 20.2 亿元，以开发韩国自主运载火箭和卫星、进行月球探索（包括通过国际合作研发和发射月球轨道器，掌握地月轨道间转移和月球轨道进入等核心技术，完成月球轨道器总组装试验）等。

### 2.2.7　以色列

2019 年初，以色列科学家引领了世界首个私营的月球表面软着陆项目，但功败垂成。2 月 22 日，以色列非营利组织 SpaceIL 研发的无人月球探测器初始号（Beresheet）搭乘美国 SpaceX 猎鹰 9 火箭发射，若着陆成功，以色列将成为继苏联、美国和中国之后第 4 个实现在月球表面软着陆的国家。但是，该探测器在接近月球表面时，于 4 月 11 日晚与地球失去联系（Phys.org，2019）。

## 2.2.8　阿拉伯联合酋长国

阿拉伯联合酋长国（简称阿联酋）是阿拉伯国家中最有航天雄心的国家。阿联酋航天局于 2015 年正式投入运作，并于 2019 年 3 月 19 日推动成立了由 11 个阿拉伯国家组成的"阿拉伯空间合作组织（Arab Space Cooperation Group）"（Emirates-Business，2019）。

2016 年 2 月 11 日印度《德干先驱报》（*Deccan Herald*）网站报道，阿联酋空间局与印度 ISRO 签订合作协议，后者将为阿联酋发射其首个火星任务。阿联酋曾于 2014 年 7 月宣布将在 2020 年 7 月发射阿拉伯世界的第一个火星探测器。

## 2.2.9　国际组织

深空探测领域最重要的国际组织当属 2007 年由美国、欧洲、俄罗斯、中国、日本等 14 个国家和地区的航天机构成立的国际空间探索协调工作组（ISECG）。成立以来，ISECG 先后于 2011 年、2013 年发布了两版《全球探索路线图》，强调通过统筹各航天国家开展的太阳系探测活动，实现协调、互补、统一的探索战略和路线。

2018 年 2 月 2 日，ISECG 发布第三版《全球探索路线图》，提出将国际空间站作为起点，经过月球，最终实现载人登陆火星的路线。新版路线图认可了国际商业航天活动的蓬勃发展，认为私营机构开展的空间探索活动将创造新的机遇；并首次引入"深空门户"（deep space gateway）的概念，即在月球附近有人照料的、在可持续的载人空间探索活动中发挥重要作用的小型空间设施；通过综合各航天国家未来重要的深空探测计划（包括我国嫦娥系列计划等），绘制出统一的探索路线图景（scenario），如图 2-2 所示。

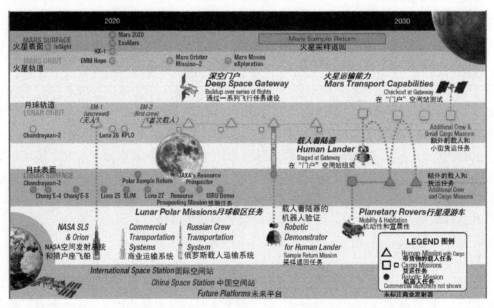

图 2-2　第三版《全球探索路线图》中面向近地轨道、月球和火星的国际探索任务图景（文后附彩图）

### 2.2.10 中国

中国在 2000 年、2006 年、2011 年均发布过"中国航天白皮书",作为向国际社会阐述中国航天战略和规划的官方文件。

2016 年 12 月 27 日,国务院新闻办公室发布最新版《2016 中国的航天》白皮书,介绍 2011 年以来中国航天活动的主要进展、未来五年的主要任务以及国际交流与合作等情况。其中,在深空探测领域,白皮书指出中国通过嫦娥计划,已实现小行星飞越探测、月球软着陆和月表巡视探测,掌握了航天器以接近第二宇宙速度再入返回的关键技术。未来 5 年,中国将"开展关键技术攻关和相关技术试验验证,提升载人航天能力,为载人探索开发地月空间奠定基础";继续实施月球探测工程,突破探测器地外天体自动采样返回技术,全面实现月球探测工程"三步走"战略目标;2020 年发射首颗火星探测器,实施环绕和巡视联合探测;下一步将开展火星采样返回、小行星探测、木星系及行星穿越探测等方案深化论证和关键技术攻关,适时启动工程实施,研究太阳系起源与演化、地外生命信息探寻等重大科学问题。

2019 年 1 月 15 日,国务院新闻办公室举行新闻发布会介绍探月工程"嫦娥四号"任务等有关情况,宣布中国首次火星探测任务将于 2020 年前后实施。

2019 年 3 月 10 日,全国政协委员、探月工程总设计师、中国工程院院士吴伟仁在全国政协十三届二次会议第三次全体会议上透露,未来十年左右,月球南极将出现中国主导、多国参与的月球科研站,中国人的足迹将踏上月球。

2019 年 4 月 18 日,国家航天局在北京组织召开"嫦娥四号"国际载荷科学数据交接暨月球与深空探测合作机会公告发布仪式,探月与航天工程中心刘继忠主任宣布了"嫦娥六号"及小行星探测任务合作机遇公告,向国内院校、民营企业和国外科研机构征集。这是 2004 年实施探月工程以来,首次举行的多探测任务的联合发布活动,这次活动既是中国月球探测活动重大成果的见证,也是推动深空探测国际合作的重要举措。

## 2.3 深空探测关键技术和重大进展突破

### 2.3.1 深空探测关键技术

深空探测对航天技术的要求十分苛刻,载人深空探测难度则更高。美国等国家和国际航天组织曾多次组织大量科学家梳理相关的关键技术,以支撑技术研发规划。其中较全面和权威的成果包括 NASA 的《探索系统架构研究》(ESAS)(2005 年)和 NASA 的《技术路线图》(2015 年)等。

在 ESAS 的研究报告中,研究组对 15 年内(1990~2005 年)进行的月球和火星载人探索体系架构研究进行了回顾和总结,在此基础上归纳出月球/行星载人探索的关键性经验,其中包括载人探索月球、近地小行星、火星以及火星的卫星的 4 种核心技术和能力:①载人支持能力,包括辐射防护、药物护理、先进生命支持、人体空间环境适应证和应对措施；②运输能力，包括低成本大载荷运载工具、先进化学推进、低温流体管理（CFM）、危险规避和精确着陆、自动交会对接系统（AR&D）、先进深空推进（太阳能、核电、核热推进技术）、空气制动技术；③能源系统，包括储能、能源管理和分配技术；④其他，包括先进舱外活动（EVA）技术、先进热防护技术、就地资源利用技术（ISRU）、可支援性（长停留时间载人任务中飞行系统的高可靠性、充足的冗余度和高度的可维护性）等。

2013 年《全球探索路线图》提出了载人探索关键技术需求，如表 2-3 所示。其中技术领域定义来自 2012 年 NASA 发布的空间技术路线图。该路线图还提到能够显著增强未来探索任务的 3 种重要技术，分别为用于电推进和行星表面应用的核能技术；高速、自适应、互联网邻近通信技术；针对行星表面任务的低温机械系统。

**表 2-3 载人探索关键技术领域**

| 空间推进技术 | 生命保障&居住系统 |
|---|---|
| 液氧/甲烷低温推进系统（火星登陆车）<br>先进的空间低温推进剂存储&液态推进剂获取技术<br>电推进&能源管理<br>热核推进（NTP）发动机 | 闭循环&高可靠性生命保障系统<br>火警防护、探测&灭火工具（减压）<br>深空探索舱外活动服，包括月球&火星环境下<br>先进的舱外活动移动设备 |
| 空间电源&能源存储 | 长时间在轨停留身体健康 |
| 高强度太阳能电池板及空间自动展开<br>用于电推进和行星表面探测的裂变能源<br>再生燃料电池<br>高能量&长寿命电池 | 航天飞行医疗保健，行为健康&性能研究<br>失重条件下生物医学对策<br>人因&适居性<br>空间辐射防护/屏蔽 |
| 机器人，遥控机器人&自动化系统 | 载人探索目的地系统 |
| 时延状态下机器人系统的远程控制<br>与相应人员一起工作的机器人系统<br>自主飞行器，乘员&任务地面自动化控制系统<br>自动化/自主交会对接&目标相对导航技术 | 在近地小行星等微重力表面操作时的固定技术与舱外活动工具<br>行星表面移动设备<br>月球&火星原位资源利用（ISRU）<br>除尘技术 |
| | 再入、下降&着陆系统 |
| | 再入、下降&着陆（EDL）——火星探索级别的任务<br>精确着陆&危险避免 |
| 通信&导航 | 热管理系统 |
| 高数据流双向（前向&反向）通信<br>高速、自适应、互联网邻近通信技术<br>空间自主授时&导航系统 | 低温机械系统（月球极地）<br>稳定性号的烧蚀热防护罩——热防护系统（火星&月球再入速度下） |

2015 年 5 月，NASA 发布 2015 版《NASA 技术路线图（草案）》，在 2012 版路线图的基础上进行了拓展和更新，新增了 1 个 1 级技术领域（航空）、7 个 2 级技术领域、66 个 3 级技术领域，并增设 4 级技术领域。此外，2015 版路线图系统分析了支持 NASA"演进式火星活动"（EMC）的候选技术，如表 2-4 所示。

**表 2-4 各技术领域中支持 EMC 的关键技术组合**

| 技术领域（TA） | EMC 关键技术组合 |
|---|---|
| 发射与推进系统（TA 1） | 重型运载火箭的先进、低成本发动机技术；下一代推进器（固体或液体） |

| 技术领域（TA） | EMC 关键技术组合 |
| --- | --- |
| 空间推进技术（TA 2） | 液氧/甲烷推进系统；液氧/甲烷反应控制发动机；电推进与能量处理；空间低温液体采集 |
| 空间动力与能量存储（TA 3） | 10 千瓦～100 千瓦级高强度/高硬度、可展开太阳能阵列；可自主展开的 300 千瓦空间阵列；用于天体表面任务的裂变发电；再生燃料电池，燃料电池与电解槽；高比能电池；长寿命电池 |
| 机器人与自主系统（TA 4） | 自主载具系统管理；近地轨道以外的航天员自主性；用于近地轨道以外任务控制的自动化技术；精确着陆与危险规避；空间机器人遥操作系统延时控制；航天员与机器人合作；天体表面的机动能力；自动/自主交会和对接，近距操作和目标的相对导航 |
| 通信、导航和轨道碎片跟踪与表征系统（TA 5） | 高速率前向链路通信；高速率、自适应、互联的近距通信；空间授时与自主导航；激光通信 |
| 乘员健康、生命保障和居住系统（TA 6） | 长期空间飞行中的医疗护理；长期空间飞行中的行为健康与绩效；长期空间飞行中微重力条件下生物医学应对措施；微重力条件下生物医学应对措施——优化锻炼设备；深空任务中的人类因素和可居住性；可长期保存的食品；更高闭合性、高可靠性的生命保障系统；飞行中的环境监测；深空任务航天服；天体表面用航天服；防火、火情探测与灭火（减压条件下）；宇宙线辐射防护；太阳粒子事件辐射防护；辐射暴露防护 |
| 载人探索目的地系统（TA 7） | 原位资源利用——从火星大气中提取氧气；原位资源利用——从风化层中提取氧气/水；微重力天体表面操作所需的锚固技术与舱外活动工具；航天服接口；尘埃治理 |
| 科学仪器、天文台和传感器系统（TA 8） | 无相关关键技术 |
| 进入、下降与着陆系统（TA 9） | 火星探索级任务所需的进入、下降与着陆技术 |
| 纳米技术（TA 10） | 无相关关键技术 |
| 建模、仿真、信息技术与处理（TA 11） | 先进软件开发/先进软件工具；通用航空电子设备 |
| 材料、结构、机械系统与制造（TA 12） | 用于充气式太空舱的结构和材料；轻质、高效结构与材料；可执行长期深空任务的机械装置 |
| 地面和发射系统（TA 13） | 地面系统：低损耗地面低温系统的贮存和输送 |
| 热管理系统（TA 14） | 空间中低温推进剂的贮存（液氧的零蒸发贮存）；热控制；月球返回任务所需可靠的烧蚀隔热罩；热防护系统 |
| 航空（TA 15） | 无相关关键技术 |

2018 年 2 月 ISECG 发布的第三版《全球探索路线图》总结了载人空间探索涉及的六大领域关键技术，包括：①推进、着陆和返回技术；②自主系统技术；③生保技术；④乘员健康和绩效技术；⑤基础设施和支持系统技术；⑥舱外活动、机动性、机器人技术。

值得指出的是，当前我国尚未独立成功开发空间核能技术。我国曾从俄罗斯引进了 3 枚 120 瓦、1 枚 8 瓦以及 1 枚 4 瓦的同位素热源（RHU），用于解决"嫦娥三号"着陆器和巡视器的月夜生存问题，"嫦娥三号"是中国第 1 个采用核动力的深空探测器。"嫦娥四号"任务采用了基于钚-238（Pu-238）同位素热源的同位素电源，在月夜期间既可提供不小于 2.5 瓦的电功率，还能提供热能用于舱内温度控制。而苏联于 1987 年成功发射了 2 颗 TOPAZ 核电源支持的海洋监视卫星，美国采用空间核动力的无人深空探测器已飞遍太阳系八大行星和个别小行星，"旅行者 1 号"（Voyage 1）与"旅行者 2 号"（Voyage 2）已经飞出太阳系，其上的同位素电源（RTG）已工作近 40 年。NASA 还计划在 2030 年利用核能实现载人登陆火星，NASA 已经与 Ad Astra 公司签订协议，在国际空间站上进行核能发动机的试验飞行，Ad Astra 公司也提出了使用 200 兆瓦核反应堆的短期载人往返火星的概念。此外，我国在大推力运载火箭、空间电推进技术、深空测控技术等方面与美欧等国家或地区仍有差距。

### 2.3.2 深空探测近期国际进展和突破

2018 年以来，世界各国在深空探测领域取得了许多新的成就，包括以下几个方面。

1）"嫦娥四号"成功实施月球背面探测。2018 年 12 月 8 日，中国成功发射"嫦娥四号"探测器，它于 2019 年 1 月 3 日成功在月球背面着陆，实现了人类探测器首次月背软着陆以及首次月背与地球的中继通信。2019 年 1 月 15 日，"嫦娥四号"上搭载的棉花种子成功发芽，实现了人类首次月面生物生长培育实验；6 月，*Nature* 上发表了利用"嫦娥四号"数据发现来自月幔物质的最近成果。

2）Voyage2 进入星际空间。2018 年 12 月 10 日，加州理工学院宣布 Voyage 2 已于 11 月 5 日进入星际空间，这是 NASA 的探测器第 2 次进入星际空间。目前，首次飞出日球层的 Voyage 1 距太阳 216 亿千米；Voyage2 距离太阳 180 亿千米。

3）帕克太阳探测器（PSP）打破距离太阳最近的纪录。NASA 网站 2018 年 11 月 8 日报道，2018 年 8 月发射的 PSP 是首个飞入太阳日冕的人造探测器，打破了人类探测器距太阳最近距离的纪录（PSP 最近距离太阳表面仅 $6.1 \times 10^6$ 千米），并且打破了相对于太阳运动速度最快的人造物体速度纪录。此前距太阳最近的纪录是德国与美国联合研制的"太阳神 2 号"（Helios 2）探测器于 1976 年 4 月创下的。随着任务的进行，PSP 还将不断打破自己创下的距离和速度两项纪录。

4）美日探测器到访小行星。2019 年 2 月 22 日，日本"隼鸟 2 号"探测器成功降落在小行星"龙宫"（Ryugu）上，并向小行星表面发射了一个钢丸，以收集碎片样品。如果顺利，"隼鸟 2 号"有望在 2020 年将该小行星样品带回地球。另据 *Nature* 网站报道，2018 年 12 月，NASA "起源、光谱解析、资源识别、安全保障和风化层探测器"（OSIRIS-REx）已抵达目的地小行星"贝努"（Bennu）的上空，但是该小行星比预期更坚硬，并释放出更多的碎片，可能会威胁 NASA 未来从小行星表面采集样本的计划。

5）欧洲"火星快车"（Mars Express）任务发现火星上曾存在全球地下水系统的证据。2019 年 2 月 28 日，ESA 网站报道，Mars Express 发现火星古老湖泊系统曾存在过的证据，这个湖泊系统曾经深埋在火星的表面之下，其中 5 个湖泊可能含有对生命至关重要的矿物质。

## 2.4 深空探测研究及应用论文分析

### 2.4.1 论文数据来源及检索策略

为检索出与"深空探测研究"相关的研究与综述论文，利用领域相关检索词构建检索策略，在 ISI Web of Science 平台上检索并依据学科研究方向对结果进行精炼，共检索到 7537 篇论文（检索时间为 2019 年 3 月 1 日），并对检索出的数据采用 Thomson data analyzer（TDA）

和 Excel 等工具进行分析。

构建检索策略时，首先用"深空"（deep space）和太阳系天体、已知的深空探测任务名称作为关键词查询，然后用"空间科学""轨道器""着陆器"等关键词作为限定条件，排除部分可能有歧义的名称（如 Phoenix 等），如表 2-5 所示。

**表 2-5 国际深空探测研究检索策略**

| 编号 | 结果数量 | 检索式内容 |
|---|---|---|
| #13 | 7 537 | #12 OR #8<br>Indexes=SCI-EXPANDED Timespan=All years |
| #12 | 4 683 | #11 OR #10<br>Indexes=SCI-EXPANDED Timespan=All years |
| #11 | 3 116 | #9 AND #3<br>Indexes=SCI-EXPANDED Timespan=All years |
| #10 | 4 462 | #9 AND #2<br>Indexes=SCI-EXPANDED Timespan=All years |
| #9 | 7 005 | ts=（"lander" or "orbiter" or "fly by"）<br>Indexes=SCI-EXPANDED Timespan=All years |
| #8 | 3 075 | #7 OR #6 OR #5<br>Indexes=SCI-EXPANDED Timespan=All years |
| #7 | 575 | #4 AND #1<br>Indexes=SCI-EXPANDED Timespan=All years |
| #6 | 2 441 | #4 AND #2<br>Indexes=SCI-EXPANDED Timespan=All years |
| #5 | 938 | #4 AND #3<br>Indexes=SCI-EXPANDED Timespan=All years |
| #4 | 14 498 | Ts=（"space Science" or "space exploration" or "space physics" or "solar physics" or "heliosphere physics" or "Planetary Physics" or "Planetary science" or "solar system exploration" or "spaceship" or "space mission" or "deep space exploration" or "deep space detection" or "astronaut" or "space life" or "space flight"）<br>Indexes=SCI-EXPANDED Timespan=All years |
| #3 | 799 435 | Ts=（"InSight" or "Mars 2020" or "Gateway" or "Chandrayaan" or "Asteroid Redirect Mission" or "LAPLAS-P" or "Luna-Soil" or "Luna-Grunt" or "Expedition M" or "Mars-Soil" or "Mars-Grunt" or "Venera-D" or "Luna-Resurs-Lander" or "JUICE" or "Luna-Resurs-1 Orbiter" or "Chang'e 6" or "EJSM" or "Laplace" or "Mars 2020" or "AIDA" or "Luna-Glob" or "ExoMars-2018" or "SLIM" or "BepiColombo" or "Chandrayaan-2" or "Chang'e 4" or "Chang'e 5" or "MIXS" or "MMO" or "SELENE 2" or "ExoMars-2016" or "InSight" or "OSIRIS-Rex" or "Chang'e 5-T1" or "Hayabusa 2" or "Chang'e 3" or "LADEE" or "MAVEN" or "MOM" or "Mars Orbiter Mission" or "NEOSSat" or "Fobos-Soil" or "GRAIL" or "Juno" or "MSL" or "Chang'e 2" or "Planet C" or "Akatsuki" or "IKAROS" or "LCROSS" or "LRO" or "Chandrayaan-1" or "Phoenix" or "Chang'e 1" or "Dawn" or "SELENE" or "Kaguya" or "New Horizons" or "Deep Impact" or "EPOXI" or "MRO" or "Venus Express" or "MESSENGER" or "Rosetta" or "Mars Express" or "Mars Exploration Rover-Spirit" or "Mars Exploration Rover-Opportunity" or "Muses C" or "SMART-1" or "CONTOUR" or "Genesis" or "Mars Observer" or "Mars Odyssey" or "Mars Polar Lander" or "Mars Surveyor '98 Lander" or "Stardust-NExT" or "Stardust" or "Deep Space 1" or "Lunar Prospector" or "Mars Climate Orbiter" or "Mars Surveyor '98 Orbiter" or "Planet B" or "Nozomi" or "Cassini-Huygens" or "Mars Global Surveyor" or "Mars Pathfinder" or "Mars-96" or "NEAR Shoemaker" or "Clementine" or "Muses A" or "Hiten" or "Galileo" or "Magellan" or "Fobos 1" or "Fobos 2" or "Giotto" or "Planet A" or "Suisei" or "Pioneer" or "Vega 1" or "Vega 2" or "Venera 16" or "Pioneer Venus 1" or "Pioneer Venus Orbiter" or "Pioneer Venus 2" or "Pioneer Venus Multiprobe" or "Luna 25A" or "Lunokhod 3" or "Voyager 1" or "Voyager 2" or "Luna 24A" or "Viking"）<br>Indexes=SCI-EXPANDED Timespan=All years |

| 编号 | 结果数量 | 检索式内容 |
|---|---|---|
| #2 | 210 223 | Ts=（"Moon" or"asteroid" or"comet" or"mars" or"Venus" or"Jupiter" or"Mercury" or"Saturn" or "Uranus" or "Neptune" or "Pluto" or "Solar System" or "Heliosphere top" or "Solar system boundary"） Indexes=SCI-EXPANDED Timespan=All years |
| #1 | 2 112 | Ts=（"Deep space exploration" or "deep space detection" or "deep space" or "solar system exploration"） Indexes=SCI-EXPANDED Timespan=All years |

### 2.4.2 论文数量的年代变化趋势

从 SCI 检索结果看，1962 年，研究人员约翰·阿洛伊修斯·奥基夫（John Aloysius O'keefe）在 *Nature* 上发表了关于美国"水星-宇宙神 6 号"（Mercury-Atlas 6）飞行任务的相关文章。水星-宇宙神 6 号是美国国家航空暨太空总署进行的水星计划中的一次载人任务，于 1962 年 2 月 20 日在卡纳维拉尔角空军基地发射。从图 2-3 中可以看出，1962～1990年发文量较少，年发文量不超过 50 篇，研究进展缓慢，是工程目标验证和以试验为目的的技术能力实现期。1991 年，随着各国对深空探测关键技术研究的突破，年发文量增长趋势逐渐明显，呈现快速增长态势。其中，2016 年发文量突破 400 篇，2018 年发文量高达 496篇，深空探测已步入稳步和快速发展阶段。

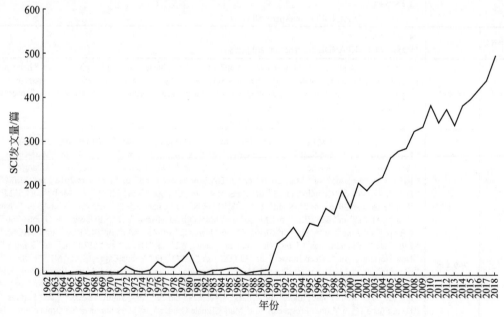

图 2-3 深空探测研究领域基础研究年代分布

### 2.4.3 论文数量的国家/地区分布

全球共有 80 余个国家/地区开展了深空探测研究领域的基础研究，其中排名前 10 位（TOP 10）的国家（图 2-4）依次是美国、德国、法国、英国、意大利、中国、日本、俄罗斯、荷兰和西班牙。其中美国在该主题的研究中占有明显优势，其发文量占全部论文的52.42%。美国是迄今对太阳系内所有行星进行过探测的唯一国家，同时还对太阳、小天体和星际空间开展了大量探测。

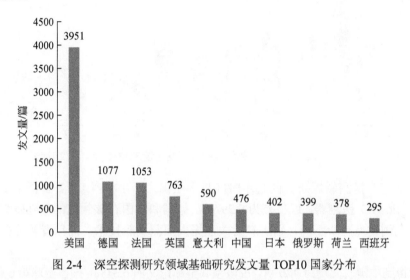

图 2-4　深空探测研究领域基础研究发文量 TOP10 国家分布

从 SCI 数据库检索结果来看，美国在深空探测研究领域的基础研究发文出现于 1972 年（图 2-5，基于第一作者数据），研究人员迈克尔·H.卡尔（Michael H. Carr）等开展了关于海盗号火星轨道器事项试验的研究。海盗计划是 20 世纪 70 年代 NASA 继旅行者深空探测器成功后的又一火星勘测计划。"海盗一号"于 1975 年 8 月 20 日发射，"海盗二号"于 1975 年 9 月 9 日发射。两者均使用泰坦 III-E 运载火箭和半人马上面级发射。每艘航天器包括轨道器和着陆器。轨道器发回的图像用于着陆点的选择。着陆器与轨道器分离，进入火星大气在选定的着陆点软着陆。着陆器部署后，轨道器在轨道上继续成像和执行其他科学任务。包含推进剂的轨道器-着陆器联合重 3527 千克，分离并着陆后，着陆器重 600 千克，轨道器重 900 千克。随后的几年内，美国在该领域的相关研究主要集中在海盗号、"先锋 10 号"、"先锋 11 号"等，1976 年发文量为 26 篇。1972 年美国发射木星探测飞船"先锋 10 号"，该飞船安装了精密仪器和摄影机，计划在木星上拍摄照片并传回地球，其于 1973 年成为第一艘飞越木星的飞行器，于 1979 年成为第一批研究土星的探测器。"先锋 11 号"是第二个用来研究木星和外太阳系的空间探测器，于 1973 年 4 月 6 日在佛罗里达州的卡纳维尔角发射，设有一个恒星感应器及两个太阳感应器。美国 1981~1990 年的发文量相对较少，仅有 24 篇。自 2001 年起，年发文量均超过了 100 篇。从深空技术探测水平看，美国已经具备全面覆盖整个太阳系八大行星及卫星、小天体、太阳的探测能力，已经探测过的天体包括月球、火星、金星、水星、木星、土星、天王星、海王星、冥王星、太阳及一些彗星、小行星等，探测形式多样，包括飞越、环绕、撞击、着陆、巡视勘察、采样返回等。已掌握的技术包括月球飞越、环绕和着陆；火星飞越、环绕、着陆和巡视勘察；金星飞越和环绕；彗星粒子采样返回；太阳风粒子采样返回；小行星环绕和着陆；土卫六着陆（与欧洲合作）；等等。

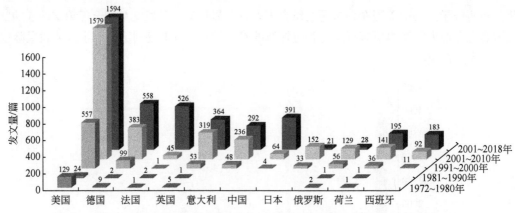

图 2-5 深空探测研究领域基础研究发文量 TOP10 国家发文趋势

德国在深空探测领域研究的起步时间早于法国，于 1976 年和美国合作发射了"太阳神-B"（Helios-B）探测器，近日点为 0.29AU。德国和法国在该领域的基础研究发文量非常接近，研究侧重点有所不同，前者较为关注无人探测飞船技术，而后者较为关注运载火箭技术。

检索得到中国发文量为 476 篇，占该领域全部论文的 6.31%，排在全球第 6 位。2000 年，中国大连理工大学、南京大学和香港理工大学的研究人员均在深空领域发表了 SCI 论文，其中大连理工大学与加拿大滑铁卢大学、美国斯坦福大学的科研人员合作对通过"引力探测器 B"卫星测量测试质量在地球引力场中的测地线效应进行了研究。中国的深空探测真正起步于月球探测，按照探月工程"绕、落、回"三步走的任务规划，自 2003 年启动探月工程以来，2004 年起年发文量呈现连续增长趋势，2016 年发文量为 84 篇。

文献计量方法中，可以通过对自主研究（论文作者全部来自同一国家）和合作研究（论文来自不同国家）的统计分析来揭示一个国家的科学合作战略及发展现状。从深空探测研究领域主要国家的自主研究与国际合作论文数据（表 2-6）中可以看出，美国和中国在该领域的自主研究论文高于国际合作研究论文，其中中国自主研究论文数量占比为 69.12%。其余主要国家的国际合作论文数量占比均超过 50%，国际合作为其主要研究形式，其中德国、法国、荷兰和西班牙 4 个欧洲国家的国际合作论文所占份额相对较高。从表 2-6 列出的篇均被引频次指标可以看出，各国自主研究成果的学术影响力均低于同期国际合作成果，说明国际合作可有效提升学术研究成果的显示度。

表 2-6 深空探测研究领域主要国家的自主研究与国际合作论文数据

| 国家 | 论文总数/篇 | 自主研究 | | | 国际合作 | | |
|------|------------|---------|--------|--------------|---------|--------|--------------|
| | | 论文数量/篇 | 份额/% | 篇均被引频次/次 | 论文数量/篇 | 份额/% | 篇均被引频次/次 |
| 美国 | 3951 | 2501 | 63.30 | 27.49 | 1450 | 36.70 | 32.33 |
| 德国 | 1077 | 214 | 19.87 | 11.57 | 863 | 80.13 | 27.41 |
| 法国 | 1053 | 178 | 16.90 | 16.02 | 875 | 83.10 | 30.42 |
| 英国 | 763 | 208 | 27.26 | 11.37 | 555 | 72.74 | 28.91 |

| 国家 | 论文总数/篇 | 自主研究 | | | 国际合作 | | |
|---|---|---|---|---|---|---|---|
| | | 论文数量/篇 | 份额/% | 篇均被引频次/次 | 论文数量/篇 | 份额/% | 篇均被引频次/次 |
| 意大利 | 590 | 153 | 25.93 | 7.03 | 437 | 74.07 | 25.99 |
| 中国 | 476 | 329 | 69.12 | 5.00 | 147 | 30.88 | 13.48 |
| 日本 | 402 | 191 | 47.51 | 11.89 | 211 | 52.49 | 17.54 |
| 俄罗斯 | 399 | 96 | 24.06 | 6.16 | 303 | 75.94 | 20.86 |
| 荷兰 | 378 | 56 | 14.81 | 7.04 | 322 | 85.19 | 26.95 |
| 西班牙 | 295 | 37 | 12.54 | 8.05 | 258 | 87.46 | 27.15 |

从深空探测研究领域基础研究发文量前 10 位国家的合作关系图中（图 2-6）可以看出，该领域发文量前 10 位的国家均与其他 9 个国家在该领域开展了相关合作，其中美国与法国、德国的合作强度相对较高。值得注意的是，该领域有 4389 篇论文作者均为同一国家，占比为 58%。2018 年在期刊 *Advances in Space Research* 上发表的题为 *The Theseus Space Mission Concept：Science Case，Design and Expected Performances* 的论文由来自全球 31 个国家 171 个研究机构的研究人员合作完成，该文给出的行星式轨道器运动的解析扰动解对 $0 < e < 1$ 是有效的。同年发表在期刊 *Journal of Cosmology and Astroparticle Physics* 上题为 *Exploring Cosmic Origins with CORE：Survey Requirements and Mission Design* 的论文由来自 25 个国家 132 个机构的团体作者完成。

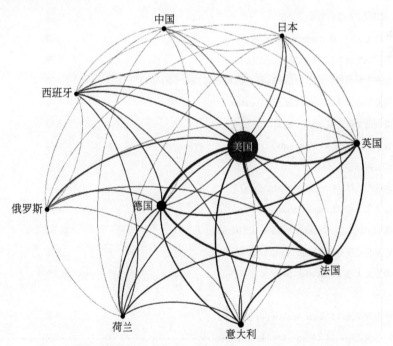

图 2-6　深空探测研究领域基础研究发文 TOP10 国家合作关系图

## 2.4.4　论文数量的机构分布

深空探测研究领域的基础研究发文量前 20 位机构中（表 2-7），美国有 14 家机构，欧洲有 5 家机构，瑞士有 1 家机构，说明美国在该领域研究投入较多，拥有较明显的优势。发文量排名前 5 位的机构分别是美国国家航空航天局、美国加州理工学院、美国亚利桑那大学、德国航空航天中心和美国霍普金斯大学，其中美国国家航空航天局发文量高达 1258篇。该领域发文量前 100 位机构中来自中国的机构有 3 家，分别是中国科学院、哈尔滨工业大学和北京航空航天大学。其中中国科学院国家天文台、中国科学院大学、中国科学院上海天文台、中国科学院紫金山天文台、中国科学院遥感与数字地球研究所等机构均在该领域展开了相关研究。

**表 2-7　深空探测研究领域基础研究发文机构分布情况**　　（单位：篇）

| 序号 | 机构 | 国家/地区 | 论文量 |
|---|---|---|---|
| 1 | 美国国家航空航天局（NASA） | 美国 | 1258 |
| 2 | 美国加州理工学院（Caltech） | 美国 | 932 |
| 3 | 美国亚利桑那大学（University Arizona） | 美国 | 395 |
| 4 | 德国航空航天中心（DLR） | 德国 | 380 |
| 5 | 美国霍普金斯大学（Johns Hopkins University） | 美国 | 367 |
| 6 | 马克斯·普朗克研究所（MPG） | 德国 | 326 |
| 7 | 欧洲空间局（European Space Agcy） | 欧洲 | 302 |
| 8 | 法国国家科学研究院（CNRS） | 法国 | 268 |
| 9 | 华盛顿大学（Washington University） | 美国 | 260 |
| 10 | 美国地质调查局（US Geological Survey） | 美国 | 253 |
| 11 | 加州大学洛杉矶分校（University of California Los，Angeles） | 美国 | 239 |
| 12 | 科罗拉多大学（University of Colorado） | 美国 | 229 |
| 13 | 美国西南研究院（SW Research Institute） | 美国 | 227 |
| 14 | 布朗大学（Brown University） | 美国 | 225 |
| 15 | 麻省理工学院（MIT） | 美国 | 224 |
| 16 | 密歇根大学（University of Michigan） | 美国 | 210 |
| 17 | 康奈尔大学（Cornell University） | 美国 | 195 |
| 18 | 俄罗斯科学院（Russian Academy of Science） | 俄罗斯 | 188 |
| 19 | 行星科学研究所（Planetary Science Institute） | 美国 | 182 |
| 20 | 伯尔尼大学（University Bern） | 瑞士 | 172 |
| …… | …… | …… | …… |
| 31 | 中国科学院（Chinese Academy of Science） | 中国 | 146 |
| 90 | 哈尔滨工业大学（Harbin Institute of Technology） | 中国 | 38 |
| 97 | 北京航空航天大学（Beihang University） | 中国 | 34 |

深空探测研究领域基础研究发文量前 20 位的机构存在非常紧密的合作关系（图 2-7），各个机构均与多个机构在该领域合作发文。其中，美国国家航空航天局与其余 19 个机构合作发表论文 687 篇，其与美国加州理工学院、美国亚利桑那大学和美国霍普金斯大学合作关系较为紧密。

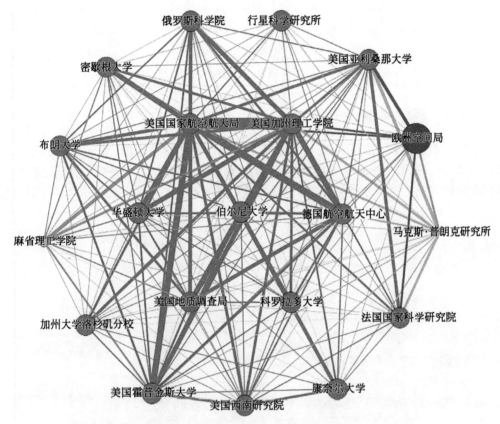

图 2-7　深空探测研究领域基础研究 TOP20 发文机构合作关系图

## 2.4.5　发文作者分布

全球共有 20 000 余名研究学者在深空探测研究领域发表了相关文章，该领域基础研究发文量前 10 位的发文作者（表 2-8）主要分布在美国、德国和法国的研究机构中。值得注意的是，上述 10 位科学家均与多个机构研究人员合作发表相关论文。

表 2-8　深空探测研究领域基础研究发文量前 10 位发文作者分布　（单位：篇）

| 序号 | 作者 | 所属机构 | 国家 | 发文量 |
| --- | --- | --- | --- | --- |
| 1 | James W. Head | 布朗大学 | 美国 | 131 |
| 2 | Maria T. Zuber | 麻省理工学院 | 美国 | 105 |
| 3 | R. A. Kerr | — | 美国 | 93 |
| 4 | Nicolas Thomas | 伯尔尼大学 | 瑞士 | 93 |

续表

| 序号 | 作者 | 所属机构 | 国家 | 发文量 |
|---|---|---|---|---|
| 5 | David E. Smith | 麻省理工学院 | 美国 | 88 |
| 6 | C. T. Russell | 加州大学洛杉矶分校 | 美国 | 83 |
| 7 | Gerhard Neukum | 柏林自由大学 | 德国 | 70 |
| 8 | G. A. Neumann | 麻省理工学院 | 美国 | 69 |
| 9 | Alfred S. McEwen | 美国亚利桑那大学 | 美国 | 66 |
| 10 | Jean-Pierre Bibring | 法属波利尼西亚大学 | 法国 | 65 |

### 2.4.6 高频关键词分析

根据检索出的深空探测研究论文数据，采用汤森路透公司的 Thomson data analyzer（TDA）软件，提取出所有论文的关键词（key words）字段，并对高频关键词进行统计后，得到本领域高频关键词分布如图 2-8 所示。其中圆圈的大小代表关键词出现的频率高低。

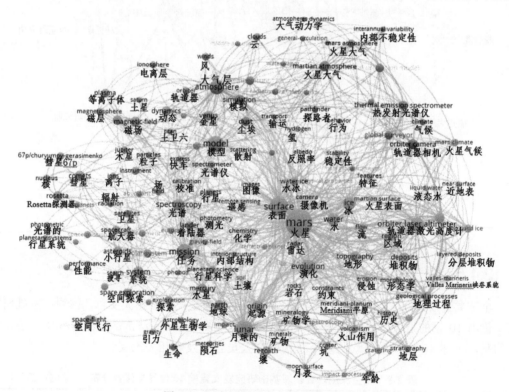

图 2-8　深空探测研究高频关键词分布

从图 2-8 中可以看出，深空探测研究论文大体可以分为 4 个领域：①小行星、质谱学、轨道着陆、等离子体等（红色）；②火星、月球等（绿色）；③轨道成像装置、热辐射质谱仪、火星表面水冰等（蓝色）；④矿物质、岩石等（黄色）等。其中，"火星""月球的""表面""演化""大气层"是出现较多、与其他关键词联系最为密切的几个热点词汇。从 2016

年至 2018 年发文高频关键词分布（图 2-9）可以看出，月球成为"深空探测"的主要研究热点。

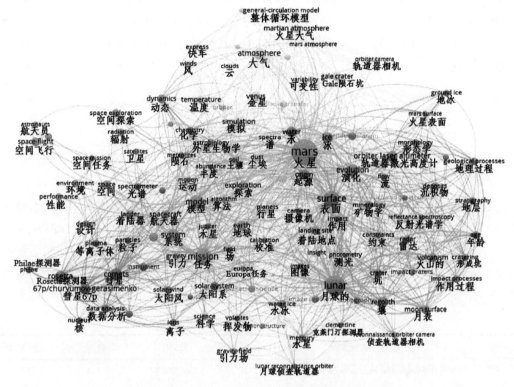

图 2-9　2016~2018 年深空探测研究高频关键词分布

## 2.4.7　高被引论文分析

基本科学指标（Essential Science Indicators，ESI）数据库高被引论文（highly cited papers）是 ESI 数据库的 22 个学科里近 10 年来被引次数最多的文献，排序列表基于按照年代该论文被引用次数的高低排在前1%的论文而给出。深空探测研究领域基础研究检索结果中有 40 篇 ESI 高被引论文，其中美国海军（USN）与 NASA 于 2008 年合作发表的 *Sun Earth Connection Coronal and Heliospheric Investigation* （*SECCHI*）被引频次为 929（表 2-9）。

表 2-9　深空探测研究领域基础研究 TOP10 ESI 高被引论文

| 年份 | 第一作者机构/团队 | 论文题目 | 被引频次/次 |
|---|---|---|---|
| 2008 | 美国海军研究实验室 Hulburt 空间研究中心 | Sun Earth Connection Coronal and Heliospheric Investigation （SECCHI） | 929 |
| 2009 | 美国加州理工学院 | Detection of Perchlorate and the Soluble Chemistry of Martian Soil at the PHOENIX Lander Site | 482 |
| 2008 | 美国布朗大学 | Hydrated Silicate Minerals on Mars Observed by the Mars Reconnaissance Orbiter Crism Instrument | 417 |
| 2014 | 德国航空航天中心 | The PLATO 2.0 Mission | 381 |

续表

| 年份 | 第一作者机构/团队 | 论文题目 | 被引频次/次 |
|---|---|---|---|
| 2010 | 美国亚利桑那大学 | Lunar Reconnaissance Orbiter Camera（LROC）Instrument Overview | 347 |
| 2008 | 美国布朗大学 | Orbital Identification of Carbonate-bearing Rocks on Mars | 345 |
| 2016 | 美国西南研究院 | Magnetospheric Multiscale Overview and Science Objectives | 309 |
| 2012 | 美国麻省理工学院 | Obliquities of Hot Jupiter Host Stars：Evidence for Tidal Interactions and Primordial Misalignments | 296 |
| 2008 | 德国亥姆霍兹重离子研究中心 | Heavy Ion Carcinogenesis and Human Space Exploration | 289 |
| 2011 | 美国加州理工学院 | Preliminary Results from Neowise：an Enhancement to the Wide-field Infrared Survey Explorer for Solar System Science | 273 |

### 2.4.8 期刊分析

深空探测主题发表论文涉及期刊 900 余种，发文量不少于 100 篇的期刊有 12 种（表 2-10）。其中，发文量最多的前 3 种期刊分别是：*Journal of Geophysical Research-Planets*（727 篇）、*Icarus*（702 篇）和 *Planetary and Space Science*（571 篇）。其中，6 种期刊的影响因子大于 40，分别是 *Nature Reviews Materials*、*Jama-Journal of the American Medical Association*、*Nature Reviews Cancer*、*Nature*、*Science* 和 *Chemical Society Reviews*。

**表 2-10 深空探测研究领域基础研究期刊分布 TOP12**

| 序号 | 期刊来源 | ISSN | 影响因子 | 论文数/篇 |
|---|---|---|---|---|
| 1 | Journal of Geophysical Research-Planets | 2169-9097 | 3.544 | 727 |
| 2 | Icarus | 0019-1035 | 2.981 | 702 |
| 3 | Planetary and Space Science | 0032-0633 | 1.820 | 571 |
| 4 | Acta Astronautica | 0094-5765 | 2.227 | 536 |
| 5 | Science | 0036-8075 | 41.058 | 347 |
| 6 | Advances in Space Research | 0273-1177 | 1.529 | 229 |
| 7 | Journal of Geophysical Research-Space Physics | 2169-9380 | 2.752 | 221 |
| 8 | Space Science Reviews | 0038-6308 | 9.327 | 211 |
| 9 | Geophysical Research Letters | 0094-8276 | 4.339 | 209 |
| 10 | Astronomy & Astrophysics | 1432-0746 | 5.565 | 166 |
| 11 | Nature | 0028-0836 | 41.577 | 161 |
| 12 | Journal of Spacecraft And Rockets | 0022-4650 | 1.116 | 144 |

## 2.5 启示与建议

2019 年 2 月 20 日，习近平总书记在北京人民大会堂会见探月工程"嫦娥四号"任务参研参试人员代表时强调："实践告诉我们，伟大事业都始于梦想。梦想是激发活力的源泉。中华民族是勇于追梦的民族。党中央决策实施探月工程，圆的就是中华民族自强不息的飞天揽月之梦。月球探测的每一个大胆设想、每一次成功实施，都是人类认识和利用星球能力的充分展示。"（新华网，2019）当前，我国正在面向月球、火星、小行星等深空探测天体目标，在世界深空探测的舞台上以积极的姿态展现新时代中国航天的能力和水平。结合本章的分析，我们获得了一些启示并给出了一些建议。

### 2.5.1 深空探测的普查期已结束，未来应关注有特色的科学价值

纵观人类深空探测的历史，探测的顺序基本按照由近及远、由易及难的顺序，即从月球出发，依次探索金星、火星、木星、水星、土星，以及其他外太阳系天体和小行星、彗星，太阳系内所有大型天体、所有主要类型的天体都已经有人类探测器造访过，或飞掠，或环绕，或着陆；在载人深空探测方面，美国已经6次完成载人登月任务。因此，"普查式"和"插旗式"的深空探测项目已经"过气"，不是未来一段时间的重要方向。在美苏太空竞赛阶段，深空探测目标的选择，以及支撑项目开展的动力，最主要的是政治驱动力。而在当今时代再开展深空探测项目，是否拥有独特的科学价值，是否能够回答太阳系生命起源和演化、行星形成和演化等重大科学问题，则成为评价项目意义的重要参考指标。在这方面，我国"嫦娥四号"月球探测器选择了以前人类从未造访过的月球背面作为目的地，取得了一系列独特的科学成果，收获了非常好的效果。

### 2.5.2 深空探测应循序渐进，注重稳定长期规划

深空探测作为工程技术挑战极大的项目，必须坚持一定的科学顺序，需要长期稳定的顶层规划作为指引。例如，在开展载人探索活动前，必须首先开展无人探测任务；在开展火星探测任务前，应该先以距离更近的目的地（如月球或小行星）为目标开展技术验证任务。美国ESAS研究项目通过回顾15年的月球和火星任务架构，总结出的关键经验之一即"渐进性扩张策略"，这种策略强调在进行深空探测的每一步，都应发展多用途的关键性技术能力，并且这些技术的开发都建立在上一步探测的基础上；其目的是避免对关键技术和系统的重复性研究，使每一步所获得的新技术能力，又能为下一步的开展提供更加明确的支持。此外，在实施系列深空探测任务时，还应注意采用"增量建造"策略。例如，在建造月球表面基地时，需要开展多次月球表面着陆任务，那么每次都应当充分利用前期短期月球任务中所废弃的材料和故意遗留下的零碎部件，以达到减少成本的目的。这就需要从系列任务之初就规划好每次任务的着陆区域，并保持目标的长期稳定。考虑到深空探测的系列任务往往持续多年、历经多届政府，坚持这一点并不容易。美国从老布什政府到特朗普政府时期，载人探索长期目的地反复在月球、火星之间来回调整，给美国载人航天造成了一定不良影响（包括"猎户座"载人飞船的研制被提前下马等），这也给我国提供了反向参考案例。

值得指出的是，在月球上建立月球基地是未来国际深空探测的主要方向之一，美国、欧洲、俄罗斯等已先后提出自己的建设计划，建议我国关注这方面的国际进展，积极推进

我国相关计划的预研，为制定长期稳定的规划提供支撑。

### 2.5.3　火星探测近期将迎来高峰，我国应抓住机遇推进相关项目

2019 年是火星探测的关键年，中国、美国、印度、欧洲、俄罗斯、阿联酋均计划在 2020 年前后发射火星探测器。"火星大冲"时机在 2035 年和 2050 年各有一次（上次是 2018 年 7 月），人类有可能在 2035 年前后登陆火星。美国、日本、俄国、欧盟已经达成共识，即在国际空间站退役后共同建设月球轨道空间站，美国副总统又发出了 5 年内重返月球的呼吁，这表明载人航天及深空探测仍是各国密切关注的、拥有巨大政治影响力的领域。因此，建议我国在稳步推进中国探月工程和火星探测工程的同时，提前研究外国未来航天项目可能对我国造成的政治影响。除支持大型项目外，可允许甚至鼓励（年轻）科学家、私人企业开展一些低成本、高风险的创新项目（类似于印度的低成本火星探测项目和以色列近期的探月项目），或可收获一定的科学成果与政治影响力。

**致谢**　中国科学院国家空间科学中心邹永廖研究员、刘洋研究员，中国科学院空间应用工程与技术中心张伟研究员等专家对本章提出了宝贵的意见与建议，在此谨致谢忱！

## 参 考 文 献

俄罗斯卫星通讯社（中文版）. 2019. 俄"月球-26"号轨道探测器或为中国月球探测器充当中继站. http://sputniknews.cn/russia_china_relations/201901291027514439/［2019-10-31］.

范全林，王琴，白青江. 2019. 2018 年深空探测热点回眸. 科技导报，37（1）：52-64.

胡永云，田丰，钟时杰，等. 2014. 比较行星学研究进展——第三届地球系统科学大会比较行星学分会场综述. 地球科学进展，29（11）：1298-1302.

卢波.2019. 2018 年国外空间探测发展综述.国际太空，（482）：28-33.

庞之浩. 2018. 中国探月工程概览. www.cnsa.gov.cn/n6758968/n6758973/c6804701/content.html［2019-10-31］.

祁首冰，付郁. 2018. 韩国最新航天发展规划研究. 国际太空，472（4）：28-34.

邱建文，徐瑞，赵宇庭. 2019. 小型核反应堆自主控制及其深空探测应用设想. 宇航学报，40（1）：5-12.

新华网. 2019. 习近平：为实现我国探月工程目标乘胜前进　为推动世界航天事业发展继续努力. http://www.xinhuanet.com/politics/leaders/2019-02/20/c_1124142195.htm［2019-10-31］.

于登云，孙泽洲，孟林智，等. 2016. 火星探测发展历程与未来展望. 深空探测学报，（2）：108-113.

中国载人航天工程官方网站.2011. 中国载人航天工程简介. http://www.cmse.gov.cn/art/2011/4/23/ art_24_1054. html［2019-10-31］.

中华人民共和国驻阿拉伯联合酋长国经商参处. 2015. 阿联酋航天局发布战略计划. http://ae.mofcom. gov.cn/article/jmxw/201506/20150600999667.shtml［2019-10-31］.

内阁府. 2019. 宇宙基本计画工程表（平成 30 年度改訂）. https://www8.cao.go.jp/space/hq/dai18/gijisidai.html ［2019-10-31］.

EarthSky Communications Inc. 2019. Japan's Hayabusa2 lands on asteroid Ryugu. https://earthsky.org/space/japan-hayabusa2-touches-down-asteroid-ryugu［2019-10-31］.

ESA. 2019. Mining the moon ready to lift off by 2025. http://www.mining.com/mining-moon-ready-lift-off-2025/［2019-10-31］.

ISECG. 2018. ISECG Global Exploration Roadmap（3rd edition）. https://www.globalspaceexploration.org/wordpress/wp-content/isecg/GER_2018_small_mobile.pdf［2019-10-31］.

JAXA. 2019. 国立研究開発法人宇宙航空研究開発機構の中長期目標を達成するための計画（中長期計画）. http://www.jaxa.jp/about/plan/pdf/plan04.pdf［2019-10-31］.

NASA. 2005. NASA Authorization Act of 2005. http://www.gpo.gov/fdsys/pkg/PLAW-109publ155/pdf/PLAW-109publ155.pdf［2019-10-31］.

NASA. 2011. President Kennedy's Speech and America's Next Moonshot Moment. https://www.nasa.gov/topics/history/features/kennedy_moon_speech.html［2019-10-31］.

NASA. 2013. Space Technology Roadmaps：The Future Brought To You By NASA. http://www.nasa.gov/offices/oct/home/roadmaps/index.html#.U5rNirKBRPQ［2019-10-31］.

NASA. 2017. NASA Studying Shared Venus Science Objectives with Russian Space Research Institute. https://www.nasa.gov/feature/jpl/nasa-studying-shared-venus-science-objectives-with-russian-space-research-institute［2019-10-31］.

NASA. 2019. NASA funds commercial moon landers for science，exploration. https://astronomynow.com/2019/06/02/nasa-funds-commercial-moon-landers-for-science-exploration/［2019-10-31］.

NRC. 2003. New Frontiers in the Solar System：An Integrated Exploration Strategy. https://www.nap.edu/catalog/10432/new-frontiers-in-the-solar-system-an-integrated-exploration-strategy［2019-10-31］.

NRC. 2008. Grading NASA's Solar System Exploration Program：A Midterm Review. https://www.nap.edu/catalog/12070/grading-nasas-solar-system-exploration-program-a-midterm-report［2019-10-31］.

NRC. 2011. Vision and Voyages for Planetary Science in the Decade 2013-2022. http://www.rense.com/general45/moon.htm［2019-10-31］.

Phys.org. 2019. Israel flying to moon after SpaceX launch. https://phys.org/news/2019-02-israel-moon-spacex.html［2019-10-31］.

Science. 2018. India seeks collaborators for a mission to Venus，the neglected planet. https://www.sciencemag.org/news/2018/11/india-seeks-collaborators-mission-venus-neglected-planet［2019-10-31］.

Spaceflight Insider. 2017. NASA，Roscosmos Sign Statement on Lunar Space Station Cooperation. http://www.spaceflightinsider.com/missions/human-spaceflight/nasa-roscosmos-sign-statement-lunar-space-station-cooperation/［2019-10-31］.

The White House. 2013. National Space Policy of the United States of America（2010）. http://www.lpi.usra.edu/lunar/strategies/WhiteHouseDocuments/NatSpacePolicy062810.pdf［2019-10-31］.

The White House. 2016. Remarks by the President on Space Exploration in the 21st Century（2010）. http://www.lpi.usra.edu/lunar/strategies/WhiteHouse15April2010.pdf［2019-10-31］.

The White House. 2019. President Donald J. Trump is Unveiling an America First National Space Strategy. https://www.whitehouse.gov/briefings-statements/president-donald-j-trump-unveiling-america-first-nationalspace-strategy/［2019-10-31］.

Emirates Business. 2019. UAE announces first pan-Arab body for space cooperation. http://emirates-business. ae/uae-announces-first-pan-arab-body-for-space-cooperation/［2020-03-30］.

USRA. 2018. President Bush Delivers Remarks on U.S. Space Policy （2004）. http://www.lpi.usra.edu/lunar/ strategies/［2019-10-31］.

거대공공연구정책과정관우. 2018. 우주를향한대한민국의새로운도전，제 3 차우주개발진흥기본계획발표 http://www.msit.go.kr/web/msipContents/contentsView.do?cateId=mssw311&artId=1374583［2019-10-31］.

# 3  量子计算研究国际发展态势分析

王立娜  田倩飞  唐  川  张  娟  徐  婧

（中国科学院成都文献情报中心）

**摘  要**  作为一项重要的颠覆性技术，量子计算的概念最早是 1982 年由美国物理学家费曼提出的，其高速并行运算的计算模式或将引发一场信息技术新革命。构建实用化的通用量子计算机已被称为"21世纪的太空竞赛"。在新一轮信息科技革命和产业革命的背景下，量子计算已成为世界各国抢占经济、军事、安全、科研等领域全方位优势的一个战略制高点。为抢先获得"量子优势"（quantum supremacy），掌握技术制高点、标准制定权和舆论主导权，美国和欧洲等发达国家和地区已将量子计算发展提升到国家战略高度，纷纷部署一系列的体系化量子计算发展举措，联合政府、学术界、产业界等诸多利益相关者协同解决量子计算技术的发展障碍。

为把握量子计算研究的国际发展态势，本章定性调研了美国、欧洲、日本、中国等主要国家和地区的量子计算战略规划与项目布局等发展举措、量子计算关键技术的发展现状与趋势、主要研究机构和企业的研发动态，定量分析了量子计算的重点研发领域和研究热点。基于上述量子计算发展态势的分析及我国的发展情况，本书建议我国制定国家量子计算技术战略，构建量子计算技术创新生态系统，培养专业的量子计算技术人才，进一步整合所有优势资源，聚力突破量子计算关键技术的发展障碍，抢夺量子技术战略制高点。

**关键词**  量子计算  战略规划  发展现状与趋势  研发重点与热点

## 3.1  引言

量子计算是一种遵循量子力学规律进行高速数学和逻辑运算、存储及处理量子信息的新型计算，可分为计算模式研究、硬件研究、软件和算法研究等几个领域。与传统计算机相比，量子计算机具有天然的量子并行计算能力，存储能力强，运算速度快，将带来现有计算能力质的飞跃。量子计算可快速破译现有密码体系，对现有的以数学为基础的密钥体系造成整体性颠覆，从而掌握信息主动权；对海量情报数据进行实时分析处理，进一步提升形式评估与决策能力；有效解决高性能、大数据计算问题，加快复杂武器系统的设计和试验进程，有效提升武器装备的研发效率；为气象预报、石油勘探、药物设计等所需的大规模计算难题提供解决方案；揭示高温超导、量子霍尔效应等复杂物理机制，为先进材料制造和新能源开发奠定科学基础。

为利用量子计算技术促进经济社会发展，主要科技强国推出了一系列创新举措，如增加研发投入、调整资金投向、组建技术创新联盟、成立创新合作伙伴关系及开展风险投资，从而推动创新成果商业化等。此外，主要科技强国还重视跨学科、跨领域、跨机构的合作研究，成立量子信息技术协同创新研究中心，以组织相关科技人员联合攻关难以解决的技术创新与产业应用问题。2018 年 9 月，美国白宫科学技术政策办公室（OSTP）国家科学技术委员会（NSTC）发布《量子信息科学国家战略概述》，该报告系统性地总结了量子信息科学带来的挑战、机遇，以及为维持和提高美国在量子信息科学领域的领导地位应做出的努力。2018 年 10 月，在欧盟理事会举行的一场高端活动中，总经费高达 10 亿欧元的量子技术（QT）旗舰计划正式启动。该计划的长期愿景是在欧洲建设一个量子网络，通过量子通信网络连接起所有的量子计算机、模拟器与传感器。

目前，IBM、谷歌、Intel、微软、D-Wave 等企业均已纷纷加入国际量子计算机竞争。2017 年 11 月，IBM 通过其官方博客宣布已成功搭建 20 量子比特量子计算机。2018 年 3 月，谷歌在美国物理学会年度会议上展示了还在测试中的拥有 72 个量子比特的新量子处理器狐尾松（Bristlecone）。2018 年 1 月，Intel 在国际消费电子展上发布了一款代号为 Tangle Lake、具有 49 个量子比特的超导量子测试芯片。

自 2001 年起，国家重点基础研究发展计划（973 计划）、国家高技术研究发展计划（863 计划）、国家重点研发计划、国家自然科学基金重点项目和中国科学院知识创新工程等就开始关注量子信息技术的研究和布局。2016 年 2 月，国家重点研发计划将量子调控与量子信息列为重点专项，对量子信息技术的科学研究和技术开发进行了更为系统、全面的部署。2016 年 12 月，国务院印发《"十三五"国家战略性新兴产业发展规划》，提出要统筹布局量子芯片、量子编程、量子软件以及相关材料和装置制备关键技术研发，推动量子计算机的物理实现和量子仿真的应用。

# 3.2 战略规划与发展路线

## 3.2.1 美国

美国是最早将量子信息技术列入国家战略、国防与安全研发计划的国家，对量子计算研究给予长期和广泛的支持，美国国家科学基金会、国防部、能源部、国家标准与技术研究院等国家项目资助机构均参与其中。早在 2002 年美国 DARPA 就制定了《量子信息科学与技术规划》，2015 年发布的《国家战略性计算计划》将量子计算列为维持和增强美国高性能计算能力的核心工作。2016 年 7 月，美国 NSTC 发布《推进量子信息科学发展：美国的挑战与机遇》报告，分析美国面临的挑战与应对措施，以及美国联邦政府主要机构的投资重点。2018 年，美国陆续发布了《量子信息科学国家战略概述》《国家量子计划法案》，进一步整合政府、工业界和学术界的资源，通过统一的国家量子战略和全面的量子科技政策

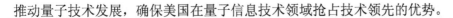

推动量子技术发展，确保美国在量子信息技术领域抢占技术领先的优势。

### 3.2.1.1 白宫科学技术政策办公室发布《量子信息科学国家战略概述》

2018 年 9 月 24 日，美国白宫科学技术政策办公室 NSTC 发布《量子信息科学国家战略概述》（宫学源等，2018）。白宫方面认为，量子信息科学将引领下一场技术革命，给国家安全、经济发展、基础科研等带来重大变革。该报告系统性地总结了量子信息科学带来的挑战、机遇，以及为维持和提高美国在量子信息科学领域的领导地位应做出的努力。

报告确定了对美国未来成功至关重要的关键政策机遇，包括以下几个方面。

（1）选择科学优先的量子信息科学方法

加强联邦政府资助的核心研究计划，并在适当情况下通过分布式小额赠款、建立研究中心和联盟等方法，支持长期量子信息科学研究；促进跨学科研究人员间的交流，达成更广泛的科学界合作，以突显和分享相关科学进展，发展和协调量子研究团体；建立并启用正式的协调机构，如 NSTC 量子信息科学小组委员会（SCQIS）；专注于重大挑战，将其作为推动量子信息科学技术进步的机制，并且鼓励联邦机构对基础与应用挑战进行确定、优先考虑和投资协调。

（2）培养面向未来的专业量子从业人员

鼓励行业和学术界创建融合、跨行业的多元化人力资源发展策略，以满足美国对量子信息科学发展的需求；利用并强化现有的量子信息科学计划，以扩大量子信息科学从业人员的规模；鼓励学术界将量子科学与工程视作自己的学科，满足新计划、倡议等的需求；在小学、初中和高中等早期阶段提供量子科学教育；通过与相关机构和行业合作，充分利用其投资，通过艺术、媒体、文化机构等新颖或非传统方法，向更广泛的受众介绍量子信息科学；鼓励量子信息科学研发团体跟踪与评估量子产业未来的人力资源需求。

（3）深化参与量子产业

促进产学界和政府部门成立美国量子联盟，对未来的需求和障碍进行预测并达成共识，协调竞争前研究的工作，解决知识产权问题并简化技术转让机制；通过产业界、学术界和政府间的合作，增加对联合量子技术研究中心的投资，以加速竞争前的量子研究和开发；通过开发潜在的终端用户应用，保持对量子革命如何影响机构任务以及机构如何通过联邦政府培养量子技术的认识。

（4）提供关键基础设施

通过与政府、利益相关方及业界、学术界的合作，确定急需的关键基础设施并鼓励必要的投资；鼓励各机构为量子信息科学研究团体提供更多的现有和未来设施以及支持技术；建立终端用户测试、培训与参与平台设施，使联邦机构和利益相关方能够探索与其任务相关的应用程序；利用现有基础设施，快速推进量子技术的发展。

（5）维护国家安全，保持经济增长

了解量子信息科学不断变化的科学和技术环境对安全的影响；SCQIS 等可提出机制，促使全部政府机构及时了解量子信息科学技术带来的防御和安全影响，平衡所产生的经济效益与安全风险；确保现有技术分类和出口管制的兼容应用，为美国高校和产业界提供与量子信息科学研究相关的行动信息，以鼓励经济机会、保护知识产权，并保护与国家安全相关的应用。

（6）推进国际合作

与志同道合的业界和政府合作伙伴加强国际合作；确保美国继续吸引和留住最优秀的人才，并获得量子信息科学的国际技术、研究设施和专业知识；确定他国的优势和重点领域，以及差距和机会，以便从技术和政策角度更好地了解不断演变的国际量子信息科学格局。

此外，就下一步措施而言，政府机构已被要求制定详细的执行计划以支持政策目标，尤其是，SCQIS 的参与机构应提供书面计划，以实现 OSTP 和 SCQIS 制定的 2019 年第一季度或更晚的政策目标。根据法律规定，各机构应与 OSTP 和 SCQIS 协商，召集利益相关方，以确定特定子领域的重大挑战，如量子传感技术、量子网络应用、抗量子密码标准和系统的开发、接近量子比特操作的高保真极限，以及量子信息科学的基础新科学等。

### 3.2.1.2　国家量子计划法案

2018 年 6 月 28 日，美国众议院科学委员会通过《国家量子计划法案》，提出由总统发起的未来 10 年国家量子行动计划，以加速和协调公私量子科学研究、标准制定和人才培养，使美国具备能与中国和欧洲相竞争的领先优势（U. S. Senate Committee on Commerce, Science and Transportation，2018）。2018 年 12 月 21 日，美国总统特朗普正式签署《国家量子计划法案》，全方位加速量子科技的研发与应用，确保美国量子科技的领先地位，开启量子领域的"登月计划"。根据法案，美国将制定量子科技长期发展战略，实施为期 10 年的"国家量子计划"。

《国家量子计划法案》主要包括 5 个方面的内容。

（1）发起美国 10 年量子行动计划

该法案提出美国总统应发起 10 年"国家量子行动计划"，具体举措包括：设定这项 10 年计划的目标、优先事项和指标，以加速美国在量子信息科学和技术应用方面的发展；投资支持美国联邦的基础量子信息科学和技术研发、验证和其他活动；投资支持相关活动，以拓展量子信息科学和技术人才通道；针对美国联邦量子信息科学和技术研发、验证和其他相关活动提供跨部门协调支持；与行业和学术界合作利用知识和资源；有效利用现有的联邦投资，以促成实现计划目标。此行动计划分两期各 5 年执行，政府未来 5 年内将斥资 12.75 亿美元开展量子信息科技研究，其中美国 NIST 获资 4 亿美元、NSF 获资 2.5 亿美元、DOE 获资 6.25 亿美元。

（2）成立国家量子协调办公室

法案要求美国总统在白宫科学技术政策办公室内设立"国家量子协调办公室"，负责监督机构间的协调事务，并提供战略规划支持，充当利益相关方的中心联络点，开展公共宣传促进私营部门将联邦政府的研究商业化。

该办公室主任由美国白宫科学技术政策办公室主任与美国商务部、美国 NSF 主任和 DOE 部长协商确定。《国家量子计划法案》还明确要求，该办公室员工应从美国联邦机构抽调，且为 NSTC SCQIS 的成员。

（3）成立 SCQIS

法案提出，总统应通过 NSTC 来建立由多家联邦政府机构联合组成的 SCQIS，负责协调美国联邦机构的量子信息科学和技术研究、教育活动和项目，由 NIST 主任、NSF 主任和 DOE 部长联合任小组委员会主席。根据已有知识、劳动力缺口和其他国家需求制定该计划的目标和优先事项，评估并提出联邦政府基础设施需求来支持该计划，评估与战略盟友在量子信息科学和技术方面的研发合作机会。

（4）成立国家量子计划咨询委员会

总统应组建美国国家量子计划咨询委员会，成员来自产业界、学术界和联邦实验室等。该咨询委员会将为美国总统和 SCQIS 评估量子信息科学技术的趋势和发展状况、该计划的实施进度、修改计划的必要性，并向总统提交改进该计划的评估报告。

（5）针对 NIST、NSF、DOE 的具体要求

为推动量子信息科学和技术的研究发展，该法案对 NIST、NSF 和 DOE 提出了推动量子信息科学和技术研究的具体要求和举措。

1）该法案要求美国 NIST 支持基础的量子信息科学和技术研究，制定推进量子应用商业发展所必需的指标和标准。法案还要求 NIST 利用现有的项目，与其他适当的机构联合培养量子信息科学和技术方面的科学家。此外，NIST 还需开展利益相关方研讨会，讨论美国量子信息科学和技术行业发展的未来指标、标准、网络安全和其他拨款需求。

2）法案要求美国 NSF 主任发起量子信息科学和工程基础研究与教育计划，并开展活动继续支持基础的跨学科量子信息科学和工程研究，支持量子信息科学和工程领域的人力资源开发工作。此外，NSF 主任应与其他合适的联邦机构协商，向高等教育机构或合法非营利的组织机构拨款成立 5 个"量子研究和教育多学科中心"。

3）法案要求美国 DOE 部长发起量子信息科学基础研究计划，制定量子信息科学研究目标，成立 5 个"国家量子信息科学研究中心"，致力于基础研究，并加速量子信息科学与技术成果突破。

白宫"科学、太空与运输委员会"主席史密斯表示，《国家量子计划法案》充分利用美国政府、工业界和学术界的资源，制定了统一的国家级量子战略，确保美国在量子信息科学领域继续取得突破，将为美国科技发展与全球竞争提供重要支撑。美国国家光子学会指

导委员会主席怀特认为，这项关键的立法提出了全面的量子科技政策，美国需要将这项令人兴奋的研究从实验推进到应用。

### 3.2.1.3 美国 NSF

2014 年以来，美国 NSF 资助了名称中含有量子计算研究关键词的量子计算项目共计 145 项（检索日期为 2019 年 2 月 20 日），资助总额度高达 6382 万美元，资助的量子计算项目数量与资助额度年度变化趋势如图 3-1 所示。可见，2014～2017 年美国 NSF 资助的量子计算项目的资助额度呈现出波动增长态势，2018 年项目数量和资助额度快速上升。相比 2017 年，2018 年的资助项目数量增长了 1.90 倍，项目资助额度增长了 1.65 倍，这与美国 2018 年陆续推出的量子技术发展战略和行动计划密不可分。这些项目主要通过 NSF 数理科学部物理科学处（MPS/PHY）、计算机与信息科学及工程学部计算与通信基础处（CISE/CCF）、工程科学部电子通信和网络系统处（ENG/ECCS）、数理科学部化学科学处（MPS/CHE）、数理科学部材料研究处（MPS/DMR）等机构来资助。

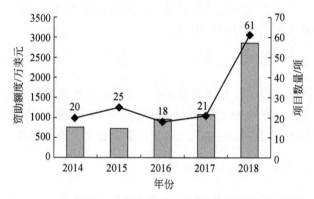

图 3-1　2014～2018 年美国 NSF 资助的量子计算项目数量与资助额度变化趋势

从资助项目的获资机构分布来看，美国 NSF 在 2014～2018 年共资助 65 家研究机构开展量子计算项目研究，这 65 家研究机构由 63 家高校和 2 家企业组成，其中获资项目数量为 4 项及以上的机构为 9 家，获资项目数量为 2～3 项的机构为 28 家。表 3-1 给出了 2014～2018 年美国 NSF 资助的量子计算项目主要承担机构及其获资项目数量与获资额度。麻省理工学院的获资项目数量（11 项）和项目获资额度（728.01 万美元）均最高，主要研究内容涉及芯片级量子信息处理器、超导量子比特、量子算法、拓扑量子计算、量子模拟等。在获资项目数量方面，马里兰大学、加州大学圣巴巴拉分校、威斯康星大学麦迪逊分校次之，获资项目数量分别为 8 项、7 项、6 项。在获资项目额度方面，马里兰大学、斯坦福大学、芝加哥大学、哥伦比亚大学、威斯康星大学麦迪逊分校、加州大学圣巴巴拉分校依次排第二位至第七位，这 6 所高校的获资项目额度均超过 200 万美元。其他项目获资额度为 100 万美元及以上的研究机构包括罗切斯特大学、QC Ware 公司、普渡大学、科罗拉多矿业学院、杜克大学、得克萨斯大学奥斯汀分校、普林斯顿大学等 15 家高校和企业。其中，加州大学伯克利分校、科罗拉多大学博尔得分校、弗吉尼亚理工大学的表现比较突出，虽然获资项目数量仅为 1 项，但获资额度却依次高达 120 万美元、100 万美元、100 万美元。

表 3-1  2014～2018 年美国 NSF 资助的量子计算项目主要承担机构相关情况

| 承担机构 | 获资项目数量/项 | 获资项目额度/万美元 |
| --- | --- | --- |
| 麻省理工学院 | 11 | 728.01 |
| 马里兰大学 | 8 | 466.70 |
| 加州大学圣巴巴拉分校 | 7 | 207.48 |
| 威斯康星大学麦迪逊分校 | 6 | 234.88 |
| 普林斯顿大学 | 4 | 131.37 |
| 得克萨斯州农工大学 | 4 | 96.67 |
| 芝加哥大学 | 4 | 269.83 |
| 罗切斯特大学 | 4 | 169.70 |
| 南加州大学 | 4 | 128.09 |
| 科罗拉多矿业学院 | 3 | 156.39 |
| 达特茅斯学院 | 3 | 95.18 |
| 佐治亚理工学院 | 3 | 68.18 |
| 哈佛大学 | 3 | 94.11 |
| 宾夕法尼亚州立大学 | 3 | 127.83 |
| 普渡大学 | 3 | 160.00 |
| 斯坦福大学 | 3 | 380.00 |
| 伊利诺伊大学厄巴纳香槟分校 | 3 | 56.94 |
| 新墨西哥大学 | 3 | 48.50 |
| 加州理工学院 | 2 | 130.00 |
| 哥伦比亚大学 | 2 | 235.22 |
| 杜克大学 | 2 | 152.00 |
| 乔治城大学 | 2 | 44.08 |
| 约翰·霍普金斯大学 | 2 | 31.57 |
| 路易斯安那州立大学 | 2 | 49.83 |
| 西北大学 | 2 | 68.49 |
| QC Ware 公司 | 2 | 164.54 |
| 罗切斯特理工学院 | 2 | 53.92 |
| 波士顿大学 | 2 | 93.88 |
| 亚利桑那大学 | 2 | 57.00 |
| 加州大学圣迭戈分校 | 2 | 46.02 |
| 特拉华大学 | 2 | 130.00 |
| 密歇根大学安娜堡分校 | 2 | 53.40 |
| 宾夕法尼亚大学 | 2 | 125.00 |
| 得克萨斯大学奥斯汀分校 | 2 | 145.00 |
| 弗吉尼亚大学 | 2 | 60.53 |

续表

| 承担机构 | 获资项目数量/项 | 获资项目额度/万美元 |
| --- | --- | --- |
| 华盛顿大学 | 2 | 67.80 |
| 弗吉尼亚联邦大学 | 2 | 57.73 |
| 加州大学伯克利分校 | 1 | 120.00 |
| 科罗拉多大学博尔得分校 | 1 | 100.00 |
| 弗吉尼亚理工学院暨州立大学 | 1 | 100.00 |

为进一步阐释美国NSF资助的量子计算项目的相关研究主题,下面将简要介绍一些近期宣布的量子计算项目的获资时间、获资经费额度、主要承担机构和主要研究内容等信息。

(1)量子协同设计软件定制架构

为加速实用量子计算机的发展,NSF于2018年8月宣布拟在未来五年投资1500万美元资助开展"量子协同设计软件定制架构"(STAQ)项目研究(NSF,2018a)。该项目旨在寻找基于优化和科学计算问题的新算法,改进量子计算机硬件,以及开发优化特定算法性能的软件工具。STAQ项目的研究人员包括来自杜克大学、麻省理工学院、塔夫茨大学、加州大学伯克利分校、芝加哥大学、马里兰大学和新墨西哥大学的物理学家、计算机科学家和工程师。STAQ研究人员将重点关注四个主要目标:开发具有足够数量量子比特的量子计算机,以解决具有挑战性的计算问题;确保每个量子比特与系统中的所有其他量子比特相互作用,这对于解决物理学中的基本问题至关重要;集成软件、算法、设备和系统工程;包含实验者、理论家、工程师和计算机科学家的平等投入。

(2)NSF拨款3100万美元支持基础量子科学研究

2018年9月24日,在美国白宫量子信息科学峰会上,美国NSF宣布拨款3100万美元资助基础量子科学研究(NSF,2018b)。NSF的职责包括促进安全量子通信必需的技术发展,开发首台完全连接的实用量子计算机,汇集学术界和私营部门的导师以培养下一代量子科学家、工程师和企业家。NSF的资助将通过以下两类项目开展:①2500万美元用于探索性量子研究,作为跨学科科学与工程研究(RAISE)中量子系统突破性进展(TAQS)项目的一部分。25个项目将共享这笔资助,它们将专注于创新性方法、实验演示和变革性进展,帮助实现量子传感、量子通信、量子计算和量子模拟领域的系统开发与概念验证。②600万美元用于量子研究与技术开发,作为RAISE-面向量子通信的工程级量子集成平台(EQuIP)项目的一部分。8个项目将共享这笔资助,它们将致力于促进量子信息科学与技术的工程前沿研究,探索超越单个器件与组件开发的综合性方案,以实现可扩展的量子通信系统。

(3)量子创意孵化器计划

2018年11月,美国NSF宣布将为面向量子系统变革发展的"量子创意孵化器(QII-TAQS)计划"提供2600万美元的资助,旨在支持跨学科团队探索高度创新和潜在的颠覆性创意,用于开发和应用量子科学、量子计算和量子工程（NSF，2018c）。计划的重要领域包括以下三方面。①基础科学以及量子信息科学与工程中的技术：基本物理原理的应用开创了离子、分子、原子和类原子系统，加速了量子信息科学的快速发展，诸如超导量子比特、量子点和量子光学等技术也在推进量子信息科学领域的发展。②通信、计算和建模：当量子系统、设备和组件的设计采用更高级别的抽象方法时，需要计算科学。该领域聚焦于量子通信和量子计算，包括开发和设计量子算法、量子系统和计算的建模和模拟，研究/开发量子编程语言和环境，研究编译程序，等等。③设备和工程系统：该领域聚焦于量子信息设备、电路、系统和网络工程。

### 3.2.1.4　国防部

（1）美国陆军拟投资 1400 万美元资助量子计算技术研究

2017 年 3 月 2 日，美国陆军研究办公室（ARO）宣布拟投资 1400 万美元资助量子计算技术研究，主要就新兴的量子科学技术（NEQST）和交叉量子技术系统（CQTS）两大研究主题进行项目招标（Federal Grants，2017）。本节将对这两大研究主题的主要研究内容进行简要介绍。

A. 新兴的量子科学技术

1）新型量子比特、运行方式和环境。探索未来技术。例如，能够在较高温度、压力或磁场等极端环境中稳定工作的量子比特，更便宜、便携、可伸缩的量子器件，如中继器、传感器和量子计算机等。项目提案必须阐明新型物理系统的细节，相对于当前最先进的量子系统的优势，尝试构建、控制和隔离新系统的方式，尤其是必须强有力地解决快速、可靠的双量子比特相互作用问题。

2）根本性的新制造方法。寻求新制造方法，获得具备卓越性能的新型量子比特。例如，通过完全外延制造技术或可解决常年存在的噪音问题，制作基于超导体-半导体和工程量子材料的新器件。此外，需要新制造方法来实现所需的量子性能，尤其是制造平面半导体和超导体量子比特的新方法。

3）新设计与控制或操作方法。侧重于多量子比特系统的简易或新型控制方法的设计原则。例如，通过静电位、用于物理设备的拓扑激励对称保护、可减少经典控制复杂度的其他技术控制超导体-半导体结。

B. 交叉量子技术系统

1）从微波到光波的量子态相干转移。侧重于从微波到光波的低噪音量子态转移。目前已经有许多的技术来实现该功能，包括基于里德堡原子、光机械系统、自旋组合、磁子和电光学等的技术。提案必须解决将量子态从微波转换成光波的示范目标。

2）经典、高效的微波到光波量子控制信号转换。通常使用低噪声直流或微波信号来控制和测量半导体和超导体量子系统。这些信号在室温下产生，然后发送到量子比特所处的低温环境中。一种替代方法是将读出的信号编码到光波中，然后在低温下转换成适当的控制信号。项目提案必须能够利用室温下产生的光学信号实现单量子比特的控制和读取。

3）混合量子比特系统。侧重于提高交叉量子技术集成器件的量子比特性能。每项单量子比特技术都有其优势和缺陷，应利用特定量子比特技术的优势，同时通过与不同的量子比特技术结合来弥补缺陷。项目提案必须能够以不降低单量子系统性能的方式成功地组合两个不同的量子系统，同时确保所需的组合功能。

（2）美国 DARPA 发布量子计算先进应用信息征询

2018 年 7 月 10 日，美国 DARPA 国防科学办公室（DSO）表示，正征求信息以了解现有和下一代量子计算机的新能力，从而更好地理解复杂物理系统，改善人工智能与机器学习，并增强分布式传感（PQI，2018）。近年来，量子计算发展突飞猛进，一方面，物理可实现的量子比特数越来越多；另一方面，新量子搜索与优化的算法越来越成熟。但是，仍有许多挑战亟待解决，以应用量子计算来解决现实世界问题。这些挑战包括：规模挑战、环境交互、输入/输出、量子比特连接、量子存储、量子态读取，以及与经典世界相关接口等挑战。本次信息征询主要针对如下一项或多项挑战。

A. 量子计算的根本限制

包括：如何定义问题框架？哪些模型规模需要基于量子的解决方案？如何管理量子连接及纠错？如何将大型问题分解为小问题并映射到若干量子平台？

B. 机器学习的混合方法

包括：哪些方法可被用于未来量子计算设备和混合的量子与经典系统来有效地部署机器学习/深度学习任务？量子加速与可使用的量子资源大小（量子比特数）之间的相关依赖性是怎样的？如何衔接量子与经典资源？能否有效地在经典和量子处理器之间转移数据？是否需要额外的辅助技术来部署量子计算应用？

C. 衔接量子传感器与量子计算资源

包括：量子计算机与分布式量子传感器的结合能产生哪些新能力？量子计算机正常运行所需的容错性标准？分布式传感器的数量及其性能？部署哪种量子计算机平台（囚禁离子位、超导量子比特）和传感器（原子钟、磁力计）？

D. 适用于经典计算机的量子计算启发式算法和过程

包括：量子计算启发式算法能给系统过程提供哪些经验启示？当达到量子优势后，如何验证经典算法改进？

（3）美国 DARPA 拟利用中型量子器件解决复杂优化问题

2019 年 2 月 27 日，美国 DARPA 推出"利用中等规模量子器件噪声优化"（ONISQ）项目，以在全容错量子计算机出现前对量子信息处理进行研究（DARPA，2019）。

具有数百万量子比特的通用量子计算机将彻底变革商业和军事应用领域的信息处理，然而，该愿景的实现尚需几十年的时间。因为量子器件的性能和可靠性取决于基础量子态保持相干的时长。通常量子比特的相干时间极为短暂，很难进行任何有意义的计算。

ONISQ 项目将采用一种混合理念，即将中型量子器件与经典计算系统结合起来，解决组合优化这类特别具有挑战性的问题。该项目试图展示量子信息处理在解决优化挑战方面，有着远超经典系统的定量优势。

解决组合优化问题对军方而言极为重要。其潜在应用之一是可以改善军队复杂的全球物流系统，包括在缺乏商业物流公司赖以生存的基础设施的艰苦地带进行调度、路线规划和供应链管理。ONISQ 项目的解决方案也会对机器学习、编码理论、电子制造和蛋白质折叠等领域产生影响。

ONISQ 项目将致力于开发可扩展至数百或数千个量子比特，且具有更长的相干时间和更好的噪声控制的量子系统。同时，研究人员还需要在噪声中等规模量子器件上有效实施量子优化算法，并优化量子计算和经典计算资源的配置。基准测试也是该项目的一部分，研究人员将对经典方案和量子方案进行定量比较。此外，该项目将识别量子信息处理可能发挥最大作用的各类组合优化问题。

### 3.2.1.5  美国 DOE

2018 年 9 月 24 日，在美国白宫量子信息科学峰会上，美国 DOE 宣布拨款 2.18 亿美元资助量子信息科学研究，旨在为下一代计算与信息处理以及其他创新性技术奠定基础（DOE，2018）。

获得 DOE 资助的项目共 85 个，不同项目获得资助的期限从 2 年至 5 年不等。来自美国 28 所高校和 DOE 9 家国家实验室的科学家将牵头开展多个相关方向的研究。例如，面向下一代量子计算机的软硬件开发，具备特定量子特性的新材料开发与表征，利用量子计算与信息处理研究和解释暗物质与黑洞等宇宙现象，等等。相关研究成果预计未来将产生许多潜在新应用。

劳伦斯·伯克利国家实验室多项量子科学研究获得了此项资助（Berkeley Lab，2018），具体项目包括以下几个方面。

（1）先进量子测试床

伯克利实验室未来 5 年将从 DOE 先进科学计算研究（ASCR）办公室获资 3000 万美元，以构建和运行一个先进量子测试床（AQT），探索超导量子处理器并评估应如何利用这些新兴量子器件促进科学研究。其中，伯克利实验室将与麻省理工学院林肯实验室合作部署各种量子处理器架构。该项目旨在通过多方参与的科学合作创建一个平台，便于研究人员回答有关量子计算的基础问题。

（2）量子信息科学之于分子工厂的新功能

分子工厂是 DOE 科学办公室的用户设施，其将从 DOE 基础能源科学办公室获得两项资助来开发科研基础设施，促进量子信息科学发展。一项资助致力于创建一个"纳米加工集群工具集"或一组高保真仪器的集成套件，帮助用户研究最先进量子系统的基本限制。工具集将包括机器人制造系统、高分辨率电子束写入系统和低温输运测量系统。另一项资助将开发和集成一套独特的电子束计量技术，为研究量子材料的电子结构和自旋特性，以及量子信息科学相关的固态结构创造新机遇。

（3）针对下一代量子系统的高度相干结构

将超导结构的相干时间提高 10 倍以上对开发下一代量子系统至关重要。基础能源科学办公室还资助伯克利实验室研究与薄膜材料量子相干性相关的问题。研究人员将开发能实现毫秒级相干的功能量子材料并验证其性能，还将探索控制 3D 结构退相干的新方法以实现高密度信息处理。此外，这些研究将与新的理论和计算工具相结合，以探索量子系统的大规模纠缠。

（4）量子传感器开发与暗物质探测

DOE 高能物理办公室将资助伯克利实验室开发量子传感器，以通过新的方式探测暗物质粒子。这些量子传感器通过以两种不同方式实现低温的探测器，来寻找轻质暗物质。

（5）粒子物理、计算与量子科研技术

高能物理办公室还将支持伯克利实验室开发可用于解释黑洞理论的量子算法与模拟，开发能测试基本粒子间相互作用细节的计算机程序，开发用于模式识别的量子算法并研究其潜能，为面向高能物理学的量子计算开发专用工具和逻辑组件等。

（6）用于化学的量子计算算法

一项获资助的项目将在传统的计算化学框架中嵌入量子硬件，通过结合传统计算与量子硬件解决催化、光催化、锕系元素等复杂的化学问题。此外，"面向化学的量子算法"项目将继续开发新的算法、编译技术和调度工具，使量子计算平台能用于化学和其他学科的科学发现。

（7）量子材料

伯克利实验室的"量子生态系统"还通过 2018 年 6 月成立的"材料量子相干的新途径中心"得到了加强。该中心是伯克利实验室牵头的 DOE 能源前沿研究中心（EFRC）之一，致力于了解重要光电材料的特性与量子相干现象之间的关系，可用于量子信息处理。

2018 年 10 月，美国橡树岭国家实验室（ORNL）获得 DOE 多项量子信息科学项目资助（ORNL，2018），主要研究方向包括：开发一种开源的算法和软件栈以实现量子算法的自动化；构建 AI 导向的综合平台以便快速探索可用于量子信息科学的薄膜材料；通过电子显微镜设计用于量子信息科学的单原子级新型材料。此外，ORNL 还和其他实验室开展合作项目，以期解决计算化学中高度关联电子态的问题，以及研发出利用量子信息科学检测高能粒子的方法。

2017 年 10 月，为了评估利用量子架构解决大科学问题的可行性，研发一种新的算法来发挥量子计算系统的巨大潜力，美国 ORNL 成立了两个项目组并得到美国 DOE 的资助（ORNL，2017）。其中，资助期限为五年的项目是"科学应用的量子加速方法与路径"，该项目主要评估近期创造的量子架构应用程序的性能表现；另一项目为"异构数字—模拟量子动力学仿真"，主要研究/开发用于凝聚态物质和核物理的量子模拟算法。

### 3.2.1.6　国家标准与技术研究院

2018 年 9 月，美国 NIST 与斯坦福国际研究院（SRI International）签署了一项合作研发协议（CRADA），即成立专注于量子科学与工程的量子经济发展联盟（QEDC），从而提升美国在全球量子研发以及计算、通信和传感领域的新兴量子产业方面的地位（NIST，2018）。分管标准和技术的美国商务部副部长兼 NIST 主任沃尔特·科班（Walter G. Copan）表示，特朗普政府对支持"控制量子系统"的突破性进展感到自豪，这将有效地促进美国经济发展和保障美国国家安全。QEDC 还将有效地协调联邦、学术和行业合作伙伴之间的资源和量子研发工作，以确保美国在科学发现和发展前沿的地位。

在政府和私营部门成员组织的资助下，QEDC 将确定量子技术开发所需的劳动力需求；提供有效的公私部门协调；确定填补研究或基础设施空白的技术解决方案；重点部署和解决重大挑战，加快开发工作；促进知识产权、有效供应链、技术预测和量子相关知识的共享。

NIST 物理测量实验室主任卡尔·威廉姆斯（Carl Williams）表示，QEDC 为工业界提供了一个论坛以分享有关量子经济发展的观点，这些行业见解可帮助 NIST、商务部和其他联邦政府扩大基础研发组合。QEDC 成员将合作开展前期竞争研发（如量子器件设计和原型设计），在共享资源的同时提高效率，并充分利用自身、联邦政府和其他成员的研究投资。QEDC 还将实现量子工程的相关功能，以有效地创建、测试和验证潜在的技术平台和流程。

## 3.2.2　欧洲

作为量子理论的发源地，欧洲一直高度重视量子信息技术对国家经济安全的影响，积极投入资源大力发展相关技术。2016 年以来，欧盟委员会陆续发布《量子宣言》、"量子技术旗舰计划"，旨在未来十年内投资 10 亿欧元重点推动通信、计算、模拟、传感和计量、基础科学五大主要量子技术领域的发展，建立极具竞争力的欧洲量子产业，确保欧洲在未来全球产业蓝图中的领导地位。英国已将量子技术提升到国家战略高度，"创新英国"（Innovate UK）组织和工程与自然科学研究理事会（EPSRC）于 2015 年 3 月发布《国家量子技术战略》，提出了未来 30 年量子技术研发和商业应用的重点领域和前景。Innovate UK 于 2015 年 10 月发布《英国量子技术路线图》，分析了量子计算机、量子传感器和量子通信等各项量子技术可能的商业化时间和发展路线图。2016 年 11 月，英国政府科学办公室（GOS）发布《量子时代的技术机遇》报告，指出了英国量子技术未来应用及其商业化的五大发展方向。此外，英国一直高度重视量子信息科学的基础研究，近年来正逐步向基础研究和商业应用并重转变。2018 年 9 月，德国联邦教育与研究部（BMBF）发布《量子技术：从基础到市场》联邦政府框架计划，将在 2018~2022 年内投入 6.5 亿欧元，重点研究量子卫星、量子计算和用于高性能高安全数据网络的测量技术等（BMBF，2018）。法国总统马克龙于 2018 年 5 月与澳大利亚总理签署了谅解备忘录，两国成立硅量子计算合资公司，尝试开发量子硅集成电路并进行商业化，以在量子计算硬件的生产和工业化方面成为全球参与者。

### 3.2.2.1 量子技术旗舰计划

2016 年 4 月，欧盟宣布将投入 10 亿欧元开展量子技术旗舰计划，力争在第二次量子革命中抢占先机，并为此成立了一个由 12 位学术界专家和 12 位业界专家组成的独立的高级督导委员会（HLSC），负责制定量子技术旗舰计划的战略研究议程、实施模式和治理模式。该委员会相继于 2017 年 2 月和 9 月发布了中期报告和最终研究报告，就战略研究议程、实施模式和治理模式提出了具体建议（European Commission，2017a；European Commission，2017b）。2018 年 10 月，欧盟理事会正式启动总经费高达 10 亿欧元的量子技术旗舰计划，主要开展量子通信、量子计算、量子模拟、量子传感和计量、基础科学五大研究领域的研究，旨在欧洲建设一个量子网络，通过量子通信网络连接起所有的量子计算机、模拟器与传感器。

（1）战略研究议程

量子技术旗舰计划将围绕通信、计算、模拟、传感和计量四个任务驱动型的研究和创新领域组织，并将基础科学作为共同的基础，且每个领域均需关注工程与控制、软件与理论、教育与培训三个方面。战略研究议程针对量子技术旗舰计划长达十年的生命周期设置了雄心勃勃但可实现的目标，并针对初始的 3 年爬坡阶段细化了相关目标，如表 3-2 所示。

**表 3-2  量子技术旗舰计划战略研究议程设置的各阶段目标**

| | 1~3 年（短期） | 4~6 年（中期） | 7~10 年（长期） |
| --- | --- | --- | --- |
| 量子通信 | 开发并认证量子随机数发生器和量子密钥分发设备与系统，开发高速、高技术就绪度（TRL）和低部署成本的新型网络协议与应用，开发量子中继器、量子存储器和长距离通信适用的系统与协议 | 开发出用于城际和城市间网络的低成本、可扩展设备与系统，同时面向连接各种设备和系统的量子网络提供可扩展解决方案原型 | 开发自治型、长距离（>1000 千米）、基于量子纠缠的网络，即"量子互联网"，同时开发能利用量子通信新特性的协议 |
| 量子计算 | 开发并展示容错线路，以制造具备超过 50 个量子比特的量子处理器 | 开发出的量子处理器具备量子纠错功能或鲁棒量子比特，且优于物理量子比特 | 能实现量子加速并超越经典计算机的量子算法将投入运行 |
| 量子模拟 | 开发出规模上具备公认量子优势的实验设备，拥有超过 50 颗（处理器）或 500 个（晶格）的单独耦合量子系统 | 在解决量子磁性等复杂科学问题方面具备量子优势，并演示量子优化（如通过量子退火） | 开发出原型量子模拟器，解决超级计算机力不能及的问题，包括量子化学、新材料设计、优化问题等 |
| 量子传感和计量 | 开发出采用单量子比特相干且分辨率和稳定性优于传统对手的量子传感器、成像系统与量子标准，并在实验室中演示 | 开发出集成量子传感器、成像系统与计量标准原型，并将首批商业化产品推向市场，同时在实验室中演示用于传感的纠缠增强技术 | 从原型过渡至商业设备 |

A. 量子通信

量子通信涉及用于通信协议的量子态和资源的生成与使用。这些协议通常基于量子随机数发生器（QRNG）和量子密钥分发（QKD），其主要应用领域包括安全通信、长期安全存储、云计算及其他密码相关任务，以及未来用于分配量子资源（如纠缠和远程设备连接）的安全"量子网络"。

B. 量子计算

量子计算的目标是通过比最知名或最可行的经典方案更快地解决部分计算问题，弥补并超越经典计算机。目前的应用包括因式分解、机器学习，还有更多的应用处于发现过程中。量子硬件与量子软件均是研究重点。

C. 量子模拟

量子模拟的目标是通过模拟或数字化方式将重要的量子问题映射到受控量子系统上，从而解决这些问题。与需要完全容错的通用量子计算相比，模拟更专业化，无须具备容错能力和普适性，因此可通过专业和优化的量子软件实现更早更有效的扩展。

D. 量子传感和计量

量子传感和计量致力于达到并超越经典传感的极限，超越标准量子极限（SQL）的传感已在实验室中实现，目前产业界正在研发不必非要超越 SQL 的量子传感。其目标是实现利用相干量子系统的第一代量子传感器和计量设备的完全商业化部署。基于纠缠量子系统的第二代量子传感器将在旗舰计划结束时予以演示。

传感器的开发将使用不同平台，包括但不限于：光子、热原子与冷原子传感器，捕获离子传感器，单自旋或固态自旋集合、固态电子与超导磁通量子、光机械与光电机械传感器，以及混合系统。

（2）实施模式

量子技术旗舰计划的实施与欧盟此前的两大旗舰计划将有很大不同，量子技术旗舰计划将不再组建一个单一的核心联盟，而是通过一系列独立但又紧密相关的研究项目开展。这些项目与战略研究议程相对应，由欧盟委员会提供资助，并通过竞标和同行评议的方式进行遴选。拓展、教育、与各国量子技术项目的合作等非研究/创新性质的行动，将由协调与支撑行动（CSA）负责协调和某种程度的实施。

针对实施模式，HLSC 提出了如下建议。

1）鉴于国际竞争的激烈，强烈建议在 2019 年量子技术旗舰计划的首批资助项目启动前，尽快推出筹备行动，欧盟委员会可以在 2017 年秋就根据 HLSC 的建议发布首轮资助计划。

2）量子技术旗舰计划可用资金的最大一部分，应投给规模宏大、重点明确、连贯性强的研究与创新项目；项目招标应针对战略研究议程确立的五大领域组织；应鼓励科学层面的国际合作，但与企业的合作应予以一定限制。

3）欧盟的几个成员国（如荷兰、德国、奥地利、法国、意大利、丹麦）已经或正在计划启动国家级量子技术项目，其他成员国也应积极开展量子技术规划和研究。国家项目设定的战略和活动应与欧盟的旗舰计划相一致。

4）在教育与培训方面，量子技术交叉融合了物理学、工程、计算机科学及相关领域的研究，培训成功的"量子工程师"或是更普遍的具备量子知识的劳动力应成为量子技术旗舰计划的重大目标。

5）确立一套关键性能指标，对旗舰计划的进展进行定期评估。

（3）治理模式

量子技术旗舰计划的治理模式应尽可能简洁和有效，包括科学、咨询、监督和执行机构，以及有效的反馈机制。治理模式应包含三个决策层次。

1）运营层：有关研究和创新行动（RIA）协调及项目里程碑实现的决策在旗舰计划资助的项目里进行；与扩展、教育、创新和社区参与活动有关的决策由 CSA 的旗舰计划协调办公室（FCO）负责。

2）协调层：科学与工程委员会（SEB）负责探讨量子技术旗舰计划资助的不同 RIA 之间的协调，包括决策（如共性技术的联合开发或基础设施的联合使用）；FCO 负责督促国家量子技术项目与欧盟量子技术旗舰计划保持一致，并从整体上协调扩展、教育、创新和社区参与活动。SEB 与 FCO 应达成共识。

3）战略层：督导委员会（SB）应就战略决策、整个计划的长期影响向欧盟委员会和资助机构委员会（BoF）提供建议，因为两者是量子技术旗舰计划的最高决策机构；由少数享有高度声誉的量子科学家及业界专家组成的科学咨询委员会（SAB）可以进一步向 SB 提供建议。

（4）1.32 亿欧元首批投资启动 20 个科研项目

2018 年 10 月至 2021 年 9 月为量子技术旗舰计划初始阶段（ramp-up phase），将通过"地平线 2020"拨出 1.32 亿欧元，为 20 个项目提供支持（European Commission，2018），如表 3-3 所示。2021 年以后，预期将再资助 130 个项目，以覆盖从基础研究到产业化的整条量子价值链，并将研究人员与量子技术产业汇集到一起。

表 3-3　首批获得资助的 20 个项目　　　　　　　（单位：百万欧元）

| 项目名称 | 所属类别 | 项目内容 | 经费 |
|---|---|---|---|
| 开放式超导量子计算机（OpenSuperQ） | 量子计算 | 帮助欧洲公民使用最终的量子机器并通过引导的方式学习量子计算机编程 | 10.334 |
| 离子阱量子计算（AQTION） | | 开发一台基于离子阱技术的可扩展的欧洲量子计算机 | 9.587 |
| 金刚石动态量子多维成像（MetaboliQs） | 量子传感和计量 | 利用室温金刚石量子动力学实现安全的多模式心脏成像，以改善心血管病的诊断 | 6.667 |
| 集成量子钟（iqClock） | | 利用量子技术促进超高精度和可负担的光学时钟发展 | 10.092 |
| 微型原子气室量子测量（macQsimal） | | 开发用于测量物理可观测量的量子传感器，造福于自动驾驶、医学成像等诸多领域 | 10.209 |
| 金刚石色心量子测量（ASTERIQS） | | 开发基于金刚石的高精度传感器，以定量测量磁场、电场、温度或压力等物理量 | 9.747 |
| 可编程原子大规模量子模拟（PASQuanS） | 量子模拟 | 开发远超现有先进技术和经典计算的下一代量子模拟平台 | 9.257 |
| 级联激光器频率梳量子模拟（Qombs） | | 创建一个基于超冷原子的量子模拟器平台 | 9.335 |

续表

| 项目名称 | 所属类别 | 项目内容 | 经费 |
|---|---|---|---|
| 实用化量子通信（UNIQORN） | 量子通信 | 旨在从制造到应用变革量子生态系统 | 9.979 |
| 量子随机数生成器（QRANGE） | | 推进量子随机数发生器（QRNG）技术发展，实现 QRNG 的广泛商业化应用 | 3.187 |
| 量子互联网联盟（QIA） | | 创建一个量子互联网，能在地球上任意两地实现量子通信应用 | 10.406 |
| 连续变量量子通信（CiViQ） | | 开发可与现代加密技术结合的量子增强型物理层安全服务，实现空前的应用与服务 | 9.974 |
| 微波驱动离子阱量子计算（MicroQC） | 基础科学 | 创建一台可扩展量子计算机，在处理某些计算任务上优于最好的经典计算机 | 2.363 |
| 二维量子集成电路材料与器件（2D SIPC） | | 探索基于 2D 材料的新的量子器件概念，这些材料能增强量子特性并带来新功能 | 2.976 |
| 光子量子模拟（PhoQUS） | | 理解光量子流体并开发量子模拟用的新平台 | 2.999 |
| 量子微波计算和传感（QMiCS） | | 创建量子架构以执行量子通信协议 | 2.999 |
| 可扩展二维量子集成电路（S2QUIP） | | 开发量子集成的光子电路，按需为终端用户提供量子信息载体，以便通过量子通信渠道与其他用户共享 | 2.999 |
| 可扩展的稀土离子量子计算节点（SQUARE） | | 创建一个面向量子计算、量子网络和量子通信的新平台，加强欧洲高科技产业 | 2.990 |
| 亚波松分布光子枪（PhoG） | | 基于具有工程损耗的集成波导网络，提供紧凑、通用、确定的量子光源，并开发其在计量和其他量子技术任务中的应用 | 2.761 |
| 量子技术旗舰计划协调与支撑行动（QFLAG） | 协调与支撑行动 | 以量子支撑行动的工作为基础，支持量子旗舰计划的治理并监督其进程，协调利益相关方，创造条件来促进创新、教育与培训 | 3.478 |

### 3.2.2.2 欧盟"地平线 2020"中的量子计算项目

作为欧盟实施创新政策的重要资金工具，"地平线 2020"大力资助德国、英国、法国、瑞士、瑞典、意大利等国探索量子计算的创新发展路径，通过欧洲研究理事会（ERC）、未来和新兴技术旗舰计划部署多项研究项目，主要研究方向涵盖捕获离子量子计算、超导量子计算、光子量子计算、半导体量子计算芯片、量子模拟器等主流量子计算技术。下面将主要介绍一些欧盟"地平线 2020"资助的量子计算重点项目的相关情况，如表 3-4 所示。

**表 3-4　欧盟"地平线 2020"资助的量子计算重点项目**　（单位：欧元）

| 项目名称 | 时段 | 资助经费 | 承担国家 | 主要研究内容 |
|---|---|---|---|---|
| 基于捕获离子的先进量子计算（AQTION） | 2018～2021 年 | 9 588 000 | 奥地利、德国、法国、英国、瑞士 | 侧重于捕获离子量子计算机的可扩展性、可用性和适用性研究，开发一个完全连接的 50 个量子比特量子计算机，实现经典计算机无法完成的计算任务，通过强大的软硬件堆栈实现复杂算法的远程执行，利用离子穿梭在处理器之间引入远程连接，利用光互联在量子处理器之间建立远程操作，为大规模和容错量子计算铺平道路 |
| 可编程原子大规模量子模拟（PASQuanS） | 2018～2021 年 | 9 257 515 | 德国、法国、奥地利、意大利、英国、瑞士 | 在最先进的基于原子和离子的量子模拟平台基础上，通过改进控制方法，使这些量子模拟器完全可编程，将这些平台扩展到大于 1000 个原子/离子，解决基础科学、材料开发、量子化学和工业中高度重要的现实问题 |

| 项目名称 | 时段 | 资助经费 | 承担国家 | 主要研究内容 |
|---|---|---|---|---|
| 量子级联激光频率梳中的量子模拟与纠缠工程（Qombs） | 2018~2021 年 | 9 335 635 | 意大利、瑞士、德国、法国 | 创建一个由光学晶格中的超冷原子构成的量子模拟器平台 |
| 开放式超导量子计算机（OpenSuperQ） | 2018~2021 年 | 10 334 392 | 德国、瑞士、瑞典、西班牙、芬兰 | 开发一个高达 100 个量子比特的全栈量子计算系统，并可持续地在中央站点为外部用户提供服务，执行量子化学模拟及与优化和机器学习相关的问题。该系统的核心将是平面传输类型的超导量子比特处理器，其将与控制芯片一起集成在定制的低温系统中。系统还将配备面向应用的集成控制软件和硬件 |
| 微波驱动离子阱量子计算（MicroQC） | 2018~2021 年 | 2 363 343 | 保加利亚、德国、英国、以色列 | 微波技术可简化大型捕获离子量子信息处理器的构造，允许通过向微芯片施加电压来实现量子门，可替换数百万个激光束，并且可在室温下操作。该项目将研究快速和容错的微波双量子比特和多量子比特门，并设计可在多量子比特量子处理器应用这些技术的可扩展技术组件 |
| 光子量子模拟（PhoQuS） | 2018~2021 年 | 2 999 757 | 法国、意大利、英国、德国、葡萄牙 | 开发一种基于光子量子流体的量子模拟新平台，模拟从天体物理学到凝聚态物质的非常不同的系统 |
| 可扩展的稀土离子量子计算节点（SQUARE） | 2018~2021 年 | 2 990 277 | 德国、瑞典、丹麦、西班牙、法国 | 建立可作为量子计算机基本构件的可单独寻址的稀土离子，克服可扩展量子硬件的主要障碍，实现多功能量子处理器节点的基本元素，包括基于多量子比特的量子存储器、量子门、相干自旋光子量子态映射 |
| MOS 基量子信息技术（MOS-QUITO） | 2016~2019 年 | 3 973 361 | 法国、英国、丹麦、瑞士、意大利、芬兰 | 研究可在全 CMOS 平台上实现的硅量子比特，将硅器件设计提炼为演示量子比特所必需的最简单的核心元素，设计和制造这些量子比特设备，使用关键操作参数对其进行基准测试，展示硅量子比特在可扩展性和可制造性方面的潜力 |
| 用于多体动力学的类比量子模拟器（AQuS） | 2015~2017 年 | 2 000 500 | 德国、法国、意大利、奥地利 | 利用光学晶格中的超冷原子系统和连续体以及腔极化子，设计了多功能和实用的动力学模拟器平台，利用这些装置探讨基础和应用物理学中的重要问题 |
| 光子量子计算（PQC） | 2015~2020 年 | 2 009 429 | 英国 | 解决建立具有可行性的大规模光子量子计算的突出研究挑战，包括：设计、制造、优化所需的硬件组件和控制电子设备，建立将这些组件集成到完整系统的路径，在光量子系统中开发准确且经过验证的容错模型，探索和开发优化架构的方法和特定应用，等等 |
| 碳纳米管量子电路（CNT-QUBIT） | 2015~2020 年 | 1 998 574 | 英国 | 使用碳纳米管子点中定义的自旋量子比特来演示全电子和可扩展固态架构中量子的纠缠，利用自旋-轨道相互作用来驱动碳纳米管主体系统中的自旋旋转和超精细相互作用，以在核自旋状态中存储量子信息 |
| 量子光学工程（QPE） | 2015~2020 年 | 1 978 060 | 英国 | 开发硅基量子技术平台，将单光子源、电路和探测器集成到包含数千个分立元件的微型微芯片电路中，实现量子通信和计算的突破，开发出可扩展的量子技术方法 |

### 3.2.2.3 英国政府科学办公室发布《量子时代的技术机遇》报告

2016 年 11 月 3 日，英国政府科学办公室发布《量子时代的技术机遇》报告，讨论了英国如何才能从量子技术的研究、开发和商业化活动中获得最佳收益，并指出了英国能领先以及能增加优势的领域（Government Office for Science，2016）。报告指出，英国量子技术的未来发展将主要集中在五大方向的应用及其商业化方面，包括原子钟、量子成像、量子传感和计量、量子计算和模拟、量子通信。此外，量子技术相关的业务和服务，将影响众多行业，如医疗保健、国防、航天航空、运输、土木工程、电信、金融和信息技术。

（1）原子钟

许多人们日常生活中依赖的技术都需要依赖于原子钟精准的计时，比如手机、互联网、卫星导航系统。原子钟的应用领域广阔，具体包括远程通信网络、电力输配网络、金融市场、雷达系统、新闻市场。例如，在金融市场，时间信号是同步交易和产生交易记录的关键，基于量子技术的计时可以满足金融市场同步的要求。

（2）量子成像

量子成像是利用量子纠缠现象发展起来的一种新的成像技术。与经典光学成像只能在同一光路得到该物体的图像不同，量子成像可以在另一条并未放置物体的光路上再现该物体的空间分布信息。量子成像技术可以使用几乎任何光源——荧光灯泡、激光甚至太阳，从而避免云、雾和烟等使常规成像技术无能为力的气象条件的干扰，获得更为清晰的图像。

这一技术的应用领域也非常广阔，可以给无人驾驶汽车提供独有的数据，在医疗保健、国防、安全、运输和制造领域得到应用。例如，可以帮助消防员在浓烟的灾难现场救灾，帮助工程师拍摄天然气泄漏，等等。

（3）量子传感和计量

传感器对于构建万物互联的世界至关重要。相比现有的传感器，量子传感器的优势在于，它的技术能让传感器的灵敏性、准确性和稳定性都提升多个数量级。这样一来，就可以将应用扩大到航空、气候、建筑、国防、能源、医疗保健、安全、运输和水域中。

英国可以从制造高端的量子传感器中受益，从而让测量的数据可视化。英国当前的传感器和仪表行业雇用了 73 000 人，每年贡献 140 亿英镑的价值。未来，基于传感数据服务会产生更多的价值，所以必须重视整个价值链。例如，量子磁力仪能提供更高灵敏度的测试，所需的基础设备数量又少，所以未来能在某些医疗保健领域发挥节约成本、提高功效的作用。比如用来治疗痴呆症、癌症、心脏疾病等。

（4）量子计算和模拟

与常规的计算机相比，量子计算机的计算处理能力可提高至百亿亿倍。有学者预计，在 50 个量子比特左右，量子计算机就能达到"量子优势"。

英国在这一领域的长期目标是建立一个可以运行的大型通用量子计算机，但目前量子计算机所能达到的量子比特数量有限，并且运行也不稳定。英国政府认为持续投入后，未来 10 年，人类能让量子计算机达到 50～100 个量子比特的水平。

（5）量子通信

量子通信能保证高敏感信息的传送安全。短期内，量子通信能提供密钥和随机数字保证信息不被复制，最终量子通信能通过卫星和远距离光纤用在全球通信网络中。

量子通信会在未来形成全球市场和网络，保证英国工业和政府网络的安全。英国在这一领域的大量投入将保证英国在这一领域的领先地位。

### 3.2.2.4 英国工程与自然科学研究理事会和"创新英国"的量子计算项目

作为国家科技创新战略政策的重要落实机构，英国 EPSRC 和 Innovate UK 推出了一系列量子计算研究行动，其中 EPSRC 资助的量子计算重点项目如表 3-5 所示。

表 3-5 英国 EPSRC 资助的量子计算重点项目 （单位：英镑）

| 项目名称 | 承担机构 | 时段 | 资助经费 |
|---|---|---|---|
| 超导量子处理器的编译与电路布局优化 | 牛津大学 | 2018～2019 年 | 146 579 |
| 超导量子电路的修正 | 伦敦大学 | 2018～2019 年 | 2 206 800 |
| 利用分子自旋拓展量子计算（SUQMO） | 曼彻斯特大学<br>牛津大学 | 2018～2021 年 | 234 259<br>65 018 |
| 量子算法及应用（QuantAlgo） | 布里斯托大学 | 2018～2021 年 | 468 547 |
| 有机量子集成器件（ORQUID） | 帝国理工学院 | 2018～2021 年 | 323 145 |
| 鲁棒离子阱量子逻辑的最优控制 | 帝国理工学院 | 2017～2021 年 | 1 110 664 |
| 量子电子器件模拟（QUANTDEVMOD） | 格拉斯哥大学 | 2017～2018 年 | 100 803 |
| 英国超导量子技术 | 伦敦大学 | 2016～2019 年 | 2 711 070 |
| 量子计算理论 | 牛津大学<br>伦敦大学学院 | 2016～2019 年 | 320 381<br>300 605 |
| 量子光子集成电路（QuPIC） | 布里斯托大学 | 2016～2019 年 | 4 574 888 |
| 为紧急量子计算机创建供应链（ESCHER） | 萨塞克斯大学<br>牛津大学<br>南安普顿大学 | 2016～2019 年 | 311 662<br>303 139<br>150 621 |

此外，EPSRC 和 Innovate UK 于 2017 年 1 月宣布将投资 1400 万英镑支持量子技术的商业化，重点是合作研发项目和可行性研究（EPSRC and Innovate UK，2017）。

（1）合作研发项目

该项目旨在开发出能商用或满足市场需求的原型设备和示范产品。相关提案最好能与英国量子技术路线图保持一致。相关主题包括：①量子传感器，如量子振荡器和精密定时装置、量子重力传感器、电磁传感器、加速度计；②量子增强成像，如单光子成像、关联成像；③量子信息技术，如量子计算机；④量子通信，如量子随机数发生器、量子密钥分发；⑤其他利用量子叠加效应或量子纠缠效应的量子技术系统。

终端用户或技术消费者的加入更有利于项目申请。

（2）可行性研究

该项目鼓励能加深对产品或服务的技术或市场可行性理解的合作型可行性研究。

A. 技术性项目

相关项目将确立设备利用量子纠缠及量子叠加效应的可行性，还包括对组件技术的研究，因为组件技术对未来量子系统或子系统的开发而言至关重要，其包括但不限于：真空系统；稳定的激光系统；集成系统（包括集成激光器和真空）；算法、控制和解释软件；单光子光源和检测器。

B. 非技术性项目

相关项目包括能加强对下述要素理解的工作：未来市场；应用或商业模式；未来商业化途径；量子技术采用；量子技术可能对现有商业或商业模式产生的影响。

此外，下述活动也可能纳入项目考虑范围：针对量子技术及其潜在应用进行知识交流、学习与理解；用户争取、性能或测试规范；内部路线图活动。

2018 年 10 月，英国财政大臣菲利普·哈蒙德（Philip Hammond）宣布投资 8000 万英镑启动第二轮国家量子技术计划（EPSRC，2017）。该计划由牛津大学、伯明翰大学、约克大学以及格拉斯哥大学主导，全英二十余所高校以及两百余家公司参与，主要研究方向包括：探寻解决当前最先进的超级计算机难以处理的复杂问题；研究如何绘制精准的密度图和距离图以推动采矿和挖掘过程的变革；研发新的通信传输方式以防止金融交易和数据传输被拦截；研究量子成像技术，以在紧急救援时提供更加精确的现场图像。

## 3.2.3　日本

日本政府和科技界一贯重视量子信息领域的研发攻关，近年来将量子技术视为本国占据一定优势的高新科技领域进行重点引导和发展。日本政府于 2016 年 1 月在《第五期科学技术基本计划》（2016～2020 年）中把量子技术认定为创造新价值的核心优势基础技术。2016 年 3 月起，日本文部科学省基础前沿研究会下属的量子科技委员会开始调研和探讨量子技术的推进措施；同一时期，日本科学技术振兴机构将"实现对量子状态的高度控制，开拓新的物理特性和信息科学前沿"作为 2016 年度战略性创造研究推进事业的战略目标之一。同年 4 月，国立研究开发法人"量子科学技术研究开发机构"（QST）成立，合并了放射线医学综合研究所与原子能研究开发机构的一部分，以统一推进量子技术的研发。2017 年 2 月13 日，日本文部科学省基础前沿研究会下属的量子科技委员会发表了《关于量子科学技术的最新推动方向》的中期报告，提出了日本未来在该领域应重点发展量子信息处理和通信，量子测量、传感器和影像技术，最尖端光电和激光技术三大方向（日本文部科学省，2017）。

2018 年 3 月，日本文部科学省发布量子飞跃旗舰计划（Q-LEAP），旨在资助本国光量子科学的研究活动，通过量子科学技术解决重要的经济和社会问题（日本文部科学省，2018）。Q-LEAP 主要包括量子信息处理（量子模拟、量子计算机等）、量子测量和传感器、下一代激光技术三大技术领域，每个技术领域都有 2 个旗舰项目和 1 个基础研究项目。旗舰项目每年将获得 3 亿～4 亿日元（1800 万～2400 万人民币）的资助，基础研究项目每年将获得 2000 万～3000 万日元（120 万～180 万人民币）的资助。其中，量子信息处理领域以研发对经济、社会有重要影响的通用型量子计算机为目标（表 3-6），实现超越经典计算机的量子模拟或量子计算机，现已开展的研究项目如表 3-7 所示。

**表 3-6　Q-LEAP 计划中量子信息处理领域的各阶段研究目标**

| 类型 | 5 年内 | 5~10 年内 | 10 年后 |
| --- | --- | --- | --- |
| 冷原子、分子体系 | 模拟现实的物质状态，捕捉原子，探究缺陷影响和相互作用，研发冷原子的高度控制技术 | 开发多体电动力学模拟器的原型机，开始应用验证 | 相干量子退火和量子化学计算机的原型机，开展云计算服务 |
| 超导量子比特 | 研发量子比特的高度集成化技术和高品质量子比特技术，为量子计算机的应用奠定基础 | 通过量子计算机原型机验证量子优越性，并提交给用户在实际使用中开展优越性的验证工作 | 改进量子计算机的原型机，开始应用验证和云计算服务 |
| 基础研究主题 | 软件（含量子信息理论、中间设备、应用程序等）；半导体量子比特；离子阱；其他（以光逻辑门方式和拓扑学为基础的研究、不同要素的集成技术等） | | |

**表 3-7　Q-LEAP 计划中量子信息处理领域已开展的研究项目**

| 类型 | 项目名称 | 承担机构 |
| --- | --- | --- |
| 旗舰项目 | 超导量子计算机的研究与开发 | 理化学研究所（RIKEN）新型物质科学中心、东京大学、产业技术综合研究所、东芝集团、日本电气股份有限公司（NEC）、日本电报电话公司（NTT）等 |
| 基础研究 | 基于阿秒纳米范围时空光控制的冷却原子量子模拟器的开发及其在量子计算中的应用 | 国立自然科学研究机构分子科学研究所 |
| | 具有冷却离子的多自由度复合量子模拟器 | 大阪大学基础工学研究科 |
| | 以架构为中心的量子软件理论与实践 | 国立信息学研究所 |
| | 量子计算机高速仿真环境的构建及量子软件的开发 | 京都大学 |
| | 用大规模集成电路实现基于硅量子比特的量子计算机 | 国家先进工业科学技术研究所 |
| | 量子软件 | 庆应义塾大学 |

## 3.2.4　中国

我国也高度重视量子计算技术的研究，并将其列入了国家发展规划，推出一系列相关发展计划和政策，力争在量子计算领域取得重大突破。2010 年，中国科学技术大学获得了一项"超级 973"项目"固态量子芯片信息处理单元的研究"，旨在支持半导体量子计算研究，开发固态量子芯片。2016 年 7 月，国务院印发《"十三五"国家科技创新规划》，将量子计算列入面向 2030 年的科技创新重大项目，重点研制通用量子计算原型机和实用化量子模拟机（国务院，2016）。为贯彻执行此科技创新规划，我国科技部门就量子计算研究部署了相应的国家科技计划项目。其中，科技部国家重点研发计划于 2016 年设立了量子调控与量子信息重点专项，2016~2018 年资助了一系列的量子计算研究项目，具体的项目名称和承担机构见表 3-8 所示。《国家自然科学基金"十三五"发展规划》指出重点支持量子信息技术的物理基础与新型量子器件等研究，大力推动量子计算等重大交叉领域的研究，主要研究包括可扩展性的固态物理体系量子计算与模拟、新型量子计算模型和量子计算机体系结构（国家自然科学基金委员会，2016）。国家自然科学基金委员会于 2017 年设立了"准二维体系中的高温超导态和拓扑超导态的探索"重大项目，旨在研究马约拉那费米子的操控、编织或融合，探索在量子计算中的可能应用；2018 年设立"微结构材料中声子的调控及其在超导量子芯片中的应用"重大项目，拟通过声微结构材料的能带设计和剪裁，实现对声子模式、拓扑态声场的操纵，并应用于声子-超导量子芯片混合系统中。总体来说，我国在量子计算基础理论、物理实现体系、软件算法等领域均有研究布局，中国科学院大学、中国科学技术大学、清华大学、浙江大学等研究机构近年来取得一系列具有国际先进水平的研究成果，为我国量子计算发展奠定了坚实基础。

**表 3-8 国家重点研发计划资助的量子计算项目**

| 年份 | 项目名称 | 承担机构 |
| --- | --- | --- |
| 2016 | 基于人造规范势与光晶格中超冷原子气体的量子模拟 | 中国科学院物理研究所 |
| | 基于超冷原子气体的量子模拟 | 山西大学 |
| | 半导体量子芯片 | 中国科学技术大学 |
| | 超导量子芯片中多比特相干操控及可扩展量子模拟 | 南京大学 |
| | 离子阱量子计算 | 清华大学 |
| | 面向量子混合系统的量子模拟 | 中国科学技术大学 |
| 2017 | 固态量子存储器 | 中国科学技术大学 |
| | 基于光晶格超冷量子气体的量子模拟 | 山西大学 |
| | 具有量子纠错和存储功能的多超导量子比特集成系统 | 中国科学技术大学 |
| | 生物体系量子计算通用软件平台及示范应用 | 吉林大学 |
| 2018 | 拓扑超导等关联体系的量子态 | 北京大学 |
| | 量子程序设计理论、方法与工具 | 中国科学院软件研究所 |
| | 半导体复合量子结构的量子输运机理及量子器件研究 | 中国科学院半导体研究所 |

# 3.3 量子计算研究现状与趋势

## 3.3.1 量子计算技术的发展现状

随着指导半导体行业发展节奏的摩尔定律走向终结，以大规模集成电路为基础的经典计算机面临着性能提升的瓶颈。作为一种借助量子力学理论改进的计算模型，量子计算可超越经典计算机实现指数级的计算速度。近 20 多年来，量子计算取得了诸多突破性进展，其巨大的经济安全价值引发了政府、学术界和产业界极大的关注。但是，目前量子计算尚处于技术攻关和原理样机研制验证的早期发展阶段，性能超越经典计算的实用量子计算机仍有很长的路要走。

量子计算机主要由量子硬件与量子软件两部分组成。其中，量子硬件主要包括量子计算模拟器、量子门、量子处理器等，量子软件主要包括量子计算机操作系统、量子语言及编译器、量子应用软件与算法等。量子比特是量子信息的基本存储单元，任意的两态量子体系都可成为量子信息的载体，如二能级原子、分子或离子，超导约瑟夫森结，光子偏振态，电子能级或自旋，非阿贝尔任意子，等等。基于量子比特的表征载体的不同，量子计算机主要包括超导、离子阱、光量子、金刚石色心、拓扑、半导体量子点、中性原子等不同技术路线，每种技术路线各有优劣势，其中离子阱量子计算和超导量子计算已经步入商用。量子系统非常脆弱，极易受材料杂质、环境温度等影响引发退相干效应，致使量子比特失效，所以量子计算机中用于纠错的备份比特数量要显著多于经典计算机。为修正误差和维持稳定性，每个逻辑量子比特都由 10 到数千个"物理"量子比特组成。逻辑量子比特的制造和集成能力决定着量子计算机的发展阶段。此外，量子比特的可扩展性、长相干性、鲁棒性是实现量子计算的重要条件。谷歌、IBM、Inter、微软等大型科技公司和牛津大学、马里兰大学、斯坦福大学、新南威尔士大学等知名高校均在这一领域积极探索。

（1）离子阱量子计算

离子阱体系是最早尝试实现量子计算的物理体系。离子阱技术相较于其他技术路线而言最大的优势就是稳定，它拥有最好的逻辑门保真度。离子阱技术具有较长的相干时间（可达 10 分钟），有较高的制备和读出量子比特的效率。离子阱方法有待解决的问题是能储存多条离子链的离子阱在实验上很难实现，离子的自发辐射会导致退相干，激光的相位和强度的波动会影响对离子的操作，也会导致退相干（薛飞等，2004）。

离子阱量子计算的高品质量子比特，使其在关键领域的商用进程和成本方面都优于超导量子计算。分别由美国马里兰大学和杜克大学的两位物理学家于 2015 年创立的 IonQ 公司是量子计算领域离子阱技术的重要研究力量。2018 年 12 月，IonQ 公司研制出新型离子阱量子计算机，拥有 160 个存储量子比特和 79 个处理量子比特，刷新了谷歌 Bristlecone 处理器 72 个量子比特的纪录，成为市场上首台能在单个原子上存储信息的系统（IonQ，2018）。这种新型离子阱量子计算机在容量、保真度和其他关键基准测量方面均已超越了市场上所有其他量子计算机，保真度平均超过 98%，可以处理更精确、更复杂的量子计算。牛津大学也花费了很大精力在离子阱量子比特路线上，并在 2016 年 8 月开发出精度高达99.9%的量子逻辑门，实现了里程碑式的突破。由澳大利亚悉尼大学牵头的国际研究团队于 2018 年 7 月演示了世界上首个基于离子阱的量子化学模拟，提供了一种使用量子计算机研究分子化学键和化学反应的方法（周舟，2018）。2017 年 11 月 29 日出版的 *Nature* 期刊报道，美国 NIST 与马里兰大学联合成立的联合量子研究所（JQI）的科研人员利用离子阱制成 53 个量子比特的模拟器，可以模拟传统计算机所无法计算的复杂量子多体问题。

（2）超导量子计算

超导量子计算是目前的主流实验方案，其核心器件是超导约瑟夫森结。超导量子电路在设计、制备和测量等方面与现有的集成电路技术具有较高的兼容性，超导量子比特的能级与耦合可以实现非常灵活的设计与控制，极具规模化的潜力。

目前，超导量子计算是发展最快最好的一种固体量子计算方案，谷歌、IBM、Intel 等商业巨头都已经率先将目光投向了超导量子计算机，该领域的竞争也日趋白热化。谷歌于 2018 年 3 月率先推出 72 个量子比特计算机——新量子处理器"狐尾松"，实现了 1%的低错误率，与 9 个量子比特的量子计算机持平（Google，2018）。IBM 于 2017 年 11 月宣布已成功搭建 20 个量子比特的量子计算机，并已研制出 50 个量子比特的计算机原型机，其中基于 20 量子比特的量子计算机的相干时间翻倍，且设计具有可扩展性。2019 年 1 月，IBM 发布一款据称可"商用"的量子计算机，这款名为"IBM Q 系统 1"的量子计算机能操纵 20 个超导量子比特，具有表现稳定、结构紧凑等特性，实用性大为增强（周舟，2019）。Intel 于 2017 年 10 月宣布生产出 17 个超导量子比特的全新芯片，采用已有的 300 纳米"覆晶技术"，通过修改材料、电路设计以及不同组件之间的链接，克服了超导芯片低温集成的问题，使芯片能在更高温度下更加稳定，量子比特之间的射频干扰也更小（聂翠蓉，2017）。Intel 在 2018 年 1 月举办的国际消费电子展（CES）上，发布了一款代号为"Tangle Lake"、具有 49 个量子比特的超导量子测试芯片。

此外，中国科学技术大学也是超导量子计算当前的领导者之一。2018 年 2 月，中国科学院量子信息与量子科技创新研究院与阿里云宣布，在超导量子计算方向发布 11 量子比特的云接入超导量子计算服务（陈梦瑶，2018）。这是继 IBM 后全球第二家向公众提供 10 比特以上量子计算云服务的系统。该服务已在量子计算云平台上线，在云端实现了经典计算仿真环境与真实量子处理器的完整后端体验。2019 年 5 月，中国科学技术大学联合中国科学院物理研究所开创性地将超导量子比特应用到量子随机行走的研究中，将对未来多体物理现象的模拟以及利用量子随机行走进行通用量子计算研究产生重要影响，相关研究成果已发表在 Science 期刊上（中国科学技术大学，2019）。潘建伟教授等通过设计和加工高品质的 12 比特一维链超导比特处理器，成功实现了 12 个超导量子比特的多体真纠缠态"簇态"的制备。这个新的工作打破了此前由中国科学技术大学、浙江大学、中国科学院物理研究所联合研究组创造的 10 个超导量子比特纠缠的纪录。尤其重要的是，中国科学技术大学小组生成纠缠的方式是由标准的量子比特门搭建而成的，不同于先前的集体共振耦合，根本上具有更好的可扩展性。这一纪录也是目前固态量子系统内最大的多体真纠缠比特数目，标志着中国科学技术大学自主研制的超导量子计算系统的整体性能已达到了国际最先进的水平，为下一步实现大规模随机线路采样等"量子优势"问题和可扩展单向量子计算奠定了基础。

（3）拓扑量子计算

拓扑量子计算的核心思想是将量子比特编码成物质拓扑态。拓扑光子学具有不需要强磁场的优点，拓扑量子计算具有本质上高相干性、室温工作和易操作性，满足可扩展量子计算机的基本要求。但是，有关拓扑量子计算的实验仍然处于起步阶段。

2016 年 11 月，微软表示将着手量子计算工程样机的研发，采用的是"拓扑量子计算"方案，其基础是获得 2016 年度诺贝尔物理学奖的研究成果。微软相信拓扑量子比特能够更好地应对温度、电噪声等因素的干扰，从而长时间保持量子状态，更具实用性、稳定性和工作效率。2017 年 11 月 28 日出版的《自然·通信》期刊报道，一支由澳大利亚悉尼大学、微软、美国斯坦福大学的研究人员组成的研究团队对大规模量子计算的必要组件进行了小型化处理，这项研究成为拓扑绝缘体的首个实际应用。2018 年 9 月，澳大利亚皇家墨尔本理工大学与意大利米兰理工大学和瑞士苏黎世联邦理工学院研究人员共同开发了一种可处理量子信息的拓扑光子芯片，首次证明可通过芯片上的拓扑电路来编码、处理和传输量子信息，为可扩展量子计算机奠定了强大的基础（Science daily，2018）。

（4）半导体量子计算

半导体量子芯片完全基于传统半导体工艺，更容易达到要求的量子比特数目，只要科学家能在实验室里实现样品芯片，其大规模工业生产从理论上讲就不存在问题，这是它大大超越其他量子计算方案的优势所在。而且，硅量子比特比超导量子比特更稳定。然而，硅量子比特的效率远远不及那些基于离子和超导体的竞争者。

Intel公司在量子计算机研制方面也选择了硅量子点技术。2016年12月，Intel宣布开发出将量子计算机需要的超纯硅附着在传统微电子工业标准晶圆上的技术，首创基于硅制造量子比特的全新量子计算机研发方案。2018年1月10日，《自然》报道显示，Intel已经研制出首台采用传统计算机硅芯片制造技术的量子计算机。这意味着，在争相建造实用型量子计算机的竞赛中，硅基量子计算机的竞争力会逐步提升。德国康斯坦茨大学与美国普林斯顿大学及马里兰大学的物理学家合作，于2017年12月开发出了一种基于硅双量子比特系统的稳定的量子门，这项研究成果被称为通向量子计算机的里程碑，已发表在《科学》期刊上（Science daily，2017）。同月，澳大利亚新南威尔士大学量子计算与通信技术卓越中心（CQC2T）的研究人员通过重新构建传统硅基微处理器的方式创造出一套完整的硅基量子计算芯片设计方案（IEEE，2017）。CQC2T于2019年1月又开发出了全球首款3D原子级硅量子芯片架构，朝着构建大规模量子计算机迈出了重要一步（刘霞，2019）。2019年5月，澳大利亚新南威尔士大学的研究人员取得了一项里程碑式的研究突破，首次通过保真度基准测试展示了两个量子比特门的平均保真度为98%，证明了硅是一种高保真度、全尺寸、容错量子计算的可行平台，非常适合扩展到通用量子计算所需的大量量子比特（Eurekalert，2019）。目前，中国本源量子公司已与中国科学技术大学合作研发出第一代半导体二比特量子芯片——玄微。

（5）金刚石量子计算

钻石空位方案与其他量子计算机实现方案相比，最大的优势是能够在常温下运行。

2017年4月，维也纳科技大学的研究人员首次通过量子物理学技术成功地将各种钻石缺陷耦合，他们通过数十亿钻石中的氮空位与微波场共同配合来读出和制备出钻石量子态，这对于未来新的量子计算应用的开发有着至关重要的作用。2019年4月，国仪量子（合肥）技术有限公司与无锡量子感知研究所联合发布了新产品"金刚石量子计算教学机"，这是全球首款面向大众的量子计算演示装置（马薇，2019）。

（6）光量子计算

光量子计算机主要以光子的偏振自由度、角动量等为量子比特，通过对光子的量子操控及测量来实现量子计算。光量子计算具有相干时间长、单光子操控容易且精度高等重要优点。光量子计算经历了早期的理论与基本原理验证、简单少数几个量子比特操作的实验演示阶段，正在迈向具有一定计算复杂度的高性能光量子处理器原型机研发新阶段。目前芯片上集成的光学量子计算芯片效率极低，计算速率依赖于光子源的亮度。

2019年4月，丹麦哥本哈根大学混合量子网络中心的研究人员取得了控制芯片中光信号技术的重大飞跃，开发出一种可发射携带量子信息的光子纳米组件（Science daily，2019）。

该组件尺寸仅为人类头发的十分之一，数千个组件可以集成在同一芯片中，并最终扩展到量子计算机或量子互联网所需的规模。这项研究成果将丹麦推为量子技术竞赛的领头羊。2017 年 5 月，中国科学技术大学潘建伟教授等在首次实现十光子纠缠操纵的基础上，利用高品质量子点单光子源构建了用于玻色取样的多光子可编程量子计算原型机，首次演示了超越早期经典计算机的量子计算能力（中国科学技术大学量子物理与量子信息研究部，2017）。该团队通过调控六个光子的偏振、路径和轨道角动量三个自由度，于 2018 年在国际上首次实现 18 个光量子比特的纠缠，刷新了所有物理体系中最大纠缠态制备的世界纪录（中国科学技术大学量子物理与量子信息研究部，2018）。2018 年 8 月，中国的军事科学院国防科技创新研究院、国防科技大学、中山大学和北京大学，以及英国的布里斯托大学等机构的科研人员合作，利用硅基光波导芯片集成技术，设计并开发出面向通用量子计算的核心光量子芯片（张家伟，2018）。该芯片集成了超过 200 个光量子器件，具有高稳定性、可快速配置等特性，能实现不同的量子信息处理应用，如量子优化算法和量子随机行走模拟。

### 3.3.2  量子计算面临的技术风险

美国国家科学院于 2018 年 12 月发布的量子计算研究报告指出，目前许多研究已研制出用于原理验证的小型量子计算机，刺激了大量私营投资跟进。然而，研制和使用量子计算机仍面临若干技术风险，具体包括以下几个方面（National Academies of Sciences，Engineering，and Medicine，2018）。

1）量子比特不能从本质上隔离噪声。经典计算机和量子计算机的主要区别之一是它们如何处理系统中微小的干扰噪声。因为经典的"位"不是 0 就是 1，即使由于噪声稍微偏离，对信号的操作处理也很容易将噪声消除。实际上，目前用于控制经典计算机的操作位有很大的噪声边际，但是在经典计算机中可以抑制输入端的噪声污染，产生干净无噪声的输出。但量子比特可以是 0 和 1 的任意组合，所以量子比特不能轻易地隔离物理电路中出现的噪声。因此，创建量子比特操作时的小错误或者物理系统中的杂散信号会导致量子计算错误。而对于操作量子比特的系统来说，最重要的设计参数之一是其错误率，低错误率一直很难实现。即使在 2018 年，已经出现 5 个或者更多个量子比特系统，其错误率也超过几个百分点。

2）量子纠错技术不成熟，无法实现无误差的量子计算。虽然物理量子比特的操作对噪声很敏感，但是可以在量子计算机中运行量子纠错算法来模拟无噪声或者完全校正的量子计算。如果没有量子纠错，像肖尔算法这样复杂的程序就不太可能在量子计算机上准确运行。但是执行量子纠错算法需要更多的量子比特，使得计算机的开销增大，这虽然对于无错误的量子计算至关重要，但是因为开销过大，短时间内无法适用。

3）无法有效地将大数据加载到量子计算中。虽然量子计算机可以使用较少的量子比特表示更大量的数据，但是目前还没有一种方法可以将大量的数据转化为量子态。对于大量数据输入的问题，创建输入量子态所需要的时间会占据大部分计算时间，使量子计算的优势大大降低。

4）量子算法的设计具有挑战性。要发挥量子计算机的优势，必须设计出能利用量子特性的量子算法，以获得最终的经典结果，这需要全新的设计原则，但目前面临巨大挑战。

5）量子计算机需要新的软件堆栈。由于量子程序不同于经典计算机程序，需要进一步研究和开发相应的软件堆栈，这方面的工作缺乏有效进展。

### 3.3.3　量子计算的未来发展动向

（1）未来 5 年的量子计算机发展动向

2018 年 3 月，日本野村综合研究所（NRI）发布了《2018 年 IT 路线图——5 年后的信息通信技术展望》一书，对人工智能（AI）、AI 辅助设备、企业级聊天平台、虚拟现实/增强现实、量子计算机、金融 AI、机器人顾问 2.0、营销 AI 等领域未来 5 年的发展进行了展望和预测。3 月 8 日，NRI 在其官网对量子计算机未来 5 年的发展动向进行了展望和预测（NRI，2018）。

A. 2017 年前，量子退火计算机的出现及其应用研究

2017 年，日本也跟随国外，开始研究将 D-Wave 公司的量子退火计算机用于解决"组合优化问题"。对大多数企业而言，量子计算机是一个新兴领域，他们对量子计算机可以解决怎样的业务问题，能以怎样的方式解决问题存在着疑问。因此，企业与大学合作开展量子退火及其应用场景研究是这一时期的特征。

B. 2018～2022 年：黎明期。基于量子退火计算机应用的 AI 研究取得进展以及"量子优势"实现

除了 D-Wave 外，模拟式量子计算机的应用也很活跃。例如，日本内阁的产学官合作项目"ImPACT"开发的激光网络型计算机已在云环境中实现了应用。由此可以预计，以面向自动驾驶汽车的图像识别、面向缓堵的路线优化、面向消费者的广告分发，以及组合优化问题和应用研究进展等为首的一批研究成果将出现。

C. 2024 年以后：发展期。致力于通用量子计算机的实现

实现"量子优势"后，能用于解决各类问题的"通用量子计算机"的发布备受期待。然而，超导量子计算机很容易受到环境噪声的影响，难以维持稳定的量子态。尤其是，随着能用于计算的量子比特数的增加，错误的发生率也会增加，而实现通用量子计算机必须同时具备很高的计算能力和容错率，这一目标的达成还需花费更多的研究时间。

针对这个问题，微软正在开发一种量子态很容易稳定的"拓扑量子计算机"，今后在量子计算领域，微软可能成为继 IBM 和谷歌之后的第三大力量并引领相关研究。

（2）未来 25 年的量子计算发展动向

波士顿咨询公司（BCG）于 2018 年 5 月发布了《即将来临的量子计算飞跃》报告，对量子计算技术的发展现状与潜在应用进行了分析（智东西，2018）。到 2030 年，量子计算的应用市场规模预计可达 500 多亿美元，其中，制药行业的规模将达 200 亿美元，化学、材料科学等科技密集型产业的规模将达 70 亿美元。当然，这得基于逻辑量子比特的制造和集成能力达到基础量子计算所需的最低要求。

BCG 将量子计算可扩展性进行了"等效摩尔定律"（物理量子比特集成数目约每两年翻一番）分析，预计量子计算机将在接下来的 25 年间经历三代发展，走向技术成熟。

1）2018～2028 年，工程师们将研发出可用于低复杂程度的量子模拟问题的初代非通用量子计算机，用于解决特定的实际业务和研发需求。

2）2028～2039 年，逻辑量子比特数量将扩展到 50 多个，并实现所谓的"量子优势"，可以更快速地执行特定算法的应用程序，主要包括分子模拟、研发和软件开发等，从而创造巨大的市场潜力。量子信息处理将进一步发展，企业对量子模拟方法更为熟悉。

3）2031～2042 年，量子计算机将在模拟、搜索和运算中执行高级功能，实现各类商业应用，对比经典计算机具有明显的优势。预计二代、三代量子计算机发展的交界处，就是在特定应用中量子计算超越经典计算的临界点。预计 2030 年之后，量子计算的发展将显著加速。

### 3.3.4　量子计算的应用动向

虽然通用量子计算机仍需数十年发展成熟，但初代非通用量子计算机仍可以利用有限的量子计算功能实现一些特定的行业应用，如化学领域中相对简单的分子建模和专业优化问题。这些公司将在实际使用中逐渐熟悉量子计算方法和工具。IBM 和微软都在开发量子计算社区、量子计算模拟器和其他易于使用的工具。随着量子算法、编程语言、可用的云端量子处理器的发展，开发者逐步将其整合到软件解决方案中，与经典算法结合起来实现混合计算系统（BCG，2018）。

世界上第一家量子计算公司 D-Wave 已将量子计算机用于解决离散优化、采样、材料科学和机器学习问题，从而促进科学、工程、医疗保健、优化、财务分析、物流和国防等方面有所突破，其中优化问题存在于系统设计、任务规划、航空公司调度、财务分析、网络搜索和癌症放射治疗等领域（D-Wave，2019）。D-Wave 的量子计算机上已经构建了 150 多个早期应用程序，正被诸多世界组织和机构使用，包括洛克希德·马丁空间系统公司、Google 公司、美国国家航空航天局、南加州大学、高校空间研究协会（USRA）、洛斯阿拉莫斯国家实验室、橡树岭国家实验室、大众汽车公司等。其中，洛克希德·马丁空间系统公司于 2010 年底成为 D-Wave 的第一个客户，所采用的 D-Wave 量子计算机不断升级，以突破量子计算的界限并应用最新技术解决客户面临的现实问题，从设计救生新药到即时调试数百万行软件代码。由 Google、NASA、USRA 联合成立的量子人工智能实验室（QuAIL）于 2013 年开始采购 D-Wave 量子计算系统，Google 专注于如何构建更准确的语音识别、网络搜索、蛋白质折叠模型，NASA 专注于优化任务算法，显著改进空中交通管制、自治、机器人、导航和通信、系统诊断、模式识别以及任务规划和调度。D-Wave 量子计算机的其他典型应用案例见表 3-9。

**表 3-9　D-Wave 公司的量子计算系统应用案例**

| 应用领域 | 应用组织和机构 | 应用方向 |
| --- | --- | --- |
| 优化 | 罗斯威尔公园癌症研究所 | 将量子退火的首个应用系统用于调强放疗（IMRT）的子束强度优化，以便提供足够的辐射来杀死癌细胞，同时避免附近的非癌细胞受到严重影响 |
| | Booz Allen Hamilton 公司 | 用于解决卫星优化问题，以在卫星改变位置时确保一组卫星实现大部分区域的覆盖 |
| | 大众汽车集团 | 用于计算交通流量，具体使用北京的 10 000 辆出租车的数据编制了一套算法来优化出租车在该市的出行时间 |
| 优化 | Recruit Communications 公司 | 将量子计算应用于营销、广告和通信，首个项目是优化网络广告与客户的匹配效率 |

| 应用领域 | 应用组织和机构 | 应用方向 |
|---|---|---|
| 机器学习 | QxBranch 公司 | 将量子计算与神经网络技术相结合可以改善大选预测结果,已用于模拟 2016 年美国总统大选 |
| | 洛斯阿拉莫斯国家实验室 | 安装 D-Wave 系统开展快速响应项目。例如,基于 2429 个面部图像,通过矩阵分解的方式使用无监督的机器学习方法分析大型数据集 |
| | 1QBit 公司 | 开发了一种使用 D-Wave 2000Q 系统进行强化学习的方法 |
| | 美国国家航空航天局 | 在生成的无监督学习环境中对图像数据集进行了 D-Wave 2X 系统的训练 |
| 材料模拟 | 洛斯阿拉莫斯国家实验室 | 通过使用基于图的方法进行量子分子动力学模拟,探索了 D-Wave 上的图分区/聚类方法 |
| | 大众汽车集团 | 使用 D-Wave 系统模拟电子结构特性,寻找先进材料 |
| | D-Wave | 实现了材料模拟方面的突破,展示了 D-Wave 系统上的大规模可编程量子模拟 |
| | D-Wave | 实现了首次大规模物质拓扑状态的量子模拟,模拟了 2016 年诺贝尔奖背后的现象 |

此外,德国海森堡量子模拟(HQS)公司和德国默克(Merck KGaA)公司于 2019 年 6 月宣布开展为期三年的合作,旨在专注于量子计算机上量子化学应用软件的应用和商业化,使用最终的量子模拟软件加速客户的研究和开发过程,并扩大对化学和物理相互作用的理解,从而研发更好的产品和工艺(Merck KGaA,2019)。美国空军研究实验室于 2016 年 5 月授予 IBM 750 万美元以获取 IBM Q System 的远程访问许可,这是一台具有 20~50 个量子比特的量子计算机(DOD,2019)。华为于 2018 年 10 月宣布推出 HiQ 云量子计算仿真平台,该平台可支持量子电路,其具有至少 42 个量子比特用于全幅度仿真,多达 81 个量子比特用于单幅度仿真或 169 个量子比特用于低深度单幅度仿真;还具有支持量子纠错仿真的特殊功能,以及具有允许对混合经典量子算法进行直观编程的功能。

# 3.4 量子计算文献计量分析

为剖析量子计算的学术研究动态和国际竞争格局,本部分以科睿唯安公司 Web of Science 平台的核心合集数据库为文献数据来源,借鉴 qurope.eu 网站(QUROPE,2019)对量子计算的定义,制定文献检索策略(张志强等,2018),限定发文时间为 2005~2019 年、文献类型为"论文"(Article),检索日期为 2019 年 5 月 21 日。针对检索结果,利用科睿唯安公司的 DDA 工具进行论文数据的清洗、数据挖掘以及可视化分析,并使用 VOSviewer 软件分析了主要国家、研究机构之间的合作网络情况以及关键词共现聚类。

## 3.4.1 发文量年度变化趋势

2005~2018 年,全球共发表量子计算的相关论文 17 221 篇。从图 3-2 来看,2005~2018 年,全球量子计算发文量总体保持增长趋势,尤其 2009 年增幅明显,全球发文量突破 1000 篇。到 2010 年发文量略有下降,但随后又呈现稳定的增长趋势,且 2016~2018 年这三年的发文量均突破 1500 篇/年。

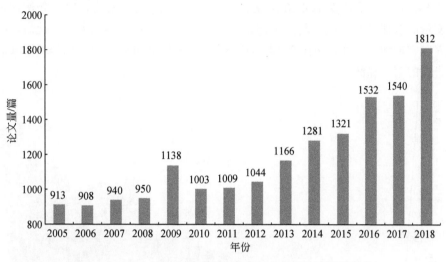

图 3-2　2005～2018 年全球量子计算发文量的年度变化趋势

## 3.4.2　主要国家（地区）发文比较与合作网络

从各国量子计算研究发文量来看，发文量最多的前 20 位（TOP20）国家（图 3-3），其

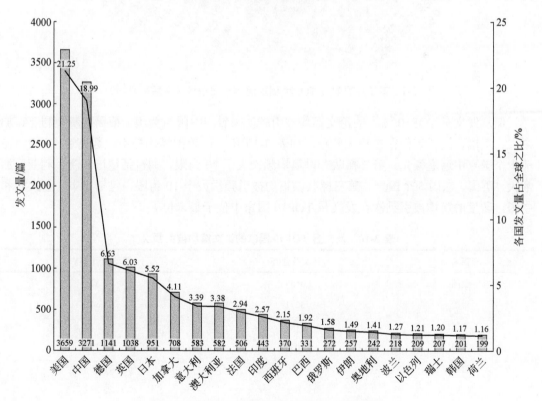

图 3-3　量子计算研究发文量 TOP20 国家比较

发文量之和占全球总发文量的 89.36%，其他国家的发文量占比仅为 10.64%。

图 3-4 给出了量子计算 TOP20 国家的逐年发文趋势。可以看出，2005 年美国量子计算研究发文量居全球第一，远远超过中国、德国、英国、日本、加拿大等。此后，中国量子计算研究发文量增长迅猛，并在 2014 年超越美国，从发文量来看中国已与美国共居全球量子计算研究的第一梯队。

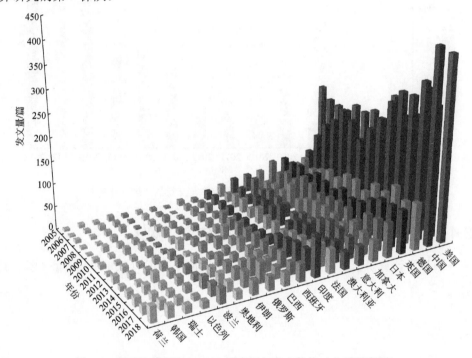

图 3-4　量子计算研究 TOP20 国家逐年发文趋势（文后附彩图）

但从发文量 TOP10 国家的论文篇均被引频次来看，中国与美国、德国、澳大利亚、加拿大、英国、法国等仍存在较大差距，如表 3-10 所示。美国篇均被引次数高达 36.32，在前十个国家中遥遥领先。第二梯队若以篇均频次大于 20 为限，则包括德国、澳大利亚、加拿大、英国、法国 5 个国家。第三梯队以篇均被引频次大于 10 为限，包括日本、意大利和中国。印度的篇均被引频次在发文量 TOP10 国家中位于最末位。

表 3-10　发文量 TOP10 国家的论文篇均被引频次

| 国家 | 论文数量/篇 | 篇均被引频次 |
| --- | --- | --- |
| 美国 | 3659 | 36.32 |
| 中国 | 3271 | 11.64 |
| 德国 | 1141 | 29.52 |
| 英国 | 1038 | 24.73 |
| 日本 | 951 | 16.66 |
| 加拿大 | 708 | 25.68 |
| 意大利 | 583 | 16.05 |

续表

| 国家 | 论文数量/篇 | 篇均被引频次 |
|---|---|---|
| 澳大利亚 | 582 | 28.78 |
| 法国 | 506 | 24.60 |
| 印度 | 443 | 8.09 |

图 3-5 给出了量子计算国家（地区）发文量超过 80 篇的 35 个国家（地区）之间的合作网络。美国、德国、英国、中国等展现出较强的合作能力，美国与其他 34 个国家（地区）均有合作，总连接强度达 6658；德国与除埃及外的 33 个国家（地区）均有合作，总连接强度为 4280；英国与其他 34 个国家（地区）均有合作，总连接强度为 3538；中国与除阿根廷外的 33 个国家（地区）均有合作，总连接强度为 3168。

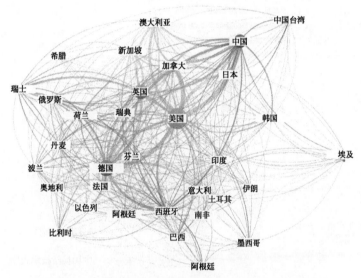

图 3-5　量子计算研究 TOP35 国家（地区）合作网络

### 3.4.3　主要研究机构发文比较与合作网络

图 3-6 展示了量子计算领域发文量 TOP20 的研究机构。其中，我国共有 3 家研究机构进入 TOP20，分别是发文量高居第一、第二的中国科学院、中国科学技术大学，以及位列第十的清华大学。TOP20 机构中，美国机构数量最多，共 7 家，包括：美国马里兰大学、麻省理工学院、哈佛大学、美国国家标准与技术研究院、加州理工学院、加州大学圣巴巴拉分校，以及密歇根大学。其他机构则来自德国、加拿大、新加坡、意大利、英国、奥地利、澳大利亚、日本等诸多国家，量子计算研究展现出强烈的全球竞争态势。

图 3-7 展示了量子计算领域发文量 TOP40 研究机构的合作网络图。国内中国科学院、中国科学技术大学、清华大学与南京大学等合作较为紧密，并与国外学术机构建立了较广泛的合作关系，分别与 33 家、29 家、29 家和 19 家机构有合作。

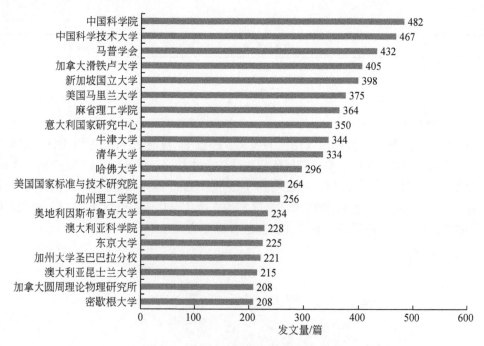

图 3-6　量子计算研究 TOP20 机构比较

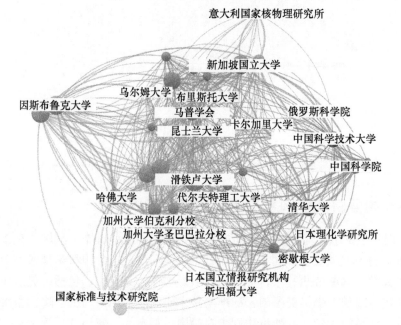

图 3-7　量子计算研究 TOP40 机构比较

## 3.4.4　学科方向分布

图 3-8 展示了量子计算研究论文的 TOP10 学科方向及其分布情况，TOP10 学科分别是物理、光学、计算机科学、科学与技术-其他主题、材料科学、化学、工程、数学、电信、

天文学和天体物理学。

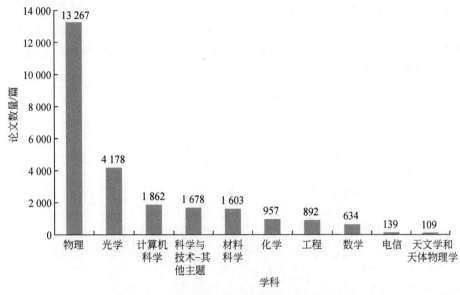

图 3-8　量子计算研究 TOP10 学科方向及分布

## 3.4.5　高频关键词分析

基于对论文关键词的词频统计，表 3-11 展现了量子计算研究的高频关键词分布情况，其中词频不低于 50 的关键词共 28 个，除"量子计算"外，其他关键词还包括量子纠缠、量子算法、量子门等。

表 3-11　量子计算研究的高频关键词（词频不低于 50）分布情况

| 序号 | 关键词 | 词频数 | 序号 | 关键词 | 词频数 |
| --- | --- | --- | --- | --- | --- |
| 1 | 量子计算 | 1856 | 15 | 量子光学 | 132 |
| 2 | 量子纠缠 | 599 | 16 | 量子控制 | 131 |
| 3 | 量子算法 | 521 | 17 | 量子密码学 | 128 |
| 4 | 量子门 | 509 | 18 | 量子通信 | 106 |
| 5 | 量子信息 | 358 | 19 | 量子逻辑 | 104 |
| 6 | 量子模拟 | 339 | 20 | 离子阱 | 101 |
| 7 | 量子纠错 | 326 | 21 | 几何相位 | 62 |
| 8 | 量子线路 | 283 | 22 | 集群状态 | 60 |
| 9 | 量子噪声 | 279 | 23 | 计算复杂度 | 59 |
| 10 | 量子点 | 210 | 24 | 绝热量子计算 | 58 |
| 11 | 量子比特 | 201 | 25 | 开放量子系统 | 53 |
| 12 | 量子理论 | 163 | 26 | 并发 | 51 |
| 13 | 量子漫步 | 148 | 27 | 腔量子电动力学 | 50 |
| 14 | 退相干 | 146 | 28 | 约瑟夫森结 | 50 |

　　量子计算论文里词频不低于 40 的关键词有 40 个，在关键词共现网络的基础上，利用 **VOSviewer** 软件可视化展现了这 40 个关键词的聚类情况。量子计算研究主要涉及：①量子算法、计算复杂度与量子优化；②量子信息、量子模拟与量子控制；③量子门、几何相位与集群状态；④量子点、量子比特与约瑟夫森结；⑤量子通信、量子加密与量子光学；⑥量子纠错与容错；等等（图 3-9）。

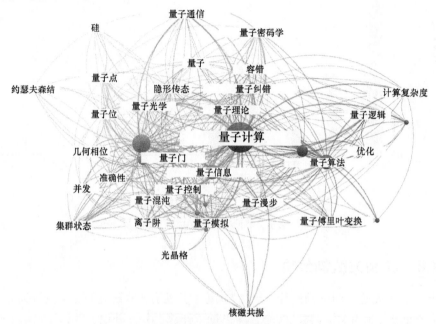

图 3-9　量子计算 TOP40 关键词共现与聚类

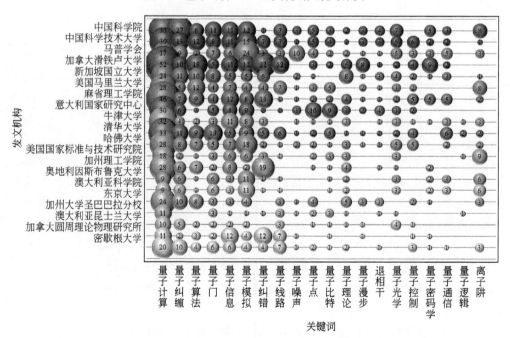

图 3-10　量子计算 TOP20 发文机构与 TOP20 关键词的矩阵图谱（文后附彩图）

图 3-10 展现了量子计算 TOP20 发文机构与 TOP20 关键词的矩阵图谱,各研究机构的核心关键词除聚焦于"量子计算"外,还各显特色。例如,中国科学院与中国科学技术大学较为关注"量子纠缠""量子算法""量子模拟"等;马普学会聚焦于"量子模拟";加拿大滑铁卢大学重在"量子算法"和"量子纠错"的研究;麻省理工学院也重点关注"量子纠错";意大利国家研究中心关注"量子点"和"量子比特";清华大学重点关注"量子纠缠"和"量子门";哈佛大学聚焦"量子模拟"研究;加州理工学院重点关注"量子纠错"。

## 3.5 总结与建议

量子计算可显著提高计算效率,在解决一系列金融、安全、医疗、先进材料开发等重要问题时可能比传统计算机快百万倍以上,对人类社会的革命性影响将远超经典计算,具有深远的战略价值。本章通过定性调研美国和欧洲等国家和地区在量子计算技术领域的研发计划与发展策略、国内外量子计算关键技术发展现状与趋势,结合对研究论文的定量分析,发现国际量子计算技术研究呈现出以下特点。

1)当前,量子计算已成为世界各国竞相角逐的一个战略制高点。为抢夺经济、军事、安全、科研等领域的全方位优势,争取早日实现"量子优势",各国纷纷采取一系列发展举措,如发布量子计算科技战略、颁布《国家量子计划法案》、推出"量子技术旗舰计划"、发布《量子宣言》、制定量子技术路线图、设立量子计算专项等。这些举措将量子计算发展提升到国家战略高度,部署了具体的量子计算战略实施细则,阐明了量子计算技术的具体发展路径,并成立了所需的组织协调机构。

2)作为全球科技的热点研究方向,量子计算近 20 多年来取得了诸多突破性进展,量子比特数量不断增多,量子质量和纠错能力不断增强,量子优化算法也越来越成熟,专用量子计算机正逐步向实用化的通用量子计算机靠近,全球量子计算竞争态势进一步加剧。目前,量子计算机主要采取超导、离子阱、光量子、金刚石色心、拓扑、半导体量子点、中性原子等多种不同的技术路线,每种技术路线各有优劣势,其中离子阱量子计算和超导量子计算已经步入商用。但是,量子计算机尚处于技术攻关和原理样机研制验证的早期发展阶段,性能超越经典计算的实用量子计算机仍有很长的路要走。谷歌、IBM、Intel、微软等大型科技公司和牛津大学、马里兰大学、斯坦福大学、新南威尔士大学等知名高校均在这一领域积极探索。从技术路线角度来看,谷歌、IBM 致力于探索超导量子计算机,Intel 同时涉猎硅半导体量子计算机和超导量子计算机,微软布局全新的拓扑量子计算机。

3)2005~2018 年,美国是量子计算研究发文量最多的国家,以 21.25%的份额位列第一。紧随其后的是中国,发文量占比高达 18.99%,与美国共居全球量子计算研究的第一梯队。其中,2005 年美国量子计算研究发文量远远超过中国、德国、英国、日本、加拿大等,中国量子计算发文量在 2005~2018 年增长迅猛。此外,美国、德国、英国、中国等展现出较强的合作能力。

4)在发文量 TOP20 研究机构中,美国占比最高,包括马里兰大学、麻省理工学院、哈佛大学、美国国家标准与技术研究院、加州理工学院、加州大学圣巴巴拉分校、密歇根大学 7 家机构；中国有 3 家研究机构，分别为中国科学院、中国科学技术大学、清华大学；其他机构则来自德国、加拿大、新加坡、意大利、英国、奥地利、澳大利亚、日本等诸多国家，量子计算研究展现出强烈的全球竞争态势。

5）基于高频关键词的共现聚类分析，量子计算研究主要涉及：①量子算法、计算复杂度与量子优化；②量子信息、量子模拟与量子控制；③量子门、几何相位与集群状态；④量子点、量子比特与约瑟夫森结；⑤量子通信、量子加密与量子光学；⑥量子纠错与容错；等等。

综上所述，中国在量子计算技术研究领域具有良好的研究基础和广阔的发展空间，但核心材料与器件水平仍受制于人，未来应进一步整合优势资源，聚力突破量子计算关键技术的发展障碍，抢夺量子技术战略制高点。本书提出以下建议，为我国在相关领域的工作提供有益参考。

1）制定国家量子计算技术战略。鉴于量子计算技术潜在的颠覆性影响，美国、欧洲、英国等国家和地区已将量子技术上升到国家战略高度，部署一系列的重要研究计划和发展举措来抢夺"量子优势"。我国也应颁布专门的量子技术国家战略，从顶层设计层面开始制定科学化、体系化的量子计算技术发展举措，明确量子计算技术的研发布局、优先发展领域、研究机遇和关键挑战，进而凝聚整体科技竞争力，进一步提高在全球量子计算行业中的影响力。

2）构建量子计算技术创新生态系统。为了获得全球量子计算竞争的领先优势，美国和欧洲等国家和地区均高度重视加强和协调公私量子计算研究力量，全方位加速量子计算的研发与应用。我国也应构建涵盖政府、学术界、产业界、投融资机构等所有相关利益者在内的量子计算技术创新生态系统，共同开展不同技术路线下的量子计算机研究，克服量子计算关键技术的发展障碍，促进先进量子计算研究成果的商业化应用；大力支持量子计算相关高端设备的自主研发，扭转依赖进口的被动局面；加强国际交流合作，并在合作中掌握关键核心技术。

3）培养专业的量子计算技术人才。科技和人才是国家最重要的战略资源。我国应制定量子计算技术领域的人才教育计划，培养博士、硕士、本科等多层次的量子计算技术人才，并在小学、初中和高中等早期教育阶段提前普及量子计算技术基础教育；通过量子计算技术研究资助和成果激励措施来吸引和留住国内外的顶尖研究人员；鼓励产业界与学术界携手培养多元化的量子计算人才；对在量子计算领域做出突出贡献的卓越青年科学家给予特殊扶持。

**致谢** 中国科学技术大学郭国平教授和霍永恒教授、电子科技大学邓光伟特聘研究员对本章内容提出了宝贵的意见与建议，谨致谢忱！

## 参 考 文 献

陈梦瑶. 2018. 中科院阿里云联合发布 11 比特云接入超导量子计算服务. http://www.xinhuanet.com/tech/

2018-02/23/c_1122442280.htm［2019-10-31］.

宫学源，李鹏飞，等. 2018. 美国白宫发布《量子信息科学国家战略概述》. https://mp.weixin.qq.com/s/z_VR2MdkbTbr_Eps-Mv0-w［2019-10-31］.

国家自然科学基金委员会. 2016. 国家自然科学基金"十三五"发展规划. https://www.scio.gov.cn/xwfbh/xwbfbh/wqfbh/35861/37047/xgzc37053/Document/1561536/1561536.htm［2019-10-31］.

国务院. 2016. 国务院关于印发"十三五"国家科技创新规划的通知. http://www.gov.cn/zhengce/content/2016-08/08/content_5098072.htm［2019-10-31］.

刘霞. 2019. 首款 3D 原子级硅量子芯片架构问世. http://news.sciencenet.cn/htmlnews/2019/1/422053.shtm［2019-10-31］.

马薇. 2019. 全球首款面向大众的量子计算教学机在无锡问世. http://www.js.xinhuanet.com/2019-04/17/c_1124375997.htm［2019-10-31］.

聂翠蓉. 2017. 英特尔推出十七个超导量子位芯片. http://scitech.people.com.cn/n1/2017/1012/c1007-29582664.html［2019-10-31］.

薛飞，杜江峰，周先意，等. 2004. 量子计算的物理实现. 物理，(10)：728-733.

张家伟. 2018. 中外科研人员合作开发出光量子计算芯片. http://www.stdaily.com/zhuanti01/tdyth/2018-09/03/content_706141.shtml［2019-10-31］.

张志强，陈云伟，陶诚，等. 2018. 基于文献计量的量子信息研究国际竞争态势分析. 世界科技研究与发展，40（1）：37-49.

智东西. 2018. 波士顿咨询量子计算重磅报告：2030 年将爆发. https://mp.weixin.qq.com/s/Z_rhgyZOczbURz7PDmfJiw［2019-10-31］.

中国科学技术大学. 2019. 超导量子计算在强关联纠缠体系的量子随机行走实验研究中取得重要进展. https://www.ustc.edu.cn/2019/0505/c15852a380008/page.htm［2019-10-31］.

中国科学技术大学量子物理与量子信息研究部. 2017. 中国科学家在基于光和超导体系的量子计算机研究方面取得系列重要进展. http://quantum.ustc.edu.cn/web/node/429［2019-10-31］.

中国科学技术大学量子物理与量子信息研究部. 2018. 中国科大首次实现 18 个量子比特的纠缠 再次刷新量子纠缠世界记录. http://quantum.ustc.edu.cn/web/index.php/node/540［2019-10-31］.

周舟. 2018. 一国际研究团队实现量子化学模拟. http://www.xinhuanet.com/tech/2018-07/25/c_1123177073.htm［2019-10-31］.

周舟. 2019. IBM 发布据称可"商用"的量子计算机. http://www.xinhuanet.com/tech/2019-01/09/c_1123967623.htm［2019-10-31］.

日本文部科学省. 2017. 量子科学技術の新たな推進方策について 中間とりまとめ. http://www.mext.go.jp/b_menu/shingi/gijyutu/gijyutu17/010/houkoku/1382234.htm［2019-10-31］.

日本文部科学省. 2018. 光？光・量子飛躍フラッグシッププログラム（Q-LEAP）ガバニングボード. https://www.mext.go.jp/b_menu/shingi/chousa/gijyutu/033/index.htm［2019-10-31］.

BCG. 2018. The next decade in quantum computing—and how to play.https://www.bcg.com/publications/2018/next-decade-quantum-computing-how-play.aspx［2019-10-31］.

Berkeley Lab. 2018. Berkeley Lab to push quantum information frontiers with new programs in computing, physics，materials，and chemistry.http://newscenter.lbl.gov/2018/09/24/berkeley-lab-to-push-quantum-informationfrontiers-with-new-programs/ [2019-10-31].

BMBF. 2018. Quantentechnologien -von den Grundlagen zum Markt.https://www.bmbf.de/upload_filestore/pub/ Quantentechnologien.pdf [2019-10-31].

DARPA. 2019. Taking the next step in quantum information processing.https://www.darpa.mil/news-events/ 2019-02-27 [2019-10-31].

DOD. 2019. U.S. Air Force Research Laboratory (AFRL) Awards IBM $7.5 Million Contract for IBM Q System Access.https://dod.defense.gov/News/Contracts/Contract-View/Article/1831787/ [2019-10-31].

DOE. 2018. Department of Energy announces $218 million for quantum information science. https://www.energy. gov/articles/department-energy-announces-218-million-quantum-information-science [2019-10-31].

D-Wave. 2019. Quantum computing applications.https://www.dwavesys.com/quantum-computing/applications [2019-10-31].

EPSRC. 2017. Future of Quantum Technology given significant funding boost.https://epsrc.ukri.org/newsevents/ news/future-of-quantum-technology-given-significant-funding-boost/ [2019-10-31].

EPSRC and Innovate UK. 2017. Funding competition: commercialisation of quantum technologies 3.https://www. gov.uk/government/publications/funding-competition-commercialisation-of-quantum-technologies-3[2019-10-31].

Eurekalert. 2019. Quantum world-first: researchers reveal accuracy of two-qubit calculations in silicon. https:// www.eurekalert.org/pub_releases/2019-05/uons-qwr050919.php [2019-10-31].

European Commission. 2017a. Intermediate Report from the Quantum Flagship High-Level expert group. https://ec.europa.eu/digital-single-market/en/news/intermediate-report-quantum-flagship-high-level-expert-group [2019-10-31].

European Commission. 2017b. Quantum Flagship High-Level expert group publishes the final report. https://ec.europa.eu/digital-single-market/en/news/quantum-flagship-high-level-expert-group-publishes-final-re port [2019-10-31].

European Commission. 2018. Quantum Technologies Flagship kicks off with first 20 projects. http://europa.eu/ rapid/press-release_IP-18-6205_en.htm [2019-10-31].

Federal Grants. 2017. QUANTUM COMPUTING RESEARCH IN NEW AND EMERGING QUBITS & CROSS-QUANTUM SYSTEMS SCIENCE & TECHNOLOGY. http://www.federalgrants.com/Quantum-Computing-Research-In-New-And-Emerging-Qubits-Cross-quantum-Systems-Science-Technology-64056.html [2019-10-31].

Google. 2018. A Preview of Bristlecone，Google's New Quantum Processor.https://ai.googleblog.com/2018/03/ a-preview-of-bristlecone-googles-new.html [2019-10-31].

Government Office for Science. 2016. The quantum age: technological opportunities. https://www.gov.uk/ government/publications/quantum-technologies-blackett-review [2019-10-31].

IEEE. 2017. New Technique Could Put Millions of Qubits on a Chip. https://spectrum.ieee.org/tech-talk/ computing/hardware/new-technique-could-put-millions-of-qubits-on-a-chip [2019-10-31].

IonQ. 2018. IonQ harnesses single-atom qubits to build the world's most powerful quantum computer. https:// ionq.co/news/december-11-2018 [2019-10-31].

Merck KGaA. 2019. Merck KGaA，Darmstadt，Germany，and HQS quantum simulations cooperate in quantum computing. https://www.emdgroup.com/en/news/quantum-computing-04-06-2019.html［2019-10-31］.

National Academies of Sciences，Engineering，and Medicine. 2018. Quantum computing：progress and prospects.https://www.nap.edu/catalog/25196/quantum-computing-progress-and-prospects［2019-10-31］.

NIST. 2018. NIST launches consortium to support development of quantum industry.https://www.nist.gov/news-events/news/2018/09/nist-launches-consortium-support-development-quantum-industry［2019-10-31］.

NRI. 2018. 「IT ロードマップ 2018 年版」をとりまとめ. https://www.nri.com/jp/news/newsrelease/lst/2018/cc/0308［2019-10-31］.

NSF. 2018a. NSF launches effort to create first practical quantum computer. https://www.nsf.gov/news/news_summ.jsp?cntn_id=296227&WT.mc_id=USNSF_51［2019-10-31］.

NSF. 2018b. NSF announces new awards for quantum research，technologies. https://www.nsf.gov/news/news_summ.jsp?cntn_id=296699&WT.mc_id=USNSF_51&WT.mc_ev=click［2019-10-31］.

NSF. 2018c. Enabling quantum leap: Quantum Idea Incubator for Transformational Advances in Quantum Systems (QII-TAQS). https://www.nsf.gov/pubs/2019/nsf19532/nsf19532.htm?WT.mc_id=USNSF_179［2019-10-31］.

ORNL. 2017. ORNL-led research teams get $10.5M to advance quantum computing for scientific applications. http://www.oakridger.com/news/20171025/ornl-led-research-teams-get-105m-to-advance-quantum-computing-for-scientific-applications［2019-10-31］.

ORNL. 2018. ORNL researchers advance quantum computing，science through six DOE awards. https://www.ornl.gov/news/ornl-researchers-advance-quantum-computing-science-through-six-doe-awards［2019-10-31］.

PQI. 2018. Quantum computing applications with state of the art capabilities request for information (RFI). https://www.fbo.gov/index?s=opportunity&mode=form&id=2dc9cb27145bc5a144d6e818bb090f21&tab=core&_cview=0［2019-10-31］.

QUROPE. 2019. Quantum Information Classification Scheme-QICS.http://qurope.eu/content/10-quantum-computation［2019-10-31］.

Science daily. 2017. Basic element for quantum computer—stable quantum gate—created. https://www.sciencedaily.com/releases/2017/12/171211092625.htm［2019-10-31］.

Science daily. 2018. New photonic chip promises more robust quantum computers. https://www.sciencedaily.com/releases/2018/09/180914141428.htm［2019-10-31］.

Science daily. 2019. Nanocomponent is a quantum leap. https://www.sciencedaily.com/releases/2019/04/190423114024.htm［2019-10-31］.

U.S. Senate Committee on Commerce，Science，& Transportation. 2018. Congressional Science Committee leaders introduce Bill to Advance Quantum Science. https://www.commerce.senate.gov/2018/6/congressional-science-committee-leaders-introduce-bills-to-advance-quantum-science［2019-10-31］.

# 4  轴承钢国际发展态势分析

冯瑞华  姜  山  万  勇

（中国科学院武汉文献情报中心）

**摘  要**  轴承的应用已渗透至国民经济的各个领域，包括机械、冶金、航空航天、交通运输、军事、海洋、发电、核电和轻纺等行业。轴承行业与我国工业的很多领域一样，已经攻克了低端和中端，正在向高端迈进。简单说，我国轴承行业产能庞大、技术水平中等，尽管一些领域业已突破了国外的封锁，但大量高端产品依旧依赖进口，在可靠性和寿命方面，与发达国家还存在着较大差距。本章从我国航空发动机、大型精密数控机床、盾构机、中高档轿车、轨道交通、大型薄板轧机设备和风力发电装备等对轴承的需求，介绍了轴承钢的主要应用领域，并从夹杂物控制技术、碳化物控制技术、热处理技术，以及中心疏松、缩孔和偏析等缺陷改善技术的角度，介绍了国内外企业的进展和研究机构的新突破。在国内外轴承钢产业的发展方面，我国一些大型企业先后通过了国外轴承企业的认证，成为其材料供应商。在高端轴承钢生产上，我国与发达国家之间还有着较大差距，这是高端装备制造和战略新兴产业发展的瓶颈。此外，我国轴承钢还存在着质量稳定性较低、钢种及规格不全等问题。专利计量分析显示，我国在轴承钢领域的专利申请在 2005 年后大幅增长；日本是主要的专利申请国，且全球布局较多。日本在轴承钢原材料制造、钢种选择和精加工方面有较多的技术积累，我国专利集中在热处理方面，在成分控制方面有一定布局，但在轴承上的具体使用、不同轴承部件的钢材成分调整和处理等方面，相关专利布局较少。美国、欧洲是轴承的最大需求国家/地区，但中国在这两地申请的专利都很少，我国企业与机构有必要强化在美国和欧洲的专利布局。

**关键词**  轴承钢  需求  产业  技术进展  计量分析

## 4.1  引言

轴承无处不在，从遍布街角的共享单车到高空翱翔的民航客机，从鱼翔浅底的潜艇到天际遨游的太空站，还有电冰箱、洗衣机、电风扇、手表马达等，轴承几乎存在于人们生活的各个角落。轴承是机械设备的基础零部件，被称为机械的"关节"（杨晓蔚，2013）。轴承钢是用来制造轴承滚珠、滚柱和套圈的钢，是制造轴承的基础材料。轴承钢是钢铁材料中的高技术产品，是重大装备制造和国家重点工程建设所需要的关键材料，是高端制造业的保障，没有任何一种材料可以完全取代它。轴承钢冶金质量体现了一个国家在冶炼、轧制、检验等方面的综合水平，它代表着一个国家在该领域的综合实力，如技术创新能力、工艺装备水平和质量评价方法等。轴承钢的生产能力和质量优劣直接影响到一个国家的工业化发展水平和制造业的强弱。所以，我国轴承钢的供应能力、产品质量、生产技术水平、在国际上的竞争力等因素，不仅关系到我国轴承钢的发展，关系到我国轴承制造业的发展，更关系到我国从制造大国走向制造强国。

要保证轴承在规定的使用条件下具有足够的安全性、可靠性和长的使用寿命，就要求轴承钢具备优异的性能和疲劳寿命。评价轴承钢质量的关键指标是材料的纯净度和均匀性。材料的纯净度是指材料中的夹杂物尽量少；材料的均匀性是指材料中的夹杂物和碳化物颗粒细小、弥散。纯净度的好坏直接影响了轴承的疲劳寿命，轴承的早期失效大部分是因为存在较大颗粒的夹杂物；均匀性影响轴承热处理后的变形、组织均匀性。提高轴承钢的纯净度，特别是降低钢中的氧含量，可以明显延长轴承的寿命。氧含量越低，氧化物夹杂越少，纯净度越高，轴承钢的疲劳寿命就越长。元素钛留在钢中形成多棱角的夹杂物，这种夹杂物容易引起局部应力集中，产生疲劳裂纹，对轴承钢的疲劳寿命有着直接的影响，因此要控制此种夹杂物的产生。高端轴承钢的氧含量≤$5 \times 10^{-6}$，钛含量≤$10 \times 10^{-6}$，大颗粒夹杂物 DS≤0.5 级。

我国国民经济高速发展，轴承和轴承钢的制造、研发，以及轴承钢质量的提高说明我国已经迈入世界制造大国，并正在向制造强国迈进。我国已成为轴承钢生产大国，中国特钢企业协会统计数据显示，2017 年我国主要优特钢企业轴承钢的粗钢产量为 301.46 万吨，兴澄特钢、新冶钢和本钢特钢分别居轴承钢产量前三位，占国内轴承钢总产量的 51%。然而，我国的轴承生产集中在中小型轴承和中低端轴承上，呈现出低端轴承过剩、高端轴承匮缺并依赖进口等不足和短板。尤其是在航空航天、高速铁路、高速精密机床等工业领域中应用的轴承，相应的使用寿命、运行精度与可靠性、Dn 值和承载能力等指标与先进国家相比，仍存在比较大的差距，成为制约我国高端装备制造和战略新兴产业发展的瓶颈。我国高端轴承钢几乎全部依赖进口。目前，全球高端轴承钢的研发、制造与销售基本上被世界轴承巨头，如日本精工株式会社（NSK）、美国铁姆肯轴承公司（TIMKEN）、瑞典斯凯孚公司（SKF）、德国舍弗勒集团（FAG）和日本恩梯恩株式会社（NTN）等垄断（朱祖昌和杨弋涛，2018）。

# 4.2　轴承钢技术发展现状

轴承钢有高而均匀的硬度和耐磨性，以及高的弹性极限。轴承钢对化学成分的均匀性、非金属夹杂物的含量和分布、碳化物的分布等的要求都十分严格，是所有钢中要求最严格的钢种之一。

### 4.2.1 轴承钢的界定与分类

轴承钢性能要求苛刻，使用量大面广，种类繁多，但基本上可分为高碳铬轴承钢、渗碳轴承钢、不锈轴承钢、高温轴承钢、中碳轴承钢等系列钢种（表 4-1）（虞明全，2008）。

**表 4-1　轴承钢的分类**

| 分类 | 特性 | 用途 | 国内外代表钢种 |
|---|---|---|---|
| 高碳铬轴承钢 | 综合性能好，生产量最多。球化退火后有良好的切削加工性能。淬火和回火后硬度高，耐磨性能和接触疲劳强度高 | 用于制作各种轴承套圈和滚动体 | 我国 GB/T 18254-2016 钢种包括 G8Cr15、GCr15、GCr15SiMn、GCr15SiMo 和 GCr18Mo 等 |
| | | | ISO/FDIS683-17 中纳标钢种有 100Cr6、100CrMnSi4-1、100CrMnSi6-4、100CrMnSi6-6、100CrMo7、100CrMo7-3、100CrMo7-4 和 100CrMnMoSi8-4-6 等 |
| | | | 美国 ASTM A295 包括 52100、5195、UNSK19526、1070M 和 5160 等；美国 ASTM A485 高淬透性高碳铬轴承钢钢种有 Grade1～Grade4、100CrMnSi4-4、100CrMnSi6-4、100CrMnSi6-6、100CrMo7、100CrMo7-3、100CrMo7-4、100CrMnMoSi8-4-6 等 |
| | | | 该类钢是轴承钢的主体，占到我国轴承钢总量的 90% 以上，而美国不到 70%，欧洲不到 50% |
| 渗碳轴承钢 | 属于低碳合金结构钢，表面经渗碳处理后具有高硬度和高耐磨性，而芯部保持良好的韧性，可承受强烈的冲击载荷 | 适用于有冲击和抗震要求的轴承 | 我国 GB/T 3203-2016 钢种有 G20CrMo、G20CrNiMo、G20CrNi2Mo、G20Cr2Ni4、G10CrNi3Mo、G20Cr2Mn2Mo 和 G23Cr2Ni2Si1Mo 等 |
| | | | ISO/FDIS683-17 中纳标钢种有 20Cr3、20Cr4、20MnCr4-2、17MnCr5、19MnCr5、15CrMo4、20CrMo4、20MnCrMo4-2、20NiCrMo2、20NiCrMo7、18CrNiMo7-6 和 16NiCrMo16-5 等 |
| | | | 美国 ASTM A53 中，除了覆盖 ISO/FDIS683-17 所有钢种外，还包括 4118H、4320H、4620H、4720H、4817H、4820H、5120H、8617H、8620H 和 9310H 等 |
| | | | 这类钢在美国的产量约占轴承钢总产量的 30%，在中国仅占 3% 左右 |
| 不锈轴承钢 | 高碳高铬马氏体型钢，耐腐蚀、高温下抗氧化 | 适用于有不锈和抗大气腐蚀要求的轴承及精密微型轴承 | 我国 GB/T 3086-2019 钢种有 G95Cr18、G65Cr14Mo 和 G102Cr18Mo 等 |
| | | | ISO/FDIS683-17 中纳标钢种有 X47Cr14、X65Cr14、X108CrMo17（相当于 ASTM 440C）和 X90CrMoV18-1 等 |
| | | | 美国 ASTM A756 钢种有 440C 和 440C MOD |
| | | | 此外，还有美国第三代轴承高强不锈轴承钢 CSS-42L、德国超耐蚀轴承钢 Cronidur30 等 |
| 高温轴承钢 | 高的高温硬度、尺寸稳定性、耐高温氧化性、低的热膨胀性和高的抗蠕变强度 | 制造航空、航天工业喷气发动机、燃气轮机和宇航飞行器等高温下工作的轴承 | 我国 JB/T 2850-2007 钢种有 Cr4Mo4V 等 |
| | | | ISO/FDIS683-17 中纳标钢种有 80MoCrV42-16、X82WMoCrV6-5-4 和 X75WCrV18-4-1 等 |
| | | | 美国 ASTM A600 钢种有 T1、M2、M50 等可作为高温轴承钢使用 |
| 中碳轴承钢 | 中碳锰钢、铬钢其温加工、冷加工性能较好，与渗碳、碳氮共渗相比较，工艺也比较简单，且同样达到表面硬化效果 | 适用轮毂和齿轮等部位具有多种功能的轴承部件或特大型轴承 | 我国没有专用的中碳轴承钢，常借用于中碳轴承的钢种有 37CrA、65Mn、50CrVA 或 50CrNi、55SiMoVA 和 5CrNiMo 或 SAE8660 等 |
| | | | ISO/FDIS683-17 中纳标钢种有 C56E2（相当于 S55C 或 SAE1055）、56Mn4、70Mn4（相当于 SAE1070）和 43CrMo4（相当于 SCM440 或 SAE4142） |
| | | | 美国 ASTM A866 除了 C56E2 和 56Mn4 之外，还有 1030、1040、1050、1541、1552、4130、4140、4150、5140、5150、6150 和 43CrMo4 等 |

资料来源：综合整理

### 4.2.2 我国轴承钢的重点应用（需求）领域

根据中国轴承工业协会相关数据，我国"十三五"期间部分主机行业对配套轴承的需求预测如表 4-2 所示。

**表 4-2　"十三五"期间部分主机行业对配套轴承的需求预测**　　　　（单位：万元）

| 轴承分类名称 | 2013 年全国需求量 | 2020 年全国预测需求量 |
| --- | --- | --- |
| 高速动车组轴承 | 20 000 | 50 000 |
| 汽车轴承 | 2 500 000 | 3 500 000 |
| 机床轴承 | 64 000 | 900 000 |
| 工程机械轴承 | 430 000 | 600 000 |
| 风电轴承 | 390 000 | 550 000 |
| 医疗器材轴承 | 13 000 | 30 000 |
| 通用机械轴承 | 132 000 | 184 500 |
| 电工轴承 | 900 000 | 1 280 000 |
| 海洋工程和港机轴承 | 157 000 | 220 000 |
| 石油机械轴承 | 40 000 | 55 000 |
| 机器人轴承 | 30 000 | 330 000 |
| 冶金轴承 | 550 000 | 550 000 |
| 城市轨道交通轴承 | 14 400 | 28 800 |
| 农机轴承 | 200 000 | 281 200 |
| 纺织机械轴承 | 107 000 | 150 000 |

我国存在技术缺口、主要依赖进口的轴承钢应用领域重点包括航空发动机轴承、大型精密数控机床用轴承、盾构机用轴承、中高档轿车用轴承、轨道交通用高端轴承、大型薄板轧机设备用轴承、风力发电装备用轴承等（李昭昆等，2016）。

（1）航空发动机轴承

主轴轴承和齿轮是航空发动机的关键基础件。与国外相比，我国相关产品的寿命及可靠性存在较大差距，这是制约我国航空发动机发展的主要因素之一。从 20 世纪中期至今，国外相关轴承钢已开发了 3 代，包括低于常温（<150℃）使用的第 1 代，如轴承钢 52100；中温（<350℃）使用的第 2 代，如 M50、M50NiL（轴承钢内外圈）。美国研发了第 3 代航空发动机用轴承齿轮钢，代表性钢种为耐 500℃的高强耐蚀轴承钢 CSS-42L；德国研发了超耐蚀轴承钢 Cronidur 30。图 4-1 展现的是航空轴承设计及材料变迁（Gloeckner P and Rodway C，2017）。当前，我国对第 2 代轴承钢的使用还较为普遍。

表 4-3 初步梳理了部分典型航空轴承的国内未来需求及国内外现有水平（马芳和刘璐，2018）。

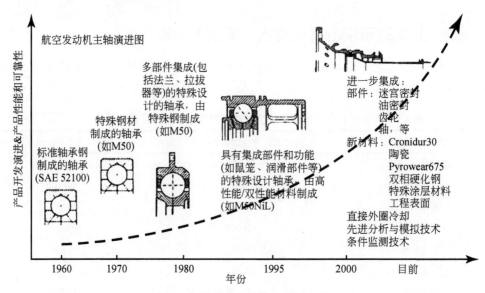

图 4-1  航空轴承设计及材料变迁

**表 4-3  2016 年典型航空轴承部分技术指标对比分析**

| 主机类别 | 轴承部分指标 | 国内未来需求 | 国内现有水平 | 国外现有水平 |
| --- | --- | --- | --- | --- |
| 涡喷/涡扇 | Dn/（$10^6$ 毫米·转/分） | 2.5～3.0 | 2.0 | 2.5 |
| | 寿命/小时 | 1 000～2 000 | 500 | 3 000 |
| | 载荷/千克 | >6 000 | 5 000 | 6 000 |
| | 温度/℃ | >300 | 260 | >350 |
| 涡轴/涡桨 | Dn/（$10^6$ 毫米·转/分） | 2.5～2.6 | 2.3 | 3.0 |
| | 寿命/小时 | >3 000 | 1 500 | >3 000 |
| | 载荷/千克 | >6 000 | 5 000 | 6 000 |
| | 温度/℃ | >350 | 300 | >350 |
| 直升机传动机体轴承（自润滑关节轴承） | 干运转能力/小时 | ≥1 | 0.5 | 1.5 |
| | 寿命/小时 | >3 000 | 1 500 | >6 000 |
| | 温度/℃ | >300 | 250 | 300 |
| | 寿命/摆动次数 | >100 000 | 25 000 | 100 000 |

（2）大型精密数控机床用轴承

机床是高端装备之母。轴承寿命低是我国高速电机主轴存在的主要问题。通过对钢材、滚动体、保持架、润滑和密封等方面的研究攻关，国外企业超高速角接触主轴轴承的 Dn 值达到 $4.0 \times 10^6$ 转/分，而我国同类产品 Dn 值≤$2.5 \times 10^6$ 转/分。国产轴承与国外机床轴承对比，存在精度储备量低、精度不稳定、短期丧失原有精度；轴承温升高；因材质和热处理因素导致轴承寿命低；尺寸允差离散度偏大和配对角接触轴承的预载荷偏差量大等一系列问题。机床轴承的模拟设计、加工制造、密封润滑以及轴承材料等方面，我国还大幅落后于国外。在轴承用钢材质量控制技术方面，我国使用的高端真空脱气轴承钢的质量一般只能达到国外 Z 级钢的水平，为满足高精度高速机床轴承的使用要求，迫切需要开发超高纯轴承钢（相当于 EP 钢）以及更高级别的 40CrNiMo（SHX 钢）。目前用 SHX 材料制造的 ROBUST 系列轴承已经应用于许多高速精密机床的主轴，实现了 Dn 值 220 万的高转速，其长寿命和高可靠性能也已经得到验证。图 4-2 为 SHX、SUJ2、M50 在磨损性能、寿命特性、咬黏性能方面的试验对比。

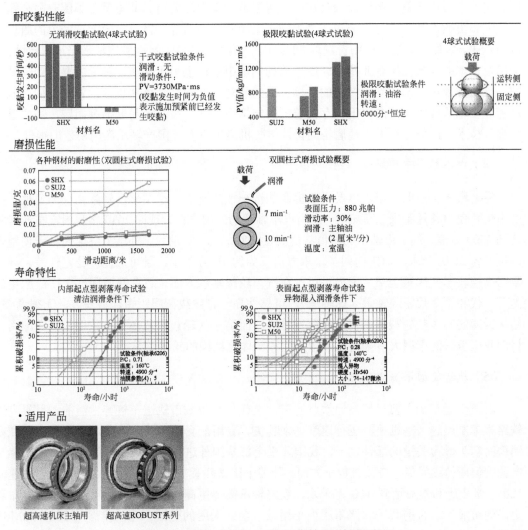

图 4-2  SHX、SUJ2、M50 三类轴承钢性能对比

（3）盾构机用轴承

盾构机轴承是盾构机的关键、核心部件，尤其是主轴承被视为盾构机的心脏。在性能要求上，盾构机轴承属于典型的低速重载轴承。对于 6 米以上的大型盾构使用的轴承钢，必须保证碳化物液析不大于 0.5 级，碳化物带状组织不大于 1.5 级，抗拉强度 Rm 不小于 1350 兆帕，硬度不小于 60 洛氏硬度（HRC），热处理后的最终组织达到均质化、碳化物均

匀、细小和弥散。只有保证了良好的冶金质量和组织的均匀性，才能使盾构机轴承钢具有优良的综合力学性能，保证轴承在大于 10 000 小时的工作过程中不出现失效，确保盾构机的顺利施工（张丹，2014）。

自 1957 年开始，我国开展了盾构机的研制，1966 年我国首台隧道盾构机在杭州研制成功。通过 60 多年的不断引进、消化吸收再创新和自主创新，涌现出中铁工程装备集团有限公司、中国铁建重工集团有限公司、上海隧道工程有限公司、北方重工集团有限公司、中交天和机械设备制造有限公司、洛阳轴承集团有限公司等一批具有国际竞争力的盾构机制造企业。尽管当前我国市场份额近 80% 为国产盾构机占据，然而盾构轴承仍被来自欧洲、美国、日本的少数几家企业垄断。盾构系列轴承中盾构主轴承和滚刀轴承主要依赖国外品牌，这两种轴承远未达到国产化的目标。虽然相对成熟的管片拼装机轴承和螺旋输送机轴承等国产轴承应用率较高，但仍存在着密封结构不合理、齿面容易磨损等问题，需要进一步提升技术。此外，在大直径盾构的管片拼装机应用方面，国产轴承应用率依旧很低。

（4）中高档轿车用轴承

随着汽车工业的发展，以及不断提高的汽车性能要求，小型化、轻量化、高速化、高效率化和使用条件越来越苛刻等，成为汽车轴承的发展方向。预计 2030 年我国汽车产量将达到 3500 万辆，汽车用轴承的产值将达到近 900 亿元。当前，国外汽车变速箱轴承使用寿命最低为 50 万千米，而国内同类轴承寿命仅为约 10 万千米，且可靠性、稳定性差，导致我国高档轿车变速箱全部从国外进口。在汽车轮毂轴承方面，目前我国国产车广泛应用的是第 1 代和第 2 代轮毂轴承（球轴承），可靠性高、有效载荷间距短、易安装、无须调整、结构紧凑的第 3 代轮毂轴承仍处于研发阶段。而第 3 代轮毂轴承单元在欧洲已广泛应用，目前我国引进的车型大多采用这种轻量化和一体化结构的轮毂轴承。

（5）轨道交通用高端轴承

轨道交通车辆主要包括高速铁路客车、重载货车和城市轨道车辆等。当前，世界高速铁路客车发展越来越迅速，运行速度越来越快。专用配套轮对轴承是准高速铁路客车和高速铁路客车最为关键的部件之一，我国几乎全部从国外进口，这严重制约了高速铁路客车产业的健康持续发展。在重载货车方面，随着中国铁路货车单车载重达到 70 吨级、时速向 120 千米迈进和寿命达到 150 万千米，铁路轴承需要更高的承载能力、更长的使用寿命和更高的可靠性。目前我国铁路重载列车用轴承全部采用的是国产电渣重熔 G20CrNi2MoA 渗碳钢，其成本远高于国外采用超高纯真空脱气轴承钢材料。此外，我国电渣钢氧的质量分数最低为（15~30）×10$^{-6}$，而国外超高纯真空脱气轴承钢只有（4~5）×10$^{-6}$，由此导致的夹杂物含量也远高于国外钢种。在城市轨道车辆方面，当前我国城市轨道交通处于史无前例的快速发展阶段，公共轨道交通已成为在城市和市郊区域的拥挤街道中代替汽车的主要选择。但目前国内地铁用轴承长期被国外一些主要企业垄断。

（6）大型薄板轧机设备用轴承

作为轧机设备中的关键零件，轧钢机轴承（特别是轧机轧辊辊颈轴承）的可靠性和稳定性直接关系到轧机的使用寿命。目前国产轧机轴承面临的一个共性问题就是寿命短，可靠性差，满足不了客户的需求。日本轴承企业通过增加表层奥氏体含量，开发出了新的轴承系列，并将寿命提高了6～10倍。当前，我国国内采用电渣重熔渗碳轴承钢来保证轧机轴承的寿命与运转精度。未来需要开展轧机轴承用材料选择、优化设计、表面处理等技术的研发，如轧机用 GCr15SiMn 和 G20Cr2Ni4 等轴承钢的超高纯真空脱气冶炼、轴承表层大奥氏体量控制热处理，从而实现轧机轴承的使用寿命延长与运转精度提高、制造成本下降。

（7）风力发电装备用轴承

风电轴承包括叶片、主轴和偏航所用的轴承，齿轮箱和发电机用的高速轴承，等等，是风电机组的核心零部件。由于风电设备使用环境恶劣、安装运维不便，因此对轴承零件的质量要求更为严格：除了足够的强度和承载能力，一般还要求轴承寿命不低于20年。国产风电轴承尽管已逐步形成规模化、系列化生产，但仅限于风电机组中技术门槛相对较低的偏航轴承和变桨轴承，技术含量较高的主轴轴承和增速器轴承仍无法生产。我国3兆瓦以下风电机组的批量生产能力达4.5万套以上，国产替代率已达到80%以上，主轴轴承和增速器轴承基本还是依靠进口；而3兆瓦以上的风电机组配套轴承的国产化问题仍有待解决。未来我国风电主轴轴承和增速器轴承的国产化，需要开展风电轴承材料、风电轴承的模拟设计等的研究工作（李昭昆等，2016）。

## 4.2.3  轴承钢的研制技术路线

长寿命、高转速、高负载和高推力轴承涉及材料、加工、制造及检测等多个环节，其中材料性能的好坏直接影响到轴承的性能。影响轴承钢质量的因素主要有以下四个方面：①夹杂物含量、形态、分布和大小；②碳化物含量、形态、分布和大小；③中心疏松、缩孔和偏析；④产品质量与性能的一致性（付云峰，2003）。

目前国外不仅在传统轴承钢质量控制水平方面大幅领先于中国，而且在新型轴承钢的开发力度方面也远远走在中国前面，国外形成了传统轴承钢的质量和性能提升研究以及新型和特殊性能轴承材料研发并行的局面（张丹，2013）。

### 4.2.3.1  轴承钢夹杂物控制技术

国外企业采用的轴承钢生产工艺路线主要有两种，分别是以日本山阳特殊制钢株式会社（SANYO）为代表的"大型超高功率电弧炉→钢包精炼（LF）→真空循环脱气（RH）→完全垂直连铸"生产工艺路线；以瑞典奥沃科（OVAKO）为代表的"斯凯孚（SKF）双壳型电弧炉→瑞典通用电器-斯凯孚（ASEA-SKF）钢包精炼炉→模铸"生产工艺路线。通过这两种工艺路线均可生产超纯净轴承钢，关键点就是控制轴承钢中氧化物夹杂和钛系夹杂的数量、形状和分布，主要手段就是控制钢中的氧含量和钛含量。日本和瑞典的轴承钢代表当代世界轴承钢生产质量的最高水平。从夹杂物的角度来说，日本企业主要侧重从降低氧含量着手，通过氧含量降低来达到减少夹杂物的目的；瑞典企业则注重控制夹杂物的形状与分布。

日本 SANYO 开发出名为"山阳新型提炼工艺"（Sanyo New Refining Process，SNRP）的超纯净轴承钢的生产工艺，将轴承钢中的氧含量降至<$5\times10^{-6}$，氧化物夹杂的尺寸降

至＜11 微米。该工艺流程简要如下：高功率电炉初炼（90～150 吨）→钢包炉精炼→偏心炉底出钢→RH 精炼→完全垂直连铸 CC/模铸 IC→均热→初轧开坯→钢坯清理→行星轧机、连轧精轧→无损在线检测→连续炉球化退火→检验入库。SANYO 把利用这种工艺生产出的轴承钢称为"超纯净（Super-Clean Steel）轴承钢"，而利用传统工艺生产的氧含量为（4～6）×10$^{-6}$，氧化物夹杂尺寸在 20 微米以下的轴承钢称为"高纯净（High-Clean Steel）轴承钢"。通过对比可以看出，利用 SNRP 工艺生产的超纯净轴承钢的接触疲劳寿命显著延长（图 4-3）。根据夹杂物 SAM 评级法测定显示，SANYO 生产的轴承钢中夹杂物少，测定连铸钢和模铸钢的非金属夹杂物级别的结果表明：两者的 B 类夹杂物级别分别为 0.06 级和 0.4 级，前者约为后者的 1/7；两者的 D 类夹杂物级别分别为 0.06 级和 0.8 级，前者约为后者的 1/13。

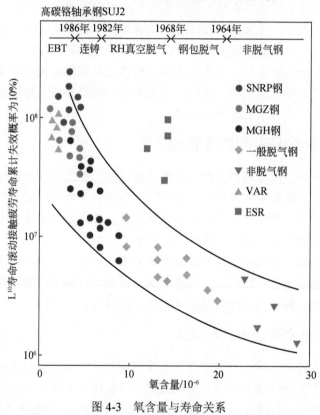

图 4-3　氧含量与寿命关系

瑞典 OVAKO 开发出双壳型电弧炉熔炼工艺与装备，并且与 ASEA-SKF 钢包精炼两者相匹配的双联工艺，形成 SKF-MR（熔炼+精炼）炼钢工艺。该工艺的流程是：双壳炉熔炼（碳、磷含量调整到允许值）→除渣→加铝脱氧→合金化→加热→脱硫→真空或非真空电磁搅拌加吹氢搅拌→钢锭模铸锭→钢锭均热→初轧机开坯→行星轧机、精轧机→在线无损检测→连续炉球化退火→检验入库。分析显示，OVAKO 生产的超纯净轴承钢中氧含量和钛含量均很低，波动范围分别为（3.5～6）×10$^{-6}$ 和（8～12）×10$^{-6}$。此外，作为间隙元素的氢在钢液条件下测定的含量不到 $1 \times 10^{-6}$。

此外，日本杰富意川崎制铁厂转炉生产轴承钢的工艺流程为：高炉→铁水预处理（脱硫、脱磷）→转炉吹炼（顶底复吹每次装载 180 吨）→除渣→钢包精炼→真空处理（RH）→连铸（4 流连铸机，400 毫米×560 毫米）→均热→开坯（150 毫米方坯）→钢坯修磨（研磨修理）→棒材轧制。在铁水预处理阶段，磷含量和硫含量可分别降至≤0.015% 和≤0.005% 的超低水平，在转炉吹炼中，可保证最终碳含量实现 0.90% 左右的高水平，从而尽可能减少钢中的氧和氧化物夹杂含量。在钢包精炼中，加入 CaO-SiO₂-Al₂O₃ 精炼渣，使碱度、黏度和熔点最佳化，吹入氩气进行强搅拌，再在 RH 炉中进行大循环量脱气，使钢液中非金属夹杂物上浮，提高钢的洁净度。

日本大同特殊钢株式会社开发出名为"多功能精炼与先进铸造"（Multi-function Refining & Advanced Casting-Special Solution & Soaking，MRAC-SSS）的工艺，制造出的轴承钢中氧含量≤$5 \times 10^{-6}$，可低至 $3.4 \times 10^{-6}$；钛含量≤$5 \times 10^{-6}$；氮含量≤$30 \times 10^{-6}$，并且氧化物夹杂和钛系夹杂物极为细小。采用该工艺后，≥7.5 微米的 Al₂O₃ 氧化物夹杂并不存在，也未发现 CaO-Al₂O₃ 系夹杂物。与传统精炼工艺生产的轴承钢相比，生产得到的超纯净轴承钢的接触疲劳寿命延长 25% 以上。

德国蒂森克虏伯股份公司的轴承钢生产工艺路线主要有两种，分别为：①EAF（110 吨，EPT）熔池搅拌、中心底出钢→钢包精炼 LF→VD→连铸 CC（2 流连铸机，265 毫米×385 毫米）；②BOF（140 吨）→TBM→RH 脱气和钢包精炼 LF→连铸 CC（6 流连铸机，265 毫米×385 毫米）。采用上述工艺生产的轴承钢氧含量均在（6~10）×$10^{-6}$，氢含量不到 $2 \times 10^{-6}$。由于氧含量和氢含量的大幅降低，形成的氧化物夹杂的量减少，同样延长了轴承钢的疲劳寿命。

Cao 等（2019）通过滚动测试检验了超纯净钢 GCr15 的滚动接触疲劳寿命，推导出滚动疲劳寿命与最大氧化物夹杂物尺寸之间存在 $N=k\,(1/D_{In})^{p}$ 的相关性。Li 等（2019）详细计算了在 GCr15 轴承钢凝固过程中，TiN 夹杂物的析出热力学和生长动力学。结果表明，减少 TiN 析出的最有效方法是提高钢的冷却速度，降低 Ti 和 N 的含量。Ti 含量对 TiN 夹杂物尺寸的影响大于 N 含量。田超等（2018）利用统计极值法对转炉—方坯连铸流程生产 GCr15 夹杂物进行了评价。对比分析显示，该方法对夹杂物评价结果基本一致，可靠性良好。Cheng 等（2018）通过工业实验研究了 GCr15 轴承钢中非金属夹杂物的控制。研究发现，轴承钢棒材的超声检测缺陷是由大尺寸的 CaO-Al₂O₃-MgO 夹杂物簇引起的，这些夹杂物来源于浸入式水口上的堵塞物。降低真空脱气处理过程的真空度，可减少夹杂物中 CaO 的含量。

### 4.2.3.2　轴承钢碳化物控制技术

随着轴承钢纯净度的提高，碳化物的含量、分布及尺寸大小对轴承钢寿命的影响逐步成为影响轴承钢寿命与可靠性的关键因素。随着碳化物含量的减少，轴承钢的接触疲劳寿命呈指数级提高。碳化物的含量对轴承钢的接触疲劳寿命起决定性作用。轴承钢的化学成分控制、夹杂物与碳化物的颗粒大小、分布状况与使用的冶炼工艺和冶炼质量密切相关。碳化物主要来源于轴承钢中的一次液析碳化物、二次网状碳化物和三次共析碳化物等。随着高洁净冶炼工艺的应用，基本上一次液析碳化物可以消除；二次网状碳化物主要在过共析钢中存在，需通过控轧控冷或低温轧制进行消除或减轻；影响性能的三次共析碳化物则需要通过球化处理加以控制，实现碳化物颗粒的细小化和均匀分布。

以中碳轴承钢与渗碳轴承钢为例，这两种钢与 GCr15 等过共析轴承钢相比，碳化物控制主要是带状铁素体（带状组织）的控制。相较于过共析轴承钢，中碳和渗碳轴承钢没有网状碳化物问题，工艺控制技术相对容易。除了通过中碳轴承钢和渗碳轴承钢提高轴承钢的韧性外，中碳轴承钢和渗碳轴承钢的网状碳化物控制工艺技术相对简单，这或许也是国外渗碳轴承钢与中碳轴承钢的比例高达 30%～50% 的一个原因。对于过共析轴承钢而言，为提高碳化物分布的均匀性，并降低碳化物颗粒尺寸，一方面可通过低温控轧控冷技术，对网状碳化物的出现进行减少和抑制，并为后续球化退火提供良好的组织预备；另一方面可通过改进球化退火工艺，实现碳化物的细化和均匀化。以热轧态的 GCr15SiMn 轴承钢为例，通过采用循环感应球化退火技术，可以在几分钟内细化轴承钢中的碳化物，大大缩短了轴承钢的球化退火时间，提高了碳化物的均匀性与细质化。可见轴承钢的碳化物球化退火工艺尚存在很大的发展空间，未来需要进一步的研究（李昭昆等，2016）。

Curd 等（2019）探究了轴承中白色刻蚀裂缝引起的失效问题，表征显示，形成裂缝的物质仅出现在单边表面。常立忠等（2018）在实验室条件下向 GCr15 轴承钢中添加 Ni-Mg 合金进行镁合金化，研究了镁对液析碳化物的影响规律。结果显示，液析碳化物数量、最大尺寸、平均最大尺寸均随镁含量提高先减少后增加，镁含量为 $16 \times 10^{-6}$（wt）时效果最佳。Han 等（2019）针对轴承钢的三种不同轧制工艺，研究了变形诱导碳化物对球化的影响。结果显示，该影响是双重的：在晶界处，少量的碳化物利于球化过程；而碳化物网络的大量沉淀又会阻碍球化过程。Egawa 等（2018）制备出日本 JIS 标准 SUJ2 高碳铬轴承钢试样，通过三次淬火和三次淬火-回火处理，研究发现球化碳化物对原始奥氏体晶粒的形成有着重要影响。

### 4.2.3.3　轴承钢热处理技术

在高洁净度冶炼技术的基础上，借助于特殊热处理工艺，可以达到细化晶粒与碳化物、改善碳化物分布的目的，更为重要的是，还能够提高轴承钢的强度、硬度以及延长接触疲劳寿命。这为研发和生产经济型和低成本轴承钢提供了一个可行方向。

高碳铬轴承钢在常规淬火后，一般含有 6%～15% 体积分数的软的亚稳相的残余奥氏体，在回火、自然时效或零件使用等条件下，会失稳转变为马氏体或贝氏体，从而引起硬度提高，韧性下降，尺寸发生变化，而影响零件的尺寸精度，导致轴承无法正常工作。可以改进材料成分和工艺，通过保留一定量的残余奥氏体并提高其稳定性，可以提高轴承的寿命与可靠性。国外利用表面超高奥氏体含量的热处理技术，将轴承钢的疲劳寿命最多延长了 10 倍。尽管超长寿命轴承钢与长寿命轴承钢相比，具有较高的残余奥氏体含量，但其维氏硬度依然维持较高水平。

丁丽娟等（2019）研究了添加 V 和 Mo 以及热处理制度对轴承钢组织与性能的影响。结果显示，与淬火+回火处理相比较，经贝氏体等温淬火处理后，不同试验钢的抗拉强度均高于淬火+回火处理，而显微硬度则相反，冲击吸收能量改善最为明显。Huo 等（2019）通过热压缩试验，在 950℃ 至 1160℃ 的温度和 0.1 秒$^{-1}$ 至 10.0 秒$^{-1}$ 的应变速率下，研究了 SAE 52100 的组织演变和热变形行为,建立了相关的黏塑性本构模型。Heinze 等(2016)利用较高功率($10^3 \sim 10^{12}$ 瓦/厘米$^2$)的高能束,定向作用于 CrMnNi 表面,辐射产生的 $10^6 \sim 10^8$ 开/厘米的温度梯度以热传导形式在工件表层扩散,使其发生相结构或物理、化学变化,从而实现表面改性。

#### 4.2.3.4 针对中心疏松、缩孔和偏析等缺陷改善技术

由于碳、铬含量较高,高碳铬轴承钢在凝固过程连铸坯内部易于出现中心疏松、缩孔和偏析缺陷,从而影响轴承的使用性能。为改善轴承钢方坯的内部质量,保证内部高致密度和均匀性,压下技术(包括连铸凝固末端轻压下技术和凝固末端重压下技术)得到了较多应用。

连铸过程中,在钢坯凝固末端位置实施适当轻压下,可以补偿糊状区的凝固收缩量,有效降低铸坯内部中心疏松、缩孔和偏析量。轻压下技术在日本新日铁住金株式会社、韩国浦项制铁集团公司、中国东北特殊钢集团有限责任公司等国内外钢企得到了广泛应用。Ludwig 等(2015)通过理论分析得出,改善铸坯偏析的合理压下区间的中心固相率为 0.3 ~ 0.7,而对于高碳轴承钢而言,合理压下区间的中心固相率为 0.2 ~ 0.9。液相补缩区裂纹会被钢液填充,而由于枝晶臂的阻隔,裂纹产生区的裂纹不能填充,使内部裂纹保留,该分界点固相率的温度被定义为黏滞性温度(LIT)。在裂纹敏感区间内铸坯有着一定的强度,但不能延展变形,因而轻压下应避开裂纹敏感区以避免出现中心裂纹。

在高温、高压条件下,连铸坯凝固末端重压下技术可用于处置中心疏松、缩孔、偏析等缺陷。日本新日铁住金株式会社通过采用大辊径凸辊对初始凝固状态的方坯施加大压下量,消除铸坯中心疏松和缩孔,提高了轧材的探伤合格率。日本住友金属工业公司采用 PCCS(Porosity Control of Casting Slab,PCCS)技术,在铸坯心部易变形区域施加大压下量,大大提升了铸坯的致密度和均匀性。韩国浦项制铁集团公司通过 POSHARP 技术,在铸坯凝固中期采取大量压下辊进行大压下率压下操作,将铸坯中心部位富集溶质的钢液沿中心线挤压出来,从而实现钢液均匀化(宗男夫等,2018)。

# 4.3 轴承钢产业发展状况

## 4.3.1 市场概况

### 4.3.1.1 全球

世界轴承市场 70% 以上的份额被日本 NSK、美国 TIMKEN、瑞典 SKF、德国 FAG 等轴承巨头占有。世界轴承行业的高端市场被上述企业所垄断,而中低档市场则主要集中于中国。若按地区分,全球轴承市场可划分为亚洲及大洋洲市场、欧洲市场、北美洲市场、拉美市场、非洲市场五大块,分别占有 40%、31%、25%、3% 和 1% 的份额。从具体国别看,美国市场最大,占全球的 23%;欧盟国家次之,占 21%;日本占 19%;中国占 10%;俄罗斯占 6%;印度占 4%(蒋平,2018)。

中国产业信息网发布的《2016—2022 年中国轴承市场行情动态及发展前景预测报告》显示，2014 年全球轴承市场规模达到 759 亿美元，到 2020 年全球轴承市场规模将增长至 1182 亿美元，期间全球轴承规模年均增速约为 7.7%（图 4-4）（中国产业信息网，2016）。

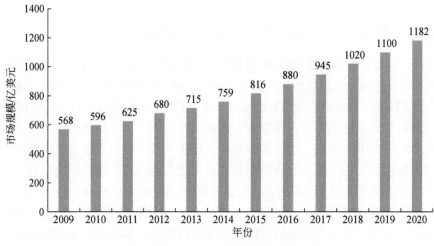

图 4-4　2009～2020 年全球轴承市场规模

### 4.3.1.2　中国

改革开放以来，我国工业迅速发展，总体规模和实力迈上了新的台阶，但是大而不强、基础能力薄弱、发展滞后是突出问题之一。一直以来，我国相当一部分关键基础材料、核心基础零部件不能自给，严重依赖进口。国产核心零部件还存在着可靠性低、性能和质量尚不能满足主机要求等问题。要建设世界一流的工业强国和制造业强国，就必须加强工业基础能力建设，即"工业强基"。在工业强基上升为国家战略的过程中，轴承越来越受到社会的广泛关注和国家主管部门的重视。例如，早在 2011 年，工业和信息化部发布的《机械基础件　基础制造工艺和基础材料产业"十二五"发展规划》中，就把轴承列为 12 类"机械基础件、基础制造工艺和基础材料"之首，并提出重点发展高速、精密、重载轴承。

根据前瞻产业研究院发布的《2018—2023 年中国轴承制造行业产销需求预测与转型升级分析报告》，2013～2017 年中国轴承制造行业销售收入也呈波动变化趋势。2016 年行业销售收入为 2826.74 亿元，同比增长 6.47%；2017 年，行业实现销售收入 2751.73 亿元，同比下降 2.65%。总体来看，近三年我国轴承行业发展速度较之前有所放缓。

由于我国近年来大力发展机械制造业，轴承行业下游产业快速发展，对轴承产品的需求不断加大，使得轴承产业的销售收入和利润总额不断增加。例如，随着中国工业机械和汽车的发展，配套轴承的需求量进一步增加。不过，随着主要下游需求市场增速的放缓，轴承行业的规模增速也将放缓。前瞻产业研究院预测，到 2023 年，我国轴承行业市场规模有望达到 3063 亿元（图 4-5）。

2005～2014 年，我国轴承出口量年平均增长率为 8.95%，进口量年平均增长率为 2.01%（图 4-6）；出口金额年平均增长率为 15.79%，进口金额年平均增长率为 11.29%（图 4-7）。

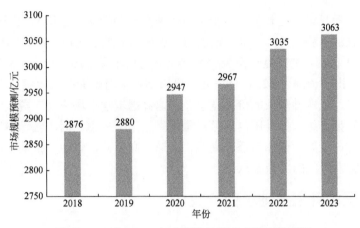

图 4-5　2018～2023 年中国轴承行业市场规模预测

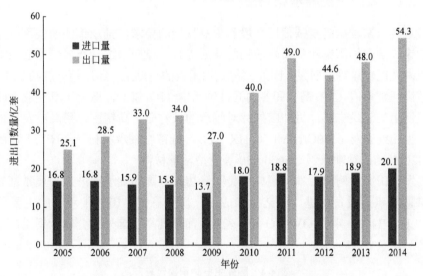

图 4-6　2005～2014 年轴承进出口数量发展趋势

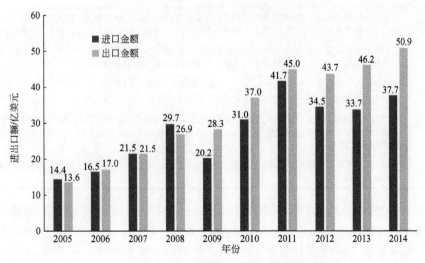

图 4-7　2005～2014 年轴承进出口金额发展趋势

数据表明，受我国高端装备与汽车工业快速发展的推动，近年来我国对进口高端轴承的需求量呈增长的态势。另外，进口轴承的附加值明显高于出口产品，2017 年上半年，我国进口轴承 24.1 亿套，进口金额为 36.8 亿美元，进口轴承平均单价为 1.5 美元/套；出口轴承 54.71 亿套，出口金额为 52.26 亿美元，出口轴承平均单价不到 1 美元/套，表明我国高端轴承依赖进口，低端轴承依靠价格竞争。国内高端轴承市场空间广阔，进口替代市场空间巨大，加快转型升级，提升国内产品质量水平是当务之急。国产轴承钢应向高质量、高性能和多品种方向发展，诸如为适应高温、高速、高负荷、耐蚀、抗辐射的要求，需要研制一系列具有特殊性能的新型轴承钢。

## 4.3.2 国内外主要轴承钢企业

### 4.3.2.1 国外主要轴承钢企业

为了适应未来轴承的复杂使用环境和更高性能的要求，轴承钢的研发不仅仅是传统全淬透轴承钢、渗碳轴承钢和中碳轴承钢的品质提升，还应该进行众多新型低成本、环境适应型和更高性能轴承钢的研发。国外在传统轴承钢的基础上，经过超高纯冶炼工艺的改进，形成了超高纯轴承钢（EP 钢）和各向同性轴承钢（IQ 钢），取得了真空脱气轴承钢在冶金质量控制上的长足进展。另外国外针对轴承的长寿命、高精密、耐高温及其他特殊性能的要求，也相继开发了 40CrNiMo（SHX 钢）、低密度轴承材料（60NiTi）、耐高温轴承钢 CSS-42L 及高耐蚀轴承钢 Cronidur30 等新型轴承材料。

国外发达国家，例如日本、瑞典、美国、德国等国的轴承钢产量和质量都处于领先地位，其共同特点是设备先进、工艺技术成熟、质量稳定。国外轴承钢的主要厂家有日本 SANYO、日本 NSK、瑞典 OVAKO 等。表 4-4 简单列举了国外部分轴承钢生产厂家的一些代表性产品。

**表 4-4 国外主要轴承钢代表产品**

| 国外公司 | 代表产品 |
|---|---|
| 日本 SANYO | Z 级高纯轴承钢和 EP 级超高纯轴承钢：氧含量在 $5 \times 10^{-6}$ 以下、硫含量为 $(20 \sim 30) \times 10^{-6}$、钛含量在 $10^{-5}$ 以下、最大夹杂物尺寸为 11 微米；SHX 耐热轴承钢；可耐 300℃高温，寿命为 SUJ2 钢的 3～4 倍 |
| 日本 NSK | 电动注塑机滚珠丝杆支撑用推力角接触球轴承 TAC02、TAC03 系列，精密丝杆支撑用高精度推力角接触球轴承 TAC B 系列，用于机床主轴高速、高刚性的 NSK 双列圆柱滚子轴承等 |
| 瑞典 OVAKO | B 级钢：氧含量在 $(4 \sim 6) \times 10^{-6}$ 以下、钛含量在 $(8 \sim 12) \times 10^{-6}$ 以下；<br>IQ 钢：氧含量在 $(3 \sim 4) \times 10^{-6}$ 以下、硫含量在 $10^{-5}$ 以下 |
| 美国拉特罗布特殊钢 | CSS-42L 高温耐蚀钢：室温表面最高硬度可达到 67～72HRC，在 430℃下的最高高温硬度为 62HRC，在 480～500℃下的最高高温硬度为 58HRC；芯部断裂韧性可达 110 兆帕·米$^{1/2}$；滚动解除疲劳寿命 L10 是 M50 钢的 28 倍 |
| 德国 FAG | 耐 350℃高氮不锈钢 Cronidur30；氮质量分数 0.4%，比 440C 耐腐蚀性高 100 倍，水中轴承寿命高于常规轴承钢 5 倍 |

日本 SANYO 把通过自己开发的超纯净钢生产工艺 SNRP 生产出的轴承钢称为超纯净轴承钢（EP 级），把按传统工艺生产的氧含量为 $(4 \sim 6) \times 10^{-6}$、氧化物夹杂尺寸不及 20 微米的轴承钢称为高纯净轴承钢（Z 级）。前者最大夹杂物基本都小于 11 微米，而后者

最大夹杂物尺寸在 15 微米以上。从 SANYO 的 Z 钢、EP 钢和双真空钢的对比情况来看，SANYO Z 的级轴承钢基本达到了双真空钢的水平，而 EP 钢中的夹杂物质量已远远超过了双真空钢。同时，由于减少了大量的氧化物夹杂，SNRP 工艺生产出的轴承钢的疲劳寿命较传统工艺生产的轴承钢延长了 5 倍。

日本 NSK 开发的表面淬硬的 SHX 耐热轴承钢（40CrSiMo），具有良好的耐温性能（耐温 300℃）、抗卡死和耐磨损特性，而且寿命长（是用 SUJ2 钢制造的轴承寿命的 3～4 倍）。用 SHX 制造的 ROBUST 系列轴承已经应用于许多高速精密机床的主轴，实现了 Dn 值 220 万的高转速，其长寿命和高可靠性能也已经得到验证。

瑞典 OVAKO 生产的轴承钢分为两个级别：BQ 和 IQ。其中，BQ 级别属于普通轴承钢级别，与日本 SANYO 的 Z 级钢接近；而 IQ 级别是各向同性轴承钢——在轴向和径向有基本一致的性能，即轴承钢的疲劳强度、韧性和夹杂物水平在各个方向基本相同。OVAKO 的轴承钢氧含量波动范围为（3.5～6）×$10^{-6}$；钢中钛含量很低，波动在（8～12）×$10^{-6}$ 范围内；钢液中的氢含量均≤1×$10^{-6}$。图 4-8 为传统钢、BQ 钢、IQ 钢三种钢的瑕疵大小与疲劳强度关系的对比图，BQ 钢的疲劳强度达到 600～800 兆帕以上，夹杂物一般小于 20 微米，IQ 钢疲劳强度接近 900 兆帕，夹杂物小于 10 微米，而传统钢的疲劳强度为 300～500 兆帕，可见 BQ 钢和 IQ 钢的性能远高于传统钢。

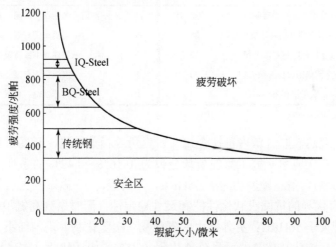

图 4-8  传统钢、BQ 钢、IQ 钢的瑕疵大小与疲劳强度关系对比

瑞典 SKF 开发的 NitroMax 钢是新一代超纯净、高氮不锈钢。淬火和回火时，会形成细小的铬碳化合物。当氮部分取代了合金中的碳，较高含量的铬就溶解在钢的基体中，因此氮化物周围的贫铬区较小，使得 NitroMax 钢具有更高的抗腐蚀能力。最终的淬、回火阶段热处理可产生更高的冲击韧性，尺寸更加具有稳定性，硬度＞58 HRC。此外，NitroMax 钢热膨胀系数低，与极低热膨胀系数的陶瓷滚动体配合使用时，能够使结合两种材料的轴承对内、外圈间的温度差异更不敏感。

欧洲通过加压电渣重熔工艺，将氮加到钢中取代碳，开发出了系列氮化轴承钢。其中，Cronidur 30 高氮不锈钢是德国 FAG 与德国波鸿大学和 VSG 工程技术（VSG Energie Technik）公司联合研发的一种高韧性、高强度的马氏体渗氮耐蚀钢。在 200℃ 高温下，HRC

硬度大于 56，具有良好的断裂韧性以及优异的抗腐蚀性能。在相同参数下使用 Cronidur30 制备的轴承寿命是 M50 钢的 5 倍，其抗腐蚀性能是 ASTM 440C 钢的 100 倍。在杂质形态上，Cronidur30 主要是微分散的碳氮化铬，典型的碳化物尺寸为 6～10 微米（最大为 40 微米，取决于材料尺寸/直径）（Schaeffler，2019）。

### 4.3.2.2 国内主要轴承钢企业

我国轴承钢主要钢种包括高碳铬轴承钢、渗碳轴承钢以及中碳轴承钢等，其中高碳铬轴承钢 GCr15 的消费量占轴承钢消费量的 95%以上。我国轴承钢主要生产企业有中信泰富特钢集团股份有限公司、本溪钢铁（集团）特殊钢有限责任公司、山东寿光巨能特钢有限公司、东北特殊钢集团股份有限公司、南京钢铁集团有限公司、河钢集团石钢公司、宝钢特钢有限公司等（龙莉等，2014）。据中国特钢企业协会的数据统计，2017 年国内轴承钢品种产量总计达到 300 万吨以上，国内各钢厂在轴承钢品种方面产量差距也相对较大，前三名的中信泰富特钢集团股份有限公司、本溪钢铁（集团）特殊钢有限责任公司、山东寿光巨能特钢有限公司的产量之和占据国内总产量近 60%的份额（表 4-5）（顾颖，2018）。

表 4-5　2017 年中国企业轴承钢产量统计　　　　　　　　　　（单位：吨）

| 序号 | 企业名称 | 2017 产量 | 序号 | 企业名称 | 2017 产量 |
|---|---|---|---|---|---|
| 1 | 中信泰富特钢集团股份有限公司 | 100 万+ | 6 | 河南济源钢铁（集团）有限公司 | 10 万+ |
| 2 | 本溪钢铁（集团）特殊钢有限责任公司 | 20 万+ | 7 | 河钢集团石钢公司 | 10 万+ |
| 3 | 山东寿光巨能特钢有限公司 | 20 万+ | 8 | 承德建龙钢铁有限公司 | 10 万+ |
| 4 | 东北特殊钢集团股份有限公司 | 20 万+ | 9 | 宝钢特钢有限公司 | 5 万+ |
| 5 | 南京钢铁集团有限公司 | 10 万+ | 10 | 苏州苏信特钢有限公司 | 5 万+ |

资料来源：中国特钢企业协会

我国钢铁研究总院联合国内钢铁企业、研究所等相关单位，开展了系列高氮不锈轴承钢的研究工作。在实验室研究了氮的质量分数为 0.16%～0.42% 的系列高氮不锈轴承钢，经淬火-低温回火后，室温硬度均大于 58HRC，同时经淬火-高温回火后的室温硬度也均大于 58HRC，具有优异的抗回火软化性能和尺寸稳定性；同时系列高氮不锈轴承钢在 200℃ 的高温硬度均可大于 56HRC；另外钢中的碳化物（碳氮化物）均匀细小，开发的 X30N 高氮不锈轴承钢（马氏体基体氮的质量分数达到 0.42%）中碳化物（碳氮化物）最大尺寸小于 5 微米；系列高氮不锈轴承钢的耐蚀性能也得到明显提升，开发的高氮不锈轴承钢 40Cr15Mo2VN（氮的质量分数为 0.16%～0.25%）的盐雾腐蚀试片在 120 小时盐雾腐蚀过程中未发生点蚀等腐蚀破坏。

### 4.3.2.3 国内外轴承钢产品差距分析

国内外企业在轴承钢方面的差距主要表现在以下几个方面。

（1）普通轴承钢质量稳定性较低

尽管我国普通轴承钢有着很高的市场占有率，但与国际同类产品相比，质量水平差距

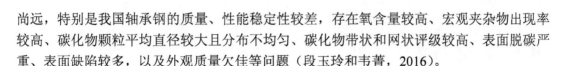

尚远，特别是我国轴承钢的质量、性能稳定性较差，存在氧含量较高、宏观夹杂物出现率较高、碳化物颗粒平均直径较大且分布不均匀、碳化物带状和网状评级较高、表面脱碳严重、表面缺陷较多，以及外观质量欠佳等问题（段玉玲和韦菁，2016）。

（2）轴承钢产品品种不全，标准落后

我国现有轴承钢钢种系列不全。例如，高碳铬轴承钢仅能满足滚子直径 0～80 毫米、套圈有效壁厚 0～65 毫米的轴承制造；而瑞士 SKF 仅高碳铬轴承钢系列就有 14 个钢种，可满足滚子直径 0～260 毫米、套圈有效壁厚 0～210 毫米的各种尺寸轴承的制造要求。

我国轴承钢标准内容较落后。例如，国家标准 GB/T18254-2002 与国外先进企业标准 SKFD33-1 相比，对有害元素含量未做限制，宏观夹杂物未列为必检项目，微观夹杂物中的氮化钛及碳氮化钛不评级，热轧材不要求检查碳化物网状，表面缺陷没有规定用无损探伤检查而仅用目视检查，表面脱碳层、尺寸和形状公差均控制较松，等等（杨晓蔚，2012）。

（3）轴承钢产品档次不高

我国轴承钢生产仍以低中档材为主，高档材的比例并不高，高质量、高性能轴承钢品种少，尚未形成高碳铬轴承钢、渗碳轴承钢、中碳轴承钢、高淬透性轴承钢、不锈轴承钢、高温轴承钢等专用轴承材料系列，高纯净度的精品轴承钢的比例也较低。用于机械制造、铁路运输、汽车制造、国防工业等领域关键部位的达到国际先进水平的轴承钢仍主要依赖进口（霍咚梅和肖邦国，2015）。

（4）工艺技术和装备水平参差不齐

例如，很少采用多级电磁搅拌，连铸坯中心偏析比较严重；有些企业的连铸坯尺寸小，导致轧制比不够；很多企业为降低成本不进行高温扩散退火或减少其时间，碳化物不均匀性问题突出；没有普遍采用控轧控冷，碳化物网状难于控制；未能普遍实现钢坯在线自动检测。

表 4-6 从宏观层面简要对比了国内外轴承钢产品的质量情况。

表 4-6　国内外轴承钢产品质量对比

| 对比项 | 意义 | 国外水平 | 国内水平 |
| --- | --- | --- | --- |
| 氧含量 | 随着氧含量增加，氧化物夹杂的含量增多、尺寸增大，对疲劳寿命恶化程度加剧 | 普遍控制在 $3～8×10^{-6}$ | 平均 $9×10^{-6}$ |
| 钛含量 | 钛在钢中的存在形式有 Ti（C、N）、TiC、TiN，是一种坚硬的菱状不变形夹杂物，对轴承寿命危害大 | $≤15×10^{-6}$ | 没有进行严格检测和控制。一般控制为 $30～50×10^{-6}$；高档次轴承钢钛含量 $≤30×10^{-6}$ |
| 氮含量 | 钛和氮的含量降低，保证钢中具有低含量的钛系夹杂物 | $≤30×10^{-6}$ | 没有进行严格检测和控制。一般控制为 $60～100×10^{-6}$；高档次轴承钢氮含量 $≤40×10^{-6}$ |
| 成分波动 | 成分波动小，轴承钢质量稳定、均匀 | 不同炉次成分波动很小。SKF 氧含量波动偏差为 $0.6×10^{-6}$ | 波动大。氧含量的波动偏差多在 $2×10^{-6}$ 以上 |
| 夹杂物尺寸 | 钢中夹杂物尺寸细小、弥散、均匀分布，轴承钢疲劳寿命高 | $≤10$ 微米 | 存在氧化物夹杂尺寸较大（最大粒径为 50～52 微米）、分布不均等问题 |
| 碳化物 | 轴承钢中的碳化物颗粒细小、形状规则且均匀分布 | 碳化物分布更加细小均匀 | 存在碳化物不均匀，带状碳化物、液析严重等问题 |

## 4.4 轴承钢专利分析

基于 incoPat 数据库，共检索到轴承钢相关专利 7205 条，简单同族合并后共计 3730 个专利族。专利检索时间为 2018 年 6 月 6 日。

### 4.4.1 全球专利申请趋势

#### 4.4.1.1 专利申请趋势

由图 4-9 可见，全球轴承钢相关专利最早出现于 20 世纪初，20 世纪 60 年代开始逐渐增长。其中历经 1960～1980 年的缓慢增长阶段，1983～2004 年的大幅增长阶段，以及 2010～2013 年的急剧增长阶段，2013 年后全球申请数量有所下降。

中国在轴承钢相关专利的申请远落后于国外，20 世纪 80 年代开始出现专利申请，在经历 1980～2004 年的初期增长后，在 2005 年开始大幅增长。

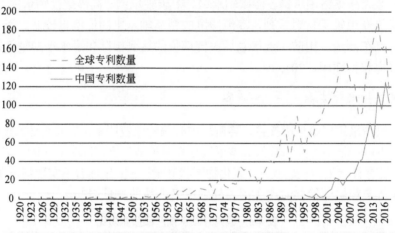

图 4-9　轴承钢国内外专利申请趋势

#### 4.4.1.2 专利申请技术构成

轴承钢目前按照成分和特性，主要可以分为高碳铬轴承钢、渗碳轴承钢、不锈轴承钢和高温轴承钢等几个大类。在相关专利申请的占比上，不锈轴承钢的占比最高，为 34%，渗碳轴承钢约占 28%，高碳铬轴承钢占 24%，高温轴承钢占 14%（图 4-10）。

从国际专利分类（International Patent Classification，IPC）角度统计（图 4-11），轴承钢相关专利主要涉及的领域可以分为几类，一是轴承钢的组分控制，包括铁基合金的冶炼（C22C38/00），添加各种合金元素如铬（C22C38/18）、锰（C22C38/04）、钼或钨（C22C38/44）等；二是轴承部件材料的选择、成分与制造（F16C33/62、F16C33/64、F16C33/12、F16C33/32、C21D9/40）；三是轴承钢的表面处理（F16C33/12、C21D1/02、C21D1/18）；等等。

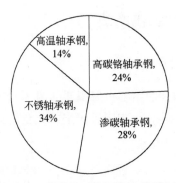

图 4-10　不同类型轴承钢的专利占比

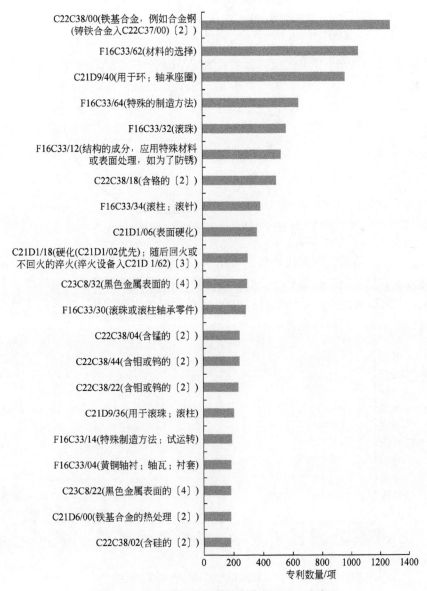

图 4-11　轴承钢相关专利技术构成（IPC 分类）

### 4.4.2　重点国家专利申请态势

#### 4.4.2.1　重点国家专利申请趋势

从全球轴承钢相关专利申请的主要来源国看（图 4-12），日本是主要的专利申请来源国，其申请专利数量占全球一半以上。中国近年来相关专利数量大幅提升，专利数量占 22%，再次是德国（6%）和美国（5%）。

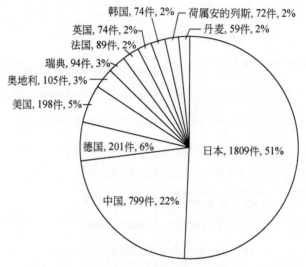

图 4-12　轴承钢专利申请主要来源国

在各国专利申请的时间变化趋势上（图 4-13），日本一直以来都是专利申请大国，其申请数量最多的年份集中在 2002～2008 年，其后申请数量有所降低，但仍高于中国以外的其他国家。中国轴承钢相关专利申请从 2008 年前后开始大幅增长。美国相关专利申请比较平稳，德国近年来专利申请数量较少。

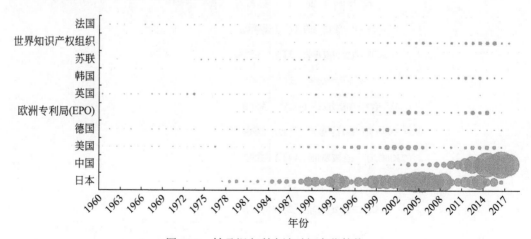

图 4-13　轴承钢专利申请时间变化趋势

从各专利申请国的专利技术构成（IPC 分类）上看，中国（图 4-14）与国外，特别是日本（图 4-15），存在比较大的差异。日本申请的专利大量集中在成分控制（C22C38/00），以及轴承部件对材料的选择和制造上（F16C33/62、F16C33/64），说明日本在轴承钢的原材料制造，以及对轴承钢种的选择和精加工方面有较多的技术积累。中国申请的专利集中在对轴承钢材的热处理方面（C21D1/18），同时在成分控制方面也有一定布局，如掺铬、掺锰、掺钼等，但在轴承钢在轴承上的具体使用，面向不同轴承部件的钢材成分调整和处理上，相关专利布局较少。

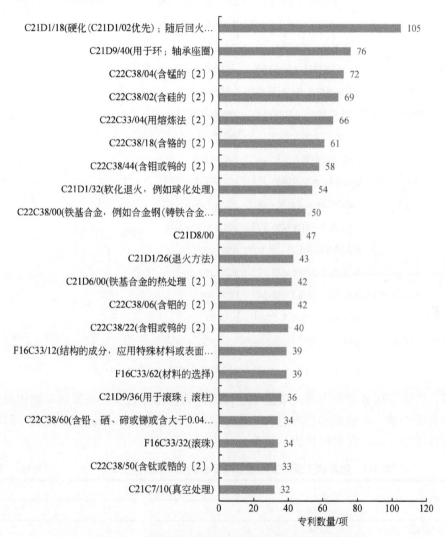

图 4-14　中国申请的轴承钢相关专利的主要 IPC 分类

### 4.4.2.2　重点国家专利申请目的地及流向

表 4-7 是轴承钢领域主要研发国在全球部分国家/地区的专利布局情况。日本除在本土之外，在世界各主要国家/地区都有大量专利布局，特别是在美国和欧洲，在中国的专利申

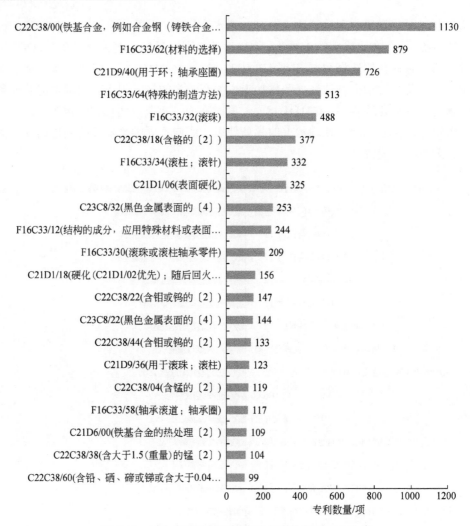

图 4-15 日本申请的轴承钢相关专利的主要 IPC 分类

请也较多。中国在国外专利申请主要集中在日本，其他国家较少。德国轴承钢相关国外专利主要在美国申请，在欧洲和日本也有一定申请，在中国较少。美国相关国外专利申请主要是欧洲各国和日本，在中国申请也较少。

表 4-7 轴承钢主要研发国在全球部分国家/地区专利布局 （单位：项）

| 机构 | 轴承钢主要研发国 | | | |
|---|---|---|---|---|
| | 日本 | 中国 | 德国 | 美国 |
| 日本特许厅 | 1541 | 52 | 15 | 22 |
| 中国国家知识产权局 | 123 | 750 | 6 | 4 |
| 美国专利商标局 | 277 | 2 | 47 | 102 |
| 德国专利商标局 | 114 | 0 | 116 | 29 |
| 英国专利局 | 106 | 0 | 26 | 27 |
| 欧洲专利局 | 161 | 0 | 33 | 30 |
| 韩国知识产权局 | 69 | 1 | 8 | 8 |

### 4.4.3　全球申请人分析

#### 4.4.3.1　申请人申请量排名

从图 4-16 可见，全球轴承钢相关专利的主要申请人大多来自日本，申请数量最多的包括日本精工株式会社、恩梯恩株式会社、捷太格特株式会社（JTEKT）、山阳特殊制钢株式会社、大同特殊钢株式会社等。

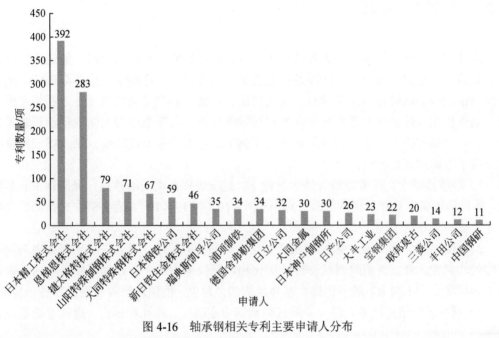

图 4-16　轴承钢相关专利主要申请人分布

#### 4.4.3.2　典型申请人专利质量

从轴承钢相关专利被引频次上分析，全球重点轴承钢专利企业，日本精工株式会社在专利申请数量、高被引专利数量和平均被引次数上均超过其他企业。大同特殊钢株式会社的专利数量相对较少，但其平均被引频次仅次于日本精工株式会社，达到 5.62（表 4-8）。

表 4-8　轴承钢相关专利典型申请人专利质量情况

| 名称 | 所在国 | 总申请量（未合并同族） | 引用 20 次以上的专利数/项 | 平均被引次数 |
| --- | --- | --- | --- | --- |
| 日本精工株式会社 | 日本 | 748 | 49 | 5.73 |
| 恩梯恩株式会社 | 日本 | 676 | 22 | 2.88 |
| 捷太格特株式会社 | 日本 | 253 | 7 | 2.49 |
| 日本钢铁公司（JFE） | 日本 | 181 | 3 | 2.2 |
| 新日铁住金株式会社 | 日本 | 153 | 10 | 3.54 |
| 山阳特殊制钢株式会社 | 日本 | 117 | 4 | 3.90 |
| 瑞典斯凯孚公司 | 瑞典 | 114 | 3 | 2.74 |

| 名称 | 所在国 | 总申请量（未合并同族） | 引用 20 次以上的专利数/项 | 平均被引次数 |
|---|---|---|---|---|
| 日本神户制钢所 | 日本 | 91 | 4 | 3.98 |
| 大同特殊钢株式会社 | 日本 | 85 | 6 | 5.62 |
| 德国舍弗勒集团 | 德国 | 74 | 0 | 2.19 |

## 4.5  展望与建议

高端轴承的研发，涵盖一系列的技术难题，包括材料、油脂与润滑、制造、设计、轴承制造装备、检测与试验等，还涉及接触力学、润滑理论、摩擦学、疲劳与破坏、热处理与材料组织等基础研究和交叉学科。对我国而言，除了航空发动机领域外，高精密机床设备、高速铁路、仪器仪表等也都存在着高端轴承短板，只有通过加大高端轴承研制人力、财力、物力等的投入，才能实现由轴承大国到轴承强国的根本性转变。轴承钢未来发展有以下四个方面的着力方向。

1）经济洁净度。在考虑经济性的前提下，进一步提高钢的洁净度，降低钢中氧和钛含量，使得轴承钢中氧含量和钛含量分别小于 $6 \times 10^{-6}$ 和 $15 \times 10^{-6}$，减小钢中夹杂物的含量与尺寸，提高分布均匀性。

2）组织细化与均匀化。通过应用合金化设计与控轧控冷工艺，进一步提高夹杂物与碳化物的均匀性，降低并消除网状与带状碳化物，降低平均尺寸与最大颗粒尺寸，使碳化物的平均尺寸小于 1 微米；进一步提高基体组织的晶粒度，使轴承钢的晶粒尺寸进一步细化。

3）减少低倍组织缺陷。进一步降低轴承钢中心疏松、缩孔和偏析，提高低倍组织的均匀性。

4）轴承钢的高韧性化。通过新型合金化、热轧工艺优化与热处理工艺研究，提高轴承钢的韧性。

我国轴承钢生产企业应抓住我国钢铁工业产业结构升级的机遇，由数量型向品种质量型转变，保证低中档轴承钢质量的同时，发展高档轴承钢。

1）提高普通轴承钢质量水平。在普通轴承钢质量问题上，我国轴承钢生产企业要狠下功夫，高标准、严要求，努力提高轴承钢的纯净度，保证疲劳寿命及可靠性，解决表面质量不高、外形精确度不够的技术难题，实现国产轴承钢的市场竞争力和品牌形象提升，这也是向中高端轴承钢市场挺进的基础。

2）提升轴承钢产品档次，研发高档轴承钢。在提高产品质量的同时，我国轴承钢生产企业要调整品种结构，提高高档轴承钢产品比例，并主动开发轴承新材料。高洁净度和性能多样化是未来轴承钢发展的主要方向。进一步研发高纯净度、高均匀度的高品质轴承钢，使钢中氧含量和钛含量分别 $\leqslant 6 \times 10^{-6}$ 和 $\leqslant 15 \times 10^{-6}$，尽量减少 D 类夹杂的出现，钢中 Ds $\leqslant$ 1.0 级，尽量减轻轴承钢的碳化物不均匀性。积极开展高速铁路、汽车、风电机组、航空航天等领域使用的轴承材料的研制工作，扭转国家重大装备配套的高端轴承大部分依赖进口的被动局面,以适应轴承钢市场发展的高要求,为轴承钢的长期发展积蓄力量。

3)加强与下游企业的合作。轴承钢生产企业与轴承制造企业要密切协作,共同开展轴承钢的研发,加快提高我国轴承钢的新钢种研究和轴承钢质量。通过强强联合、优势互补,轴承钢生产企业可以准确了解国内外轴承钢市场需求,掌握世界轴承钢的使用情况和发展趋势,洞悉我国轴承钢与国外高品质轴承钢的差距。同时,通过推进联合攻关、紧密合作、优势互补战略,轴承钢生产企业可以准确了解轴承企业的需要,研制出满足后者所需的轴承钢新钢种;也便于根据轴承制造的实际情况,系统全面地研究轴承钢新钢种冷热加工和热处理技术,全面把握轴承钢质量、性能,做到优质化、系列化,从而实现市场占有率的提升。

**致谢**　上海宝钢不锈钢有限公司沈华工程师、上海电力学院沈喜训教授对本章内容提出了宝贵的意见和建议,谨致谢忱!

# 参 考 文 献

常立忠,高岗,施晓芳,等.2018. 镁对 GCr15 轴承钢中液析碳化物的影响. 过程工程学报,19(2):362-369.

丁丽娟,李铸铁,王军庆,等.2019. 热处理工艺对 Cr-Mo-(V)型轴承钢组织和性能的影响. 金属热处理, 44(6):141-145.

段玉玲,韦菁.2016. 轴承钢的生产技术及市场需求. 安徽冶金,(2):26-29.

付云峰,崔连进,刘雅琳,等.2003. 国内轴承钢的生产现状及发展. 重型机械科技,(4):37-40.

顾颖.2018. 我国轴承市场现状与展望——2018 全国轴承市场大会解读. https://gc. mysteel. com/18/0801/17/ 15BEFE4D1E332A69. html [2018-12-10].

霍咚梅,肖邦国.2015. 我国轴承钢生产现状及发展展望. 四川冶金,37(1):61-64,70.

蒋平.2018. 2018 年轴承行业发展现状与市场需求预测分析未来需求增速放缓. https://www. qianzhan. com/ analyst/detail/220/180331-30f20cff. html [2018-12-10].

李昭昆,雷建中,徐海峰,等.2016. 国内外轴承钢的现状与发展趋势. 钢铁研究学报,28(3):1-12.

龙莉,罗安智,李琦.2014. 近年我国轴承钢生产及需求分析. 冶金经济与管理,(5):37-40.

马芳,刘璐.2018. 航空轴承技术现状与发展. 航空发动机,44(1):85-90.

田超,刘剑辉,范建文,等.2018. 采用统计极值法评价超低氧轴承钢夹杂物. 钢铁研究学报,30(2): 127-131.

王延斌.2018-5-25. 高端轴承钢,难以补齐的中国制造业短板. 科技日报,第 1 版.

杨晓蔚.2012. 对轴承的一般认识和深入认识. 轴承,(9):54-58.

杨晓蔚.2013. 高端轴承制造的关键技术. 金属加工(冷加工),(16):16-18.

虞明全.2008. 轴承钢钢种系列的发展状况. 上海金属,(3):49-54.

张丹.2013-4-25. 国外超纯净轴承钢的工艺特点. 中国冶金报,第 8 版.

张丹.2014. 盾构机用大断面高碳铬轴承钢组织性能控制研究. 北京科技大学博士学位论文.

中国产业信息网.2016. 2015—2016 年中国轴承行业市场现状及发展趋势分析. http://www.chyxx.com/ industry/201602/385486. html [2018-12-10].

朱祖昌，杨弋涛. 2018. 第一代、第二代和第三代轴承钢及其热处理技术的研究进展（一）. 热处理技术与装备，39（6）：70-76.

宗男夫，张慧，刘洋，等. 2018. 连铸轴承钢压下技术的研究与应用进展. 轴承，（1）：58-64.

Cao Z，Shi Z，Yu F，et al. 2019. A new proposed Weibull distribution of inclusion size and its correlation with rolling contact fatigue life of an extra clean bearing steel. International Journal of Fatigue，126：1-5.

Cheng G，Duan J，Wang W，et al. 2018. Formation and evolution of inclusions in GCR15 bearing steels. Materials Science and Technology Conference and Exhibition 2018，1：356-363.

Curd M E，Burnett T L，Fellowes J，et al. 2019. The heterogenous distribution of white etching matter （WEM） around subsurface cracks in bearing steels. Acta Materialia，174：300-309.

Egawa K，Yoshida I，Yoshida H，et al. 2018. Influence of repeated quenching-tempering on spheroidized carbide area in JIS SUJ2 bearing steel. IOP Conference Series：Materials Science and Engineering，307：012045.

Gloeckner P，Rodway C. 2017. The evolution of reliability and efficiency of aerospace bearing systems. Engineering，9：962-991.

Han D X，Du L X，Zhang B，et al. 2019. Effect of deformation on deformation-induced carbides and spheroidization in bearing steel. Journal of Materials Science，54（3）：2612-2627.

Heinze D，Buchwalder A，Jung A，et al. 2016. Functionally graded high-alloy CrMnNi TRIP steel produced by local heat treatment using high-energy electron beam. Metallurgical and Materials Transactions A，47（1）：123-138.

Huo Y，He T，Chen S，et al. 2019. Microstructure evolution and unified constitutive equations for the elevated temperature deformation of SAE 52100 bearing steel. Journal of Manufacturing Processes，44：113-124.

Li B，Shi X，Guo H，et al. 2019. Study on precipitation and growth of TiN in GCr15 bearing steel during solidification. Materials，12（9）：1463.

Ludwig A，Wu M，Kharicha A. 2015. On macrosegregation. Metallurgical and Materials Transactions A，46（11）：4854-4867.

OVAKO. 2019. Products. https://www. ovako. com/PageFiles/5175/Ovako%20Products%202015_Chinese. pdf ［2019-06-07］

Schaeffler. 2019. Cronidur® 30 Spindle Bearings. https://www. bardenbearings. com/content. barden. us/us/products/customerdesigns/cronidur/cronidur_1. jsp ［2018-12-10］.

# 5 多能互补系统国际发展态势分析

岳 芳 郭楷模 陈 伟

（中国科学院武汉文献情报中心）

**摘 要** 多能互补系统通过多种能源之间的相互补充和梯级利用，可以提升能源系统的综合利用效率，缓解能源供需矛盾，构建新型低碳、高效能源系统。多能互补系统包括能源供给侧的互补、用户需求侧的融合和能源输配网络（电/气/热网）的融合等，其本质是在能源系统层面进行整体协调和互补，通过生产、输配、消费、存储等各环节的时空耦合和互补替代，实现多能协同利用。多能互补系统的相关技术一直受到世界各国的重视，不同国家结合自身需求和特点，制定符合国情的综合能源发展战略，并开展了技术研发和试点项目，积累了可再生能源并网、智能电网、智慧社区、需求侧管理等多方面的经验。本章分析了美国、欧洲、日本等主要国家和地区的多能互补系统战略布局、项目部署和重点示范项目情况。同时，从分布式能源系统、多能混合建模、综合能量管理、协调优化控制和大规模储能技术等方面，分析了多能互补系统关键前沿技术的发展现状与趋势。此外，还利用科学计量方法定量分析了分布式能源关键技术的专利成果情况，发现分布式能源技术专利申请从2014年起呈现井喷式发展，其技术主题主要集中在供电或配电、电能存储、光伏发电、风力发电、数据处理系统等方面。中国虽然起步较晚，但是近几年的专利申请遥遥领先于世界其他国家，主要申请机构类型多为企业和高校，但大多数机构进入该技术领域普遍较晚，并集中在国内进行专利申请，国际保护力度较弱。而排名第二、第三的日本、美国进入分布式能源技术领域均较早，都比较重视专利技术在全球范围进行保护。

我国以化石能源为主的能源结构导致了碳排放超标、颗粒物污染等环境问题，扩大风能、太阳能、核能等清洁能源的开发是目前我国能源发展的主要战略方向。但是，风能、太阳能等新能源出力的间歇性和不确定性阻碍了大规模并网，近年来出现弃风、弃光，甚至脱网等问题，可再生能源发电遭遇瓶颈，迫切需要发展多能互补技术以改革能源供给侧结构，构建现代能源体系。因此，我国政府对多能互补系统的开发日益重视，先后出台一系列支持政策，启动重大研发项目开展技术研究，并部署了一批多能互补集成优化示范工程和"互联网+"智慧能源（能源互联网）示范项目。然而，我国在多能互补系统的研究开发及工程应用方面均面临许多挑战，在多能互补系统的规划设计、多能流建模、综合能量管理及协调优化方面均与发达国家有一定差距，在多种类型多能互补系统的示范应用方面才刚刚起步。因此，需进一步从基础研究、产业政策、基础设施、财政补贴、国际交流等方面采取措施，争取尽快实现多能互补系统的大范围应用，从而构建智能、可靠、灵活、低碳的现代能源体系。

**关键词**　多能互补系统　分布式能源　综合能量管理　储能

# 5.1　引言

随着全球新一轮能源革命的不断深化，当前以化石能源为主的供能模式将发生重大变革，能源结构将向多元化转型。提高能源利用效率，实现多种能源形式协同互补利用成为应对气候变化、实现可持续发展目标的必然选择。然而，现有独立运行的电、热、冷、气等不同类型供能系统的互联在协调、配合方面还存在问题，其负荷需求出现峰谷交错现象，使得设备能效低下；太阳能、风能等可再生能源的间歇性、随机性和波动性较强，电网灵活性不足，存在并网接入困难、成本过高和难以控制等特点；能源系统在需求预测和能源管理方面技术发展不足，供应与需求的不匹配容易影响系统安全性和可靠性；大规模储能技术尚未发展至广泛应用阶段，无法满足电力系统的需求；能源系统终端用户的耦合尚不成熟，无法实现工业、建筑、交通运输等多种终端用户的协调管理。因此，因地制宜、贴近用户，将多种能源互相补充和梯级利用，形成多能互补系统，发挥不同能源的优势和潜能，是缓解能源供需矛盾，实现资源优化配置和能源利用最大化的可靠途径。

多能互补系统是在供能端将化石能源、可再生能源、核能等不同类型的能源进行有机整合，在用能端将电、热、冷、气等不同能源系统进行优化耦合，综合考虑经济性以及用户的舒适性，提供安全可靠的能源，促进能源利用最大化（钟迪等，2018）。多能互补的内涵是通过多种能源之间的相互补充和梯级利用，提升能源综合利用效率，缓解能源供需矛盾，构建新型低碳、高效能源系统。多能互补系统的核心在于融合，包括了能源供给侧的互补、用户需求侧的融合和能源输配网络（电/气/热网）的融合等，是在能源系统层面进行整体协调和互补，通过生产、输配、消费、存储等各环节的时空耦合和互补替代，实现多能协同利用。多能互补的不同电源存在多种互补形式，主要有时间互补、热互补和热化学互补，其中时间互补和热互补已应用到工程中，而热化学互补尚处于理论分析和试验研究阶段，具体特征如表 5-1 所示（刘秀如，2018a）。

表 5-1　多能互补的实现方式

| 互补方式 | 具体形式 | 技术特点 | 互补效果 | 适用场合 |
|---|---|---|---|---|
| 时间互补 | 风光互补<br>风光-抽水蓄能<br>风光-天然气 | 根据能源波动特性和调节能力，将能源供应从时间角度进行互补利用和重新分配 | 提高风光利用率，提高电能输出可靠性及电网接纳可再生能源能力 | 大型风电、光伏基地，电力打捆外送；终端型供能系统，微小型发电设备，如海岛、边防哨所供电系统等 |

| 互补方式 | 具体形式 | 技术特点 | 互补效果 | 适用场合 |
|---|---|---|---|---|
| 热互补 | 太阳能-地热<br>太阳能-生物质<br>煤电-风光 | 将不同热能根据"温度对口，梯级利用"的原则引入至热力循环中的适当位置 | 提高能源转换效率，提升时间互补效果 | 新建工业园区、散煤替代工业园区、中小城镇；新疆、甘肃及宁东等地区，可再生能源与煤电打捆外送 |
| 热化学互补 | 太阳能-天然气<br>太阳能-生物质<br>太阳能制氢<br>风电制氢 | 选取合适的吸热化学反应，将热能转换为燃料的化学能 | 提高能源转换效率，实现可再生能源储存和转运 | 太阳能与生物质能或天然气耦合生产合成气，实现化工动力多联产 |

资料来源：刘秀如（2018a）

多能互补并非一个全新的概念，能源领域中一直存在不同能源协同优化的情况。目前，国内外对于多能互补系统尚无统一定义，混合能源系统（hybrid energy system）、综合能源系统（integrated energy system）、多能系统（multi-energy system）、多能量载体系统（multi-energy carrier system）、区域能源系统（district energy system）等概念中均包含多能协同互补的含义。另外，多能互补与智慧能源、能源互联网有内在联系，多能互补强调多种能源的协调互补和梯级利用，能源互联网侧重于能源与互联网技术的深度融合。能源互联网技术是多能互补的重要支持与实施前提，利用互联网为多能互补提供信息支撑，而多能互补是能源互联网的落脚点之一，是智慧能源的物理基础。

多能互补系统有不同的供能层面，包括设备级（如冷热电联供系统）、站点级（如能源站系统）、微网级（如多能互补智能微网）等（王宜政等，2018）。冷热电联供系统是一种建立在能量梯级利用基础上的分布式供能系统，安装于用户端附近，利用天然气驱动发动机发电，再通过各种余热利用设备对余热进行回收利用，同时向用户提供电力、制冷、采暖等。区域能源站主要由可再生能源系统和热泵系统供能，搭配燃气轮机、冷热电三联供系统及储能装置等多个供能设备，共同组建成一个能源站。能源站以小规模、小容量、模块化、分散式的方式布置在用户附近，可独立地输出冷、热、电能。能源站将各供能系统进行连通互补，若其中某个设备出现故障，可以调配能源站内的其他设备进行备用，以保证整个系统的可靠运行。多能互补智能微网对区域集中能源系统和分散式能源系统进行权衡配置，将目标区域中可利用的能源如电网、气网、可再生能源等优化整合，将目标区域中分散的小型、微型分布式能源（如楼宇冷热电联产、燃料电池、燃用生物质能锅炉、光伏发电以及小型风力发电等）所生产的电、热、冷，通过电力微网和热力网络实现电力和热力的互联互通、互相补偿。

# 5.2  主要国家及地区的战略布局

## 5.2.1  美国

### 5.2.1.1  电网现代化

美国推进多能互补技术从建设智能电网开始，2007年美国颁布了《能源独立和安全法案》，以法律形式确立了智能电网的国策地位，设计了智能电网的整体发展框架，要求社会主要供用能环节必须开展综合能源规划（Congress of United States，2007）。2009 年通过的《美国复苏和再投资法案》，进一步加大了智能电网的推进力度，提供 45 亿美元财政拨款用于智能电网相关工作（Congress of United States，2009）。2015 年，美国能源部（DOE）提出了"电网现代化计划"（Grid Modernization Initiative，GMI），旨在将传统能源与可再生能源、储能和智能建筑整合，建立灵活、可靠、安全的现代电网（DOE，2015a）。同年 11 月，DOE 发布了《电网现代化多年期研发计划》，确定了未来五年 DOE 将进行的电网现代化相关研发和示范活动，主要围绕六个领域进行：设备和集成系统测试；传感和测量；系统运行、电力流动和控制；设计和规划工具；安全性和灵活性；技术支持（DOE，2015b）。同时，DOE 成立了电网现代化实验室联盟（Grid Modernization Laboratory Consortium，GMLC），由 DOE 的 14 个国家实验室组成，以支持电网现代化计划的实施。2016 年 1 月，DOE 宣布为 GMLC 及其合作伙伴投入为期三年、总额 2.2 亿元的资金，支持先进储能系统和清洁能源系统集成等多项电网现代化技术的研发（DOE，2016a）。2017 年 9 月，DOE 再次向 GMLC 中的 10 家实验室资助 3200 万美元推进弹性配电系统建设，重点关注分布式清洁能源集成、先进控制技术、电网架构和区域规模新兴电网技术（DOE，2017）。上述资助中与多能互补系统相关的项目见表 5-2。

表 5-2　美国能源部资助的 GMLC 项目（2018 年以来）　　　（单位：万美元）

| 项目名称 | 承担实验室 | 资助期限 | 资助金额 |
| --- | --- | --- | --- |
| 电网弹性和智能平台（GRIP） | SLAC 国家加速器实验室、劳伦斯伯克利国家实验室 | 2018～2021 年 | 600 |
| 通过自动化、电网分析、控制和储能技术改进弹性 Alaskan 配电系统（RADIANCE） | 爱达荷国家实验室、桑迪亚国家实验室、西北太平洋国家实验室 | 2018～2021 年 | 620 |
| 通过基于 OpenFMB 的微电网设施和灵活的分布式能源增强配电网弹性 | 西北太平洋国家实验室、橡树岭国家实验室、国家可再生能源实验室 | 2018～2021 年 | 600 |
| 将响应式住宅负荷集成到配电管理系统中 | 西北太平洋国家实验室、橡树岭国家实验室 | 2018～2021 年 | 600 |
| CleanStart-DERMS | 劳伦斯利弗莫尔国家实验室、西北太平洋国家实验室、洛斯阿拉莫斯国家实验室 | 2018～2021 年 | 600 |
| 弹性配电系统 | 桑迪亚国家实验室 | 2018～2021 年 | 150 |

资料来源：DOE（2017）

### 5.2.1.2　供应端多能融合

美国注重在供应端融合多种清洁能源。在融合太阳能发电方面，2011 年，DOE 推出为期十年的"太阳能攻关计划"（SunShot），旨在通过公共机构和私营企业合作的方式加速太阳能技术研发创新，降低太阳能发电成本，以促进全美范围内太阳能发电系统的广泛部署（DOE，2011）。SunShot 的系统集成子计划针对电网性能和可靠性、可调度性、电子电力以及通信四个技术领域进行研发，以推进太阳能发电的高比例并网。由于进展良好，2016 年 11 月，DOE 提出了 SunShot 的下一个十年计划（SunShot 2030），除制定了新的太阳能发电成本目标外，还上调了太阳能占比预测，到 2030 年光伏发电将占到全美电力需求量的 20%，到 2050 年将达到 40%（DOE，2016b）。在 SunShot 2030 计划中，DOE 将继续推进太阳能的电网集成解决方案，其系统集成子计划侧重于五个研究领域。①规划和运营：研究太阳能普及对电网可靠性和电能质量的影响，解决太阳能发电波动性和双向电力流动问题。②"太阳能+X"：开发将太阳能与储能和协同分布式能源技术相互连接和整合的最佳实践，以实现更高利用率和价值。③电力电子：研究电力电子技术，如智能光伏逆变器，用于灵活的电力流量控制。④传感与通信：利用先进的信息、通信和数据分析技术，提高太阳能发电状态感应能力。⑤规范和标准：光伏和其他分布式能源系统互连、互操作和网络安全的标准化（DOE，2016c）。在 SunShot 计划支持下，DOE 针对太阳能的电网集成开展了多个资助项目，2009~2018 年共计投入了超过 4.2 亿美元（DOE，2018a）。截至 2018年，系统集成子计划正开展的资助项目如表 5-3 所示。

表 5-3　SunShot 系统集成子计划正在实施的主题项目（2015~2018）　（单位：万美元）

| 主题领域 | 技术研究内容 | 年份 | 资金总额 |
| --- | --- | --- | --- |
| 太阳能技术的先进系统集成 | 电网系统中太阳能光伏系统状态监测技术研发与技术转让；高比例太阳能电网系统主动恢复解决方案的研发、技术转让和验证 | 2018 | 3650 |
| 先进电力电子设计 | 推进逆变器/转换器技术，通过降低前期成本，延长产品寿命，提高效率和降低制造成本来降低寿命成本；电力电子设计，包括：将太阳能与其他电流设备（如能量存储或无功功率设备）集成，提供可检测和响应故障事件的在线操作和维护服务，或快速停电恢复 | 2018 | 2000 |
| 太阳能预测二期 | 开发太阳辐照度和太阳能预测模型的测试框架，以及模型比较和性能评估的规则和指标；开发辐照度预测模型；研究将太阳能发电模型与能源管理系统相结合的解决方案 | 2017 | 1200 |
| 弹性配电系统实验室项目 | 开发和验证创新方法以增强配电系统弹性，包括微电网和清洁分布式能源的高占比 | 2017 | 1000 |
| 太阳能极端实时整合 | 开发和集成低成本、即插即用的智能传感器和本地控制设备；开发高效、经济的方法收集、传输、处理和存储实时系统操作和规划分析所需的测量数据，实现全自动操作；创建接口将现有的规划和操作工具与通信和数据层的实时测量数据，以及控制和增强型系统层的高级电力系统分析相连接；开发先进方法利用大型数据集模拟和预测配电系统行为，以便管理高比例太阳能发电 | 2017 | 3000 |
| 电网现代化实验室联盟 | 先进储能系统、能源集成、标准和测试流程以及其他关键电网现代化技术的研发 | 2016 | 1000 |
| 储能与太阳能光伏的可持续和整体一体化 | 开发和示范集成、可扩展、经济的太阳能技术，包括集成光伏和储能及其与智能建筑、智能家电、公用事业通信和控制系统的协同运行 | 2016 | 1800 |
| SunShot 国家实验室多年合作伙伴关系 | 开发经济高效的解决方案以确保电网的安全性和可靠性，解决并网太阳能发电厂的可调度性问题，开发利用变革性电力电子技术以增强输电和配电网以及用户端太阳能转换和能量流，并开发新的通信和控制架构以收集、存储、可视化和分析快速增长的实时运行数据 | 2015 | 5900 |

资料来源：DOE（2018a）

在融合风能发电方面，目前 DOE 风能技术办公室主要通过电网现代化实验室联盟支持相关项目研究，其目标是消除风能并网的障碍，寻找耦合可再生能源技术的创新方法，并加快部署，以实现经济可靠的电网运营。通过输配电的集成研究、建模、示范和评估来实现该目标，同时直接与公用事业单位合作以确保最佳实践（DOE，2018b），具体研究内容见表 5-4。截至 2018 年底，DOE 风能技术办公室共资助了 45 个集成风能的相关研究项目，总资助金额近 3600 万美元。

**表 5-4　美国 DOE 风能技术办公室支持的集成风能相关研究领域**

| 技术领域 | 主要内容 |
|---|---|
| 设备和集成系统测试 | 开发设备和集成系统，协调集成标准和测试流程，并评估单个设备和集成系统的电网特性，以提供对电网友好的能源服务 |
| 传感和量测 | 在整个电力网络中测量和监测重要参数以实时评估电网的健康状况，预测其行为以及有效响应事件。下一代传感器将有助于使能源管理系统集成建筑物、电动汽车和分布式系统 |
| 系统运行、电力流动和控制 | 新一代电网负荷和储能的控制技术 |
| 设计和规划工具 | 通过电网建模和仿真保证电力系统成功设计、规划和安全运行 |
| 安全性和灵活性 | 应对物理和网络安全挑战，评估降低风险的方法，解决供应链风险（特别是变压器），并在能源供应紧急情况下确保态势感知能力 |
| 技术支持 | 为关键决策者提供技术援助，以应对电力行业利益相关方的高优先级电网现代化挑战和需求。与州决策者和区域规划组织合作，提供信息和分析支持 |

资料来源：DOE（2018b）

### 5.2.1.3　核能-可再生能源混合能源系统

近年来美国还致力于发展核能-可再生能源混合能源系统（NR-HES），目前尚处于早期开发阶段。2015 年，DOE 在其《四年度能源技术评估报告》中，总结了核能-可再生能源混合能源系统的概念及相关技术，认为这类系统能够增强核能和可再生能源的融合，具有较高的灵活性（DOE，2015c）。与传统能源系统仅利用一种或两种能源不同，核能-可再生能源混合能源系统采用了多种能源，包括核能、波动性可再生能源（如风能、太阳能）以及生物质能或其他清洁能源，以支持发电、燃料生产、化学合成的热力和电力负荷，从而减少电力、运输和工业部门的碳排放。报告提出了三类核能-可再生能源混合能源系统：①核能-可再生能源一体化耦合能源系统［图 5-1（a）］，核电、可再生能源和工业过程直接集成在一起，进行发电过程协同控制再上网；②核能-可再生能源热耦合能源系统［图 5-1（b）］，核能热电联产为工业过程提供热量，核电与可再生能源电力分别上网；③核能-可再生能源电力耦合能源系统［图 5-1（c）］，将核电和可再生能源发电与工业用户用电耦合，允许核电和可再生能源电力在接入电网前自行管理。

2016 年 3 月，爱达荷国家实验室和橡树岭国家实验室协助 DOE 核能办公室制定了核能-可再生能源混合能源系统技术发展计划（INL，2016），着重开发上述三类系统。该计划将 NR-HES 的研发、示范和部署战略分为四个阶段，前两个阶段是计划的重点，由 DOE 主导，包括：阶段 1——首选架构研发；阶段 2——组件和子系统测试，架构优化集成系统示范。后两个阶段由工业界主导或联合投资主导，包括：阶段 3——原型工程详细设计；阶段 4——原型建造和测试。计划的主要目标是到 2030 年实现 NR-HES 的试点示范，这要求高技术成熟度的子系统和组件，因此该计划的主要研究工作集中在集成技术、通信、系统控制与新兴子系统技术开发方面。

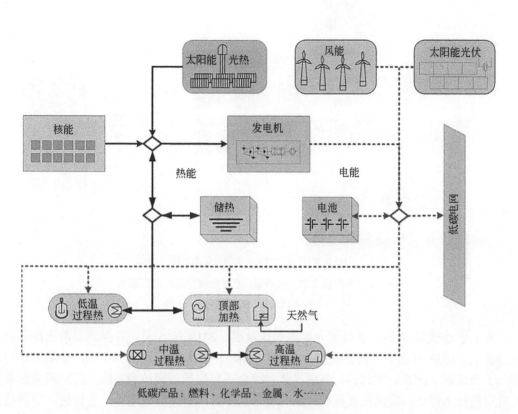

(a) 核能-可再生能源一体化耦合能源系统

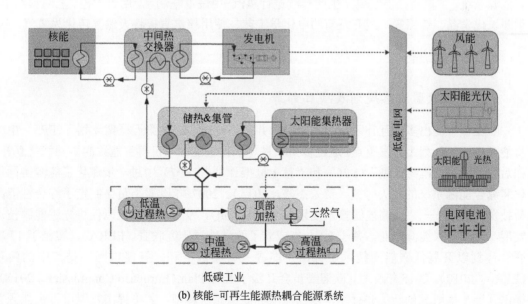

(b) 核能-可再生能源热耦合能源系统

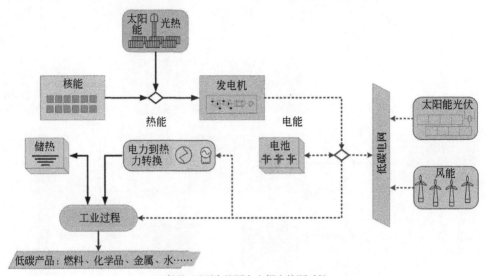

(c) 核能-可再生能源电力耦合能源系统

图 5-1 美国提出的三类核能-可再生能源混合能源系统

资料来源：DOE（2015c）

为了推动核能-可再生能源混合能源系统发展，2018 年 5 月，在第八届清洁能源部长级会议上，DOE 提出了"核能创新：清洁能源未来"（NICE Future）倡议，加拿大、日本加入了该倡议（DOE，2018c）。该倡议强调综合可再生能源和核能系统：①创新能源系统及应用的技术评估；②决策者和利益相关者共同参与未来的能源选择；③价值、市场结构和融资能力；④核能在清洁、综合能源系统中的作用。另外，DOE 寻求将氢气引入核能混合能源系统，尝试将核能发电产生的蒸汽进行蒸汽-甲烷重整制氢，用于发电、氢燃料汽车、供暖、化学品、炼钢等，或开发新的电化学工艺，使用核电直接将天然气转化为氢气。

### 5.2.2 欧洲

#### 5.2.2.1 欧盟战略规划及项目部署

欧盟较早提出多能互补系统的类似概念并付诸实施，在"第五框架计划"（FP5）中就将能源协同优化列为研发重点，通过多个项目寻求传统能源与可再生能源的协同优化互补，在后续的"第六框架计划"（FP6）和"第七框架计划"（FP7）中进一步深化了能源协同优化和综合能源系统的相关研究（贾宏杰等，2015）。2007 年欧盟委员会制定了综合性能源科技发展战略——"战略能源技术规划"（SET-Plan），发起产业倡议以促进先进能源技术发展，形成新兴能源产业，并于 2010 年成立了欧洲能源研究联盟（EERA），实施了 17 项联合计划以开展低碳能源技术研究，"能源系统集成"和"智能电网"是其中的两项（EERA，2010）。2015 年 9 月，欧盟委员会升级了 SET-Plan（European Commission，2015），提出开展十大研究创新优先行动，以加速欧洲能源系统转型，其中提出发展可再生能源并将其集成至欧洲能源网络，以及构建以能源用户为中心的欧洲未来能源系统。

在 SET-Plan 计划框架下，欧盟创建了欧洲能源转型智能网络技术与创新平台（ETIP

SENT），该平台于 2018 年提出了泛欧综合能源系统 2050 愿景：建立一个以多能互补为基础的，低碳、安全、可靠、灵活、可获取、低成本且以市场为基础的泛欧综合能源系统，在 2050 年前为完全碳中性的循环经济铺平道路，同时在能源转型期间增强在全球能源系统产业的领导地位（ETIP SENT，2018）。愿景指出，2050 年欧洲的综合能源系统应实现三个目标：保护环境；提供价格合理的能源市场服务；确保能源供应的安全性、可靠性和弹性。该愿景所设想的 2050 年欧洲综合能源系统如图 5-2 所示，将由四个层级组成：①市场层，确保发电方、零售商、集成商、消费者、电网运营商、转换和存储管理方和其他市场参与者之间的交换；②通信层，支持能源系统的纵向和横向集成以及信息和市场的传递；③物理系统层，包括满足消费者需求的多种能源发电、电力转换、存储和网络等自动化能源基础设施；④数字基础设施层，可支持能源网络的运营，实现综合能源系统的更高水平的自动化管理。

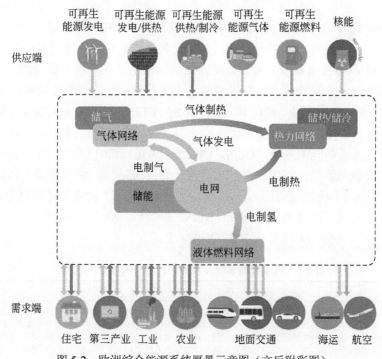

图 5-2 欧洲综合能源系统愿景示意图（文后附彩图）

资料来源：ETIP SENT（2018）

为了实现愿景目标，需要确定研究、开发和创新的优先事项，以及协调各利益相关方的需求。在提出 2050 愿景后，ETIP SENT 下一步将提出"ETIP SENT 升级版 2035 任务"，明确 2020～2035 年欧盟为实现愿景将面临哪些挑战，需要开展哪些工作。而"ETIP SENT 十年研发和创新路线图"将支持"2050 愿景"和"2035 任务"，确定并定期更新研发和创新活动以实现基于电网的综合能源系统。"ETIP SENT 实施计划"（EITP SENT，2017）将根据"ETIP SENT 十年研发和创新路线图"确定研发和创新的短期优先事项，计划的期限约为 2～3 年，以便以可负担的成本逐步向可靠、安全、弹性、可持续的欧洲综合能源系统过渡。为此，ETIP SENT 提出了三条建议：①建立适当的协调机制，将相关气候和循环经济组织及技术部门（如稀土、航空）的众多技术和创新平台联合起来，以 2050 愿景为共同目标，更好地实施后续的计划和行动；②所有能源系统利益相关方、欧盟成员国、相关国家以及欧盟委员会开展合作，就 2050 愿景、2035 任务、十年研发和创新路线图以及短期实施计划确定的战略行动达成共识；③为未来的欧洲框架计划提供充足的资金支持。

### 5.2.2.2　欧洲主要国家发展现状

（1）英国

英国一直致力于建立可持续的灵活能源系统（多能互补系统），2015 年 4 月，"创新英国"（Innovate UK）组织（原技术战略委员会）资助成立了能源系统技术创新中心（Energy System Catapult），将能源系统集成作为研究重点之一开展了多项研究（Energy System Catapult，2015），包括：①智能系统及供热，旨在实现低碳供暖；②参与 Interreg North-West Europe（NWE）耗资 1100 万欧元的"将潮流能整合至欧洲电网"项目，为奥克尼群岛的潮流能发电试验场提供陆地能源管理系统，并将过剩潮流能电力用于电解制氢；③为"车辆到电网"（V2G）项目提供建模支持，以发挥电动汽车电池在电网的储能潜力；④分布式发电集成可行性研究，开发校园、医院规模的分布式发电站点的智能集成解决方案。

2016 年 11 月，英国商业、能源和工业战略部（BEIS）和英国国家能源监管机构 Ofgem 联合发布《智能灵活能源系统：征求意见》，征求产业信息和相关意见，以促进英国能源转型，构建智能、灵活的能源系统（BEIS，Ofgem，2016）。2017 年 7 月，BEIS 和 Ofgem 共同制定了"升级能源系统：智能系统和灵活性计划"，将采取 29 项行动（详见表 5-5），从"消除储能等智能技术的发展障碍""实现智能家居和商业""建立灵活的电力市场机制"三方面促进英国智能灵活能源系统的建立（BEIS，Ofgem，2017）。目前为止，英国政府已经实施了 15 项行动，剩余 14 项将于 2022 年前完成。

**表 5-5　英国智能系统和灵活性计划将采取 29 项行动**

| 实施目的 | 行动方案 |
| --- | --- |
| 消除储能等智能技术的发展障碍 | ①改进配电网间歇性或非间歇性储能收费，增强电网收费透明度，避免电网储能设备过度收费；②修订相关法律，增加对储能的定义，并审查政府规划框架中储能的相关内容；③电力存储设施消耗的电力成本中将不包含可再生能源义务（RO）、差价合约（CFD）、上网电价补贴（FIT）和容量市场拍卖成本，并免征气候变化税；④明确应用储能的可再生能源发电系统的相关补贴认证要求；⑤制定小规模低碳发电政策时注重通过储能发挥智能源系统与小规模低碳发电的协同作用；⑥改进储能与电网的连接；⑦政府将与行业合作，审查、整合和更新储能的安全标准；⑧明确电网运营商对储能设备的所有和运营的监管立场；⑨至 2021 年，政府将投入 7000 万英镑发展包括储能在内的智能能源技术 |
| 实现智能家居和商业 | ①促进国外大型电力消费者参与需求响应；②支持公共部门参与需求响应；③确保到 2020 年底在英国所有家庭和小型企业使用智能电表；④推行智能电价，确定强制性半小时结算（HHS）的实施方案；⑤确保智能电价收费方式能够使所有消费者受益；⑥制定智能电表标准；⑦制定电动汽车智能充电基础设施相关法规条款；⑧促进电动汽车参与需求响应和电网储能；⑨确保消费者在智能能源系统中的安全；⑩评估智能能源系统的安全风险，并采取解决措施；⑪进一步发展需求响应技术；⑫促进国内用户及国外小型用户加入智能能源系统 |
| 建立灵活的电力市场机制 | ①改变电力容量市场规则以确保需求响应供应商公平参与市场竞争；②确保集成商可以直接参与平衡机制；③改进系统运营商的服务模式；④告知用户能在未来智能能源系统中受益；⑤协调输配电网络；⑥能源市场新兴模式；⑦审查和更新配电网运营商对用电需求供应安全的标准；⑧促进电网利益相关者参与构建智能能源系统 |

资料来源：BEIS，Ofgem（2017）

2017 年 11 月，BEIS 发布了《产业战略：建设适应未来的英国》白皮书（BEIS，2017a），提出了英国经济面临的四大挑战，在"清洁增长"方面，再次强调将开发智能系统以实现电力、供暖和运输的低成本清洁供能，宣布到 2021 年将投入 2.65 亿英镑用于发展智能电力系统，降低电力存储成本，推进创新的需求响应技术，开发平衡电网的新方法（BEIS，2017b）。上述资金中有 7000 万英镑投入了智能系统和灵活性计划，用于"智能能源系统创新"主题（BEIS，2017c），主要包括：①储能。2017 年投入 520 万英镑资助 7 个降低储能成本的项目，包括液流电池、电转气系统、新型电池化学等技术（将于 2021 年完成），2019～2021 年投入 2000 万英镑资助 3 个大规模储能示范项目，涉及最小输出功率 30 兆瓦或最小容量 50 兆瓦时的储能技术，以及最小输入功率为 5 兆瓦的"Power-to-X"技术（如电力制氢、氨、生物甲烷等）。②电网灵活性市场。在 2017 年投入 60 万英镑资助 5 个灵活性市场可行性研究项目（已完成），在 2019～2021 年投入 400 万英镑资助 3 个灵活性交易解决方案的开发和示范。③需求侧响应。2017 年投入 760 万英镑支持需求侧响应创新技术在非住宅内的示范，2018～2021 年投入 775 万英镑支持需求侧响应创新技术和商业模式应用于家庭住宅。④车辆到电网。2017 年底投入 3100 万英镑支持 20 多个 V2G 技术和商业模式的开发和示范项目。⑤能量管理。投入 440 万英镑开发和试用智能电表产品及服务，确保到 2020 年底在英国的家庭和小型企业中普及智能电表；投入 880 万英镑开发酒店、商店、学校的能量管理创新方法，第二阶段的 7 个示范项目于 2019 年初结束。⑥国际合作。英国与加拿大政府共同投入 1100 万英镑开发智能能源系统（主要包括电网和储能），英国与韩国政府共同投入 600 万英镑支持 3 个智能能源系统项目（非高峰电力用于液化空气储能的需求响应、通过 V2G 提高系统灵活性、灵活性交易平台）。

英国产业战略白皮书还提出将推出"能源革命促进繁荣发展"（Prospering from the energy revolution）计划，开发领先世界的本地智能能源系统。该计划已于 2018 年 5 月启动，由英国"产业战略挑战基金"支持，共投资 1.02 亿英镑，用于三个投资领域，包括：①本地智能能源系统示范和设计，进行最多 3 个本地能源系统的示范和约 10 个能源系统的整体设计；②创新加速器基金，开发本地智能能源系统产品和服务，并实现商业化；③研究和整合服务，即与能源系统技术创新中心合作，为智能能源系统示范和设计提供协调和技术服务（Innovate UK，et al.，2017）。

（2）德国

德国政府率先实施向可再生能源转型。德国联邦经济与技术部（BMWi）于 2010 年 9 月发布《能源战略 2050》报告，提出到 2050 年实现能源转型的中长期发展路线（BMWi，2010），以可再生能源为核心，建立适应可再生能源的智能电网。围绕这一能源战略，德国重视从能源系统层面推进转型。2015 年 9 月，德国联邦教研部（BMBF）启动了"哥白尼计划"，拟在十年内投入 4 亿欧元开发高比例可再生能源集成的系统解决方案，其中开发新型电网架构和加强能源系统的协同集成是两大重点研究方向（BMBF，2015a）。在开发新型电网架构方面，主要关注：①信息通信技术在电网中的应用；②促进电网稳定的新概念开发；③电网与燃气、供热或氢能等多种类型能源网络的互联；④将储能有效集成到智能能源网络中；⑤市场架构和监管框架设计。在加强能源系统的协同集成方面，主要关注：

①综合社会、环境、经济和技术多因素分析，开展体制改革、市场监管、消费方式等非技术领域创新；②考虑欧洲范围内的能源系统改革，从系统层面协调电力、热力和交通等各部门能源生产、传输、分配、消费、储存各环节的相互作用。

在"哥白尼计划"框架下，德国于 2015 年分别实施了 ENSURE 项目（BMBF，2015b）和 ENavi 项目（BMBF，2015c）。ENSURE 项目的主要研究领域包括：包含储能的能源网络；电、热、冷、气系统的耦合；智能电网需求侧管理；适应高比例可再生能源电力的配电网络；创新输电技术；欧洲高压直流输电网；海岛电网。ENavi 项目则通过建立模型来模拟和评估政策对能源转型的影响，其研究旨在深入了解能源与工业、消费等相关领域的复杂能源网，提供考虑政策和法律等条件的未来能源系统的整合方案，评估政策措施对能源系统的短、中、长期影响，以及为跨学科研究提供优先选择措施。2018年 9 月，德国政府通过了《第七期能源研究计划》，将在 2018～2022 年提供总计约 64亿欧元的资金用于能源转型，尤其关注能源系统集成、电网优化改进、储能和终端用能耦合等问题（BMWi，2018）。

（3）丹麦

丹麦自 20 世纪 70 年代石油危机后开始大力发展绿色能源，风力发电和区域供暖逐渐成为其主要供能来源。近年来，丹麦持续发展大型集中区域供暖和小型分散区域供暖，以煤、生物质、天然气、垃圾为燃料的热电联产为丹麦提供了七成以上的热量。高比例的并网风力发电增大了电力系统波动性，风电出力高峰时期易造成电力过剩，丹麦通过电加热器、热泵等利用过剩电力供热、制冷以平衡供需，这使得电力系统与热力系统之间的互动逐渐增强，能源系统逐渐向全分布式综合能源系统发展。为了实现 2050 年完全脱离化石燃料的目标，丹麦重点研究整合多种可再生能源的解决方案，在丹麦能源署公布的 2017～2019 年"能源技术开发和示范计划"（EUDP）中，将"智能电网和系统集成"列为现阶段的研发重点，重点关注集成多种电力来源和电、气、热、交通等能源网络的技术，如在区域供暖系统中将太阳能供热和热泵与天然气和生物质能相结合，以及开发存储过剩电力的储能技术。

丹麦目前已经部署并投入运行的代表性示范项目，从电力/热力系统灵活性、融合高比例可再生能源、整合储能与可再生能源、整合热电联产与可再生能源等方面，充分探索多能互补最佳解决方案。2015 年启动的丹麦哥本哈根北港 Energylab Nordhavn 项目正在北港示范电热互联区域能源互联网，将负荷侧灵活性交易平台用于电力和热力系统，通过大型热电联产、热泵、储能、电动汽车、电加热等设备提高系统灵活性，提供智慧能源网络服务以联合调度电、热负荷；世界上第一座氢能村庄——丹麦 Lolland 岛利用风电进行电解水制氢，通过基于燃料电池技术的小型热电联产设备满足居民的能源需求；Samsø 岛通过热泵和电力输出消纳过剩的风能和太阳能电力；丹麦 Brønderslev 镇的 Brønderslev Forsyning项目是世界上首个集成聚光太阳能热发电（CSP）和生物质热电联产（CHP）的项目，发电容量达到 16.6 兆瓦，能够支持供热、供电、制冷，实现了生物质能和太阳能混合互补运行；Svendborg 市的零碳项目利用储能技术实现太阳能、风能、地热能和生物质能的协同互补，通过垃圾焚烧和储热，减少有害气体的排放。

## 5.2.3　日本

### 5.2.3.1　政府战略规划

日本能源资源较为匮乏，能源消费严重依赖进口，能源安全风险较高。2002 年日本政府确定了能源安全（Energy Security）、经济增长（Economic Growth）和环境保护（Environment Protection）的能源政策基本方针，并在这一方针指导下开始推动智能电网的发展。2010 年，日本经济产业省发布了《智能电网国际标准化路线图》，确定了输电系统广域监视控制系统、电力系统用蓄电池、配电网管理、需求侧响应、需求侧用蓄电池、电动汽车、先进测量装置等七大重点技术领域，以及 26 个重大技术攻关项目（胡波等，2016）。经历福岛核事故后，日本政府在《第四期能源基本计划》中将安全性（safety）确定为能源政策的前提，确定"3E+S"的基本方针，提倡发展灵活的能源供需系统，实现多种能源之间的"无缝"衔接与互补（经济产业省，2014）。2016 年 4 月，日本公布了其能源中期和长期战略，在《能源革新战略》中确定了面向 2030 年的能源转型发展战略，将"构建新型能源供给系统"列为三大改革主题之一，提出利用物联网（IoT）技术调控电力，将家庭用电太阳能设备、蓄电池等与 IoT 相结合，建立一套高效调控电力供需、提高能源效率的机制（经济产业省，2016a）。而在《能源环境技术创新战略》中则确定了到 2050 年将重点推进的五大能源技术创新领域，在能源系统集成领域，提出利用大数据分析、人工智能、先进传感和 IoT 技术构建多种智能能源集成管理系统（内阁府，2016）。

此外，日本政府高度重视将氢能纳入未来的综合能源体系中，在 2013 年的《日本再复兴战略》中，将发展氢能上升为国策，开始启动氢能基础设施建设，并在 2014 年公布了《氢能和燃料电池战略路线图》（梁慧，2016）。2017 年底，日本发布《氢能基本战略》，确定了到 2030 年左右实现氢能发电商业化的目标（经济产业省，2017）。2018 年 7 月，日本发布《第五期能源基本计划》，提出建立以氢能为基础的二次能源结构，充分利用人工智能和 IoT 等技术构建多维、多元、柔性的能源供需体系（经济产业省，2018）。

### 5.2.3.2　项目部署

日本政府所倡导的智能社区根据当地资源特点，在综合能源系统（电力、燃气、热力、可再生能源等）基础上，利用多种智能能源管理系统，实现与建筑、交通、供水、信息的一体化集成，最大限度地实现多种可再生能源的整合。在推进机制上，注重官产研相结合，致力于进行智能社区示范项目。日本经济产业省于 2009 年设立"下一代能源和社会系统委员会"，从智能电表、输配电网、天然气网、储能电池、电动汽车、城市热能等多角度构建智能电网体系（经济产业省，2009）。2010 年，日本新能源产业技术综合开发机构（NEDO）成立日本智能社区联盟（Japan Smart Community Alliance），致力于智能社区技术的研究与综合能源系统的示范，截至 2019 年 2 月，成员已经达到 259 个。日本经济产业省从 2010 年开始启动"下一代能源和社会系统示范项目"，在横滨市、丰田市、京阪奈学研都市和北九州市开展为期五年的智能社区示范工程，集成家庭、建筑、交通、工商业等用能单元，结合需求响应、蓄电池、电动汽车充电系统、智能能源管理系统，实现区域内多种能源的优化利用（经济产业省，2010）。该示范工程由新能源推广委员会（NEPC）负责执行，并在其成果基础上于 2014～2016 年开展了"下一代能源技术示范项目"，在大阪市、鹿角市、丰田市和牡鹿郡女川町进行多个示范项目，涵盖了电动汽车/混合动力汽车的"车辆到电网"技术、综合能源管理系统、需求响应等领域（新エネルギー导入促进协议会，2016）。2016年 9 月，日本经济产业省提出了"福岛新能源社会"计划，通过在福岛推广可再生能源、构建氢能社会模式、建立智慧社区三大举措，建立新型的能源系统，以实现到 2040 年左右一次能源完全由可再生能源提供的目标（经济产业省，2016b）。该计划于 2017 年正式启动，至 2019 年的总预算为 1837 亿日元。

此外，NEDO 还资助了一些智能电网相关研究项目，包括：①电力系统输出波动控制技术（2014～2018 年预算为 256 亿日元），主要关注风力发电预测和控制、预测的系统运行模拟、可再生能源输出控制；②分布式能源电网建设示范项目（2014～2018 年预算为 73.7亿日元），开发基于碳化硅半导体的电压调节设备及其控制系统；③下一代海上风电直流输电技术（2015～2018 年预算为 33.1 亿日元），包括系统开发和关键技术开发。NEDO 还积极开展国际合作项目，从 2009 年起与美国、西班牙、法国和英国共同开发了多个智能社区示范项目（NEDO，2009）。

## 5.3　关键前沿技术与发展趋势

多能互补系统针对不同的资源条件和用能对象，需将多种能源形式进行有机耦合，同时进行终端用能的优化整合，还需在系统管理环节确保效率、灵活性和供应安全。因此，其涉及的关键技术主要包括：分布式能源、多能混合建模、综合能量管理系统、协调优化控制系统、储能技术等。

### 5.3.1　分布式能源

多能互补系统中的分布式能源通过风力发电、光伏发电、太阳能集热发电、燃气轮机、先进热泵及燃料电池等技术，将分布式能源系统布置于配电网或负荷附近，同时注重与能源转换站、能源集线器、用户端智慧用能及计量设备、智能电动汽车等技术相结合，实现多种能源综合利用的供能网络。分布式能源是小规模的能量转换利用系统，通常会按照负荷的特点，注重能源的梯级利用，实现电、热、冷等多种形式供能，其能源利用率高、供能灵活、个性化强，可满足多重用户需求，是集中式供能的有力补充。分布式能源系统的类型多样，有小规模、小容量、模块化的可以独立输出电能的风能、太阳能、地热能、燃料电池等系统，还有将高品位能源用于发电，同时利用发电机组排放的低品位能源进行供热或制冷的热电联供（或冷热电联供）系统。

冷热电联供系统（CCHP）是以天然气为主要燃料带动燃气轮机或内燃机等设备发电的，而系统排出的废热则通过余热锅炉或溴化锂等设备向用户供热、供冷，从而实现天然气的梯级利用。典型分布式天然气 CCHP 系统如图 5-3 所示（洪文鹏和滕达，2018）。

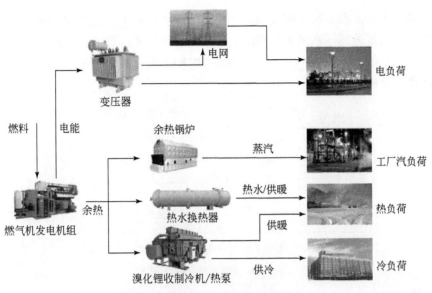

图 5-3 典型分布式冷热电联供系统

资料来源：洪文鹏和滕达（2018）

CCHP 采用"分配得当、各得所需、温度对口、梯级利用"的原则，利用高品位热能进行发电，中、低品位热能则逐级用于供热和供冷，其综合利用效率高达 80%以上，典型的 CCHP 能量梯级利用如图 5-4 所示（韩高岩等，2019）。与集中式供能相比，分布式 CCHP 避免了远距离输运的线路损耗，能量利用率高，在相同负荷情况下减少了一次能源消耗和污染物排放。此外，其蓄能系统还能起到削峰填谷的作用，对电网稳定性有一定的积极作用。由于规模较小，CCHP 的安装布置方便、投入周期短，是较为理想的新一代供能系统。

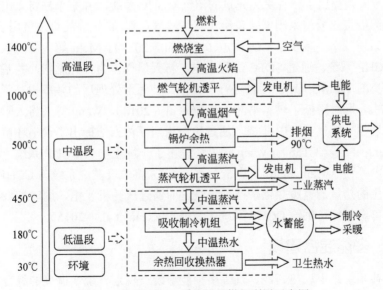

图 5-4 典型 CCHP 系统能量梯级利用示意图

资料来源：韩高岩等（2019）

随着可再生能源利用技术的发展，分布式能源中可利用的能源类型逐渐扩展，向多种可再生能源与常规天然气联供系统相结合的综合系统发展。图 5-5 为基于天然气分布式能源的多能互补系统示意图（赖建波和马俊峰，2018），其集成了可再生能源、热泵和生物质，实现了多能互补的供应系统。

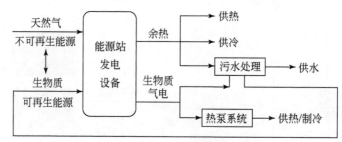

图 5-5　基于天然气分布式能源的多能互补系统

资料来源：赖建波和马俊峰（2018）

近年来，许多学者探索将可再生能源用于 CCHP 的不同集成方式，可再生能源既能作为 CCHP 的输入能源，又能与天然气 CCHP 系统相互补充。Sanaye 和 Sarrafi 将太阳能用于 CCHP 系统，通过光伏、聚光光伏/光热以及真空管集热器提供电力和热量（Sanaye and Sarrafi，2015）。Soheyli 等人提出了一种新型的集成光伏发电、风力发电和固体氧化物燃料电池（SOFC）的 CCHP 系统，结果表明该系统可大大降低燃料消耗和污染排放（Soheyli et al.，2016）。Wang 等人提出了一种基于天然气和生物质气化气体的混合燃烧 CCHP 系统，并对不同燃料混合比的系统性能和成本进行了分析（Wang et al.，2015a）。Gazda 和 Stanek 将太阳能和沼气用于 CCHP 系统，以沼气驱动内燃机发电并结合光伏发电进行供电，同时沼气 CCHP 在天然气锅炉的辅助下进行供热，并通过吸收式制冷机供冷（Gazda and Stanek，2016）。Su 等人则提出了一种更为先进的沼气 CCHP 系统，并不单独将太阳能用于发电，而是通过太阳能集热器将太阳能热量用于沼气蒸汽重整，将生成的合成气用于 CCHP 系统，从而提高了系统效率并减少了 $CO_2$ 排放（Su et al.，2017）。Mehr 等人将污水处理厂产生的沼气用于 CCHP 系统，通过 SOFC 进行发电，将天然气作为补充燃料，并基于该方案对意大利科莱尼奥的 DEMOSOFC 项目进行了模拟，使污水处理厂的效率提高了 17.2%，发电量增加了 27%，同时降低了燃料消耗（Mehr et al.，2018）。Wang 等人将太阳能光伏发电和太阳能集热器与天然气 CCHP 集成，通过生命周期评估方法提出了最小环境影响的优化整合方案（Wang et al.，2015b）。Wang 等人还提出了一种生物质 CCHP 系统，将生物质气化后送入 CCHP 系统（Wang et al.，2015c）。Gao 等人将垃圾焚烧系统与 CCHP 系统相结合，垃圾焚烧产生的热量通过废热锅炉产生蒸汽进而通过汽轮机发电，同时垃圾经气化和厌氧消化产生的可燃气体可供给 CCHP 系统作为燃料（Gao et al.，2015）。

## 5.3.2　多能混合建模

多能互补系统是电、热、冷、气等多种能源统一规划、统一调度的综合能源系统，在系统基本物理架构和设备层面，多能互补系统主要包括了电、热、冷、气各种形式能源的生产、传输、存储和消费等设备，其基本物理架构如图 5-6 所示（曾鸣等，2018）。对多能互补系统的规划需要以电力分析为核心，以能源结构优化为基础，综合考虑不同形式的能源，同时兼顾不同能源的质量品位，实现多能耦合与协调。

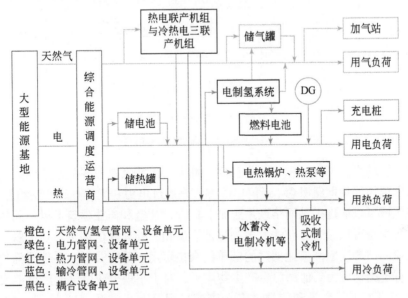

图 5-6　多能互补系统结构框架示意图

资料来源：曾鸣等（2018）

多能混合建模描述了不同类型能源的运行和互补转化，确定了能量流分布，是集成优化和其他关键技术的基础。传统电、热、冷、气等领域已经有相对成熟的独立建模方法。例如，电网模型主要使用潮流模型，遵循基尔霍夫定律和欧姆定律，主要分析参数包括各节点电压相角和幅值，供电线路的潮流，电源、负荷节点的功率等；供热网络遵循流体和热力学定律，包括水力工况和热力工况模型，主要参数有压力、流量和温度等；天然气网络则主要遵循流体力学定律，主要参数包括压力、流速等。

这些各自独立的能流模型并不适用与多能互补网络的多能流耦合情况，由于涉及多能量系统，每个系统满足不同的物理定律，每种能量流的传输速度、形式和介质不同，涉及的变量也不同。因此，与传统的电力系统相比，多能互补系统的潮流计算问题包含的变量更多，非线性更强，求解也将更加复杂（黎静华等，2018）。目前受到广泛认可的多能互补系统的通用建模方法是能量枢纽（energy hub，EH）。EH 可视为能源网络中某个扩展的网络节点，各能流在此节点中耦合交互，是一个多输入-多输出的模型（图 5-7），各能流多输入-多输出的关系可以用矩阵表示。EH 具备能量输入、转换、储存及输出环节，系统的外部输入可以有电、热、冷和气能等多种能量来源，为满足终端用户的多类型以及多时段负荷需求，在不同外部能量输入情况下，可利用内部的各种设备实现多场景的能流调配方案（Mohammadi et al.，2017）。

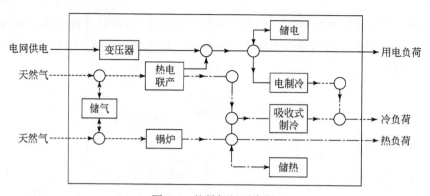

图 5-7　能量枢纽示意图

资料来源：Mohammadi 等（2017）

按照应用场景，可将 EH 划分为住宅、商业、工业及农业四类，这四类 EH 能够集成一个更为宏观的能量枢纽概念，最简单的方式是通过电力和天然气进行网络连接。事实上，不同应用领域可以通过多种网络联系起来。例如，住宅和商业建筑可以一起控制，各自的分布式能源系统可以通过分布式发电和储能设备相互补充峰值需求，热电联产和垃圾处理可用于农业部门的温室；工业部门的低等级余热可用于分布式加热系统或为相邻建筑物供热；农业有机废物可为其他部门生产生物燃料。对于小规模应用可适用集中式宏观 EH 模型，而大规模下由于变量和信息过多，则应采用分布式宏观 EH 模型，如图 5-8 所示（Mohammadi et al.，2018）。

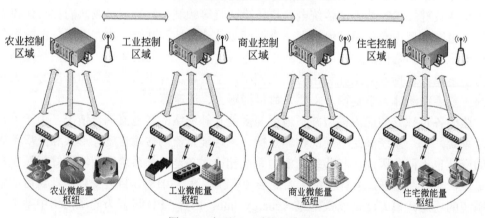

图 5-8　宏观 EH 系统示意图

资料来源：Mohammadi 等（2018）

自 2007 年瑞士苏黎世联邦理工学院 Martin Geidl 等人提出 EH 概念以来，许多研究者对这一概念进行了优化和改进，在 EH 的输入、转换、储存和输出四个方面已有大量研究（Mohammadi et al.，2017）。Mitchell 等人将电力、沼气和天然气作为 EH 的能量输入，优化了 EH 模型的电负荷和热负荷供应，提供了造纸厂最低成本和最大限度使用沼气的设计方案（Mitchell et al.，2015）。Orehounig 等人使用 EH 模型规划了瑞士村庄的能源供应系统，基于

EH 分析提出的解决方案增加了可再生能源的份额，降低了碳排放（Orehounig et al.，2015）。Maroufmashat 等人用 EH 模型研究了包含加氢站的智能社区能源网络，确定了最佳的能量转换和存储运行方案（Maroufmashat et al.，2016）。区域供热网络可以降低燃料消耗和排放，可利用垃圾焚烧热量及工厂余热，Wang 等人研究了基于热电联供的区域供热系统的最佳规划方案，有望实现 100%的可再生能源供应（Wang et al.，2015d）。Sharif 等人利用 EH 模型，开发了包含燃气轮机、风力发电、光伏电池和制氢电解槽的多能系统代替燃煤电厂和天然气发电厂，不仅能提高系统的整体效率，还可显著降低成本和碳排放（Sharif et al.，2014）。Ma 等人开发了集成风电、光伏发电和储能的 CCHP 系统的 EH 模型，提出了微能源网能流的通用建模方法（Ma et al.，2017）。Sheikhi 等人通过 EH 模型规划了电、气、热网络的主要设备的最佳规划模型（Sheikhi et al.，2015）。Ayele 等人用扩展的 EH 模型对高度耦合的区域能源系统的电、热网络进行了潮流分析（Ayele et al.，2018）。Pazouki 和 Haghifam 通过 EH 模型和混合整数线性规划模型研究了不同储能（电力、燃气和热）对供电和供热综合网络运行性能和成本的影响（Pazouki and Haghifam，2014）。他们还运用 EH 研究了融合太阳能、储能的 CCHP 系统在寒冷和炎热气候下的性能，发现气候条件对系统运行有重要影响（Pazouki and Haghifam，2015）。从输出角度，需求预测对 EH 模型的准确性极为重要，Shariatkhah 等人利用马尔可夫链蒙特卡罗方法模拟热负荷的动态变化，研究了热负荷对基于 EH 模型的多能互补系统性能的影响（Shariatkhah et al.，2015）。需求侧管理能够实现多能互补系统的灵活响应和控制，并加强系统的故障恢复，这一技术也体现在 EH 模型开发中。Moghaddam 等人设计了用于建筑供暖、制冷和电力需求的多能源系统的 EH 模型，通过 EH 模型组件之间的组合保证了可靠的需求供应，开发的方案能够在单个组件发生故障的情况下确保用户的需求（Moghaddam et al.，2016）。Neyestani 等人提出了在不同能量载体间进行切换以响应需求的新概念，这一方法可以降低能源系统的运营成本（Neyestani et al.，2015）。目前，大多数 EH 模型仍以电力和天然气作为主要的能量输入形式，对可再生能源的关注相对较少；在能量转换方面，主要关注利用 CHP 或 CCHP 生成电、热、冷，对于向水和燃料转换方面的研究较少；在存储方面，未来应考虑电动汽车等潜在的存储单元；在输出方面，应增加供水、氢气等需求，以更加贴近未来多能互补能源系统的真实情况。另外，缺乏对 EH 内部真实物理结构建模以及模型背后的机理解释，对于 EH 模型如何体现基尔霍夫定律、朗肯循环以及卡诺循环等定律尚未阐明，有必要进行深入研究（丁涛等，2018）。

### 5.3.3 综合能量管理系统

能量管理系统是系统稳定运行的重要保障，通过信息流调控能量流来保障多能互补系统的安全高效运行。尽管面向传统电网的能量管理系统经过 50 多年的发展已经较为成熟，却无法直接用于多能流耦合的多能互补系统，亟须发展面向多能互补系统的综合能量管理系统。综合能量管理系统的主要对象包括用户负荷、分布式电源、交易中心等，核心模块包括预测、分析和决策环节，通过对能流信息进行分析处理和全局优化管理，将电网、可再生能源、非可再生能源、储能、电负荷、热负荷、气负荷等有机结合，从而制定不同能源出力和不同形式能量的合理转换计划，进行多维综合决策，有效利用可再生能源，在用能端合理分配负荷，并在储能端优化储能装置的充放电策略，其功能框架如图 5-9 所示（刘秀如，2018b）。

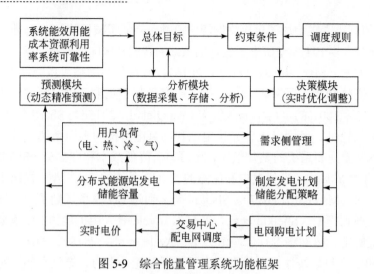

图 5-9　综合能量管理系统功能框架

资料来源：刘秀如（2018b）

　　目前，国内外在多能互补系统综合能量管理方面的研究仍处于初级阶段，尚未形成基础理论体系，也缺乏成熟的系统应用研究。许多研究以微电网为对象，已有部分微电网具备了初步的综合能量管理功能，实现了基础优化调度，但尚未实现多能流的高级分析决策（孙宏斌等，2016）。微电网的能量管理研究往往专注于离线日前优化调度，且假设基于对可再生能源发电、需求和市场的准确预测。然而，可再生能源具有间歇性和波动性，一些负荷（如电动汽车）在时间和空间上都不确定，电力市场价格也具有随机性，因此这一假设难以实现。为了解决这一问题，一些研究者使用随机规划方法基于蒙特卡罗模拟进行不同场景的能量管理研究。Su 等人考虑了集成风能、太阳能、插电式电动汽车、分布式发电机和分布式储能的微电网，通过随机调度优化降低微电网的运行成本和功率损耗，并提高对波动性可再生能源的适应，通过仿真验证了随机微电网能量调度模型的有效性和准确性（Su et al.，2014）。Farzan 等人对不确定条件下微电网的日前调度和控制进行了研究，开发了可规避风险的随机规划优化模型（Farzan et al.，2015）。季振亚等人针对广泛普及电动汽车的情景，提出了一种包含随机优化与并行求解算法的快速能量管理策略（季振亚等，2018）。尽管上述方法考虑了微电网的不确定性，但计算量过大，且不适应环境的实时变化。Siano 等人使用全连接神经网络结合最优潮流，考虑需求侧管理和主动管理，提出了智能电网和微电网的实时能量管理系统（Sianoet et al.，2012）。鲍薇针对多电压源型微源组网的微电网，提出了一种多时间尺度协调控制的能量管理策略，将微电网能量管理分为日前机组优化启停、日内经济优化调度和在调度计划实时调整 3 个阶段，分别采取不同的管理策略协调配合，实现微电网的安全稳定运行（鲍薇，2014）。Huang 等人开发了微电网实时能量管理的在线自适应算法，可适应变化的环境（Huang et al.，2014）。Zhang 等人研究了包含 CHP、储能和可再生能源的微电网系统的能量管理系统，采用改进的 Lyapunov 优化方法设计了一种用于复杂度较低的微电网的实时运行能量管理策略，基于现实能源网络数据证实该算法可显著降低微电网的运行成本（Zhang et al.，2017）。有些在线方法过于简化模型，只考虑总供需平衡而忽略了基础配电网及相关电力流和系统运行约束，Shi 等人考虑上述问题，开发了一种在线能量管理系统，将其建模为随机最优潮流问题，采用 Lyapunov 方法进行优化并用于实际微电网系统（Shi et al., 2017）。多能互补系统的综合能量管理研究可以微电网的研究成果为基础，但需解决"多能流耦合"、"多时间尺度"和"多管理主体"三方面的问题，建立包含实时建模与状态估计、安全分析与安全控制、优化调度以及能量管理的理论体系，开发综合能量管理系统，并在实际多能互补系统中进行验证。

### 5.3.4　协调优化控制系统

多能互补系统中存在多种形式的能源，因此需要协调优化控制以确保系统的安全稳定运行。多能互补协调优化控制系统需要将智能电网、非可再生能源、可再生能源、储能系统、电负荷、热负荷、气负荷等相结合，根据负荷预测、分布式能源发电预测、电价及气价等信息，通过合理的控制策略，对各类能源进行优化调度，实现高效、稳定、可靠、经济运行。目前，针对微电网、能源互联网的电力控制方面研究较多，多能互补系统的协调优化控制研究尚处于初级阶段。

基于多智能体系统的分布式协同控制是实现多能互补系统协调控制的重要途径，利用信息通信技术，多能互补系统内的各分布式设备可以实现协同合作，对整个系统内的可控能源进行协同调度，实现故障诊断、故障恢复、状态监控、系统控制等功能，保证系统的安全、稳定运行。Ren 等人针对含分布式电源的配电网络设计了一种多智能体系统，利用各智能体的自治性、主动性和社会性等特征，实现对各节点设备的实时控制，确保系统的可靠运行（Ren et al., 2013）。Teng 等人开发了混合式多智能体系统，各智能体在多层分散模式下工作，可通过不同层级和同层级智能体间的协同合作应对故障问题，实现故障检测和自愈控制（Teng et al., 2015）。上述研究仍专注于利用多智能体实现电力的协同策略研究，多能互补系统的冷、热等能源的调度比电力调度更加具有滞后性，且不同类型能源系统的运行约束和控制变量也有所不同，因此多能互补系统的协同调度更为复杂，需考虑不同能源形式的多时间和空间尺度的协同调度策略。

针对多能互补系统的能量优化调度研究也尚未形成体系，需要针对复杂能源网络下的各种能源系统的运行及生产调度进行研究，其本质是复杂网络有约束的规划问题。Wang 等人对包含太阳能集热器、CHP 和储能的区域能源系统进行了研究，以运行最低成本为目标确立了相应的优化调度策略（Wang et al., 2015d）。Wu 等人基于模型预测控制（MPC）开发了包含风电、CHP 的区域供热系统的协调运行策略，考虑了区域供热的时间滞后（Wu et al., 2018）。郝然等人针对中小型区域综合能源系统利用分层优化调度的方法，综合考虑补燃机组热电比可调、综合需求侧响应以及能源连接器的动态过程，提出了经济高效的双层优化模型（郝然等，2017）。孙秋野等人也采用分层优化的方法，提出了一种基于动态多智能体系统的能源互联网协调优化控制策略，以实现分布式能源的最大化利用（孙秋野等，2015）。对于 CCHP 系统，Fang 等人提出了一种基于以电定热调度方式和以热定电调度方式的集成效应边界最优控制策略（Fang et al., 2012）。Bao 等人考虑了风力和光伏发电系统的出力不确定性因素，以系统运行费用最低为目标建立了日前和实时调度模型，并采用改进粒子群算法对模型进行了求解（Bao et al., 2015a；Bao et al., 2015b）。

多目标优化方法可以在多个目标中进行折中权衡，因此可用于考虑最小化成本、最优化性能、最大化可靠性、最低排放的复杂多能互补系统（Sheikh et al.，2011）。在多目标优化问题求解方面，遗传算法是一种较为常用的启发式算法，适合求解大型且综合的优化问题。Shang 等人利用遗传算法提出了 CHP 系统的集成存储发电调度模型（Shang et al.，2017）。Lin 等人针对社区综合能源系统提出了一种两阶段多目标的调度策略，由多目标最优潮流计算和多属性决策两个阶段组成，并利用遗传算法对第一阶段进行求解，确定了最佳日前调度方案（Lin et al.，2018）。交叉熵算法是一种精度较高的启发式算法，Wang 等基于多目标交叉熵算法提出了一种鲁棒多目标优化的微电网综合调度策略，可有效减小不确定性影响，实现最佳的经济效益和环境效益（Wang et al.，2017）。然而，启发式算法基于直观或经验构造，只能给出一个近似最优解，无法保证求得最优解。粒子群算法是另一种常用的求解方法，曾鸣等人以最小化系统成本和污染排放为目标函数，建立了同时兼顾"源—网—荷—储"中需求侧资源的优化调度模型，并用多目标粒子群优化算法进行求解，获得了相应的优化调度策略（曾鸣等，2016）。群搜索算法以其良好的全局搜索能力被用于多目标优化问题，Zheng 等人运用多目标群搜索算法对包含风电、分布式区域供热/供冷的大型综合能源系统的运行优化进行了研究（Zheng et al.，2015）。另外，他们还基于该算法提出了电、天然气网络的协调调度策略（Zheng et al.，2017）。

## 5.3.5　储能技术

储能技术是促进多能互补系统发展的关键支撑技术，由于多能互补系统的供能和用能模式较为多样，储能技术不仅包括抽水蓄能、压缩空气储能、电池储能等电力储存，还包括热能存储（麦惠俊，2018）。在未来多能互补系统中，更为广义的储能还包括通过车辆到电网技术将电动汽车作为储能单元，以及通过新能源发电进行电解水制氢，将氢气作为储能的介质，注入气网进行供热或通过燃料电池为交通网络提供动力，起到消纳可再生能源、调节供需的作用，实现电网、天然气网、冷/热网和交通网等多种能源网络的耦合。多能互补系统中的储能及能量转换过程如图 5-10 所示（刘秀如，2018b）。

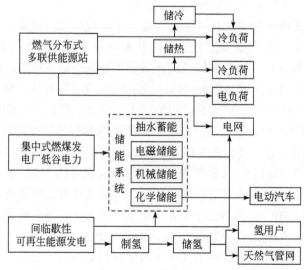

图 5-10　多能互补系统中储能及能量转换过程

资料来源：刘秀如（2018b）

当前能源系统的储能方式主要有储电技术和储热技术。其中，储电技术能够解决发电功率和负荷功率之间的不匹配问题，平滑波动性可再生能源发电的输出波动，提高系统灵活性和可靠性，实现多种能源的协调控制。根据存储方式，可将储电技术划分为物理储能、化学储能两大类。物理储能主要包括抽水蓄能、压缩空气储能、飞轮储能等机械储能和超导磁储能、双电层电容储能等电磁储能；化学储能则包含蓄电池储能和超级电容等。储热技术则主要包括熔融盐储热和相变储热等。不同储能方式各有特点，物理储能一般寿命较长、规模较大，化学储能响应时间快、效率较高，因此应用于不同的场景。抽水蓄能、压缩空气储能和蓄电池储能通常可用于电网的削峰填谷、系统调频，超导磁储能和超级电容器则可用于改善电能质量、稳定输出，储热技术则可解决综合能源系统中的热需求和供给的不平衡，平抑需求侧的热负荷波动。

从技术发展来看，储能的主要代表性技术及其发展趋势见图 5-11。不同技术当前所处的发展阶段也有所不同，图 5-11 中各技术的颜色代表了其技术成熟度。抽水蓄能、铅酸电池、液态锂离子电池和超级电容器均已进入商业应用的成熟阶段，而固态锂电池（包括固态锂离子和固态锂金属）、钠离子电池尚处于原理样机开发阶段。

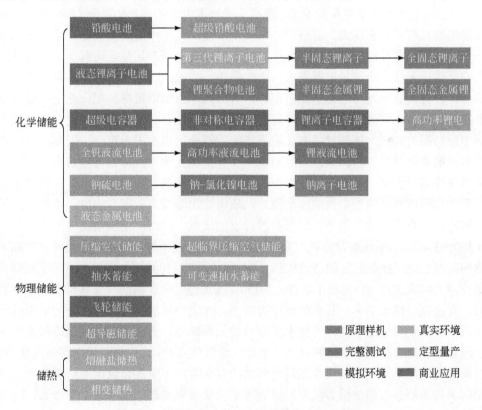

图 5-11  主要储能技术及发展趋势（文后附彩图）

在各种物理储能中，抽水蓄能是目前最成熟、使用最广泛的大规模电力存储技术，具有规模大、寿命长、运行费用低等优点。可变速抽水蓄能不仅可以快速调节有功功率和无功功率以确保系统更为稳定，还可改善电能质量，有效地控制电网负荷频率，平衡可再生能源引起的频率波动,提高发电效率(畅欣等,2016)。压缩空气储能(CAES)系统也是一种用于电力大规模储能的方式,其储能容量较大,储能周期长,建设成本相对较低,负荷范围大,响应速度快,可用于大型系统的电力调峰、分布式储能和备用电源。超临界压缩空气储能能量密度大,不受地理条件的限制,不消耗化石燃料,因而不会产生温室气体排放,是压缩空气储能发展的理想方向。飞轮储能的储能密度较高,充放电次数不受充放电深度的影响,能量转换效率高(可达90%),并且可靠性高、易维护、环境要求低、无污染。超导磁储能通过变流器控制超导磁体与电网直接以电磁能的形式进行能量交换,转换效率达98%,响应速度最快可达毫秒级,且功率大、容量大、低损耗,环境污染很小,适用于提高电网稳定性、电能质量,降低电压波动,平滑功率输出(许崇伟等,2018)。目前,高温超导体是超导磁储能的主要发展方向(李媛媛等,2017)。

对于化学储能,铅酸电池开发较早,具备技术成熟、成本较低、可靠性高、大电流性能好等优点,已被应用于电力储能进行削峰填谷、提高电网可靠性等。但其比能量较低,循环寿命较短,且易导致环境污染。超级铅酸电池将超级电容器的双电层储能机制引入铅酸电池中,兼具铅酸电池的高能量和超级电容器的高功率优点,改善了铅酸的倍率放电性能、脉冲放电性能和接受电荷的能力,提高了铅酸蓄电池的功率和寿命(郎俊山等,2016)。锂离子电池具有能量密度大、自放电小、安全性能高、工作温度范围宽、可快速充放电、循环寿命长、没有环境污染等优点,广泛用于便携式电子产品和电动汽车。然而其成本偏高,安全性也无法完全满足电网需求,因此需进一步改进。固态电解质具有不泄漏、易封装等优点,且具有较宽的电化学稳定窗口,可与高电压的电极材料配合使用,提高电池的能量密度。另外,固态电解质具备较高的金属强度,能够有效抑制液态锂金属电池在循环过程中锂枝晶的刺穿,使开发具有高能量密度的锂金属电池成为可能。因此,固态锂电池是锂电池的理想发展方向。液流电池的功率和容量相互独立,可以根据需求灵活调整,使其储能规模易于扩展,且操作维护方便,是大规模储能的理想选择之一。目前技术最为成熟、商业化程度最高的是全钒液流电池。钠硫电池比能量高、无自放电、使用寿命长、原材料丰富,适合用于负荷调平、移峰和改善电能质量。然而,由于钠硫电池的工作温度较高(300~350℃),系统运行存在安全风险,一旦其陶瓷电解质破损形成短路,高温下的液态钠和硫就会直接接触发生剧烈的放热反应,瞬间产生2000℃的高温,因此室温钠离子电池是目前的研究重点(孙文和王培红,2015)。虽然超级电容器同时兼具蓄电池和电容器的优势,有极高的输出功率,且充放电能力较强,在电力储能系统中有很好的运用前景,但存在成本较高、自放电率高、能量密度相对较低等缺点,无法满足大规模的储能要求。锂离子超级电容器将超级电容器和锂离子电池化学特性互补,比常规超级电容器能量密度大,比锂离子电池功率密度高,成为超级电容器的发展方向。液态金属电池结构简单,且电极和电解质均为液态,传质阻力较小,因而可实现快速充放电,成本低、寿命长,适合用于电网的大规模储能。

在储热方面,熔融盐储热一般与太阳能光热发电系统结合,在冷热电联供、用户侧需求响应等方面也有一定应用。熔盐具有很高的热熔和热传导值,以及较高的热稳定性和质量传递速度,使用温度范围广(300~1000℃),具有较低的蒸气压,蓄热密度高,蓄热装置结构紧凑,而且成本较低。但熔融盐储热存在一定局限性,即熔融盐熔点一般都较高(约

250℃），容易凝固，且在使用温度过高的情况下容易气化，因此其研发重点是开发具有更加优越性能的混合熔融盐。相变储热利用相变潜热实现热能的储存和利用，具有熔融凝固循环温度恒定、能量密度高、体积小、易操控、安全可靠等优点，在废热和余热回收利用、太阳能热利用、电力"移峰填谷"、建筑节能等领域都有广泛应用，能够解决能量供需不平衡的问题，提高能源利用率，是当前最有实际研发和应用前景的储热方式，其研究重点在于开发相变潜热大、无污染的相变材料（孙东和荆晓磊，2019）。

# 5.4　研发创新能力定量分析

专利信息能够从一定程度上反映领域的主要技术主题和研发态势，本章利用科学计量的方法，选取多能互补系统的重要技术——分布式能源，通过对相关数据库收录的相关专利进行分析，以期能够从计量角度揭示出技术现状、特征和发展趋势。

## 5.4.1　数据来源与分析方法

本次分析通过德温特创新索引数据库（DII）检索获得了全球分布式能源相关专利的数据集，数据采集的时间段为 1974～2018 年，共得到相关专利 11 403 项。利用 DDA 工具进行专利数据挖掘和分析。

## 5.4.2　整体发展态势

从分布式能源技术专利申请数量的年度变化情况来看（图 5-12），全球的分布式能源技术专利申请可大致分为以下几个阶段。

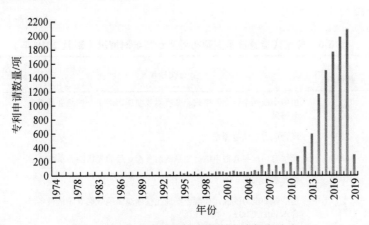

图 5-12　分布式能源技术专利申请年度分布

1974～1992 年，这段时期相关专利申请处于起步阶段，全球年均申请量为 1～5 项，是分布式能源技术兴起的时期。分布式能源并不是新技术，早在 20 世纪初就在使用点或附近提供所有能源要求，包括供热、制冷、照明、机械能源和电力。第一座使用分布式能源系统的电站便是 1882 年爱迪生发明的珍珠街电站。但从已有的专利申请来看，第一项分布式能源技术相关专利申请于 1974 年。

1993~2005 年，分布式能源技术进入发展期，该时期的专利申请量从 1993 年的 14 项逐步上升到 2015 年的 73 项。欧美国家重视节能环保，在该时期大力发展分布式能源。日本能源资源相对匮乏，一直致力于分布式能源技术的开发，是亚洲能源利用效率最高的国家，截至 2005 年，已建成分布式能源系统 6000 多个。

2006~2013 年，分布式能源技术不断发展、完善，相关专利技术申请量持续上涨。截至 2013 年，专利申请量达到 594 项。

2014~2018 年，分布式能源技术呈现"井喷式"发展趋势，2018 年达到历史高峰期，专利申请量达到 2089 项，全球的市场需求与产业规模迅速扩大。

### 5.4.3  技术主题分析

IPC 是国际通用的、标准化的专利技术分类体系，蕴含着丰富的专利技术信息。通过对分布式能源技术专利的 IPC 进行统计分析，可以准确、及时地获取该领域涉及的主要技术主题和研发重点。本次分析的 11403 项专利中共涉及 4676 个 IPC 分类号。表 5-6 列出了分布式能源技术专利申请量大于 200 项的 IPC 分类号及其申请情况，这些分类号涵盖了 8585 项专利，约占全部分析专利的 75%。可以看出，分布式能源技术专利申请主要集中在以下方面：①供电或配电的电路装置或系统；电能存储系统（H02J-003/38、H02J-007/35、H02J-003/00、H02J-013/00 等）。②光伏电站；与其他电能产生系统组合在一起的光伏能源系统（H02S-010/12、H02S-010/00 等）以及光伏模块的支撑结构（包括 H02S-020/30、H02S-020/32）。③特殊用途的风力发动机；风力发动机与受它驱动的装置的组合；安装于特定场所的风力发动机（包括 F03D-009/00、F03D-009/25 等）。④专门适用于行政、商业、金融、管理、监督或预测目的的数据处理系统或方法（包括 G06Q-010/06、G06Q-050/06 等）。

**表 5-6  分布式能源技术主题布局及专利申请情况（截至 2018 年）**

| IPC 分类号 | 专利申请数量/项 | 分类号含义 | 近三年申请量占总量的比例/% |
|---|---|---|---|
| H02J-003/38 | 2508 | 由两个或两个以上发电机、变换器或变压器对 1 个网络并联馈电的装置 | 48.05 |
| H02S-010/12 | 2330 | 混合风力光伏能源系统 | 69.14 |
| H02S-010/00 | 1840 | 光伏电站；与其他电能产生系统组合在一起的光伏能源系统 | 53.86 |
| H02J-007/35 | 1029 | 有光敏电池的 | 65.21 |
| H02S-010/10 | 835 | 包括辅助电力能源，如混合柴油光伏能源系统（燃气轮机设备组合入 F02C6/00） | 69.10 |
| H02J-003/00 | 788 | 交流干线或交流配电网络的电路装置 | 41.88 |
| H02J-013/00 | 747 | 对网络情况提供远距离指示的电路装置，例如网络中每个电路保护器的开合情况的瞬时记录；对配电网络中的开关装置进行远距离控制的电路装置，例如用网络传送的脉冲编码信号接入或断开电流用户 | 44.44 |
| G06Q-050/06 | 628 | 电力、天然气或水供应 | 63.85 |

续表

| IPC 分类号 | 专利申请数量/项 | 分类号含义 | 近三年申请量占总量的比例/% |
|---|---|---|---|
| H02J-007/00 | 515 | 用于电池组的充电或去极化或用于由电池组向负载供电的装置 | 42.52 |
| H02J-003/32 | 489 | 应用有变换装置的电池组 | 53.78 |
| H02J-003/46 | 479 | 发电机、变换器或变压器之间输出分配的控制 | 43.84 |
| H02S-020/30 | 349 | 可移动或可调节的支撑结构,如角度调整 | 81.09 |
| H02M-007/48 | 344 | 应用有控制极的放电管或有控制极的半导体器件 | 25.87 |
| H02S-010/20 | 325 | 以能量存储装置为特征的系统 | 52.31 |
| H02S-020/32 | 318 | 专门用于太阳能跟踪的 | 66.04 |
| F03D-009/00 | 306 | 特殊用途的风力发动机;风力发动机与受它驱动的装置的组合;安装于特定场所的风力发动机(产生电能的混合风力光伏能源系统入 H02S10/12) | 37.91 |
| F03D-009/25 | 299 | 被驱动装置为电能产生装置 | 89.30 |
| F03D-009/11 | 276 | 贮存电力 | 89.49 |
| H02S-040/38 | 249 | 结构上与光伏模块连接的能量存储装置,如电池 | 65.86 |
| H02J-009/06 | 240 | 带有自动转换的 | 49.17 |
| G06Q-010/06 | 225 | 资源、工作流、人员或项目管理,如组织、规划、调度或分配时间、人员或机器资源;企业规划;组织模型 | 76.00 |
| G06Q-010/04 | 217 | 预测或优化,如线性规划、"旅行商问题"或"下料问题" | 62.67 |
| H02J-003/28 | 206 | 用储能方法在网络中平衡负载的装置 | 59.22 |

### 5.4.4 主要国家/地区分析

图5-13展示的是分布式能源技术优先权专利数量最多以及专利受理数量较多的国家或地区(世界知识产权组织和欧洲专利局)。从图中可以看出,全球分布式能源技术相关专利的研发主要集中在中国、日本、美国、韩国、澳大利亚、加拿大、德国、俄罗斯以及世界知识产权组织和欧洲专利局两个组织机构。其中,中国、日本、美国三个国家的专利申请数量(10 587 项)占全球分布式能源技术专利申请总量的90%左右,特别是中国占全球申请总量的70%左右。可见,中国、日本、美国是分布式能源技术的主要研发国家。

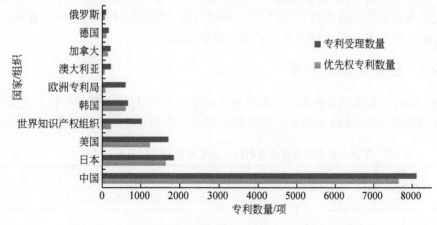

图 5-13  主要国家/组织分布式能源技术专利申请与受理情况

图 5-14 给出了主要国家/组织分布式能源技术专利申请年度分布情况。总体看来，美国、日本的分布式能源技术起步较早，从 20 世纪 70 年代就开始申请相关专利，一直持续至今，专利申请量呈长期的、上升的趋势发展。又如法国、德国等国家，尽管在 20 世纪 70~80 年代申请过分布式能源技术的相关专利，但是相比其他几个国家，后期相关的专利申请呈较慢发展趋势。相比之下，我国的分布式能源技术起步较晚，从 2003 年开始才有分布式能源技术相关专利的申请。

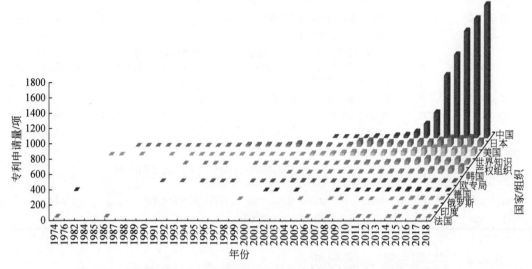

图 5-14　主要国家/组织分布式能源技术专利申请年度分布（截至 2018 年）

具体来看，日本从 20 世纪 80 年代开始分布式能源技术相关专利的申请，而美国则从 1976 年开始申请第一项分布式能源技术专利。从时间年度上比较，日本在 1993~2002 年、2006~2009 年以及 2015~2017 年三个时间段，申请量皆大于美国，处于比较平缓的上升趋势，到 2017 年达到高峰期 124 项。同样，美国分布式能源技术的发展也处于较为平缓的上升趋势，在 2015 年达到高峰期，有 105 项专利申请。相比之下，我国虽然从 2003 年开始申请专利，但是在 2011 年的时候，专利申请量即超过日美两国，后续呈现爆发式增长，远远拉大了与其他国家的距离。2017 年，中国分布式能源技术专利的申请数量高达 1559 项，成为最大的分布式能源技术专利申请国和受理国。

### 5.4.5　主要申请人分析

表 5-7 列出了全球分布式能源技术专利申请不少于 50 项的主要专利权人及其专利申请的时间分布情况。表 5-8 给出的是主要分布式能源技术专利权人的专利技术区域保护情况。

表 5-7　主要分布式能源技术专利权人及其专利申请时间分布情况　　　（单位：项）

| 专利权人 | 国别 | 专利申请数量 | | | |
| --- | --- | --- | --- | --- | --- |
| | | 总量 | 2011~2018 年 | 2001~2010 年 | 2000 年以前 |
| 国家电网有限公司 | 中国 | 1161 | 1125 | 1 | 0 |

| 专利权人 | 国别 | 专利申请数量 | | | |
|---|---|---|---|---|---|
| | | 总量 | 2011~2018 年 | 2001~2010 年 | 2000 年以前 |
| 京瓷株式会社 | 日本 | 152 | 146 | 0 | 0 |
| 华北电力大学 | 中国 | 141 | 133 | 1 | 0 |
| 东南大学 | 中国 | 111 | 110 | 1 | 0 |
| 日立制作所 | 日本 | 110 | 51 | 42 | 16 |
| 天津大学 | 中国 | 109 | 103 | 3 | 0 |
| 松下电器 | 日本 | 105 | 92 | 11 | 0 |
| 日新电机株式会社 | 日本 | 100 | 20 | 33 | 45 |
| 通用电气公司 | 美国 | 98 | 51 | 38 | 7 |
| 东芝集团 | 日本 | 81 | 38 | 24 | 19 |
| 浙江大学 | 中国 | 73 | 71 | 0 | 0 |
| 中国南方电网有限责任公司 | 中国 | 72 | 67 | 0 | 0 |
| 中国电力株式会社 | 日本 | 71 | 49 | 22 | 0 |
| 三菱电机有限公司 | 日本 | 67 | 43 | 14 | 7 |
| 上海交通大学 | 中国 | 63 | 57 | 2 | 0 |
| 三星 SDI | 韩国 | 62 | 12 | 49 | 1 |
| 富士电机株式会社 | 日本 | 57 | 22 | 19 | 15 |
| 欧姆龙株式会社 | 日本 | 56 | 18 | 24 | 14 |
| 河海大学 | 中国 | 56 | 55 | 0 | 0 |
| 无锡同春新能源科技有限公司 | 中国 | 53 | 53 | 0 | 0 |
| 关西电力株式会社 | 日本 | 52 | 13 | 35 | 4 |
| 上海电力大学 | 中国 | 52 | 48 | 1 | 0 |
| 华南理工大学 | 中国 | 51 | 49 | 0 | 0 |

**表 5-8 主要分布式能源技术专利权人的专利技术区域保护情况** （单位：项）

| 专利权人 | 国别 | 中国 | 日本 | 美国 | 世界知识产权组织 | 韩国 | 欧洲专利局 | 德国 |
|---|---|---|---|---|---|---|---|---|
| 国家电网有限公司 | 中国 | 1156 | | 1 | 4 | | | |
| 京瓷株式会社 | 日本 | | 99 | | 53 | | | |
| 华北电力大学 | 中国 | 141 | | | | | | |
| 东南大学 | 中国 | 111 | | | | | | |
| 日立制作所 | 日本 | 2 | 67 | 15 | 20 | | 5 | |
| 天津大学 | 中国 | 109 | | | | | | |
| 松下电器 | 日本 | | 64 | 2 | 37 | | 2 | |
| 日新电机株式会社 | 日本 | | 98 | | 2 | | | |
| 通用电气公司 | 美国 | 1 | | 72 | 11 | | 11 | 1 |

| 专利权人 | 国别 | 中国 | 日本 | 美国 | 世界知识产权组织 | 韩国 | 欧洲专利局 | 德国 |
|---|---|---|---|---|---|---|---|---|
| 东芝集团 | 日本 | | 67 | 3 | 8 | | 2 | 1 |
| 浙江大学 | 中国 | 73 | | | | | | |
| 中国南方电网有限责任公司 | 中国 | 72 | | | | | | |
| 中国电力株式会社 | 日本 | | 71 | | | | | |
| 三菱电机有限公司 | 日本 | | 56 | 1 | 10 | | | |
| 上海交通大学 | 中国 | 63 | | | | | | |
| 三星 SDI | 韩国 | 1 | | 42 | 1 | 5 | 12 | |
| 富士电机株式会社 | 日本 | | 54 | 1 | 2 | | | |
| 欧姆龙株式会社 | 日本 | | 43 | 1 | 7 | | 4 | 1 |
| 河海大学 | 中国 | 56 | | | | | | |
| 无锡同春新能源科技有限公司 | 中国 | 53 | | | | | | |
| 关西电力株式会社 | 日本 | | 51 | | 1 | | | |
| 上海电力大学 | 中国 | 52 | | | | | | |
| 华南理工大学 | 中国 | 51 | | | | | | |

从机构类型来看，专利权人主要分为企业以及高校。可以看出，分布式能源技术领域的相关研发主力是企业和高校。其中，国家电网有限公司作为国有独资公司，其分布式能源技术专利申请总量达 1161 项，占 23 个专利权人申请总量的 39% 左右。

从国别来看，分布式能源技术主要相关专利权人中，来自中国的机构数量最多，其次是日本，而美国与韩国分别只有一家。具体来看，中国分布式能源技术专利申请量较多的企业包括国家电网有限公司、中国南方电网有限责任公司以及无锡同春新能源科技有限公司等 3 家，高校包括华北电力大学、东南大学、天津大学、浙江大学、上海交通大学、河海大学、上海电力大学以及华南理工大学共 8 所。从时间上看，中国的主要专利权人都集中在 2011～2018 年申请专利，除了国家电网有限公司外，其他机构的专利技术保护区域全部都只在国内申请相关专利。

日本主要的分布式能源技术专利申请机构包括京瓷株式会社、日立制作所、松下电器、日新电机株式会社、东芝集团、中国电力株式会社、三菱电机有限公司、富士电机株式会社、欧姆龙株式会社、关西电力株式会社共 10 家企业。京瓷株式会社最初为一家技术陶瓷生产厂商，如今大多数产品与电信有关，包括无线手机和网络设备、半导体元件、射频和微波产品套装、无源电子元件、水晶振荡器和连接器、使用在光电通信网络中的光电产品，所以其专利申请都集中在 2011～2018 年，并且主要布局在日本并进行 IPC 专利申请。而其他企业，诸如日立制作所、日新电机株式会社、东芝集团等，在表 5-7 中的三个时间段，均有分布式能源技术的专利申请，在多个国家或地区（如中国、日本、美国、韩国以及欧洲等）进行专利布局，并进行 IPC 专利申请，非常重视对其专利技术在全球范围内进行广泛、有效的保护。

美国的通用电气公司以及韩国的三星 SDI，从 20 世纪 90 年代开始关注分布式能源技术，主要集中在 2001～2018 年进行分布式能源技术的研发，主要布局在美国、欧洲并进行 IPC 专利申请。

### 5.4.6　小结

近年来，得益于电力技术、信息技术、控制技术和储能技术的快速发展，全球分布式能源技术处于快速发展阶段。

分布式能源技术专利申请主要集中在以下几个方面：①供电或配电的电路装置或系统；电能存储系统。②光伏电站；与其他电能产生系统组合在一起的光伏能源系统以及光伏模块的支撑结构。③特殊用途的风力发动机；风力发动机与受它驱动的装置的组合；安装于特定场所的风力发动机。④专门适用于行政、商业、金融、管理、监督或预测目的的数据处理系统或方法。

在全球分布式能源技术专利申请中，中国遥遥领先于其他国家，虽然其起步晚，但是近几年的专利申请呈现"井喷式"发展，是全球最大的分布式能源技术专利申请国和受理国，主要机构类型多为企业和高校，但大多数机构进入该技术领域普遍较晚，并集中在国内进行专利申请，国际保护较弱。而排名第二、第三的日本、美国进入分布式能源技术领域均较早，都比较重视其对专利技术在全球范围进行保护。

## 5.5　我国发展现状及对策建议

### 5.5.1　我国战略规划

随着我国能源革命的持续深入，加大风能、太阳能、核能等清洁能源的开发是目前我国能源战略的主要方向。由于新能源出力具有间歇性和不确定性，大容量风电和光电集中接入电力系统会严重影响主电网的电能质量和稳定运行，容易造成弃风、弃光，甚至脱网等问题，制约了新能源的大规模利用和发展，可再生能源发电遭遇瓶颈，迫切需要发展多能互补的分布式供能技术，改革能源供给侧结构，构建现代能源体系。2012 年初，国家电网有限公司提出构建全球能源互联网。2016 年 2 月，国家发展和改革委员会、国家能源局、工业和信息化部联合发布了《关于推进"互联网+"智慧能源发展的指导意见》，完成了基于互联网的新能源产业的顶层设计（国家发展和改革委员会等，2016）。同年 7 月，国家发展和改革委员会、国家能源局出台《关于推进多能互补集成优化示范工程建设的实施意见》，明确提出将在"十三五"期间建成多项国家级终端一体化集成供能示范工程及国家级风光水火储多能互补示范工程（国家发展和改革委员会和国家能源局，2016）。根据这一实施意见，国家能源局于 2017 年 1 月发布《首批多能互补集成优化示范工程的通知》，公布了首批 23 个多能互补集成优化示范工程项目，要求在完成第一批示范工程建设的基础上，到 2020 年，各省（区、市）新建产业园区采用终端一体化集成供能系统的比例达到 50% 左右，既有产业园区实施能源综合梯级利用改造的比例达到 30% 左右；国家级风光水火储多能互补示范工程弃风率控制在 5% 以内，弃光率控制在 3% 以内（国家能源局，2017a）。2017 年

10 月，国家电网有限公司发布了《关于在各省公司开展综合能源服务业务的意见》，将提供多元化分布式能源服务、构建终端一体化多能互补的能源供应体系列为综合能源服务业务的重点任务。

## 5.5.2 我国重大项目部署

### 5.5.2.1 重大研究项目

"十三五"以来，我国政府愈加重视多能互补系统相关技术的研发，部署了一系列重大研究项目。2016 年 7 月，国务院印发《"十三五"国家科技创新规划》，部署了面向 2030 年的一批科技创新 2030—重大项目，其中的"智能电网"专项，聚焦部署大规模可再生能源并网调控、大电网柔性互联、多元用户供需互动用电、智能电网基础支撑技术等重点任务，实现智能电网技术装备与系统全面国产化，提升电力装备全球市场占有率（国务院，2016）。科学技术部国家重点研发计划自 2016 年以来先后启动了"智能电网技术与装备"和"可再生能源与氢能技术"重点专项。其中，"智能电网技术与装备"重点专项实施时间为 2016～2020 年，以到 2020 年实现我国在智能电网技术领域整体处于国际引领地位为总体目标，围绕大规模可再生能源并网消纳、大电网柔性互联、多元用户供需互动用电、多能源互补的分布式供能与微网、智能电网基础支撑技术 5 个创新链（技术方向）部署 23 个重点研究任务，2018 年的国拨经费总概算为 4.63 亿元。"可再生能源与氢能技术"重点专项实施时间为 2018～2022 年，围绕太阳能、风能、生物质能、地热能与海洋能、氢能、可再生能源耦合与系统集成技术 6 个创新链（技术方向）部署 38 个重点研究任务，2019 年的国拨经费总概算为 4.38 亿元。

### 5.5.2.2 示范项目

在国家发布多能互补示范项目规划政策之前，我国已有多能互补的实践基础。天津的国网客服中心北方园区的综合能源服务项目，以电能为唯一外部能源，通过建设光伏发电、地源热泵、冰蓄冷等多种能源转换装置，规模化高效应用区域太阳能、风能、地热能、空气能 4 类可再生能源；东莞松山湖综合能源项目将建成投产第一个由电网主导、冷热电多能供应、耦合交直流混合微电网的综合能源站；广州明珠工业区通过电、热、冷、气系统优化提高能源综合利用率，积极打造可再生能源大规模就地消纳智能工业示范园；北京市延庆区"城市能源互联网"综合示范工程旨在建设支撑高渗透率新能源充分消纳的区域能源系统；雄安新区多能互补工程对地热能进行梯级利用，以中深层地热为主，浅层地热、再生水余热、垃圾发电余热为辅，提出了考虑燃气等能源为补充的"地热+"多能互补方案。

国家能源局 2017 年公布的首批 23 个多能互补集成优化示范工程，主要包括 17 个终端一体化集成供能系统和 6 个风光水火储多能互补系统，项目名单见表 5-9。终端一体化集成供能系统主要面向终端用户侧电、热、冷、气等多种用能需求，通过天然气多联供、分布式可再生能源和智能微电网等方式，实现多能协同供应和能源综合梯级利用。其代表性工程为协鑫苏州工业园区多能互补集成优化示范项目，其在苏州工业园区，围绕低碳、高效、多能、智能四个方向，实施天然气分布式、光伏、风电、储能、地热、沼气等多能互补和电网、热网、冷网、天然气网等四网耦合，可为工业园用户提供分布式能源、储能、需求侧和售电综合一体化服务。风光水火储多能互补系统利用大型综合能源基地风能、太阳能、水能、煤炭、天然气等资源组合优势，主要建在风光资源富集的"三北"地区和水电资源富集的西南地区，调整风电和光伏的波动性，为系统提供相对稳定可靠的电源，促进可再生能源的外送消纳，减少弃风弃光现象。其代表性工程为青海海南州水光风多能互补集成优化示范项目，将建设 400 万千瓦的光伏电站群、200 万千瓦的风电电站群，与黄河上游茨哈峡—羊曲河段 416 万千瓦水电实现多能互补，既可发挥水力发电的快速调节能力，补充光伏电站的有功出力，提高光伏电能质量，又可通过优先安排光伏发电，辅以水力发电，提高项目的整体经济效益。

**表 5-9　我国首批多能互补集成优化示范工程项目**

| 技术路线 | 工程名称 | 建设地 |
| --- | --- | --- |
| 终端一体化集成供能系统 | 北京丽泽金融商务区多能互补集成优化示范工程 | 北京市丽泽金融商务区 |
| | 张家口"奥运风光城"多能互补集成优化示范工程 | 河北省张家口市沽源县 |
| | 廊坊经济开发区多能互补集成优化示范工程 | 河北省廊坊市经济开发区 |
| | 廊坊中信国安第一城多能互补集成优化示范工程 | 河北省廊坊市香河县 |
| | 大同经济开发区多能互补集成优化示范工程 | 山西省大同市经济技术开发区 |
| | 通辽扎哈淖尔多能互补集成优化示范工程 | 内蒙古自治区通辽市扎鲁特旗扎哈淖尔工业园区 |
| | 苏州工业园区多能互补集成优化示范工程 | 江苏省苏州市工业园区 |
| | 高邮城南经济新区多能互补集成优化示范工程 | 江苏省高邮市城南经济新区 |
| | 合肥空港经济示范区多能互补集成优化示范工程 | 安徽省合肥市空港经济示范区 |
| | 青岛中德生态园多能互补集成优化示范工程 | 山东省青岛市经济开发区 |
| | 武汉未来科技城多能互补集成优化示范工程 | 湖北省武汉市东湖高新区未来科技城 |
| | 深圳国际低碳城多能互补集成优化示范工程 | 广东省深圳市国际低碳城 |
| | 榆林靖边光气氢牧多能互补集成优化示范工程 | 陕西省榆林市靖边县能源化工综合利用产业园区 |
| | 延安新城北区多能互补集成优化示范工程 | 陕西省延安市新区 |
| | 延安安塞多能互补集成优化示范工程 | 陕西省延安市安塞区 |
| | 渭南富平多能互补集成优化示范工程 | 陕西省渭南市富平县 |
| | 新疆生产建设兵团第十二师一○四团多能互补集成优化示范工程 | 新疆生产建设兵团第十二师 |
| 风光水火储多能互补系统 | 张家口张北风光热储输多能互补集成优化示范工程 | 河北省张家口市张北县 |
| | 包头土默特右旗电力风光火热储多能互补集成优化示范工程 | 内蒙古自治区包头市土默特右旗 |
| | 凉山州鸭嘴河流域光水牧多能互补集成优化示范工程 | 四川省凉山彝族自治州木里藏族自治县卡拉乡 |
| | 韩城龙门开发区多能互补集成优化示范工程 | 陕西省韩城市龙门经济开发区 |
| | 海西州多能互补集成优化示范工程 | 青海省海西州蒙古族藏族自治州格尔木市 |
| | 海南州水光风多能互补集成优化示范工程 | 青海省海南州 |

资料来源：国家发展和改革委员会（2016）

2017 年国家能源局公布首批 55 个 "互联网+" 智慧能源（能源互联网）示范项目，包括 12 个城市能源互联网综合示范项目、12 个园区能源互联网综合示范项目、5 个其他及跨地区多能协同示范项目、6 个基于电动汽车的能源互联网示范项目、2 个基于灵活性资源的能源互联网示范项目、3 个基于绿色能源灵活交易的能源互联网示范项目、4 个基于行业融合的能源互联网示范项目、8 个能源大数据与第三方服务示范项目、3 个智能化能源基础设施示范项目（国家能源局，2017b）。其中，中宁县基于灵活性资源的能源互联网试点示范项目通过光伏、风电、生物质、余热发电、热电等多种能源协调互补，并利用园区电解铝、电解锰、县城空调、热水器、供暖等冷热电负荷调节和中断控制等手段，提升可再生能源的就地消纳能力；北京延庆能源互联网综合示范区项目是一个空间跨度大、可再生能源类型较多、应用场景差异较大的区域综合能源互联网项目，统合提供风电、光电、地热、天然气、沼气、热力等多种能源，解决工业、农业、旅游业生产生活的冷、热、电等多种用能需求；延长石油 1 吉瓦风光气氢牧能源互联网示范项目通过配电网，分布式风、光及储能建设，可有效解决延长油气田供电可靠、降本增效等迫切问题，同时充分利用当地天然气、油田伴生气以及风、光可再生能源实现自发自用，对增加清洁能源消纳具有重要作用。

## 5.5.3 启示与建议

多能互补系统能够应对多种能源在空间和时间上的不均匀分布，因地制宜，综合利用，实现各种能源之间的良性互动，促进可再生能源的消纳，提升供能可靠性，降低环境污染，优化能源结构，获得良好的社会效益和经济效益，对能源转型有着重要意义。目前多能互补系统受到许多国家的重视，不同国家根据其自身需求和发展特点制定不同的发展战略，也取得了一定的成果。我国在多能互补系统的研究开发及工程应用方面均面临许多挑战，在多能互补系统的规划设计、多能流建模、综合能量管理及协调优化方面均与国际发达国家有一定差距，在多种类型多能互补系统的示范应用方面才刚刚起步。通过对多能互补相关国际政策规划的解读以及对关键前沿技术进展和趋势的分析，结合专利的产出分析，对该领域的发展提出以下建议。

1）注重一体化、智能化的多能互补系统顶层架构设计和区域多样化系统方案开发。根据我国能源资源结构特点，做好多能互补系统的整体布局规划。从能源全系统层优化现有能源系统，着力发展融合化石能源、可再生能源和核能的多能互补系统，突破各能源子系统的互补和综合利用技术。同时，根据不同地区的能源资源特点、用户需求特征等，因地制宜开发多样化的多能互补系统方案，同时总结不同地区能源系统的共性进行集中开发，避免重复导致的资源浪费。

2）政府部门出台多层次支持政策和做好规划协调，促进多能互补系统的发展。政府相关部门宜从总体布局、关键技术研发、示范项目部署、技术应用补贴等多层面出台相关政策。另外，多能互补系统的部署往往跨部门、跨区域、跨领域进行，因此也需政府做好协调规划工作，为多能互补系统的部署提供良好的政策环境。政府规划时宜尽量覆盖整个价值链的利益相关方，综合征求建议和意见，达成共识，以最大可能地调用各方力量。在技术研发和部署过程中引入私营企业的力量，促进公私合作，充分利用市场促进相关技术的发展。

3）在技术研发上，高度关注信息技术和能源技术深度融合的智慧能源技术。开展不同规模分布式能源系统、智能微网、适合多能互补系统的复杂多能流建模和能量管理技术、需求侧管理技术、大规模先进储能等关键技术的研发和示范，同时开展未来多能融合系统中低碳醇和氢气的制备和规模化利用，开发电制气、电制热、气发电、气制热等能源转化子系统和"车辆到电网"等用户端灵活储能方式的集成方案和示范应用。多能互补系统的复杂仅通过数值模拟和实验室研究无法充分理解，集成至能源系统和大规模示范是重要途径。多种规模、多种形式的多能互补系统的示范部署有助于增进多能互补系统的理解，提高多能系统设计规划、运行管理和协调调度水平。

4）大力发展多能互补系统的相关基础设施，如远距离特高压输电、通信基础设施、储氢及加氢基础设施、智能电表、电动汽车智能充电装置等。多能互补系统的一些关键技术的应用和普及需建立在完善的基础设施基础之上，政府宜采取激励措施调动社会资源提前开展相关的部署工作，为多能互补系统的应用提供土壤。

5）加强国际合作与交流，分享成功案例和经验。一方面，借鉴国外发展的成功经验，如日本氢能、智慧城市和智能社区技术，欧洲高比例风能及太阳能集成技术，美国现代化电网、核能-可再生能源混合能源系统技术，等等，积极主动利用国际创新资源开展适合我国国情的多能互补系统研究；另一方面，借助国际合作交流可以拓展我国在多能互补领域优秀科技成果的应用范围，提高我国在科技领域的国际影响力，为落实"一带一路"能源合作倡议、推动构建人类命运共同体做出积极贡献。

**致谢** 特别感谢中国科学院工程热物理研究所隋军研究员、韩巍研究员、刘启斌研究员，以及华北电力大学谭忠富教授对本章内容提供宝贵的意见和建议！

# 参 考 文 献

鲍薇. 2014. 多电压源型微源组网的微电网运行控制与能量管理策略研究. 中国电力科学研究院博士学位论文.

畅欣，韩民晓，郑超. 2016. FSC 可变速抽水蓄能在含大规模风光发电系统中的应用. 水电与抽水蓄能，2（2）：93-98.

丁涛，牟晨璐，别朝红，等. 2018. 能源互联网及其优化运行研究现状综述. 中国电机工程学报，38（15）：4318-4328.

国家发展和改革委员会，国家能源局. 2016. 国家发展改革委 国家能源局关于推进多能互补集成优化示范工程建设的实施意见. http://www.ndrc.gov.cn/zcfb/zcfbtz/201607/t20160706_810652.html [2019-04-18].

国家发展和改革委员会，国家能源局，工业和信息化部. 2016. 关于推进"互联网+"智慧能源发展的指导意见. http://www.ndrc.gov.cn/zcfb/zcfbtz/201602/t20160229_790900.html [2019-04-18].

国家能源局. 2017a. 国家能源局关于公布首批多能互补集成优化示范工程的通知. http://zfxxgk.nea.gov.cn/auto82/201702/t20170206_2500.htm [2019-04-18].

国家能源局. 2017b. 国家能源局关于公布首批"互联网+"智慧能源（能源互联网）示范项目的通知. http://zfxxgk.nea.gov.cn/auto83/201707/t20170706_2825.htm [2019-04-18].

国务院. 2016. 国务院关于印发"十三五"国家科技创新规划的通知. http://www. gov. cn/zhengce/content/
　　2016-08/08/content_5098072. htm［2019-04-18］

韩高岩, 吕洪坤, 蔡洁聪, 等. 2019. 燃气冷热电三联供发展现状及前景展望. 浙江电力,（1）：18-24.

郝然, 艾芊, 朱宇超, 等. 2017. 基于能源集线器的区域综合能源系统分层优化调度. 电力自动化设备,
　　37（6）：171-178.

洪文鹏, 滕达. 2018. 分布式冷热电联供系统集成及应用分析. 东北电力大学学报, 38（5）：54-63.

胡波, 周意诚, 杨方, 等. 2016. 日本智能电网政策体系及发展重点研究. 中国电力, 49（3）：110-114.

季振亚, 黄学良, 张梓麒, 等. 2018. 基于随机优化的综合能源系统能量管理. 东南大学学报（自然科学版）,
　　48（1）：45-53.

贾宏杰, 穆云飞, 余晓丹. 2015. 对我国综合能源系统发展的思考. 电力建设, 36（1）：16-25.

赖建波, 马俊峰. 2018. 天然气分布式能源与天然气热电联产项目的区别. 科技创新与应用,（31）：50-52.

郎俊山, 宋红磊. 2016. 超级铅酸蓄电池研究进展. 广东化工, 43（9）：148-149.

黎静华, 黄玉金, 张鹏. 2018. 综合能源系统多能流潮流计算模型与方法综述. 电力建设, 39（3）：1-11.

李媛媛, 陈伟, 徐颖, 等. 2017. 超导电能存储技术及其发展前景. 新材料产业,（7）：28-35.

梁慧. 2016-10-14. 我国应借鉴日本氢能源技术发展战略. 中国石化报, 第 5 版.

刘秀如. 2018a. 我国多能互补能源系统发展及政策研究. 环境保护与循环经济, 38（7）：1-4.

刘秀如. 2018b. 多能互补集成优化系统分析与展望. 节能, 37（9）：28-33.

麦惠俊. 2018. V2G 技术在微电网中应用综述. 建材与装饰,（27）：219-220.

孙东, 荆晓磊. 2019. 相变储热研究进展及综述. 节能, 38（4）：154-157.

孙宏斌, 潘昭光, 郭庆来. 2016. 多能流能量管理研究：挑战与展望. 电力系统自动化, 40（15）：1-8.

孙秋野, 滕菲, 张化光, 等. 2015. 能源互联网动态协调优化控制体系构建. 中国电机工程学报, 35（14）：
　　3667-3677.

孙文, 王培红. 2015. 钠硫电池的应用现状与发展. 上海节能,（2）：85-89.

王宜政, 刘井军, 安灵旭, 等. 2018. 城市能源互联网多能互补的运行模式分析. 中国电力企业管理,（28）：
　　44-48.

许崇伟, 贾明潇, 耿传玉, 等. 2018. 超导磁储能研究. 集成电路应用, 35（8）：25-29.

曾鸣, 杨雍琦, 刘敦楠, 等. 2016. 能源互联网"源-网-荷-储"协调优化运营模式及关键技术. 电网技术,
　　40（1）：114-124.

曾鸣, 刘英新, 周鹏程, 等. 2018. 综合能源系统建模及效益评价体系综述与展望. 电网技术, 42（6）：
　　1697-1708.

钟迪, 李启明, 周贤, 等. 2018. 多能互补能源综合利用关键技术研究现状及发展趋势. 热力发电, 47（2）：
　　1-5.

经济产业省. 2009. 次世代エネルギー·社会システム協議会について. https://www. meti. go. jp/committee/
　　summary/0004633/index. html［2019-02-22］.

经济产业省. 2010. スマートコミュニティ実証について. http://www. enecho. meti. go. jp/category/saving_
　　and_new/advanced_systems/smart_community/community. html#masterplan［2019-02-22］.

经济产业省. 2014. 第 4 次エネルギー基本計画. http://www. enecho. meti. go. jp/category/others/basic_
　　plan/past. html#head［2019-02-22］.

経済産業省. 2016a. エネルギー革新戦略（概要）. http://www. meti. go. jp/press/2016/04/20160419002/ 20160419002-1. pdf［2019-02-22］.

経済産業省. 2016b. 福島新エネ社会構想. http://www. enecho. meti. go. jp/category/saving_and_new/ fukushima_vision/［2019-02-22］.

経済産業省. 2017. 水素基本戦略. http://www. meti. go. jp/press/2017/12/20171226002/20171226002-1. pdf ［2019-02-22］.

経済産業省. 2018. 第5次エネルギー基本計画. http://www. enecho. meti. go. jp/category/others/basic_plan/ pdf/180703. pdf［2019-02-22］.

内閣府. 2016. 「エネルギー・環境イノベーション戦略（案）」の概要. https://www8. cao. go. jp/cstp/siryo/ haihui018/siryo1-1. pdf［2019-02-22］.

新エネルギー導入促進協議会. 2016. 平成26年度次世代エネルギー技術実証事業費補助金（補正予算に 係るもの）の成果報告書(公開版)について. http://www. nepc. or. jp/topics/2016/0330_1.html[2019-02-22].

Ayele G T，Haurant P，Laumert B，et al. 2018. An extended energy hub approach for load flow analysis of highly coupled district energy networks：Illustration with electricity and heating. Applied Energy，212：850-867.

Bao Z，Zhou Q，Yang Z，et al. 2015a. A multi time-scale and multi energy-type coordinated microgrid scheduling solution—Part I：model and methodology. IEEE Transactions on Power Systems，30（5）：2257-2266.

Bao Z，Zhou Q，Yang Z，et al. 2015b. A multi time-scale and multi energy-type coordinated microgrid scheduling solution—Part II：optimization algorithm and case studies. IEEE Transactions on Power Systems，30（5）：2267-2277.

BEIS，Ofgem. 2016. A Smart，Flexible Energy System：Call for Evidence. https://www. gov. uk/government/ consultations/call-for-evidence-a-smart-flexible-energy-system［2019-01-28］.

BEIS，Ofgem. 2017. Upgrading Our Energy System：Smart Systems and Flexibility Plan. https://www. gov. uk/ government/publications/upgrading-our-energy-system-smart-systems-and-flexibility-plan［2019-01-28］..

BEIS. 2017a. Industrial Strategy：Building a Britain Fit for the Future. https://assets.publishing.service.gov.uk/ government/uploads/system/uploads/attachment_data/file/664563/industrial-strategy-white-paper-web-ready-v ersion.pdf［2019-01-28］.

BEIS. 2017b. Clean Growth Strategy. https://www. gov. uk/government/publications/clean-growth-strategy# full-history［2019-01-29］.

BEIS. 2017c. Funding for Innovative Smart Energy Systems. https://www.gov.uk/guidance/funding-for-innovative- smart-energy-systems#history［2019-01-29］.

BMBF. 2015a. Kopernikus-Projekte für die Energiewende. https://www. bmbf. de/de/kopernikus-projekte-fuer- die-energiewende-2621. html［2019-01-03］.

BMBF. 2015b. Kopernikus-Projekt Ensure. https://www. kopernikus-projekte. de/projekte/neue-netzstrukturen ［2019-01-07］.

BMBF. 2015c. Kopernikus-Projekt ENavi. https://www. kopernikus-projekte. de/projekte/systemintegration ［2019-01-07］.

BMWi. 2010. Energy Concept for an Environmentally Sound，Reliable and Affordable Energy Supply. https://www. bmwi. de/Redaktion/DE/Downloads/E/energiekonzept-2010. pdf?__blob=publicationFile&v=3

［2019-01-07］.

BMWi. 2018. Energieforschungsprogramm der Bundesregierung. https://www.bmwi.de/Redaktion/DE/Publikationen/ Energie/7-energieforschungsprogramm-der-bundesregierung. html ［2019-01-07］.

Congress of United States. 2007. Energy Independence and Security Act of 2007. https://www. govinfo. gov/content/pkg/PLAW-110publ140/html/PLAW-110publ140. htm ［2018-12-10］.

Congress of United States. 2009. American Recovery and Reinvestment Act of 2009. https://www. congress. gov/bill/111th-congress/house-bill/1/text ［2019-01-07］.

Danish Energy Agency. 2017. The EUDP Strategy 2017-2019. https://ens. dk/sites/ens. dk/files/Forskning_og_ udvikling/uk_total_final_eudp_strategi. pdf ［2019-01-07］.

DOE. 2011. SunShot Vision Study. https://www. energy. gov/eere/solar/sunshot-vision-study ［2018-12-10］.

DOE. 2015a. Grid Modernization Initiative. https://www. energy. gov/grid-modernization-initiative［2018-12-10］.

DOE. 2015b. Grid Modernization Multi-Year Program Plan. https://www. energy. gov/sites/prod/files/2016/01/ f28/Grid%20Modernization%20Multi-Year%20Program%20Plan. pdf ［2019-04-18］.

DOE. 2015c. Quadrennial Technology Review 2015. https://www. energy. gov/quadrennial-technology-review-2015 ［2018-12-10］.

DOE. 2016a. DOE Grid Modernization Laboratory Consortium （GMLC）-Awards. https://www. energy. gov/ grid-modernization-initiative-0/doe-grid-modernization-laboratory-consortium-gmlc-awards ［2018-12-10］.

DOE. 2016b. Energy Department Announces More than 90% Achievement of 2020 SunShot Goal，Sets Sights on 2030 Affordability Targets. https://www. energy. gov/eere/articles/energy-department-announces-more-90-achievement-2020-sunshot-goal-sets-sights-2030 ［2018-12-10］.

DOE. 2016c. Systems Integration. https://www. energy. gov/eere/solar/systems-integration ［2018-12-10］.

DOE. 2017. Resilient Distribution Systems Lab Call Awards. https://www. energy. gov/grid-modernization-initiative-0/resilient-distribution-systems-lab-call-awards ［2018-12-10］.

DOE. 2018a. Systems Integration Competitive Awards. https://www. energy. gov/eere/solar/systems-integration-competitive-awards ［2018-12-10］.

DOE. 2018b. Renewable Systems Integration. https://www. energy. gov/eere/wind/renewable-systems-integration ［2018-12-10］.

DOE. 2018c. Nuclear Innovation：Clean Energy Future. https://www. energy. gov/ne/nuclear-innovation-clean-energy-future ［2018-12-10］.

EERA. 2010. Joint Programmes. ［2019-01-07］.

Energy System Catapult. 2015. Systems Integration. https://es. catapult. org. uk/capabilities/systems-integration/ ［2019-01-29］.

ETIP SENT. 2017. Implementation Plan 2017-2020. https://www.eitp-snet.eu/wp-content/uploads/2017/10/ ETIP-SNET-Implementation-Plan-2017-2020.pdf ［2019-04-22］.

ETIP SENT. 2018. ETIP SNET VISION 2050. https://www. etip-snet. eu/etip-snet-vision-2050/ ［2019-04-22］.

European Commission. 2015. Towards an Integrated Strategic Energy Technology （SET） Plan：Accelerating the European Energy System Transformation. https://ec. europa. eu/energy/sites/ener/files/documents/1_EN_ ACT_part1_v8_0. pdf ［2019-01-07］.

Fang F，Wang Q H，Shi Y. 2012. A novel optimal operational strategy for the CCHP system based on two operating modes. IEEE Transactions on Power Systems，27（2）：1032-1041.

Farzan F，Jafari M A，Masiello R，et al. 2015. Toward optimal day-ahead scheduling and operation control of Microgrids under uncertainty. IEEE Transactions on Smart Grid，6（2）：499-507.

Gao P，Dai Y，Tong Y，et al. 2015. Energy matching and optimization analysis of waste to energy CCHP （combined cooling，heating and power） system with exergy and energy level. Energy，79：522-535.

Gazda W，Stanek W. 2016. Energy and environmental assessment of integrated biogas trigeneration and photovoltaic plant as more sustainable industrial system. Applied Energy，169：138-149.

Huang Y，Mao S，Nelms R M. 2014. Adaptive electricity scheduling in Microgrids. IEEE Transactions on Smart Grid，5（1）：270-281.

INL. 2016. Nuclear-Renewable Hybrid Energy Systems：2016 Technology Development Program Plan. https://www. osti. gov/servlets/purl/1333006［2018-12-10］.

Innovate UK，BEIS，UKRI. 2017. Industrial Strategy Challenge Fund：for research and innovation. https://www. gov.uk/government/collections/industrial-strategy-challenge-fund-joint-research-and-innovation#full-history ［2018-12-10］.

Lin W，Jin X，Mu Y，et al. 2018. A two-stage multi-objective scheduling method for integrated community energy system. Applied Energy，216：428-441.

Ma T，Wu J，Hao L. 2017. Energy flow modeling and optimal operation analysis of the micro energy grid based on energy hub. Energy Conversion and Management，133：292-306.

Maroufmashat A，Fowler M，Khavas S S，et al. 2016. Mixed integer linear programing based approach for optimal planning and operation of a smart urban energy network to support the hydrogen economy. International Journal of Hydrogen Energy，41（19）：7700-7716.

Mehr A S，MosayebNezhad M，Lanzini A，et al. 2018. Thermodynamic assessment of a novel SOFC based CCHP system in a wastewater treatment plant. Energy，150：299-309.

Mitchell P，Skarvelis-Kazakos S. 2015. Control of a biogas co-firing CHP as an energy hub//IEEE. 2015 50th International Universities Power Engineering Conference （UPEC）. Stoke on Trenk：IEEE. 1-6.

Moghaddam I G，Saniei M，Mashhour E. 2016. A comprehensive model for self-scheduling an energy hub to supply cooling，heating and electrical demands of a building. Energy，94：157-170.

Mohammadi M，Noorollahi Y，Mohammadi-ivatloo B，et al. 2017. Energy hub：from a model to a concept - A review. Renewable and Sustainable Energy Reviews，80：1512-1527.

Mohammadi M，Noorollahi Y，Mohammadi-ivatloo B，et al. 2018. Optimal management of energy hubs and smart energy hubs-A review. Renewable and Sustainable Energy Reviews，89：33-50.

NEDO. 2009. スマートコミュニティ実証のケーススタデイ. https://www. nedo. go. jp/activities/ZZJP2_ 100058. html ［2019-02-22］.

Neyestani N，Yazdani-Damavandi M，Shafie-khah M，et al. 2015. Stochastic modeling of multienergy carriers dependencies in smart local networks with distributed energy resources. IEEE Transactions on Smart Grid，6（4）：1748-1762.

Orehounig K，Evins R，Dorer V. 2015. Integration of decentralized energy systems in neighbourhoods using the energy hub approach. Applied Energy，154：277-289.

Pazouki S，Haghifam M. 2014. Impact of energy storage technologies on multi carrier energy networks//IEEE. 2014 Smart Grid Conference（SGC）. Tehren：IEEE，1-6.

Pazouki S，Haghifam M. 2015. Scheduling of Energy Hubs including CCHP，solar and energy storages in different climates//IEEE. 2015 20th Conference on Electrical Power Distribution Networks Conference （EPDC）. Zahedan：IEEE，101-106.

Ren F，Zhang M，Sutanto D. 2013. A Multi-Agent Solution to Distribution System Management by Considering Distributed Generators. IEEE Transactions on Power Systems，28（2）：1442-1451.

Sanaye S，Sarrafi A. 2015. Optimization of combined cooling，heating and power generation by a solar system. Renewable Energy，80：699-712.

Shang C，Dipti S，Thomas R. 2017. Generation and storage scheduling of combined heat and power. Energy，124：693-705.

Shariatkhah M H，Haghifam M R，Parsa-Moghaddam M，et al. 2015. Modeling the reliability of multi-carrier energy systems considering dynamic behavior of thermal loads. Energy and Buildings，103：375-383.

Sharif A，Almansoori A，Fowler M，et al. 2014. Design of an energy hub based on natural gas and renewable energy sources. International Journal of Energy Research，38（3）：363-373.

Sheikh S，Malakooti B. 2011. Integrated energy systems with multi-objective//IEEE. 2011 EnergyTech. Cleveland：IEEE，1-5.

Sheikhi A，Rayati M，Ranjbar A M. 2015. Energy Hub optimal sizing in the smart grid：machine learning approach//IEEE. 2015 IEEE Power & Energy Society Innovative Smart Grid Technologies Conference （ISGT）. Washington：IEEE，1-5.

Shi W，Li N，Chu C，et al. 2017. Real-time energy management in microgrids. IEEE Transactions on Smart Grid，8（1）：228-238.

Siano P，Cecati C，Yu H，et al. 2012. Real time operation of smart grids via FCN networks and optimal power flow. IEEE Transactions on Industrial Informatics，8（4）：944-952.

Soheyli S，Mayam M H S，Mehrjoo M. 2016. Modeling a novel CCHP system including solar and wind renewable energy resources and sizing by a CC-MOPSO algorithm. Applied Energy，184：375-395.

Su B，Han W，Jin H. 2017. Proposal and assessment of a novel integrated CCHP system with biogas steam reforming using solar energy. Applied Energy，206：1-11.

Su W，Wang J，Roh J. 2014. Stochastic energy scheduling in microgrids with intermittent renewable energy resources. IEEE Transactions on Smart Grid，5（4）：1876-1883.

Teng F，Sun Q，Xie X，et al. 2015. A disaster-triggered life-support load restoration framework based on Multi-Agent Consensus System. Neurocomputing，170：339-352.

Wang H，Yin W，Abdollahi E，et al. 2015. Modelling and optimization of CHP based district heating system with renewable energy production and energy storage. Applied Energy，159：401-421.

Wang J，Mao T，Sui J，et al. 2015. Modeling and performance analysis of CCHP（combined cooling，heating and power）system based on co-firing of natural gas and biomass gasification gas. Energy，93：801-815.

Wang J，Yang K，Xu Z，et al. 2015. Energy and exergy analyses of an integrated CCHP system with biomass air gasification. Applied Energy，142：317-327.

Wang J，Yang Y，Mao T，et al. 2015. Life cycle assessment（LCA）optimization of solar-assisted hybrid CCHP system. Applied Energy，146：38-52.

Wang L，Li Q，Ding R，et al. 2017. Integrated scheduling of energy supply and demand in microgrids under uncertainty：A robust multi-objective optimization approach. Energy，130：1-14.

Wu C，Gu W，Jiang P，et al. 2018. Combined economic dispatch considering the time-delay of district heating network and multi-regional indoor temperature control. IEEE Transactions on Sustainable Energy，9（1）：118-127.

Zhang G，Yu C，Cao Y，et al. 2017. Optimal energy management for microgrids with combined heat and power（CHP）generation，energy storages，and renewable energy sources. Energies，10：1288.

Zheng J H，Chen J J，Wu Q H，et al. 2015. Multi-objective optimization and decision making for power dispatch of a large-scale integrated energy system with distributed DHCs embedded. Applied Energy，154：369-379.

Zheng J H，Wu Q H，Jing Z X. 2017. Coordinated scheduling strategy to optimize conflicting benefits for daily operation of integrated electricity and gas networks. Applied Energy，192：370-381.

# 6 合成生物制造领域国际发展态势分析

丁陈君 吴晓燕 陈 方 郑 颖 宋琪

（中国科学院成都文献情报中心）

**摘 要** 随着制造业所依赖的土地、水和化石燃料等资源日益稀少，有效利用生物质资源的合成生物制造提供了新的解决方案。近年来，合成生物学不断取得多项重大突破，从而加速了有关健康、材料、能源和环境等全球问题的生物工程解决方案的发展。因此，全球各国都十分重视对该领域的研发布局和战略规划。本章系统梳理了美国、欧盟、英国对合成生物学领域的整体布局和具体的行动计划。此外，也介绍了新加坡、澳大利亚和俄罗斯近期发布的与合成生物学研发相关的重要战略计划。

在研究进展方面，DNA 合成成本不断下降，DNA 链合成长度不断增加，合成能力不断增强，还能利用计算机辅助合成细菌基因组。在标准化、模块化功能元件不断取得突破的基础上，基因电路行为的可预测性提高，复杂性增加，逐步实现系统设计细菌或其他生物来执行自然界中不存在的任务。此外，蛋白质水平的电路方面也有所突破，或使强大的新细胞行为工程成为可能，为进一步精准控制细胞行为奠定了基础。人造生命方面屡屡创新，产生了多个世界首次的成果。植物天然产物的细胞工厂构建方面在近几年中成果尤为突出，研究人员已成功创建了萜类、苯丙素类和生物碱等的人工合成细胞工厂。在合成生物学研究论文发表方面，1999～2018 年，全球合成生物学领域的发文量稳步递增。中国发文量和高被引论文数量均位居美国之后，全球排名第二。从近 5 年的发文占比情况来看，中国、印度和韩国等国虽然起步较欧美国家晚，但后劲很足，合成生物学相关专利在过去 20 年时间里呈现明显的上升趋势。中国是最大的相关专利受理国家，专利数量在 2003 年赶超日本，2005 年赶超美国，排名第一，而后以指数级速度快速增长。从专利类型看，应用类型的专利最多，增长最快，其次是赋能技术，知识类专利最少。保护重点方面，对于微生物本身的利用和改造专利最多，涉及使用突变或遗传工程方法；对于酶、核酸或微生物的测定或检验方法的研发也较多。中国科学院是专利量最多的专利权人，江南大学位列第二，其次是美国加州大学、美国 Dharmacon 公司、美国哈佛大学和美国斯克利普斯研究所等。

在产业方面，随着合成生物学研发的不断创新，该领域已受到了资本市场的青睐。2017～2018 年，全球 200 家合成生物制造相关企业涉及融资金额超过 100 亿美元。

2019 年，投资者不仅热衷于成熟的合成生物公司，对初创公司也抛出了橄榄枝。在巨额资本的推动下，相信未来该领域的发展将展现出更大的潜力。我国合成生物制造产业主要表现在化工产业方面的渗透，目前已有大宗化学品和聚合物材料等产品实现了生物法生产工艺的产业化。

最后，针对我国合成生物制造的发展现状以及存在的挑战，提出以下三点发展建议：加大科技投入，加强顶层设计，更好地发挥科技创新对发展的支撑引领作用；完善管理政策，加大产业扶持力度，推动新的产业变革；重视生物安全监管，搭建科普宣传平台，合理引导大众舆论。

**关键词** 合成生物制造 合成生物学 论文分析 专利分析 产业现状

# 6.1 引言

合成生物学是 21 世纪初新兴的交叉学科，融合了生物学、工程学、物理学、化学、计算机科学等各学科知识和技术，其重要原则是标准化、去耦合和模块化。合成生物学的发展进一步拓展了分子生物学的研究领域，使人们从认识生物过程跨越到设计改造生物过程，具有重大的科学与技术价值。合成生物制造以合成生物学为工具，利用生物质等可持续资源生产能源、材料、化工产品、药物、食品等，是新型、绿色的物质加工方式，将引领新的产业模式和经济形态。通过利用人工细胞工厂高效合成稀缺的医药、实现精细化工产品的绿色工业生产，为传统产业走出资源环境制约提供了崭新思路。合成生物制造是物质财富创造的新模式，能源和工业原料方面不再完全依赖于化石资源，可大幅减少温室气体排放，并能够降低化学品的生产成本、减少对有毒化学助剂的使用，发展过程绿色、可持续。世界经济合作与发展组织的案例分析表明，合成生物制造可以降低工业过程能耗 15%～80%、原料消耗 35%～75%、空气污染 50%～90%、水污染 33%～80%、生产成本 9%～90%。未来合成生物制造有望彻底变革医药、食品、能源、材料、农业等产业发展的传统模式，重塑碳基物质文明发展模式，触发产业变革，打造万亿级产业集群。合成生物制造产业的发展将深刻影响人类的生产生活，更好地应对资源、能源、环境、健康等可持续发展挑战，帮助经济目标与环境目标协调发展，大幅度提升绿色指数，驱动全球向新的生物经济时代迈进。

# 6.2 国际规划与举措

## 6.2.1 美国

美国对于合成生物学的研发极为重视。2008～2014 年，美国在该领域研发投入总额为 8.2 亿美元。图 6-1 显示出美国在合成生物学领域研发投入的快速增长态势——从 2008 年很少的金额快速增长到 2014 年的 1.5 亿美元。自 2012 年开始，美国国防高级研究计划局（DARPA）成为资助美国合成生物学研发的首要机构，2014 年，超过 60%的研发资金来自 DARPA。整个国防部在合成生物学领域的研发投入占全美投入的 67%。

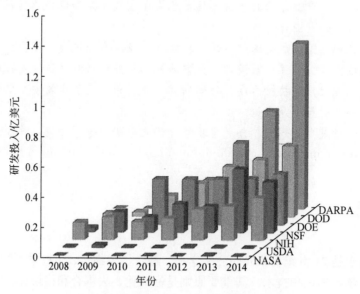

图 6-1　美国各财年合成生物学研发投入

### 6.2.1.1　DARPA 项目资助情况

2014 年 4 月，为了加强生命科学和生物技术相关研究，DARPA 成立了生物技术办公室（BTO）。BTO 目标在于，通过严格应用工程工具与相关学科，以期能够驾驭生物系统的无穷潜力，并通过来自生命科学的相关研究成果，设计开发下一代技术。研究方向包括：聚焦军人能力保持恢复与增强、生物系统的工程化应用、生物复杂性的规模化应用。BTO 资助项目涉及能够在极其广泛的空间与时间尺度上操作：从单个细胞，到人类与其他生物及其他群体；从神经细胞感受刺激所需的极短时间，到一个全新的病毒短期内在整个国家的迅速蔓延。总之，BTO 将积极探索自然过程复杂而高度适应的相关机制，并展示如何将这些科研成果真正应用到国防中。

DARPA 一直以来都十分重视合成生物学的研发，出于军事目的资助了多个研发项目。除了早年间开展的生命铸造厂（Living Foundries）、生物设计（Biodesign）、复杂环境中的生物鲁棒性（Biological Robustness in Complex Settings，BRICS）、具有生物功能的非天然聚合物、生物控制、工程活体材料、安全基因项目提升生物技术攻防能力等项目外，近两年也持续规划了多个项目。

（1）先进植物计划

2017 年 12 月，DARPA 启动先进植物技术（Advanced Plant Technologies，APT）计划，致力于设计在环境中可以自给自足的植物型传感器，并且能够使用现有硬件技术进行远程监控。该计划旨在利用植物的自然机制来感知和响应环境刺激，并将其扩展到检测某些化学物质、病原体、辐射甚至电磁信号的存在。

据悉，该计划的初步工作将在实验室、温室设施以及模拟的自然环境中进行，遵守所有适用的联邦法规，并由生物安全委员会监督。如果研究成功，后续的真实环境试验将在美国农业部动植物卫生检验局的支持下，按照植物生物安全相关的所有标准规定进行。但到目前为止，DARPA 还未确定在何种植物上开展此类实验。

如果该计划成功实现，它将提供一个无须（人造）能源的、隐秘耐用且能够广泛部署的新型传感平台，并且不仅仅局限于地雷识别与排除等军事用途。

（2）持续性水生生物传感器

2018 年 2 月 2 日，DARPA 发布"持续性水生生物传感器"（PALS）项目征询文件，旨在开发监测水下运载工具的水生生物传感器硬件设备，研究海洋生物探测水下运载工具的生物信号或行为，通过传感器硬件设备捕获、解释和转发这些生物信号或行为，探测美军可能面临的海上威胁。

PALS 将是一个基础研究项目，可在生物学、化学、物理学、机器学习、分析、海洋学、机械和电气工程以及弱信号检测等领域做出贡献。

A. 项目背景

美军部署载人/无人驾驶的平台和传感器网络来监测对手的海事活动，但仅靠这些硬件无法完全监测动态的海洋环境及对手的海事活动。海洋生物与周围环境高度相关，具备动态监测海洋环境的潜在优势。因此，DARPA 生物技术办公室提出 PALS 项目，旨在挖掘海洋生物的自然感应能力，以便在海峡和沿岸等战略水域监测对手的海事活动。

B. 项目概况

美国海军目前检测和监测水下航行器的方法以资源密集型的硬件为主。该硬件主要用于战术层面，以保护航空母舰等高价值资产，但在战略层面应用较少。DARPA 希望利用海洋水生生物体的先天感知能力，扩大跟踪敌方海事活动的能力，持续、谨慎、高精度地监测敌方水下航行器的类型和大小。

PALS 项目为期 4 年，将研究自然和改良水生生物，确定哪些生物传感器能够较好地支持监测载人和无人水下运载工具的传感器系统。项目将研究海洋生物对这些水下运载工具的反应，并对所得到的生物信号或行为进行特征化，以便通过硬件设备捕获、解释和转发这些生物信号或行为。项目将利用本土海洋生物，无须训练、安置或修改这些生物，将在多个地点部署这些生物感应系统。

C. 技术重点

由生物体构建的传感器系统仅提供硬件优势。海洋生物需要适应并响应环境，响应自我复制和维持能力。进化使海洋生物能够感知触觉、电、声、磁、化学和光学的跨域刺激。即使在较微弱光线下，海洋生物也能够在黑暗中感应信号从而进行狩猎和逃避等。

评估海洋生物的传感能力是 PALS 项目面临的挑战之一。该项目还需要开发硬件、软件和算法，将海洋生物的行为转化为可操作信息，传达给终端用户。部署在远至 500 米外的远距离操作的硬件系统必须收集相关物种感兴趣的信号，处理和提取这些信号，然后转发给远程终端用户。完整的传感系统还必须区分目标车辆和其他刺激源，如碎片和其他海洋生物，以减少信号传感的误报数量。

（3）保护性等位基因和响应元件的预先表达

2018年5月29日，DARPA启动一项为期4年的新项目，名为"保护性等位基因和响应元件的预先表达"（PReemptive Expression of Protective Alleles and Response Elements，PREPARE），旨在开发瞬时和可编程的基因调节器，以提高人类对化学、生物和放射性危害的防御能力。

该项目主要针对以下4个危害人类的威胁：流感病毒感染、阿片类药物过量服用、有机磷酸盐中毒和γ射线的辐射危害。PREPARE项目负责人介绍，人类本身具有很强的防御能力，每个细胞都含有在一定程度上抵抗特定健康威胁的编码基因，但这些内置抗体无法快速响应或有效表达。与当前的基因编辑研究不同的是，该项目将研究如何通过在受到侵害前或侵害后暂时性且可逆地增强这种先天性抵抗能力，而不对基因组进行任何永久性的修饰。这主要通过研究表观基因组和转录组的细胞信息，这些信息传递了细胞内的DNA遗传指令。

PREPARE项目的主要研究内容包括：①确定哪些基因靶点能够触发所需响应；②开发能够在体内实现靶点调控的技术；③创建细胞和组织特异性递送系统，将可编程基因调控剂引导到身体的正确部位；④构建一个能适应范围广泛且不断演变的健康威胁的模块化研究平台。

（4）生物停滞

2018年3月，DARPA启动了一项名为"生物停滞"（Biostasis）的新计划，旨在开发一种治疗方法，可以减缓身体的生化反应，使身体进入缓慢或暂停的状态，直到有合适的医疗护理条件。

这个项目主要是模拟地球上有些生物采用的类似策略：在看似致命的环境中生存。例如，微观生物水熊通过进入一种名为"隐生"的状态可以在冰冻、脱水和极端辐射条件下存活。此时其代谢过程似乎已停止，但生物体仍是活着的。

生命系统由一系列生化反应组成，这些反应仅在蛋白质或被称为催化剂的"分子机器"的帮助下发生。该计划的目标就是通过控制这些分子机器并使它们以相同的速率减慢下来，以此来减慢整个系统的速度，并避免在干预被逆转或消失时产生不良后果。

这项技术还处于初级阶段，如果它能减弱系统内所有可测量的生物学功能，并且当系统恢复到"正常"速度时没有对细胞产生损害就可认定为成功。此外，通过Biostasis计划开发的技术也可用于延长血液制品或生物试剂和药物的保质期。

（5）合成发现和设计

位于加州的Transcriptic公司可提供自动化的分子生物学实验室相关工作，从常规的聚合酶链反应（PCR）到更复杂的临床前检测。客户可以使用笔记本电脑在"机器人的云实验室"购买时间，并通过网络应用访问实验结果。2017年，加州大学与Transcriptic合作完成了被称为"酶类最大的数据集"，做出超过100种纯化酶变种的详细动态图谱。归功于标准化，研究团队能够设计出一种新算法，根据酶结构特征预测突变酶的性能。

美国国防部在这个模型中看到了希望，2018 年 4 月，DARPA 向 Transcriptic 和银杏生物公司（Ginkgo Bioworks，一家位于波士顿的销售基因工程微生物的公司）提供近 950 万美元，这些资金来自协同发现和设计（Synergistic Discovery and Design，SD2）项目，该项目致力于将合成生物学、神经计算和聚合物化学等复杂领域呈现在一个 petabyte（Pb，Peta=$10^{15}$）规模的数据中，使其更易于自动化。银杏生物公司的创立使命是更简单地进行生物学设计，其对相对简单的系统（基因组、转录物、蛋白质组和代谢组）的全面测量，提供了创建生物学预测模型的基础。两家公司打算合作利用机器学习和自动化实验室来提高他们设计生物系统的能力。DARPA 表示，将在计划结束时为感兴趣的研究人员创建"基于云计算的开放式数据交换平台"。

在未来的五年，银杏生物公司与 Transcriptic 将实现产能提高一倍。两家公司将使用 DARPA 的资金来完成数据库的链接，开发机器学习工具并在每个设备上运行自动化协议，以实现跨站点验证。DARPA 的这项资助将使更广泛的合成生物学研究成为可能。

（6）昆虫盟友

DARPA 的"昆虫盟友"（Insect Allies）项目试图利用昆虫在同一生长季节的成熟植物之间转移遗传物质，其目的是在发生干旱、洪水和作物系统受到攻击的情况下维持国家安全和稳定的食物供给。

通常情况下，转基因植物会在胚胎期即发生改变。DARPA 试图设计特定基因，将其置入植物病毒，让昆虫感染这些病毒，并使病毒在植物之间传播。为了实现这个目标，DARPA 已给出了一份价值 1030 万美元的四年期合同。

### 6.2.1.2 海军合成生物学项目

（1）生物基复合材料

2016 年 9 月，瑞士 Evolva 公司开始与美国海军航空系统司令部，合作开发一种新型树脂基复合材料，这种复合材料是以 Evolva 公司的白藜芦醇作为聚合物基体的。根据该项合作，Evolva 公司已经开发，并向海军交付了白藜芦醇的特殊配方。

目前利用白藜芦醇制备的复合材料试样正在进行测试。这种新型的复合材料可用于高能、易燃的领域，如油箱、发动机组件、高层建筑、电梯、火箭、火车和锂离子电池包装等。白藜芦醇是某些植物处于高温、脱水或感染等极端环境下时产生的一种天然成分。Evolva 公司的白藜芦醇采用的是天然可持续的原料，是利用先进的生物技术和酵母发酵方法生产得到的。在初期测试中，Evolva 公司的白藜芦醇制成的试样已经表现出了比传统耐火材料更好的耐火性能。除了能使美国海军受益外，这种复合材料也能够用于许多民用领域，如航空、航天、车辆、公共交通、制造、电子、储能等。

（2）高密度燃料

2018 年 12 月，英国曼彻斯特大学、英国国防科学技术实验室、美国海军和美国 DARPA

的研究人员参观了位于加州中国湖基地的海军空战中心武器分部的化学部门,一同商讨将生物合成分子转化为导弹和喷气推进的高密度燃料。

海军实验室的研究者已经开发出一种方法,将芳樟醇(一种在植物中发现的天然酒精)转化为高性能导弹燃料。研究者表示,近十年来他们一直在寻找合作伙伴以生产生物基芳樟醇。曼彻斯特大学的研究者开发的技术在大量生产芳樟醇方面具有巨大潜力,再通过海军的工艺,将芳樟醇转化为环状醇和异丁烯。酒精的化学脱水可以产生高密度导弹燃料的基本成分,这与石油衍生的类似物在化学上没有差别。更有意思的是,该过程以海水为理想媒介,与传统的合成生物学需要无菌条件不同,曼彻斯特研究人员使用的微生物可以耐受高浓度的盐和杂质,这使得发酵可以在海水中进行,因此可以在世界各地的沿海海军基地生产燃料、润滑剂和化学品。

### 6.2.1.3 美军三方合成生物学项目

2018 年 12 月报道,美国陆军、海军和空军正在共同支持一项名为"推进军事环境合成生物学科学和技术优先项目应用研究"(the Applied Research for the Advancement of Science and Technology Priorities Program on Synthetic Biology for Military Environments)的计划,旨在构建相关技能和基础设施,以推动合成生物学在国防部作为未来防御技术关键驱动的应用。这项计划联合了美国陆军、海军和空军的专家,由国防部部长办公室投入 4500 万美元,致力于利用合成生物学改造生物体,以便在性能增强、传感器开发和材料合成等领域实现有益的应用。

(1)陆军:纳米自组装材料

美国陆军的研究人员专注于将合成生物从实验室带到战场,这也意味着从丰富的生物中获得有用的新反应,并找到新的纳米尺度(十亿分之一米)技术来设计这些分子反应。

2019 年 2 月,美国陆军作战能力发展指挥部陆军研究实验室(ARL)和洛克希德·马丁空间系统公司签署了一份为期五年的合作协议,名为"可调材料纳米结构的自组装"。根据协议,ARL 和洛克希德·马丁空间系统公司将开发利用生物生产和自组装的快速原型制作方法,为防御光学技术和保护涂层创造新型材料的构件。

(2)海军:生物绊网

2018 年 12 月报道,美国海军正在制定一项名为"生物绊网"(Living Tripwires)的项目,旨在通过培育经过遗传修改的转基因生物来寻找敌人的潜艇,从而向海军指挥官提供早期预警。

海军研究实验室利用微生物舍弃电子的能力来改造微生物以感知从柴油燃料到隐形潜水员的人类 DNA 等的多种信号。一旦此类微生物与触发材料接触就会丢失电子,在该地区巡逻的无人机就会检测到这一变化。研究人员表示证实这项技术的可行性大概需要一年的时间,届时他们可以设计出具有不同军事功能的多种工程化的海洋微生物。

(3)空军:肠道微生物

美国空军参与"推进军事环境合成生物学科学和技术优先项目应用研究"任务小组的

部门是空军研究实验室（AFRL）第 711 人效联队（711th Human Performance Wing），旨在利用合成生物学的进步来优化空军的健康和表现，并开发下一代材料，为作战人员和武器系统提供不对称优势。生物科学、信息科学和工程学融合的合成生物学提供了创造材料和操纵生物过程以感知和改善飞行员表现的方法。AFRL 团队最近设计了一种人体肠道微生物，当感测到应激生物标志物时能够产生有益的代谢物，目前正在使用空军开发的最先进的体外系统进行测试，其最终目标是增强飞行员的适应性。

### 6.2.1.4 生物工业化路线图及后续规划

2015 年 3 月 16 日，美国国家研究理事会（NRC）生物学产业化委员会发布《生物工业化路线图：加速化学品的先进制造》报告（National Research Council，2015）。该委员会是 NRC 应美国能源部和国家科学基金会（NSF）的要求召集的，专门针对利用生物系统加速化学品先进制造这一主题，致力于"发展一个路线图，在基础科学与工程能力，包括知识、工具和技巧方面体现必要的先进性""技术涵盖合成化学、代谢工程、分子生物学和合成生物学"，同时，"考虑何时以及如何将非技术观点与社会关注整合入技术挑战解决方案中"。需要指出的是，该路线图报告的中心焦点是工业生物技术，但其中的目标、结论以及建议也同样有益于其他领域，如健康、能源和农业等。

报告提出了生物学产业化的未来愿景，即生物合成与生物工程的化学品制造达到化学合成与化学工程生产的水平。化学品的生物制造已成为国家经济的重要组成部分，并将在未来十年内快速成长。生物制造化学品的规模和范围都将进一步扩大，其中包含高值和大宗化学品。报告中提到的领域的进步将会在应对提升生物技术在国家经济中贡献的挑战中发挥重要的作用。

报告指出，为了转变工业生物技术发展的步伐，促使商业实体发展新的生物制造工艺，委员会建议国家科学基金会、能源部、国立卫生研究院、国防部以及其他相关机构支持必要的科学研究与基础技术，以发展和整合原料、微生物底盘与代谢途径开发、发酵以及加工等多个领域，从而达成路线图目标。同时，委员会建议相关政府机构考虑建立一个长期路线规划机制，持续引导技术开发、转化和商业规模发展。

2019 年 6 月 19 日，根据上述报告的建议部分，美国工程生物学研究联盟（Engineering Biology Research Consortium，EBRC）发布了《工程生物学：下一代生物经济研究路线图》（EBRC，2019），该路线图是对工程生物学现状和潜力的重要评估，旨在帮助研究人员和其他利益相关者（包括政府资助方）明确近期和长期的技术挑战和机遇。该路线图的制定得到了国家科学基金会的支持。报告工作组由 80 多名来自学术界和工业界的杰出代表组成，工作组的主席是美国国家工程院院士、加州大学伯克利分校教授杰恩·基斯林（Jay Keasling）。

路线图探讨了开发、研究和应用工程生物学工具和技术以应对广泛社会挑战方面所观察到或预测到的挑战、瓶颈和其他限制。

（1）重要技术主题

路线图的四个技术主题构成了工程生物学研究和技术的基础，突出了美国目前的科研实力所在，并指出未来 20 年有望取得突破的方向。这四个技术主题包括：①工程 DNA——合成、组装和编辑；②生物分子工程——自然大分子、非自然大分子、循环和路径；③宿主工程——无细胞系统、单细胞、多细胞、组织和生物质；④数据科学——数据集成、建模和自动化。

报告提出了未来 20 年，工程生物学研发可能突破的能力和取得的技术里程碑。在工程DNA 方面有望实现整个基因组的快速从头合成，实现制造 10 000 个寡聚体长度的高保真寡核苷酸，设计和组装兆级的克隆 DNA 片段，以及在没有脱靶效应的情况下进行高精度基因编辑。生物分子工程的重点是利用天然和非天然构建块通过设计、创建和优化实现集成的、可控的电路和路径，从而实现预测和设计大分子的结构和功能，生物合成非天然氨基酸和其他构件，以及控制决定细胞状态的转录因子的表达。宿主工程涉及联合生物分子、单个细胞甚至整个有机体完成更加复杂的功能，重点包括实现可定制的无细胞系统和合成细胞、高度可控的单细胞和多细胞有机体进行按需生产，以及多基因组系统和生物分子的工程进展。在数据科学方面，重点以集成先进数据进行分析、设计和数据建模作为支持设计基因组、非天然生物分子电路以及定制细胞和有机体工程和生产的基石，该部分突出了集成的生物数据模型、生物分子、宿主和有机体设计框架的变革潜力，以及设计—构建—测试—学习过程自动化的前景。

（2）重点应用领域

路线图从五个方向展示了工程生物学应用领域的广度，并举例说明了工程生物学工具和产品如何解决社会面临的复杂问题。五个应用方向包括：①工业生物技术；②健康与医学；③食品和农业；④环境生物技术；⑤能源。通过应用工业生物学解决各种社会挑战，包括创造和建立一个更清洁的环境，增进不断增长的人口的健康和福祉，以及加快工业的创新和增长经济的活力。为了应对每一个社会挑战，路线图明确了工程生物学的科学和工程目标，以及可能涉及的技术进步。这些技术进步也与四个技术主题相对应，以便今后将应用技术里程碑与技术主题目标联系起来。

路线图详细介绍了工程生物学的许多潜在应用，以使美国成为生物经济的全球领先者。工业生物技术方面关注可持续制造、新产品的发现和开发，以及生物产品和材料的工艺流程和途径。健康与医学方面不仅注重开发和改进防治疾病的工具，而且注重通过生物技术增进生活福祉，例如通过工程细胞系统为残疾人提供新选择，或者减少环境健康威胁造成的损害。食品和农业方面致力于生产更多健康且有营养的食品，包括促进非典型来源（如微生物、昆虫、替代植物和"干净肉类"）食品和营养物的生产。环境生物技术方面将促进生物修复、资源回收、工程有机体部署、生物使能技术开发以加快基础设施建设，从而实现更清洁的土地、水和空气。能源方面侧重于生产高能量和碳中性生物燃料，开发减少传统化石能源使用的工具和产品。

（3）其他关键问题

路线图还考虑了社会优先事项、文化偏好、伦理问题、政治传统和经济现实等因素。随着技术发展，人类必然考虑如何合理利用工程生物学技术，以及新技术可能带来新的问题，如加剧社会和政治不平等。为了扩大技术成果的积极影响，技术发展必须与社会、文化、政治和经济环境协调起来。因此，工程生物学发展需要结合科学和工程以外的学科知识，如艺术、人文科学以及社会和行为科学等。路线图建议为教育工作者、决策者和投资机构建立一个资源库，厘清工程生物学工具和技术的重要性和影响、重要创新方向和进步领域，明确利益相关方参与引导该领域发展的形式。随着时间的推移，该路线图的目标和优先事项也将发生适应性变化。同时，广泛的跨学科合作对于指导研究走向至关重要。

与减少潜在滥用的战略相一致，这一路线图的总体目标是开发促进经济发展和保障国家安全的技术。这些战略都将安全设计纳入技术发展，强调完善监管机制，最终目标是促进人类健康、环境改善和经济发展。

### 6.2.1.5 制定 2025 年先进细胞制造技术路线图

2016 年 6 月 13 日，美国国家细胞制造协会（National Cell Manufacturing Consortium，NCMC）发布了《面向 2025 年的大规模、低成本、可复制、高质量的先进细胞制造技术路线图》，用于设计治疗癌症、神经退行性疾病、血液疾病、视觉障碍，以及器官再生和修复的细胞产品的大规模生产路径。这份 10 年路线图由美国国家标准与技术研究院（National Institute of Standards and Technology，NIST）牵头，25 家企业、15 家学术机构和相关政府机关参与制定。路线图定义了细胞制造的研究范围与意义，并提出了细胞制造的优先行动，还建议加强细胞制造工业基础建设，加强监管战略开发，完善产品质量标准，通过高等教育和员工培训来提升从业人员的技术水平和生产效率。

### 6.2.1.6 NSF "半导体合成生物学"项目

2017 年 5 月，NSF 发布了针对信息处理和存储技术的"半导体合成生物学"（SemiSynBio）项目指南。近年来合成生物学领域的进展表明，生物分子适合作为存储数字化数据的载体。同时，半导体行业在（新奇材料）复杂杂合系统设计与制造方面所积累的独特工具和经验，能满足未来信息处理的需求。SemiSynBio 项目旨在探索合成生物学与半导体技术之间的协同作用，开创两大领域的新技术突破，增强信息处理和存储能力。SemiSynBio 项目的总资助额度为 400 万美元，预计将资助 8~10 个项目，项目周期为 3 年。

该项目将激发非传统的思维以应对半导体行业面临的诸多挑战，申请文件中必须包含如下 5 项具体内容中的 3 项。

（1）探索基于合成生物学的计算、通信和存储的可编程新模型，推动基础研究

理解活细胞中的信息处理机制有助于下一代计算系统的研发。合成生物学的科学进展为拓展未来半导体技术指明了方向。例如，利用核酸或可实现超越半导体技术的存储密度。总体而言，该主题方向旨在鼓励由生物信息处理激发的研究创意，研发未来高度功能化、高信息密度和极低能耗的数字化和模拟计算与半导体技术。

（2）扩展知识基础，解决生物学和半导体间的基础问题

信息处理在从分子水平到生态层面的生物系统功能方面发挥着至关重要的作用。半导体信息处理为基础生物学发现和实践应用提供了革命性的工具，同时越来越复杂的计算模

型和软件策略在工具、样品和数据集之间搭建了逻辑关联。该主题方向旨在寻求能应对各种规模电子生物系统集成的新方法和设计准则，具体包括理论基础、设计方法和标准等，以期开发出针对人工制品转变和集成的新引擎，以及针对编程者交互和反馈的有效方法。该主题鼓励能覆盖和加速三领域（生物学、电子学和软件学）协同作用的研究，进而应对生物和半导体之间的挑战。

（3）基于可持续材料，推动新的生物-半导体杂合设备设计的研究前沿，包括能测试瞬态电子物理大小极限的碳基系统

电子材料基需要利用合成生物学的新型制造技术，来创建"细胞工厂"。微生物能被编程以生成一系列用于半导体化学合成和形态过程的重要化学物质和材料。此外，这些材料的制造过程及材料本身，需要被加工以实现生物学上的良性。活体系统能制造具备高产出和低能源利用的复杂纳米尺度结构。例如，生物分子自重组的频率大约为每秒 1018 个分子，而每个分子的用能仅为 10～17 焦耳。将活体系统的能力与合成的基于核/蛋白质的自重组相结合，将为革新复杂电子架构的合成提供变革潜力。

（4）针对下一代存储和信息处理功能，设计和制造基于活细胞的生物-半导体的杂合微电子系统

杂合的生物-半导体系统能被应用于各类关键的领域，实现突破性的科学、经济和社会影响。利用内置的或合成的编程分子机器及其与半导体平台的交互，将有可能提供传统电子设备无法实现的能力。这一主题领域的进展将激发自充能源、智能的传感器系统，能将生物传感和能源生成功能与无机信息/计算能力结合起来，支撑各类新的应用。

（5）将有关电子和合成生物学特征工具的、可扩展的制造技术，与类似于计算机辅助设计的软件工具相集成

随着工具微型化和高通量表征需求的增加，半导体与电子组装技术将更好地被用于生物领域。研究人员需要用于表征以及用于杂合的生物-电子系统度量的新工具。新技术的应用将促使用于合成生物学的软件设计自动化（SDA）方法的改变。利用针对复杂设计的先进电子设计自动化（EDA）工具和概念，能大幅提升生物设计自动化（BDA）能力的复杂度。目前，生物设计周期较长，且昂贵、费力，未来研究人员需更好地开发 EDA/BDA/SDA 的接口。

### 6.2.1.7　美国生物经济实施框架

根据《生物质研发法案》建立的美国生物质研发（Biomass Research & Development，BR&D）理事会促进了影响生物燃料、生物基产品和生物能源研究与发展的联邦政府机构之间的协调。自 2013 年以来，BR&D 理事会一直致力于制定一项应对关键科技挑战的机构间行动计划，以便促进生物质在国内平价生物燃料、生物基产品和生物能源方面的持续生产和利用。2019 年 2 月，BR&D 理事会发布了《生物经济行动：实施框架》报告（Biomass Research & Development，2019）。

《生物经济行动：实施框架》的愿景是振兴美国生物经济，通过最大限度促进生物质资源在国内平价生物燃料、生物基产品和生物能源方面的持续利用，促进经济增长、能源安全和环境改善。框架将作为 BR&D 理事会成员机构的指导文件，用于增强政府责任感、提高效率、最大限度地跨机构协调生物经济研究和其他活动，以及加快实现利用国内生物质资源的创新和可持续技术进步。

BR&D 理事会及其成员机构确定了几个优先研究领域，包括：代谢工程和合成生物学方法；生物和生理生化控制因素；土地、水、养分农药和其他投入管理；预处理方法和途径、热解系统等。此外，还分析了当前在藻类研发以及生物质原料的遗传改良、转化和应用及可持续发展等方面的能力，分析了存在的知识差距和具体挑战，提出了已有和持续的行动举措。

### 6.2.1.8 关注合成生物学的生物防御

合成生物学为各个领域做出杰出贡献的同时，也可能被恶意使用来威胁人类健康或用于军事战争。2018 年 6 月 19 日，美国国家科学院发布了一份长达 221 页的报告，名为《合成生物学时代的生物防御》。在该报告中，美国国防部与美国国家科学院、国家工程院和国家医学院合作制定了一个框架，指导评估与合成生物学相关的生物安全问题，评估对这种进步需要给予的关注度，并找出有助于缓解这些问题的方案。该框架侧重于解决以下三个问题：合成生物学可能存在的安全问题是什么？这些问题恶化的时机是什么？有哪些方法可以缓解这些潜在的威胁？该评估框架的输入包括当前威胁的信息、当前的计划优先事项和研究以及知识和技术的发展水平。结论和建议将包括合成生物学潜在威胁的列表和描述。

报告还指出，美国国防部及其生物防御合作机构应继续推行持续的化学和生物防御战略，同时提升在合成生物学时代所需的更广泛的能力。应对自然发生的疾病的经验为预防和应对合成生物学时代生物威胁提供了坚实的基础，但合成生物学方法可能改变威胁的表现方式，如通过修改现有微生物的性质、利用微生物生产化学品，这些新颖的策略或将带来新的生物威胁。

## 6.2.2 欧盟

### 6.2.2.1 欧盟生物基产业联盟相关规划

2017 年 4 月 11 日，欧盟生物基产业联盟（The Bio-Based Industries Joint Undertaking，BBI JU）宣布 2017 年将投入 8100 万欧元的项目研发经费，并在 BBI JU 网站上公布了项目征集指南（BBI JU，2017）。这是 2014 年以来 BBI JU 第四次征集项目，旨在进一步加强欧盟利用工业、研究和可再生资源的能力。本年度立足于四大战略要点：原料、加工、产品和市场。与 2016 年度相比，2017 年度工作将逐步从严格地原料推动传统价值链，转向使生物质的加工过程充分响应终端市场的拉动，同时支持的项目数与经费总数也有所下降（表 6-1）。

**表 6-1　2017 年 BBI JU 计划研发行动预算**　　　　　　　　（单位：百万欧元）

| 行动名称 | 研发主题 | 预算 |
|---|---|---|
| 研究和创新行动 | 生物基转化为化工模块的气化侧流增值 | 36 |
| | 木质素原料的前处理和分离创新技术，以及在保留主要特性的同时复杂成分流的价值分化 | |
| | 利用微生物和极端酶将生物质转化为高价值产物的加工条件 | |
| | 从侧流和残留物中获取蛋白质和其他生物活性成分 | |
| | 新型生物基化学前体，提升大宗消费品的性能 | |
| | 可生物降解的、具有竞争力和可持续性的可堆肥和/或可回收生物塑料 | |
| | 没有化学基同类产品且具良好应用前景的生物基创新二级化学品 | |
| 创新行动—"示范"行动 | 从转化生物基为高附加值产品到创建新原料的生物基产品等液体和固体边流的增值过程 | 22 |
| | 整合藻类转化为先进材料和高附加值添加剂的多种增值过程 | |
| | 突破没有同类且具有高市场价值的重要化石基的初级生物基化学品生产技术 | |
| | 创新生物基肥料产品，增强农业施肥的可持续性 | |
| | 大规模应用的先进的生物基纤维和材料 | |
| 创新行动—"旗舰"行动 | 综合性"零残留"生物精炼厂利用所有部分的原料来生产化学品和材料 | 21 |
| | 利用替代的可持续性原料大规模生产食品和饲料用蛋白质 | |
| 合作与支撑行动 | 与品牌拥有者和消费者代表建立合作和伙伴关系，来促进可持续生物基产品进入市场 | 2 |
| | 通过信息与通信技术来提高生物基产业的生物质供应链的效率 | |

### 6.2.2.2　欧盟发布新版生物经济战略

2018 年 10 月 12 日，欧盟委员会发布《欧洲可持续发展生物经济：加强经济、社会和环境之间的联系》，旨在发展为欧洲社会、环境和经济服务的可持续和循环型生物经济。新的生物经济战略是欧盟委员会促进就业、增长和投资的重要举措之一（European Commission，2018）。

该战略是对 2012 版生物经济战略的更新，将有利于生物经济对欧洲优先政策的贡献最大化。2012 版生物经济战略的目标是通过协调粮食安全和可再生资源的工业可持续利用的关系来实现创新型、资源节约型和竞争型社会和达成环境保护目标，这一目标目前仍然存在。新版战略总结了过去在调动研究、创新私人投资、开发新价值链、促进国家生物经济战略实施和吸引利益相关者等方面的成功经验。在此基础上，欧盟委员会提出将于 2019 年启动三方面的重要行动。

（1）加大生物基础产业规模

为了释放欧洲生物经济和工业现代化的潜力，使经济实现长期、可持续的繁荣：委员会将建立一个 1 亿欧元的循环生物经济专题投资平台；使生物基创新更接近市场，并在可持续解决方案中降低私人投资的风险。

（2）迅速部署欧洲各地的生物经济

发展可持续的粮食和农业系统、林业和生物产品的战略部署议程：在"地平线 2020"下为欧盟国家设立欧盟生物经济政策支持机制，用以制定国家和区域生物经济议程；启动在农村、沿海和城市地区发展生物经济的试点行动。

（3）保护生态系统和认识生物经济的生态局限性

当前生态系统面临着严重的威胁和挑战，如人口增长、气候变化和土地退化。为了应对这些挑战：在欧盟范围内部署监测系统，跟踪可持续和循环生物经济的进展；利用生物经济知识中心等平台收集、获取数据和信息，加深对特定生物经济领域的了解；在生态安全限制范围内，为生物经济提供指导和推广最佳实践。

### 6.2.2.3　欧盟发布面向生物经济的化工路线图

欧盟资助的"地平线 2020"项目 RoadToBio 于 2017 年 5 月启动，为期两年，旨在面向生物经济推动欧洲化学工业的发展，实现更强的生物基方案，取得有竞争力的成果。2019年 4 月，在项目即将结束之际，项目组发布题为《面向生物经济的欧洲化学工业路线图》的报告，旨在为欧洲化学工业提供基于证据的基础，以支撑未来的政策实施和战略行动（RoadToBio，2019）。路线图将详细说明化学工业沿着从化石工业走向生物经济的路线，以满足 2030 年的社会需求。

报告提出了欧洲化学工业发展的目标，即在 2030 年将生物基产品或可再生原料的份额增加到化学工业的有机化学品原材料和原料总量的 25%。在为这一目标奋斗的同时，考虑到 2030 年的社会需求：用于生物基化学品生产的生物质，应严格遵照可持续性标准，包括直接和间接土地利用的变化。

路线图一共涉及 9 个产品类别，包括日用化学品、颜料和涂料、农用化学品、表面活性剂、润滑油、人造纤维、溶剂、黏合剂和塑料/聚合物。针对在每个产品类别中增加生物基化学品份额的障碍，路线图提出了 2019～2030 年的短期、中期和长期行动计划，并且确定了参与执行这些行动计划的利益相关方。

## 6.2.3　英国

英国是最早意识到合成生物学的机遇并及时做出响应的国家之一。自 2007 年以来，英国研究理事会（Research Councils UK，RCUK）持续资助合成生物的发展。2012 年，英国商业、创新与技能部（BIS）发布《英国合成生物学路线图》，明确指出实现合成生物研究创新效益和经济效益最大化的重要性，为英国合成生物学的发展提出了 5 个重点主题。而在合成生物学路线图计划发布之前，英国在合成生物学方面的总投资已经超过 9500 万美元（6200 万英镑）。英国 2005 年以来累计在合成生物学领域投入了大概 1.75 亿美元，其中大部分（超过 1.65 亿美元）是在 2010 年以后投入的。主要资助来源包括生物技术和生物科学研究理事会（BBSRC）、工程和物理科学研究委员会（EPSRC）。

#### 6.2.3.1 合成生物学战略计划

2016 年 2 月，英国合成生物学领导理事会（Synthetic Biology Leadership Council，SBLC）发布《生物经济的生物设计——合成生物学战略计划 2016》报告，旨在依托英国的基础研究能力加速合成生物学的商业化。该计划目标是在 2030 年前促进英国合成生物学市场规模扩大至 100 亿英镑，并在未来开拓更广阔的全球市场。重点制定五大领域的战略：加速生物设计技术和设施的工业化和商业化；最大化创新渠道的能力；建设生物设计产业的专家队伍；完善产业支撑环境；在国内和国际伙伴中建立合成生物学社区。

#### 6.2.3.2 生物科学发展路线图

2018 年 9 月 27 日，BBSRC 发布了《英国生物科学前瞻》报告（BBSRC，2018）。该报告是确定英国生物科学发展方向的路线图，旨在应对 21 世纪粮食安全、能源清洁增长和老年人健康等重大社会挑战和紧抓机遇。其主要目标包括深化生物科学前沿发现、应对战略挑战和建立坚实的基础三个方面。

（1）深入生物科学前沿发现

①探究生命规律——发展创造性的、好奇心驱使的前沿生物科学来解决生物学的基本问题；②变革性技术——开发工具、技术和方法，使研究人员能够扩展科学发现的边界，并鼓励创新。

（2）应对战略挑战

①生物科学有利于可持续农业和粮食——提供更高效、健康、有弹性、可持续的农业和粮食系统；②生物科学有利于可再生资源和绿色增长——通过生物基工艺和产品在新的低碳生物经济背景下进行产业转型；③生物科学促进对健康的综合理解——增进整个生命过程中动物和人类的健康和福祉。

（3）建立坚实的基础

①人才建设——为现代生物科学吸引和发展灵活而多样的劳动力；②基础设施——确保英国生物科学界获得开展突破性研究所需的设施、资源和服务，并支持其转化为经济发展和社会影响；③合作、伙伴关系和知识交流——促进与国内外研究者及研究机构的跨学科、跨部门的合作。

#### 6.2.3.3 生物经济战略报告

2018 年 12 月，英国商务能源与产业战略部（Department for Business，Energy and Industrial Strategy，BEIS）发布了题为《发展生物经济——改善民生及强化经济：至 2030 年国家生物经济战略》的报告。作为英国工业战略的一部分，这项战略旨在确保英国建立世界一流的生物经济体系，消除对有限土地资源的过分依赖，同时提高城市、乡村和社区的生产力。

#### 6.2.3.4 国家工业生物技术战略报告

2018 年 6 月,英国工业生物技术领袖论坛(Industrial Biotechnology Leadership Forum,IBLF)与英国生物工业协会(BioIndustry Association,BIA)合作发布了英国《国家工业生物技术战略 2030》报告,旨在通过促进工业生物技术中小企业的发展,确保英国成为向清洁增长转型的全球领导者。该战略在 BIA 组织的议会活动中发布,该活动汇集了工业界、学术界和政策制定者,讨论英国工业生物技术部门如何通过可生物降解替代品来减少废弃物(如石油基塑料)、促进清洁增长,以及解决诸多环境问题。

工业生物技术在英国政府实施工业战略的 5 个基础(创新、人力资源、基础设施、产业集群、商业环境)中的 4 个基础中显示出强劲推动力:在创新方面,英国是全球生物科学研究的领导者;在人力资源方面,工业生物技术的就业增长超过了全国平均水平,每年增长超过 10%(2014~2016 年);在基础设施方面,如过程创新中心(CPI)、生物可再生发展中心(BDC)、生物精炼中心(BEACON)和工业生物技术创新中心(IBioIC),通过开放获取生物精炼中心联盟(BioPilots)进行整合,提供了坚实的工业生物技术基础设施;在产业集群方面,有著名的工业生物技术区域集群,但商业活动分散在英国各地,突出了协调区域和国家战略的必要性。只有商业环境方面,对工业生物技术来说是个挑战。

拟议战略和长期目标的关键要素分为以下几个方面。

1)外部环境:由知识转化网络(Knowledge Transfer Network,KTN)牵头,就支持英国工业生物技术的长期政策前景达成共识。

2)资金和融资:由 BBSRC 牵头,旨在创造支持性的金融环境,开发工业生物技术在推动增长和创新方面的潜力。

3)基础设施和区域建设:由英国 BioPilots 牵头,确保英国工业生物技术是全英国清洁经济增长的主要贡献者。

4)贸易、内部投资和商业化:由英国国际贸易部牵头,推动将英国打造成国际工业生物技术创新和商业化中心。

5)监管和标准:由英国 IBLF 牵头,确保战略框架的稳健性,并支持风险意识创新。

6)人力与技能:由 IBLF 牵头,培养行业所需的技能,以确保工业生物技术行业被认为是具有吸引力的职业选择。

7)沟通:由 IBLF 牵头,协调工业生物技术社群的声音,表达一致清晰的信息,使更广泛的人群对工业生物技术的研究和创新有充分的了解并给予支持。

#### 6.2.3.5 建立合成生物学相关的创新单元

(1)英国合成生物学创新知识中心(SynbiCITE)

A. 机构简介

英国合成生物学创新知识中心(SynbiCITE,http://www.synbicite.com)设在伦敦帝国理工学院,是英国的国家合成生物学商业化中心。其主要目标是加速和促进合成生物学研究及工程生物学应用的商业开发,以这一快速兴起的产业为核心,在英国经济带来持续性和实质性的收益。

SynbiCITE 是一个由英国领先的学术机构和行业合作伙伴组成的独一无二的合作网络，涵盖包括北爱尔兰、苏格兰和威尔士地方政府及大伦敦政府管辖在内的初创企业和大型跨国公司。在相关技术开发中，SynbiCITE 与位于英国和全球的合作伙伴一起致力于开展负责任的创新，包括对道德、社会和环境因素的考虑。

SynbiCITE 的愿景是创建一个全球知名的国家资源中心，聚集来自学术界、产业界和商业界的合作伙伴，加速世界一流科学和前沿技术的商业化，推动工程生物学在新产品、工具、过程和服务方面的实现。

B. 建设过程

2012 年 7 月 13 日,英国发布了一份《英国合成生物学路线图》报告（Technology Strategy Board，2012），建议创建合成生物学创新知识中心，以推动这一技术的商业化。

2012 年 9 月，英国商务大臣凯布尔（Vince Cable）博士宣布组建英国合成生物学创新知识中心，得到了英国技术战略委员会（TSB）、BBSRC 和 EPSRC 的一致支持。EPSRC 将负责该创新知识中心的组建，未来五年获得的经费将用于合成生物学新兴研究和技术领域的商业开发。该中心将成为英国建成的第 7 所创新知识中心。

2012 年 11 月 2 日，技术战略委员会、EPSRC、BBSRC 联合发布了征集合成生物学创新知识中心的招标意向书。

合成生物学创新知识中心的主要目标之一就是建立最前沿的研究与企业创新者之间的纽带，以确定从科学潜力到商业应用的最可能的途径，并帮助科研人员和企业创新者联合起来共同实现好的创意：激励新产品和新工艺的商业化，并告知研究基地。其招标的指导意见如下。

1）创建产业转化流程。合成生物学从定义来看是一种应用的方法，即将一系列基础学科应用到生命科学领域。产业转化过程体现了产品从实验室到市场孕育过程中产生的一些想法，其成果包括将生物部件、工艺和系统、新的生物基方法以及生物工厂和产业工程方法通过定性和优化定制成适应特定工业部门的需求。为了使技术充分发挥其潜力，产业界和学术界的有效合作是必不可少的。

2）加快新产品新技术投入市场的过程。加快这一过程的最佳途径之一就是创建"示范工厂"，以一个令人信服的方式来展示科研成果的潜力。帮助创新组织建立各种示范工厂将有助于先进技术更迅速地推向市场。在某些情况下示范工厂需要确定规模和可以实现的生产能力，以帮助日后向规模化生产过渡。英国已拥有一些所需的设施。在某些情况下，示范工厂还需要使用尖端的实验室设备，帮助企业更方便地获取大学的专业技术以及设备。

3）降低商业性和技术性风险。即使新产品能惠及民生并具有经济效益，其推出过程也往往会经历一些挫折。为了帮助更多产品更快地进入市场，需要来自不同组织具备不同能力的人聚集到一起合作完成项目，以降低产品的技术和金融风险。这些组织可以找到更好的解决办法，分摊研究和开发费用，以免单个组织负担过重。在合成生物学发展的下一阶段，公司有可能会看到商业风险，可能很少或根本没察觉到技术风险。

创新知识中心的一个重要主题就是在具有真正商业潜力的颠覆性技术领域形成一定规

模。这是英国在这些新技术基础上创建新的重大产业的一个重要步骤。一个产业可以说是在共同价值链中的企业的集合，因此要创建一个新的"产业"，必须建立能够帮助多个企业采用新兴技术的基础设施。其中，具体的企业数目将取决于技术领域和市场机遇的特性。

创新知识中心的初次资助期为五年。在这段时间内创新知识中心的运行将接受常规评估。如果某些技术领域表现卓越，出资方将可能继续支持这些技术领域的创新知识中心。但是否继续资助的决定还是主要取决于对该新兴产业的需求和增长情况的评估结果。

2013 年 7 月，合成生物学创新知识中心在伦敦帝国理工学院正式成立，命名为 SynbiCITE，其管理框架如图 6-2 所示。由 EPSRC、BBSRC、Innovate UK 及其工业和学术合作伙伴共同投入 2800 万英镑资助，其中 1000 万英镑来自公共资助，1800 万英镑来自产业界。

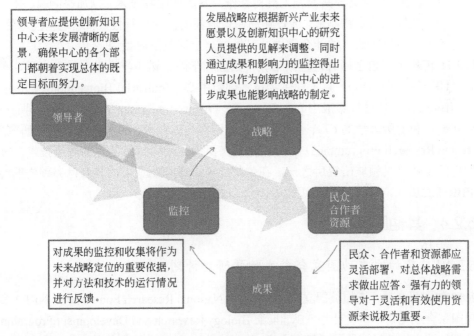

图 6-2　创新知识中心管理框架

C. 近年研究

2017 年 8 月，SynbiCITE 发布《2017 年英国合成生物学初创调查》报告（SynbiCITE，2017），对英国合成生物学领域内的初创企业、中小企业和生物技术公司的发展情况进行了调查分析。报告指出，英国在 2000~2016 年共成立 146 家合成生物企业，在此期间公司数量每 5 年翻一番；在 2010~2014 年的五年期间，企业共获得 2.2 亿英镑的投资，是上一个 5 年期间总量的 5.5 倍；企业在 2015~2017 年获得的投资进一步增加，仅 3 年就募集了超过 4 亿英镑的投资。

2018 年 10 月 2 日，SynbiCITE 宣布一项新的五年战略（SynbiCITE，2018），该战略得到了英国研究与创新机构（UK Research and Innovation，UKRI）和其他来源提供的 500 万英镑的新资助。新战略将推出 SynbiCITE 2.0，旨在扩展和发展 SynbiCITE 在英国合成生物学创新和学术生态系统中的覆盖范围，并创建一个高度互联的英国创新集群。新战略主要包含 4 个方面：①在伦敦帝国理工学院建设 SynbiCITE 2.0；②与布里斯托、爱丁堡和曼彻斯特的合成生物学研究中心（Synthetic Biology Research Centres，SBRC）建立新的合作伙伴关系，使 SynbiCITE 2.0 通过高值技术和技能促进经济增长；③与英国其他所有 SBRCs、其他合成生物学中心紧密互动；④建立英国投资者联盟和行业俱乐部。

（2）英国投资 1000 万英镑建立生物制造研究中心

EPSRC 以及 BBSRC 资助英国曼彻斯特大学 1000 万英镑，是 UKRI 的一部分，用于建立未来生物制造研究中心（The Future Biomanufacturing Research Hub，FBRH），该中心将由英国曼彻斯特生物技术研究所（Manchester Institute of Biotechnology，MIB）的 Nigel Scrutton 教授领导，并与英国其他领先机构合作开发新的生物技术，以加快制药、化工和工程材料三个关键领域的生物制造。通过提高制造流程的商业可行性，加速这些技术的交付，更有效地满足"清洁增长"的社会需求，可扩展至全球范围内使用。

FBRH 汇集了来自全国各地包括伦敦帝国理工学院、诺丁汉大学、伦敦大学、英国催化中心（UK Catelysis Hub）、工业生物技术创新中心（Industrial Biotechnology Innovation Centre，IBioIC）以及过程集成中心（Centre for Process Integration，CPI）等在内的产业部门、公共部门和七所大学的 67 个合作伙伴。他们将与工业伙伴共同开展"共创研究项目"（Co-created Research Programmes），以推动更广泛地采用可持续的生物制造技术。MIB 是欧洲领先的工业交叉领域研究所之一，在生物化学合成和制造方面具有世界领先的能力。随着 FBRH 的加入，MIB 研究将迈上一个更高的台阶。

## 6.2.4 其他国家

### 6.2.4.1 新加坡启动国家合成生物学研发计划

2018 年 1 月 8 日，新加坡国立研究基金会（National Research Foundation，NRF）宣布资助一项国家合成生物学研发计划（Synthetic Biology Research and Development Programme），以提升新加坡生物基经济的科学研究水平（NRF，2018）。该计划将整合和确保新加坡在临床应用和工业应用等领域的合成生物学研究能力的全面发展。淡马锡生命科学实验室副主席、著名的植物生物学与生物技术专家蔡南海教授将作为总负责人领导该计划的实施。

该计划将与国际专家、学者和政府机构、企业共同讨论，确立研究信托基金（research trusts），从而支持以下三个方向的研究：①建立国家自主应变的商业化体系；②通过合成大麻素生物学计划，开发可持续方法提取大麻植物的有效成分；③实施工业项目，特别是生产稀有脂肪酸这类在制药业中有着重要应用的产品。

NRF 将在未来五年内持续资助合成生物学研发计划，先期投入 2500 万美元，目前已有四个研究项目入选该计划。

1）加强对合成生物学研发计划的分析支持。该项目由新加坡国立大学杨潞龄医学院生物化学系的 Markus Wenk 教授负责。

2）以微生物为原料的稀有脂肪酸的微生物平台的开发。该项目由新加坡国立大学合成生物学临床和技术创新（SynCTI）中心的 Matthew Chang 教授负责。

3）由链霉菌宿主诱导的大麻素类化合物的异源生产。该项目由南洋理工大学生物科学学院副教授梁照珣负责。

4）合成大麻素生物学：利用天然产物开发创新疗法。该项目由新加坡国立大学 SynCTI 中心的副教授姚文山负责。

### 6.2.4.2　《澳大利亚合成生物学展望 2030》

澳大利亚对于合成生物学的研究与发展也十分重视。2014 年，澳大利亚合成生物学专业协会成立。2016 年，澳大利亚联邦科学与工业研究组织（CSIRO）向 CSIRO 合成生物学未来科学平台（SynBioFSP）投入了 1300 万澳元，以支持该领域的研发。2016 年国家研究基础设施路线图将合成生物学作为优先领域来发展。2019 年 3 月，澳大利亚杰出学者委员会（Australian Council of Learned Academies，ACOLA）发布《澳大利亚合成生物学展望 2030》，分析了在该国背景下充分利用合成生物学的机遇和挑战，对澳大利亚发展合成生物学提出了若干建议。该报告列出了以下六点关键认识。

1）合成生物学为解决能源、粮食、环境等全球挑战带来独特机遇。

2）合成生物学有望变革现有产业，并在健康、工业生物技术、农业领域为澳大利亚创造新的商机。聚焦和协调合成生物学发展将会促进澳大利亚建立具有全球竞争力的新产业，并保护现有农业的出口情况。

3）建立有效机制以主动传达合成生物学的潜在利益和风险对于赢得和维护公众信任至关重要。如果没有有效的社区参与和强有力的社会监督，可能难以实现合成生物学应用和其潜在益处。

4）澳大利亚的基因技术监管体系被认为是世界上最有效和最先进的体系之一。采取积极主动的方法确保监管体系与新的遗传技术、行业趋势和国际发展保持同步，这对于澳大利亚合成生物学产业蓬勃发展来说至关重要。

5）澳大利亚合成生物学能力的发展和提高将需要掌握科学、技术、工程和数学（STEM），及人文、艺术和社会科学（HASS）等多学科先进知识和技能的人力资源。

6）需要建设一个综合的合成生物学国家基础设施平台，以提高该国的国际竞争力。

### 6.2.4.3　俄罗斯计划投入 17 亿美元培育基因编辑动植物

2019 年 4 月，俄罗斯公布了一项价值 1110 亿卢布（约 17 亿美元）的联邦计划，旨在支持该国研究人员开展基因编辑动植物新品种的培育研究。据《自然》杂志报道，该计划至 2020 年将重点培育 10 个基因改良动植物新品种，到 2027 年再培育另外 20 个新品种。

该计划标志着科研人员培育转基因生物将不再受到俄罗斯 2016 年通过的一项法律的约束，该法律禁止在俄罗斯种植转基因作物，除非用于研究目的。2016 年的法律将转基因生物定义为"不能由自然过程产生"的基因修饰生物。然而在这项新计划中，基因编辑技术如 CRISPR-Cas9（不必插入外来 DNA）被描述为等同于传统育种方法。

该计划将大麦、甜菜、小麦和土豆这 4 种农作物列为优先作物。根据联合国粮食及农业组织的数据，俄罗斯是世界上最大的大麦生产国，也是其他 3 种作物的主要生产国。目前，俄罗斯多家研究机构正在开展农作物的基因编辑研究工作。其中，莫斯科拉斯研究所的科学家正在开发土豆和甜菜的抗病品种。圣彼得堡瓦维洛夫植物工业研究所和拉斯细胞学与遗传学研究所正在进行基因编辑研究，目的是让大麦和小麦更易加工，也更富营养。该计划还将帮助研究人员从私营企业获得资金支持。

## 6.2.5　中国

生物技术和产业在全球范围内呈现加速发展的态势，主要发达国家和新兴经济体纷纷对生物产业做出战略决策部署，以顺应形势发展、占据新兴产业制高点。我国《国家中长期科学和技术发展规划纲要（2006—2020 年）》将生物技术作为未来着力发展的战略高技术，先后制定发布了生物产业的"十一五""十二五""十三五"发展规划，加快促进生物技术与生物产业的发展，并针对生物制造、生物基产品、生物质能、轻工业等重要部门制定专项规划，围绕生物制造重大技术需求布局国家重点研发项目，以在重大化工产品的先进生物制造、微生物基因组育种、工业酶分子改造等核心技术，以及工业生物催化技术、生物炼制技术、现代发酵工程技术、绿色生物加工技术等关键技术上取得重要突破。2010 年《国务院关于加快培育和发展战略性新兴产业的决定》将生物产业列为我国战略性新兴产业的重要组成部分，予以重点培育和扶持。2012 年 6 月，国务院审议通过了《促进生物产业加快发展的若干政策》，再次提出要加快把生物产业培育成高技术领域的支柱产业和国家的战略性新兴产业，并将生物医药作为发展重点领域提出。2012 年 7 月，国务院印发《"十二五"国家战略性新兴产业发展规划》，将生物医药产业放在生物产业的第一位来规划发展。合成生物制造作为生物产业的重要组成部分受到高度重视。

2012 年 10 月，工业和信息化部颁布的《化学原料药（抗生素/维生素）行业清洁生产技术推行方案（征求意见稿）》要求，国内原料药企业以低能耗、低污染的生物法，替代高能耗、高污染的化学法生产β-内酰胺类系列抗生素关键中间体工艺技术，到 2015 年，绿色酶法普及率达到 60%。据相关人士介绍，目前全行业绿色酶法普及率仅为 30%。

2015 年 5 月，国务院印发《中国制造 2025》，提出要全面推行绿色制造，积极引领新兴产业高起点绿色发展，大力促进包括生物产业在内的绿色低碳发展，高度关注颠覆性新材料对传统材料的影响，做好生物基材料等战略前沿材料提前布局和研制。为贯彻落实《中国制造 2025》，组织实施好绿色制造工程，工业和信息化部于 2016 年 9 月发布了《绿色制造工程实施指南（2016—2020 年）》，提出到 2020 年绿色制造水平明显提升，绿色制造体系初步建立的总体目标，预期与 2015 年相比，传统制造业物耗、能耗、水耗、污染物和碳排放强度显著下降，重点行业主要污染物排放强度下降 20%，工业固体废物综合利用率达到 73%，部分重化工业资源消耗和排放达到峰值。

2016 年 12 月，国务院印发《"十三五"国家战略性新兴产业发展规划》，提出加快生物产业创新发展步伐、培育生物经济新动力的重要任务，明确了发展目标：到 2020 年，生物产业规模达到 8 万亿～10 万亿元，形成一批具有较强国际竞争力的新型生物技术企业和生物经济集群。紧跟其后，国家发展和改革委员会在《"十三五"生物产业发展规划》中提出了推动生物制造规模化应用方面的具体目标：提高生物制造产业创新发展能力，推动生物基材料、生物基化学品、新型发酵产品等的规模化生产与应用，推动绿色生物工艺在化工、医药、轻纺、食品等行业的应用示范。到 2020 年，现代生物制造产业产值超 1 万亿元，生物基产品在全部化学品产量中的比重达到 25%，与传统路线相比，能量消耗和污染物排放降低 30%，为我国经济社会的绿色、可持续发展做出重大贡献。

同期，国家能源局公布我国《生物质能发展"十三五"规划》，提出到 2020 年，生物质能基本实现商业化和规模化利用，生物天然气年利用量为 80 亿立方米，生物液体燃料年利用量为 600 万吨，生物质成型燃料年利用量为 3 000 万吨；要求推进燃料乙醇推广应用，加快生物柴油在交通领域的应用，推进技术创新与多联产示范，并提出了到 2020 年，生物质能合计可替代化石能源总量约 5 800 万吨，年减排二氧化碳约 1.5 亿吨的气候环境指标。

2017 年 1 月，国务院发布《关于创新管理优化服务、培育壮大经济发展新动能、加快新旧动能接续转换的意见》，指出分享经济、信息经济、生物经济、绿色经济、创意经济、智能制造经济作为阶段性重点的新兴经济业态已逐步成为新的增长引擎，要求进一步激活市场机制，放宽政策限制；主动构建激发创新活力、推广创新成果、支持业态创新的体制机制；加快利用新技术、新业态改造提升传统产业，创造更多适应市场需求的新产品、新模式，促进覆盖一、二、三产业的实体经济蓬勃发展。

2017 年 5 月，科学技术部印发《"十三五"生物技术创新专项规划》，提出生物技术领域到 2020 年实现整体"并跑"、部分"领跑"的宏伟目标，力求在基础研究和核心技术方面取得突破，基本形成生物技术创新体系和初具规模的生物技术产业，并继续将生物制造技术作为发展重点，提出要建设以生物制造等为重点的若干生物技术创新中心、5~10 个产值过 100 亿元的生物制造专业园区的具体目标，将新一代生物检测技术、基因操作技术、合成生物技术作为前沿关键技术，微生物组技术作为前沿交叉技术，过程工程技术作为共性关键技术，支撑生物医药、生物化工、生物资源、生物能源、生物农业、生物环保和生物安全等重点领域的发展。

2017 年 11 月，工业和信息化部围绕制造业创新发展的重大需求，组织研究了对行业有重要影响和瓶颈制约、短期内亟待解决并能够取得突破的产业关键共性技术，通过研判国内外产业发展现状和趋势，制定了《产业关键共性技术发展指南（2017 年）》，将全生物降解聚丁二酸丁二酯及其共聚物的制备技术作为石油化工关键技术，生物基化学纤维产业化关键技术作为纺织关键技术，生物基原材料工程菌开发及规模化生产工艺技术、食糖绿色加工与副产物高值利用技术、天然产物（食品添加剂与配料）生物制备技术等作为轻工关键技术。

在一系列规划与政策的支持下，我国生物制造产业主要产品的年产值已经达到 5500 亿元以上，"十二五"以来的年平均增速达 8%以上。生物制造企业规模不断扩大，产业集中度进一步增强，部分主要产品产能规模前 6 家企业的产能占全国产能的 80%以上。我国生物制造已经进入产业生命周期中的迅速成长阶段，正在为生物经济发展注入强劲动力，也正成为全球再工业化进程的重要组成部分。

# 6.3 合成生物学研发现状

## 6.3.1 合成生物学领域的研究进展

合成生物学作为一种具有颠覆性意义的新兴技术，受到了各国政府、科研界、产业界的众多关注。近几年，该领域取得了多项举世瞩目的成果，研发突破屡登《自然》《科学》

等国际顶级期刊，以下从 DNA 合成、生物功能元件、基因电路、人造生命、细胞工厂几个方面介绍近期合成生物学领域的研究进展。

### 6.3.1.1 DNA 合成

自 20 世纪 70 年代起，研究人员就已经开始进行合成 DNA 的研究。2017 年 8 月，合成基因组学公司（Synthetic Genomics，SG）的研究团队发布了一款数字生物转换器（digital-to-biological converter），能够将描述 DNA、RNA 或蛋白质的数字化信息发送到设备，并将其打印成原始生物材料的合成版本。该项目研究人员已经将该机器用于病毒的远程合成，并声称他们正在尝试最小细胞的合成，以便于将这一远程打印过程用于创建活生物体（Boles et al.，2017）。美国斯克利普斯研究所研究人员在大肠杆菌细胞 DNA 中，加入了两种外源化学碱基，之后细胞再将这些非天然氨基酸插入荧光蛋白中，从而完成了活细胞 DNA 转录与蛋白翻译。这项研究的关键在于研究人员研发出了一种新版本的 tRNA，可以完成非天然密码子的翻译，且不改变绿色荧光蛋白的形状或功能（Zhang et al.，2017a）。在后续的研究中他们将一个外源碱基对插入抗生素耐药性基因的关键位点中，令耐药性细菌重新对青霉素相关药物产生感应。来自美国加州大学伯克利分校、劳伦斯伯克利国家实验室和联合生物能源研究所的研究人员发明了一种合成 DNA 的新方法，在不需要使用毒性化学物的前提下，更加快速、准确地合成 DNA，产生比当前方法长 10 倍的 DNA 链（Sebastian et al.，2018）。这种直接合成长链 DNA 分子的新方法使得几天之内直接合成出研究人员所需长度的基因序列不再遥不可及，且大大减少了将寡核苷酸拼接在一起的必要性以及由此产生的烦琐过程。

此外，虽然目前 DNA 合成的成本已是骤降，但未来结合许多应用领域 DNA 合成技术发展的一大趋势仍是需要继续降低成本。例如科技巨头微软公司希望为其高能耗的数据中心开发 DNA 服务器来进行信息存储，并计划十年内选择其一个数据中心部署一台 DNA 存储装置，这意味着未来 3 年开发的技术将持续引导在数字-生物混合计算机方面的发展。使用当前的 DNA 合成技术来研发一台 DNA 服务器将花费数十亿美元，据微软估计，在 DNA 数据存储迅速发展之前，成本还需要降低 1 万倍。2019 年，瑞士苏黎世联邦理工学院研究人员首次在计算机算法的帮助下合成了一个简化的人工细菌基因组，有助于构建更适合的工程菌用于生产治疗药物和其他化学品（Venetz et al.，2019）。

### 6.3.1.2 生物功能元件

基因电路中每个元件具备特定的功能，最终完成基因电路的整体功能。合理设计并采用标准化和可替换的元件，可预测性地构建出合成基因电路是合成生物学的一个重要目标。然而，当前由于较难获得特征明确的正交转录抑制蛋白，因此限制了在哺乳动物细胞中构建复杂的基因电路。清华大学和麻省理工学院的研究人员的突破性成果，即利用转录激活子样效应因子转录抑制子（transcription activator-like effector repressor，TALER），模块化构建出了哺乳动物基因电路（Li et al.，2015）。研究成果为模块化操控合成电路提供了一个有价值的工具箱，将推动程序化操控哺乳动物细胞，以及更好地理解和利用转录调控及 miRNA 介导的转录后调控相结合的设计原则。美国麻省理工学院和东北大学研究人员合作应用控制论理念来设计在任何拷贝数下保持恒定表达水平的启动子。理论预测，通过使用非相干前馈环（iFFL）可以实现不受拷贝数干扰。利用转录激活子样效应因子（TALE）构建包含 iFFLs 的大肠杆菌工程启动子。这些启动子在不同的基因组位置和质粒中具有几乎相同的表达，即使它们的拷贝数受基因组突变或生长培养基组成的变化影响（Segall-Shapiro et al.，2018）。

基因振荡器和计数器等是基因电路的核心功能部件。美国加州大学河滨分校的研究人员发现人工合成的分子振荡器可以作为计时装置用于控制人造细胞。研究人员利用小液滴来筛选数以千计拷贝数的振荡器，随后发现每个小液滴里面的振荡器在周期、振幅和相位等方面都表现各异（Weitz et al.，2014）。这种多样性在操纵人造细胞复杂行为方面起到了重要作用。科学家利用光遗传方法创造出具有快速时空精度的人工振荡模式，并利用生物发光或荧光报告基因在单细胞水平进行振荡探测（Miura，2017）。这种光遗传生物发光系统能够以时空分辨率检测细胞间的通信。帝国理工学院已研究通过独立调整所需振幅和频率以更好地控制基因振荡的新方法，该方法可以实现微调细胞时钟，这可能有助于优化药物、生物燃料和其他化学品生产（Tomazou et al.，2018）。美国莱斯大学的合成生物学家破解了细菌的双组分信号传导系统，有望设计出具有多种应用的基因编码传感器系列，从而用于医学诊断、致命病原体研究、环境监测等领域（Schmid et al.，2019）。

### 6.3.1.3 基因电路

合成生物学的一个重要方向是利用基因和生物调节电路从而使逻辑功能成为生物计算的基础，并进一步控制细胞的行为。最早的基因线路是 2000 年由加州理工学院 Caltech Elowitz 教授团队通过在大肠杆菌中实现基因元件的互相抑制来实现的（Elowitz and Leibler，2000）。随后，生物器件、功能线路、网络设计等技术快速发展，已成功建立能根据细菌基因型预测其表型的计算模型（Karr et al.，2012）；人工合成模拟基因遗传线路，实现了在活细胞中执行精密计算的功能（Moon et al.，2012；Daniel et al.，2013；Rubens et al.，2016）；在哺乳动物细胞内构建出复杂的基因逻辑网络（Ausländer et al.，2012）；利用 DNA 和 RNA 制成生物晶体管（Bonnet et al.，2013），为活体细胞计算机的研发跨出关键性一步；开发了真核生物转录因子元件模块及基因遗传线路的构建技术（Khalil et al.，2012）；构建了一种整合模型框架，实现了基因回路行为的准确预测，可提高合成回路设计的有效性（Liao et al.，2017）；创造了基因和相关硬件的工具盒，使基因线路设计领域可以实现数学预测以及如同剪切、粘贴的简单操作（Olson et al.，2014）。波士顿大学团队直接对人类细胞的遗传编码进行操作，将合成的"生物电路"添加到细胞 DNA 中，使细胞完成 100 组不同的逻辑操作，为复杂生物计算铺平道路（Weinberg et al.，2017）。

随后，这方面的研究更加注重与应用相结合，科学家利用信使 RNA 执行特定的计算，使活细胞能够经诱导以一种微型机器人或计算机的形式执行计算（Green et al.，2017）。该研究对智能药物设计与投送、绿色能源和低成本诊断技术等均有重要价值，未来有望利用 RNA 计算能力来诱导细菌进行光合作用，在果蝇身上制造昂贵的药物，或者诊断和消灭肿瘤细胞。美国莱斯大学和休斯敦大学的研究者创造的可根据需要精确调整基因线路的输入和输出水平的工具包（Chen et al.，2018），开启了系统设计细菌和其他生物来执行自然条件下无法完成的任务新天地。例如，在合适的时间、正确的身体部位生产药物或其他复杂的分子，来对抗癌症或炎症性肠病等疾病。

相比之下，前期对于蛋白之间的偶联的研究一直进展缓慢。蛋白质水平的电路可以使强大的新细胞行为工程成为可能。一个可组合的蛋白质-蛋白质调节系统将有助于合理的蛋白质回路设计。由相互作用的蛋白质组成的电路可绕过基因调控，直接与细胞途径连接而无须基因组修饰。工程化的蛋白酶相互调节，响应各种输入，包括癌基因激活、过程信号和有条件激活反应，如导致细胞死亡的反应。该平台应促进未来生物医学应用的"智能"治疗电路的开发。在最新的研究中，Elowitz 团队展示了工程病毒蛋白酶可以作为可组合的蛋白质组分，它们可以一起在哺乳动物细胞中实现各种各样的电路级功能（Gao et al., 2018）。这个被称为 CHOMP 的电路系统可以执行复杂的功能，但仍可以编码为单个转录物，无须基因组整合就可以交付，所以它们提供了一个可扩展的平台来促进生物技术应用的蛋白质电路工程。麻省理工学院 Voigt 教授团队使用数学模型和计算机算法来组合标准化组件并构建可编程基因序列的逻辑电路（Andrews et al., 2018）。这种电路可执行调节功能，就像活细胞中的生物检查节点电路一样。这个方法有利于设计自动化软件，它可以使用这些规则来组合逻辑门以构建更大的电路。这为建立具有反馈回路的监管网络提供了可设计的途径，这种网络在自然界无处不在，对许多细胞功能来说至关重要。这代表了在细胞内执行高级计算的关键步骤。

关键的挑战是设计可组合的蛋白质组件，其输入和输出是相同类型的，这样它们可以形成多种蛋白质电路，就像一些电子组件可以被连接起来产生多种电子电路一样。尽管天然蛋白质结构域已经被结合来产生具有杂交功能的蛋白质，或者用于研究和生物医学应用，但是缺乏可组合性限制了在活细胞中设计蛋白质水平功能的能力。此外，更复杂、更精细的合成基因线路也会在农、工、医等多个领域得以应用。

此外，鉴于依靠基因工程师的传统生物电路设计是一个费力的、迭代的和容易出错的过程，借助计算机的遗传设计工具正在改变这种状况，这些工具使得研究人员设计复杂遗传电路的过程自动化。此前的遗传电路设计主要是一个定制的过程。因此，设计很难分享、改进和扩大规模。目前，合成生物学软件的开发不太稳定，一些软件可能会突然停止使用。在单细胞生物领域的研究人员可使用一些开源或免费提供的工具，包括 Cello、j5 和另一种名为 iBioSim 的工具。研究人员可以使用这些工具将电路编织成全基因组或设计数千种突变体来检测基因、酶或蛋白质结构域的不同组合。

### 6.3.1.4 人造生命

2010 年，美国科学家实现了人工全合成支原体基因组，培育出由人造基因组控制的、可自我复制的微生物细胞，证明了人工合成生命的可行性（Gibson et al., 2010）。随着高效率、高质量、低成本的寡核苷酸合成及大片段 DNA 拼接技术的快速发展，"人造生命"的对象从病毒、细菌等原核生物发展到酵母等真核生物（Dymond et al., 2011）。2014 年 3 月 27 日，美、英、法多国科学家组成的国际小组成功合成了第一个酵母的功能性染色体（Annaluru et al., 2014），这是合成生物学领域的一个重大进步，是构建完整真核生物基因组的关键性一步，为设计微生物生产新药以及食品和生物燃料原料奠定了良好的基础。2016 年，美国克雷格·文特尔研究所与加州大学合成了迄今最小功能的细菌基因组（Hutchison et al.，2016），对于深入理解细胞的工作机制和设计人工生物体具有重要意义。美国哈佛大学通过计算机软件设计出了只包含 57 个密码子的大肠杆菌基因组（Bohannon，2016），这一事件入选 2016 年世界十大科技进展新闻。加州理工学院的科学家构建了能够生产碳-硅键的生命体（Kan et al.，2016），这一过程到目前为止仅能在实验室中实现，但为将来有机化学和药物开发领域提供了新的路径，也可以帮助科学家探索生命的基本奥秘。2017 年，该研究团队又首次创造出能生产硼-碳化学键的大肠杆菌，并且这种细菌的生产速度比普通化学反应快 400 倍（Kan et al.，2017）。此外，天津大学元英进教授研究组、原清华大学戴俊彪教授研究组和华大基因杨焕明院士研究组分别完成了 4 条真核生物酿酒酵母染色体的从头设计与化学合成，使中国成为继美国之后第二个能够设计和构建真核基因组的国家（Xie et al.，2017；Wu et al.，2017；Zhang，2017b；Shen et al.，2017）。我国的这项研究成果标志着人类合成生命向前迈进一大步。这些研究成果为研究当前无法治疗的环形染色体疾病、癌症和衰老等发生机理的潜在手段提供了研究模型。2018 年，中国科学院分子植物科学卓越创新中心覃重军等在国际上首次成功改变了真核染色体的数目，人工创建出含有单条染色体的酵母细胞，成为合成生物学领域的里程碑（Shao et al.，2018）。美国 Firebird Biomolecular Sciences 公司的研究人员通过将 4 种合成核苷酸与 4 种天然存在于核酸中的核苷酸结合，构建出由 8 个核苷酸（也称为碱基）组成的 DNA 分子，而且这些 DNA 分子的形状和行为都类似于天然的，甚至能够被转录为 RNA（Hoshika et al.，2019）。这一发现或为合成生物学、数据存储，甚至寻找地球以外生命的新可能性打开了大门。英国剑桥大学医学研究理事会（MRC）分子生物学实验室在全基因组水平对一株大肠杆菌进行重新编码，并人工合成整套新的遗传密码以取代其天然基因组（Fredens et al.，2019）。该研究为未来利用人工合成生物生产药物或其他有用物料铺路，并有助于破解 DNA 编码运作机制的谜团。

### 6.3.1.5　细胞工厂

近年来，全球研究人员在植物天然产物的合成生物学领域取得了多项成果，成功创建了萜类、苯丙素类和生物碱等系列植物天然产物的人工合成细胞工厂。美国麻省理工学院的研究团队将合成二萜抗癌药物紫杉醇的紫杉二烯合成酶导入大肠杆菌，并对上游 MEP 功能模块及下游萜类合成功能模块进行精确调控（Ajikumar et al.，2010）。美国斯坦福大学 Christina Smolke 课题组发表于《科学》的论文称其研发出通过利用改造的酵母从糖中直接生产阿片类化合物的蒂巴因（吗啡与诸多镇痛剂的重要前体）和氢可酮（市面上常用的镇痛剂之一）的方法，整个过程大约只需 3～5 天，可显著地缩短其生产周期（Galanie et al.，2015）。加州大学河滨分校和斯坦福大学的研究人员在酵母中从头构建了生物碱药物那可丁的生物合成途径（Li et al.，2018）。合成生物学的先驱之一、加州大学伯克利分校杰恩·基斯林一直致力于利用人工细胞工厂高效合成稀缺的医药品，实现精细化工产品的绿色工业生产。该团队已成功利用酵母细胞生产抗疟疾药物——青蒿素，成为青蒿素合成研究过程中一个里程碑式的突破。基于这项研究成果，法国赛诺菲制药公司已启动了半合成青蒿素的大规模生产（Paddon et al.，2013）。2019 年，该团队发表在《自然》期刊上的最新研究成果表示，他们已在酵母中组装了一系列化学步骤来生产大麻素的母体——大麻萜酚酸（CBGA）（Luo et al.，2019）。这项研究的瓶颈在于大麻中合成 CBGA 的关键酶导入酵母后不能发挥相同作用，因此研究人员在其他植物中分离到具有同样功能的异戊二烯转移酶，并导入酵母，取得了理想效果。目前该成果已授权 Demetrix 公司使用酵母发酵技术生产大麻素。我国研究人员已实现在酿酒酵母中合成人参皂苷（Wang et al.，2019）、灯盏花素（Liu et al.，2018）、齐墩果酸（Zhao et al.，2018）、桦木酸和甘草次酸（Zhu et al.，2018）等，在大肠杆菌中合成维生素 $B_{12}$（Fang et al.，2018）。目前，利用微生物细胞工厂生产植物天然产物的产量未能满足工业化生产的需求，因此还需要寻求其他安全有效的方式来实现绿色可持续生产。

## 6.3.2 论文分析

利用科睿唯安公司 Web of Science 平台的核心合集数据库的文献数据源，基于合成生物学相关关键词，对 1999～2018 年该领域的论文进行统计，检索日期为 2019 年 6 月 30 日。

（1）发文年度变化趋势

20 世纪 90 年代启动的人类基因组测序计划开启了生命科学发展的新篇章，促进了该领域的许多创新科学发现。再加上工程学和计算科学的不断进步，合成生物学作为一门高度交叉学科就是在这样一个大背景下提出的。本章分析了近 20 年间合成生物学领域的发文量变化。1999～2018 年，全球共发表合成生物学相关论文 392 609 篇，发文量稳步递增，从 1999 年的 8002 篇增长至 2018 年的 39 275 篇，年均增长率为 8.28%。其中，1999～2002 年发展较为缓慢，随后增长速度逐渐加快（图 6-3）。

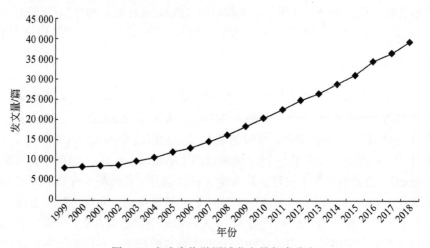

图 6-3 合成生物学领域发文量年度分布

（2）国家研究概况

从发文量国家排名可以看出（表 6-2），1999～2018 年，美国发文量最多，共发文 111 993 篇，其发文量约是排在第二位的中国（发表论文 54 060 篇）的 2 倍，说明美国在合成生物学领域开展了较多研究。从近 5 年的发文量占比可以看出，美国、德国、英国等在该领域的研究起步较早，而中国、印度和韩国等亚洲国家近 5 年的发展势头迅猛，发文量增加很快，其中中国近 5 年的发文量占 20 年发文量的比例最高，达到 62.10%。这从排名前五位国家的论文年度变化情况中也可以看出（图 6-4）。此外，该图中其他国家，除美国发文量缓慢增长以外，德国、英国和日本三国发文量年度变化差异不明显。从高被引论文的数量和所占比例可以看出，中国的高被引论文发文量位于美国之后，排在全球第二位。高被引论文占比排在全球第四，前三名依次为英国、美国和加拿大。这说明中国在合成生物学领域发表了较多的全球领先的高质量论文。总的来说，中国在合成生物学领域已显示出一定的后发优势和研究实力。

表 6-2　领域中高被引论文所占比例

| 国家 | 发文量/篇 | 近 5 年发文量/篇 | 近 5 年发文量所占比例/% | 领域中高被引论文数量/篇 | 所占比例/% |
| --- | --- | --- | --- | --- | --- |
| 美国 | 111 993 | 41 755 | 37.28 | 1 834 | 1.64 |
| 中国 | 54 060 | 33 573 | 62.10 | 821 | 1.52 |
| 德国 | 31 858 | 12 499 | 39.23 | 459 | 1.44 |
| 英国 | 23 922 | 9 467 | 39.57 | 398 | 1.66 |
| 日本 | 21 513 | 7 129 | 33.14 | 169 | 0.79 |
| 印度 | 19 624 | 11 917 | 60.73 | 177 | 0.90 |
| 法国 | 18 566 | 6 991 | 37.65 | 277 | 1.49 |
| 意大利 | 16 405 | 7 063 | 43.05 | 215 | 1.31 |
| 加拿大 | 16 357 | 6 433 | 39.33 | 256 | 1.57 |
| 韩国 | 13 649 | 6 827 | 50.02 | 146 | 1.07 |

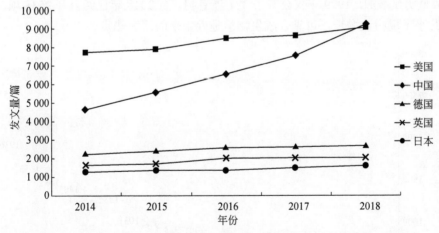

图 6-4　2014～2018 年合成生物学领域发文量排名前五位的国家论文年度变化

（3）机构研究概况

从开展合成生物学研究的研究机构发文量来看（图 6-5），美国加州大学系统以 11 842 篇论文位居全球第一，占全球发文总量的 3.0%。综合性国立科研机构显现出较强的集成优势和引领作用，如排在第二、三位的法国国家科学研究院和中国科学院。发文量排名前十的研究机构中，有一半是美国的高校和研究机构，法国、中国、德国、英国和西班牙则各占一个。

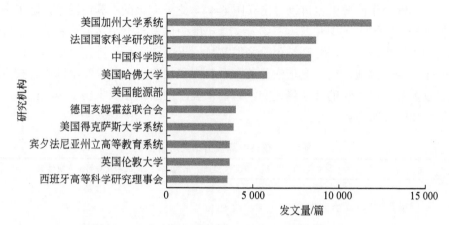

图 6-5　合成生物学领域发文量排名 TOP10 研究机构

### 6.3.3　专利分析

（1）专利申请时间趋势

在 incoPat 数据库中检索 1999～2018 年这 20 年间公开的所有合成生物学相关专利，共计 25 076 项（33 099 件），专利公开趋势如图 6-6 所示。在过去的 20 年时间里，合成生物学专利数量明显增加。1999 年仅公开了 321 项专利，至 2018 年已经公开 2538 项，2017 和 2018 年几乎呈现指数增长，可见合成生物学是近年来的研究热点。

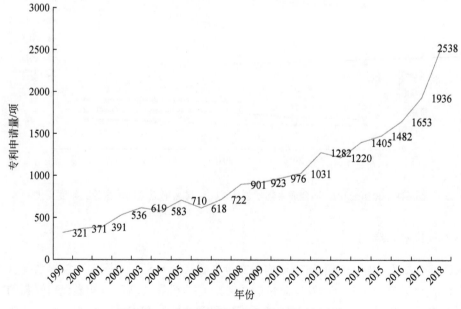

图 6-6　合成生物学的全球专利申请时间态势

（2）全球专利局分布

由相关专利受理国家/组织分布情况可以看出（图6-7），中国、美国、日本是合成生物学专利申请人最重视的技术保护市场地，其次是世界知识产权组织、欧洲专利局、俄罗斯等。

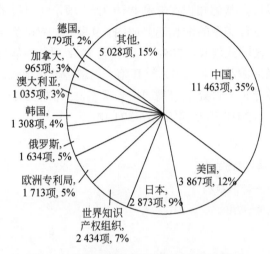

图 6-7　合成生物学专利受理国家/组织分布

（3）领先国家申请趋势对比

合成生物学专利领先国家申请时间趋势如图 6-8 所示。1999～2001 年，日本相关专利数量多于中国和美国，2002 年开始，美国专利数量赶超日本，而后一直领先于日本，中国专利数量于 2003 年赶超日本，2005 年赶超美国，排名第一，而后以指数级速度快速增长，遥遥领先于其他国家。

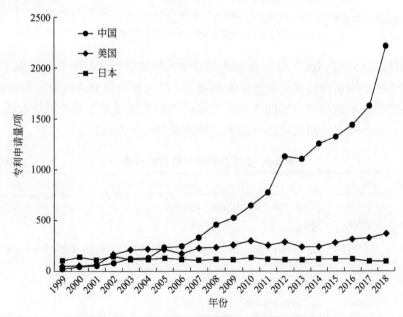

图 6-8　合成生物学专利领先国家申请时间趋势

（4）专利领域布局

根据合成生物学专利类型可以分为基础知识（生物系统的解释和工程化）、使能技术和应用三类。检索数据发现，基础知识类专利共计 3255 项，使能技术类 4772 项，应用类专利最多，有 15 287 项。三种类型的增长趋势如图 6-9 所示，应用类专利从 1999 年开始一直处于第一位，总体处于波动式增长，2018 年增长至 1238 项；使能技术类专利 1999 年处于第二位，前期处于轻微的波动，至 2011 年开始，出现指数级增长，2018 年专利数量增长至 993 项；基础知识类专利一直处于缓慢的增长状态，2007～2011 年超过使能技术排第二位，而后又回到第三位，2018 年专利增长至 321 项。

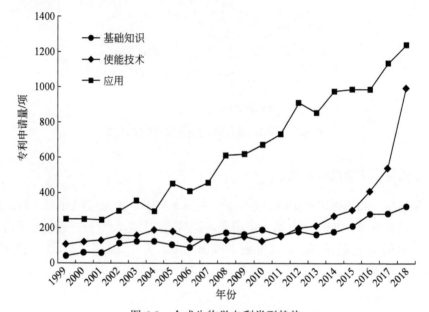

图 6-9　合成生物学专利类型趋势

根据国际专利分类（IPC）号对合成生物学专利申请进行进一步分析发现（表 6-3），所有专利中对于微生物本身的利用和改造专利最多，涉及使用突变或遗传工程方法；对于酶、核酸或微生物的测定或检验方法的研发也较多；产物方面涉及含氧有机化合物、含有糖残基的化合物、蛋白类生物制品；还有较多专利涉及废水污水处理。

**表 6-3　合成生物学专利 IPC 分布**　　　　　　　　　　　　　　（单位：项）

| 序号 | 专利量 | IPC 大组 | 分类号含义 |
|---|---|---|---|
| 1 | 9311 | C12N1 | 微生物本身，如原生动物；其组合物 |
| 2 | 7662 | C12R1 | 微生物 |
| 3 | 6173 | C12N15 | 突变或遗传工程；遗传工程涉及的 DNA 或 RNA，载体（如质粒）或其分离、制备或纯化；所使用的宿主 |
| 4 | 4478 | C12Q1 | 包含酶、核酸或微生物的测定或检验方法 |
| 5 | 2793 | C12N9 | 酶，如连接酶；酶原；其组合物 |

| 序号 | 专利量 | IPC 大组 | 分类号含义 |
|---|---|---|---|
| 6 | 1875 | C12P7 | 含氧有机化合物的制备 |
| 7 | 1525 | C12P19 | 含有糖残基的化合物的制备 |
| 8 | 1508 | C07K14 | 具有多于 20 个氨基酸的肽；促胃液素；生长激素释放抑制因子；促黑激素；其衍生物 |
| 9 | 1404 | G01N33 | 利用不包括在 G01N1/00～G01N31/00 组中的特殊方法来研究或分析材料 |
| 10 | 1371 | C02F3 | 水、废水或污水的生物处理 |
| 11 | 1193 | C12P21 | 肽或蛋白质的制备 |
| 12 | 1142 | C12N5 | 未分化的人类、动物或植物细胞，如细胞系；组织；它们的培养或维持；其培养基 |
| 13 | 972 | A61K38 | 含肽的医药配制品 |
| 14 | 970 | A61K35 | 含有有不明结构的原材料或其反应产物的医用配制品 |
| 15 | 911 | C07H21 | 含有两个或多个单核苷酸单元的化合物，具有以核苷基的糖化物基团连接的单独的磷酸酯基或多磷酸酯基，如核酸 |
| 16 | 911 | C12M1 | 酶学或微生物学装置 |
| 17 | 704 | A61P31 | 抗感染药，即抗生素、抗菌剂、化疗剂 |
| 18 | 678 | A61K39 | 含有抗原或抗体的医药配制品 |
| 19 | 671 | C12P1 | 使用微生物或酶，制备不包含在 C12P3/00～C12P39/00 组中的化合物或组合物；使用微生物或酶制备化合物或组合物的一般方法 |
| 20 | 658 | B01L3 | 实验室用的容器或器皿，如实验室玻璃仪器 |

（5）重要申请人竞争力分析

在合成生物学中，高校和研究所是全球最主要的专利申请主体（图 6-10）。申请量前 10 位的专利申请机构中，美国机构占据 5 席，中国机构占 4 席，还有 1 家日本机构。申请量排名第一位的是中国科学院（主要为中国科学院微生物研究所、中国科学院成都生物研究所、中国科学院过程工程研究所），第二位的是江南大学，前两位机构专利总共占比 4.10%。其次是美国加州大学、美国 Dharmacon 公司、美国哈佛大学、美国斯克利普斯研究所，再次是日本三菱公司、浙江大学、天津科技大学、美国麻省理工学院。

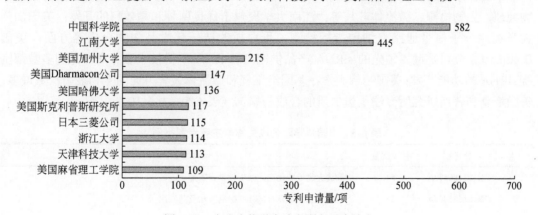

图 6-10 合成生物学全球专利主要申请人

（6）专利申请人活跃度分析

分析重要专利研发机构近五年的专利申请活跃程度发现（表 6-4），美国哈佛大学的活跃度最高，63.24%的专利是近五年公开；其次是江南大学、浙江工业大学和美国麻省理工学院；美国 Dharmacon 公司的专利主要集中在 2007～2012 年，近五年的活跃度为 0，说明其专利研发的重心可能已经转移；日本三菱公司和美国斯克利普斯研究所相关专利研发较早，近五年的活跃度较低。

从各专利申请人对专利的国家布局来看，大多数专利申请人首先在本国布局而后延伸至其他国家，中国的研究机构基本只在本国申请，并没有布局国际市场；美国机构和日本机构的专利较重视全球布局。

表 6-4　合成生物学专利重要申请人活跃程度

| 序号 | 申请人 | 专利量/项 | 专利受理国家/组织 | 近 5 年专利产出占比/% |
|---|---|---|---|---|
| 1 | 中国科学院 | 582 | 中国（582 项） | 42.96 |
| 2 | 江南大学 | 445 | 中国（445 项） | 57.08 |
| 3 | 美国加州大学 | 215 | 美国（107 项）世界知识产权组织（59 项）欧洲专利局（10 项） | 36.74 |
| 4 | 美国 Dharmacon 公司 | 147 | 美国（146 项）世界知识产权组织（1 项） | 0.00 |
| 5 | 美国哈佛大学 | 136 | 美国（56 项）世界知识产权组织（33 项）中国（13 项） | 63.24 |
| 6 | 美国斯克利普斯研究所 | 117 | 美国（54 项）中国（12 项）世界知识产权组织（10 项） | 10.26 |
| 7 | 日本三菱公司 | 115 | 日本（100 项）中国（3 项）美国（3 项） | 0.87 |
| 8 | 浙江大学 | 114 | 中国（113 项）世界知识产权组织（1 项） | 39.47 |
| 9 | 天津科技大学 | 113 | 中国（113 项） | 44.25 |
| 10 | 美国麻省理工学院 | 109 | 美国（57 项）世界知识产权组织（31 项）中国（7 项） | 46.79 |

（7）重要申请人专利领域布局

中国科学院研究所众多，研究方向较广，有影响力的专利涉及农业废弃物和污染的生物处理、生物检测、微流体芯片等；江南大学聚焦于优良菌种和高效酶的开发；美国加州大学关注分子信号通路、细胞指标检测、蛋白质改造、化学品生物合成等方面；美国 Dharmacon 公司是世界领先的 siRNA 产品供应商和 RNA 干扰技术服务商，专利多数都围绕 siRNA 的功能开发；美国哈佛大学在基因组工程和微流体装置方面的专利被引次数最多；美国斯克利普斯研究所专注于蛋白质的合成与修饰（表 6-5～表 6-10）。

表 6-5　中国科学院合成生物学主要专利举例

| 序号 | 专利号 | 被引次数 | 标题 |
|---|---|---|---|
| 1 | CN101186879A | 64 | 农业废弃物堆肥化三元微生物复合菌剂 |
| 2 | CN101545007A | 25 | 一种纳米金生物复合探针、检测方法及其应用 |
| 3 | CN101570776A | 22 | 一种基于微流控芯片的高通量纳升级微液滴形成和固定方法、其专用芯片及应用 |

续表

| 序号 | 专利号 | 被引次数 | 标题 |
|---|---|---|---|
| 4 | CN101824440A | 19 | 一种微生物油脂的分离方法 |
| 5 | CN1690190A | 18 | 一种用于控制河道底泥二次污染的固定化复合菌剂的制备方法 |

**表 6-6　江南大学合成生物学主要专利举例**

| 序号 | 专利号 | 被引次数 | 标题 |
|---|---|---|---|
| 1 | CN101851598A | 21 | 一株环境安全的以葡萄糖为底物发酵产 2,3-丁二醇枯草芽孢杆菌的选育 |
| 2 | CN1443841A | 15 | 一种脂肪酶产生菌及其筛选方法和产业化应用 |
| 3 | CN101928679A | 14 | 一株高效转化 L-谷氨酸为 γ-氨基丁酸乳酸菌的选育 |
| 4 | CN102127514A | 14 | 一株强稳定性中温中性 α-淀粉酶高产菌及其酶学性质 |
| 5 | CN104099258A | 13 | 一种乙醇积累减少的酿酒酵母基因工程菌及其应用 |

**表 6-7　美国加州大学合成生物学主要专利举例**

| 序号 | 专利号 | 被引次数 | 标题 |
|---|---|---|---|
| 1 | US5359046A | 525 | 受体相关信号转导通路的嵌合链 |
| 2 | WO9005785A1 | 149 | 把非天然氨基酸整合到蛋白质中 |
| 3 | US6958132B2 | 223 | 基于微流体光学驱动系统和方法 |
| 4 | US7172886B2 | 136 | 异戊基焦磷酸的生物合成 |
| 5 | US5910403A | 77 | 在体外和体内测量细胞的增殖率和坏死率方法 |

**表 6-8　美国 Dharmacon 公司合成生物学主要专利举例**

| 序号 | 专利号 | 被引次数 | 标题 |
|---|---|---|---|
| 1 | US20050255487A1 | 493 | 改进功能的 siRNA 的筛选方法和组合物 |
| 2 | US7521191B2 | 120 | siRNA 靶向连接蛋白 43（connexin 43） |
| 3 | US7569684B2 | 78 | 针对 gremlin 的 siRNA |
| 4 | US7592443B2 | 71 | siRNA 靶向白细胞介素-1 受体相关激酶 4（IRAK4） |
| 5 | US7592442B2 | 75 | siRNA 靶向核糖核苷酸还原酶 M2 多肽（RRM2 或 RNR-R2） |

**表 6-9　美国哈佛大学合成生物学主要专利举例**

| 序号 | 专利号 | 被引次数 | 标题 |
|---|---|---|---|
| 1 | US20140342456A1 | 57 | RNA 引导的人类基因组工程 |
| 2 | US20150298091A1 | 57 | 条形码核酸的系统和方法 |
| 3 | US20100124759A1 | 41 | 微流体液滴用于代谢工程和其他应用 |
| 4 | US20150031132A1 | 40 | 基因组工程 |
| 5 | US20120121481A1 | 39 | 流聚焦微流体装置的放大 |

**表 6-10  美国斯克利普斯研究所合成生物学主要专利举例**

| 序号 | 公开（公告）号 | 被引次数 | 标题 |
|---|---|---|---|
| 1 | US20050136513A1 | 161 | 选择性地将 5-羟基色氨酸结合到哺乳动物细胞的蛋白质中 |
| 2 | US20070178448A1 | 111 | 噬菌体实现多肽的翻译后选择性修饰 |
| 3 | US7183082B2 | 102 | 糖蛋白的合成 |
| 4 | WO2004058946A2 | 86 | 蛋白质阵列 |
| 5 | US20060110796A1 | 73 | n-乙酰-半乳糖胺氨基酸在真菌体中的特异性结合 |

# 6.4  产业发展现状

## 6.4.1  国际合成生物制造产业发展现状

### 6.4.1.1  产业融资并购活跃

美国 Crystal Market Research 公司于 2017 年 7 月发布的一份合成生物学市场研究报告指出，到 2025 年全球合成生物学市场有望达到 260 亿美元左右。合成生物学的快速发展，并融合工程学、自动化技术、信息科技等领域的研究成果形成了颇具前景的创新领域，受到了资本市场的青睐。

2017～2018 年，全球 200 家合成生物制造相关企业（包括 14 家新上市企业和 186 家新创企业）共发生 282 次融资事件[①]，其中有确切数据披露的融资事件为 229 次，涉及融资金额共计 118.66 亿美元，表 6-11 仅列出投资额 TOP 20 的风投公司或基金。

**表 6-11  2017～2018 年合成生物制造企业 TOP 20 风投公司或机构**  （单位：百万美元）

| 风投公司或机构 | 总金额 |
|---|---|
| ARCH Venture Partners | 1332.8 |
| Sequoia Capital（红杉投资公司） | 723.184 |
| Baillie Gifford | 499 |
| 苏州通和毓承投资合伙企业 | 333.2 |
| Temasek Holdings（淡马锡控股私人有限公司） | 317.5 |
| Deerfield | 258.5 |
| DFJ（德丰杰投资公司） | 217 |
| F-Prime Capital Partners | 211.5 |
| New Enterprise Associates（恩颐投资公司） | 207 |
| Syncona Partners LLP | 196 |
| Fidelity Management and Research Company（富达管理及研究公司） | 170 |

---

① 数据说明：本报告统计的信息均来自企业官方和主流媒体公开报道；信息统计时间窗口为 2017 年 1 月 1 日至 2018 年 12 月 15 日。报告统计的信息为不完全统计，其原因主要在于部分商业信息的数据可获取性、透明性、完整性或可靠性不足。

续表

| 风投公司或机构 | 总金额 |
| --- | --- |
| OrbiMed（奥博资本投资公司） | 137 |
| 礼来亚洲风险投资基金 | 132 |
| TPG（德太投资公司） | 130.04 |
| 深圳松禾资本管理公司 | 120 |
| 上海景旭创业投资有限公司 | 120 |
| Founders Fund（创始人基金） | 112.6 |
| GV（谷歌风投公司） | 109.5 |
| 上海云锋基金 | 103.8 |
| 深圳市高特佳投资集团有限公司 | 96.48 |

2019 年，合成生物学领域融资有望再创佳绩，第一季度 25 家公司共筹集 6.52 亿美元。规模最大的融资主要集中在平台上而非具体应用。通常，单个生物技术创新可以在不同行业以多种不同方式应用。2019 年，大部分资金投入到提供全新技术能力的平台上，这使得合成生物学可以得到越来越多的应用并获得成本效益。

从 2019 年第一季度融资情况来看，基因编辑企业占主导地位。Beam Therapeutics 3 月份以 1.35 亿美元 B 轮融资领先其他企业。该公司由 CRISPR 基因编辑技术的先驱张锋创立，正在使用其突破性的 CRISPR 基因编辑技术开发精准基因药物。单碱基编辑技术通过化学反应直接修饰单个碱基，而不是通过剪切和替换 DNA 片段。单碱基编辑疗法的潜在市场是巨大的。大多数与疾病相关的遗传错误来自基因组的单碱基变化。在其他情况下，单碱基变异可以预防疾病。通过精确修改基因组以消除错误或进行保护性更改，Beam Therapeutics 相信它可以为多种疾病创造新的治疗方法。该公司还在开发技术，为不同的组织和细胞类型提供基因编辑器。

合成生物企业 Precision BioSciences 公司于 2019 年 3 月份首次公开募股（IPO）上市，共筹集 1.26 亿美元。Precision BioSciences 总部位于北卡罗来纳州达勒姆，它正在建立基于"归位核酸内切酶"（homing endonuclease）的下一代基因组编辑平台。这种真核细胞 DNA 切割酶提供了一种有前途的方法来编辑复杂的基因组，降低了脱靶副作用的风险。这种酶可以精确识别多达 40 个碱基对的长 DNA 序列，这种长序列通常仅在基因组中出现一次。该公司正在开发用于医疗和农业应用的基因编辑技术，与行业领军者开展合作。例如，他们与爱尔兰制药企业 Shire Pharmaceuticals 公司合作，通过敲除已知的会导致移植物抗宿主病的基因来创建通用的 CAR-T 供体细胞；与美国 Gilead Sciences 公司合作开发一种治疗慢性乙型肝炎的药物；与美国农业巨头 Cargill 公司合作培育油菜籽，其饱和脂肪酸含量只有普通品种的一半左右。

2019 年，投资者不仅青睐成熟的合成生物公司，对初创公司也是如此。今年首次获得融资的公司数量有望超过去年的 22 家。第一名 Motif Ingredients（以下简称 Motif）公司获得 9000 万美元的 A 轮融资，它是 Ginkgo Bioworks（以下简称 Ginkgo）旗下专注于食品行业的独立公司。Motif 旨在帮助其他公司（包括创业公司）利用植物蛋白或细胞培养技术制造肉类、乳制品和蛋类。它得到了包括 Breakthrough Energy Ventures，Louis Dreyfus Company 和 Viking Global Investors 在内的投资者的支持。Motif 将与 Ginkgo 合作识别天然成分，包括牛奶或肉类等食物中的维生素和蛋白质，然后使用工程酵母和细菌生产这些成分。如果特定蛋白质不能提供人类饮食中所需的所有氨基酸，Motif 可以添加一种互补蛋白质，使最终产品具有更丰富的营养成分。生物工程和生物制造对初创公司来说很难完全依靠自己研发。Motif 具有 Ginkgo 自动化和软件平台的优势，可以快速进行基因组测序并从微生物中生产所需成分。创业公司推出无动物汉堡或鸡块等新产品时，只需要专注于建立产品和品牌，而不用担心蛋白质的设计问题。

另一个引人注意的是位于丹麦哥本哈根的 SNIPR Biome，该公司筹集了 5000 万美元的 A 轮资金，用于将基于 CRISPR 的微生物组药物推向人类临床试验。人体微生物组由细菌、病毒和真菌组成，已被发现在各种疾病和健康状况中发挥重要作用。该公司使用 CRISPR 选择性地靶向和杀死含有特定 DNA 序列的细菌。从医药到食品质量控制都将是该技术的潜在应用领域。该公司将首先关注控制复杂感染的精准药物，以及自身免疫和癌症的精准微生物调控。

2019 年 3 月，张锋等联合创始的 Sherlock Biosciences 筹集了 A 轮 3500 万美元，用于开发比现有分子诊断更快、更便宜、更容易使用的 CRISPR 测试诊断技术。该技术在肿瘤学、食品安全、家庭检测和现场疾病检测等领域具有广泛的应用潜力。CRISPR 足以作为一种诊断工具，这对脱靶编辑要求并不高。Sherlock Biosciences 希望将快速测试设计和部署作为医疗保健的标准部分，以解决耐抗生素细菌等问题。它将采用选择性合作和直接产品开发的战略，将其技术推向市场。

### 6.4.1.2  全球重要企业简介

合成生物学正迅速渗透到从化工产品到医疗保健等众多领域，在不久的将来，合成生物学将能为我们提供从蜘蛛丝运动鞋到喷气式飞机用的可持续燃料等任何产品，并正在不断刷新人们的想象。例如，Oxitec 公司正在利用基因工程蚊子来减少疟疾、寨卡病毒病和登革热的传播；Avantium 公司正在帮助像达能和可口可乐这样的大公司开发生物塑料；Eligo Bioscience 公司发现了一种在不破坏微生物群的情况下专门消灭有害细菌的方法。当前对于合成生物学来说是一个激动人心的时刻，甚至将来人类照明使用的灯也可能是有生命的。以下简要介绍了合成生物制造领域的代表性企业。

总部位于美国加州的 Demetrix 公司利用合成生物学制造天然药物。该公司利用基因和计算机技术来生产协同进化的药物和保健品。该公司正在采用行业领先的发酵技术，加速大麻素的生产。2019 年 7 月，Demetrix 公司宣布完成 5000 万美元的 A 轮融资，由 Tuatara Capital 领投，现有投资者 Horizons Ventures 跟投。

美国 Genomatica 公司是生物工程领域公认的领导者，旨在引领全球向更可持续的材料过渡。该公司钻研生物炼制工艺技术，从而更好地利用可持续原料生产广泛的化学品，使其具有更好的经济性、可持续性和产品性能。Genomatica 公司正在进行丁二醇的商业化生产，同时积极开发生物尼龙材料。2018 年 1 月，Genomatica 公司和意大利聚酰胺生产商 Aquafil 达成多年协议，合作生产可持续的己内酰胺。2018 年 10 月，Genomatica 公司宣布完成 2.27 亿美元的风险投资，以加快其可用于化学品生产的生物技术创新。

新西兰创办的 Lanza Tech 公司开发了生产低成本的液态生物燃料和高价值的化学制品的特有技术平台。Lanza Tech 公司的生产流程可以使多种废气资源得到利用。工业废气、生物质产生的合成气和改质天然气等非食品资源可以成为生产大量燃料和塑料的资源。2019 年 8 月，Lanza Tech 完成 7200 万美元的 E 轮融资，并新签署了与生物技术巨头 Novozymes 的合作协议，扩展其化学品生物制造能力。

Synlogic 于 2007 年底成立于特拉华，由合成生物学创始人之一 James J. Collins 和他的得意门生卢冠达（Timothy Lu）共同创建。该公司专注于推进其合成生物药物的药物发现和开发平台，利用合成生物学对有益微生物进行基因重编程以治疗代谢和炎症性疾病以及癌症。2017 年 8 月 28 日，Synlogic 兼并收购 Mirna Therapeutics 公司上市，成为合并公司的运营方。Synlogic 的主要项目包括 SYNB1020（肝损伤或遗传性疾病导致高氨血症）、SYNB1618［苯丙酮尿症（PKU）导致高氨血症］和 SYNB1891（治疗癌症）。2017 年 10 月 24 日，美国食品药品管理局（FDA）认定 Synlogic 开发的 SYNC1618 为治疗苯丙酮尿症的孤儿药。2018 年 9 月，公司宣布 SYNB1618 被用于苯丙酮尿症患者的治疗，并在近期临床 I/IIa 期试验中取得了正向的结果。2018 年 4 月，SYNB1020 进行的高血氨症的 I b/IIa 期临床试验中，对首位患者进行了给药，Synlogic 将在一年内实现对患者的治疗，并希望在 2018 年底之前能够获得相关治疗数据并公之于众。2019 年 5 月，Synlogic 宣布与罗氏制药开展新的临床合作，探索 Synlogic 的 SYNB1891（一种双重免疫激活剂）与罗氏制药的 PD-L1 检测点抑制剂 atezolizumab 联合用于晚期实体瘤的有效性和安全性。Synlogic 预计将于 2019 年下半年向 FDA 提交 SYNB1891 的研究性新药申请（IND）。

Synthorx 于 2014 年成立，是一家生物制药公司，总部位于美国加州，专注于延长癌症和自身免疫性疾病患者寿命以及改善其生活的药物开发，核心技术源于美国斯克利普斯研究所 Floyd Romesberg 博士的研究。Synthorx 专有的、首创的平台技术通过添加新的非天然 DNA 碱基对扩展了遗传密码，旨在创建优化的生物制剂，称为 Synthorins。2018 年 12 月，公司宣布完成 IPO，募集到 1.31 亿美元资金，用于该公司的主打产品 THOR-707 的后续研发，这是一种改良版的白细胞介素-2（IL-2），可用于治疗多种转移性癌症。

Twist Bioscience 创立于 2013 年 2 月 4 日，总部位于美国加州，是一家领先且发展迅速的合成生物公司，为生物技术行业的客户生产合成 DNA。Twist Bioscience 由 Emily Leproust、Bill Peck 和 Bill Banyai 创立，其中的前两位之前负责安捷伦科技公司的 DNA 合成技术。2018 年 10 月 30 日，Twist Bioscience 在纳斯达克上市，完成总值为 7000 万美元的 IPO。Twist Bioscience 向客户出售基因、基因片段和寡核苷酸，用于基础研究、药物开发、工业生物技术和农业生物技术。2016 年，微软与 Twist Bioscience 签订协议订购了约 1000 万条 DNA 产品，用于测试 DNA 数据存储能力。2019 年 1 月 7 日，Twist Bioscience 宣布扩大其产品组合，提供 5000 碱基对（5kb）长度的基因，以行业领先的价格出售。

Checkerspot 是一家美国新型材料公司。该公司集成了生物技术、化学和制造技术，扩大了产品设计师可以使用的材料的范围，并为特定应用提供了一种更有意识的设计性能材料的方法。该技术平台可以在分子水平上实现新材料的设计。通过应用程序开发，公司对特定的产品实施例进行原型化和迭代。作为 Illumina 加速器的 2018 届毕业生，Checkerspot

专注于利用从微藻中提取的新型甘油三酯生产聚氨酯和纺织品材料。Checkerspot 于 2018 年 6 月完成种子轮 500 万美元融资，又于 2019 年 4 月完成 A 轮 1300 万美元融资。

RWDC Industries 是一家新加坡生物科技公司，致力于提供创新且具有成本效益的生物聚合物材料解决方案，目前的主要产品为中长链的聚羟基脂肪酸酯（mcl-PHA），适用于广泛的应用领域。RWDC 的 PHA 被证明在土壤、水和海洋条件下是完全可生物降解的。RWDC 分别于 2018 年 10 月和 2019 年 4 月完成了 1300 万美元和 2200 万美元的融资。

Spiber 是一家总部位于日本的生物材料公司，其合成的蜘蛛丝纤维 QMONOS™ 引起人们的关注。Spiber 与 Goldwin 公司合作推出了一款名为 MOON PARKA™ 的夹克样品，该公司是 The North Face 品牌在日本和韩国的经销商。其还与丰田一级供应商 Kojima Press Industries 合作，共同开发具有革命性蛋白质材料的汽车零部件。Spiber 是日本 2015 年融资最多的初创公司，目前正在扩大生产规模，以便在未来获得更有竞争力的价格。Spiber 分别于 2018 年 1 月、6 月和 12 月融资 10 亿日元、2 亿日元和 50 亿日元。

Enerkem 是一家清洁技术公司，总部位于加拿大蒙特利尔，致力于将废物转化为运输生物燃料、可再生化学品和日常产品。Enerkem 通过将其专有的热化学技术平台和先进设施结合，致力于摆脱石油依赖和进行废物有效处理。在过去的 10 年里，Enerkem 已经成功利用来自多个城市的固体废物和其他类型的原料，可赢利地生产纤维素乙醇。2018 年 2 月，Enerkem 完成 2.8 亿加元的私募股权融资，2019 年 7 月获得来自森科尔能源领投的 7630 万美元的融资。

## 6.4.2 我国合成生物制造产业发展现状

### 6.4.2.1 产业发展概况

我国合成生物学研究发展迅速，推动了合成生物制造产业的蓬勃发展。目前，从事合成生物制造的相关企业有 8000 多家，涉及发酵工业、石油化工、精细化工、医药产业、纺织工业、食品工业等，总产值约 15 000 亿元，其中，现代生物制造产业超过 3000 亿元。

在医药领域，我国科学家利用合成生物学技术改造的若干高产药物的菌株开始投入工业化应用。例如纳他霉素、达托霉素和他克莫司等工程菌株的发酵水平均达到了国际或国内领先水平（Jiang et al.，2013；Mao et al.，2015；Zhang et al.，2016）。在化工产业方面，利用合成生物学技术构建的微生物细胞工厂生产大宗化学品可以以可持续、绿色清洁的方式替代传统石油化工的高能耗、高污染的生产方式。同时利用微生物细胞工厂也可以实现在自然界中通过植物、微生物体内合成产量极低的代谢产物的工业化生产，如青蒿素和阿片类药物的前体——蒂巴因等。随着合成生物学技术的发展，一系列传统大宗化学品的细胞工厂被构建，表 6-12 列举了目前我国利用生物法已实现产业化生产的大宗化学品。

**表 6-12　我国已实现微生物细胞工厂工业化生产的化工产品**

| 产品 | 年生产能力 | 相关企业 |
| --- | --- | --- |
| 1，3-丙二醇（PDO） | 万吨级 | 张家港华美生物材料有限公司、江苏盛虹集团 |

续表

| 产品 | 年生产能力 | 相关企业 |
|---|---|---|
| 丁二酸（琥珀酸） | 万吨级 | 山东兰典生物科技股份有限公司、中国石化扬子石油化工有限公司、常茂生物化学工程股份有限公司 |
| D-乳酸 | 万吨级 | 山东寿光巨能金玉米开发有限公司 |
| L-苹果酸 | 万吨级 | 安徽丰原集团有限公司 |
| 聚羟基脂肪酸酯（PHA） | 5吨 | 北京蓝晶微生物科技有限公司 |

此外，在生物材料领域，合成生物学的影响已经不仅仅局限于初期对于生物材料生产过程的可调控，还实现了材料功能化及再生。生物材料与合成生物学的结合，使得生物材料在应用领域得到了多方面的更新升级（陈飞等，2019）。利用合成生物学手段人工合成功能细胞精准调控细胞的行为，为传统医疗手段无法治愈的疾病提供新的诊治策略。研究人员通过设计多元的、复杂的、综合的基因环路同时辅以小分子、光、超声波、磁、热等物质控制，构建的功能细胞在用于代谢性疾病、肿瘤、神经系统疾病的治疗方面取得了巨大突破（武鑫等，2019）。国际上 CAR-T 治疗血液瘤已经在临床上取得了成功（June，2018），这为功能细胞应用于其他疾病的临床治疗奠定了基础。

在我国科学家取得"人造生命""合成基因组"等基础科学研究领域的多项重大突破之时，其暴露出来的与技术创新、产品开发脱节的现象也十分严重，从而导致了我国合成生物制造产业科技支撑不足、技术供给匮乏的现状。在原料供应方面，受制于原料来源、技术突破、收集运输成本、政策法规、地域条件、贸易堡垒等因素，现有原料供应体系还不足以支撑合成生物经济的快速发展。此外，政策支持、市场激励等方面显得心有余而力不足，虽然有很多促进生物产业发展的规划和举措，但缺乏系统的、有针对性的合成生物制造领域的全局性战略部署。未来我国在成为生物经济强国的发展道路上，还需要依靠科技创新和政策扶持攻克诸多障碍。

### 6.4.2.2　主要企业发展现状

生物工业相比传统化学工业有显而易见的优势。大多数生物反应所需条件都相对温和，不需要高温高压等严苛条件，所用的原料以及代谢废物对于环境没有危害，因而生物聚酯研究在国际上迅猛发展。我国在生物降解塑料，特别是生物聚酯如聚乳酸（PLA）、PHA、聚对苯二甲酸-己二酸丁二酯（PBAT）和二氧化碳共聚物（PPC）等基础研究和产业化方面都进展很快，已领先国际同行水平。

北京蓝晶微生物科技有限公司于 2016 年成立，其 PHA 产品已经能够实现小规模量产，产量大约每月 10 吨，成本比国外量产的 PHA 材料低 30%。2018 年 5 月 10 日，公司宣布完成 1000 万元的 Pre-A 轮融资。由清华大学生命科学学院首创的"下一代工业生物技术"已于 2017 年 12 月完成了 PHA 工业化生产的中试试验，实现了无灭菌开放连续发酵低成本 PHA 量产能力。为了实现这一技术的快速产业化，在清华大学的支持下，北京蓝晶微生物科技有限公司研发团队开发出基于嗜盐微生物的低成本生产技术——"蓝水生物技术"，革命性地简化了 PHA 的合成工艺，而且中试生产基地也已建成投产。预计未来 5 年内，我国

PHA 成本将不断降低，市场占有率或将大幅提升。我国的"蓝水生物技术"，一方面可实现无灭菌开放式连续发酵，减少灭菌过程的能耗及其所带来的复杂操作和人力成本，实现高效率生产；另一方面，培养嗜盐微生物需要含高浓度盐的底物培养基，这意味着可以使用海水来替代淡水资源，从而避免水资源问题。此外，无灭菌还意味着生物反应器无须使用不锈钢材料来耐受高温高压蒸汽，使用塑料或陶瓷等材料即可，从而降低设备成本。目前，全球首创的 5 吨级塑料生物反应器已组装运行，但面对市场还有很多挑战（科技日报，2019）。

苏州泓迅生物科技股份有限公司是一家领先的 DNA 技术公司，专注于新一代 DNA 技术及其应用，自 2013 年成立以来，已逐步建立起从寡核苷酸、DNA 片段到染色体/基因组合成和构建的完整的合成生物学平台。2017 年 11 月，泓迅生物科技股份有限公司在新三板挂牌，成为国内 DNA 制造登陆新三板的第一股。

枫杨生物研发（南京）有限公司成立于 2018 年 3 月，是国际合成生物学领军人物、美国加州大学伯克利分校教授 Jay D. Keasling 教授团队和全球领先的生命科技研发服务商和细胞治疗企业金斯瑞生物科技公司合作的产物，旨在打造全球领先的合成生物学公司。枫杨生物研发（南京）有限公司通过建立具有核心自主知识产权两大技术平台——合成生物学技术平台和酶催化技术平台，致力于两个产品方向——高附加值的天然产物或化学品，以及细菌药物或益生菌产品。目前，第一个产品羟基酪醇已经开发成功并进行了产业化。后续还有一系列产品研发管线。在商业策略上，枫杨生物研发（南京）有限公司聚焦于最核心的菌种开发，除少数产品自行商业化以外，大部分产品均与合作伙伴合作，共同开发市场。枫杨生物研发（南京）有限公司已与合作伙伴开发血根碱，用于替代饲料中的抗生素，克服从植物博落回中提取的高成本和低产量的缺点；同时，枫杨生物研发（南京）有限公司还与合作伙伴达成协议，共同开发治疗癌症的细菌药物。

山东兰典生物科技股份有限公司是国内唯一一家买断中国科学院专利技术，以生物发酵法生产生物基丁二酸，及以丁二酸为原料生产生物基 PBS 可降解塑料的高新技术企业。年产 50 万吨生物基丁二酸、20 万吨生物基 PBS 可降解塑料项目分三期建设。一期投资 10 亿元，首条 6 万吨/年生产线于 2017 年 9 月份竣工投产。

山东寿光巨能金玉米开发有限公司成立于 1998 年，生产经营玉米淀粉、变性淀粉、赖氨酸、淀粉糖、乳酸、聚乳酸、生物质热塑复合材料，于 2007 年 9 月 27 日在香港联合交易所有限公司挂牌上市。2014 年，该公司与中国科学院天津工业生物技术研究所合作，研究出高光学纯度 D-乳酸发酵及提取新工艺，从而高效、低成本、清洁生产高光学纯度 D-乳酸，并建成年产 10 000 吨的高光学纯度 D-乳酸项目。

安徽华恒生物科技股份有限公司成立于 2005 年，在丙氨酸细分市场其生产量、销售量、出口量均位居全球第一。该公司运用先进的系统代谢工程技术，在国际上率先创建葡萄糖高效发酵生产 L-丙氨酸的细胞工厂以及研发配套生产工艺，显著提高了 L-丙氨酸生产过程的绿色指数，创建出丙氨酸工业全新产业链，推动企业国际化发展。

天津市敬业精细化工有限公司成立于 2001 年，是华北最大的光气法制备氯甲酸酯系列、酰氯系列生产商。天津市敬业精细化工有限公司与中国科学院天津工业生物技术研究所合作，利用生物法制备 4α-羟基-L-脯氨酸，摒弃了传统工艺中以动物胶为原料通过亚消化法提取的工艺弊端，在国内率先实现绿色生产，抢占技术制高点。

浙江震元制药有限公司拥有利用化学合成法及生物发酵法生产原料药及制剂的综合生产能力，目前已突破多个基于合成生物学技术的生物发酵产品的技术壁垒，正在全力进行产业化开发。公司与中国科学院天津工业生物技术研究所合作，通过途径构建与优化改造，获得了遗传稳定的高效大肠杆菌细胞工厂，以葡萄糖原料发酵获得左旋多巴，生产成本与化学法相比降低 50%以上。

武汉新华扬生物股份有限公司是应用现代生物技术进行研发、生产和销售生物酶制剂系列产品的高新技术企业，拥有世界一流的饲用酶制剂生产基地、工业酶制剂生产研发基地、非营养功能型添加剂基地、化工添加剂合成基地、畜禽水产药的 GMP 基地以及动物试验基地，已成为我国最具竞争力的生物酶制剂产品专业服务商之一。

成都远泓生物科技有限公司是一家专注于全球工业生物中间体应用研发与生产销售、生物医药技术研究与投资、健康管理的全球化科技公司。2018 年 12 月 12 日，成都市高新区管委会与成都博浩达生物科技有限公司、成都远泓生物科技有限公司就"年产 1 万吨肌醇生产线"项目签订了招商引资协议书，项目总投资达 5 亿元。

# 6.5　总结与建议

2013 年，习近平总书记在中国科学院考察工作时指出，人造生命不仅对人类认识生命本质具有重要意义，而且在医药、能源、材料、农业、环境等方面展现出巨大潜力和应用前景（姜天海和甘晓，2018）。我国从国务院和科学技术部、发展和改革委员会等国家部委，到各省市级政府都十分重视合成生物制造的发展及其应用前景。从科学技术发展的角度来看，有纲领性的《国家中长期科学和技术发展规划纲要（2006—2020 年）》，从产业发展的角度来看，有"战略性新兴产业发展规划"。此外，科学技术部与发展和改革委员会还分别发布了更有针对性的《"十三五"生物技术创新专项规划》和《"十三五"生物产业发展规划》等，全方位、多层级、多角度地对合成生物制造做出了相应的规划和布局。同时，世界其他国家也十分重视该领域的发展，美国为支持合成生物学发展已投入近 10 亿美元。近两年，美国 DARPA 对该领域的资助仍然热度不减，发布了多项相关的项目。此外，海陆空三军也有相关的项目设置。英国也于 2012 年发布了《英国合成生物学路线图》，对该领域进行系统全面的布局。近几年，欧盟以及英国对合成生物学的规划较多地放在发展生物经济的大背景下，将合成生物学技术作为实现生物经济的重要手段，将合成生物制造作为生物经济的重要组成部分。

在研究进展方面，DNA 合成成本不断下降，DNA 链合成长度不断增加，合成能力不断增强，还能利用计算机辅助合成细菌基因组。在标准化、模块化功能元件不断取得突破的基础上，基因电路行为的可预测性提高，复杂性增加，逐步实现系统设计细菌或其他生物来执行自然界中不存在的任务。此外，蛋白质水平的电路方面也有所突破，或使强大的新细胞行为工程成为可能，为进一步精准控制细胞行为奠定基础。人造生命方面屡屡创新，产生了多个世界首次的成果。例如，首次创造出能生产碳-硅键的生命体以及能产生硼-碳键的大肠杆菌，首次人工创建单条染色体的酵母细胞，首次人工合成并彻底改变的全基因生物，构建出由 8 个核苷酸组成的 DNA 分子，但还未产生由 8 核苷酸组成的生命体。在植物天然产物的细胞工厂构建方面近几年成果尤为突出，研究人员已成功创建了萜类、苯丙素类和生物碱等的人工合成细胞工厂。在合成生物学研究论文发表方面，中国发文量和高被引论文数量均位居美国之后，全球排名第二。从近 5 年的发文占比情况来看，中国、印度和韩国等国可能起步较欧美国家晚，但后劲很足。在专利申请方面，中国是最大的相关专利受理国家，专利数量 2003 年赶超日本，2005 年赶超美国，排名第一，而后以指数级速度快速增长。

合成生物学技术的不断突破使其在解决有关健康、医药、材料、能源、环境、气候变化和人口增长等全球问题方面展现出巨大潜能。合成生物创新企业已然成为风投和基金争相投资的新宠，融资金额屡创新高。合成生物制造以先进、高效、环境友好的方式生产人类所需的能源、材料、化工产品、药物、食品等，促使工业生产路线脱离石油化工模式，打造"高效、清洁、节约、可持续"的社会经济发展新方式，对于我国实施创新驱动发展战略、贯彻落实创新发展理念、建设现代化经济体系具有重要意义。以下针对我国合成生物制造的发展现状以及存在的挑战，提出三点发展建议。

（1）加大科技投入，加强顶层设计，更好发挥科技创新对发展的支撑引领作用

合成生物学是生命科学的前沿研究领域，其创新突破将重塑生物产业，已受到各国的高度关注。我国合成生物学的起步比欧美晚了 10 年左右，不过从 2008 年香山科学会议国内首次讨论合成生物学以来，已取得了巨大进步，尤其是人工合成酵母染色体方面，跟世界先进水平相比，已经实现了并跑和领跑。目前我国科学家已搭建了零散的技术平台，掌握了一些关键技术，未来还需要在基础仪器和设施、核心平台和元件库搭建方面加大资金投入，搭建多学科交叉教育体系，培育造就跨学科的研究梯队和系列人才，紧抓发展机遇，占领生物科技竞争的战略制高点。

（2）完善管理政策，加大产业扶持力度，推动新的产业变革

近两年来，欧美等发达国家纷纷发布生物经济相关战略规划，合成生物制造作为推动生物经济发展的重要驱动力，成为这些战略规划的主要切入点，相关理论和技术的重大突破，必将对多个行业产生颠覆性影响。在促进合成生物制造产业发展方面，我国应积极制定相关产品从研发、生产到应用各环节衔接的政策和规范，建立相关元器件和技术服务的标准，统一市场准入标准和审查制度，简化审批手续，推动新产品尽早进入市场，同时注重与国际标准机构的交流与协作。打造政产学研协同创新体系，重点突破代谢科学原创性成果产生与核心技术转化的瓶颈。

（3）重视生物安全监管，搭建科普宣传平台，合理引导大众舆论

合成生物学技术作为一项新兴的科学技术，具有两面性，在带来巨大的社会效益的同时也产生了巨大风险。"合成生物"自诞生以来，一直伴随着巨大的争议。为了有效地降低其潜在威胁，国家有关部门应该重视合成生物学相关的法律法规制定工作，密切跟踪技术发展所带来的新的生物安全、伦理等问题。由于国际交流合作等事宜，还要注意加强生物

遗传资源保护和监管。此外，建立和规范实验室合成生物工作的备案制度，制定具有法律约束力的行为准则以规范科技工作者的科研行为，鼓励成立相关的行业协会或科学家组织。从制度、法规、公众舆论引导和鼓励公众参与等方面逐渐形成对合成生物学技术的系统性的风险管控机制。

**致谢** 中国科学院天津工业生物技术研究所王钦宏研究员和华南理工大学林章凛教授对本章提出了宝贵的意见和建议，谨致谢忱！

# 参 考 文 献

陈飞，钟超，孙飞，等. 2019. 合成生物学在生物材料科学中的应用及展望. 生物产业技术，（1）：5-12.

姜天海，甘晓. 2018. 合成生物学：掀起第三次生物技术革命. http://news.sciencenet.cn/htmlnews/2018/7/415367.shtm［2019-04-26］.

科技日报. 2019. 背靠大海合成生物塑料 阻断"白色污染"不是梦. http://www. xinhuanet. com/tech/2019-02/26/c_1124162011. htm［2019-03-21］.

武鑫，邵佳伟，叶海峰. 2019. 合成生物学驱动功能细胞的精准设计与疾病诊疗. 生物产业技术，（1）：41-54.

Ajikumar P K, Xiao W-H, Tyo K E J, et al. 2010. Isoprenoid pathway optimization for Taxol precursor overproduction in *Escherichia coli*. Science，330（6000）：70-74.

Andrews L B, Nielsen A K, Voigt C A. 2018. Cellular checkpoint control using programmable sequential logic. Science，361（6408）：eaap8987.

Annaluru N, Muller H, Mitchell L A, et al. 2014. Total Synthesis of a Functional Designer Eukaryotic Chromosome. Science，344（6179）：55-58.

Ausländer S, Auslander D, Muller M, et al. 2012. Programmable single-cell mammalian biocomputers. Nature，487（7405）：123-127.

Australian Council of Learned Academies（ACOLA）. 2018. Synthetic Biology in Australia：An outlook to 2030. https://acola. org. au/wp/wp-content/uploads/HS3_SynBiology_WEB_180819. pdf［2019-10-31］.

BBI JU. 2017. Calls for proposals 2017. https://www. bbi-europe. eu/participate/calls-proposals-2017［2019-04-26］.

BBSRC. 2018. Forward Look for UK Bioscience. https://bbsrc. ukri. org/documents/forward-look-for-uk-bioscience-pdf/［2019-04-26］.

Biomass Research & Development. 2019. The Bioeconomy Initiative：Implementation Framework. https://biomassboard. gov/pdfs/Bioeconomy_Initiative_Implementation_Framework_FINAL. pdf［2019-03-12］.

Bohannon J M. 2016. Mission possible：rewriting the genetic code. Science，353（6301）：739.

Boles K, Kannan K, Gill J, et al. 2017. Digital-to-biological converter for on-demand production of biologics. Nature Biotechnology，35：672-675.

Bonnet J, Yin P, Ortiz M E, et al. 2013. Amplifying genetic logic gates. Science，340（6132）：599-603.

Chen Y, Ho J, Shis D, et al. 2018. Tuning the dynamic range of bacterial promoters regulated by ligand-inducible transcription factors. Nature Communications，9：64.

Daniel R, Rubens J R, Sarpeshkar R, et al. 2013. Synthetic analog computation in living cells. Nature，497

（7451）：619-623.

Davy van D，Stefan K，Thomas R. 2013. The development of synthetic biology：a patent analysis. Systems and Synthetic Biology，7：209-220.

Dymond J S，Richardson S M，Coombes C E，et al. 2011. Synthetic chromosome arms function in yeast and generate phenotypic diversity by design. Nature，477（7365）：471-476.

EBRC. 2019. Engineering Biology：A Research Roadmap for the Next-Generation Bioeconomy. https://roadmap. ebrc. org/ ［2019-10-31］.

Elowitz M B，Leibler S. 2000. A synthetic oscillatory network of transcriptional regulators. Nature，403（6767）：335-338.

European Commission. 2018. A Sustainable Bioeconomy for Europe：Strengthening the Connection between Economy，Society and the Environment. https://ec.europa.eu/research/bioeconomy/pdf/ec_bioeconomy_strategy_2018. pdf#view=fit&pagemode=none ［2019-10-28］.

Fang H，Li D，Kang J，et al. 2018. Metabolic engineering of *Escherichia coli* for *de novo* biosynthesis of vitamin $B_{12}$. Nature Communications，9：4917.

Fredens J，Wang K H，Torre D，et al. 2019. Total synthesis of *Escherichia coli* with a recoded genome. Nature，569：514-518.

Galanie S，Thodey K，Trenchard I J，et al. 2015. Complete biosynthesis of opioids in yeast. Science，349（6252）：1095-1100.

Gao X J，Chong L S，Kim M S，et al. 2018. Programmable protein circuits in living cells. Science. 361（6408）：1252-1258.

Gibson D G，Glass J I，Lartigue C，et al. 2010. Creation of a bacterial cell controlled by a chemically synthesized genome. Science，329（5987）：52-56.

Green A A，Kim J，Ma D，et al. 2017. Complex cellular logic computation using ribocomputing devices. Nature，548：117-121.

Hoshika S，Leal N A，Kim M J，et al. 2019. Hachimoji DNA and RNA：a genetic system with eight building blocks. Science，363（629）：884-887.

Hutchison C A，Chuang R Y，Noskov V N，et al. 2016. Design and synthesis of a minimal bacterial genome. Science，351（6280）：1414-1426.

Industrial Biotechnology Leadership Forum. 2018. Growing the UK Industrial Biotechnology Base. http://beaconwales. org/uploads/resources/UK_Industrial_Strategy_to_2030. pdf ［2019-10-31］.

Jiang H，Wang Y Y，Fan W M，et al. 2013. Improvement of natamycin production by engineering of phosphopanteth transferases in streptomyces chattanoogensis L10. Applied and Environmental Microbiology，79（11）：3346-3354.

June C H，O'Connor R S，Kawalekar O U，et al. 2018. CAR T cell immunotherapy for human cancer. Science，359（6382）：1361-1365.

Kan J，Huang X Y，Gumulya Y，et al. 2017. Genetically programmed chiral organoborane synthesis. Nature，552：132-136.

Kan J，Lewis R D，Chen K，et al. 2016. Directed evolution of cytochrome c for carbon-silicon bond formation：

bringing silicon to life. Science，354（6315）：1048-1051.

Karr J R，Sanghvi J C，Macklin D N，et al. 2012. A whole-cell computational model predicts phenotype from genotype. Cell，150：389-401.

Khalil A S，Lu T K，Bashor C J，et al. 2012. A synthetic biology framework for programming eukaryotic transcription functions. Cell，150（3）：647-658.

Li Y R，Li S J，Thodey K，et al. 2018. Complete biosynthesis of noscapine and halogenated alkaloids in yeast. Proceedings of the National Academy of Sciences，115（17）：e3922-e3931.

Li Y，Jiang Y，Chen H，et al. 2015. Modular construction of mammalian gene circuits using TALE transcriptional repressors. Nature Chemistry Biology，11（30）：207-213.

Liao C，Blanchard A，Lu T. 2017. An integrative circuit-host modelling framework for predicting synthetic gene network behaviours. Nature Microbiology，2：1658-1666.

Liu X N，Chen J，Zhang G H，et al. 2018. Engineering yeast for the production of breviscapine by genomic analysis and synthetic biology approaches. Nature Communications，9：448.

Luo X Z，Reiter M A，d'Espaux L，et al. 2019. Complete biosynthesis of cannabinoids and their unnatural analogues in yeast. Nature，567：123-126.

Mao X M，Luo S，Zhou R C，et al. 2015. Transcriptional regulation of the daptomycin gene cluster in *Streptomyces roseosporus* by an autoregulator，AtrA*. Journal of Biological Chemistry，290：7992-8001.

Miura G. 2017. Synthetic Biology：return to sender. Nature Chemical Biology，13（6）：569.

Moon T S，Lou C B，Tamsir A，et al. 2012. Genetic programs constructed from layered logic gates in single cells. Nature，491：249-253.

National Research Council. 2015. Industrialization of Biology：A Roadmap to Accelerate the Advanced Manufacturing of Chemicals. Washington：National Academies Press.

NRF. 2018. Synthetic Biology R&D Programme. https://www.nrf.gov.sg/programmes/synthetic-biology-r-d-programme［2019-10-31］.

Olson E J，Hartsough L A，Landry B P，et al. 2014. Characterizing bacterial gene circuit dynamics with optically programmed gene expression signals. Nature Methods，11：449-455.

Paddon C J，Westfall P J，Pitera D J，et al. 2013. High-level semi-synthetic production of the potent antimalarial artemisinin. Nature，496：528-532.

RoadToBio. 2019. Roadmap for the Chemical Industry in Europe towards a Bioeconomy. https://www. roadtobio. eu/［2019-05-15］.

Rubens J R，Selvaggio G，Lu T K. 2016. Synthetic mixed-signal computation in living cells. Nature Communications，7：11658.

Schmidl S R，Ekness F，Sofjan K，et al. 2019. Rewiring bacterial two-component systems by modular DNA-binding domain swapping. Nature Chemical Biology，15（7）：690-698.

Sebastian P，Daniel H A，Tristan de R，et al. 2018. De novo DNA synthesis using polymerase-nucleotide conjugates. Nature Biotechnology，365：645-650.

Segall-Shapiro T H，Sontag E D，Voigt C A. 2018. Engineered promoters enable constant gene expression at any copy number in bacteria. Nature，36：352-358.

Shao Y，Lu N，Wu Z，et al. 2018. Creating a functional single-chromosome yeast. Nature，560：331-335.

Shen Y，Wang Y，Chen T，et al. 2017. Deep functional analysis of synII, a 770-kilobase synthetic yeast chromosome. Science，355（6329）：eaaf4791.

SynbiCITE. 2017. UK Synthetic Biology Start-up Survey. http://www. synbicite.com/media/uploads/files/UK_ Synthetic_Biology_Start-up_Survey_2017_r7iqWsp. pdf［2019-10-31］．

SynbiCITE. 2018. SynbiCITE Launches New Five-year Strategy. http://www.synbicite.com/news-events/2018/ oct/2/synbicite-launches-new-five-year-strategy/［2019-10-31］．

Technology Strategy Board. 2012. A Synthetic Biology Roadmap for the UK. https://connect.innovateuk.org/ documents/2826135/3815409/Synthetic+Biology+Roadmap+-+Report. pdf/fa8a1e8e-cbf4-4464-87ce-b3b033f04eaa ［2019-04-26］．

Tomazou M，Barahona M，Polizzi K M，et al. 2018. Computational re-design of synthetic genetic oscillators for independent amplitude and frequency modulation. Cell Systems，6（4）：508-520.

Venetz J E，Medico L D，Wölfle A，et al. 2019. Chemical synthesis rewriting of a bacterial genome to achieve design flexibility and biological functionality. Proceedings of the National Academy of Sciences，116（16）： 8070-8079.

Wang P P，Wei W，Ye W，et al. 2019. Synthesizing ginsenoside Rh2 in *Saccharomyces cerevisiae* cell factory at high-efficiency. Cell Discovery，5：5.

Weinberg B H，Pham N T H，Caraballo L D，et al. 2017. Large-scale design of robust genetic circuits with multiple inputs and outputs for mammalian cells. Nature Biotechnology，35（5）：453.

Weitz M，Kim J，Korbinian K，et al. 2014. Diversity in the dynamical behaviour of a compartmentalized programmable biochemical oscillator. Nature Chemistry，6：295-302.

Wu Y，Li B，Zhao M，et al. 2017. Bug mapping and fitness testing of chemically synthesized chromosome X. Science，355（6329）：eaaf4706.

Xie Z X，Li B Z，Mitchell L，et al. 2017. "Perfect" designer chromosome V and behavior of a ring derivative. Science，355（6329）：eaaf4704.

Zhang W M，Zhao G H，Luo Z，et al. 2017b. Engineering the ribosomal DNA in a megabase synthetic chromosome. Science，355（6329）：eaaf3981.

Zhang X S，Lou H D，Tao Y，et al. 2016. FkbN and Tcs7 are pathway-specific regulators of the FK506 biosynthetic gene cluster in *Streptomyces tsukubaensis* L19. Journal of Industrial Microbiology and Biotechnology，43：1693-1703.

Zhang Y，Ptacin J，Fischer E，et al. 2017a. A semi-synthetic organism that stores and retrieves increased genetic information. Science，551：644-647.

Zhao Y J，Fan J J，Wang C，et al. 2018. Enhancing oleanolic acid production in engineered *Saccharomyces cerevisiae*. Bioresource Technology，257：339-343.

Zhu M，Wang C X，Sun W T，et al. 2018. Boosting 11-oxo-β-amyrin and glycyrrhetinic acid synthesis in *Saccharomyces cerevisiae* via pairing novel oxidation and reduction system from legume plants. Metabolic Engineering，45：43-50.

# 7 癌症新疗法国际发展态势分析

苏 燕 许 丽 王 玥 徐 萍

（中国科学院上海营养与健康研究所生命科学信息中心）

**摘 要** 癌症已经成为全球性的公共健康问题，给患者家庭和社会医疗体系带来了沉重的负担。癌症传统治疗手段主要有手术、放射疗法、化学疗法等，这些手段并未有效控制癌症的高死亡率。生命科学和医学的快速发展，使癌症机制研究不断深入，癌症治疗手段也发生了重大变革，靶向疗法、免疫疗法、基因疗法等新疗法应运而生。新疗法有别于常规放疗、化疗的不区分正常和病变细胞而一起杀灭，它定位准确，针对性强，为癌症治疗带来了新的希望。癌症新疗法已经成为医药领域的国际热点，全球研发竞争激烈。我国癌症的发病率和死亡率居高不下，在主要癌种上，癌症患者的五年生存率大都低于美国、日本等发达国家，因此我国高度重视癌症新疗法的研发。2017 年 10 月 9 日，在国务院常务会议上，李克强总理提出明确要求：“要集中优势力量开展疑难高发癌症治疗专项重点攻关。”

本章调研分析了全球癌症发病和治疗的基础情况，对靶向疗法、免疫疗法、基因疗法三类癌症新疗法的概念和范畴进行了阐述和界定，比较了新疗法较传统疗法的突破性和优势。对国际新疗法研发政策的布局进行了梳理和分析，总结了癌症新疗法的技术体系和发展态势，并对国内外在此领域的发展阶段进行了分析研判。在此基础上，提出了我国发展癌症新疗法的政策建议。

**关键词** 癌症新疗法 靶向疗法 免疫疗法 基因疗法 政策建议

## 7.1 引言

癌症已经成为全球性的公共健康问题，给患者家庭和社会医疗体系带来了沉重的负担。癌症传统治疗手段主要有手术、放射疗法（放疗）、化学疗法（化疗）等，这些手段并未有效控制癌症的高死亡率。生命科学和医学的快速发展，使癌症机制研究不断深入，癌症治疗手段也发生了重大变革，靶向疗法、免疫疗法、基因疗法等新疗法应运而生。癌症新疗法已经成为医药领域的国际热点，全球研发竞争激烈。我国癌症的发病率和死亡率居高不下，因此我国高度重视癌症新疗法的研发。2017 年 10 月 9 日，在国务院常务会议上，李克强总理提出明确要求："要集中优势力量开展疑难高发癌症治疗专项重点攻关。"

近年来，基因组学、精准医学、蛋白质组学、免疫学等学科领域快速发展，催生了靶向疗法、免疫疗法、基因疗法等新疗法，为癌症治疗带来了新的希望。免疫疗法、基因疗法分别于 2013 年和 2017 年被《科学》（*Science*）期刊评为年度十大科学突破。面对癌症治疗手段的变革性发展，许多国家已经对这一领域进行了前瞻性布局，我国也持续关注癌症新疗法产业的发展，已将免疫疗法、基因疗法列入《"健康中国 2030"规划纲要》《"十三五"国家科技创新规划》等多个专项规划中。

## 7.2 癌症发病及治疗概况

癌症已成为全球第二大死因，世界卫生组织数据显示，2018 年全球约有 1810 万癌症新增病例和 960 万癌症死亡病例，预计 2040 年癌症新增病例数量将增加到 2950 万人，而死亡人数也将增长至 1600 万人。我国癌症的发病率和死亡率居高不下，2018 年中国癌症新增病例达 428.5 万例，死亡病例达 286.5 万例。按新增病例数量排位，肺癌病例数居全国首位，2018 年新增病例约为 77.4 万例，其后依次为胃癌、肝癌、乳腺癌和食道癌（图 7-1）。在主要癌种上，我国癌症患者的五年生存率大都低于美国、日本等发达国家（图 7-2）（Allemani et al., 2018）。

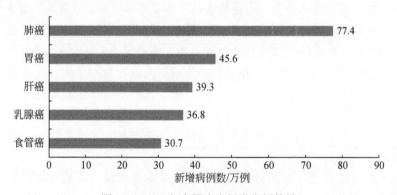

图 7-1 2018 年中国癌症新增病例数量

### 7.2.1 癌症治疗手段发生重大变革，新疗法迎来发展机遇期

从治疗手段来看，传统手术、放疗和化疗依然是当前癌症治疗的主要手段。在作用机制方面，传统疗法在肿瘤病灶得到清除或毒杀之时，机体正常组织也受到了很大损伤。近年来，基因组学、精准医学、蛋白质组学、免疫学等学科领域快速发展，催生了靶向疗法、免疫疗法、基因疗法等新疗法，颠覆了原有的治疗思路，为癌症治疗带来了新的希望。

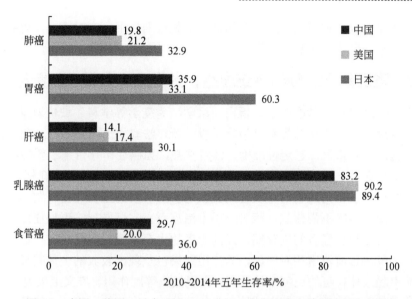

图 7-2　中国、美国、日本三国 2010～2014 年主要癌症种类五年生存率

## 7.2.2　传统癌症疗法存在局限性，难以控制癌症的高死亡率

传统手术是目前常用的癌症治疗手段，特别是在实体瘤中，大部分早期癌症可以通过传统手术根治，是最有效、最彻底的癌症治疗手段。但大多数中晚期癌症难以手术，或手术治疗效果有限。此外，对于多数器官型癌症，如胃癌、肝癌、肠癌、胰腺癌等，传统手术需要对器官或部分器官进行切除，对人体的创伤较大，特别对一些年老体弱的癌症患者不适合采用传统手术治疗。手术术后复发或转移成为目前手术治疗癌症的最大问题。目前国际上和国内都致力于开发精准的微创手术疗法，在减轻患者痛苦的同时，精准地判断、识别肿瘤的组织边界。

放疗是用 X 射线、β射线、γ射线等放射线照射肿瘤组织，以抑制和杀灭肿瘤细胞的一种治疗方法，是大多数肿瘤的辅助疗法、少数放疗敏感型肿瘤的首选疗法。肿瘤病人中约70%在其疾病发生发展过程中需要接受放疗。很多早期肿瘤单纯通过放疗可以起到很好的治疗效果，可以达到与手术相同的效果，部分恶性肿瘤如鼻咽癌等甚至只有通过放疗才能治愈。在生存期为 5 年及以上的恶性肿瘤病例中，采用放疗技术治疗（包括辅助治疗）的患者比率高达 18%（赵峰和赵起，2015），这也提示放疗技术对于肿瘤的疗效确切，能改善预后和延长存活期，因此放疗技术在肿瘤的临床治疗中具有重要的应用价值。放疗的主要缺点在于适用范围小、并发症较多，甚至引起部分功能丧失，以及晚期肿瘤治疗效果不佳。

化疗是使用化疗药物以杀死肿瘤细胞、抑制肿瘤细胞生长繁殖为目的的治疗。化疗的应用面很广，特别对于化疗敏感型肿瘤的治疗效果较好，但对大多数肿瘤治疗的有效性较低，特别对中晚期肿瘤患者，治疗效果有限。临床使用的抗肿瘤化学治疗药物均有不同程度的毒副作用，严重的毒副反应是限制药物剂量或使用的直接原因。它们在杀伤肿瘤细胞的同时，又杀伤正常组织的细胞，尤其是杀伤人体中生长发育旺盛的血液、淋巴组织细胞等，而这些细胞与组织是人体重要的免疫防御系统，破坏了人体的免疫系统，肿瘤就可能迅速发展，从而造成严重后果。此外，化疗由于其毒副作用，有时还可出现并发症，常见的有感染、出血、穿孔、尿酸结晶等。

### 7.2.3 癌症新疗法颠覆传统思路，为癌症治疗带来新希望

近年来，基因组学、精准医学、蛋白质组学、免疫学等学科领域快速发展，催生了靶向疗法、免疫疗法、基因疗法等新型治疗手段。新疗法有别于常规放疗、化疗的不区分正常和病变细胞而一起杀灭，它定位准确，针对性强，为癌症治疗带来了新的希望。

靶向疗法是通过干扰癌细胞生长、进展和传播的特定分子（"分子靶标"），来阻断癌细胞的生长和传播。靶向药物的开发已成为抗癌新药研发的主要方向。靶向药物多为口服用药，服用方便，一般不需住院，相对于手术治疗而言，靶向疗法更加便捷。除此之外，靶向疗法还可显著延长患者的生存期，提高患者的生存质量。但是靶向疗法作为一种新兴的癌症治疗手段，目前费用相对昂贵，其作用效果也呈现出较大的个体差异。此外，靶向疗法还可能引起人体自身的免疫系统反应，出现低热等副作用。广义上来说，（特异性）免疫细胞疗法和基因疗法都属于靶向疗法，为便于分析，本章将免疫疗法和基因疗法单独列出进行阐述。

免疫疗法不同于传统疗法，其应用免疫学原理和方法，激发和增强机体抗肿瘤免疫应答，从而杀伤肿瘤、抑制肿瘤生长。免疫疗法的形式有很多，目前尚无统一分类，主要包括免疫细胞疗法、抗体疗法、细胞因子疗法、肿瘤疫苗、其他特异和非特异性的免疫刺激剂等。其中，免疫细胞疗法和免疫检查点抑制剂（一类抗体疗法）是当前免疫疗法的研究热点。免疫疗法已被成功应用于前列腺癌（Kantoff et al., 2010）、黑色素瘤（Barbuto et al., 2004）、淋巴瘤（Porter et al., 2011）、肺癌（Kumar et al., 2017）等多种肿瘤的治疗，显著提高了患者的生存质量。

基因疗法是利用分子生物学方法将人的正常基因或有治疗作用的基因通过一定方式导入人体靶细胞或组织中，以纠正基因的缺陷或者发挥治疗作用，从而治疗疾病的一种现代生物医学新技术。与其他治疗方法相比，其优势在于它可直接在分子水平上，有针对性地修复甚至置换致病基因或纠正异常基因的表达调控，从而治疗疾病。基因治疗目前包括三种形式：第一种是将正确的基因导入细胞来替代错误的突变基因；第二种是直接修复错误的基因；第三种是在体外通过基因技术修饰细胞，然后把修饰的细胞放回人体发挥作用。第三种类型中涵盖免疫细胞的修饰和回输，本章将免疫细胞治疗置于免疫疗法章节进行详细阐述，在基因疗法章节将不再赘述。

### 7.2.4 新疗法快速发展，为癌症治疗产业创造新的增长点

近年来，癌症发生发展机制不断被揭示，为癌症疗法的发展提供了强有力的支撑，特别是癌症的遗传学机制、免疫学机制的日渐明确，使得癌症治疗技术取得变革式发展。新疗法的蓬勃发展为癌症研究注入了新的活力，2018 年全球癌症研究论文达 18.4 万篇，近十年（2009～2018 年）论文数量年复合增长率为 6.56%（图 7-3）。与此同时，基础研究成果也快速向临床转化，每年新增的临床研究数量逐渐上升（图 7-4）。

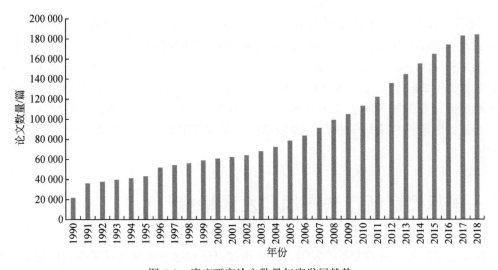

图 7-3  癌症研究论文数量年度发展趋势

资料来源：Web of Science 数据库，检索日期为 2019 年 7 月 1 日

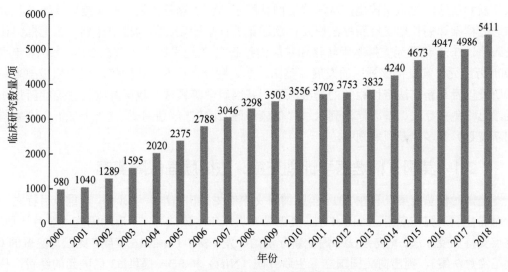

图 7-4  2000～2018 年每年新增的癌症临床研究数量

资料来源：ClinicalTrials 数据库，检索日期为 2019 年 2 月 13 日

靶向疗法方面，截至 2018 年 10 月，美国 FDA 共批准了 110 个抗肿瘤靶向药物。2018 年，全球销量前 10 位的药物有 5 个为抗癌靶向药，且均为抗体类靶向药，销售总额达 349 亿美元，占前 10 位药物销售总额的 43%。

免疫疗法方面，全球已有多个癌症免疫治疗药物上市。2016 年 9 月，MarketsandMarkets 咨询公司发布报告预测全球癌症免疫治疗市场的规模将从 2016 年的 619 亿美元增长到 2021 年的 1193.9 亿美元，年复合增长率达到 14.0%。

基因疗法方面，2017 年基因疗法被 *Science* 杂志评为十大科学突破。除 FDA 批准的两个嵌合抗原受体 T 细胞（Chimeric antigen receptor T cell，CAR-T）类基因疗法外，2015 年，

FDA 批准了 Imlygic 溶瘤病毒用于治疗首次手术后复发的黑色素瘤患者，2017 年 12 月，FDA 批准了首款"矫正型"基因疗法 Luxturna 治疗遗传性视网膜病变。近年来，基因编辑技术又为基因疗法研究注入新的活力。2016 年 12 月，四川大学华西医院启动了全球首个基因编辑临床试验，开展 CRISPR 技术治疗肺癌研究。2017 年 11 月，加州大学旧金山分校贝尼奥夫儿童医院开展了全球首例人体内基因编辑试验，利用锌指核酸酶技术治疗亨特综合征。随着癌症遗传学机制的逐步解析，基因疗法在癌症治疗方面有望获得更广泛的应用。

## 7.3 国际癌症新疗法布局和发展举措

面对癌症治疗手段的变革性发展，许多国家已经对这一领域进行了前瞻性布局。2016 年，美国国情咨文中提出了癌症"登月计划"，其中的重点之一就是癌症新疗法的开发。2016 年底，奥巴马签署《21 世纪治愈法案》，提出投资 63 亿美元推动健康领域的基础研究、疗法开发和新疗法的临床转化，从法律层面保障了癌症"登月计划"的实施。欧盟及其成员国通过框架计划长期支持新疗法研发，欧盟第五框架计划、第六框架计划、第七框架计划投入超过 3.51 亿欧元支持基因转移和基因治疗研究，"地平线 2020"在 2014~2016 年投入 4900 万欧元继续支持该领域的发展。英国、澳大利亚、日本、韩国等国家也积极部署新疗法研发以及与新疗法密切相关的精准医学、基因组学等领域。我国高度关注癌症新疗法发展，已将免疫疗法、基因疗法列入《"健康中国 2030"规划纲要》《"十三五"国家科技创新规划》等多个专项规划中。

### 7.3.1 美国：精准医学计划支持，法律层面保障实施

美国时任总统奥巴马在 2015 年国情咨文中率先提出精准医学计划，其重点目标之一是针对癌症的研究与应用。2016 年初，奥巴马发表新年度国情咨文，启动癌症"登月计划"，重点支持免疫疗法、靶向疗法等癌症新疗法的开发（表 7-1）。2016 年底，奥巴马签署的《21 世纪治愈法案》，提出向美国国立卫生研究院（NIH）和 FDA 提供 63 亿美元的经费，从而推动健康领域的基础研究、疗法开发和新疗法的临床转化，从法律层面保障了癌症"登月计划"的实施。2017 年，作为癌症"登月计划"的一部分，美国 NIH 与 11 家生物制药公司启动了加速癌症治疗的合作伙伴关系，这是一项为期 5 年的公私合作研究项目，共耗资 2.15 亿美元，合作初期聚焦于识别、开发和确认癌症生物标记物，进而推动癌症免疫疗法的发展。2018 年 1 月，美国 NIH 启动"基因编辑研究计划"，计划未来 6 年内投资 1.9 亿美元，推动基因编辑技术在医疗方面的应用。

表 7-1 癌症"登月计划"支持重点

| 研究领域与举措 | 具体内容 |
| --- | --- |
| 癌症预防与癌症疫苗研发 | 癌症疫苗也可靶向癌症的某些基因突变，加快此类癌症疫苗的开发、评估和优化 |
| 早期癌症检测 | 开发和评估癌症微创筛查化验方法，提高癌症诊断检测的敏感度 |

| 研究领域与举措 | 具体内容 |
| --- | --- |
| 癌症免疫疗法与联合免疫疗法 | 提高针对实体肿瘤的免疫疗法的早期成功率，并开发和测试新的癌症联合免疫疗法。通过与社区卫生保健机构合作和利用现有临床试验网络，对癌症预防和治疗新方法进行快速有效的测试 |
| 肿瘤及其周围细胞的基因组分析 | 进一步分析癌细胞的基因异常，以及其周围细胞和免疫细胞发生的基因变化，推动免疫疗法和靶向疗法的开发，并提高其疗效 |
| 加强数据共享 | 鼓励机构间数据共享，支持新工具开发，促进基因异常、治疗反应和长期疗效等相关信息的利用 |
| 建立肿瘤学卓越中心 | 建立一个虚拟的肿瘤学卓越中心，用于：评估癌症预防、筛查、诊断和治疗产品；支持伴随诊断试验、联合用药、癌症治疗生物制剂和设备的持续发展；基于精准医学理念，开发和推动相关方法的发展 |
| 儿童癌症研究 | 收集和分析罕见的儿童癌症样本数据（包括病程和对治疗的反应等临床数据），开发儿童癌症新疗法 |

与此同时，美国产业界也开始关注癌症新疗法的产业转化问题，2016 年 6 月，美国国家细胞制造协会发布了《面向 2025 年的大规模、低成本、可复制生产高质量细胞的技术路线图》，从而推动用于癌症等疾病的细胞治疗产品的大规模生产。2016 年 12 月，美国制造（Manufacturing USA，原国家制造业创新网络）成立生物制药制造业创新研究所（NIIMBL），来自商务部的联邦资助为 0.7 亿美元，私营部门初始匹配经费为 1.29 亿美元。该研究所将重点关注利用活细胞来生产复杂的生物治疗药物，涉及成熟产品门类（如疫苗及蛋白质疗法）、新兴产品（如基于细胞的癌症免疫疗法和基因疗法）等的创新。

### 7.3.2　欧盟及其成员国：研发框架计划以长期支持新疗法发展

欧盟长期支持基因转移和基因治疗研究，第五框架计划、第六框架计划、第七框架计划投入超过 3.51 亿欧元（Gancberg and Draghia-Akli，2014），"地平线 2020"在 2014~2016 年，投入了 4900 万欧元继续支持该领域的发展。2014 年 3 月，欧盟发布创新药物 2 期计划战略研究议程（IMI2），其主题是实现精准医学，即在正确的时机向正确的病人提供正确的预防治疗措施。IMI2 将推进基因疗法、细胞疗法等新疗法的临床转化列为 2018 年度的 8 个优先领域之一，具体包括：新疗法临床研究新方法，如个体研究、特殊人群研究；新疗法医药产品制造；建设卫生技术评估和医院免责知识库，促进新疗法的应用。2019 年 3 月，欧盟启动了"未来和新兴技术旗舰计划"的筹备行动项目，将用于癌症治疗的靶向免疫重建列为筹备行动项目之一，有望成为新一轮的未来和新兴技术旗舰计划。

欧盟成员国法国早在 2012 年就在"投资未来计划"国家计划中提出，出资 1 亿欧元资助个体化医疗项目。2016 年，法国发布《法国基因组医学计划 2025》，投资 6.7 亿欧元重点开展基因组学、基因治疗等研究。

### 7.3.3　其他国家：后基因组布局为癌症新疗法研发奠定基础

英国于 2012 年启动"十万人基因组计划"，对癌症及罕见疾病患者进行全基因组测序，为相关靶向疗法开发奠定基础。2014 年，英国又启动了"精准医学孵化器"项目，分别在 6 个区域建立精准医学孵化器中心，形成国家精准医学孵化器中心网络，利用遗传、分子及临床数据更精准地实现癌症等疾病的靶向治疗。英国政府的创新机构 Innovate UK 于 2012 年组织建立了细胞和基因疗法弹射器/创新中心（Cell and Gene Therapy Catapul）（Thompson and Foster，2013），为细胞和基因疗法提供经费、技术支持、基础设施和合作研发机会，推进新疗法的临床应用和商业化发展。细胞和基因疗法弹射器建设有全球先进的研发和病毒载体实验室，并投资 5500 万英镑建成了符合生产质量管理规范（GMP）的制造中心。英国医药制造产业联盟（MMIP）于 2017 年发布《英国药物制造愿景：通过制定技术创新路线图，提高英国制药业水平》，提出建立新疗法（细胞和基因疗法）卓越制造中心，重点关注工厂/过程设计、制造分析设计、自动化等产业化制造技术。

澳大利亚、日本、韩国等国家也积极布局精准医学，为癌症靶向疗法、细胞疗法、基因疗法的研发提供了发展机遇。2015 年 12 月，澳大利亚推出了"十万人基因组计划"，计划通过测序罕见疾病和癌症患者的基因组，创建大规模澳大利亚国民基因数据库，从而推动相关药物研发；并于 2016 年启动了零儿童癌症计划（Zero Childhood Cancer Initiative），旨在利用基因组技术为目前无法治愈的儿童癌症提供个体化治疗策略。日本在"2014 科技创新计划"中将"定制医学/基因组医学"列为重点关注领域之一。

### 7.3.4 中国：新疗法研发列入多项专项规划

面对癌症新疗法的蓬勃发展以及世界各国争相部署癌症新疗法的格局，我国高度重视该领域的发展。我国已将细胞疗法、基因疗法等新疗法技术列入多个国家级专项规划，《"十三五"国家科技创新规划》《"十三五"国家战略性新兴产业发展规划》《"健康中国 2030"规划纲要》《"十三五"卫生与健康科技创新专项规划》中均对发展细胞治疗、基因治疗等前沿技术，构建具有国际竞争力的医药生物产业体系进行了总体布局（表 7-2）。

表 7-2　我国重要规划布局癌症新疗法

| 时间 | 规划名称 | 内容 |
| --- | --- | --- |
| 2016 年 7 月 | "十三五"国家科技创新规划 | 开展重大疫苗、抗体研制、免疫治疗、基因治疗、细胞治疗、干细胞与再生医学、人体微生物组解析及调控等关键技术研究，研发一批创新医药生物制品，构建具有国际竞争力的医药生物技术产业体系 |
| 2016 年 10 月 | "健康中国 2030"规划纲要 | 发展组学技术、干细胞与再生医学、新型疫苗、生物治疗等医学前沿技术，加强慢病防控、精准医学、智慧医疗等关键技术突破，重点部署创新药物开发、医疗器械国产化、中医药现代化等任务，显著增强重大疾病防治和健康产业发展的科技支撑能力 |
| 2016 年 10 月 | "十三五"卫生与健康科技创新专项规划 | 推动医学免疫学研究：研究免疫细胞分化发育与功能调控机制，免疫识别、免疫记忆的分子机理和本质特征，恶性肿瘤等重大疾病相关的急慢性炎症的免疫学基础。推动基因操作技术创新：开展基因编辑及合成生物学等技术研究，探索新技术在模拟人类疾病、异种器官移植、提高细胞对病毒的免疫力、赋予细胞抗癌能力、加速疫苗和药物的研发进程等方面的应用潜力 |
| 2016 年 12 月 | "十三五"国家战略性新兴产业发展规划 | 推动生物医药行业跨越升级。加快基因测序、细胞规模化培养、靶向和长效释药、绿色智能生产等技术研究应用，支持产业高端发展。开发新型抗体和疫苗、基因治疗、细胞治疗等生物制品和制剂，推动化学药物创新和高端制剂开发，加速特色创新中药研发，实现重大疾病防治药物原始创新 |

| 时间 | 规划名称 | 内容 |
|---|---|---|
| 2016 年 12 月 | "十三五"生物产业发展规划 | 加快发展精准医学新模式，以临床价值为核心，在治疗适应证与新靶点验证、临床前与临床试验、产品设计优化与产业化等全程进行精准监管，提供安全有效的数据信息，实现药物精准研发。建设基因技术应用示范中心，以高通量基因测序、质谱、医学影像、基因编辑、生物合成等技术为主，重点开展出生缺陷基因筛查、诊治、肿瘤早期筛查及用药指导。建设个体化免疫细胞治疗技术应用示范中心，引导有资质的医疗机构、创新能力较强的研发机构和先进生产企业合作，以自主研发为主，引进消化国际先进技术，实现免疫细胞治疗关键技术突破，建设集细胞疗法新技术开发、细胞治疗生产工艺研发、病毒载体生产工艺研发、病毒载体 GMP 生产、细胞疗法 cGMP 生产、细胞库构建等转化应用衔接平台于一体的免疫细胞治疗开发与制备平台。通过区域合理布局，加强医疗机构合作，为医疗机构提供高质量的细胞治疗产品，加快推进免疫细胞治疗技术在急性 B 细胞白血病和淋巴瘤等恶性肿瘤，以及鼻咽癌和肝癌等我国特有和多发疾病等领域的应用示范与推广。推动个体化免疫细胞治疗的标准化和规范化，提高恶性肿瘤的存活率和生存期，满足临床需求、维护公众健康、降低医疗成本，使我国在免疫细胞治疗领域达到世界先进水平 |

## 7.4 癌症新疗法技术体系及发展态势

癌症新疗法技术体系主要包括疗法/药物研发和产品制造两部分。本部分对癌症新疗法的技术体系进行了梳理，针对靶向疗法、免疫疗法、基因疗法三类新疗法及其产品制造技术的发展态势分别进行阐述分析。

### 7.4.1 癌症新疗法技术体系

癌症新疗法研发建立于靶点、肿瘤微环境、生物标志物、疾病模型等共性机制研究之上，其中靶点发现是新疗法研发的核心突破口。就具体新疗法而言，靶向疗法主要涉及靶向肿瘤细胞信号转导机制、靶向血管生成机制、靶向免疫机制、靶向肿瘤干细胞机制；免疫疗法和基因疗法则分别依托免疫学和遗传学开展（图 7-5）。临床研究是新疗法转化的关键，癌症新疗法临床研究涵盖患者筛选、适应证研究、不良反应研究、复发控制和联合疗法研究。新疗法相关产品制造技术是产业竞争的关键，涉及抗体、细胞、病毒等产品的制造。抗体产品、细胞产品、病毒产品都依赖于大规模细胞培养，因此，动物细胞的大规模培养技术已成为各个国家生物医药产业化的核心竞争点。

### 7.4.2 癌症基础研究

本节通过文献计量分析国内外癌症基础研究的发展态势，并通过文献关键词聚类分析当前癌症基础研究的热点领域。

#### 7.4.2.1 美国在癌症研究领域占据领军地位，我国论文数量增长迅速

近年来，癌症研究论文数量不断攀升，2018 年全球相关论文超过 18 万篇（图 7-6）。

美国在该领域的研究占据领军地位，2009～2018 年共发表 45 万篇，居全球首位。我国近年来癌症研究论文数量增长迅速，2009～2018 年年复合增长率为 22%，约为美国年复合增长率的 6 倍。2009 年，我国发表论文 8138 篇，不足美国同年发表论文数的四分之一；2018 年，我国论文数量已达 47 183 篇，基本与美国发文数量（50 406 篇）持平。

图 7-5　癌症新疗法技术体系

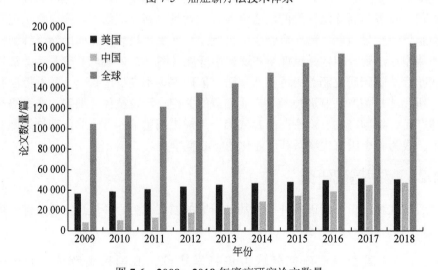

图 7-6　2009～2018 年癌症研究论文数量

资料来源：Web of Science 数据库，检索日期为 2019 年 7 月 1 日

### 7.4.2.2　我国高水平研究论文数量与发达国家存在一定差距

值得注意的是，我国高水平研究论文数量仍与发达国家存在一定差距。2009~2018年我国在CNS[①]发表的癌症研究论文数量仅162篇，居全球第7位；高被引论文[②]数量为2504篇，不足美国的四分之一，居全球第4位（表7-3）。

**表 7-3　癌症研究及其中 CNS、高被引论文数量国家排名**　（单位：篇）

| 排名 | 国家 | 2009~2018年论文数量 | 排名 | 国家 | 2009~2018年CNS论文数量 | 排名 | 国家 | 2009~2018高被引论文数量 |
|---|---|---|---|---|---|---|---|---|
| 1 | 美国 | 450 471 | 1 | 美国 | 1 985 | 1 | 美国 | 11 511 |
| 2 | 中国 | 266 058 | 2 | 英国 | 425 | 2 | 英国 | 3 145 |
| 3 | 日本 | 106 812 | 3 | 德国 | 312 | 3 | 德国 | 2 526 |
| 4 | 德国 | 99 750 | 4 | 加拿大 | 226 | 4 | 中国 | 2 504 |
| 5 | 英国 | 93 318 | 5 | 法国 | 174 | 5 | 法国 | 2 095 |
| 6 | 意大利 | 86 150 | 5 | 荷兰 | 171 | 6 | 意大利 | 2 071 |
| 7 | 法国 | 66 616 | 7 | 中国 | 162 | 7 | 加拿大 | 1 918 |
| 8 | 韩国 | 66 018 | 8 | 瑞士 | 160 | 8 | 荷兰 | 1 520 |
| 9 | 加拿大 | 59 735 | 9 | 意大利 | 139 | 9 | 西班牙 | 1 416 |
| 10 | 印度 | 52 493 | 10 | 西班牙 | 136 | 10 | 澳大利亚 | 1 408 |

资料来源：Web of Science 数据库，检索日期为 2019 年 7 月 1 日

### 7.4.2.3　生物标志物、免疫疗法、肿瘤微环境等成为当前研究热点

利用可视化文献分析软件（Citespace）对 2018 年发表的癌症研究论文进行关键词聚类，从而分析当前领域的研究热点（图 7-7）。从适应证角度来看，血液肿瘤、乳腺癌、肺癌是日前研究较为聚焦的癌症类型。从具体研究方向来看，生物标志物不仅可以用作疾病诊断和以后判断的指标，还可作为治疗的靶点，因此寻找有效的生物标志物是癌症研究长期以来的焦点。与此同时，近年来 T 细胞疗法和免疫检查点抑制剂在癌症治疗中取得重大成功，免疫疗法成为国内外癌症研究的热点领域。肿瘤细胞可以通过形成免疫抑制性微环境来实现免疫逃逸，因此肿瘤微环境也成为癌症免疫疗法研发的重要突破口。此外，肿瘤干细胞是肿瘤发生和发展的主要动因之一，也是逃逸机体免疫识别和免疫杀伤的关键群体，受到了国内外癌症研究人员的广泛关注。

## 7.4.3　靶向疗法

基因组学和分子生物学的发展，为癌症治疗提供了越来越多的候选靶标。1977 年，FDA批准雌激素受体调节剂他莫昔芬用于绝经后晚期乳腺癌的姑息治疗，使其成为 FDA 批准的首个癌症靶向药物，该药至今仍然被广泛使用（图 7-8）。此后的十几年，一直没有新的靶

---

① CNS：*Cell*、*Nature* 和 *Science* 期刊。
② 高被引论文：科睿唯安基本科学指标数据库（Essential Science Indicators，ESI）评选出的高被引论文，即该篇论文受到引用的次数在其学术领域论文中引用次数最高的 1% 之列。

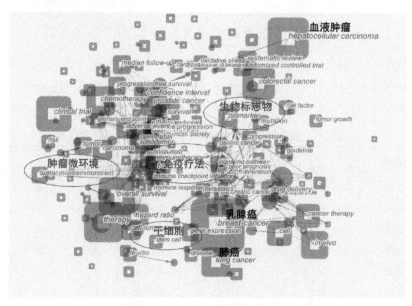

图 7-7　2018 年癌症研究论文数量（文后附彩图）

资料来源：Web of Science 数据库

文献范围：2018 年发表的高被引和热点论文①

图示说明：圆形色块代表论文的关键词，方形色块代表 Citespace 自动从论文的标题、摘要提取出的词/词组，
色块大小代表词频次高低，连线代表词/词组的共现

向药物获批，直到 1996 年，FDA 才批准了第二款癌症靶向药物——阿那曲唑用于绝经后乳腺癌的二线治疗。1997 年 FDA 批准了首个抗体类癌症靶向药物利妥昔单抗，自此癌症靶向治疗迈入高速发展的新时代。近年来，获批靶向药物占癌症药物的比例越来越高，2015 年批准的 14 个癌症药物中，靶向药物达到 12 个，2016、2017 和 2018 年批准的全部都是靶向药物。靶向药物特异性高、毒副作用较小，对多种恶性肿瘤具有显著疗效，已成为抗癌新药的主流。截至 2018 年 10 月，美国 FDA 共批准了 110 个癌症靶向药物（含免疫疗法药物）。

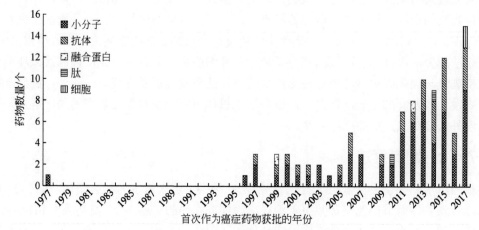

图 7-8　FDA 批准的癌症靶向药数量

资料来源：FDA，统计时间为 2018 年 10 月

---

① 热点论文：科睿唯安基本科学指标数据库评选出的热点论文，即在过去两年内发表，并且受到引用的次数是其学术领域中最优秀的 0.1% 之列的论文。

### 7.4.3.1  抗体药重磅产品多，占据巨大市场份额

按照药物的来源和制备技术，靶向药物可分为小分子、抗体、融合蛋白、肽和细胞五类。目前获得 FDA 批准的靶向药物中，小分子药数量最多（71 个），其次为抗体药（图 7-9）。虽然抗体药数量较少，却占据了巨大的市场份额。2018 年，全球销量前 10 位的药物合计实现销售额 819 亿美元，其中癌症靶向药共 5 个，且均为抗体类药物，销售总额为 349 亿美元，占销量前 10 位药物销售总额的 43%（表 7-4）。

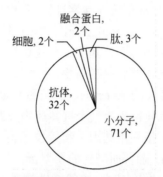

图 7-9  FDA 批准的癌症靶向药物来源/制备技术分类

资料来源：FDA，统计时间为 2018 年 10 月

#### 表 7-4  2018 年全球前 10 名畅销药物

| 销售额排名 | 药品 | 研发/生产企业 | 适应证 | 2018 年销售额/亿美元 |
|---|---|---|---|---|
| 1 | 阿达木单抗（Humira） | 艾伯维公司 | 自身免疫性疾病、类风湿性关节炎 | 199 |
| 2 | 来那度胺（Revlimid） | 新基公司 | 多发性骨髓瘤、骨髓增生异常综合征、淋巴瘤 | 97 |
| 3 | 帕博利珠单抗（Keytruda） | 默沙东公司 | 黑色素瘤 | 72 |
| 4 | 曲妥珠单抗（Herceptin） | 罗氏公司 | 乳腺癌 | 71 |
| 5 | 贝伐单抗（Avastin） | 罗氏公司 | 肺癌、脑癌等多种实体瘤 | 70 |
| 6 | 利妥昔单抗（Rituxan） | 罗氏公司 | 淋巴瘤 | 69 |
| 7 | 纳武单抗（Opdivo） | BMS 百时美施贵宝公司 | 黑色素瘤、非小细胞肺癌、肾细胞癌、淋巴瘤 | 67 |
| 8 | 阿哌沙班（Eliquis） | BMS 百时美施贵宝公司 | 髋关节或膝关节假体术后预防静脉血栓栓塞等 | 64 |
| 9 | 13 价肺炎球菌多糖结合疫苗（Prevnar） | 辉瑞公司 | 预防肺炎球菌侵袭性疾病 | 58 |
| 10 | 乌司奴单抗（Stelara） | 强生公司 | 银屑病 | 52 |

注：排名第 3 至第 7 的为靶向药

（1）小分子。此类药物通常以与肿瘤细胞分化增殖相关的细胞信号转导通路的关键酶为靶点。单一激酶靶点的抗肿瘤小分子化合物是临床应用最早、最成功的例子，如酪氨酸

激酶抑制剂甲磺酸伊马替尼（Imatinib mesylate）、吉非替尼（Gefitinib）和 Erlotinib（厄洛替尼）等。但是，单一靶点的小分子类药物治疗范围窄，且易产生耐药性。大多数实体肿瘤都是多靶点、多环节的调控过程，阻断一个受体或靶位不一定能阻断所有细胞信号转导。多激酶靶点药物简化了治疗程序，代表了癌症靶向治疗药物新的发展方向，如舒尼替尼（Sunitinib）。

（2）抗体。根据其结构，抗体靶向药物可以分为抗体药物和抗体偶联药物。抗体药物能结合到肿瘤细胞，通过直接的抗原抗体反应导致细胞死亡，目前全球最畅销的靶向抗癌药物利妥昔单抗（美罗华）、曲妥珠单抗（赫赛汀）、贝伐单抗（阿瓦斯汀）等均为抗体靶向药物。抗体偶联药物（antibody-drug conjugate，ADC）由单抗与"攻击"肿瘤的成分（化学药物、毒素、放射性核素、生物因子、基因、分化诱导剂、光敏剂、酶等）两部分偶联构成。目前，FDA 已批准了 4 个抗体偶联癌症药物，分别为辉瑞公司的 Mylotarg 和 Besponsa，武田和西雅图遗传学公司联合开发的 Adcetris，罗氏的 Kadcyla。此外，通过功能性抗体重组或优效修饰技术获得修饰性抗体也成为当今抗体药物开发的重要方向。

（3）融合蛋白。融合蛋白是指利用基因工程等技术将某种具有生物学活性的功能蛋白分子与其他天然蛋白（融合伴侣）融合而产生的新型蛋白。功能蛋白通常是内源性配体（或相应受体），如细胞因子、激素、生长因子、酶等活性物质，融合伴侣主要包括免疫球蛋白、白蛋白、转铁蛋白等，其主要作用为提高功能蛋白的稳定性、延长在体内的代谢时间，或融合一个或多个功能片段，形成高效靶向药物。目前，FDA 已批准了 2 个癌症靶向治疗融合蛋白药物，分别为卫材的 Ontak 和赛诺菲的 Zaltrap。

（4）肽。肽是两个或两个以上氨基酸以肽链相连的化合物，是介于大分子蛋白质和小分子氨基酸之间的一段具活性、易吸收的功能性营养物质。目前 FDA 已批准了 3 个肽类癌症靶向药物。肽类药物的资源数量巨大，利用提取、化学合成、噬菌体展示技术和蛋白酶降解可得到各种不同的肽，目前从不同大小的随机肽库中筛选有活性小肽成为肽类药物研发的核心问题（王淑静等，2016）。抗肿瘤小分子多肽存在半衰期短、稳定性差、在体内易降解等特点，对天然肽进行改造，如增加 D 型氨基酸、修饰或研发成伪肽类药物，是肽类药物研究的一个重要方向。不同功能的多种抗肿瘤活性肽的联合应用也是今后的研究热点。另外，研究肽的输送方式以提高抗癌肽的利用效率，如将抗癌肽用脂质体包裹后运载到肿瘤部位，用细胞穿膜肽将抗癌肽输送到细胞内等，是肽类药物研究的另一方向。

（5）细胞。细胞即具有靶向性的细胞治疗药物，目前主要指 CAR-T 免疫细胞，相关内容将在免疫疗法章节具体阐述。

### 7.4.3.2 适应证涉及 28 类癌症，血液肿瘤靶向药数量较多

美国 FDA 批准的 110 个癌症靶向药物涉及 28 类癌症，其中淋巴瘤、白血病、乳腺癌、肺癌已有研究较为成熟的靶点，因此药物数量较多，淋巴瘤已有 24 个靶向药物，白血病已有 22 个靶向药物，乳腺癌和肺癌各有 18 个靶向药物（图 7-10）。

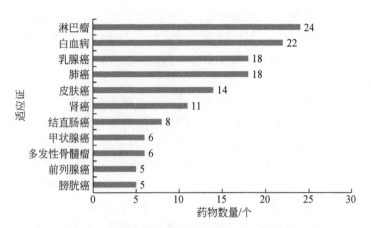

图 7-10　FDA 批准的癌症靶向药物的主要适应证

资料来源：FDA，统计时间为 2018 年 10 月

### 7.4.3.3　酪氨酸激酶类靶点成果突出，人表皮生长因子受体-2、表皮生长因子受体-1 成为研发焦点

随着众多抗癌靶向药物的不断问世，其分类也变得复杂。靶向药物按照其作用机制大致可划分为：靶向肿瘤细胞信号转导、靶向细胞膜分化相关抗原、靶向血管生成、靶向免疫和靶向肿瘤干细胞（表 7-5）。

表 7-5　靶向药物作用机制及对应靶点

| 作用机制 | 靶点 |
| --- | --- |
| 靶向肿瘤细胞信号转导 | ErbB1/EGFR/HER1、ErbB2/HER2、ErbB3/HER3 、ErbB4/HER4、Bcr-Abl、ALK、PI3K、PKB/Akt、mTOR、c-Met、CDK4、CDK6 |
| 靶向细胞膜分化相关抗原 | CD13、CD20、CD22、CD33、CD52、CD117、CD19、CD147 |
| 靶向血管生成 | VEGF/VEGFR、FGFR、EGFR |
| 靶向免疫 | CTLA、PD-1、PD-L1、CD20、CD19 |
| 靶向肿瘤干细胞 | CD133 |

（1）靶向肿瘤细胞信号转导。药物主要作用于细胞内信号转导通路中主要的蛋白或酶。研究发现几乎所有肿瘤细胞信号通路均有某些成分突变。例如，胞质内与生长关系最密切的丝裂原活化蛋白激酶-细胞外信号调节激酶（MAPK-ERK）信号通路，其信号上游分子发生突变主要集中在一些酪氨酸激酶，下游信号分子发生突变主要集中在一些胞质信号复合体成分。当前美国 FDA 已批准 30 余个酪氨酸激酶抑制剂用于癌症靶向治疗。

（2）靶向细胞膜分化相关抗原。主要是针对血液肿瘤细胞表面特异性表达的 CD13、CD20、CD22、CD33、CD52、CD117、CD19 等白细胞分化抗原。目前 FDA 已批准 11 个针对白细胞分化抗原的药物，均为抗体药物。CD20 为研究最为成熟的靶点，已有 5 个药物获批。

（3）靶向血管生成。肿瘤血管生成与肿瘤生长、侵袭和转移等过程密切相关，因此人们提出以肿瘤血管生成为靶点，通过肿瘤血管生成抑制剂（tumor angiogenesis inhibitors，TAI）抑制或破坏肿瘤血管生成，切断肿瘤营养来源来"饿死"肿瘤的癌症新疗法。自 2004 年贝伐单抗被 FDA 批准作为首个 TAI 上市，到目前已有包括索拉非尼、苏尼替尼等在内的多个 TAI 进入临床应用。

（4）靶向免疫。靶向免疫即特异性免疫疗法，为便于分析免疫干预在癌症治疗中的作用，将在免疫疗法章节对其进行详细分析，靶向疗法章节不再赘述。

（5）靶向肿瘤干细胞。肿瘤干细胞具有缓慢的细胞周期、排出细胞毒药物、抵抗氧化压力和快速修复 DNA 损伤等特性，从而导致肿瘤治疗抵抗。以肿瘤干细胞为靶标的抗肿瘤治疗前景广阔。靶向肿瘤干细胞的治疗策略包括靶向表面标记物、更新和分化的信号通路、涉及凋亡抵抗的药物排出泵、维持肿瘤干细胞生长的微环境通路，以及操控 miRNA 表达、诱导凋亡和分化、阻止其再生和迁移等。目前一些靶向肿瘤干细胞的药物已进入临床研究。

就具体靶点而言，目前研究最多的靶点是人表皮生长因子受体-2（HER2）和表皮生长因子受体-1（EGFR），在研药物数量分别为 272 个和 258 个，远超其他靶点（图 7-11）。

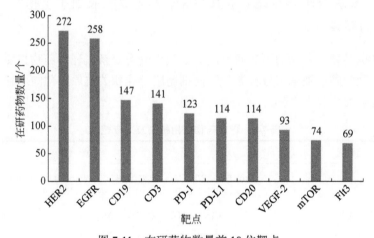

图 7-11 在研药物数量前 10 位靶点

资料来源：Cortellis 数据库，统计时间为 2018 年 10 月

HER2 和 EGFR 都是具有酪氨酸激酶活性的跨膜蛋白。HER2 突变见于多种癌症，其中乳腺癌中 HER2 突变发生率为 15%～30%，胃/食管癌中发生率为 10%～30%（Connell and Doherth，2017）。此外，也见于其他肿瘤如卵巢、子宫内膜、膀胱、肺、结肠和头颈。目前，FDA 已批准 5 个靶向 HER2 的抗癌药物。基因泰克（2009 年被罗氏公司收购）在 HER2 靶点的开发上全球领先，先后推出了曲妥珠单抗、帕妥珠单抗，以及曲妥珠单抗抗体-药物偶联物。受益于乳腺癌和胃/食管癌庞大的患者群体，曲妥珠和帕妥珠均成为重磅炸弹，其在 2018 年的销售额分别达到 71 亿美元和 28 亿美元。

EGFR 广泛分布于哺乳动物上皮细胞、成纤维细胞、胶质细胞、角质细胞等细胞表面，是一种重要的跨膜受体。研究表明在许多实体肿瘤细胞中存在 EGFR 的高表达或异常表达，包括头颈癌、乳腺癌、膀胱癌、卵巢癌、肾癌、结肠癌以及非小细胞肺癌等，尤其是肺癌，亚裔肺癌人群中 EGFR 突变率约达 50%（Midha et al.，2015）。目前，FDA 已批准 8 个靶向 EGFR 的抗癌药物，包括 3 个抗体药物和 5 个小分子药物。Array 生物制药公司、艾伯维公司、诺华集团、辉瑞公司等企业在该靶点药物研发上较为领先（表 7-6）。

**表 7-6　全球 EGFR 药物研发进度**

| 药物 | 研发/生产企业 | 药物类型 | 适应证 | 研发阶段 |
| --- | --- | --- | --- | --- |
| Varlitinib | Array 生物制药公司 | 小分子 | 胃癌、乳腺癌、实体瘤、胰腺癌 | 临床Ⅲ期 |
| Tesevatinib | Kadmon 公司 | 小分子 | 非小细胞肺癌、常染色体显性遗传多囊肾病 | 临床Ⅲ期 |
| Depatuxizumabmafodotin | 艾伯维公司 | 抗体偶联药物 | 非小细胞肺癌、实体瘤、成胶质细胞瘤 | 临床Ⅲ期 |
| Nazartinib | 诺华集团 | 小分子 | 非小细胞肺癌、实体瘤 | 临床Ⅱ期 |
| Mavelertinib | 辉瑞公司 | 小分子 | 非小细胞肺癌 | 临床Ⅱ期 |

资料来源：Cortellis 数据库

#### 7.4.3.4　靶向疗法市场集中度高，罗氏等企业领跑

靶向抗癌药物市场集中度高，罗氏公司拥有利妥昔单抗、曲妥珠单抗和贝伐单抗 3 个销售额超过 60 亿美元的"超重磅级药物"。据国际著名医药咨询公司 EvaluatePharma 数据，2017 年罗氏公司的癌症药物销量达 264.11 亿美元，占据了全球癌症药物市场份额的 28%，远超其他企业，其中利妥昔单抗、曲妥珠单抗和贝伐单抗 2017 年销售总额达 214 亿美元，占其癌症药物销售总额的 80%以上（图 7-12）。

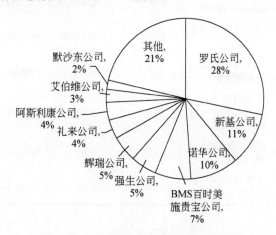

图 7-12　2017 年抗癌药物企业市场份额

#### 7.4.3.5　国内市场主要被进口药物占据，我国自主研发渐入成果收获期

目前，经国家药品监督管理局批准的癌症靶向药物有 40 个，仅 12 个为国产靶向药。经 FDA 批准的上百个靶向药中，仅有约 1/3 在中国上市，我国癌症患者可选择的抗肿瘤新药仍然不多，国内市场依然被进口药物占据。我国的靶向药物研发虽然与美国有较大差距，但由于新药创制计划的推动，国家鼓励创新药政策的逐步落实，以及仿制药价格一路走低

倒逼企业向创新转型等动因，近年来我国靶向药物发展迅速，正从仿制、"me-too"的跟随式创新逐步走向"me-better"和源头创新，渐入成果收获期（表7-7）。2005年，重组人血管内皮抑制素注射液获国家食品药品监督管理总局（CFDA）批准上市，标志着我国在癌症靶向疗法领域首次打破国外垄断。目前，我国尼妥珠单抗、埃克替尼和阿帕替尼等自主知识产权靶向药物已初步获得市场认可。2019年1月，我国自主研发的抗癌新药zanubrutinib获得美国FDA的突破性疗法认定，成为创新药走向国际的重要里程碑。

**表 7-7　目前获批的具有自主知识产权的癌症靶向药物**

| 药物名称 | 研发/生产企业 | 药物类型 | 靶点 | 适应证 | 2017年销售额/亿元 |
|---|---|---|---|---|---|
| 重组人血管内皮抑制素注射液（恩度） | 江苏先声药业有限公司 | 小分子 | VEGF | 非小细胞肺癌 | — |
| 碘131美托昔单抗（利卡汀） | 成都华神集团股份有限公司 | 抗体 | CD147 | 肝细胞癌 | 0.0457 |
| 尼妥珠单抗（泰欣生） | 百泰生物药业有限公司 | 抗体 | EGFR | 头颈癌/鼻咽癌 | 1.6 |
| 埃克替尼（凯美纳） | 贝达药业股份有限公司 | 小分子 | EGFR | 非小细胞肺癌 | 3.0 |
| 阿帕替尼（艾坦） | 江苏恒瑞医药股份有限公司 | 小分子 | VEGFR | 胃/胃食管结合部癌 | 1.6 |
| 西达本胺（爱谱沙） | 深圳微芯生物科技股份有限公司 | 小分子 | HDAC | 复发或难治的外周T细胞淋巴瘤 | 0.0598 |
| 安罗替尼（福可维） | 正大天晴药业集团股份有限公司 | 小分子 | VEGFR | 非小细胞肺癌 | — |
| 吡咯替尼（艾瑞妮） | 江苏恒瑞医药股份有限公司 | 小分子 | HER2/EGFR | 复发或转移性乳腺癌 | — |
| 呋喹替尼（爱优特） | 和黄中国医药科技有限公司 | 小分子 | VEGF | 转移性结直肠癌 | — |
| 特瑞普利单抗（拓益） | 上海君实生物医药科技股份有限公司 | 抗体 | PD-1 | 黑色素瘤 | — |
| 信迪利单抗（达伯舒） | 信达生物制药（苏州）有限公司 | 抗体 | PD-1 | 霍奇金淋巴瘤 | — |
| 卡瑞丽珠单抗（艾立妥） | 江苏恒瑞医药股份有限公司 | 抗体 | PD-1 | 霍奇金淋巴瘤 | — |

资料来源：公开资料整理

近年来，我国积极探索靶向药物研究，EGFR、HER2、血管内皮细胞生长因子（VEGF）及免疫类靶点等全球热门靶点在我国也受到了较多的关注（表7-8，图7-13）。

**表 7-8　我国癌症靶向药物研发项目列举**

| 药物名称 | 研发机构 | 药物类型 | 靶点 | 适应证 | 研发阶段 |
|---|---|---|---|---|---|
| Famitinib L-malate | 江苏恒瑞医药股份有限公司 | 小分子 | Flt3，VEGF | 乳腺肿瘤、结直肠肿瘤、胃肠道间质瘤、转移性非小细胞肺癌、转移性肾细胞癌、鼻咽癌、神经内分泌肿瘤 | 临床III期 |

| 药物名称 | 研发机构 | 药物类型 | 靶点 | 适应证 | 研发阶段 |
|---|---|---|---|---|---|
| SHR-7390 | 江苏恒瑞医药股份有限公司 | 小分子 | CDK4 | 晚期实体瘤 | 临床Ⅱ期 |
| SAF-189s | 中国科学院上海药物研究所 | 小分子 | ALK | 晚期实体瘤、非小细胞肺癌 | 临床Ⅱ期 |
| HH-SCC-244 | 中国科学院上海药物研究所 | 小分子 | MET | 晚期实体瘤、肝细胞癌、转移性非小细胞肺癌、转移性胃癌 | 临床Ⅰ期 |
| TQ-B3139 | 正大天晴药业集团股份有限公司 | 小分子 | ALK | 癌症转移 | 临床Ⅰ期 |
| QL-1203 | 齐鲁制药有限公司 | 抗体 | EGFR | 转移性结直肠癌 | 临床Ⅰ期 |

资料来源：公开资料整理

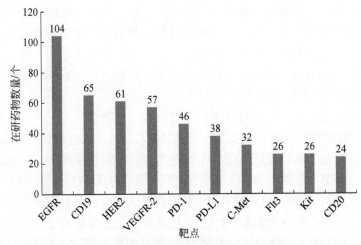

图 7-13　我国在研药物数量前 10 位靶点

资料来源：Cortellis 数据库，统计时间为 2018 年 10 月

## 7.4.4　免疫疗法

近年来，免疫疗法的研发热度持续不减，被视为癌症治疗的新希望。免疫疗法的形式很多，包括免疫细胞疗法、抗体疗法（一种抗体类疗法）、细胞因子疗法、肿瘤疫苗、其他特异和非特异性的免疫刺激剂等。其中，免疫细胞疗法和免疫检查点抑制剂治疗（一种抗体类疗法）是当前免疫疗法的研究热点。免疫疗法已被成功应用于前列腺癌、黑色素瘤、淋巴瘤、肺癌等多种肿瘤的治疗，显著提高患者的生存质量。2013 年，肿瘤免疫疗法被《科学》杂志评为十大科学突破，2016 年《麻省理工科技评论》（*MIT Technology Review*）又将应用免疫工程治疗疾病评为年度十大突破性技术。2016 年美国国情咨文中提出癌症"登月计划"，其中重点之一就是肿瘤免疫疗法的开发。2016 年 9 月，MarketsandMarkets 咨询公司发布报告预测全球肿瘤免疫治疗市场的规模将从 2016 年的 619 亿美元增长到 2021 年的 1193.9 亿美元，年复合增长率达到 14.0%。

### 7.4.4.1 免疫细胞疗法

免疫细胞疗法是当前免疫疗法研发的重点方向之一。免疫细胞疗法通过对免疫细胞进行体外改造，以激发或增强机体抗肿瘤免疫应答杀伤肿瘤、抑制肿瘤生长。从使用细胞的类型来看，包括淋巴因子激活的杀伤细胞（lymphokine activated killer cell，LAK）、自然杀伤细胞（natural killer cell，NK）、树突状细胞（Dendritic cell，DC）、细胞因子诱导的杀伤细胞（cytokine induced killer cell，CIK）、杀伤性 T 细胞（cytotoxic T lymphocyte，CTL）、肿瘤浸润淋巴细胞（tumor infiltrating lymphocyte，TIL）、嵌合抗原受体 T 细胞（chimeric antigen receptor T cell，CAR-T）、嵌合 T 细胞受体 T 细胞（chimeric t-cell receptor T cell，TCR-T）等。

（1）免疫细胞疗法向特异性差别化演进

免疫细胞疗法的发展历经了由非特异性免疫到无差别化特异性免疫，再到特异性差别化免疫的发展阶段，抗肿瘤的特异性、杀伤活性、持久性也日益增强。

第一代免疫细胞疗法包括 LAK、CIK 等非特异性激活的免疫细胞，由于其疗效不够确切，目前已很少应用于临床，主要用于辅助化疗、放疗等其他疗法。第一代免疫细胞疗法中的 NK 细胞除在抗肿瘤、抗感染方面发挥重要作用外，还参与移植物抗宿主反应，因而在器官/干细胞移植领域有较广泛的应用。

第二代免疫细胞疗法采用肿瘤常见抗原或肿瘤细胞整体抗原无差别、特异性激活的免疫细胞，包括 DC 疫苗、抗原致敏的 DC 诱导的 CTL 疗法（DC-CTL）以及 TIL 疗法。DC 是已知体内功能最强、唯一能活化静息 T 细胞的专职抗原提呈细胞，是启动、调控和维持免疫应答的中心环节，是目前全球临床研究使用最多的免疫细胞（图 7-14），以 DC 细胞为基础的肿瘤疫苗已初步推广。DC-CTL 和 TIL 已在临床应用中取得一定疗效，但由于其固有的缺陷，推广应用受到很大限制：CTL 识别肿瘤相关抗原依赖于主要组织相容性复合体（major histocompatibility complex，MHC），而肿瘤细胞可通过改变 MHC 表达逃避免疫识别；肿瘤内的 T 细胞含量低，且许多患者的身体情况不适宜提取，故 TIL 分离和扩增困难。

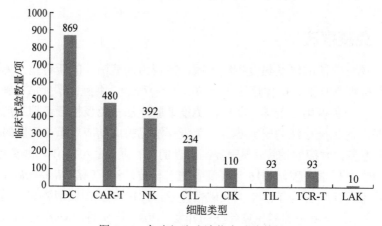

图 7-14　免疫细胞疗法临床试验数量

资料来源：ClinicalTrials 数据库，检索日期为 2018 年 9 月 3 日

　　第三代免疫细胞疗法通过基因工程改造免疫细胞，使其表达嵌合抗原受体（CAR）或新的能识别癌细胞的 T 细胞受体（TCR）等，从而激活并引导免疫细胞杀死肿瘤细胞，包括 TCR-T、CAR-T、CAR-NK 等，其中 CAR-T 细胞已成为当前免疫细胞疗法研究的焦点，并于 2017 年 8 月正式投入市场。与 CAR-T 相比，TCR-T 保持并应用了 TCR 信号传导通路上的所有辅助分子，因此对浓度低、拷贝数少的抗原识别敏感性较高，但 TCR-T 识别肿瘤抗原受限于 MHC，发展滞后于 CAR-T。CAR-NK 具有避免引发细胞因子风暴副作用等优点，成为免疫细胞疗法研究的新兴方向，目前研究刚刚起步。

　　（2）国际已有多个产品获批上市

　　全球已有多个癌症免疫细胞疗法产品获批上市（表 7-9），其中获得美国 FDA 批准的有 3 个，包括 Sipuleucel-T DC 疫苗以及两个 CAR-T 产品 Kymriah、Yescarta。2010 年，美国 Dendreon 公司（2017 年 1 月被我国三胞集团收购）生产的 Sipuleucel-T 细胞（商品名 Provenge）获批用于治疗晚期前列腺癌，成为全球首个经 FDA 批准的肿瘤免疫细胞疗法产品。2017 年诺华公司的 Kymriah 和凯特医药公司的 Yescarta 相继上市，开启了免疫细胞疗法产业化的新时代。

表 7-9　全球已上市的免疫细胞疗法产品

| 产品名称 | 原研公司 | 适应证 | 细胞类型 | 上市地点/年份 |
| --- | --- | --- | --- | --- |
| Kymriah | 诺华公司 | 前体 B 细胞急性淋巴细胞白血病 | CAR-T | 美国/2017 |
| Yescarta | 美国凯特医药公司 | 特定类型大 B 细胞淋巴瘤 | CAR-T | 美国/2017 |
| Sipuleucel-T 疫苗 | 美国 Dendreon 公司 | 前列腺癌 | 树突状细胞 | 美国/2010 |
| DCVax-Brain 疫苗 | 美国西北生物制药公司 | 脑癌 | 树突状细胞 | 瑞士/2007 |
| HybriCell 疫苗 | 巴西 Genoa Biotecnologia 公司 | 黑色素瘤、肾细胞癌 | 树突状细胞与肿瘤细胞融合 | 巴西/2005 |
| CreaVax-RCC 疫苗 | 韩国 JW CreaGeneInc | 肾细胞癌 | 树突状细胞 | 韩国/2007 |
| Immuncell-LC 疫苗 | 韩国 Green Cross Cell 公司 | 肝细胞癌 | 树突状细胞 | 韩国/2008 |
| APCEDEN | 印度 APAC Biotech 公司 | 前列腺癌、卵巢癌、结肠直肠癌和非小细胞肺癌 | 树突状细胞 | 印度/2017 |

资料来源：根据公开资料整理

　　目前已正式步入产业化进程的免疫细胞疗法仅有 DC 疫苗和 CAR-T 疗法两类。DC 疫苗发展较早，但由于工艺、成本等问题，商业化效果并不理想；CAR-T 疗法临床疗效突破不断，生产工艺日渐成熟，产业化发展进入快车道。

　　（3）DC 疫苗发展较早，但商业化效果不理想

　　DC 疫苗的基本原理是从患者自体外周血中分离单核细胞，体外诱导成为具有抗原提呈功能的 DC，经肿瘤抗原致敏后回输至患者体内，DC 将抗原信息提呈给特异性 T 细胞并使

之活化，对肿瘤细胞产生特异性的杀伤作用。2010年，美国FDA批准了首个肿瘤的免疫细胞疗法产品Sipuleucel-T。除Sipuleucel-T获得美国FDA批准应用于临床外，还有一些肿瘤疫苗产品在某些国家获得批准得到应用或被许可酌情使用，如韩国的CreaVaxRCC，巴西的Hybricell等。总体而言，目前DC疫苗的商业化效果并不理想，Sipuleucel-T目前年销售额约3亿美元，较醋酸阿比特龙等针对相同适应证的重磅炸弹药物，销量相去甚远。主要原因在于DC制取程序复杂，特别是DC的提取和培养以及抗原刺激DC成熟的过程难以稳定控制，以致成本居高不下，Sipuleucel-T治疗价格高达9万美元/月，远高于其他药物。此外，DC疫苗还面临缺乏理想的肿瘤特异性抗原、抗凋亡能力较差等问题，有待基础和临床研究进一步探索和改善。美国国立癌症研究所针对DC治疗开展了百余项临床研究，是全球开展DC临床研究最多的机构，临床试验数量远超其他机构（表7-10）。

表 7-10　全球 DC 治疗临床试验数量排名前 5 位机构　　　（单位：项）

| 排名 | 机构 | 临床试验数量 |
|---|---|---|
| 1 | 美国国立癌症研究所 | 131 |
| 2 | 美国杜克大学 | 29 |
| 3 | 美国 H.Lee 莫菲特癌症研究中心 | 26 |
| 3 | 美国加州大学洛杉矶分校 | 20 |
| 5 | 美国匹兹堡大学 | 23 |

资料来源：ClinicalTrials 数据库，检索日期为 2019 年 7 月 1 日

我国尚无DC疫苗上市，第二军医大学、军事医学科学院附属医院、首都医科大学等机构已开展相关临床研究，全国临床研究不足40项。第二军医大学曹雪涛院士团队的树突状疫苗研究走在全国前列，针对晚期大肠癌抗原致敏的人树突状细胞是我国目前唯一已进入临床III期的DC疫苗。

（4）CAR-T疗法步入产业快车道

CAR-T疗法即嵌合抗原受体T免疫细胞疗法。自20世纪80年代以来，CAR-T疗法历经了四代技术革新。1989年，Gross团队首次提出了"嵌合受体"概念（图7-15），研究人员将T细胞受体的可变区用单链抗体（scFv）替代，由此得到了具有抗原靶向性的T细胞，即第一代CAR-T细胞。由于第一代CAR-T细胞在患者体内持久性差，其临床疗效不显著。目前，国内外主要从事第二、三代CAR-T细胞的研发。第二、三代CAR-T细胞分别引入了一个和两个共刺激信号的细胞内信号传递结构域。共刺激信号传递结构域的加入，赋予了CAR-T细胞更强的增殖及抗凋亡能力，其细胞因子的分泌水平及细胞毒性同时也有所增强。目前临床应用的共刺激结构域主要是CD28和4-1BB。除信号传递结构域差异外，胞外的抗原结合域（scFv）、重组T细胞的转染方法、重组T细胞的回输方式等均可能影响第二、三代CAR-T细胞的疗效。目前已上市的CAR-T疗法均属于第二代CAR-T细胞。此外，第二、三代CAR-T细胞均有较多临床试验正在进行，并取得一定成效，但尚无比较第二代和第三代CAR-T临床疗效的报道，临床试验的数据仍需持续关注。近年来，许多研究在第二、三代技术上进行改进，如整合表达免疫因子、共刺激因子配体等，以提升疗法有

效性和安全性，形成了第四代 CAR-T 技术。目前第二、三、四代 CAR-T 技术中，第二代技术最为成熟，但三者基本处于并行研发的状态。

国外布局 CAR-T 治疗的公司有诺华公司、朱诺治疗公司、凯特医药公司、蓝鸟生物公司、Cellectis 公司、Celgene 公司、Amgen 公司等，其中诺华公司、朱诺治疗公司、凯特医药公司进展最快（表 7-11）。优势企业依托或与实力雄厚的科研团队合作，技术特色凸显（图 7-16）。诺华公司 CAR-T 的 CD19 靶点和 4-1BB 共刺激结构域，Juno 公司和 Kite 公司的 CD28 共刺激结构域，Cellectis 公司的异体 CAR-T 技术等都已成为产业标杆。

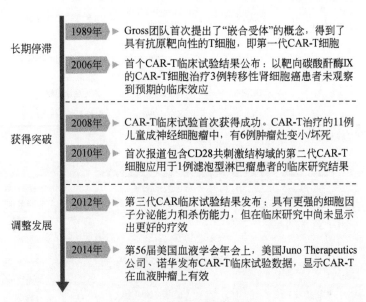

图 7-15　CAR-T 研发历程

表 7-11　诺华公司、朱诺治疗公司、凯特医药公司 CAR-T 研发管线

| 公司 | 合作单位 | 靶点 | 产品名称 | 适应证 | 研发状态 |
|---|---|---|---|---|---|
| 瑞士诺华公司 | 美国宾夕法尼亚大学、美国费城儿童医院 | CD19 | CTL019 | 前体B细胞急性淋巴细胞白血病 | 上市 |
| 美国朱诺治疗公司 | 圣裘德儿童研究医院、美国纪念斯隆-凯特林癌症中心、弗雷德-哈金森癌症研究中心、西雅图儿童医院、新基公司 | CD19 | JCAR014 | 非霍奇金淋巴瘤 | 临床 I 期 |
| | | CD19 | JCAR017 | 非霍奇金淋巴瘤 | 临床 I 期 |
| | | CD22 | JCAR018 | 非霍奇金淋巴瘤、小儿急性淋巴细胞白血病 | 临床 I 期 |
| | | BCMA | | 多发性骨髓瘤 | 临床 I 期 |
| | | WT1 | JCAR016 | 急性髓性白血病、非小细胞肺癌、间皮瘤 | 临床 I/II 期 |
| | | L1CAM | JCAR023 | 小儿神经母细胞瘤 | 临床 I 期 |
| | | MUC16 | JCAR020 | 卵巢癌 | 临床 I 期 |
| | | ROR1 | JCAR024 | 非小细胞肺癌、乳腺癌 | 临床 I 期 |
| | | LeY | | 肺癌 | 临床 I 期 |

续表

| 公司 | 合作单位 | 靶点 | 产品名称 | 适应证 | 研发状态 |
|------|----------|------|----------|--------|----------|
| 美国凯特医药公司 | 美国国家癌症研究所、基因泰克公司、安进公司 | CD19 | axicabtageneciloleucel（ZUMA-1/5/6/7） | 弥漫大B细胞淋巴瘤等多种血液肿瘤 | ZUMA-1（即Yescarta）进度最快，已上市 |
| | | CD19 | KTE-C19（ZUMA-2/3/4/8） | 套细胞淋巴瘤等多种类型的血液肿瘤 | ZUMA-2进度最快，进入临床 II/III期 |
| | | CD19 | Human anti-CD19（2nd Gen） | 血液系统恶性肿瘤 | 临床 I 期 |
| | | CD19 | Humanized anti-CD19 Control CAR（3rd Gen） | 血液系统恶性肿瘤 | 临床前 |
| | | BCMA | KITE-585 | 多发性骨髓瘤 | 临床 I 期 |
| | | CLL-1 | KITE-796 | 急性髓性白血病 | 临床前 |

资料来源：公开资料整理

图 7-16 诺华 CAR-T 专利技术分析

CAR-T 技术在我国正处于高速发展的初始阶段。2017 年底，我国先后出台了《药品注册管理办法（修订稿）》（征求意见）、《细胞治疗产品研究与评价技术指导原则（试行）》等相关条例，明确了细胞治疗按照药品进行审批，初步规范和指导了细胞治疗产品的研究与评价工作。2019 年 2 月，国家卫生健康委员会发布了《生物医学新技术临床应用管理条例（征求意见稿）》，明确指出生物医学新技术临床研究实行分级管理。涉及遗传物质改变或调控遗传物质表达的免疫细胞治疗技术归属高风险生物医学新技术，其临床研究由国务院卫生主管部门管理。2019 年 3 月，国家卫生健康委员会又发布了《体细胞治疗临床研究和转化应用管理办法（试行）》（征求意见），提出对体细胞临床研究进行备案管理，并允许临床研究证明安全有效的体细胞治疗项目经过备案在相关医疗机构进入转化应用。目前，国家药品监督管理局和卫生健康委员会的双轨管理模式仍存在一定争议，相关监管和评价机制尚需细化完善。

我国的南京传奇生物科技有限公司、科济生物医药（上海）有限公司、上海斯丹赛生物技术有限公司等企业积极布局 CAR-T 产业。2018 年 3 月，南京传奇生物科技有限公司提交的 CAR-T 疗法临床申请（CXSL1700201）正式获批，成为中国首个获得 1 类新药临床试验许可的 CAR-T 产品。此外，北海银河生物产业投资股份有限公司、上海恒润达生生物科技有限公司、科济生物医药（上海）有限公司、博生吉安科细胞技术有限公司等企业的 CAR-T 临床申请也相继获得国家药品审评中心（CDE）受理。我国企业正在开展的 CAR-T 临床试验多处于临床 I 期，病例数量积累较少，产品疗效和安全性有待进一步确认（表 7-12）。部分成果如南京传奇生物科技有限公司的 BCMA-CAR-T 已进军全球第一梯队。

**表 7-12　国内部分企业公开的 CAR-T 临床数据**

| 公司 | 靶点 | 适应证 | 临床疗效 | 核心专利 |
|------|------|--------|----------|----------|
| 南京传奇生物科技有限公司 | BCMA | 多发性骨髓瘤 | 病情客观缓解率达到100%（35人） | WO2017025038 |
| 科济生物医药（上海）有限公司 | GPC3 | 肝细胞癌 | 13 名患者未出现剂量限制性毒性（DLT）或 3 级以上不良反应。5 名可进行疗效评估的患者中，1 名患者出现部分缓解，2 名疾病稳定 | WO2015172339 |
| 上海斯丹赛生物技术有限公司 | CD19 | 复发难治性白血病 | 共完成了 41 例复发难治性白血病的临床研究，其中 34 例病人达到完全缓解，完全缓解率达 83% | — |

资料来源：公开资料整理

### 7.4.4.2　免疫检查点抑制剂治疗

免疫检查点抑制剂治疗，即利用免疫检查点抑制剂恢复 T 细胞的激活状态，借助人体免疫系统释放毒性因子等达到杀灭肿瘤目的的治疗策略，其突破性主要体现在其目标不是直接激活免疫系统来攻击特定的肿瘤细胞上的靶标，而是清除那些抑制抗肿瘤免疫应答的通路。肿瘤免疫检查点抑制剂治疗临床疗效与化疗和靶向治疗相比，具有更加持久的反应，同时也使患者具有更好的生存和生活质量。

（1）多个产品获批上市，CTLA-4、PD-1、PD-L1 靶点成为研发热点

目前，美国 FDA 共批准了 7 个免疫检查点抑制剂类药物上市（表 7-13），用于治疗黑色素瘤、肺癌、膀胱癌等。

**表 7-13　全球已上市的免疫检查点抑制剂类药物**

| 靶点 | 药物名称 | 研发/生产企业 | 适应证 |
|------|----------|---------------|--------|
| CTLA-4 | Ipilimumab | 百时美施贵宝公司 | 黑色素瘤 |
| PD-1 | Nivolumab | 百时美施贵宝公司 | 非小细胞肺癌 |
| | Pembrolizumab | 默沙东公司 | 非小细胞肺癌 |
| | Cemiplimab | 赛诺菲公司 | 皮肤鳞状细胞癌 |
| PD-L1 | Atezolizumab | 罗氏公司 | 膀胱癌 |
| | Avelumab | 默克公司、辉瑞公司 | 默克细胞癌 |
| | Durvalumab | 阿斯利康公司 | 非小细胞肺癌 |

资料来源：公开资料整理

当前 CTLA-4、PD-1、PD-L1 仍是免疫检查点抑制剂类药物中的研发热点，此外 IDO-1、LAG-3、KIR、TIM-3、GITR、VISTA、OX40 等多个靶点也正在积极研发中（表 7-14）。

表 7-14　全球在研免疫检查点抑制剂类药物列举

| 药物名称 | 研发/生产企业 | 靶点 | 适应证 | 研发阶段 |
|---|---|---|---|---|
| tremelimumab | 阿斯利康公司 | CTLA-4 | 腺癌、甲状腺未分化癌、胆道癌、膀胱癌、乳腺肿瘤等 | 临床Ⅲ期 |
| Spartalizumab | 诺华公司 | PD-1 | 晚期实体瘤、弥漫性大 B 细胞淋巴瘤、内分泌肿瘤、子宫内膜样癌、头颈部肿瘤、血液肿瘤、肝细胞癌、淋巴瘤、转移等 | 临床Ⅲ期 |
| JNJ-63723283 | 强生公司 | PD-1 | 膀胱癌、食道肿瘤、激素难治性前列腺癌、黑色素瘤、转移性膀胱癌、多发性骨髓瘤、非小细胞肺癌、肾癌、小细胞肺癌、胃癌 | 临床Ⅱ期 |
| BCD-100 | Biocad 公司 | PD-1 | 晚期实体瘤 | 临床Ⅲ期 |
| M-7824 | 默克公司 | PD-L1 | 晚期实体瘤、肛门肿瘤、头颈部肿瘤、转移性乳腺癌、转移性结直肠癌、转移性非小细胞肺癌、转移性胰腺癌等 | 临床Ⅱ期 |
| epacadostat | Incyte 公司 | IDO-1 | 晚期实体瘤、血管肉瘤、癌症、输卵管癌、胶质母细胞瘤、头颈部肿瘤等 | 临床Ⅱ期 |
| REGN-3767 | 再生元制药公司 | LAG3 | 血液肿瘤、实体瘤 | 临床Ⅱ期 |

资料来源：公开资料整理

当前免疫检查点抑制剂总体缓解率相对较低，因此寻找有意义的指示疗效的生物标志物是未来研发的一个主要方向。虽然目前 PD-L1 的表达与免疫检查点抑制剂的疗效有相关性，但由于在 PD-L1 低/未表达的患者中也显示对免疫检查点抑制剂有反应以及 PD-L1 表达的判别标准缺乏统一性等，更有力的生物标志物仍有待探索。与此同时，国际上也针对肿瘤坏死因子家族、免疫球蛋白超基因家族等多类免疫调节位点展开了临床研究。此外，近年来多项临床试验揭示免疫检查点抑制剂联合化疗的疗效显著（Rittmeyer et al.，2017）。总之，免疫检查点抑制剂给癌症治疗带来了全新的治疗理念，具有广阔的临床应用前景，也必将为肿瘤患者带来新的希望。

（2）我国免疫检查点抑制剂类药物正式步入产业化

2018 年 12 月 17 日，我国首款自主研发的抗 PD-1 单抗——拓益（特瑞普利单抗注射液）获国家药品监督管理局批准上市，标志着我国免疫检查点抑制剂类药物正式步入产业化。此后，信达生物制药（苏州）有限公司和江苏恒瑞医药股份有限公司的 PD-1 单抗也紧跟获得批准，国产免疫检查点抑制剂类药物的相继获批上市，打破了国外垄断，大幅降低了我国癌症患者运用此类药物的成本。与此同时，百济神州（北京）生物科技有限公司的 PD-1 药物也已提交上市申请，百奥泰生物制药股份有限公司、上海复宏翰林生物技术股份有限公司、哈尔滨誉衡药业股份有限公司、中山康方生物医药有限公司等企业的免疫检查点抑制剂类药物均在积极研发中，目前主要处于临床早期阶段（表 7-15）。

表 7-15　我国免疫检查点抑制剂类药物

| 药物名称 | 研发/生产企业 | 靶点 | 适应证 | 研发阶段 |
| --- | --- | --- | --- | --- |
| 信迪利单抗 | 信达生物制药（苏州）有限公司 | PD-1 | 霍奇金淋巴瘤 | 上市 |
| 特瑞普利单抗 | 上海君实生物医药科技股份有限公司 | PD-1 | 黑色素瘤 | 上市 |
| 卡瑞丽珠单抗 | 江苏恒瑞医药股份有限公司 | PD-1 | 霍奇金淋巴瘤 | 上市 |
| Tislelizumab | 百济神州（北京）生物科技有限公司 | PD-1 | 霍奇金淋巴瘤 | 上市申请 |
| 重组人源化抗 PD-1 单抗 | 百奥泰生物制药股份有限公司 | PD-1 | 实体瘤 | 临床 I 期 |
| HLX-10 | 上海复宏翰林生物技术有限公司 | PD-1 | 实体瘤 | 临床 I 期 |
| GLS-010 | 哈尔滨誉衡药业股份有限公司 | PD-1 | 实体瘤 | 临床 I 期 |
| AK-104 | 中山康方生物医药有限公司 | CTLA-4、PD-1 | 实体瘤 | 临床 I 期 |
| 杰诺单抗 | 河北嘉和生物技术有限公司 | PD-1 | 实体瘤 | 临床 I 期 |
| 重组人源化抗 PD-1 单抗 | 兆科（广州）肿瘤药物有限公司 | PD-1 | 实体瘤 | 临床 I 期 |
| AK-103 | 中山康方生物医药有限公司 | PD-1 | 实体瘤 | 临床 I 期 |
| LZM-009 | 丽珠医药集团股份有限公司 | PD-1 | 实体瘤 | 临床 I 期 |
| AK-105 | 中山康方生物医药有限公司 | PD-1 | 实体瘤 | 临床 I 期 |
| MSB-2311 | 迈博斯生物医药（苏州）有限公司 | PD-L1 | 实体瘤 | 临床 I 期 |
| 重组人源化抗 PD-L1 单抗 | 基石药业（苏州）有限公司 | PD-L1 | 实体瘤、淋巴瘤 | 临床 I 期 |
| TQB-2450 | 正大天晴药业集团股份有限公司 | PD-L1 | 实体瘤 | 临床 I 期 |
| KL-A167 | 四川科伦药业股份有限公司 | PD-L1 | 实体瘤 | 临床 I 期 |
| SHR-1316 | 江苏恒瑞医药股份有限公司 | PD-L1 | 实体瘤 | 临床 I 期 |
| 重组人源化抗 PD-L1 单抗 | 苏州康宁杰瑞生物科技有限公司 | PD-L1 | 实体瘤 | 临床 I 期 |

资料来源：公开资料整理

## 7.4.5　基因疗法

　　基因疗法是随着 DNA 重组技术的成熟而发展起来的，被认为是医学和药学领域的一次革命。不同的基因起着不同的生物学作用，而癌症的发生、发展均与细胞内基因发生变化有关。目前已经发现了两类与癌症直接相关的基因，即原癌基因和抑癌基因。原癌基因的变化会导致肿瘤发生，而抑癌基因的作用是阻止细胞癌变。此外，许多基因与癌症的治疗有关。例如，有些基因可以增强化疗效果，使癌细胞对化疗药物的敏感性增加，在同等剂量化疗药物的作用下，杀死更多的癌细胞；还有人将造血生长因子基因导入造血干细胞，以减轻因化疗和放疗造成病人造血功能的损害，因此更有利于对癌症的治疗。1968 年，美国科学家在《新英格兰医期刊》上发表了题为《改变基因缺损：医疗美好前景》的文章，首次提出了基因疗法的概念。自 1980 年至 1989 年，从学术界到宗教、伦理、法律各界，对基因治疗能否进入临床存在很大争议。直到 1989 年美国才批准了世界上首个基因治疗的临床试验方案，但其并非真正意义上的基因治疗，而是用一个示踪基因构建一个表达载体，从而了解该示踪基因在人体内的分布和表达情况。1990 年，美国 NIH 的 Freuch Anderson 博士开展了全球首例真正意义上的基因治疗临床试验，利用腺苷酸脱氨酶（ADA）基因治疗了一位因 ADA 基因缺陷导致严重免疫缺损的女孩，并获得了初步成功，因此全球掀起了基因治疗的研究热潮（Anderson et al.，1990）。2000 年，法国巴黎内克尔儿童疾病医院利用基因治疗，使数名有免疫缺陷的婴儿恢复了正常的免疫功能（Cavazzana-Calvo et al.，2000）。2004 年 1 月，深圳市赛百诺基因技术有限公司将全球首个基因治疗产品——重组人 p53 抗癌注射液（商品名：今又生）正式推向市场，但由于企业资金和管理问题，该产品后续研发和经营近乎停滞。2017 年，基因疗法被 Science 杂志评为十大科学突破。除 FDA 批准的两个 CAR-T 类基因疗法外，2015 年，FDA 批准了 Imlygic 溶瘤病毒用于治疗首次手术后复发的黑色素瘤患者，2017 年 12 月，FDA 批准了首款"矫正型"基因疗法 Luxturna 治疗遗传性视网膜病变。近年来，基因编辑技术为基因疗法研究注入新的活力。2016 年 12 月，四川大学华西医院启动了全球首个基因编辑临床试验，开展用 CRISPR 技术治疗肺癌的研究。2017 年 11 月，加州大学旧金山分校贝尼奥夫儿童医院开展了全球首例人体内基因编辑试验，利用锌指核酸酶技术治疗亨特氏综合征。

从适应证角度来看，由于单基因遗传性疾病发病机制相对明确，基因治疗在此类疾病领域的发展最迅速、应用最广泛。此外，由于终末期肿瘤患者对于基因治疗这类新型治疗方法的接受度相对较高，伦理学问题较少，因此癌症治疗的试验性临床研究较多。基因治疗在感染性疾病、糖尿病等疾病的治疗中也有尝试。

从靶向细胞的角度，基因治疗可分为生殖细胞和体细胞治疗。以精子、卵子或受精卵等生殖细胞为靶细胞的治疗策略由于在伦理学方面受到较大的争议，在应用方面的限制较多。另外，体细胞的来源相对较丰富，特定种类的体细胞，如成熟血细胞、脐带血造血干细胞和皮肤细胞等均具有易于采集并可在体外进行修饰改造的优点。其他细胞如肝脏细胞、神经细胞、肌细胞、视网膜细胞等虽然不能进行体外处理，但随着载体技术的日渐更新，也能实现靶向定位修饰，因此成为基因治疗对象的首选。

在基因治疗过程中，将具有治疗作用的核酸序列成功地导入生物细胞至关重要，因此根据治疗的方式和对象需要选择一个合适的运输工具，即载体。目前常用的基因治疗工具主要可以分为病毒类和非病毒类。最为常用的主要是病毒载体，包括腺相关病毒（adeno-associated virus，AAV）、慢病毒（lentivirus，LV）、腺病毒（adenovirus，AV）以及逆转录病毒（retrovirus，RV）等。与病毒载体相比，通过非病毒工具导入修正基因具有制备简单、无免疫原性、操作简单等优点。但是，由于缺乏组织细胞靶向性以及体内转移效率低下，目前多用于体外操作。

### 7.4.5.1 基因疗法迎来新一轮研究热潮，但仍面临诸多瓶颈问题

除 2017 年美国 FDA 批准上市的 2 个 CAR-T 药物外，目前全球已有 4 个抗癌基因疗法药物上市（表 7-16），包括 3 个腺病毒药物和 1 个载基因纳米粒（逆转录病毒载体外壳）。在研发方面，受益于 CAR-T 疗法和基因编辑技术的蓬勃发展，基因疗法迎来新一轮的研究热潮，近年来全球基因疗法获批临床试验的数量呈快速增长态势，2018 年全球批准了 232 项基因疗法临床试验（图 7-17）。

表 7-16　全球已上市抗癌基因疗法药物

| 药物名称 | 开发公司 | 上市年份 | 上市国家 | 适应证 |
|---|---|---|---|---|
| Imlygic（腺病毒） | 安进 | 2015 | 美国 | 黑色素瘤 |
| Rexin-G（载基因纳米粒） | Epeius Biotechnologies | 2007 | 菲律宾 | 实体瘤（未指明） |
| 安柯瑞（腺病毒） | 上海三维生物技术有限公司 | 2005 | 中国 | 鼻咽癌和头颈癌 |
| 今又生（腺病毒） | 深圳市赛百诺基因技术有限公司 | 2004 | 中国 | 头颈癌 |

资料来源：公开资料整理

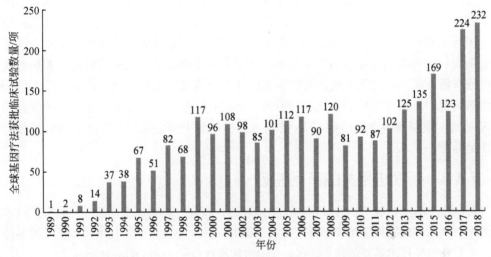

图 7-17　1989～2018 年全球基因疗法获批临床试验数量变化

资料来源：The Journal of Gene Medicine 数据库（数据更新至 2018 年 12 月）

与此同时，目前基因疗法尚存在一系列问题，包括：①病毒载体多缺乏靶向性，不能特异性地感染病变细胞，即使不同亚型的腺相关病毒对某些组织具有部分选择性，但也远达不到特异识别的程度，因此进行"体内"治疗时，目前只能通过局部定点注射的方式，限制临床应用范围。②目前临床上广泛使用的逆转录病毒和慢病毒在感染宿主细胞后会把自身的基因组插入宿主细胞的基因组中，其插入的位置是随机的，存在引起插入突变及细胞恶性转化的潜在危险；腺相关病毒虽然属于非整合型病毒，但仍存在插入宿主基因组的可能性。③理想的基因治疗应能根据病变的性质和严重程度不同，调控治疗基因以适当的水平或方式表达，但现有的基因导入系统载体容量有限，不能包容全基因或完整的调控顺序，从而只能借用病毒自带的基因表达调控元件，导致目的基因的表达量无法调控，也不能达到正常生理状态下的表达水平。④病毒载体具有一定的毒性和免疫原性，注入患者体内后容易被人体的免疫系统所清除，同时也带来副作用。⑤病毒载体的基因导入效率仍有进一步提升的空间。对于基于基因编辑技术的基因疗法来说，关键的技术难点主要是：①基因编辑技术，特别是 CRISPR 技术面世的时间还太短，存在诸多不确定的因素，再加上科学家对人类基因功能和调控网络的认知还非常不足，轻易改动基因可能引发无法预见的安全问题。②基因编辑系统导入细胞的效率和基因编辑的效率都还不高,尚无法真正实现临床上的大规模应用。③基因编辑系统与病毒载体一样也不具有细胞靶向性。

### 7.4.5.2 我国是基因疗法先行者,但产品市场认可度不高

2003 年 10 月,CFDA 批准了基因治疗药物"今又生"上市,成为全球首个获国家批准的基因治疗药物。到 2005 年底,全国 22 个省市 150 多家三甲医院的 3100 多名病人接受了该药物的治疗,治疗的恶性肿瘤达 43 种,表明其抗癌具有广谱性。然而,由于企业资金和管理问题,该产品后续研发和经营近乎停滞。2005 年 11 月,我国第二个基因治疗药物——重组人 p53 腺病毒注射液 H101 获一类新药许可,主要用于治疗鼻咽癌等头颈部肿瘤,并对非小细胞肺癌、肠癌、软骨肉瘤等癌症具有明显疗效。此外,深圳市清华源兴生物医药科技有限公司、深圳市天达康基因工程有限公司、北京市本元正阳基因技术有限公司等都在从事基因治疗的研发。其中北京市本元正阳基因技术有限公司作为国家 863 计划生物领域病毒基因载体的研发基地,已建立了完善的腺相关病毒载体、腺病毒载体、单纯疱疹病毒载体、慢病毒载体的包装系统及生产纯化方法和工艺;具备重组 AAV 病毒、重组腺病毒和质粒 DNA 的中试生产能力以及拥有符合 GMP 规范的设施;所制备的重组 AAV 病毒、重组腺病毒和质粒 DNA 的技术指标达到中国生物制品规程(2000 年版)要求的质量标准。

## 7.4.6 新疗法相关的产品制造

新疗法产品主要包括小分子药物、抗体药物、细胞产品和病毒产品,产品制造技术是癌症新疗法技术体系的重要组成部分。在发达国家,产业分化度高,技术特色强,更多地呈现出技术互补而非技术重复的状态。例如专门做病毒载体的公司 Oxford Biomedia,有专门做自动化细胞培养系统的公司——龙沙(LONZA),因而形成了较为成熟的业务外包产业。诺华公司早在 2013 年就把病毒载体生产外包给了 Oxford Biomedia。诺华公司、凯特医药公司、蓝鸟生物公司等企业都与低温物流解决方案供应商 CryoPort 公司建立了合作关系。我国从事新疗法产品制造的企业普遍技术特色不强,产业分化度低。受到制造水平的制约,试剂、耗材、仪器等高度依赖进口,细胞大规模培养技术、抗体生产技术等发展相对滞后。

抗体产品、细胞产品、病毒产品都依赖于大规模细胞培养,动物细胞的大规模培养技术已成为各个国家生物医药产业化的核心竞争点。标准化、自动化工艺实现细胞治疗产品的高质量、大规模、低成本制造,已成为癌症新疗法产业化发展的普遍共识。2013 年,欧盟"地平线 2020"资助荷兰 DCPrime BV 公司和德国 EUFETS GmbH 公司合作研发全球首个标准化 DC 疫苗商业规模生产技术平台 DCOne。DCOne 平台提供了从细胞系中持续生产树突状细胞产品的方法(异体 DC),保障了高质量树突状细胞疫苗的稳定供应。目前,其产品 DCP-001 疫苗应用于急性髓细胞白血病已在 I/IIa 期临床试验中测试并取得较好效果。诺华公司、凯特公司医药公司的 CAR-T 生产目前都采用了半自动化的细胞制造工艺。

受到各类制造水平的制约,我国动物细胞培养生产工艺技术落后,且无血清培养基、生物反应器和原辅料等过分依赖进口,表达产物质量低,且相关标准缺失。复星凯特公司、西比曼公司、博雅控股公司等企业已尝试开展相关基础设施建设。复星凯特公司正在全面

推进凯特医药公司 Yescarta 的技术转移、制备验证等工作。2017 年 12 月,复星凯特公司遵循国家 GMP 标准,按照 Kite Pharma 生产工艺设计理念,建成了先进的细胞制备的超洁净实验室。2017 年 4 月,西比曼公司宣布与全球最大的生物制药和医疗技术服务商通用电气(GE)医疗公司签署战略合作框架协议,在张江 GMP 生产基地成立联合实验室,共同开发 CAR-T 细胞和干细胞的高质量工业生产工艺,用于联合研发高度整合且自动化的细胞制备体系。2017 年 11 月,博雅发布了全自动、全封闭的 CAR-T 细胞 CMC 生产平台 CAR-TXpress,整合了多元化、自动化流程,包括 T 细胞的分离、纯化、培养、洗涤以及单盒式自动冷冻保存(-196℃)和检索,但平台并未涵盖 T 细胞基因改造模块。

## 7.5 总结与建议

综合以上分析,形成发展癌症新疗法的政策建议如下。

(1)制定推进癌症新疗法发展战略

癌症新疗法已经成为国际医药领域的研发热点,国际和国内的研发竞争激烈。我国在癌症新疗法的研发方面具有一定基础,应尽快进行相关调研,制定推进战略,搭建相关功能性平台,组织产学研医等优势力量,进行从基础研究、临床应用到产业转化的全创新链条的整体规划和布局,开发自主知识产权的癌症新疗法产品,惠及民生。

(2)尽快完善监管政策和标准制定

我国免疫细胞疗法、基因疗法相关法规尚不完善,应探索可行的监管政策,建立适合免疫细胞疗法、基因疗法等新兴技术和业态发展需要的新管理机制;尽快组织相关的专家、企业从业人员、管理人员制定相关的标准;设立第三方免疫细胞疗法、基因疗法监测平台,监督行业发展。

(3)立足基础研究,推进转化医学

近年来,我国癌症基础研究能力不断提升,积累了大量优秀的基础研究成果。然而,受限于癌症新疗法研发周期长、投入巨大等因素,我国在原研成果转化方面明显动力不足,研发长期以来以仿制和“me-too”为主。立足基础研究,推进转化医学是实现源头创新的必由之路。应加强科技成果转移转化机构和队伍建设,引导科研、医疗卫生机构和企业联合建设科技成果转移转化组织,鼓励社会资本或企业参与原研成果转化。

(4)多种方式鼓励新疗法研发,打破技术壁垒,开发国有产品,惠及民生

通过重大专项等形式,投入研发资金,支持该领域的研发。集中全国优势力量,鼓励企业参与、联合高校、研究所、医院、企业,共同开展相关研发,贯通基础研究、临床应用和产业开发全链条,解决癌症新疗法中的关键技术问题。积极推进癌症的遗传、免疫等机制研究,开发新靶标,突破免疫细胞设计及改造、细胞大规模培养、抗体表达和纯化、

载体制备等关键技术，打破技术壁垒，开发我国自有的、民众用得起的癌症新疗法产品，从而惠及民生，提升我国癌症新疗法产业的核心竞争力。

**致谢** 上海市免疫学研究所李斌教授、中国科学院分子细胞科学卓越创新中心（生物化学与细胞生物学研究所）季红斌教授、复星凯特公司王立群博士以及上海细胞治疗集团钱其军教授、吕秋军博士、孙艳博士等专家对本章提出了宝贵的修改意见，谨致谢忱！

# 参 考 文 献

王淑静，刘欢，赵建凯，等. 2016. 抗肿瘤多肽药物的作用机制及研究进展. 药学研究，35（12）：717-720.

赵峰，赵起. 2015. 肿瘤放射治疗技术现状及展望. 世界最新医学信息文摘，（79）：32-33.

Allemani C，Matsuda T，Di Carlo V，et al. 2018. Global surveillance of trends in cancer survival 2000–14 （CONCORD-3）：analysis of individual records for 37 513 025 patients diagnosed with one of 18 cancers from 322 population-based registries in 71 countries. The Lancet，391（10125）：1023-1075.

Anderson W F，Blaese R M，Culver K. 1990. Points to consider response with clinical protocol，July 6，1990. Human Gene Therapy，1（3）：331-362.

Barbuto J A M，Ensina L F C，Neves A R，et al. 2004. Dendritic cell–tumor cell hybrid vaccination for metastatic cancer. Cancer Immunology and Immunotherapy，53（12）：1111-1118.

Cavazzana-Calvo M，Hacein-Bey S，de Saint Basile G，et al. 2000. Gene therapy of human severe combined immunodeficiency （SCID）-X1 disease. Science，288（5466）：669-672.

Connell C M，Doherty G J. 2017. Activating HER2 mutations as emerging targets in multiple solid cancers. ESMO Open，2（5）：e000279.

Gancberg D，Draghia-Akli R. 2014. Gene and cell therapy funding opportunities in horizon 2020：an overview for 2014–2015. Human Gene Therapy，25（3）：175-177.

Kantoff P W，Higano C S，Shore N D，et al. 2010. Sipuleucel-T immunotherapy for castration-resistant prostate cancer. New England Journal of Medicine，363（5）：411-422.

Kumar C，Kohli S，Chiliveru S，et al. 2017. A retrospective analysis comparing APCEDEN® dendritic cell immunotherapy with best supportive care in refractory cancer. Immunotherapy，9（11）：889-897.

Midha A，Dearden S，McCormack R. 2015. EGFR mutation incidence in non-small-cell lung cancer of adenocarcinoma histology：a systematic review and global map by ethnicity （mutMap II）. American Journal of Cancer Research，5（9）：2892-2911.

Porter D L，Levine B L，Kalos M，et al. 2011. Chimeric antigen receptor–modified T cells in chronic lymphoid leukemia. New England Journal of Medicine，365（8）：725-733.

Rittmeyer A，Barlesi F，Waterkamp D，et al. 2017. Atezolizumab versus docetaxel in patients with previously treated non-small-cell lung cancer （OAK）：a phase 3，open-label，multicentrerandomised controlled trial. The Lancet，389（10066）：255-265.

Thompson K，Foster E P. 2013. The Cell Therapy Catapult：growing a UK cell therapy industry generating health and wealth. Stem cells and development，22（S1）：35-39.

# 8　植物微生物组国际发展态势分析

谢华玲　李东巧　杨艳萍

（中国科学院文献情报中心）

**摘　要**　植物微生物组是指植物表面以及植物内部富集的数量庞大且种类繁多的微生物集合，包括根际微生物、植物内生菌和叶际微生物。植物微生物组与农业发展密切相关，在作物的生长发育、抗病、抗虫、抗逆和提质增产等方面发挥重要作用，对保障国家粮食安全和推动农业可持续发展具有重要意义。

本章从战略布局、科研表现力、技术创新力和行业发展情况等角度揭示了全球植物微生物组的科技竞争格局，主要结论如下。

战略布局方面：美国和欧洲是较早开展微生物组相关研究的主要国家和地区，出台了微生物组相关计划，侧重于植物与微生物及环境互作的机理及应对策略等方面，以期提高粮食和农业系统的效率与生产可持续性。我国也非常重视微生物的相关研究，尤其是微生物新种类的发现与鉴定等方面。

科研表现力方面：近年来植物微生物组领域的科研论文产出规模不断扩大，研究热度持续上升。美国的科研论文规模和学术影响力均较高，中国在近5年来的科研产出规模呈现快速增长的态势。从研究论文国际合作网络来看，美国与中国之间的合作关系最为紧密，同时其与欧洲国家及澳大利亚的论文合作也相当频繁。植物微生物组领域的热点研究主题主要集中在宿主植物与微生物组的相互作用方面。例如，植物中调控根系微生物组结构的关键基因和通路；各类根系、叶片微生物的群落结构以及其对植物生理功能的影响；植物微生物组在生物控制、绿色农业中的应用；等等。

技术创新力方面：近年来，植物微生物组领域的专利数量呈现快速发展的趋势。中国、美国、日本和韩国等国家是主要的技术来源国，中国和美国在该领域的专利数量优势明显。其中，微生物农药领域研究热点主要涉及植物杀菌剂、植物免疫诱导剂以及利用分子生物学方法制备微生物农药等方面；微生物肥料领域的研究热点集中在微生物肥料培养基的优化、制备和应用等方面。植物微生物组领域的专利申请以企业为主，德国拜耳公司和美国杜邦先锋公司的综合实力优于其他机构。

行业发展方面：农用微生物制剂因其靶标更专一、环境风险更低等优势而备受青睐。微生物农药、微生物肥料、微生物种子处理剂以及植物生物刺激素等农业微生物制剂的市场应用前景越发广泛。目前，农业微生物制剂研发与销售主要被大型企业垄断，包括德国巴斯夫公司、德国拜耳公司、美国孟山都公司、美国杜邦先锋公司、中国先正达公司、丹麦诺维信公司、美国富美实公司、美国爱利思达生命科学公司、西班牙萃科公司、美国 Certis 公司和美国 Indigo 公司等。

总体而言，植物微生物组近年来备受主要国家关注，并且研究进展快速。为推动我国植物微生物组领域的发展，本章建议我国尽快规划与落实"国家微生物组计划"，制定植物微生物组发展路线图，加强优先领域的前瞻布局，开展跨学科交叉研究，推进国际交流与合作。

**关键词** 植物微生物组 发展态势 计量分析 微生物制剂

# 8.1 引言

微生物组是指一个特定环境或生态系统中所有微生物及其遗传信息的总和，包括其细胞群体和数量、全部遗传物质与生理功能，以及与环境或宿主的相互作用及机制等。微生物组有三层含义：一是微生物组是可辨识的，如人体内、动植物体内、环境中的各类微生物及其遗传物质，包括真菌、细菌、放线菌、古菌、线虫、病毒等，是可以通过检测进行鉴别的；二是微生物组是一个研究思路，其研究的核心理念是把系统中所有微生物作为一个整体考虑，包括该整体的功能、表型、与环境或宿主的相互作用及机制；三是微生物组研究是一个技术体系，包括微生物组测序，微生物培养、基因功能挖掘和表征，以及生物大数据分析等（刘双江，2017）。

植物微生物组是微生物组研究的重要组成部分和重点研究方向，指正常生长的植物表面（包括地上和地下部分）和植物内部富集的数量庞大且种类繁多的微生物集合（Muller et al.，2016），包括根际微生物、植物内生菌和叶际微生物（吴晓青等，2017）。这些微生物编码了比宿主植物更多的基因，通过协作和竞争形成稳定的群落，从而对植物的生长发育、抗病、抗虫、抗逆、提质增产产生重要作用（白洋等，2017；Berendsen et al.，2012）。

植物微生物组与农业发展密切相关，已经成为当前生命科学领域的热点前沿方向之一，有望为未来的农业生产带来新的变革。2018 年 1 月，世界经济论坛和麦肯锡公司合作发布的报告《技术创新对加速粮食系统转型的作用》（WEF，2018）认为，微生物组学技术是可加速粮食系统关键变革的技术之一，未来会对粮食生产产生显著的积极影响。爱尔兰农业与食品发展部发布的《2035 技术预见》报告将微生物群落研究作为未来优先发展的领域之一。美国国家科学院发布的《至 2030 年推动食品与农业研究的科学突破》报告认为，微生物组是可以极大提高食品与农业科学能力的突破性机遇之一，建议建立计划支持对动物、土壤和植物微生物学的深入研究，并促进其在整个食品系统中的广泛应用。

# 8.2　植物微生物组研究进展

## 8.2.1　主要微生物种类研究进展

在植物微生态环境中，存在着丰富多样的微生物，包括根际微生物、植物内生菌和叶际微生物，它们与植物同生存、共进化，形成了一个稳定的生态系统。

（1）根际微生物

根际微生物是指紧密附着于根际土壤颗粒中的微生物，以细菌为主，其中革兰氏阴性菌占优势，最常见的有假单胞菌属、黄杆菌属、产碱杆菌属、土壤杆菌属等。根际微生物被称为植物的第二基因组，与植物的生长和健康密切相关。几十年来，许多研究揭示了根际微生物中的典型功能类群（如共生根瘤菌、菌根真菌以及致病菌等）与植物生长及健康的作用。然而，根际微生物群落水平如何与植物相互作用尚不明确，其主要难点在于根际微生物组成复杂、多样，且与植物生长的土壤环境密切相关（中国科学院南京土壤研究所，2018）。

（2）植物内生菌

植物内生菌包括内生真菌、内生细菌和内生放线菌。近年来，模式植物拟南芥内生菌相关的研究最多，此外对苜蓿、烟草中的内生菌也开展了大量研究。在农作物方面，内生菌相关研究主要集中在水稻、小麦、玉米、高粱、燕麦、甘蔗、棉花、马铃薯、甜菜、番茄、黄瓜、大豆、花生等（徐亚军，2011）。目前已鉴定的对植物有益的典型内生菌有假单胞菌属、芽孢杆菌属、微杆菌属、土壤杆菌属、核菌纲，以及链霉菌属等。在长期进化过程中，植物内生菌与宿主逐渐形成了和谐稳定的关系，与宿主植物的生长和健康状态的维系紧密相关。植物内生菌也可以通过一些代谢途径产生与宿主相似或相同的活性成分，进而提高植物（尤其是药用植物）的品质。目前，植物微生物组研究还存在许多亟待解决的问题。例如，通常植物内生菌有益于其宿主植物，但对其他特定植物物种也可能有害（Kloepper et al.，2013）；此外，关于植物微生物组研究的另一难点是如何通过内生菌确定其核心微生物组（张彩文，2017）。

（3）叶际微生物

叶际微生物是指附生或寄生于植物叶部周围的微生物，或称叶围微生物、叶表微生物、叶面微生物（Blackeman，1981），包括叶际真菌、叶际细菌和叶际酵母菌，与植物生长发育、植物抗性密切相关。长期以来，叶际微生物的研究远远落后于植物根际微生物和植物内生菌的研究。近年来，随着生物防治日益受到重视，叶际微生物及其微生态环境问题的研究得到了较多的关注，也取得了较快的发展。其中，通过对叶际微生物 16S rRNA 基因的研究，发现叶际微生物具有丰富的多样性，其中未培养微生物占很大比例。此外，近年来，关于叶际固氮的研究不断增多，但对叶际固氮菌的物种组成、群落结构及生态功能等方面的认识还非常有限，有待进一步挖掘（沙小玲等，2017）。

## 8.2.2　微生物组学研究方法进展

根据微生物培养方式的不同，植物微生物组研究方法可以分成依赖于微生物培养的传统培养法和不依赖于微生物培养的分子生物学两类，特别是分子生物学方法在微生物研究中的应用揭示了微生物丰富的物种多样性。主要的分子生物学方法包括以下几种。

（1）下一代测序技术

下一代测序技术（next-generation sequencing，NGS），又称深度测序或高通量测序，能一次并行对数十条到数百万条 DNA 分子进行序列测定，可以检测到环境中的未培养微生物及痕量微生物，因其高通量、高准确性、高灵敏度和低运行成本等特点而备受关注。NGS技术的发展使研究人员能够从更广泛和更深入的角度去研究和了解微生物世界，该测序技术的进步不仅能够更精细地表征微生物基因组，还可以帮助研究者对复杂微生物组进行更深入的分类学鉴定，其基因组本质是植物体内微生物的组合遗传物质。其中，16S rDNA 测序在理解微生物组的分类组成方面发挥了关键作用。

（2）流式细胞术

流式细胞术是一种分离筛选细胞的手段，其从微生物细菌本质出发——微生物细菌也是细胞，因此也可以用流式细胞术进行分选。传统的微生物学分离培养技术受时间、特异性等限制，无法检测活的但不可培养的微生物和无活力细胞，现在已有开展通过流式细胞术量化某种特定益生菌的研究，为定量研究特定菌株提供了可能（徐海洋和叶文广，2018）。

（3）微流控技术

微流控作为一种新技术正在引起研究者的关注，未来有望应用于各种单细胞的研究，因为该技术能够处理微结构中纳米级体积的结构，为观察单个微生物细胞提供了有吸引力的替代方案。微流控技术通过微流控芯片和细胞捕获实现对微生物单个细胞的追踪观察。现有的微流控（芯片）装置可以分为连续流动装置、微液滴装置、试纸装置和数字微流控装置等四类（庄琪琛等，2016）。

（4）单细胞全基因组测序技术

单细胞全基因组测序技术是在单细胞水平对全基因组进行扩增与测序的一项新技术。其原理是将分离的单个细胞的微量全基因组 DNA 进行扩增，获得高覆盖率的完整的基因组后再进行高通量测序用于揭示细胞群体差异和细胞进化关系。从方法学角度来看，获得高覆盖率高保真性的全基因组扩增产物是准确全面的测序结果的保障。相较于以往的非线性或指数型扩增方法，多次退火环状循环扩增技术在扩增覆盖度、均一性及灵敏度方面有很大提高，是目前单细胞扩增领域最先进的技术。

（5）宏组学方法

宏组学方法涵盖宏基因组学、宏转录组学和宏蛋白质组学。宏基因组学又名元基因组学或微生物环境基因组学，是在微生物基因组学的基础上发展起来的一种研究微生物多样性、开发新生理活性物质（或获得新基因）的新理念和新方法，通过提供物种水平、菌株水平的表征从而使得人们对微生物组有了更好的理解。该方法摆脱了传统研究方法的束缚，针对环境样品中微生物的基因组总和进行研究（Handelsman et al.，1998），为研究不同环境中微生物之间或微生物与周围环境间的相互影响开辟了新的途径。宏转录组学从转录与表达水平上对微生物群落进行进一步研究，解决了宏基因组学不能揭示微生物区系在特定时空环境下基因动态表达和调控等相关问题，有助于单个微生物组内不同微生物群落之间复杂相互作用的功能表征。宏蛋白质组学主要研究环境混合微生物群落中所有生物的蛋白质组总和（Rondon et al.，2000），可以通过揭示微生物群落中蛋白质间的相互关系、蛋白质组成与丰度以及蛋白质不同的修饰，认识群落的种内关系、营养竞争关系及群落发展等（Dai et al.，2012），从而促进对微生物组更全面的理解。结合宏基因组、宏转录组和宏蛋白质组学方法，不仅可以推测微生物组的潜在功能，还可以发现微生物组的功能活性（Franzosa et al.，2015）。然而，目前的宏组学研究方法还存在一定的缺陷和不足，对环境样本的宏组学分析虽然可以了解该样本中所有测序基因的多样性及功能，但无法解析某个微生物个体的所有基因及功能，这为探索环境中的功能微生物带来了极大的困难（Prosser，2015）。

（6）预测模型法

预测模型的构建是微生物学、统计学和数学等学科的结合，通过对微生物组进行数学建模，可以预测和描述微生物的生长和互作（李柏林等，2014）。预测数学模型不仅有助于理解自然微生物群落和功能菌群的自然属性以及动态变化的基本原则，也为功能菌群的改造奠定了理论基础（Song et al.，2014）。微生物代谢互作的系统建模还可以为微生物的预测提供基础，为功能菌群的设计、个性化的微生物组控制剂及控制方法提供必要前提（Ji Nielsen，2015），功能菌群的设计也将依赖于现代材料科学和数学建模（Larsen et al.，2012）。随着数据量的日益增加，建立微生物生态模型，并预测微生物群落的动态发展，以及预测相关的生物学效应，是微生物组学研究的重要方向和关键应用，也是未来发展的趋势。

## 8.2.3  植物-微生物互作研究进展

植物与周围环境生物的相互作用在自然界中普遍存在，其中植物与微生物的互作是重要形式之一。植物与微生物的相互作用主要包括植物与根际微生物的互作、植物与植物内生菌的互作以及与叶际微生物的互作等。

具体来看，根系分泌物对根际微生物区系中微生物的种类和数量具有调控作用。一方面，根系分泌物主要是通过诱导的趋化和对微生物生长及其繁殖体萌发的促进或抑制来与微生物进行相互作用的；另一方面，微生物可通过改变植物代谢过程中细胞的渗透压、酶的活性以及其他成分与植物体相互作用，不同种类的微生物对植物产生的根系分泌物中某些成分的专一性吸收会引起根系分泌物数量和质量的变化（李湘民等，2008）。植物内生菌则主要是通过自身的代谢产物,并且借助信号转导作用影响植物生长。叶际微生物是定植在植物表面的,通过不稳固的、可逆的、非特异的"联合"或"黏附"方式附着,与植物主要是以电子交换的形式互作。

微生物对植物的影响是多方面的,包括影响植物激素的形成,提高土壤速效养分、增加作物产量、改善品质、防病抗病,对有机物分解及自身分解等。了解植物与微生物的相互作用,可以有效地利用微生物的促生机制以及对植物病害的生物防治作用,这对提高农作物的产量和品质具有重要的实践意义(国辉等,2011)。

## 8.3　植物微生物组国际战略布局

### 8.3.1　美国

美国是全球最早开展微生物组相关研究的国家之一。2015 年,《科学》杂志刊载联合声明,建议整合美国国立卫生研究院(NIH)、美国国家科学基金会(NSF)、美国农业部(USDA)、美国能源部(DOE)和美国环境保护署(EPA)等政府部门和私立基金会以及企业界的力量,启动"联合微生物组研究计划",开展对人体、植物、动物、土壤和海洋等几乎所有环境中微生物组的深入研究,以开发跨领域的平台技术,从而加速基础发现和应用转化。近年来,美国发布了多项微生物组战略及资助项目,制定了植物生境互作系统路线图,并定期对微生物组研究项目进行评估,通过评估对研究中存在或出现的问题进行总结凝练,并对未来的发展提出合理建议。

#### 8.3.1.1　国家微生物组计划

2016 年 5 月,美国科学技术政策办公室宣布启动"国家微生物组计划"(National Microbiome Initiative,NMI)。该计划旨在通过对不同生态系统的微生物组开展比较研究,加深对微生物组的认识,推动微生物组研究成果在健康保健、食品生产及环境恢复等领域的应用。计划确定了三项发展目标:①支持跨学科研究,针对各类生态系统中的微生物组开展基础研究;②开发平台技术,助力微生物组研究,促进知识和数据的共享;③提高市民科学素养、促进公众参与、提供教育机会,从而扩大微生物组研究队伍。资助方向包括动植物及人类微生物组研究、不同生态系统中的微生物组研究、微生物对生态系统的影响研究、微生物组中微生物相互关系研究、微生物与其宿主之间的关系研究,以及开发新工具、新技术,促进对微生物组的认识和理解等。

#### 8.3.1.2　植物生境互作系统路线图

2016 年 2 月 25 日,美国植物病理学会发布了植物生境互作系统(Phytobiomes)路线图。该路线图是由植物、与植物相关的微生物群落及周围环境等组成的互作网络,对植物和农业生态系统的健康具有重要影响(APS,2016)。其从农业视角探讨了植物与生物或非生物环境互作的研究需求、问题,提出了相关领域的短期、中期和长期目标及行动计划，以期将知识转化为强有力的作物管理新工具，能在未来生产出满足全球人口需求的粮食、饲料和纤维等。

（1）短期目标和行动计划

通过多种途径扩大 Phytobiomes 的传播和影响，包括建立国际合作联盟，创办新期刊 *Phytobiomes* 等。加大资金投入，协调和利用现有的多种研究，包括土壤健康研究、动植物农业系统中微生物组学研究；协调现有的学科项目计划，通过综合、跨学科等方式促进相关研究和知识应用；成立专家工作组，建立相关的标准和实验指南。

（2）中期目标和行动计划

建立国际和公私合作，搭建一个开放的交流合作平台，通过协调对话等方式识别和解决监管及知识产权的挑战。加强从业者相关劳动技能培训，开放和分享宣传、教育和培训等方面的课程资源。

（3）长期目标和行动计划

建立公开、全面和综合的数据库与计算基础设施，开发多样化的分析工具箱，提高植物应对不利环境的能力和适应性。将 Phytobiome 知识与作物育种、生产相关的新一代技术进行整合；支持常规生物制剂的应用，发展小农场收集和分析数据相关的机制。为行业提供训练有素的劳动力，在相关利益者间建立持续沟通，支持 Phytobiome 研究和应用不断发展。

### 8.3.1.3　植物-生物互作计划及资助项目

2016 年 3 月 8 日，美国 NSF 宣布名为"植物-生物互作"（The Plant-Biotic Interactions，PBI）的研究计划开始招标。该计划将由 NSF 和美国国立食品与农业研究院（NIFA）共同支持和管理，开展植物与病毒、细菌、卵菌、真菌、植物和无脊椎共生体、病原体和害虫之间的互助和对抗作用的研究，经费预算为 1450 万美元。PBI 计划将重点加强对现存和新兴模型与非模型系统、农业相关植物的研究，通过对植物-生物互作的基础研究发现可用于农业实践的机理和方法（USDA NIFA，2016）。

2017 年 7 月 17 日，在 PBI 计划的资助下，美国 NSF 和 NIFA 联合发布了 27 个研究项目，总经费为 1800 万美元，以支持开展植物、微生物和其他生物体相互关系的研究（NSF，2017）。

### 8.3.1.4　2018 年生物群落科学计划资助项目

2017 年 9 月下旬，美国能源部联合基因组研究所（JGI）公布了 2018 年群落科学计划（CSP）入选的 30 个项目，这些项目的目标是运用多种基因组分析能力和科学专业知识，研究生物能源生成和生物地球化学过程的基础机制（JGI，2017）。此次批准的 CSP 2018 项目是从 76 份项目建议中筛选出来的。其中，与植物微生物相关的项目如表 8-1 所示。

表 8-1　2018 CSP 部分入选研究项目

| 项目负责人 | 承担机构 | 项目内容 |
| --- | --- | --- |
| Alisa Huffaker | 加州大学圣迭戈分校 | 利用 JGI 在植物、宏基因组和综合计划中的多样化能力，以及代谢组学来分析高粱和玉米的代谢多样性系统，以更好地了解微生物群落的相互作用和草本植物如何耐受各种压力 |
| Corby Kistler | USDA 农业研究所谷物疾病实验室和明尼苏达大学 | 研究当地草原土壤中细菌和真菌之间的相互拮抗关系，及其制衡系统使多年生植物旺盛生长的机理 |
| Yu Liu | 得克萨斯大学西南医学中心 | 定义丝状真菌粗糙链孢霉（*Neurospora crassa*）的 DNA 染色质结构调控网络，该菌种是生物质真菌转化的重要模式生物 |
| Norma Martinez-Gomez | 密歇根州立大学 | 鉴定参与植物-微生物相互作用的稀土元素依赖酶，这些酶可用于提高候选生物能源原料作物等的产量，同时减少对化肥的需求 |
| Jennifer Martiny | 加州大学欧文分校 | 研究干旱生态系统中表面土壤微生物对叶片凋落物的活性，了解每日水分和温度的循环如何影响营养循环 |
| Neslihan Tas | 劳伦斯伯克利国家实验室 | 计划在流域生态系统中使用测序和代谢组学分析微生物的功能 |

## 8.3.2　欧洲

近年来，欧洲各国主要围绕植物病虫害防治、植物健康、宿主抗性、根系微生物、固氮作物设计及固氮中心等方面展开研究，并对植物-微生物未来的发展方向进行了研讨。

### 8.3.2.1　欧盟宏基因组学研究计划

2014 年 12 月 11 日，欧盟公布"地平线 2020"生物技术项目的两个新主题，其中"作为创新驱动的宏基因组学"涉及了微生物组的相关研究，具体内容如下（EC，2015）。

1）研究范围。开发宏基因组学工具，指导开发针对社会和工业需求，可用于阐述微生物群落的功能动态的表观遗传修饰、RNA 和蛋白质数据（细胞-细胞水平）的宏基因组学方法。

2）预期成果。获得能增进对活体生物群落的了解，显著提升农业、工业、医学和其他应用领域的生产效率、产量、质量和功能性，以及减少最终用户成本的宏基因组学方法。这些方法能用于缩短成果转化时间，加强欧洲企业特别是中小企业的竞争力；识别人类药品靶标、农业植物的商业应用特征、工业应用中的微生物基因或揭示病原体，以及环境应用中的微生物多样性；为该领域的欧洲和全球标准化做出贡献。

### 8.3.2.2　英国微生物组相关资助计划

2015 年 12 月 11 日，英国生物技术与生物科学研究理事会（BBSRC）宣布在未来 5 年通过"长期和大型战略资助计划"投入近 1400 万英镑，择优支持 3 个重要研究项目，以应对重大挑战（BBSRC，2015）。这些项目是在针对研究基础、资源条件、卓越性等综合评价基础上确定的。其中，帝国理工学院领衔的研究项目获得约 460 万英镑的资助。该项目主要关注细菌对氮素的管理机制研究，并希望在此基础上寻找出提高植物利用自身氮素的方法，在增加作物产量的同时减少对环境的影响。

2017 年 4 月 11 日，BBSRC 宣布英国政府将持续性投入 3.19 亿英镑支持英国生物科学研究，以确保英国的国际竞争力以及应对人口增长、化石能源替代和老龄化等全球挑战。其中，植物微生物相关研究内容包括：在免疫学、遗传学、昆虫学领域，从宿主角度（包括作为病毒载体的节肢动物）来研究宿主-病毒互作、宿主对病毒感染的反应，以及将这些知识转换成新的疾病控制方法；广泛而深入地了解环境如何影响植物生长和发育的机制与原理；通过植物和微生物产生化合物的多样性，寻找更好的药物、新的抗菌疗法和营养食物；了解植物与微生物之间的"分子对话"，建立它们彼此之间的交流方式，以及理解它们如何参与相互进化等。

### 8.3.2.3　英美联合开展固氮微生物研究

2013 年 8 月，英国 BBSRC 和美国 NSF 联合资助约 1200 万美元（NSF，2013），用于两国科学家合作开展四项创新研究，以减少未来粮食生产对氮肥的需求，从而减少环境污染和能源投入。

（1）利用合成生物学在细胞内建立固氮工厂使植物自身生产所需的化肥（189 万美元）

该项目旨在设计和制造一种合成生物学模型，可以在植物细胞内实现固氮的功能。一些类似于植物的细菌（如蓝细菌）能够通过专门的细胞结构，利用太阳能固定氮。科学家希望重新设计这一结构并将其移植到一个新的宿主细菌上。这需要识别和转移负责固氮和改变细胞过程的基因。

（2）寻找地球上丢失的具有特殊功能的细菌（187 万美元）

在自然界中，固定大气中的氮使其成为可被生物利用的形式需要一种叫作固氮酶的酶。这种酶易受氧气抑制，因此在普通含氧细胞中无用。一些有机体可以固氮，但需要适应有限的氧环境。研究人员曾在一种细菌中发现一种固氮酶，可以在富氧环境中固氮，这对培育固氮植物非常有用。但目前仅有一次观测到这种细菌的记录，因为它生长在有毒的环境中。研究人员希望能在荒凉的环境中找到原始的菌株，以及新的耐氧固氮菌株；然后再对菌株开展遗传学和生物化学研究，并关注将耐氧固氮酶转移到植物上的工作。

（3）通过工程合成手段在植物与细菌之间建立互利关系（509 万美元）

研究人员将对一种固氮细菌和一种简单的草（与玉米相似）进行基因改造，以保证植物和微生物之间形成固定和重要的相互作用，同时又能最大程度实现细菌固氮量和传送到植物中的可利用的氮量。该项目中通过基因改造使固氮细菌能够根据植物信号和营养需求控制固氮量。一旦该技术得到完善，研究人员希望在玉米中进行研究。

（4）在含氧光合细胞中设计固氮能力（387 万美元）

在 NSF 的资助下，该项目将设计一系列原则，以在含氧光合生物——单细胞蓝细菌中建立固氮能力。蓝细菌中的某些菌株可以收集和转换大气中的氮，研究人员将尝试利用蓝细菌固氮的独特方法，明确光合细胞包括谷物中的光合细胞进行固氮的基本条件和要求。此外，研究人员还将改造植物细胞，使其具备固定大气中氮元素的能力。

### 8.3.2.4　欧洲植物科学组织植物-微生物未来方向研讨

2017 年 2 月，欧洲植物科学组织（EPSO）植物和微生物工作组召开研讨会，讨论植物-微生物未来的研发方向、存在的技术挑战和面临的监管问题及实现行业创新和可持续作物生产的途径等问题。奥地利、比利时、丹麦、芬兰、法国、德国、以色列、意大利、西班牙和荷兰的学者和行业专家参加了研讨会（EPSO，2017）。

专家认为，具有多样化微生物共生的多样化作物可为人与动物提供有益健康的多样化饮食，并有益于粮食生产系统的适应性。对植物微生物群落/植物微生物区系的定义，应包括所有与植物相关的微生物，也包括人/动物/植物病原体。专家明确建议将至少部分生命期生活在受植物影响的环境（如根际微生物、植物内生菌、叶际微生物）中的所有微生物（包括真菌、细菌、古生菌、病毒、原生生物）都纳入植物微生物区系，并对植物微生物未来应开展的研究方向提出了以下建议。

1）将当前植物与微生物的相关关系研究（如微生物种类与特定植物性状或功能的相关性）深入因果关系的研究上。需要进一步研究以下主题：微生物区系的功能和各种微生物间的相互作用，如信号交换；植物对微生物区系的响应；微生物区系的功能，包括微生物区系对植物氮、磷营养的作用；微生物区系与植物性状之间的关系。此外，还有两个研究方向将日益重要：植物微生物区系表观遗传学的作用；微生物中可转移的遗传成分，如质粒和转座子等。

2）需要研究生态系统-植物-微生物区系系统的复杂性，需要开展多学科研究以在多营养层面了解微生物区系的生态学和功能。

3）需要研究植物体内与微生物群落互作的机制，如识别能响应特定微生物的植物遗传标记以开辟植物育种新方向。

4）在选择研究所用的模式作物上，建议将大麦作为谷物和单子叶植物的模式作物，马铃薯作为双子叶植物的模式作物，番茄作为蔬菜的模式作物，豌豆作为豆类的模式作物，草莓作为水果的模式作物。

5）竞争前研究应首先确定基于微生物群落的植物健康和适应性指标，定义"健康的微生物区系"，确定"核心微生物区系"或"微生物区系中的关键物种"是否与植物健康相关。

6）需要开展更多的工作来研究具有生物活性的植物代谢物与动物和人类微生物区系间的互作，及这种互作对动物或人类健康的影响。包括：鉴定具有潜在健康益处的结肠代谢衍生物；植物代谢物在动物/人类微生物区系调节中的作用。

7）研究植物中定植的人类或动物病原体的生态学以保障食品安全。

8）建立植物微生物区系的研究标准，包括：建立生物复制最低数量、采样方法、样品处理方法、元数据记录方法、分析过程和生物信息学分析方法的标准。

此外，专家还提出了一系列其他方面的建议，包括：①建立欧洲的（植物）微生物组数据库；②在欧洲建立植物微生物研究基础设施，如欧洲微生物技术中心，整合各种微生物研究，联合各种类型的微生物组数据，且不限于植物微生物；③开展国际合作，共享数据库和保藏的菌种，以及实验、协议、标准化程序和测试环境；④与当地利益相关方就相关研究和应用进行早期、广泛的沟通；⑤加强植物微生物学教育培养人才；⑥改善微生物产品的监管，以充分利用植物微生物区系的潜在益处；⑦登记针对可消除害虫和病原体的生防产品时，应关注安全性和效果，对于非病原体微生物，可以采用快速程序；⑧在欧洲对生物肥料进行统一监管规定。

### 8.3.3 中国

微生物新种类的发现与鉴定一贯受到我国科学界的重视和自然科学基金委员会的特别支持，目前我国微生物学领域的研发经费每年近 4 亿元。

2016 年 12 月，中国科学院微生物研究所牵头组织了以"中国微生物组研究计划"为主题的香山科学会议第 582 次学术讨论会，目的是推动我国生命科学的发展，特别是与国家的人口健康、生态文明建设、经济发展密切相关的微生物学科的发展，促进生物技术创新，凝练微生物组学中关键和核心的科学问题，并使我国在"国际微生物组计划"中获得充分的话语权，在这一战略必争领域中占据有利位置。会议围绕人体微生物组与人类健康、工农业微生物组及可持续发展技术、环境与海洋微生物组和污染环境的修复与治理、微生物组技术创新与数据分析和功能挖掘等四个议题，设立了多个研究报告。其中，按照《国家"十三五"规划纲要（2016—2020 年）》和国务院发布的《国家中长期科学和技术发展规划纲要（2006—2020 年）》内容，以及结合微生物组学国际发展态势和我国具体情况，领域专家认为，在农作物微生物组方面，应重点关注四大口粮和七大经济作物的增产抗病和品质提升，服务"增效减施"（刘双江等，2017；白洋等，2017）。

2017 年 12 月，中国科学院微生物组计划"人体与环境健康的微生物组共性技术研究"正式启动，执行期为两年，总投入 3000 万元人民币。该计划由中国科学院微生物研究所牵头，微生物所所长刘双江研究员任首席，计划的实施将为"中国微生物组计划"做预研，其中包含了对中草药根系微生物组的研究。

## 8.4 植物微生物组科研表现力分析

本章以科睿唯安公司的 Web of Science 数据平台中的 SCI 作为数据来源，检索植物微生物组研究领域的相关论文，文献类型限制为研究论文（article）和综述（review），共检索到论文 52 306 篇，检索时间为 2019 年 1 月 2 日。同时，本章利用数据分析工具 DDA、VOSViewer 和其他可视化工具对检索到的论文进行文献计量分析。

### 8.4.1 发文量年度变化分析

从年度发文数量看（图 8-1），植物微生物组研究论文发表时间可以追溯到 20 世纪初期。早期论文的研究内容主要围绕根瘤菌及其分离培养、根瘤结节、与豆科植物共生、固定空气中的氮气为植物提供营养等方面展开。20 世纪 20 年代中期，科研人员在许多健康植物根组织内发现了一类特殊的细菌，把它确定为植物体内存在细菌的起始点，即植物内生菌，但并未引起足够重视。20 世纪 60 年代起，科学家对叶际微生物开展了大量研究，研究内容涉及叶际微生物及其分类、拮抗性、与植物的关系等（崔永三等，2007）。此后，随着分子生物学技术以及蛋白质组、代谢组、转录组、宏基因组等各类组学技术的不断发展，以及微观生物学技术和理念对宏观生物学的快速渗透与交叉，从各种植物的不同部位分离得到了各种各样的微生物，同时对微生物的分离培养，基因组测序、基因功能挖掘和表征，种质鉴定，种群结构，微生物多样性，进化关系，与环境或宿主共生、竞争、寄生、互作等关系，以及在生物控制剂中的应用等研究发展快速，文献量呈现井喷式增长，全球研究热度居高不下。

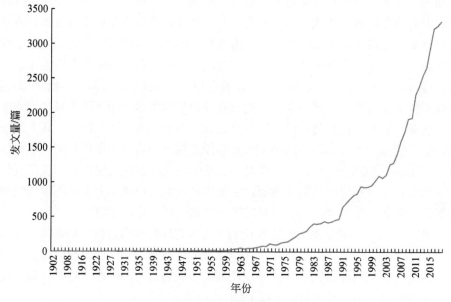

图 8-1　全球植物微生物组发文量年度分布

## 8.4.2　研究主题分析

### 8.4.2.1　研究主题整体分布

本研究选取高频关键词进行主题聚类分析，得到了六大类研究主题（图 8-2），分别是根瘤菌（rhizobium）与植物根际促生菌（plant growth-promoting rhizobacteria）（绿色点区域），丛枝菌根真菌（arbuscular mycorrhizal fungi）（深蓝色点区域），内生菌（endophyte）与植物内生真菌（endophytic fungi）（紫色点区域），生物控制（biocontrol）（浅蓝色点区域），芽孢杆菌（bacillus）与抗性（resistance）（黄色点区域），假单胞菌（pseudomonas）与植物-微生物互作（plant-microbe interaction）（红色点区域）。

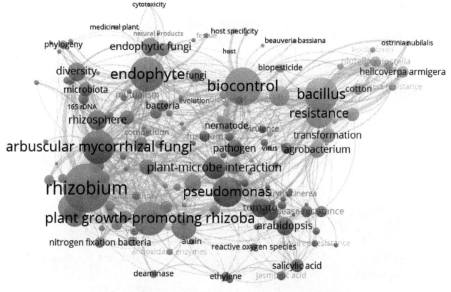

图 8-2 植物微生物组领域研究主题分布（文后附彩图）

### 8.4.2.2 研究主题时间演化分析

本章选取植物微生物组领域近十年数据（2009~2018 年），并以五年为一个时间段进行划分（2009~2013 年和 2014~2018 年），对高频关键词进行聚类与对比分析，结果如图 8-3 和图 8-4 所示。

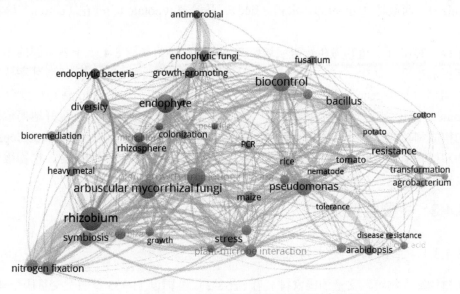

图 8-3 2009~2013 年植物微生物组领域研究主题分布

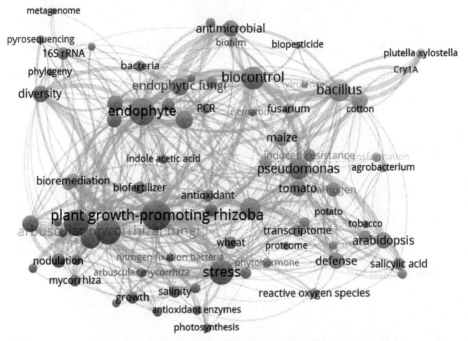

图 8-4　2014～2018 年植物微生物组领域研究主题分布

2009～2013 年，根瘤菌（rhizobium）是热点研究内容（紫色点区域），此外丛枝菌根真菌（arbuscular mycorrhizal fungi）（蓝色点区域）、内生菌（endophyte）（红色点区域）和生物控制（biocontrol）（绿色点区域）等的研究也较多。宿主植物的研究范围集中在玉米（maize）、西红柿（tomato）、水稻（rice）、马铃薯（potato）、棉花（cotton）等农作物方面。

2014～2018 年，植物微生物组领域研究主题变化不大（图 8-4），但各主题的相关研究内容却更加丰富。其中，16S-rRNA、焦磷酸测序（pyrosequencing）等新型测序技术以及宏基因组学（metagenome）（深蓝色点区域）、转录组学（transcriptome）和蛋白质组学（proteome）（绿色点区域）等组学技术广泛应用于植物微生物组研究，更好地揭示了微生物组的构成和功能。此外，关于小麦（wheat）、烟草（tobacco）、拟南芥（arabidopsis）等农作物和模式植物的研究更加普遍，预示着基础研究与农业生产不断结合，植物微生物组对粮食安全和可持续农业发展愈发重要。

## 8.4.3　主要国家分析

### 8.4.3.1　主要国家发文情况分析

从植物微生物组发文量的国家排名看（表 8-2），美国以 11 735 篇的发文量居全球首位，占全球植物微生物组总发文量的 22.4%，远高于第 2 位的中国。中国共发表相关论文 6555 篇，占全球植物微生物组总发文量的 12.5%。印度以 3735 篇的文献量排在第 3 位，发文量全球占比为 7.1%。第 4～10 位的国家分别为德国、英国、法国、巴西、加拿大、西班牙和日本，各国发文量在全球总量中的占比分别为 6.0%、5.5%、4.6%、4.5%、4.5%、3.9%和 3.8%。从中可知，美国在该领域的发文数量优势明显。

美国发表的论文的总被引频次和篇均被引频次分别为 508 027 和 43.29，被引用论文数量占本国发文量的比例为 94.1%，其总被引频次高居全球榜首，但篇均被引频次和被引论文本国占比低于英国，均居全球第 2 位。中国发表论文的总被引频次和篇均被引频次分别为 96 153 和 14.67，被引用论文占本国发文量的比例为 84.5%。其中，中国研究论文的总被引频次低于美国、英国和德国，排在全球第 4 位；其篇均被引频次排全球第 9 位，仅高于印度。

从主要国家年度发文数量的分布来看，美国是最早开展植物微生物组研究的国家，在 20 世纪初就有相关文献发表，此后发文量逐年增加，但趋势平缓，近 5 年发表论文数量占其论文总量的 25.0%。中国进入该领域研究的时间相对较晚，但发展快速，有一半以上的论文是在 2014 年后发表的，近 5 年发表的论文数量占其总量 56.5%。其中，中国自 2014 年的发文量排在全球第 1 位后，趋势持续至今。

表 8-2　植物微生物组发文量排名前 10 位国家

| 国家 | 发文量/篇 | 总被引频次/次 | 篇均被引频次/次 | 被引论文占比/% | 近 5 年论文占比/% | 国家发文趋势 |
|---|---|---|---|---|---|---|
| 美国 | 11 735 | 508 027 | 43.29 | 94.1 | 25.0 | |
| 中国 | 6 555 | 96 153 | 14.67 | 84.5 | 56.5 | |
| 印度 | 3 735 | 51 637 | 13.83 | 85.0 | 39.0 | |
| 德国 | 3 118 | 120 955 | 38.79 | 94.1 | 31.9 | |
| 英国 | 2 881 | 155 489 | 53.97 | 95.9 | 22.5 | |
| 法国 | 2 409 | 94 808 | 39.36 | 93.8 | 28.2 | |
| 巴西 | 2 356 | 35 280 | 14.97 | 84.9 | 43.6 | |
| 加拿大 | 2 333 | 74 843 | 32.08 | 93.7 | 27.0 | |
| 西班牙 | 2 038 | 56 264 | 27.61 | 93.8 | 32.9 | |
| 日本 | 1 989 | 46 522 | 23.39 | 92.4 | 28.1 | |

### 8.4.3.2 主要国家科研合作情况

从 TOP 30 发文量国家的科研合作网络（图 8-5）可以看出，美国和中国的合作论文数量高于其他国家，在整个科研合作网络中处于核心地位，两国之间的合作关系非常紧密［图 8-6（a）、（b）］。德国和英国处于次核心的地位，两者之间的合作也相当频繁［图 8-6（d）］。印度虽然发文量处在全球第 3 位，但与其他国家合作论文数相对较少［图 8-6（c）］。此外，中国与 TOP 30 发文量国家均有合作，包括美国、德国、英国、澳大利亚、加拿大和墨西哥等。

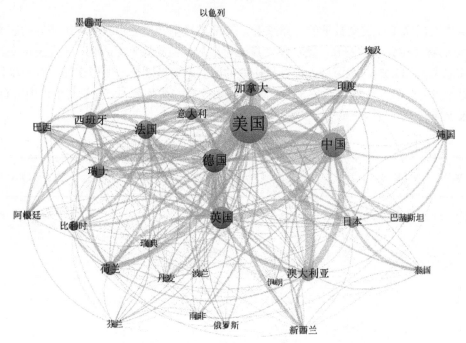

图 8-5　植物微生物组领域 TOP 30 发文量国家科研合作网络图

注：在上述网络图中，节点的大小代表文献量的多少，节点越大，表示文献量越大，节点间连线的粗细代表合作论文数量的多少，连线越粗表示合作次数越多。下同。

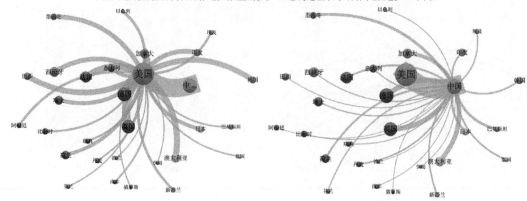

图 8-6　植物微生物组领域 TOP 4 发文量国家科研合作网络图

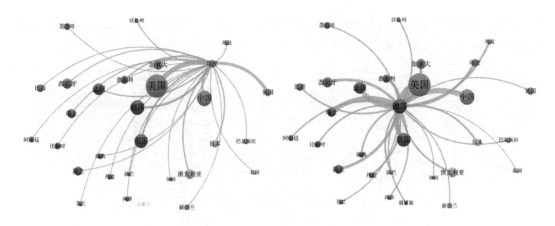

图 8-6　植物微生物组领域 TOP 4 发文量国家科研合作网络图（续）

### 8.4.3.3　主要国家高频关键词分布

利用 DDA 分析工具，对美国和中国 TOP 50 的高频关键词进行词云分析，结果如图 8-7 和图 8-8 所示。

美国 TOP 10 高频关键词分别为生物控制（biocontrol）、抗性（resistance）、芽孢杆菌（bacillus）、内生菌（endophyte）、根瘤菌（rhizobium）、共生（symbiosis）、植物-微生物互作（plant-microbe interaction）、玉米（maize）、假单胞菌（pseudomonas）和抗病性（disease resistance）（图 8-7）。在农作物品种中，美国主要开展了玉米微生物组相关研究。从中可知，美国主要通过开展各类微生物及其与植物的共生、互作关系以及抗性等的研究，为生物控制提供参考。

图 8-7　植物微生物组领域美国 TOP 50 高频关键词分布

注：字体大小代表词频高低，字体越大表示频次越高。下同。

中国 TOP 10 的高频关键词依次为内生真菌（endophytic fungi）、丛枝菌根真菌（arbuscular mycorrhizal fungi）、内生菌（endophyte）、芽孢杆菌（bacillus）、生物控制（biocontrol）、抗菌剂（antimicrobial）、胁迫（stress）、微生物群落（microbiota）、抗性（resistance）和水稻（rice）

（图 8-8）。从作物种类来看，中国主要以水稻为主来开展各类微生物及其群落、微生物抗性机理等研究。此外，各类微生物在生物控制和抗菌剂等中的应用研究也受到关注。

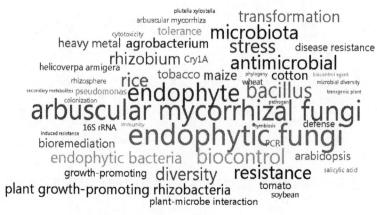

图 8-8　植物微生物组领域中国 TOP 50 高频关键词分布

## 8.4.4　主要研究机构分析

### 8.4.4.1　主要研究机构发文情况分析

从全球研究机构发文量排名看（表 8-3），美国农业部农业研究局（USDA ARS）以 1583 篇的发文量居全球首位，占全球植物微生物组总发文量的 3.0%。中国科学院共发表相关论文 1180 篇，排在全球第 2 位，占全球植物微生物组总发文量的 2.3%。法国国家农业科学研究院（INRA）、西班牙高等科学研究委员会和美国康奈尔大学分别以 833 篇、802 篇和 682 篇的文献量排在第 3～5 位，发文量全球占比依次为 1.6%、1.5% 和 1.3%。中国农业科学院（650 篇）、加拿大农业与农业食品部（556 篇）和美国佛罗里达大学（510 篇）排在第 6～8 位。进入全球发文量排名前 10 位的中国机构还有中国农业大学（488 篇）和南京农业大学（482 篇），分别排在第 9～10 位，发文量全球占比均约为 0.9%。此外，中国主要的发文机构还有浙江大学（348 篇）、西北农林科技大学（314 篇）、华中农业大学（260 篇）、中山大学（193 篇）、华南农业大学（154 篇）和云南大学（153 篇），其发文量占全球发文总量的比例为 0.3%～0.7%。

**表 8-3　植物微生物组发文量排名 TOP 20 位国际机构和中国主要发文机构**

| 排序 | 研究机构 | 发文量/篇 | 总被引频次/次 | 篇均被引次/次 | 被引论文占比/% | 近 5 年论文占比/% | 机构发文趋势 |
|------|----------|-----------|---------------|---------------|-----------------|-------------------|--------------|
| 1 | 美国农业部农业研究局 | 1 583 | 47 097 | 29.75 | 93.4 | 25.5 | |
| 2 | 中国科学院 | 1 180 | 21 543 | 18.26 | 87.6 | 52.8 | |
| 3 | 法国国家农业科学研究院 | 833 | 35 882 | 43.08 | 96.3 | 21.8 | |

续表

| 排序 | 研究机构 | 发文量/篇 | 总被引频次/次 | 篇均被引次/次 | 被引论文占比/% | 近5年论文占比/% | 机构发文趋势 |
|---|---|---|---|---|---|---|---|
| 4 | 西班牙高等科学研究委员会 | 802 | 240 39 | 29.97 | 95.8 | 29.1 | |
| 5 | 美国康奈尔大学 | 682 | 36 167 | 53.03 | 95.9 | 22.1 | |
| 6 | 中国农业科学院 | 650 | 8 518 | 13.10 | 86.0 | 60.3 | |
| 7 | 加拿大农业与农业食品部 | 556 | 13 130 | 23.62 | 92.1 | 25.0 | |
| 8 | 美国佛罗里达大学 | 510 | 13 594 | 26.65 | 92.0 | 30.0 | |
| 9 | 中国农业大学 | 488 | 9 474 | 19.41 | 89.5 | 42.8 | |
| 10 | 南京农业大学 | 482 | 7 577 | 15.72 | 88.6 | 60.4 | |
| 11 | 德国马克斯·普朗克研究所 | 471 | 26 123 | 55.46 | 96.0 | 35.2 | |
| 12 | 美国加州大学戴维斯分校 | 465 | 20 801 | 44.73 | 96.1 | 29.5 | |
| 13 | 澳大利亚联邦科学与工业研究组织 | 434 | 14 598 | 33.64 | 96.5 | 19.8 | |
| 14 | 墨西哥国立自治大学 | 409 | 12 715 | 31.09 | 91.2 | 31.1 | |
| 15 | 印度农业研究委员会 | 387 | 4 703 | 12.15 | 84.0 | 35.7 | |
| 16 | 英国 John Innes Centre | 384 | 42 083 | 109.59 | 99.0 | 12.8 | |
| 17 | 美国密歇根州立大学 | 383 | 20 049 | 52.21 | 94.5 | 22.9 | |
| 18 | 美国威斯康星大学 | 379 | 14 305 | 37.74 | 95.8 | 18.2 | |
| 19 | 法国国家科学研究院 | 369 | 19 838 | 53.76 | 98.9 | 23.3 | |
| 20 | 美国佐治亚大学 | 359 | 12 425 | 34.61 | 95.0 | 16.2 | |
| 24 | 浙江大学 | 348 | 6 807 | 19.56 | 92.8 | 48.9 | |
| 26 | 西北农林科技大学 | 314 | 3 325 | 10.59 | 87.6 | 66.9 | |
| 33 | 华中农业大学 | 260 | 4 868 | 18.72 | 86.2 | 52.7 | |
| 55 | 中山大学 | 193 | 2 685 | 13.91 | 85.5 | 55.4 | |
| 79 | 华南农业大学 | 154 | 1 305 | 8.47 | 79.9 | 62.3 | |
| 81 | 云南大学 | 153 | 2 077 | 13.49 | 86.4 | 48.7 | |

从论文总被引频次看，美国农业部农业研究局（47 097 次）、英国 John Innes Centre（42 083 次）、美国康奈尔大学（36 167 次）和法国国家农业科学研究院（35 882 次）四家机构的总被引频次均超过 3.5 万次，该四家机构的篇均被引频次在 29 以上，被引用论文占其论文总量的比例在 93% 以上。从篇均被引频次看，英国 John Innes Centre 发表论文的篇均被引频次高达 109.59，远高于其他机构论文的篇均被引频次。在中国机构中，中国科学院相关

论文的总被引频次最高，达 21 543 次，其余中国机构的总被引频次均在万次以下。此外，中国机构的篇均被引频次在 20 以下，被引用论文占其论文总量的比例为 79%～93%。其中，浙江大学相关论文的篇均被引频次和被引率在中国机构中均最高，分别为 19.56 和 92.8%。

从主要机构发文量的年度分布来看，美国康奈尔大学是最早开展植物微生物组研究的机构，美国威斯康星大学紧随其后，均在 20 世纪 20 年代前后开展了相关研究；两家机构近 5 年的研究依然活跃，此时间段发表的论文数量占其总量的比例均在 18%以上。此外，印度农业研究委员会和德国马克斯•普朗克研究所两家机构近 5 年发表的论文数量占其论文总量的比例均较高，分别为 35.7%和 35.2%。与国外机构相比，中国机构开展相关研究的时间较晚，但近 5 年研究相对较为活跃，占比均在 42%以上；其中，中国农业科学院、南京农业大学、西北农林科技大学和华南农业大学等四家机构的近 5 年论文数量占比均超过了 60%。

### 8.4.4.2 主要研究机构科研合作情况

总体而言，植物微生物组领域中各机构主要以本国合作为主，跨国合作相对较少（图 8-9）。具体来看，美国农业部农业研究局（USDA ARS）在整个科研合作网络中处于核心地位，其主要合作机构不仅有佛罗里达大学（Univ Florida）、康奈尔大学（Correll Univ）和佐治亚大学（Univ Georgia）等美国本土机构，与北美洲、亚洲和欧洲的研究机构也开展了少量合作（图 8-10）。中国科学院（CAS）处于次核心的地位，其合作同样以本国为主，合作对象包括中国农业科学院（CAAS）、中国农业大学（China Agr Univ）、中山大学（Sun Yat-sen Univ）、云南大学（Yunnan Univ）等（图 8-11）。此外，法国国家农业科学研究院（INRA）的合作网络也较为密集，其与法国国家科学研究院（CNRS）的合作最为频繁（图 8-12）。

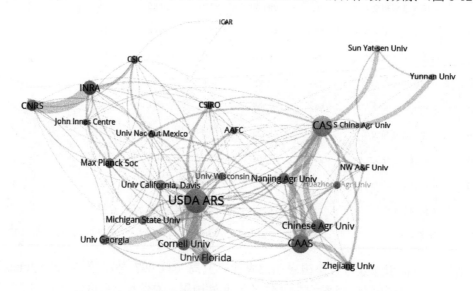

图 8-9　植物微生物组领域国际及中国主要机构科研合作网络图

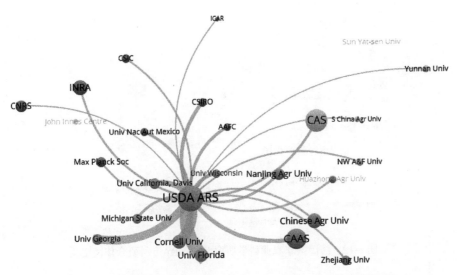

图 8-10　美国农业部农业研究局（USDA ARS）科研合作网络图

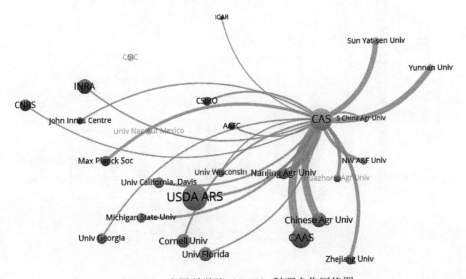

图 8-11　中国科学院（CAS）科研合作网络图

## 8.4.5　高影响力论文分析

### 8.4.5.1　高影响力论文国家分布

在 Web of Science 平台中，共检索到植物微生物组领域的高影响力论文 502 篇，包括 499 篇高被引论文和 16 篇热点论文。其中，美国的高影响力论文数量最多，为 180 篇；其次为英国（80 篇）；德国、法国和中国紧随其后，分别为 77 篇、62 篇和 56 篇（图 8-13）。

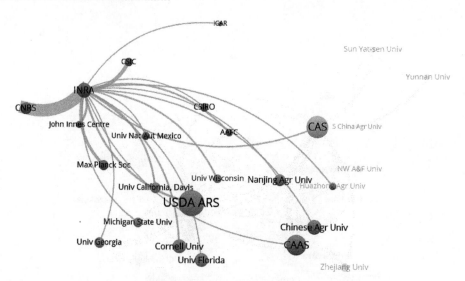

图 8-12　法国国家农业科学研究院（INRA）科研合作网络图

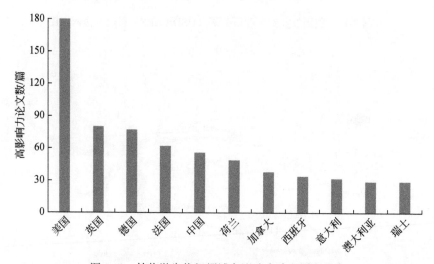

图 8-13　植物微生物组领域高影响力论文国家分布

### 8.4.5.2　高影响力论文研究机构分布

从高影响力论文的机构分布来看（图 8-14），发文量前 10 位的机构依次为荷兰乌特列支大学（24 篇）、德国马普植物育种研究所（23 篇）、美国密歇根州立大学（23 篇）、中国科学院（21 篇）、英国塞恩斯伯里实验室（20 篇）、荷兰瓦格宁根大学研究中心（18 篇）、法国国家农业科学研究院（17 篇）、法国国家科学研究院（16 篇）、美国亚利桑那大学（15篇）和美国农业部农业研究局（14 篇）。

从年度论文数量分布情况看，2011～2014 年的高影响力论文相对密集，主要发文机构有荷兰瓦格宁根大学研究中心、法国国家农业科学研究院、中国科学院和荷兰乌特列支大学，该时间段内的研究内容主要围绕丁香假单胞菌、拟南芥、先天性免疫、抗病性、系统获得性抗性等方面展开。

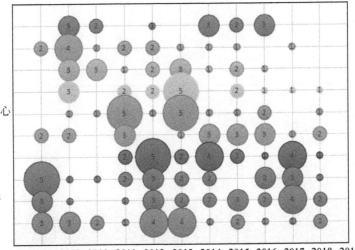

图 8-14 植物微生物组领域高影响力论文研究机构分布（文后附彩图）

### 8.4.5.3 高影响力论文研究主题分布

植物微生物组的研究主题可划分为 6 个类群（表 8-4）：①微生物，包括丁香假单胞菌、丛枝菌根真菌；②寄主植物，包括拟南芥、蒺藜苜蓿；③抗性，包括抗病性、系统获得性抗性、诱导系统抗性；④防御，包括先天性免疫、防御应答；⑤植物激素，包括水杨酸、脱落酸；⑥其他，包括基因表达、多样性、模式识别受体、转录因子、细胞死亡。

表 8-4 植物微生物组领域高影响力论文机构-研究主题分布　　　（单位：篇）

| | | 荷兰乌特列支大学 | 德国马普植物育种研究所 | 美国密歇根州立大学 | 中国科学院 | 英国塞恩斯伯里实验室 | 荷兰瓦格宁根大学研究中心 | 法国国家农业科学研究院 | 法国国家科学研究院 | 美国亚利桑那大学 | 美国农业部农业研究局 | 总量 |
|---|---|---|---|---|---|---|---|---|---|---|---|---|
| 微生物 | 丁香假单胞菌 | 6 | 13 | 8 | 10 | 13 | | 2 | 5 | 1 | | 127 |
| | 丛枝菌根真菌 | 2 | | 1 | 1 | | 2 | 2 | 1 | | | 31 |
| 寄主植物 | 拟南芥 | 13 | 7 | 9 | 2 | 5 | 4 | 4 | 3 | 1 | 1 | 108 |
| | 蒺藜苜蓿 | | | 1 | 2 | 1 | 3 | 4 | 5 | 1 | | 27 |
| 抗性 | 抗病性 | 7 | 5 | 1 | 2 | 5 | | | 1 | 1 | | 64 |
| | 系统获得性抗性 | 7 | 2 | 1 | 2 | 4 | 1 | | 3 | | | 44 |
| | 诱导系统抗性 | 8 | 1 | | | 3 | 1 | 1 | | | 1 | 22 |

续表

| | | 荷兰乌特列支大学 | 德国马普植物育种研究所 | 美国密歇根州立大学 | 中国科学院 | 英国塞恩斯伯里实验室 | 荷兰瓦格宁根大学研究中心 | 法国国家农业科学研究院 | 法国国家科学研究院 | 美国亚利桑那大学 | 美国农业部农业研究局 | 总量 |
|---|---|---|---|---|---|---|---|---|---|---|---|---|
| 防御 | 先天性免疫 | 4 | 4 | 5 | 5 | 10 | 1 | | 2 | | | 62 |
| | 防御应答 | 1 | 3 | 2 | 4 | 6 | | | | | | 33 |
| 植物激素 | 水杨酸 | 3 | 5 | 5 | 3 | | 1 | | 2 | | 1 | 53 |
| | 脱落酸 | | | 2 | 3 | | 1 | | 1 | | | 23 |
| 其他 | 基因表达 | 6 | 3 | 3 | 3 | | | 2 | 2 | | 1 | 43 |
| | 多样性 | 1 | 4 | | 1 | | 1 | 1 | | 1 | 1 | 32 |
| | 模式识别受体 | 1 | 1 | 3 | | 5 | 2 | | 2 | 1 | | 24 |
| | 转录因子 | 2 | 2 | 2 | 3 | 3 | | 2 | 2 | 2 | | 24 |
| | 细胞死亡 | | 2 | 1 | 1 | 3 | 2 | 1 | | | | 22 |

从机构-研究主题来看,荷兰乌特列支大学的研究范围较为全面,重点开展了抗性研究,其在抗病性、系统获得性抗性、诱导系统抗性等方面的高影响力论文量均排在全球首位。德国马普植物育种研究所和英国塞恩斯伯里实验室的高影响力论文主要围绕丁香假单胞菌展开,此外,后者在先天性免疫、防御应答等方面的高影响力论文量排在全球首位。中国科学院在转录因子(3 篇)和脱落酸(3 篇)两个主题上发表的高影响力论文排在世界前列。

# 8.5　植物微生物组技术创新力分析

专利数据以思保环球(CPA Global)公司的 Innography 国际专利分析平台为数据来源,根据国际专利分类号 IPC 和植物名称编写检索词,共检索到专利 12 414 件,检索时间为 2019 年 2 月 19 日。数据下载后,利用 Excel、Derwent Innovation 和 Innography 等工具进行数据分析、统计和图表绘制。

## 8.5.1　专利数量年度变化趋势

根据专利数量的年度分布趋势(图 8-15),植物微生物组研究领域技术发展大致可以划分为以下三个阶段。

(1)萌芽期:1948～1978 年

1978 年以前,植物微生物组领域历年全球专利数量较少,均在 20 件以下,属于技术发展的萌芽期。其中，该领域首项专利 GB671367A（利用植物激素和酵母自溶物等制备生长刺激剂组合物）的申请时间为 1948 年。此外，该时间段共有 74 件专利，代表性专利包括 GB1507193A 等（制备减少大麦和烟草等植物霉变的植物抗生素）。

（2）缓慢发展期：1979～2007 年

植物微生物组领域的专利数量呈现出波动增长趋势，并在 2002 年形成了一个小的申请高峰（330 件）。在此期间，微生物农药和肥料等方面的研究逐渐增多。代表性专利包括孟山都公司申请的 US8946510B2（利用 RNA 干扰方法控制无脊椎害虫的侵扰）、加州大学申请的 US6689356B1（利用基因重组的方法制备具有杀虫活性的化合物）和麦吉尔大学申请的 US7262151B2（利用植物杆菌细胞生产几丁质低聚糖微生物肥料）。

（3）快速发展期：2008 年至今

专利申请数量呈现快速增长趋势，并于 2016 年达到申请高峰（1027 件）。代表性专利包括孟山都公司申请的 US9121022B2（利用 RNA 干扰方法处理抗除草剂的杂草）和拜耳公司申请的 US9078447B2（利用抗真菌菌株和甲酰胺等活性化合物制备减少有害真菌的组合物）（由于专利申请到专利公开有 18 个月的滞后期，因此 2017 年和 2018 年的数据还不全，该两年的数据仅供参考）。

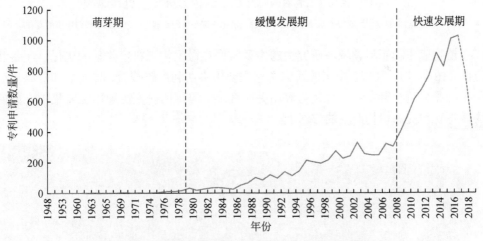

图 8-15 植物微生物组领域专利申请数量年度趋势分析

## 8.5.2 技术研发主题分析

### 8.5.2.1 技术研发热点

本研究利用 Derwent Innovation 平台中的主题（themes）分析功能，分别对植物微生物农药和植物微生物肥料两个研发方向的专利研发主题进行聚类，形成类似等高线地形图。

在植物微生物农药领域,研究主题主要集中在植物杀菌剂、植物免疫诱导剂以及利用分子生物学方法制备微生物农药等方面;涉及的植物种类包括水稻、西红柿、马铃薯、西兰花和棉花等(图 8-16)。其中,中美两国在该领域的研发各有侧重,中国的研究主题主要集中在以细菌(如芽孢杆菌)和真菌(如木霉菌)为原料的微生物农药制备方面,而美国的研究主题主要涉及利用生物技术开展微生物农药制备的研究。

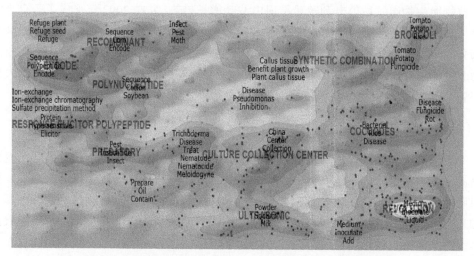

图 8-16  植物微生物农药研究方向专利主题分布(文后附彩图)

注:山峰表示相似专利形成的不同技术主题,红色点表示中国申请的专利,绿色点表示美国申请的专利。下同。

在植物微生物肥料领域,研究主题主要集中在微生物肥料培养基的优化、制备和应用等方面(图 8-17)。其中,中国的研究主题主要集中在利用磷酸盐、硫酸盐和豆科根瘤菌等对微生物肥料进行制备和成分优化等相关研究上,美国的研究主题则主要集中在如何通过植物微生物组提高植物产量的方法上。

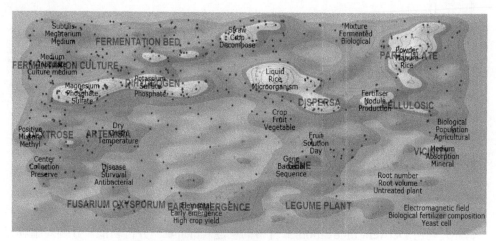

图 8-17  植物微生物肥料研究方向专利主题分布

#### 8.5.2.2 核心专利分析

专利强度（patent strength）是 Innography 平台独创的专利评价指标，可对现有专利进行潜在价值评分。评分依据来自专利引证、诉讼数量、权利要求数及长度、审查时间等 10 余项指标，从 0~100% 分为 10 级。本章将专利强度在 90%~100% 的专利定义为核心专利。专利技术来源国家/组织是指专利权人所属的国家/组织，从侧面反映了专利技术的来源。

由表 8-5 可以看出，植物微生物农药领域的核心专利共有 60 件，其主要来源国家是美国，数量为 43 件；其次为加拿大和日本，数量均为 4 件。植物微生物农药领域核心专利的研究内容主要是关于除草剂抗性植物、抵御害虫侵袭和控制植物病原体等。

**表 8-5 植物微生物农药领域研究方向核心专利国家/组织分布**　　（单位：件）

| 序号 | 国家/组织 | 专利数量 | 序号 | 国家/组织 | 专利数量 |
|---|---|---|---|---|---|
| 1 | 美国 | 43 | 6 | 比利时 | 1 |
| 2 | 加拿大 | 4 | 7 | 以色列 | 1 |
| 3 | 日本 | 4 | 8 | 欧洲专利局 | 1 |
| 4 | 法国 | 2 | 9 | 荷兰 | 1 |
| 5 | 德国 | 2 | 10 | 奥地利 | 1 |

由表 8-6 可以看出，植物微生物肥料领域的核心专利共有 15 件，其主要来源国家仍是美国，数量为 10 件；其次为加拿大，数量为 2 件。植物微生物肥料领域核心专利的研究内容主要是关于利用根际细菌和生物炭等方法制备微生物肥料和复合微生物肥料等。

**表 8-6 植物微生物肥料领域研究方向核心专利国家分布**　　（单位：件）

| 序号 | 国家 | 专利数量 |
|---|---|---|
| 1 | 美国 | 10 |
| 2 | 加拿大 | 2 |
| 3 | 法国 | 1 |
| 4 | 日本 | 1 |
| 5 | 中国 | 1 |

### 8.5.3 专利主要国家/地区分析

#### 8.5.3.1 专利技术来源国家分析

全球共有 69 个国家/地区申请了植物微生物组领域的相关专利。其中，TOP 10 国家的分布如表 8-7 所示。中国和美国是该技术的主要来源国，专利申请数量分别为 5236 件和 2778 件。日本和韩国分别位列第 3 和第 4，专利申请数量依次为 949 件和 829 件。排在前 10 位的其他国家依次为法国、德国、加拿大、澳大利亚、英国和俄罗斯。

表 8-7  植物微生物组领域 TOP 10 专利技术来源国家分布　　（单位：件）

| 序号 | 国家 | 专利数量 | 序号 | 国家 | 专利数量 |
|---|---|---|---|---|---|
| 1 | 中国 | 5 236 | 6 | 德国 | 259 |
| 2 | 美国 | 2 778 | 7 | 加拿大 | 233 |
| 3 | 日本 | 949 | 8 | 澳大利亚 | 181 |
| 4 | 韩国 | 829 | 9 | 英国 | 179 |
| 5 | 法国 | 298 | 10 | 俄罗斯 | 127 |

从专利数量年度分布趋势来看，TOP 5 专利技术来源国的年度申请数量均呈现先缓慢增长后快速增长的趋势。其中，专利申请时间较早的国家是法国和美国，其次是日本和韩国，中国最晚。2004 年之前，美国的年度专利申请数量一直领先其他国家，自 2005 年开始，中国的年度专利申请数量开始超过美国、日本、韩国和法国，成为该领域年度专利申请数量最高的国家（图 8-18）。

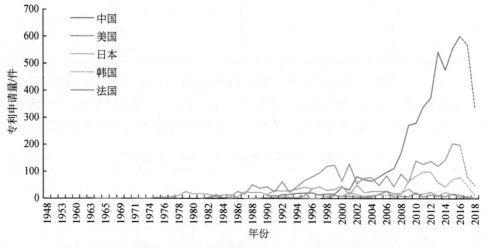

图 8-18　植物微生物组研究领域 TOP 5 专利技术来源国家的年度变化趋势

### 8.5.3.2　专利技术受理国家/地区分析

专利技术受理国家/地区是指专利权人申请专利保护的国家/地区，从侧面反映了专利的技术流向情况。由表 8-8 可以看出，植物微生物组领域专利受理遍布全球 52 个国家/地区，分布范围较为广泛。其中，中国的专利受理数量位居全球第一，为 5526 件，是最受关注的市场；其次是美国，专利受理数量为 1431 件；日本和韩国分别位列第 3 和第 4，专利受理数量依次为 871 件和 857 件；排在 TOP 10 的其他国家/组织依次为世界知识产权组织、欧洲专利局、法国、西班牙、德国和澳大利亚。

**表 8-8 植物微生物组领域 TOP 10 专利技术受理国家/组织分布** （单位：件）

| 序号 | 国家/组织 | 专利数量 | 序号 | 国家/组织 | 专利数量 |
|------|-----------|----------|------|-----------|----------|
| 1 | 中国 | 5 526 | 6 | 欧洲专利局 | 733 |
| 2 | 美国 | 1 431 | 7 | 法国 | 630 |
| 3 | 日本 | 871 | 8 | 西班牙 | 566 |
| 4 | 韩国 | 857 | 9 | 德国 | 547 |
| 5 | 世界知识产权组织 | 748 | 10 | 澳大利亚 | 536 |

从专利受理量随时间分布的趋势来看，TOP 5 专利技术受理国家的年度受理数量在2007 年之前呈现缓慢增长趋势，2008 年之后逐渐呈现快速增长趋势。其中，专利受理时间较早的国家是美国和法国，其次是日本和韩国，中国最晚。自 2002 年开始，中国的年度专利受理数量开始超过美国、日本、韩国和法国，成为该领域年度专利受理数量最高的国家（图 8-19）。

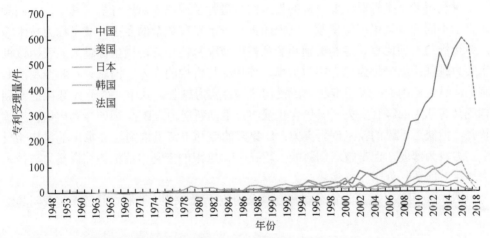

图 8-19 植物微生物组领域 TOP 5 专利技术受理国家的年度变化趋势

## 8.5.4 专利申请机构分析

### 8.5.4.1 TOP 10 专利申请机构分析

全球专利数量 TOP 10 的机构中，美国有 3 家，德国、瑞士和中国均为 2 家，丹麦有 1 家。专利数量 TOP 3 的机构分别为拜耳公司、杜邦先锋公司和先正达公司，其专利数量分别为 775 件、520 件和 267 件。我国的中国科学院和南京农业大学两家机构进入 TOP 10 行列，分别以 126 件和 125 件专利位列第 5 和第 6。此外，专利数量 TOP 10 的机构中共有 6 家企业、2 家高校和 2 家科研机构，这说明企业是该领域专利申请的主体（表 8-9）。

**表 8-9　植物微生物组领域全球专利数量 TOP 10 的机构**

| 序号 | 专利申请机构 | 专利申请数量/件 | 国家 | 机构类型 | 专利活跃期 | 近5年专利占比/% |
|---|---|---|---|---|---|---|
| 1 | 拜耳公司 | 775 | 德国 | 企业 | 1964～2018年 | 20.52 |
| 2 | 杜邦先锋公司 | 520 | 美国 | 企业 | 1986～2018年 | 18.65 |
| 3 | 先正达公司 | 267 | 瑞士 | 企业 | 1988～2018年 | 13.86 |
| 4 | 诺维信公司 | 149 | 丹麦 | 企业 | 1996～2018年 | 34.90 |
| 5 | 中国科学院 | 126 | 中国 | 科研机构 | 1994～2018年 | 44.44 |
| 6 | 南京农业大学 | 125 | 中国 | 高校 | 2003～2018年 | 32.80 |
| 7 | 康奈尔大学 | 96 | 美国 | 高校 | 1988～2014年 | 4.17 |
| 8 | 美国农业部 | 88 | 美国 | 科研机构 | 1982～2018年 | 14.77 |
| 9 | 诺华公司 | 87 | 瑞士 | 企业 | 1982～2002年 | 0.00 |
| 10 | 巴斯夫公司 | 80 | 德国 | 企业 | 1990～2017年 | 32.50 |

### 8.5.4.2　机构技术实力分析

本章利用多个指标对主要机构的技术实力进行了四象限对比分析。其中，不同颜色的气泡表示不同的专利申请奇偶股，气泡的大小表示专利数量的多少。横坐标为技术综合指标，该指标与专利比重、专利类别和专利被引情况密切相关，横坐标越大，表明该机构的技术实力越强；纵坐标为综合实力指标，该指标与机构的收入、国家分布和专利涉案情况等有关，纵坐标越大，表明专利申请机构的综合实力越强。其中，位于 A 象限的专利申请机构既具有强大的综合实力，又包含较强的技术创新能力；B 象限的专利申请机构综合实力较强，但缺乏雄厚的技术创新实力；D 象限的专利申请机构则与 B 象限的机构相反，其综合实力较为薄弱，但是技术创新能力较强；C 象限的专利申请机构综合实力与技术创新能力均相对薄弱，处于竞争劣势。

由图 8-20 可知，杜邦先锋公司和拜耳公司位于 A 象限，专利数量较多，表明其综合实

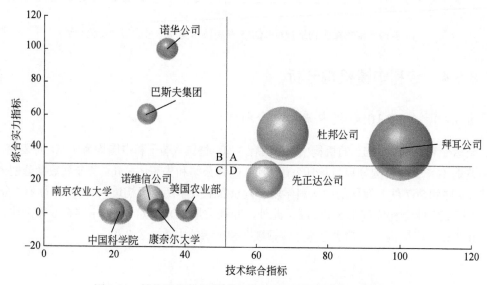

图 8-20　植物微生物组领域专利申请机构竞争实力比较分析

力和技术实力均具有较强的优势；巴斯夫公司和诺华公司均位于 B 象限，表明这两家公司在植物微生物组领域的技术创新实力相对较弱，但具有强大的综合实力；先正达公司位于 D 象限，表明其具有较强的技术实力，但综合实力较弱；位于 C 象限的康奈尔大学、中国科学院和南京农业大学等机构，相对而言技术和综合实力均相对较弱。

## 8.6  植物微生物组行业发展分析

目前，基于微生物组概念研发的微生物农药、微生物肥料、微生物种子处理剂、植物生物刺激素等微生物菌剂已成功上市并显现出巨大的市场前景。

### 8.6.1  微生物农药

微生物农药包括生物杀虫剂、SAR 诱导素、交配干扰素、激素、根系共生真菌、有益根际细菌和放线菌等，主要利用微生物或其代谢产物来防治危害农作物的病、虫、草、鼠害以促进作物生长，包括以菌治虫、以菌治菌、以菌除草等。微生物农药具有选择性强，对人、畜、农作物和自然环境安全，不伤害天敌等特点。

报告显示，近年来微生物农药市场显示出强大的增长潜力，2016 年微生物农药占全球农药市场总额的 5%，预计 2022 年将达到 7%以上，并且 2017～2022 年的年复合增长率预计将达到 16%（世界农化网，2019）。此外，全球多家作物植保公司通过自主研发、收购或合作的形式进入生物防治市场，推进了该市场的持续强劲增长（表 8-10）。

**表 8-10  微生物农药研发与生产企业及最新动态**

| 年份 | 公司 | 国家 | 战略动态 |
|---|---|---|---|
| 2018 | 杜邦先锋公司 | 美国 | 收购巴西微量营养元素 Agrovant 公司和植保产品 Defensive 公司 |
| 2018 | | | 收购生物防治公司 Tyratech |
| 2018 | 拜耳公司 | 德国 | 生物杀真菌/细菌剂 Serenade™ASO 获法国登记 |
| 2016 | | | 在德国林布格霍夫新建研发中心 |
| 2016 | 巴斯夫公司 | 德国 | 推出生物杀菌剂 Serifel （Bamyloliquefaciens 菌株 MBI600） |
| 2015 | | | 在英国利特尔汉普顿进行产能扩张（提高有益线虫和接种菌的生产量） |
| 2012 | | | 收购 Becker Underwood（美国） |
| 2018 | | | 农业生物技术、作物保护和农业生物制剂等研发平台支持农业可持续 |
| 2016 | 孟山都公司 | 美国 | 与住友化学的子公司 Valent BioSciences（美国）签署合作协议 |
| 2013 | | | 收购 Agradis（美国） |
| 2013 | | | 与 Novozymes（丹麦）建立了 BioAg 联盟 |
| 2015 | | | 与 DSM Foods Specialties（丹麦）签署合作协议 |
| 2015 | 先正达公司 | 中国 | 将生物防控技术子公司 Bioline 出售给 InVivo 合作集团（法国） |
| 2012 | | | 收购 Pasteuria Bioscience（美国） |

| 年份 | 公司 | 国家 | 战略动态 |
|------|------|------|----------|
| 2018<br>2015 | 陶氏益农公司 | 美国 | 陶氏杜邦农业部门与孟山都公司达成新一代害虫防治技术许可协议,生物工程公司 Synthace(英国)合作开发作物保护产品的发酵生产技术 |
| 2016 | 爱利思达生命科学公司 | 美国 | 与中国农科院植物保护研究所(CAAS)签署合作协议 |
| 2014 | | | 收购 Goemar(法国) |
| 2018 | Brandt 公司 | 美国 | 推出含革新成分(甲基-α-D-吡喃甘露糖苷)的植物生长调节剂 BRANDT GlucoPro™,可提高特色作物产量 10%~37% |
| 2018 | Gowan 公司 | 美国 | 完成对植物提取物生物农药先锋——哥伦比亚 EcoFlora®AgroSAS 的收购,致力于生物产品开发 |
| 2018 | IHARA 公司 | 巴西 | 生物杀菌剂 Eco-shot 获得登记,开创巴西采后生物防治先河 |
| 2018 | 富美实公司 | 丹麦 | 与科汉森就研发天然植保方案达成未来 5 年继续合作计划 |

## 8.6.2　微生物肥料

微生物肥料又称生物肥料、接种剂或菌肥等,是指以微生物的生命活动为核心,使农作物获得特定的肥料效应的一类肥料制品。微生物肥料在为作物提供营养的同时,还可增加土壤有机质,改良土壤结构,改善根际有益菌,因此,用其替代化肥是农业可持续发展的必然选择。

Grand View Research(2015 年)数据显示,固氮菌肥料占有的生物肥料市场份额最大,在微生物肥料市场中占据了 75%的份额;其次是溶磷菌肥,市场份额占比为 15%;此外,溶钾/锌菌肥等也有一定的市场份额。在固氮菌肥中,根瘤菌肥最为常见,也是生物肥料中使用最早、应用最为广泛以及应用效果最稳定的菌种。2017 年,全球根瘤菌类生物肥料市场价值为 2.337 亿美元,预计 2018~2023 年的年复合增长率将达到 8%(王悦,2019)。全球微生物肥料主要研发与生产企业及最新动态如表 8-11 所示。

**表 8-11　微生物肥料研发与生产企业及最新动态**

| 年份 | 公司 | 国家 | 战略动态 |
|------|------|------|----------|
| 2018 | Nutrien 公司 | 加拿大 | 新植物营养巨头 Nutrien 拟收购巴西特肥公司 Agrichem |
| 2019 | 萃科公司 | 西班牙 | 收购巴西 Microquimica 公司,巩固其在拉丁美洲的地位并进入微生物领域 |
| 2018 | Microquimica 公司 | 巴西 | Microquimica 公司的生物肥料 Vorax 创新巴西生物肥料登记批准 |
| 2017 | 拜耳公司 | 德国 | 与 Ginkgo Bioworks 成立新公司 Joyn Bio,致力于提高微生物提供作物氮需求的能力 |

## 8.6.3　微生物种子处理剂

根据 MarketsandMarkets 报告预测,种子处理剂市场将从 2017 年的 67.6 亿美元增长至 2022 年的 113.1 亿美元,2017~2022 年的复合年增长率达 10.82%(世界农作网,2018)。

该市场的增长得益于人们增加对有害生物综合治理方案的需求量，其相对于传统农药的成本和效率优势，将使其成为更好的作物保护解决方案。世界经济论坛和麦肯锡公司报告预测，到 2030 年，如果有 1.5 亿农民购买涂有微生物的种子，则可增产 2.5 亿吨粮食，并减少 2000 万吨粮食损失，同时减少肥料使用，进而减少 3000 万吨二氧化碳当量的温室气体排放，使农民增收 1000 亿美元（WEF，2018）。

由此可见，微生物种子处理剂能够帮助作物应对生长早期的病虫害，对增加产量起到积极的作用，其市场前景广阔。全球微生物种子处理剂主要研发与生产企业如表 8-12 所示。

**表 8-12　微生物种子处理剂研发与生产企业及最新动态**

| 年份 | 公司 | 国家 | 战略动态 |
|------|------|------|----------|
| 2018 | 先正达公司 | 中国 | 开展种衣剂专利申请布局分析 |
| 2018 | | | 推出生物杀线虫种子处理剂 CLARIVA®，此外，通过非生物胁迫管理的 EPIVIO™伞形品牌，出售与 Seedcare 产品组合兼容的种子用生物制品 |
| 2018 | 巴斯夫公司 | 德国 | 在美国推出种子处理剂 Vault® IP Plus 和 Obvius® Plus |
| 2018 | | | 含枯草芽孢杆菌菌株的生物杀菌用作种子处理剂获加拿大批准 |
| 2018 | | | 首个油菜种子生物处理剂 Integral® Pro 获法国登记 |
| 2018 | Indigo 公司 | 美国 | 推出新服务 Indigo Certified Crops™，提供经微生物制剂处理的种子 |
| 2018 | | | 与 Mahyco 成立合资企业，向南亚农民推出前沿生物种子处理解决方案 |
| 2016 | | | Indigo 公司发布新型棉花种子处理剂 |

## 8.6.4　植物生物刺激素

植物生物刺激素是一种包含某些成分和微生物的物质，可以对植物的自然进程起到刺激作用，包括加强营养吸收、营养功效、非生物胁迫抗力及作物品质。生物刺激素可以提高肥料利用率或增强农药药效，通过改善作物的生理生化状态来提高抗逆性。

目前，国际上的生物刺激素产品通常分为八大类：腐殖酸类物质、复合有机物质、有益化学元素、非有机矿物（包含亚磷酸盐）、海藻提取物、甲壳素和壳聚糖衍生物、抗蒸腾剂、游离氨基酸类等。其中，欧洲是全球最大的生物刺激素市场，预计 2022 年其市场可达到 11 亿美元；美国是全球第二大生物刺激素市场，预计 2023 年其市场可达到 6.46 亿～7.66 亿美元，年复合增长率为 12.5%；拉美地区是一个快速增长的市场，预计 2023 年其市场可达到 5.22 亿美元；此外，亚太地区对生物刺激素的需求持续增长，有望成为全球最大的生物刺激素市场，预计 2022 年其市场可达到 6.91 亿美元（郑敏，2018）。全球生物刺激素主要研发与生产企业如表 8-13 所示。

**表 8-13　植物生物刺激素研发与生产企业及主导产品**

| 公司 | 国家 | 主导产品 |
|------|------|----------|
| Crop IQ 公司 | 英国 | 具备革新技术的杀线虫剂 NEMA-DEAD，含天然提取物（杀线虫物质、不饱和脂肪酸、绿色化学和生物刺激素成分），安全无残留，可有效防治根结线虫，适用作物广泛（豆科作物、果蔬、香草、坚果和大田作物等） |
| Plant Health Care 公司 | 美国 | 生物刺激素 ProAct®，含超敏蛋白（Harpin αβ），可提高作物对营养的利用率，缓解作物受到的环境胁迫，提高农产品品质 |

| 公司 | 国家 | 主导产品 |
| --- | --- | --- |
| Sapec Agro Business 公司 | 葡萄牙 | 在特殊植物营养产品的研发、生产和分销领域处于世界领先的位置，主要产品为高利润的微量元素和生物刺激素 |
| 诺维信公司 | 丹麦 | 生物肥料和生物刺激素（包括种子菌剂、固氮菌剂等，与孟山都公司合作销售）、生物农药（生物杀虫剂和杀菌剂），其微生物方案可用于虫害和疫病防治 |
| Micromix 公司 | 英国 | 从事微肥、叶肥和生物刺激素的研发与生产，主导产品叶肥 Multi-N™ |
| AlgaEnergy 公司 | 西班牙 | 微藻生物刺激素 AgriAlgae® |

# 8.7　建议

1）制订国家级的微生物组计划。美国、日本及欧洲等发达国家或地区已相继启动了国家微生物组计划，研究领域涵盖动植物、土壤、环境和人体等。我国应尽快规划与落实国家微生物组计划、制定国家微生物组发展路线图、建立微生物公共实验平台、加强微生物组研究人才储备，以提高国际竞争力。在植物微生物组领域，应同时聚焦我国农业领域的重大问题和具有中国特色与优势的方向进行重点支持，以促进我国植物微生物组的持续发展。

2）加强优先领域的前瞻布局。由于微生物组的规模和复杂性以及由于个体之间意外的变异性，确定微生物组在植物生长和健康中的作用的研究具有挑战性。未来应在优先领域开展前瞻性布局，包括研发低成本和可用于不同规模检测的微生物组高通量工具、适应性强与用户友好的综合性微生物组数据库和平台技术、从分子到微生物以及从群落到生态系统的交互作用复杂性模型，以加强植物-微生物互作机制研究，识别核心微生物组，或从单细胞水平揭示复杂群落中微生物的个体信息，最终通过对植物-微生物互作的基础研究发现可用于农业实践的机理和方法。

3）开展跨学科交叉研究。植物微生物组本身是一门交叉学科，它的发展得益于先进的分子生物学、植物学、微生物学、化学、计算科学和信息学等学科的快速发展和交叉融合。开展不同植物的微生物组研究，探讨植物微生物组和植物生长与健康的相互关系和作用，包括抗病、抗虫、抗逆、增产、改善品质和农艺性状等，并支持相关产业化研究，从而为生命科学、粮食安全和农业可持续发展理论与实践提供方法和途径。

4）推进国际交流与合作研究。微生物组的研究与推进离不开国际交流与合作。例如，大科学计划和全球化合作能更有效地促进研究的标准化和协调性，通过整合和关联成千上万个实验室产生的数据，发现影响全球的普遍性规律，同时也能为后发国家提供追赶先启国家的机遇。此外，通过开放的交流合作平台，进而通过协调对话等方式应对监管及知识产权领域面临的挑战。

**致谢**　中国科学院遗传与发育生物学研究所的白洋研究员、曲宝原博士对检索方案设计提供了宝贵的指导意见，并对本章的初稿给予了有价值的修改意见，谨致谢忱！

# 参 考 文 献

白洋，钱景美，周俭民，等. 2017. 农作物微生物组：跨越转化临界点的现代生物技术. 中国科学院院刊，32（3）：260-265.

崔永三，赵博光，刘云鹏. 2007. 植物叶围细菌研究进展. 中国森林病虫，（3）：26-29，18.

国辉，毛志泉，刘训理. 2011. 植物与微生物互作的研究进展. 中国农学通报，27（9）：28-33.

李柏林，郭剑飞，欧杰. 2014. 预测微生物学数学建模的方法构建. 食品科学，25（11）：52-57.

李湘民，兰波，黄瑞荣，等. 2008. 植物与微生物的互作和微生物群落管理研究进展. 江西农业大学学报，20（1）：41-43.

刘双江. 2017. 微生物组：新机遇，新天地——"微生物组专刊"序言. 微生物学报，57（6）：791.

刘双江，施文元，赵国屏. 2017. 中国微生物组计划：机遇与挑战. 中国科学院院刊，32（3）：241-250.

沙小玲，梁胜贤，庄绪亮，等. 2017. 植物叶际固氮菌研究进展. 微生物学通报，44（10）：2443-2451.

世界农化网. 2019. 美国生物农药市场现状分析. http://cn.agropages.com/News/NewsDetail—17805.htm ［2018-12-30］.

世界农药网. 2018. 2017—2022年种子处理剂市场年复合增长率预计10.82% MBI推出新平台紧跟市场需求. http://nongyao.jinnong.cn/n/2018/12/11/5109192083.shtml ［2018-12-30］.

王悦. 2019. "减肥"时代固氮菌剂抢占生物肥料市场 新兴技术必将释放更大应用潜力. http://cn.agropages. com/News/NewsDetail—17770.htm ［2018-12-30］.

吴晓青，周方园，张新建. 2017. 微生物组学对植物病害微生物防治研究的启示. 微生物学报，57（6）：867-875.

徐海洋，叶文广. 2018. 肠道菌群检测技术的研究进展. 智慧健康，4（32）：52-54.

徐亚军. 2011. 植物内生菌资源多样性研究进展. 广东农业科学，38（24）：149-152.

张彩文. 2017. 不同基因型水稻内生细菌的群落结构及传播途径初探. 中国农业科学院硕士学位论文.

郑敏. 2018. 全球生物刺激素市场概览——中国将是未来生物刺激素的主战场. http://cn.agropages. com/News /NewsDetail—17024.htm ［2018-12-10］.

中国科学院南京土壤研究所. 2018. 南京土壤所在根际微生物与植物互作研究中取得进展. http://www.cas. cn/syky/201811/t20181112_4669878.shtml ［2018-11-30］.

庄琪琛，宁芮之，麻远，等. 2016. 微流控技术应用于细胞分析的研究进展. 分析化学，44（4）：522-532.

APS. 2016. A Roadmap for Research and Translation. http://www.phytobiomes.org/Roadmap/Documents/ PhytobiomesRoadmap.pdf ［2018-12-10］.

BBSRC. 2015. £14M funding for major long-term science studies. http://www.bbsrc.ac.uk/news/food-security/ 2015/151211-pr-14m-funding-major-long-term-science-studies/ ［2018-12-20］.

Berendsen R L，Pieterse C M J，Bakker P A H M. 2012. The rhizosphere microbiome and plant health. Trends in Plant Science，17（8）：478-486.

Blackeman J P. 1981. Microbial Ecology of the Phylloplane. London：Academic Press.

Dai X，Zhu Y X，Luo Y F，et al. 2012. Metagenomic insights into the fibrolytic microbiome in yak rumen. PLoS One，7（7）：e40430.

EC. 2015. New bioinformatics approaches in service of biotechnology. http://ec.europa.eu/research/ participants/ portal/desktop/en/opportunities/h2020/topics/2599-biotec-2-2015.html［2018-12-20］.

EPSO. 2017. EPSO Workshop on Plants and Microbiomes. http://www.epsoweb.org/webfm_send/2269 ［2018-12-20］.

Franzosa E A，Hsu T，Sirota-madi A，et al. 2015. Sequencing and beyond：integrating molecular 'omics' for microbial community profiling. Nature Reviews Microbiology，13（6）：360-372.

Handelsman J，Rondon M R，Brady S F，et al. 1998. Molecular biological access to the chemistry of unknown soil microbes：a new frontier for natural products. Chemistry & Biology，5（10）：R245-R249.

JGI. 2017. 2018 DOE JGI Community Science Program Allocations Announced. https://jgi.doe.gov/ 2018-jgi-csp-community-science-program-approved-proposals-announced/［2018-12-20］.

Ji B Y，Nielsen J. 2015. From next-generation sequencing to systematic modeling of the gut microbiome. Frontiers in Genetics，6：219.

Kloepper J W，McInroy J A，Liu K，et al. 2013. Symptoms of fern distortion syndrome resulting from inoculation with opportunistic endophytic fluorescent *Pseudomonas* spp. PLoS ONE，8：e58531.

Larsen P E，Gibbons S M，Gilbert J A. 2012. Modeling microbial community structure and functional diversity across time and space. FEMS Microbiology Letters，332（2）：91-98.

Muller D B，Vogel C，Bai Y，et al. 2016. The plant microbiota：systems-level insights and perspectives. Annual Review of Genetics，50：211-234.

NSF. 2013. US and UK scientists collaborate to design crops of the future. http://www.nsf.gov/news/ news_summ.jsp?cntn_id=128878［2018-12-20］.

NSF. 2017. New NSF，USDA awards focus on relationships that benefit，harm plants. https://nsf.gov/news/ news_summ.jsp?cntn_id=242569&org=NSF&from=news［2018-12-20］.

Prosser J I. 2015. Dispersing misconceptions and identifying opportunities for the use of 'omics' in soil microbial ecology. Nature Reviews Microbiology，13（7）：439-446.

Rondon M R，August P R，Bettermann A D，et al. 2000. Cloning the soil metagenome：a strategy for accessing the genetic and functional diversity of uncultured microorganisms. Applied and Environmental Microbiology，66（6）：2541-2547.

Song H S，Cannon W R，Beliaev A S，et al. 2014. Mathematical modeling of microbial community dynamics：a methodological review. Processes，2：711-752.

USDA NIFA. 2016. USDA Awards More Than $14.5 Million to Support Plant Health and Resilience Research. https://nifa.usda.gov/press-release/usda-awards-more-145-million-support-plant-health-and-resilience-research ［2018-12-10］.

WEF. 2018. Innovation with a Purpose：The Role of Technology Innovation in Accelerating Food Systems Transformation. http://www3.weforum.org/docs/WEF_Innovation_with_a_Purpose_VF-reduced.pdf［2018-11-30］.

# 9　海洋牧场研究国际发展态势分析

董利苹　王金平　牛艺博　曲建升

（中国科学院西北生态环境资源研究院文献情报中心）

**摘　要**　海洋牧场是基于生态学原理，充分利用自然生产力，运用现代工程技术和管理模式，通过生境修复和人工增殖，在适宜海域构建的兼具环境保护、资源养护和渔业持续产出功能的生态系统（地球科学部，2019；杨红生等，2019）。海洋牧场改变了以往单纯捕捞、以设施养殖为主的渔业生产方式，是更加科学化与系统化的海洋渔业工程，基本解决了环境与资源的和谐发展问题，是海洋渔业生产方式的重大变革。经过长期的技术探索，随着海岸工程与人工鱼礁技术、鱼类选种与繁育技术、环境改善与生境修复技术、放流与监测技术、管理技术等各项海洋牧场建设技术的发展成熟，全球许多海洋牧场已竣工，海洋牧场正在向规范化、制度化的生态修复方向发展，海洋经济时代正在来临。目前，海洋牧场已经成为中国、美国、日本、韩国等国家布局的重点领域。为把握海洋牧场研究的国际发展态势，本章梳理了日本、中国、美国等主要沿海国家海洋牧场的发展脉络及其战略部署，定性调研了相关机构的研发动态，定量分析了重点研发领域及热点，并提出了发展建议。

在发展历程方面，国际海洋牧场建设走过了约四个世纪的发展道路，大致历经了探索期、雏形期、幼年期和快速发展期4个阶段。目前，国际海洋牧场处于快速发展期，正在向规范化、制度化方向发展。在国家层面上，已形成技术保障下注重自然与资源养护功能的日本模式，政府统筹下重点关注苗种培育和增养殖的韩国模式，公民充分参与、政府统筹下公众助力构建发展的中国模式、以游钓渔业为特色的美国模式等。结合各国海洋牧场相关战略规划，预计在未来5年：①日本将更加注重科技研发、海洋环境保护和沿海区域的综合管理，海洋牧场将进一步向规范化产业发展；②韩国海洋生态环境破坏问题得到关注，海洋生态修复技术、海洋牧场管理经营技术、经济效益评价方法将得到发展完善，高附加值海洋生物产品的研发将成为其未来的部署重点，海洋牧场开发稳步转向普遍化；③中国海洋牧场科技支撑与服务体系、海洋牧场实时监测系统、海洋牧场管理制度将构建完成，海洋牧场的产业基础初具雏形；④美国海洋牧场中珍贵鱼种的繁殖率以及鱼群回捕率将有所提高，海洋牧场的渔获量大幅增加，但沿岸海域发展不均衡、海洋牧场管理难度大等问题仍将长期存在。

　　在研究论文方面，1968～2019 年，海洋牧场论文数量不断攀升。在国家层面上，美国在该领域发表的论文量占据领军地位，我国发表的论文数量居全球第 5 位。从年增长率可以明显看出，在 TOP 10 国家中，澳大利亚增速最高，达到了 14.53%，中国和法国位列第二和第三，增速分别为 11.44% 和 11.42%。但在总被引频次、篇均被引频次、被引率等被引指标方面，中国在发文数量 TOP 10 国家中几乎垫底，这从侧面反映了我国有很多研究工作的质量仍有待提高。海洋与淡水生物学、渔业科学、环境科学与生态学是发文数量 TOP 10 国家共同关注的重点学科，但各国关注的程度各有不同，相比其他国家，中国的学科分布相对分散。在机构层面上，在海洋牧场研究领域比较活跃的研究机构主要来自美国和日本。就单独机构而言，日本水产综合研究中心和美国国家海洋和大气管理局是发文量超过 50 篇的 2 所机构。不同的机构关注的研究热点各不相同。在领域分布方面，海洋与淡水生物学相关国际海洋牧场研究论文比例接近 45%。预计在未来 10 年，美国在海洋牧场研究领域仍将占据领军地位，中国和澳大利亚将迎来其海洋牧场研究的快速发展期。海洋与淡水生物学、渔业科学两个学科领域将持续受到关注，环境科学与生态学将成为最具发展潜力的学科。水产养殖、人造珊瑚礁、资源增殖放流一直以来都是海洋牧场研究领域的研究热点，未来一段时间生态系统和栖息地恢复将受到研究者越来越多的关注。

　　在专利方面，海洋牧场技术专利申请最早出现在 1975 年，经过缓慢的初期研发阶段之后，2000 年开始快速发展，近年来上升趋势明显。海洋牧场相关技术专利主要集中在韩国、中国、日本、美国等国家，其中韩国专利申请数量占到了专利总申请量的 42%，在全球海洋牧场技术发展中占据主导地位。中国专利申请量居第二位，占总申请量的 28%。海洋牧场专利技术布局主要涉及农业、固定建筑物、化学冶金和作业运输 4 个大类、126 个小类和 637 个小组，其中 A01K-061/00（鱼类、贻贝、蜊蛄、龙虾、海绵、珍珠等水生动物的养殖）方面的技术专利最多，其他相关技术近年来也都呈现稳步增长的态势，表明技术日趋成熟。海洋牧场领域的专利申请比较分散，仅有 5 个机构专利申请达到或超过 10 件，TOP 10 机构中前 3 都是中国机构，分别是上海海洋大学、浙江海洋大学和中国海洋大学，其余为韩国和日本的机构或企业，中国机构主要以高校为主，而国外主要以企业为主。预计生物育种、海洋资源管理技术、海洋工程技术将逐渐成为未来 10 年的技术研发热点，其中，人工鱼礁研发、渔船下沉和系泊调度将是近几年发展的热点技术。

　　最后，本章从强化近海海洋牧场整体规划布局和监管、积蓄海洋牧场相关科技力量、加强海洋牧场监测与评估三方面切入，对我国海洋牧场未来建设发展提出了建议。

**关键词**　海洋牧场　发展态势　战略　研发重点与热点

# 9.1 引言

中国是海洋大国，海洋资源得天独厚，是世界第一渔业大国（FAO，2018）。随着经济的快速发展，中国的膳食结构正在逐渐向高动物蛋白和低膳食纤维转变，这导致我国耕地和淡水资源约束进一步趋紧。而传统的海水养殖业作为我国食物供给的重要来源，在为我国居民膳食营养提供了近 1/3 的优质动物蛋白的同时，也产生了一些负面影响。例如，致使海水富营养化（胡家文和姚维志，2005）、栖息地退化、物种减少、水体富营养化、疾病大面积爆发、海域生态系统崩溃（蒲新明等，2012）、鱼类资源衰退（杨红生等，2019）等一系列严峻问题。一些研究表明，海洋牧场可以保护、修复渔业资源，改善捕捞质量，改变以往以单纯捕捞、设施养殖为主的渔业生产方式；能够净化水质、提高海洋碳汇能力，解决局部污染和过度捕捞带来的资源枯竭；能够改善生态环境，遏制近海养殖引起的病害加剧态势；能够促进海洋深层次的开发，提升社会效益，带动沿岸经济发展，促进渔民就业结构转型；通过海域开发，能够向国际社会宣示国家主权、保护领土完整。海洋牧场建设是海洋渔业生产方式的重大变革。因此，致力于海洋牧场的研究、开发和应用已成为主要海洋国家的战略选择，也是世界发达国家渔业发展的主攻方向之一。因此，海洋牧场是解决我国食物安全问题、涵养海洋生物资源、修复海洋生态环境的最好途径（杨红生等，2019）。

目前，海洋牧场在国际上还没有统一的解释，其内涵随着社会经济的发展不断变化，也反映了人们对其认知的不断深化。目前，关于海洋牧场，国内外较认可的定义是基于生态学原理，充分利用自然生产力，运用现代工程技术和管理模式，通过生境修复和人工增殖，在适宜海域构建的兼具环境保护、资源养护和渔业可持续产出功能的生态系统（杨红生等，2019）。

1971 年海洋牧场概念提出以后，受到了沿海国家的普遍重视（陈力群等，2006），各国的战略部署持续展开，如美国海洋牧场建设计划（1968 年）、日本海洋牧场构想（1971年）、韩国《海洋牧场长期发展计划》（1998 年）、中国《国家级海洋牧场示范区建设规划（2017—2025）》（2017 年）等。在这些研究计划的推动下，一批先进的海洋牧场建设技术得到了实践应用，如海洋牧场选址技术、海洋牧场生境营造技术、海洋牧场生物资源增殖与行为控制技术等。2000 年以来，海岸工程与人工鱼礁技术、鱼类选种与繁育技术、环境改善与生境修复技术、放流与监测技术、管理技术等各项海洋牧场建设技术已基本成熟，全球许多海洋牧场已竣工，海洋牧场正在向规范化、制度化的生态修复方向发展，海洋经济时代正在来临。目前，国际海洋牧场研究已经开始向深水区域拓展，海洋牧场建设技术也正在朝着数字化、智能化和集成化的方向快速发展。据联合国粮食及农业组织（FAO）统计，世界上已有包括美国、日本、韩国等 64 个沿海国家发展海洋牧场，资源增殖种类逾180 种，成效显著。

为了贯彻国家生态文明建设和海洋强国战略的有关要求，2015 年，我国政府发布了《农业部关于创建国家级海洋牧场示范区的通知》（农渔发〔2015〕18 号），投入资金 49.8 亿元，充分利用海洋资源，建设鱼礁 6094 万平方米，形成了海洋牧场 852.6 平方千米。自此，我国海洋牧场建设开始进入快速发展期。2017 年以来，连续三年海洋牧场建设被写入中央一号文件，农业部先后发布了《国家级海洋牧场示范区建设规划（2017—2025）》（2017 年）、《国家级海洋牧场示范区管理工作规范（试行）》（2017 年）、《国家级海洋牧场示范区年度评价及复查办法（试行）》（2018 年）等政策文件，2017 年 9 月还成立了海洋牧场建设专家咨询委员会。并且，我国相继启动了多个海洋牧场重大项目，如国家行业专项"基于生态系统的海洋牧场关键技术研究与示范"、国家 863 计划重大专项"人工鱼礁生态增殖及海域生态调控技术"、中国科学院战略性先导专项"热带西太平洋海洋系统物质能量交换及其影响"（WPOS）下的"海洋牧场生态安全和环境保障"重点任务等。依托这些战略和项目，我国正在构建适应我国国情的海洋牧场建设关键技术体系，并且海洋牧场建设也已初具规模，拥有国家级海洋牧场示范区 42 个、海洋牧场 233 个。这在增殖海洋生物资源、修复海域生态环境中的重要作用正在显现。但在整体上，与国际发展现状相比，我国目前在海洋牧场基础研究方面仍相对滞后。较之美国、英国、日本，我国海洋牧场建设在技术研发方面还存在差距，50 米及更深海域的大型人工鱼礁关键储备技术，诸如海藻场高效建设技术、大规模优质健康苗种繁育及高效增殖放流技术、牧场生物资源高效探测与评估技术、海洋牧场信息化监控管理技术等仍被国外专业公司垄断。关键技术及装备仍主要依赖进口，这与我国海洋牧场的建设需求还有较大差距。因此，把握中国、美国、日本、韩国等主要海洋国家的海洋牧场战略布局，把握海洋牧场研究的国际研发动态，定量分析国际海洋牧场的重点研发领域及热点，将为优化我国海洋牧场战略部署与研究布局、构建具有中国特色和自主知识产权的关键技术体系奠定基础，以助力我国海洋强国战略、改善我国海域生态环境、推动我国海洋经济增长。

# 9.2 海洋牧场概念

20 世纪中期以来，由于过度捕捞和近岸海域环境不断恶化，全球大多数临海国家的海洋生态环境被破坏，渔业资源受到了威胁（Halpern et al.，2015）。从当今国内外的研究成果及趋势来看，作为一种资源管理型渔业生产方式，海洋牧场因已取得大量的成功案例而备受推崇（梁君等，2017；虞宝存和梁君，2012）。从 1971 年"海洋牧场"一词首次被提出至今，海洋牧场的内涵一直处于不断的变化中。不同的时代赋予了海洋牧场不同的内涵，目前，海洋牧场在国际上还没有统一的解释，其概念还在发展和完善中。

## 9.2.1 概念发展

1971 年，"海洋牧场"一词首次出现在日本水产厅海洋开发审议会的文件中，其概念为"海洋生物资源中，可持续生产食物的系统"（马军英和杨纪明，1994）。1973 年，日本水产厅在冲绳国际海洋博览会上将"海洋牧场"界定为"为了人类生存，通过人为管理，在追求海洋资源开发与环境协调发展的同时，应用科学理论与技术实践形成的海洋空间系统"（马军英和杨纪明，1994）。当时，海洋牧场概念相对抽象，属于未来渔业模式。

　　之后，为区别于栽培渔业，日本称"海洋牧场"为资源栽培型渔业，并明确"海洋牧场"的概念为"为进一步增殖，通过人为干预，建立高效的渔业生产系统"。1980 年，日本农林水产省提出"海洋牧场化"概念，即"为实现放流的鱼贝类增殖，通过掌握洄游性鱼类增殖等技术，实现沿岸和近海海域的综合利用"（刘卓和杨纪明，1995）。1996 年，FAO 召开的题为"海洋牧场：全球视角"的国际研讨会将"海洋牧场"（marine ranching）的概念等同为"资源增殖放流"（marine stock enhancement），并赋予了其更多的技术内涵（Bell，1999）。此后，欧美国家的学者将"资源增殖放流"视为"海洋牧场"。2003 年，Mustafa 将"海洋牧场"（sea ranching）定义为"在可控条件下，放流自然或养殖的海洋生物，以提高海洋经济效益"（Mustafa，2003）。2003 年，韩国提出，"海洋牧场"（ocean ranching）是"一定海域内综合设置水产资源养护设施、人工繁殖和采捕水产资源的场所"（杨宝瑞，2007）。2004 年，FAO 发布题为 Marine Ranching 的技术报告，其内容主要围绕资源增殖放流展开（Bell，1999）。2008 年，Bell 等提出，"海洋牧场"（sea ranching）为"放流养殖幼体到开阔海域和河口环境，通过放流—生长—捕获等过程收获较大个体"（Bell et al.，2008）。至此，海洋牧场的概念已较为清晰、具体。

　　国内关于海洋牧场的最初构想是由曾呈奎院士于 1965 年提出的，当时的概念为"使海洋成为种植藻类和贝类的'农场'，养鱼、虾的'牧场'，达到'耕海'目的"（曾呈奎和毛汉礼，1965）。1981 年，曾呈奎院士系统地论述了海洋牧业的理论与实践，即将海洋渔业资源的增殖和管理划分为"农化"和"牧化"两个过程（曾呈奎和徐恭昭，1981），为我国提出特色海洋牧场理念、构建特色海洋牧场奠定了坚实的基础。1991 年，傅恩波对海洋牧场做了界定，认为"海洋牧场是指通过增殖放流和移植放流，将生物苗种经人工驯化后投放入海，以该海域中天然饵料为食物，并营造适合于苗种生存的生态环境，利用声、光、电或其自身生物学特征，进行鱼群控制和环境监控，并对其进行科学管理，使资源量增大，并改善渔业结构的一种系统工程和渔业模式"（李波，2012）。2000 年，陈永茂等指出，海洋牧场的目的是增殖海域资源，引入外来经济鱼种，营造适宜鱼类生存的生态环境（陈永茂等，2000）。2002 年，黄宗国在《海洋生物学辞典》中将"海洋牧场"（ocean ranching）诠释为"在一个特定海域里，为有计划地培育和管理渔业资源而设置的人工渔场"（黄宗国，2002）。同年，水产名词审定委员会指出，"海洋牧场"是指以丰富水产资源为目的，采用渔场环境工程手段、资源生物控制手段及有关生产支持保障技术，在选定的海域构建的水产资源生产管理综合体系（水产名词审定委员会，2002）。2007 年，全国科学技术名词审定委员会将"海洋牧场"诠释为"采用科学的人工管理方法，在选定海域进行大面积放养和育肥经济鱼、虾、贝、藻类等的场所"（全国科学技术名词审定委员会，2007）。此后，因海洋牧场研究和建设更加具体化，所以海洋牧场概念也随之发生了变化。2010 年，王诗成将"海洋牧场"诠释为在某一海域内，采用一整套规模化的渔业设施和系统化的管理体制（如投放人工鱼礁、建设人工孵化厂、全自动投喂饲料装置、鱼群控制技术等），利用自然海域环境，将人工放流的水生生物聚集起来，有计划地对鱼虾贝类进行放养的大型人工渔场（王诗成，2010）。2014 年以来，百度百科对海洋牧场的概念基本沿用了王诗成的概念。2015 年，王恩辰和韩立民将"海洋牧场"诠释为在一定海域内，通过人工鱼礁建设和藻类增养殖营造适宜海洋生物栖息的场所，在其中实施人工放流，并利用先进技术

（如人工投饵、环境监测、水下监视、资源管理等）进行渔场运营管理，旨在增加和恢复渔业资源的生态养殖渔场（王恩辰和韩立民，2015）。2016 年，杨红生提出海洋牧场是基于海洋生态学原理和现代海洋工程技术，充分利用自然生产力，在特定海域科学培育和管理渔业资源而形成的人工渔场（杨红生等，2016）。2019 年 3 月 31 日至 4 月 1 日，国家自然科学基金委员会第 230 期双清论坛在浙江舟山成功举办，采用了杨红生等人提出的海洋牧场的概念与内涵："海洋牧场"是基于生态学原理，充分利用自然生产力，运用现代工程技术和管理模式，通过生境修复和人工增殖，在适宜海域构建的兼具环境保护、资源养护和渔业持续产出功能的生态系统（自然科学基金委员会，2019；杨红生等，2019）。

### 9.2.2 概念辨析

相比捕捞，海洋牧场注重对生物资源的养护和补充（杨红生和赵鹏，2013）。海洋牧场是对"海洋农牧化"的进一步完善和提升，是更加科学化与系统化的海洋渔业工程，更加注重环境与资源的和谐发展。"海洋牧场"既不同于海水养殖，也有别于单纯的人工放流，更不是二者的简单组合。海洋牧场集"放、养"的优势于一体，强化了放流生物的管理和诱集，可以实现在开放系统中进行渔业资源的主动增殖。海洋牧场比海水养殖更加注重环境与品质，减少了对环境的污染，扩大了养殖生物的活动区域，提高了养殖生物的质量。海洋牧场比人工放流更加注重生境的修复与重建，更加注重放流后的资源管理与保护。

相比传统的海洋增养殖，海洋牧场在目标、方法体系、关键技术和环境影响方面均有发展和完善（表 9-1），既考虑了对渔业资源的增殖作用，又兼顾了对环境的生态修复效果。海洋牧场是海洋渔业生产方式的重大变革。因此，致力于海洋牧场的研究、开发和应用已成为主要海洋国家的战略选择，也是世界发达国家渔业发展的主攻方向之一。

**表 9-1 海洋牧场的特点**

| 比较内容 | 传统海洋渔业 | 海洋牧场 |
| --- | --- | --- |
| 目标 | 追求经济利益 | 追求生态效益，其次是经济效益 |
| 方法 | 底播养殖、浅海养殖（阀式、网箱）、工厂化养殖和滩涂养殖 | 建设栅栏堤，形成增养殖区 |
| 技术 | 海洋生物技术（人工繁殖技术、优良苗种选取技术、营养分配技术、疫苗技术） | 海洋工程技术、海洋生物技术、海洋环境保护技术、海洋环境模拟技术、海洋生态系统工程技术等 |
| 环境影响 | 养殖密度高，对环境影响大 | 规模大，投入高，抗风浪能力强，养殖密度低，饵料系数低，鱼贝藻混养，基本做到废物零排放，产出大 |

注：根据王凤霞和张珊编撰的《海洋牧场概论》一书总结制表

# 9.3 国际海洋牧场发展现状

自 1971 年海洋牧场概念提出以后，在各国海洋牧场相关战略规划、项目、计划的扶持下，海洋牧场得到了长足的发展。据 FAO 统计，目前，世界上已有包括中国、美国、日本等 64 个沿海国家发展海洋牧场，资源增殖种类逾 180 种，成效显著。

## 9.3.1 发展阶段

国际海洋牧场建设走过了约四个世纪的发展道路，大致历经了探索期、雏形期、幼年期和快速发展期 4 个阶段（王凤霞和张珊，2017）。目前，国际海洋牧场处于快速发展期，正在向规范化、制度化方向发展。

1）探索期（1960 年前）：国际社会开展了小规模的鱼苗人工繁育放流研究，日本和美国初探人工鱼礁建设，但并未引起其他国家的注意。

2）雏形期（1960～1979 年）：人工鱼礁得到进一步发展，无论是全球鱼礁建设材料的材质、制造量，还是空间设计水平都得到了很大提升，苗种放流量急剧增加，海洋牧场初具雏形。

3）幼年期（1980～1999 年）：受海洋生态环境问题的困扰，日本、韩国、美国等制定了海洋牧场的建设规划，在音响驯化技术、水产工程技术、水产养殖技术、饲养技术、遗传育种技术等科技的推动下，海洋牧场进入发展期。海洋牧场开始向集约化、多样化、体系化发展。

4）快速发展期（2000 年至今）：海岸工程与人工鱼礁技术、鱼类选种与繁育技术、环境改善与生境修复技术、管理技术等各项海洋牧场建设技术已基本成熟，全球许多海洋牧场已竣工，海洋牧场正在快速向规范化、制度化的生态修复方向发展，海洋经济时代正在来临。

## 9.3.2 建设内容

基于国内外已有的建设实践，海洋牧场建设内容可归纳为以下 5 个主要环节与过程（陈力群等，2006）。

1）生境建设：具体包括对环境的调控与改造工程以及对生境的修复与改善工程，主要是通过投放人工鱼礁、改造滩涂等措施为海洋生物提供良好的生长、索饵和繁殖环境。

2）目标生物的培育和驯化：筛选和驯化适宜放流的经济品种，通过人工育苗和天然育苗相结合，扩大种苗培育数量，从采卵、孵化直至育成幼体，实现规模繁殖、优化选择、习性驯化和计划放养。

3）监测能力建设：包括对生态环境质量的监测和对生物资源的监测。

4）管理能力建设：包括海洋牧场管理体系建设和管理政策研究等。

5）配套技术建设：包括工程技术、鱼类选种培育技术、环境改善修复技术和渔业资源管理技术。

## 9.3.3 技术体系

技术进步推动着海洋牧场的发展。2000 年以来，海洋牧场建设技术已基本成熟，国际海洋牧场研究已经开始向深水区域拓展，海洋牧场建设技术也正在朝着数字化、智能化和集成化的方向快速发展。整体来看，以下六大技术支撑了海洋牧场的建设与发展（曲永斐，2018）。

（1）环境调控技术

海洋牧场技术研究的关键内容就是对海洋生态环境的保护。因此，及时地监测周围环境，得知详细的水域数值，是研究的重点。对此，需要对海水的温度、pH 值、光照度、盐度等加以测算，了解水质状况，通过生物、物理和数学知识对局部环境加以测试。

（2）生境建造与改良技术

海洋牧场生境构建是海洋牧场建设的首要环节，是生物赖以生存栖息的基础。根据海域的水流、地质环境因子以及生物构成等情况，建设与对象生物相适应的生息场。为了提高地质环境质量，达到水质净化的目的，还可以对人工鱼礁和人工藻礁进行设置，最大限度地改善周围环境，保证营养，为生物提供良好的生存空间，让资源数量不断增多。

（3）增殖物种行为和驯化控制技术

利用高科技手段，建立对象生物行为驯化系统，掌握其生理行为和生态特性，据此设计相应的控制设施，从声、光、电、磁等与鱼礁和饵料等物理、生物手法相结合驯化增殖物种，使其从发生到捕获始终受到有效的行为控制；开发和应用限制其活动范围的环境诱导技术，如气泡幕围栏、电栅围栏等；对某些有回归习性的鱼类，转移其生理功能基因技术，也是行为控制的有效方法。目前国内主要开展了音响驯化试验和研究。

（4）环境和生物资源监测评估技术

海洋牧场监测是了解和研究海洋牧场的基础，是用科学的方法监测代表海洋牧场环境和资源质量及其发展变化趋势的各种数据的全过程，通过及时、准确、全面地提供海洋牧场环境、生物和生态质量信息，对海域状况进行实时监测和评估，一旦发现问题要提出详细可行的方案，为海洋牧场保护和管理提供科学依据。对此，在技术研究中要凸显设备优势，利用探鱼仪探测技术、水中摄像等方式监测水下状况，控制和调整好生物资源的数量，提高经济效益。

（5）渔获及加工技术

目前主要研究内容包括选择性采捕网具开发、生态型渔具开发、水产品质量安全控制和风险评估、水产品深加工与贮藏研究等。

（6）海洋牧场发展和管理技术

主要包括海洋牧场规划设计、法律法规制定、标准体系建设及监管技术服务。

## 9.4 国际主要战略部署

　　自 1971 年海洋牧场概念提出以后，致力于海洋牧场的研究、开发和应用就成了主要沿海国家的战略选择。美国、日本、韩国等沿海国家持续展开了对海洋牧场建设的战略部署，如美国海洋牧场建设计划（1968 年）、日本海洋牧场构想（1971 年）、日本海洋牧场长远发展规划（1979 年）、韩国《海洋牧场长期发展计划》（1998 年）、中国《国家级海洋牧场示范区建设规划（2017—2025）》（2017 年）等。在这些战略计划的推动下，国际海洋牧场研究已经开始向深水区域拓展，海洋牧场建设技术也正在朝着数字化、智能化和集成化的方向快速发展。目前，国际上已形成技术保障下注重自然与资源养护功能的日本模式，政府统筹下重点关注苗种培育和增养殖的韩国模式，公民充分参与、以游钓渔业为特色的美国模式等。从各国海洋牧场的发展脉络及其战略部署可以纵观各国海洋牧场的发展历史、掌握目前各国的科技研究的布局、洞察各国未来海洋牧场的发展方向，为此，本章梳理了日本、韩国、中国、美国等主要沿海国家海洋牧场的发展脉络及其战略部署，以期为我国进一步完善海洋牧场相关战略部署提供参考。

### 9.4.1 日本

　　日本是开展海洋牧场建设最成功的国家之一。日本建造人工鱼礁的历史可以追溯到 370 年前。日本早期的人工鱼礁在 1640 年始现于高知县，当地居民通过投放石块来建造渔场。之后在 1716 年，日本开始在近海投放人工鱼礁。在 1971 年举行的海洋开发审议会议上，日本第一次提出了建设海洋牧场的畅想，经过二三十年的发展，日本建成了严格意义上的海洋牧场（刘卓和杨纪明，1995）。1979 年，日本水产厅出台了海洋牧场长远发展规划，分三期进行海洋牧场的技术研发。第一阶段（1980～1982 年）：研究鱼、贝类的生态特征，开发提高鱼、贝类成活率的海流控制、底质控制技术。第二阶段（1983～1985 年）：在第一阶段的基础上，研发最适合鱼、贝类与藻类生长的海水和海底控制技术，进一步研究维持鱼、贝类饵料生长的关键技术方法。第三阶段（1986～1988 年）：研究构建多种鱼、贝类在时间和空间上进行组合的复合型资源培养系统（王凤霞和张珊，2017）。日本海洋牧场长远发展规划的核心是利用现代生物工程和电子学等先进技术,在近海建立"海洋牧场"，通过人工增殖放流（养）吸引自然鱼群，使得鱼群在海洋中也能像草原上的羊群那样，随时处于可管理状态（佘远安，2008；马军英和杨纪明，1994）。从 1991 年开始，日本水产厅着手在外海开发海洋牧场（李春荣，1991）。2003 年，日本将栽培渔业协会并入日本水产综合水产研究中心。至此，日本水产综合水产研究中心全面接管了海洋牧场的建设工作。此后，该中心对单位内部的栽培渔业进行了体制改革，进一步理顺了和地方政府、自治团体的关系，加强了与都道府县等各级政府的合作，并对项目实施情况和工作计划进行了重新评估，从而提高了工作效率，促进了海洋牧场建设的普遍化（佘远安，2008）。

　　2007 年 4 月 20 日，日本通过了《海洋基本法》（2007～2012 年），从此以 5 年计划的形式管理其海域。2013 年 6 月，日本内阁发布了《海洋基本计划》（2013～2017 年）（首相官邸，2013），对日本海洋水产资源的开发利用做出了明确要求。2017 年 1 月 26 日，日本文部科学省审议通过了《海洋科学技术研究开发计划》（文部科学省，2017）。2018年 5 月 15 日，日本政府在内阁会议上通过了《第三期海洋基本计划》（2018～2022 年）。经过几十年的努力，日本建成了世界上最大的海洋牧场——北海道海洋牧场，并且其海洋牧场已覆盖 1/5 以上的近海海域。截至 2010 年，全日本渔场面积的 12.3%已经设置了人工鱼礁，投放人工鱼礁多达 5000 个（朱孔文等，2011）。

### 9.4.1.1　日本《第三期海洋基本计划》（2018～2022 年）

2018 年 5 月 15 日，日本政府在内阁会议上通过了作为 2018～2022 年海洋政策指导方针的《第三期海洋基本计划》，这标志着日本海洋战略与政策的又一次重大变化与调整。《第三期海洋基本计划》（日本内阁府，2018）中与海洋牧场建设相关的主要内容如下。

（1）海洋政策的理念、方向

最大限度地利用海洋资源与潜力，完善海洋产业，确保海洋可持续性开发、利用和环境保护，支持最先进的海洋技术创新性研发，并开展海洋观测和调查，强化公民海洋意识，促使日本成为"世界海洋的指针"（张建墅，2018）。

（2）基本方针

综合性的海洋安全保障作为日本海洋政策的基本方针，包括以下两方面内容：一方面是作为核心的海洋安全保障的政策，包括防卫、执法、外交、海上交通安全、海上防灾应对等；另一方面是作为基础的强化海洋安全保障的政策，包括基础性政策，即海洋状况把握机制的确立、离岛的保护与管理、海洋调查与海洋观测、科学技术与研究开发、人才培育等，还有辅助性政策，包括经济安全保障和海洋环境保护等。海洋状况把握是指为保证灵活性和高效性，强化收集、集约和共享来自舰艇、巡逻船、飞机、卫星、调查观测船等各个方面的与海洋相关的多样化情报的能力。这种体制有利于早期察知对海洋安全保障构成的威胁，重要性不言而喻，也是《第三期海洋基本计划》的重点内容。这一体制涉及各个部门，如海上保安厅（包括海底地形、船舶通航量的海洋状况监测系统）、气象厅（波浪、海流等）、海洋研究开发机构（海洋调查数据、水温、水质等）、宇宙航空研究开发机构（降水、海面水温等卫星观测情报）等。这种体制对环保、产业振兴等具有重要价值。

（3）具体对策

该计划在振兴海洋产业方面，分别从推进海洋资源的开发与利用、海洋产业的振兴与国际竞争力的强化、海上运输的确保、水产资源的适当管理与水产业的成长产业化 4 个层面，提出了 32 条具体对策；在海洋环境保护方面，分别从海洋环境的保护、沿岸区域的综合管理 2 个层面，提出了 14 条具体对策；在提高海洋监测能力方面，分别从信息监测与收集体制、信息集成和共享、国际合作 3 个层面提出了 10 条具体对策；在海洋调查与海洋科学技术研发方面，分别从海洋调查的推进、海洋科学技术研究开发的推进 2 个层面提出了22 条具体对策；在海洋人才培育方面，分别从培育专门人才、推进儿童与青年群体的海洋

教育、增进国民理解 3 个层面，提出了 14 条具体对策。

### 9.4.1.2　日本《海洋科学技术研究开发计划》

为了进一步落实和执行日本《海洋基本计划》，推进海洋科技创新发展，实现海洋可持续开发、利用和管理，2017 年 1 月 26 日，日本文部科学省科学技术学术审议会海洋开发分会第 51 次会议审议通过了《海洋科学技术研究开发计划》（文部科学省，2017），提出了未来 5 年日本海洋科技的研发重点，其中与海洋牧场相关的主要内容包括以下几部分。

（1）强化对极区以及海洋的综合理解与经营管理

1）为预防海洋生物多样性损失，通过以下措施来实现海洋资源的管理、保护及可持续利用：①支持观测技术研发，提高海洋调查、观测与数据的持续获取能力；②支持海洋生态系统功能解析技术的研发；③支持生态系统服务评价技术和可持续管理与利用技术的研发；④支持生态系统损害与恢复过程研究；⑤强化海洋空间管理和高效应用技术的研发。

2）加强气候变化影响与适应研究，以应对全球气候变化：①加强海洋综合观测以及气候变化影响的评价工作；②推进北极计划相关的国际合作研究，构建先进的北极观测技术体系，加强极地观测、调查与研究。

（2）海洋资源的开发与利用

1）海洋能源与矿物资源的可持续开发与利用：①提出新的海洋矿物资源调查方法；②开展海洋矿物资源的成因分析以及时空序列预测研究；③开展海底碳水化合物的成因分析；④构建新的环境影响评价系统，为调查与保护海洋环境奠定基础。

2）海洋生物资源的可持续开发与利用：①研发成本低廉、可以实现稳定增产的养殖新技术；②阐明生态系统变化机理，研发海洋生物资源相关预测技术。

（3）基础技术开发与未来产业转型

1）促进海洋空间高分辨率、高功能观测系统等前沿空间调查、观测技术的开发和应用。

2）建设海洋大数据库，并基于此解决社会经济问题。

3）灵活应用海洋特有功能开展科技研发。

（4）重视海洋科技基础研究

1）利用科学调查和观测，探明深海海底的实际状态，推进基础研究。

2）通过钻探科学，扩充与完善地球内部水循环、碳循环、海底生物圈进化等方面的科学知识。

### 9.4.1.3　日本《海洋基本计划》（2013～2017 年）

2013 年 4 月 1 日，日本内阁提出《海洋基本计划》（2013～2017 年）草案，在广泛征集修改意见基础之上，于 26 日正式通过了《海洋基本计划》（2013～2017 年）决议。该决议制定了日本未来 5 年的 12 项新举措，其中，与海洋牧场相关的新举措有 5 项，具体如下。

1）海洋资源开发与利用：①基于资源环境政策，通过实施资源环境管理计划，强化海洋水产资源管理与海洋环境保护，并通过国际合作，加强以金枪鱼为代表的国际海洋资源保护；②基于渔村丰富的地域资源，采取政治、经济措施，提高渔场生产力；③出台综合性政策，保证渔民收入稳定，保障水产市场供应稳定。

2）海洋调查：①强化机构合作，在提高海洋调查效率的同时，促进成果共享；②注重海洋调查船、载人或无人调查系统、调查机器与新技术的研发与应用；③提高海洋监测数据的精度，提倡"海洋健康诊断表"信息的公开；④开展海底地形、海洋地质、地壳构造、领海基线、海洋潮流等基本数据的调查；⑤加强海域监测，实时掌握重金属、油、内分泌干扰物质等污染物对海洋的影响，掌握海洋背景数值的年度变化；⑥加强地震与海啸的实时监测，提高灾害预报与预警能力；⑦开展对海水、海底土壤和海洋生物的放射性监测。

3）海洋科技研发：①推进海洋科技研究开发，即重点推进气候变化的预测与适应研究、海洋能源与矿物资源的开发、海洋生态系统的保护与生物资源的可持续利用、海洋可再生能源开发、自然灾害应对，即 5 项与政策需求相对应的研究开发；②基础研究及中长期研究开发的推进，即为加强对海洋及地球相关领域的综合理解、开拓新地学前沿的科学技术基础，推进观测、调查研究以及分析等研究开发工作；③海洋技术共有基础的充实与强化，即推进与海洋相关的基础研究，强化海洋基础技术研发；④推进宇宙利用政策，即通过对卫星信息的进一步利用，研究国际卫星设备的建设情况。

4）海洋产业：①促进海洋运输业的发展，提高造船业的国际竞争力，振兴水产业；②制定综合发展战略，促进海洋可再生能源、海洋矿物资源、海洋信息产业等新型海洋产业的发展。

5）海岸带综合管理：根据地域特点制定不同的海陆一体化综合管理战略，通过实施陆域排污总量控制计划，提出海域漂流物防治对策等，确保海岸带安全。

## 9.4.2 韩国

韩国从 1993 年才开始海洋牧场建设的初期探索。1994～1996 年韩国进行了海洋牧场建设的可行性研究，初步提出了海洋牧场建设计划，主要开展了人工鱼礁建设、增殖放流、环境监测和管理等方面的研究。从 1996 年开始，韩国进行了为期两年的海洋牧场建设可行性战略研究，并于 1998 年制定并开始实施《海洋牧场事业的长期发展计划》（1998～2030 年）。该计划由国家投资 1589 亿韩元，建设 5 个不同类型的海洋牧场示范区，分别是统营多海岛型海洋牧场、丽水多海岛型海洋牧场、蔚珍观光型海洋牧场、泰安滩涂型海洋牧场和济州海洋观光及水中体验型海洋牧场。以此作为重要的试验基地，在形成成熟的经验后，继而向全国的其他海域推广；并委托韩国国立海洋研究院和国立水产科学院，成立海洋牧场管理与发展中心，成立了专门的基金会和管理委员会，构建了权责明晰的机构体系，具体负责海洋牧场的选址、勘探、繁育、永续维护经营、绩效监督和资源评价等工作。这种政府主导、自上而下的制度和技术体系在产业链延伸、技术推广与应用方面的优势较为明显。

《海洋牧场事业的长期发展计划》的实施主要分以下三个阶段（缪圣赐，2006）。

1）第一阶段（1998～2004 年）：海洋牧场的实验阶段。由国家投资 200 亿韩元负责实施，国家相关院所，包括韩国海洋水产部、韩国海洋水产开发院、韩国海洋研究与发展研究所、韩国国立水产科学院在内的相关研究院所参加试验。试验对象主要是定居性鱼类，渔获量目标是 1.5 万～2 万吨。

2）第二阶段（2005～2014 年）：海洋牧场的开发和扩大阶段。事业的主体由国家转向地方政府，海洋牧场增加至 50 个，并且规模也有所扩大。养殖对象在定殖鱼种的基础上加入洄游性鱼类。生产目标是将渔获量增至 15 万～20 万吨。

3）第三阶段（2015～2030 年）：海洋牧场的普遍化阶段。海洋牧场开发转向普遍化，事业主体由地方政府转向个人、企业。将建成 500 个海洋牧场，韩国全海岸实现海洋牧场化。

### 9.4.3　中国

根据《尔雅》记载，明朝嘉靖年间（1522～1566 年），中国渔民将毛竹插入海底，并在间隙中投入石块和竹枝等用以诱导鱼群聚集。从这个角度上来说，中国是世界上最早发现及应用人工鱼礁的国家，但在后期发展中未引起人们的重视（郭璞，2011）。中国海洋牧场始建于 1979 年，大致可分为以下 3 个阶段。①建设实验期（1979～2006 年）：以人工鱼礁建设和资源增殖放流为主，取得了良好的经济效益和生态效益（阙华勇等，2016）。②推进期（2006～2014 年）：为了促进海洋生物资源的可持续发展，我国政府先后发布了《国务院关于印发中国水生生物资源养护行动纲要的通知》（国发〔2006〕9 号）和《国务院关于促进海洋渔业持续健康发展的若干意见》（国发〔2013〕11 号），投入资金 22.96亿元人民币，建设鱼礁 3152 万立方米，形成海洋牧场 464 平方千米。③建设加速期（2015年至今）：2015 年，我国政府发布《农业部关于创建国家级海洋牧场示范区的通知》（农渔发〔2015〕18 号），投入资金 49.8 亿元，充分利用海洋资源，建设鱼礁 6094 万平方米，形成了海洋牧场 852.6 平方米。自此，我国海洋牧场建设进入加速发展期。2017 年以来，连续三年海洋牧场建设被写入中央一号文件，农业部先后发布了《国家级海洋牧场示范区建设规划（2017—2025）》（2017 年）、《国家级海洋牧场示范区管理工作规范（试行）》（2017 年）、《国家级海洋牧场示范区年度评价及复查办法（试行）》（2018 年）等政策文件。2017 年 9 月成立了海洋牧场建设专家咨询委员会，进一步加强了国家级海洋牧场示范区和人工鱼礁建设项目管理，推动了我国海洋牧场科学有序地发展。据不完全统计，截至 2016年，全国已投入海洋牧场建设资金 55.8 亿元，建成海洋牧场 200 多个，其中，国家级海洋牧场示范区 42 个，涉及海域面积超过 850 平方千米，投放鱼礁超过 6000 万立方米。目前，全国海洋牧场建设已初具规模，经济效益、生态效益和社会效益日益显著。据测算，已建成的海洋牧场每年可产生直接经济效益 319 亿元、生态效益 604 亿元。在我国沿海很多地区，海洋牧场已经成为海洋经济新的增长点，成为沿海地区养护海洋生物资源、修复海域生态环境、实现渔业转型升级的重要抓手。

#### 9.4.3.1　中国农业部关于创建国家级海洋牧场示范区的通知

海洋牧场是保护和增殖渔业资源、修复水域生态环境的重要手段。根据《中国水生生物资源养护行动纲要》提出的"建立海洋牧场示范区"的部署安排，2007 年以来中央财政对海洋牧场建设项目开始予以专项支持。各级渔业主管部门积极响应，社会各界广泛参与，目前全国海洋牧场建设已形成一定规模，经济效益、生态效益和社会效益日益显著。但同时，我国海洋牧场建设也存在引导投入不足、整体规模偏小、基础研究薄弱、管理体制不健全等问题，与国外先进水平相比，还存在很大差距。2013 年，《国务院关于促进海洋渔业持续健康发展的若干意见》明确要求"发展海洋牧场，加强人工鱼礁投放"。为贯彻国家关于海洋牧场的部署安排，进一步加强海洋牧场建设，2015 年 04 月 20 日，农业部发布了《关于创建国家级海洋牧场示范区的通知》（农渔发〔2015〕18 号），以修复渔业水域生态环境、养护渔业资源、促进渔业转型增效为目标，以人工鱼礁建设为重点，配套增殖放流、底播、移植等措施，大力发展海洋牧场。从 2015 年开始，通过 5 年左右的时间，在全国沿海创建一批区域代表性强、公益性功能突出的国家级海洋牧场示范区，充分发挥典型示范和辐射带动作用，不断提升海洋牧场的建设和管理水平，积极养护海洋渔业资源，修复水域生态环境，带动增养殖业、休闲渔业及其他产业的发展，促进渔业提质、增效、调结构，实现渔业可持续发展和渔民增收。

在创建程序方面，该通知指出，国家级海洋牧场示范区的创建，由创建单位申请，省级渔业主管部门初审和推荐，农业部组织评审并公布。在创建国家级海洋牧场示范区方面，该通知的要求如下。

（1）选址科学合理。所在海域是重要渔业水域，对渔业生态环境和渔业资源养护具有重要作用，具有区域特色和较强代表性；有明确的建设规划和发展目标；符合国家和地方海洋功能区划及渔业发展规划，与水利、海上开采、航道、港区、锚地、通航密集区、倾废区、海底管线及其他海洋工程设施和国防用海等不相冲突。

（2）自然条件适宜。所在海域具备相应的物理化学、生物以及周边环境等条件。海底地形坡度平缓或平坦，水深不超过 100 米，能够保证人工鱼礁的稳定性；有浮游植物、浮游动物以及底栖生物等生物存在，竞争生物和敌害生物较少，适宜藻类移植以及增殖放流生物栖息、繁育和生长；海水水质符合二类以上海水水质标准（无机氮、磷酸盐除外），海底沉积物符合一类海洋沉积物质量标准。

（3）功能定位明确。示范区应以修复和优化海洋渔业资源和水域生态环境为主要目标。进一步建设的意义和潜力大，通过示范区建设，能够有效解决区域渔业资源衰退和海底荒漠化问题，使海域的渔业资源生态环境与生产处于良好的平衡状态；与之相配套的捕捞生产、休闲渔业等相关产业，不会影响海洋牧场的主体功能。

（4）工作基础较好。示范区海域面积原则上不低于 5 平方千米，使用权属清晰或获得省级渔业主管部门确认；已建成的人工鱼礁规模原则上不少于 10 万空方，礁体位置明确，并绘有礁型和礁体平面布局示意图；具有专业科研院校作为长期技术依托单位，技术水平先进；常态化开展底播或增殖放流，采捕作业方式科学合理，经济效益、生态效益和社会效益比较显著。

（5）管理规范有序。示范区建设主体清晰，有明确的管理维护单位，有专门的规章制度，并建有完善的档案，海洋牧场设计、建设和运转等相关事项有详细记录；建有礁体检查、水质监测和示范区功效评估等动态监控技术管理体系，能够定期检查礁体和监测水质，及时采取补救和修复措施，以保证海洋牧场功能的正常发挥；能够通过生态环境监测、渔获物统计调查、摄影摄像、渔船作业记录调查和问卷调查等方式，比较海洋牧场建设前后或同对照区的差异，评价分析其对渔业生产、地区经济和生态环境的影响。

此外，该通知还在海洋牧场规划引领、组织协调、管理机制、科技支撑、政策扶持方面提出了有关要求。

### 9.4.3.2 中国《国家级海洋牧场示范区建设规划（2017—2025）》

中国海域辽阔，岛屿众多，岸线绵延曲折，拥有良好的天然海域生态环境条件和丰富的水生生物资源。但是随着我国经济社会高速发展和人口不断增长，受环境污染、工程建设以及过度捕捞等诸多因素影响，我国近海渔业资源严重衰退、水域生态环境日益恶化、水域荒漠化日趋明显，严重影响了我国海洋生物资源保护和可持续利用。海洋牧场建设作为解决海洋渔业资源可持续利用和生态环境保护矛盾的金钥匙，是转变海洋渔业发展方式的重要探索，也是促进海洋经济发展和海洋生态文明建设的重要举措。通过发展海洋牧场，不仅能有效养护海洋生物资源、改善海域生态环境，还能提供更多优质安全的水产品，推动养殖升级、捕捞转型、加工提升、三产融合，有效延伸产业链条，推动海洋渔业向绿色、协调、可持续方向发展。尽管目前我国的海洋牧场建设初具规模，但在发展过程中还存在统筹规划和基础研究不足、示范引领和体制机制建设不够等问题，从而制约了海洋牧场综合效益的发挥。为贯彻国家生态文明建设和海洋强国战略的有关要求，落实《中国水生生物资源养护行动纲要》《国务院关于促进海洋渔业持续健康发展的若干意见》中关于发展海洋牧场的部署安排，更好地发挥国家级海洋牧场示范区的综合效益和示范带动作用，推动全国海洋牧场建设在未来一个时期取得新突破，2017年10月31日，农业部发布了《国家级海洋牧场示范区建设规划（2017—2025》（中华人民共和国农业部，2017），其主要内容如下。

（1）指导思想

全面贯彻党的十八大、十九大精神和习近平总书记系列重要讲话精神，以"创新、协调、绿色、开放、共享"五大发展理念为引领，从渔业资源可持续利用角度出发，以国家级海洋牧场示范区为抓手，以人工鱼礁和海藻场建设为载体，以增殖放流为补充，以现代化和信息化管理为保障，强化规划引导、科技支撑、投入支持、示范引领和制度保障，大力推进以海洋牧场为主要形式的渔业资源生态修复和区域性渔业综合开发，推动渔业供给侧结构性改革，加快渔业转方式调结构，促进现代渔业转型升级。

（2）基本原则

①统筹兼顾，生态优先：统筹考虑海洋牧场的水生生物资源养护、水域生态环境修复、海洋水产品产出、休闲渔业发展等各项功能，确保海洋牧场建设和管理的生态合理性优先于经济合理性，追求包括生态、经济、社会三大效益在内的综合效益最大化，重点发展以生态资本保值、增值为基础的养护型海洋牧场，实现海洋渔业与资源环境持续协调发展。
②科学布局，重点示范：综合考虑我国黄渤海、东海、南海的水生生物资源和环境禀赋、生态修复需求、转产转业形势和渔业产业发展特点，科学规划、合理布局；以国家级海洋牧场示范区建设为抓手，以点带面，以面促区，逐步推进，不断规范海洋牧场建设和管理，

提升我国海洋牧场发展的整体规模、层次和水平。③明确定位，分类管理：明确不同类型海洋牧场的功能定位，合理设计人工鱼礁和海藻（草）场建设、贝类底播增殖、渔业资源增殖放流、休闲渔业开发等配置模式，科学确定建设规模和内容，注重相互之间的衔接和互补，加强后续管理监测，强化产出控制，科学评估海洋牧场实际效果。④理顺机制，多元投入：完善海洋牧场相关规章制度，规范海洋牧场建设和管理，建立"权属清晰、责任明确、管理规范、保障有力、运转高效、公平惠益"的海洋牧场建设和管理体制机制；充分发挥市场在资源配置中的基础性作用，调动各方积极性，多渠道、多层次、多方位筹集建设资金，建立海洋牧场多元化的投入机制。

（3）规划目标

到 2025 年，在全国创建区域代表性强、生态功能突出、具有典型示范和辐射带动作用的国家级海洋牧场示范区 178 个，推动全国海洋牧场建设和管理科学化、规范化；全国累计投放人工鱼礁超过 5000 万空立方米，海藻场、海草床面积达到 330 平方千米，形成近海"一带三区"（一带，即沿海一带；三区，即黄渤海区、东海区、南海区）的海洋牧场新格局；构建全国海洋牧场监测网，完善海洋牧场信息监测和管理系统，实现海洋牧场建设和管理的现代化、标准化、信息化；建立较为完善的海洋牧场建设管理制度和科技支撑体系，形成资源节约、环境友好、运行高效、产出持续的海洋牧场发展新局面。

（4）主要建设内容

国家支持在符合相关海域功能区划和环境保护规划，具备适宜自然条件的海域建设国家级海洋牧场示范区。主要建设内容包括：人工鱼礁的设计、建造和投放；船艇、管护平台、监测和管理系统等设施设备配套；海藻场和海草床的移植修复；等等。

（5）总体布局

到 2025 年在全国建设 178 个国家级海洋牧场示范区（包括 2015～2016 年已建的 42 个），具体布局如下：①黄渤海区。截至 2025 年，规划共在黄渤海区建设 113 个国家级海洋牧场示范区（包括 2015～2016 年已建情况），形成示范海域面积 1200 多平方千米，其中，建设人工鱼礁区面积 600 多平方千米，投放人工鱼礁 3400 多万空立方米，形成海藻场和海草床面积 160 平方千米。②东海区。截至 2025 年，规划共在东海区建设 20 个国家级海洋牧场示范区（包括 2015～2016 年已建情况），形成示范海域面积 500 多平方千米，其中，建设人工鱼礁区面积 160 平方千米，投放人工鱼礁 500 多万空立方米，形成海藻场和海草床面积 80 平方千米。③南海区。截至 2025 年，规划共在南海区建设 45 个国家级海洋牧场示范区（包括 2015～2016 年已建情况），形成示范海域面积 1000 多平方千米，其中，建设人工鱼礁区面积 300 多平方千米，投放人工鱼礁 1100 多万空立方米，形成海藻场和海草床面积 90 平方千米。

（6）效益分析

①生态效益。海洋牧场在水生生物栖息地和渔场环境修复、渔业种群资源增殖、海域生

态系统服务功能提升、生物多样性维系等方面具有综合的生态效益。海洋牧场建设形成的人工鱼礁区，为大型藻类、附着生物等提供附着基质，礁区内形成多样性流场和流态，为各类水生生物提供了栖息、繁衍、生长、避敌等所需的生息空间。藻类移植及海草床建设对于修复海底生态环境、解决海域荒漠化问题意义重大：不但可以净化水质、改善底质，还可以减缓温室效应、防止赤潮发生。通过海洋牧场示范区的建设，可以恢复并提高示范区及其周边海域的渔业资源补充量和生物多样性，改善海域生态环境质量，提升海域生态系统服务功能，促进海洋渔业持续健康发展。②社会效益。为保护海洋渔业资源，我国海洋捕捞业正在实施减船转产。海洋牧场建设与减产转产政策密切相关。减下来的废旧渔船进行无害化处理后，可以作为鱼礁材料，变废为宝；同时，建成的海洋牧场还可以为捕捞渔民提供转产转业出路，有助于稳定转产转业渔民收入，保障渔区社会和谐稳定。此外，以海洋牧场建设和增殖放流活动为平台，利用政府引导、社会媒体宣传、扩大公众参与等途径，加强海洋生态保护的广泛宣传和教育，倡导树立"人海和谐、人鱼和谐"的理念，能够提升全社会水生生物资源养护和水域生态环境保护意识，使保护海洋生态环境、合理利用海洋资源更加深入人心。③经济效益。根据国内外的海洋牧场建设经验，每空立方米人工鱼礁区比未投礁的一般海域，平均每年可增加 10 千克渔获量。按此测算，2017～2025 年，人工鱼礁投放 5000 万空立方米，平均每年约可增加 50 万吨产量，按照主要渔获品种的价格 2 万元/吨计算，本规划中仅人工鱼礁建成后每年就可增加 100 亿元的渔业产值，结合水生生物增殖放流和海藻移植所带来的经济效益，保守估计建成的国家级海洋牧场示范区每年带来的经济效益将超过 150 亿元，10 年将超过 1500 亿元。此外，海洋牧场建设还可有效带动沿岸地区水产品育苗、养殖、加工、外贸、交通运输、休闲垂钓、餐饮旅游等相关产业的发展，为海洋经济发展做出新贡献。

（7）保障措施

加强组织领导和沟通协调；完善海洋牧场建设和管理体制机制；建立多元化投入支持机制；强化科技支撑和服务；加强海洋牧场后续管理监测。

此外，《国家级海洋牧场示范区管理工作规范（试行）》（2017 年）对中国海洋牧场示范区分类、管理部门、技术支撑、政策扶持、组织协调、申报、监督管理、年度评价、评价、定期复查等管理工作做出了明确规定。而中国《国家级海洋牧场示范区年度评价及复查办法（试行）》（2018 年）对中国海洋牧场示范区年度评价的内容、程序、方法等做出了要求。《国家级海洋牧场示范区管理工作规范（试行）》（2017 年）和《国家级海洋牧场示范区年度评价及复查办法（试行）》（2018 年）将在加强国家级海洋牧场示范区建设与监管、规范和引导示范区持续健康发展中发挥重要作用。

## 9.4.4 美国

美国是海洋牧场开发最成功的国家之一。美国有 150 多年人工鱼礁的发展历史，早在 1860 年，美国突发洪水，折断的树枝等被冲入卡罗理纳海湾，从而促进了低等植物的繁殖，诱集了大量鱼群。受此启发，美国以木材和石头建造的人工鱼礁快速发展。1935 年，一个热衷于海洋捕捞活动的组织为吸引更多的鱼群，在新泽西州梅角海域建造了世界上第一座人造鱼礁。20 世纪 50 年代，美国以废旧车船、城市废弃物为人工鱼礁建设材料，开展了人工鱼礁试验，促进了美国垂钓业和捕捞业的发展。最终，美国的建礁海域逐渐扩大到了墨西哥湾，甚至夏威夷。1968 年，美国正式提出了建设海洋牧场的计划，并从 1972 年开始实施（杨金龙等，2004）。20 世纪 70 年代，美国开放了部分州沿海地区的权限，允许在规定的区域内进行私人海洋牧场建设。1971 年，美国第一个州政府所属的鲑鱼孵化基地开始运行。20 世纪 80 年代，各种私人、州或联邦政府成立了海洋鱼类孵化养殖基金会，促进了美国海洋牧场的发展（王凤霞和张珊，2017）。美国早期的海洋牧场建设以民间组织为主，大多数是服务于游钓业的，由美国休闲渔业协会、企业和地方政府建设，虽然发展较快，但是组织结构比较分散，缺乏统一的指导和管理体系，发展状况也参差不齐，由此带来了很多矛盾。1984 年，美国国会通过了《国家渔业增殖提案》，肯定了人工鱼礁的经济和社会价值，并对人工鱼礁建设实施统一的规划和管控，实行许可制度，后期的人工鱼礁建设都需依照国家的功能、经济效益等指标进行，以此来规范美国鱼礁区海洋牧场的建设，促进海洋牧场的发展。日益繁荣的商业性游钓业导致美国不少鱼种濒临灭绝。为此，1988 年美国颁布了《游钓渔业政策》，对游钓人员进行统一管理，所有游钓人员都需要"持证上岗"，在拿到游钓证之前需要经过系统的培训，尤其是鱼类辨别的培训，要做到禁止垂钓受保护的鱼类。如今，美国海洋牧场有了较好的发展，美国公众和政府利用各自便利的地理条件，开始对海洋牧场养殖技术进行研究，对海洋牧场的投资力度进一步提高。例如，在太平洋鲑鱼养殖方面,投入最多资金的项目依次为阿拉斯加私人海洋牧场（2500 万美元）、"马歌尔计划"（1300 万美元）、博纳维尔电力公司项目（1200 万美元）、西北太平洋鲑鱼恢复计划（800 万美元）等（Leber et al., 2004）。其后，美国海洋牧场得到了不断发展。近年来，美国并未出台专门的海洋牧场规划，仅将海洋作为一个整体出台了一些规划、计划等。2018 年 11 月以来，美国国家科学技术委员会（National Science and Technology Council, NSTC）和美国国家海洋和大气管理局（National Oceanic and Atmospheric Administration, NOAA）先后发布了《美国海洋科技发展的未来十年愿景》和《珊瑚礁保护战略规划》，在联邦政府的统一管理和规划下，美国已成为海洋牧场建设相对发达的国家。

### 9.4.4.1 《美国海洋科技发展的未来十年愿景》

2018 年 11 月，为了促进经济繁荣、了解地球系统中的海洋、确保海上安全、保障人类健康、发展有弹性的沿海社区，美国 NSTC 发布了《美国海洋科技发展的未来十年愿景》报告，提出了美国海洋科技发展的 19 个具体目标（NSTC，2018）。其中，扩大国内海产品生产是 19 个具体目标之一，其内容如下：美国目前 90%的海产品依赖进口，导致 140 亿美元的海产品贸易逆差。世界银行预测，2006~2030 年全球鱼类消费量将增长近 50%，美国有机会通过最大限度地提高可持续野生和水产养殖业来满足这一需求，确保粮食安全，并通过创造新产业提供更多的就业机会。

### 9.4.4.2 美国《珊瑚礁保护战略规划》

海洋鱼类中约 25%依赖珊瑚礁栖息地生存。如果减少 50% 的栖息地，估计会对 10 亿依靠渔业生活的人产生影响。为了保护珊瑚栖息地、恢复珊瑚的生态系统服务能力，促进主要珊瑚礁渔业物种的可持续发展，2018 年 11 月 NOAA 更新发布了《珊瑚礁保护战略规划》，概述了 NOAA 的珊瑚礁生态系统保护战略及未来愿景（NOAA，2018）。该战略规划针对改善渔业可持续性、提高应对气候变化的能力、减少陆源污染、恢复珊瑚种群四大目标制定的具体战略如下。

（1）改善渔业可持续性

战略 1：提供珊瑚礁渔业管理所必需的数据。
战略 2：提高珊瑚礁渔业的管理能力。

（2）提高应对气候变化的能力

战略：支持基于恢复力的管理方法研究。

（3）减少陆源污染

战略 1：制订和实施流域管理计划。
战略 2：提高地方层面的流域管理能力。

（4）恢复珊瑚种群

战略 1：改善珊瑚的生境。
战略 2：防止珊瑚及其生境的进一步损失。
战略 3：提高种群的恢复力。
战略 4：改善珊瑚健康，提高其生存能力。

### 9.4.4.3　美国国家海洋和大气管理局 2020 财年预算

根据《两党 2019 年预算法案》，特朗普提出了大幅削减或取消许多国防和非国防科学项目的总统要求。该总统要求强调了卫星在天气预报中的作用，建议支持 12 亿美元，扶持其发展。预算还强调要完善联邦许可程序，拓宽资金来源，帮助 NOAA 根据《濒危物种和海洋哺乳动物保护法案》（Endangered Species and Marine Mammal Protection Acts）完成必要的环境审查。同时该总统要求建议删除几个 NOAA 优先考虑的拨款和教育计划，包括海上补助基金、沿海管理补助基金和太平洋沿海鲑鱼恢复基金。为了响应该总统要求，2019年 3 月 27 日，众议院拨款委员会举行了"NOAA 2020 财年预算申请"听证会（President's Office，2019）。最终，NOAA 2020 年财政预算详情如下。

1）2019 财年预算总额为 54 亿美元；2020 财政年度提议预算为 45 亿美元（-14%）。

2）海洋与大气研究局（Office of Oceanic & Atmospheric Research，OAR）2019 财年预算为 5.56 亿美元；OAR 2020 财年提议预算为 3.35 亿美元（-41%）。

3）国家海洋服务局（National Ocean Service，NOS）2019 财年预算为 5.85 亿美元；NOS 2020 财年提议预算为 3.72 亿美元（-36%）。

4）国家海洋渔业局（National Marine Fisheries Service，NMFS）2019 财年预算为9.74 亿美元；NMFS 2020 年提议预算为 8.112 亿美元（-17%）。

### 9.4.5 欧洲

在欧洲海洋局（European Marine Board，EMB）与海洋生物技术欧洲研究区网络计划（ERA-MBT）等的推动下，欧洲先后发布了《欧洲海洋生物技术战略研究及创新路线图》、《海洋生物技术：推动欧洲生物经济创新发展》、欧盟"地平线 2020"等重要的战略计划。在这些战略计划的积极引导下，欧洲一些渔业大国实现了海洋渔业资源的恢复和海洋资源的可持续利用（于沛民和张秀梅，2006）。

#### 9.4.5.1 《欧洲海洋生物技术战略研究及创新路线图》

2016 年 10 月 13 日，ERA-MBT 提出了《欧洲海洋生物技术战略研究及创新路线图》（ERA-MBT，2016）。该路线图确定了探索海洋环境、海洋生物质生产和加工、海洋生物制品创新发展、基础设施和技术保障、政策支持和激励 5 个战略主题，并提出了相应的短期和长期行动计划（表 9-2）。

表 9-2 《欧洲海洋生物技术战略研究及创新路线图》短期和长期行动计划

| 主题 | 短期行动计划（2016~2020 年） | 长期行动计划（2020~2030 年） |
|---|---|---|
| 探索海洋环境 | 开发传统的海洋生物质资源，鉴定、发现新物种；分离、评估海洋生物中的天然活性化合物 | 发现新的海洋空间和生物多样性热点区域；发展下一代采样技术；发展海洋生物活性物质的快速分类及生化评价新方法 |
| 海洋生物质生产和加工 | 研发海洋生物质的收获和培育技术，寻求基于海洋生物质，生产食品、饲料和其他非食品产品的方法 | 构建多种海洋生物质物种混合饲料体系，以联合培养可食用和用作提取新化合物的生物质物种群，并保持养殖物种健康 |
| 海洋生物制品创新发展 | 探索使用海洋生物材料制作功能性食品/辅食、保健品、化妆品、精细化学品、酶等海洋生物制品；探索海洋生物材料在传感器领域的应用 | 开发新一代海洋生物治疗剂；开发基于海洋生物和化合物的生物修复新工艺 |
| 基础设施和技术保障 | 通过加大基础设施扶持力度、加强国际合作，应用现有的分析和评估工具和方法，绘制海洋栖息地和生物多样性地图，为海洋生物技术研究提供支撑 | 通过开发新的工具和方法，寻找海洋生物和环境研究热点；加强海洋生物技术研究与创新，并鉴定海洋化合物的生物活性；创建技术试点、材料仓库和相关数据集 |
| 政策支持和激励 | 执行海洋栖息地相关国际协定和海洋生物资源利用环境许可；提高在海洋教育方面的资金投入 | 执行全球和国家管辖范围外资源利用协议；制定海洋生物资源利用通用许可协议；鼓励建立海洋生物技术商用风险基金；构建海洋生物技术行业公私合作伙伴关系 |

#### 9.4.5.2 《海洋生物技术：推动欧洲生物经济创新发展》

2017 年 9 月，EMB 发布了题为《海洋生物技术：推动欧洲生物经济创新发展》（EMB，2017）的政策简报。该简报为欧洲海洋生物技术的未来发展指明了方向，主要涉及五大主题和七个关键行动领域。主要内容如下。

（1）面向 2020~2030 年海洋生物技术发展的五大主题：①探索海洋环境。探索海洋生物来源、研究海洋栖息地、采用水下机器人及远程水下采样技术等鉴定海洋物种和海洋生物的物质特性。②海洋生物质生产和加工。海洋生物可持续养殖、海洋生物质活性成分提纯等。③海洋生物制品创新发展。基于海洋生物质，使用合成生物技术等新工业流程制造保健品、食物、饲料制品、环境监测用品等。④基础设施和技术保障。利用产学研合作网络强化跨学科海洋创新研究、开发海洋生物技术研发相关新工具和新方法、建立试点设施及材料仓储等基础设施。⑤政策支持和激励。制定法律，出台环境规章制度，为海洋生物技术应用提供市场支持。

（2）七个关键行动领域包括：①整合海洋和生命科学领域专业知识和基础设施，促进海洋生物技术的应用和发展，形成试点工程和交叉学科方法。②提升海洋生物技术公众素养，充分认识海洋生物质和海洋生物技术在食物供给和生活保健方面的重要潜力。③开展研究生培训计划，满足蓝色生物经济职业对学生交叉学科技能的需求。④增强产业互动和投资，构建公私合作伙伴关系，促进海洋生物技术的成果转化。⑤拓展海洋开发空间，助推海洋新物种和生物活性物质的发现、开发和利用。⑥注重生物技术新工具、新方法的开发与应用。⑦鼓励海洋科学家、生物技术专家等更广泛的利益相关者参与到海洋管理过程中，促进海洋资源的可持续利用及保护。

### 9.4.5.3 欧盟"蓝色增长"专项基金

2017 年 12 月 12 日，由爱尔兰海洋研究所（Marine Institute Ireland，MII）主办的"大西洋地区可持续发展：欧盟'地平线 2020'新工作计划（2018—2020）——关键投资驱动"（MII，2017）会议在爱尔兰高威举行。根据《地平线 2020 工作计划（2018—2020）》，欧盟将在 2018~2020 年设立 2.39 亿欧元的"蓝色增长"专项基金，将用于挖掘海洋资源的潜力，保护生物多样性，增强气候恢复力。届时，这笔基金将具体应用到以下领域：①食品安全、渔业可持续发展、海洋和内陆水文研究、生物经济等；②开采安全、清洁和高效的能源；③构建智能、绿色的综合运输系统；④采取气候行动，提高资源效率；⑤开发海洋生物质材料，保障社会自由，保护欧洲安全。

## 9.4.6 其他国家

国际上其他国家也在海洋牧场研究和建设中做出了不懈努力。例如，爱尔兰发布了《海洋研究创新战略 2021》等，英国提出了"蓝带"计划，等等，共同推动了国际海洋牧场的发展。

### 9.4.6.1 爱尔兰《利用我们的海洋财富——海洋综合计划》

2015 年 7 月 31 日，爱尔兰总理 Enda Kenny 在海洋研究所正式推出了爱尔兰海洋产业财富倍增的政府计划——《利用我们的海洋财富——海洋综合计划》（Enda，2015）。该报告计划大力推动爱尔兰海洋经济的发展，实现到 2020 年海洋产业创造的价值比现在翻一番，达到 64 亿欧元，到 2030 年占爱尔兰 GDP 的 2.4%。

该计划从政府角度绘制了爱尔兰海洋经济发展路线图，该路线图显示，爱尔兰将在海产品、海洋旅游、可再生能源、石油和天然气勘探等方面进一步打开价值 1.2 万亿欧元的全球海洋经济市场，实现海洋经济繁荣、促进海洋生态健康发展、增强海洋意识 3 个高层次目标。

为促进海洋经济发展，《利用我们的海洋财富——海洋综合计划》制定了 36 项行动措施，其中包括：与海洋管理和海事安全保障与监督相关的 5 项行动；与绿色、清洁、海洋生态和海洋经济发展、市场开拓等相关的 12 项行动；与海洋科学研究、技术发明、海洋基础设施和海洋教育以及海洋意识培养等相关的 15 项行动；海洋国际交流以及南北合作的 4 项行动。

在该计划的实施过程中，各行业对该综合计划做了分解。例如，到 2020 年，海洋食品包括海洋渔业、养殖业和海洋食品加工业的产值达 10 亿欧元；海事贸易和船舶业产值达 26 亿欧元；海洋和海岸旅游业达 15 亿欧元；海洋通信技术和海洋生物技术产值达 0.6 亿欧元；港口、船运服务、海事制造业、海洋油气开发等其他海洋工业产值达 12 亿欧元。

### 9.4.6.2 爱尔兰《海洋研究创新战略 2021》

为了巩固爱尔兰"2007～2013 年海洋变化"项目在海洋知识创新过程中取得的重大进展，2016 年 12 月 9 日，爱尔兰海洋研究所发布了《海洋研究创新战略 2021》，提出了 15 个研究主题（Marine Institute Ireland，2016），可以分为以下 3 类。

（1）利用海洋资源促进海洋经济繁荣。具体包括以下几个方面研究：生物资源-水产养殖-生物质生产、野生资源、食品加工、其他用途增值产品；先进技术；海底资源；可再生资源；旅游；运输；安全和监控等。

（2）建立健康的海洋生态系统。主要包括以下研究：生物多样性、生态系统和食品；海洋垃圾；气候变化；海洋观测。

（3）提高海洋参与性。主要包括以下研究：海洋文学与教育；综合政策治理、社会经济学、法律、规划和治理；信息空间技术；等等。

### 9.4.6.3 英国"蓝带"计划

为了保护英属海域内的特有物种和极度濒危物种，2017 年 10 月 24 日，英国政府发布的"蓝带"计划（The Blue Belt Programme）显示，2016～2020 年英国政府提供了 2000 万英镑的资金，为海外 400 多万平方千米领土的海洋环境提供了长期保护（UK Government，2017），主要用于以下几方面：提高对海洋环境的科学认识；基于实证，制定并实施海上管理战略，包括监督和执行；确保管理的可持续性和长期性。

"蓝带"计划的主要策略包括：通过分析当前和未来的威胁，将科学信息汇集在一起，支持决策。确保战略设计考虑到当前和潜在的地方海域特色，平衡环境保护与当地社会和经济需求；根据国内立法，在适当的情况下依法设计；基于地方认可的管理计划，开展有效的管理；对环境进行有计划的持续监测，监督并推进该计划的实施，以确保其长期目标的实现。

### 9.4.6.4 澳大利亚"珊瑚礁恢复和适应项目"

2018 年 1 月 22 日，澳大利亚官方网站发布信息称将建立新的伙伴关系，资助 6000 万美元，拯救大堡礁（Australian Government，2018）。该项目由澳大利亚海洋科学研究所主导，还包括大堡礁海洋公园管理局、大堡礁基金会、詹姆斯库克大学、昆士兰大学和昆士兰科技大学等机构，旨在开发一个新的"珊瑚礁恢复和适应项目"。该项目计划的 600 万美元将用于概念可行性研究项目，1040 万美元用于控制以吃鱼为食的"棘鱼"海星爆发，490 万美元用来促进大堡礁海洋公园的联合野外管理项目，3660 万美元用以提高进入珊瑚礁的水质。该项目将评估现有技术和新技术的收益、风险和成本，以帮助恢复、修复和增强珊瑚礁的恢复力。

#### 9.4.6.5 加拿大渔业与海洋部科学投资计划

为了提高加拿大渔业与海洋部的监测水平，推动海洋科学和水科学研究，2016 年 5 月，加拿大渔业与海洋部（Fisheries and Oceans Canada）发布了新的科学研究投资计划，预计将在未来 5 年投资 1.971 亿美元，以支持加拿大相关决策，确保加拿大海洋的健康、可持续发展。投资包括以下五个方向（Fisheries and Oceans Canada，2016）。

（1）研究、监测，支持渔业资源健康可持续发展：①加强生态系统研究，提高渔业资源评估。这对于加拿大海洋商业、居民生计和休闲渔业至关重要。②加强对大西洋和太平洋鲑鱼的研究，明确这些渔业资源面临的威胁。③提高对海洋动物的研究和监测，包括濒危物种。

（2）加强对污染物和污染状况等环境压力要素的监测：①加强对影响海洋生态系统的环境压力要素的监测，支持海洋保护政策的制定和工程技术的开发。这些压力要素包括污染物、水下噪声和微塑料垃圾等。②加强对洋流、海温、盐度等的监测，更好地预测未来海洋要素的变化和趋势。

（3）加强对可持续水产业的研究支持：①加强水产业对生态系统和野生物种的影响研究，提升近海监测，开发适应技术。②加强对养殖鱼类和野生鱼类的病原体和疾病的诊断，以便于加拿大政府更好地保护野生鱼类和养殖渔业资源，避免其遭受严重病害。

（4）加强淡水区域研究：①加强淡水生态系统研究，特别是大湖区、温尼伯湖和圣劳伦斯河。②增加对国际可持续发展研究所（International Institute for Sustainable Development，IISD）的资金支持，用于实验湖区（Experimental Lakes Area）的研究。

（5）支持更多科学家、更多技术领域的更多合作：①将雇佣 135 位生物学家、海洋学家和技术人员，加强技术研发。②投资新技术，如先进的声学和遥感技术以及高性能的实验设备。这些技术将改善数据质量，促进创新。③鼓励国际、国内合作，为科学决策提供支撑。

## 9.5 基于文献/专利的海洋牧场研究态势

### 9.5.1 论文分析（董利苹等，2020）

（1）数据来源与方法

以 Web of Science 核心合集为数据源，采用主题检索，以 TS=（"marine ranch*" OR "coast* ranch*" OR "sea* ranch*" OR "ocean* ranch*" OR "ocean* pasture" OR "marine pasture" OR "pasture of sea" OR "stock enhancement" OR "artificial of fishery resources" OR "enhancement of fishery resources" OR "fisheries resources

proliferation" OR "proliferation fisheries" OR "proliferation fishery" OR "cultivat*
fishery" OR "fishery enhancement industry" OR "artificial reef" OR "artificial fish
reef*" OR (( marine OR sea OR ocean* OR coast*) AND "habitat restoration")) 为
检索式,检索时间为 2019 年 5 月 13 日。通过对 1968 年以来海洋牧场研究领域发表的 SCI
论文进行定量分析,挖掘该领域的研究态势。

(2)发文量年度变化

1968~2019 年,海洋牧场 SCI 论文产出累计为 2428 篇。总体来看,国际海洋牧场研究
呈稳定增长态势,SCI 论文发文量以年均 10.42% 的增幅持续增长,2018 年论文总量达到峰
值,为 157 篇。2000~2018 年,全球海洋牧场 SCI 论文发文量的年均增长率略有下降,为
6.56%(图 9-1)。

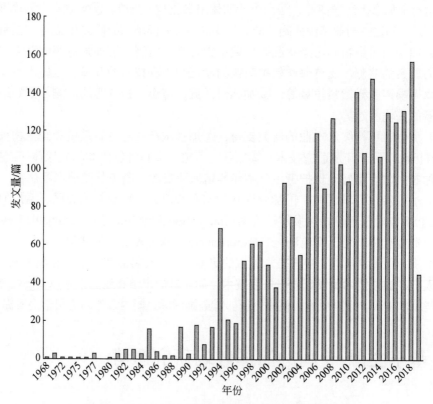

图 9-1　1968~2019 年海洋牧场研究论文的年度分布

(3)国家研究概况

从全球发文量 TOP10 的国家 1968 年以来在海洋牧场研究领域的论文数量及其被引情
况看(表 9-3),美国在该领域发表的论文数量占据领军地位,远超其他国家,高达 820 篇
(33.77%)。日本排第 2 位,其论文数量仅为美国的 34.02%。澳大利亚、英国、中国分别
排第 3、第 4 和第 5 位。

表 9-3　海洋牧场研究论文数量 TOP 10 的国家

| 排序 | 国家 | 论文数量/篇 | 占比/% | 2000~2018年年均增长率/% | 总被引频次/次 | 篇均被引频次/次 | 论文被引率/% |
|---|---|---|---|---|---|---|---|
| 1 | 美国 | 820 | 33.77 | 6.39 | 15 270 | 18.62 | 86.59 |
| 2 | 日本 | 279 | 11.49 | 1.25 | 3 539 | 12.68 | 80.29 |
| 3 | 澳大利亚 | 238 | 9.80 | 14.53 | 4 039 | 16.97 | 92.02 |
| 4 | 英国 | 177 | 7.29 | 6.92 | 3 590 | 20.28 | 93.22 |
| 5 | 中国 | 140 | 5.77 | 11.44 | 1 924 | 13.74 | 64.29 |
| 6 | 挪威 | 88 | 3.62 | -5.92 | 1 454 | 16.52 | 92.05 |
| 7 | 加拿大 | 85 | 3.50 | 9.35 | 2 183 | 25.68 | 89.41 |
| 8 | 意大利 | 82 | 3.38 | 6.29 | 1 344 | 16.39 | 85.37 |
| 9 | 法国 | 71 | 2.92 | 11.42 | 1 199 | 16.89 | 83.10 |
| 10 | 葡萄牙 | 70 | 2.88 | 8.72 | 886 | 12.66 | 84.29 |
| | 平均 | 205 | 8.44 | 7.04 | 3 543 | 17.04 | 85.06 |

　　从年均增长率可以明显地看出，在 TOP10 国家中，澳大利亚增速最高，达到了 14.53%，中国和法国位列第二和第三，分别为 11.44% 和 11.42%。加拿大、葡萄牙、英国、美国和意大利的增速也较快，分别为 9.35%、8.72%、6.92%、6.39% 和 6.29%。

　　从总被引频次看，在 TOP 10 国家中，美国、澳大利亚、英国分别以 15 270 次、4039次和 3590 次位列第一、第二和第三，法国和葡萄牙总被引频次分别以 1199 次和 886 次位列第九和第十；从篇均被引频次看，在 TOP 10 国家中，加拿大、英国、美国分别以 25.68 次、20.28 次和 18.62 次位列第一、第二和第三，日本和葡萄牙篇均被引频次分别以 12.68 次和 12.66次位列第九和第十，加拿大虽然发文仅 85 篇，但论文篇均被引频次接近中国的 2 倍，说明加拿大开展的研究工作具有较高影响力，备受其他研究者的关注；从被引率看，英国、挪威和澳大利亚分别以 93.22%、92.05%、92.02% 位列第一、第二和第三，日本和中国的被引率分别以 80.29% 和 64.29% 位列第九和第十。

　　综合以上指标看，在国家层面上，美国在该领域发表的论文量占据领军地位，中国发表论文居全球第 5 位，并且是论文发表数量增长最快的 3 个国家之一，但从被引率和篇均被引率看，中国在 TOP 10 国家中几乎垫底。这从侧面反映了我国有很多研究工作的质量仍有待提高。

　　从全球发文量 TOP 10 国家 2000 年以来发文量的动态变化看（图 9-2），2000 年以来，美国不仅每年的论文发表量占绝对领先地位，而且其发文量持续增长。澳大利亚、中国分别于 2004 年和 2011 年前后每年的论文发表数量有所增加。2013 年以前日本论文发表量相对较多，2013 以后呈现减少趋势。

　　根据论文数量 TOP 10 国家关注的研究领域（表 9-4，以由高到低的词频顺序列出了各国家最关注的 TOP 10 学科领域），从国家看，不同国家的研究实力有所差异，各国的研究领域分布不同。中国最关注的 10 个学科领域分别是海洋与淡水生物学（Marine & Freshwater

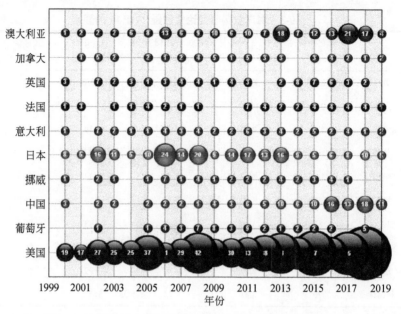

图 9-2　论文数量 TOP 10 国家 2000 年以来发文量的动态变化

Biology）、渔业科学（Fisheries）、环境科学与生态学（Environmental Sciences & Ecology）、海洋学（Oceanography）、工程学（Engineering）、生物化学与分子生物学（Biochemistry & Molecular Biology）、材料科学（Materials Science）、遗传学（Genetics & Heredity）、动物学（Zoology）和多领域交叉科学（Science & Technology-Other Topics），各研究领域论文数量在论文总量中的占比分别为 23.27%、16.33%、15.51%、14.29%、9.39%、3.67%、3.27%、2.04%、2.04%和1.63%。美国最关注的 10 个学科领域分别为渔业科学、海洋与淡水生物学、环境科学与生态学、海洋学、生物多样性与保护（Biodiversity & Conservation）、工程学、地质学（Geology）、动物学、自然地理（Physical Geography）和多领域交叉科学，各研究领域论文数量在论文总量中的占比分别为 25.33%、25.19%、20.15%、11.41%、3.08%、2.87%、1.96%、1.68%、1.61%和 1.19%。澳大利亚最关注的 10 个学科领域分别是渔业科学、海洋与淡水生物学、环境科学与生态学、海洋学、生物多样性与保护、多领域交叉科学、水资源学（Water Resources）、毒理学（Toxicology）、生物技术与应用微生物学（Biotechnology & Applied Microbiology）和地质，各研究领域论文数量在论文总量中的占比 29.38%、28.47%、14.81%、11.39%、2.51%、2.05%、1.59%、1.37%、1.14%和0.91%。

表 9-4　论文数量 TOP 10 国家最关注的研究领域

| 排名 | 国家 | 最受关注的研究领域 | TOP 10 研究领域的占比/% |
|---|---|---|---|
| 1 | 美国 | Fisheries（25.33%，Fisheries 词频在总词频中的占比）；Marine & Freshwater Biology（25.19%）；Environmental Sciences & Ecology（20.15%）；Oceanography（11.41%）；Biodiversity & Conservation（3.08%）；Engineering（2.87%）；Geology（1.96%）；Zoology（1.68%）；Physical Geography（1.61%）；Science & Technology - Other Topics（1.19%） | 94.47 |

续表

| 排名 | 国家 | 最受关注的研究领域 | TOP 10 研究领域的占比/% |
|---|---|---|---|
| 2 | 日本 | Fisheries（51.88%）；Marine & Freshwater Biology（23.31%）；Oceanography（5.76%）；Environmental Sciences & Ecology（5.26%）；Engineering（3.26%）；Zoology（1.75%）；Water Resources（1.75%）；Biotechnology & Applied Microbiology（1.50%）；Genetics & Heredity（1.25%）；Biodiversity & Conservation（0.75%） | 96.49 |
| 3 | 澳大利亚 | Fisheries（29.38%）；Marine & Freshwater Biology（28.47%）；Environmental Sciences & Ecology（14.81%）；Oceanography（11.39%）；Biodiversity & Conservation（2.51%）；Science & Technology - Other Topics（2.05%）；Water Resources（1.59%）；Toxicology（1.37%）；Biotechnology & Applied Microbiology（1.14%）；Geology（0.91%） | 93.62 |
| 4 | 英国 | Marine & Freshwater Biology（30.91%）；Fisheries（18.48%）；Environmental Sciences & Ecology（17.88%）；Oceanography（15.15%）；Biodiversity & Conservation（3.33%）；Water Resources（3.03%）；Engineering（2.12%）；International Relations（1.82%）；Geology（1.21%）；Science & Technology - Other Topics（0.91%） | 94.85 |
| 5 | 中国 | Marine & Freshwater Biology（23.27%）；Fisheries（16.33%）；Environmental Sciences & Ecology（15.51%）；Oceanography（14.29%）；Engineering（9.39%）；Biochemistry & Molecular Biology（3.67%）；Materials Science（3.27%）；Genetics & Heredity（2.04%）；Zoology（2.04%）；Science & Technology - Other Topics（1.63%） | 91.43 |
| 6 | 挪威 | Fisheries（43.71%）；Marine & Freshwater Biology（28.48%）；Oceanography（9.27%）；Environmental Sciences & Ecology（5.96%）；Science & Technology - Other Topics（3.31%）；Veterinary Sciences（2.65%）；Biodiversity & Conservation（1.99%）；Genetics & Heredity（1.32%）；Zoology（1.32%）；Evolutionary Biology（0.66%） | 98.68 |
| 7 | 加拿大 | Marine & Freshwater Biology（27.40%）；Fisheries（26.03%）；Environmental Sciences & Ecology（21.23%）；Oceanography（5.48%）；Biodiversity & Conservation（3.42%）；Genetics & Heredity（2.74%）；Zoology（2.74%）；Science & Technology - Other Topics（2.05%）；Water Resources（2.05%）；Evolutionary Biology（1.37%） | 94.52 |
| 8 | 意大利 | Marine & Freshwater Biology（32.69%）；Fisheries（19.87%）；Oceanography（15.38%）；Environmental Sciences & Ecology（12.82%）；Geology（3.21%）；Science & Technology - Other Topics（2.56%）；Physical Geography（2.56%）；Biodiversity & Conservation（1.92%）；Zoology（1.92%）；Engineering（1.92%） | 94.87 |
| 9 | 法国 | Marine & Freshwater Biology（28.91%）；Environmental Sciences & Ecology（22.66%）；Fisheries（16.41%）；Oceanography（13.28%）；Science & Technology- Other Topics（2.34%）；Biodiversity & Conservation（2.34%）；Engineering（2.34%）；Evolutionary Biology（2.34%）；Geology（1.56%）；Physical Geography（1.56%） | 93.75 |
| 10 | 西班牙 | Marine & Freshwater Biology（35.96%）；Fisheries（19.10%）；Oceanography（15.73%）；Environmental Sciences & Ecology（11.24%）；Science & Technology - Other Topics（5.62%）；Biodiversity & Conservation（2.25%）；Geology（2.25%）；Engineering（1.12%）；Water Resources（1.12%）；Physical Geography（1.12%） | 95.51 |

备注：Fisheries，渔业科学；Marine & Freshwater Biology，海洋与淡水生物学；Environmental Sciences & Ecology，环境科学与生态学；Oceanography，海洋学；Biodiversity & Conservation，生物多样性与保护；Engineering，工程学；Geology，地质学；Zoology，动物学；Physical Geography，自然地理学；Science & Technology-Other Topics，多领域交叉科学；Engineering，工程；Geology，地质学；Water Resources，水资源学；International Relations 国际关系学；Biotechnology & Applied Microbiology，生物技术与应用微生物学；Genetics & Heredity，遗传学；Biochemistry & Molecular Biology，生物化学与分子生物学；Materials Science，材料科学；Veterinary Sciences，兽医学；Evolutionary Biology，进化生物学。

　　从领域看，海洋与淡水生物学、渔业科学、环境科学与生态学是各国家最为关注的，但各国对这三个领域的关注的程度也有所差异，日本和挪威这 3 个领域的研究在总研究中的占比超过了 80%，相比之下，中国这 3 个领域的研究占比最低，尚未达到 60%。这在一定程度上反映了中国的研究领域相对分散，也在一定程度上反映了各国研究的重点学科领域方向与布局（表 9-4）。

从合作关系看，美国、日本、澳大利亚、中国、英国、加拿大的合作论文数量较多，其中美国的合作论文数量最多，美国与日本、澳大利亚、英国、加拿大、中国之间的合作较为紧密，中国除了与美国合作紧密外，与加拿大和澳大利亚之间的合作也较为紧密（图 9-3，使用 VOSviewer 软件，分析了合作大于 15 篇的 30 个国家的合作关系）。

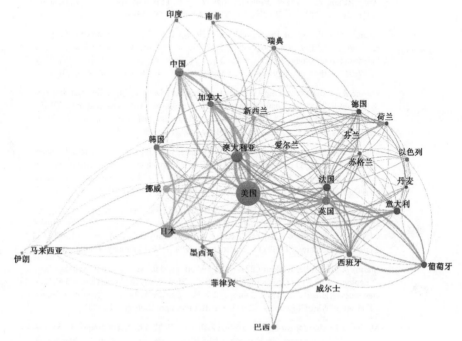

图 9-3　国家间的合作关系网络

注：节点代表国家，节点大小代表合作论文总量的多少，连线代表国家间的合作，连线粗细表示合作发文量的多少

（4）机构研究情况

从机构层面看，在海洋牧场研究领域比较活跃的研究机构主要来自美国、日本、澳大利亚、中国和加拿大。在发文量占比达到或超过 1% 的主要研究机构中，美国研究机构有 5 所，分别为国家海洋和大气管理局、路易斯安那州立大学、美国国家海洋渔业局、得克萨斯农工大学和华盛顿大学，5 所机构发文合计占比达 7.54%；日本机构共 3 所，分别为日本水产综合研究中心、京都大学和东京海洋大学，合计发文量占比为 5.85%。中国海洋大学和中国科学院是 2 个入围的中国研究机构，合计发文量占比为 2.68%（表 9-5）。就单独机构而言，日本水产综合研究中心和国家海洋和大气管理局是发文量超过 50 篇的 2 所机构（2%以上）。

表 9-5　1968～2019 年国际海洋牧场研究论文数量前 15 机构的论文综合水平对比

| 排序 | 机构 | 所属国家/地区 | 发文量/篇 | 占比/% | 总被引频次/次 | 篇均被引频次/次 | 论文被引率/% |
|---|---|---|---|---|---|---|---|
| 1 | 日本水产综合研究中心 | 日本 | 55 | 2.27 | 553 | 10.05 | 87.27 |

续表

| 排序 | 机构 | 所属国家/地区 | 发文量/篇 | 占比/% | 总被引频次/次 | 篇均被引频次/次 | 论文被引率/% |
|---|---|---|---|---|---|---|---|
| 2 | 国家海洋和大气管理局 | 美国 | 52 | 2.14 | 1246 | 23.96 | 78.85 |
| 3 | 京都大学 | 日本 | 45 | 1.85 | 613 | 13.62 | 86.67 |
| 4 | 新南威尔士大学 | 澳大利亚 | 44 | 1.81 | 692 | 15.73 | 95.35 |
| 5 | 佛罗里达大学 | 美国 | 43 | 1.77 | 906 | 21.07 | 90.48 |
| 6 | 东京海洋大学 | 日本 | 42 | 1.73 | 543 | 12.93 | 83.33 |
| 7 | 海洋研究所 | 欧洲 | 41 | 1.69 | 605 | 14.76 | 94.74 |
| 8 | 中国海洋大学 | 中国 | 40 | 1.65 | 133 | 3.33 | 58.97 |
| 9 | 路易斯安那州立大学 | 美国 | 39 | 1.61 | 498 | 12.77 | 88.89 |
| 10 | 美国国家海洋渔业局 | 美国 | 34 | 1.40 | 647 | 19.03 | 100.00 |
| 11 | 得克萨斯农工大学 | 美国 | 32 | 1.32 | 670 | 20.94 | 90.63 |
| 12 | 华盛顿大学 | 美国 | 26 | 1.07 | 624 | 24.00 | 86.96 |
| 13 | 中国科学院 | 中国 | 25 | 1.03 | 280 | 11.20 | 65.22 |
| 14 | 斯蒂芬斯港水产研究所 | 澳大利亚 | 25 | 1.03 | 266 | 10.23 | 88.00 |
| 15 | 詹姆斯库克大学 | 澳大利亚 | 24 | 0.99 | 493 | 20.54 | 91.67 |
| | 平均 | | 38 | 1.56 | 585 | 15.61 | 85.80 |

从总被引频次看，在发文量排名前 15 的机构中，美国国家海洋和大气管理局、美国佛罗里达大学和澳大利亚新南威尔士大学分别以 1246 次、906 次、692 次位列第一、第二和第三，澳大利亚斯蒂芬斯港水产研究所和中国海洋大学的总被引频次分别以 266 次和 133 次位列第九和第十；从篇均被引频次看，美国华盛顿大学、美国国家海洋和大气管理局和美国佛罗里达大学分别以 24.00 次、23.96 次和 21.07 次位列第一、第二和第三，日本水产综合研究中心和中国海洋大学的篇均被引频次分别以 10.05 次和 3.33 次位列第九和第十，澳大利亚詹姆斯库克大学虽然发文仅 24 篇，但论文篇均被引频次却是中国海洋大学的 6 倍多，这说明澳大利亚詹姆斯库克大学的研究工作具有较高影响力，备受其他研究者的关注；从被引率看，美国国家海洋渔业局、澳大利亚新南威尔士大学和欧洲海洋研究所分别以 100.00%、95.35%、94.74%位列第一、第二和第三，中国科学院和中国海洋大学被引率分别以 65.22%和 58.97%位列第九和第十。

综合以上指标，在机构层面上，美国国家海洋和大气管理局、美国佛罗里达大学和澳大利亚新南威尔士大学表现突出；入围全球发文量排名前 15 的中国海洋大学和中国科学院 2 所中国机构在排名前 15 的机构中几乎垫底，这从侧面反映了我国机构有很多研究工作的质量仍有待提高。

从合作关系看，美国机构是推动国际机构合作的主力，国际合作非常普遍。对于中国、日本、澳大利亚 3 国的机构，国内机构间合作较多，跨国机构合作多与美国合作（图 9-4，使用 VOSviewer 软件，分析了合作大于 18 篇的 31 个国家的合作关系）。

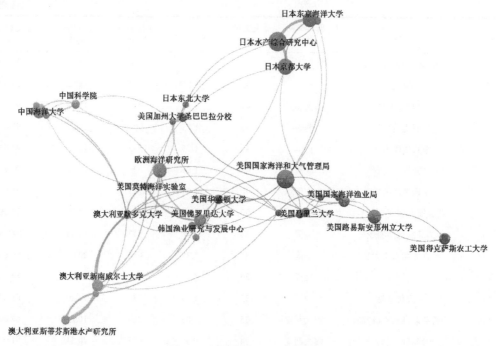

**图 9-4 机构间的合作关系网络**

注：节点代表机构，节点大小代表合作论文总量的多少，连线代表机构间的合作，连线粗细表示合作发文量的多少

（5）重点领域及热点分析

在领域分布方面，2000～2016 年，国际海洋牧场研究主要涉及的领域（图 9-5）包括：海洋与淡水生物学、渔业科学、环境科学与生态学、海洋学、工程学、生物多样性与保护、水资源学、动物学、地质学、多领域交叉科学、自然地理学、遗传学、生物化学与分子生物学、进化生物学、生物技术与应用微生物学。其中，海洋与淡水生物学相关论文比例接近 45%，是海洋牧场研究中最热的领域，渔业科学、环境科学与生态学、海洋学三个相关论文发文量占比均超过了 10%，也较热。

进一步分析论文数量 TOP 15 的学科领域（图 9-6），可以看出海洋与淡水生物学、渔业科学一直以来都是人们关注的热点学科领域。环境科学与生态学领域研究在近年来受到人们的关注，可能的主要原因是以追求经济利益为目标的传统海洋渔业和过度捕捞，导致了渔业资源受损和近岸海域环境不断恶化，环境科学与生态学便应运而生了。其他学科领域方面的论文数量基本保持平稳。

从国际最受关注的研究主题来看（图 9-7，以由高到低的词频顺序列出了国际最受关注的 TOP 10 主题词），水产养殖、人工鱼礁、动物行为、遗传多样性、海湾、栖息地恢复、孵化培育、生态系统、微卫星 DNA 标记、资源增殖放流是 TOP 10 最受关注的研究主题。其中，水产养殖、人造珊瑚礁、海湾、资源增殖放流一直以来都是研究的热点，生态系统和栖息地恢复在近年来受到了研究者的关注。

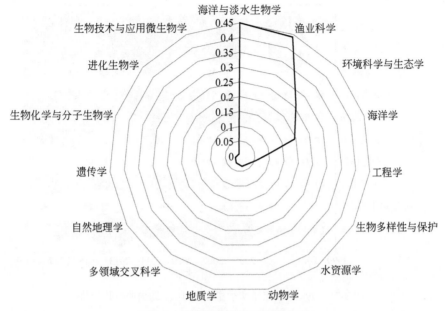

图 9-5  海洋牧场研究的学科布局

注：上图仅对 1968～2019 年国际海洋牧场研究论文数量 TOP 15 的学科领域进行了分析。

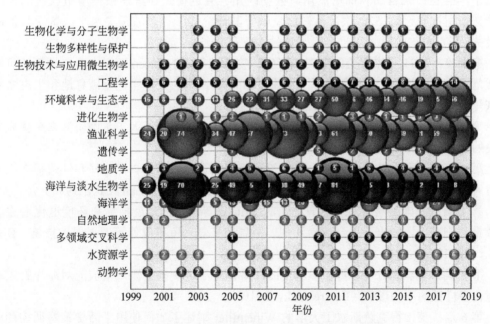

图 9-6  2000 年以来论文数量 TOP15 学科的变化趋势

（6）高被引论文分析

从海洋牧场研究被引频次最高的 TOP 10 SCI 论文来看（表 9-6），这 10 篇论文的发表机构基本都属于西方发达国家，其中，美国不仅在发文量上排名靠前，同时也拥有 5 篇被引频次 TOP10 的论文。美国、加拿大、新西兰、法国等国家的机构所做的工作具有极高影

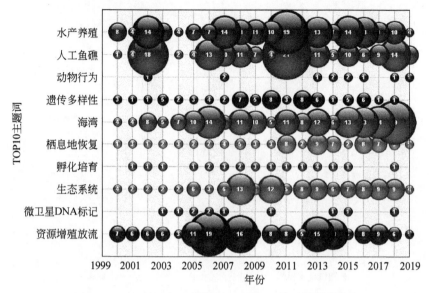

图 9-7　1990 年以来论文数量 TOP 10 主题词的变化趋势

响力，如美国鱼类及野生动物管理局的 Nehlsen 等在 1991 年发表的题为《处于十字路口的太平洋鲑鱼：来自加利福尼亚州、俄勒冈州、爱达荷州和华盛顿州增殖放流的风险》的论文被引次数已达 520 次，从侧面反映了其研究处于该领域顶尖水平，备受其他研究人员关注。

第 1 篇：1991 年来自美国鱼类及野生动物管理局的 Nehlsen 等提出了一种新的可持续发展范式，促进加州、俄勒冈州、爱达荷州和华盛顿州的太平洋鲑鱼栖息地和生态系统功能恢复，而不是产量提高（Nehlsen et al.，1991）。

第 2 篇：美国国家海洋和大气管理局的 Bohnsack 等综述了人工鱼礁研究未来优先事项相关的建议（Bohnsack et al.，1985）。

第 3 篇：加拿大多伦多大学的 Lan 等阐述了基于实验量化自然选择和性选择在银大马哈鱼（Oncorhynchus kisutch，又称银鲑）育种中的选择强度（Lan et al.，1994）。

第 4 篇：法国国家自然历史博物馆的 Billard 等针对因过度捕捞和环境退化造成的鲟鱼数量急剧减少，提出了出台捕捞法规、栖息地恢复、鱼苗放养等若干保护措施（Billard et al.，2001）。

第 5 篇：瑞典斯德哥尔摩大学的 Linda 等阐述了大规模资源增殖放流对海洋野生动植物遗传多样性的不利影响（Laikre et al.，2010）。

第 6 篇：美国得克萨斯农工大学的 Winemiller 阐述了如何使用生活史策略调控种群，管理并促进海洋渔业可持续发展（Winemiller，2003）。

第 7 篇：新西兰国家水资源和大气研究所的 Robinson 等综述了世界海胆渔业的现状与管理（Robinson et al.，2002）。

第 8 篇：美国华盛顿鱼类和野生动物部门的 Lorenzen 等提出了一种负责任的海洋资源增殖放流方法（Lorenzen et al.，1995）。

第 9 篇：世界渔业中心的 Andrew 等提出了评估和管理发展中国家小规模海洋渔业的

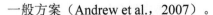

一般方案（Andrew et al.，2007）。

第 10 篇：美国海洋资源研究所的 Coen 等认为在制定牡蛎礁恢复评估标准和目标时，除了应注重资源开发和经济效应外，还应该将栖息地修复和海洋生态系的生态功能纳入考虑中。（Coen et al.，2000）。

**表 9-6 海洋牧场被引频次 TOP 10 论文**

| 排序 | 论文题名 | 期刊 | 被引频次/次 | 所属机构（通讯作者） |
|---|---|---|---|---|
| 1 | Pacific salmon at the crossroads：stocks at risk from California，Oregon，Idaho，and Washington | *Fisheries* | 520 | 美国鱼类及野生动物管理局（Division of Wildlife and Fisheries） |
| 2 | Artificial reef research：a review with recommendations for future priorities | *Bulletin of Marine Science* | 306 | 美国国家海洋和大气管理局（National Oceanic and Atmospheric Administration） |
| 3 | Breeding competition in a Pacific salmon coho Oncorhynchus kisutch measures of natural and sexual selection | *Evolution* | 264 | 加拿大多伦多大学（University of Toronto） |
| 4 | Biology and conservation of sturgeon and paddlefish | *Reviews in Fish Biology and Fisheries* | 251 | 法国国家自然历史博物馆（Muséum National d'Histoire Naturelle） |
| 5 | Compromising genetic diversity in the wild：unmonitored large-scale release of plants and animals | *Trends in Ecology and Evolution* | 237 | 瑞典斯德哥尔摩大学（Stockholm Univeity） |
| 6 | Life history strategies，population regulation，and implications for fisheries management | *Canadian Journal of Fisheries and Aquatic Sciences* | 236 | 美国得克萨斯农工大学（Texas A&M University） |
| 7 | Status and management of world sea urchin fisheries | *Oceanography and Marine Biology* | 204 | 新西兰国家水资源和大气研究所（National Institute of Water & Atmospheric Research） |
| 8 | Responsible approach to marine stock enhancement | *American Fisheries Society Symposium Series* | 179 | 美国华盛顿鱼类和野生动物部门（The Washington Department of Fish and Wildlife） |
| 9 | Diagnosis and management of small-scale fisheries in developing countries | *Fish and Fisheries* | 169 | 世界渔业中心（World Fish Center） |
| 10 | Developing success criteria and goals for evaluating oyster reef restoration：Ecological function or resource exploitation? | *Ecological Engineering* | 163 | 美国海洋资源研究所（Marine Resources Reserach Institute） |

## 9.5.2 专利分析

### （1）数据来源与方法

通过检索德温特专利数据库（DII），利用 Derwent Data Analyzer（DDA）和 Derwent Innovation（DI）等专利分析工具和平台，从国际专利视角，对海洋牧场技术国际专利态势进行整体分析，主要包括专利技术的分布、主要技术方向、热点技术研发及技术的市场占有与竞争格局等，揭示海洋牧场技术国际、国内专利技术研发的总体趋势。

本章采用主题检索的方式，在 DII 数据库中共获得海洋牧场相关技术专利 1318 项，下文主要从专利申请的时序分布和发展趋势、授权国家及组织分布、技术研发布局和发展以及重点专利申请机构等方面对海洋牧场技术领域的全球专利态势进行分析[①]。

（2）海洋牧场技术专利时序分布与发展趋势

海洋牧场技术专利申请时间最早出现在 1975 年，经过缓慢的初期探索阶段之后，开始快速发展，总体呈稳步上升的趋势[②]（图 9-8）。根据专利申请量的变化，整个海洋牧场技术研发过程可分为两个阶段。

1）初期发展阶段：1975～1999 年。该阶段海洋牧场技术专利申请开始出现并平稳发展，但总体申请量有限。

2）快速发展阶段：2000 年至今。该阶段海洋牧场技术专利申请量快速增加，年均专利申请量超过 60 项（由于专利申请存在时滞性，近 2 年的数据收录不全，仅供参考），是上一阶段申请规模的 16 倍。

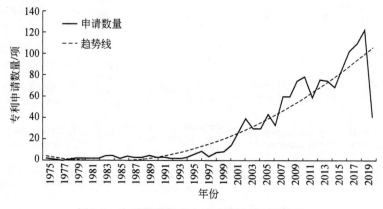

图 9-8　海洋牧场技术专利申请数量年度变化

（3）海洋牧场技术专利授权国家及组织机构分布

海洋牧场相关技术专利主要集中在韩国、中国、日本、美国等国家，其中韩国专利申请数量占到总专利数量的 42%，可见韩国海洋牧场技术在全球处于绝对的领先地位。中国海洋牧场相关技术的专利申请量居全球第二位，共有近 400 项，占总专利申请量的 28%，日本以总专利申请量的 16% 居第三位，可见东亚地区是海洋牧场相关技术的排头兵，也是海洋牧场的主阵地。从海洋牧场相关技术专利申请数量靠前的国家可以看出，这些国家都具有较长的海岸线及丰富的海洋资源，这为海洋牧场的发展奠定了基础（图 9-9）。

---

[①] 检索式：TS=（"marine ranch*" OR "coast*ranch*" OR "sea*ranch*" OR "ocean* ranch*" OR "ocean* pasture" OR "marine pasture" OR "pasture of sea" OR "stock enhancement" OR "artificial of fishery resources" OR "enhancement of fishery resources" OR "fisheries resources proliferation" OR "proliferation fisheries" OR "proliferation fishery" OR "cultivat* fishery" OR "fishery enhancement industry" OR "artificial reef" OR "artificial fish reef*" OR （（marine OR sea OR ocean* OR coast*) AND "habitat restoration"））, 检索时间为 2019 年 6 月 5 日。

[②] 由于 DII 收录专利数据存在一定的时滞性，图中近几年数据仅供参考。

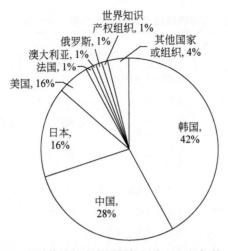

图 9-9 海洋牧场技术专利授权国家及组织机构分布

（4）海洋牧场技术专利技术研发布局

IPC 是国际通用的、标准化的专利技术分类体系，包含着丰富详细的专利技术信息。根据专利的 IPC 分类及其数量，可以准确获得海洋牧场领域主要专利的技术布局（图 9-10）。本次检索到的 1318 项海洋牧场技术专利共涉及 126 个 IPC 小类号和 637 个小组号，其中主要涉及 4 个大类，分别是 A（农业）、E（固定建筑物）、C（化学、冶金）和 B（作业、运输），在大类中涉及的小类为具体的专利技术布局，下面列出 TOP 10 专利小类，涵盖了 1225 项专利，占全部分析专利的 93%。从图中可以看出，海洋牧场技术专利主要集中在 A01K 类目下，其他技术主要分布在 E02B、A01G、C04B、B28B、B63B、E02D、C02F、F03B 和 E04H 等类目下（表 9-7）。

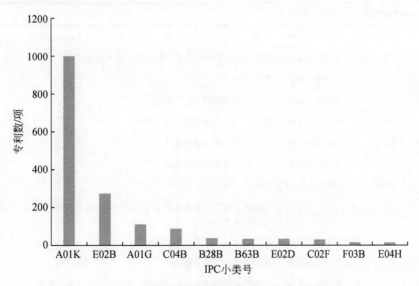

图 9-10 海洋牧场技术专利技术研发重点布局

**表 9-7　海洋牧场技术专利 IPC 小类 TOP 10**　　　　　　　　　（单位：项）

| 序号 | 专利申请数量 | IPC 小类号 | 分类号含义 |
|------|------|------|------|
| 1 | 1000 | A01K | 畜牧业；禽类、鱼类、昆虫的管理；捕鱼；饲养或养殖其他类不包含的动物；动物的新品种 |
| 2 | 274 | E02B | 水利工程 |
| 3 | 111 | A01G | 园艺；蔬菜、花卉、稻、果树、葡萄、啤酒花或海菜的栽培；林业；浇水；繁殖单细胞藻类 |
| 4 | 88 | C04B | 石灰；氧化镁；矿渣；水泥；其组合物，如砂浆、混凝土或类似的建筑材料；人造石；陶瓷 |
| 5 | 37 | B28B | 黏土或其他陶瓷成分、熔渣或含有水泥材料的混合物，如灰浆的成型 |
| 6 | 34 | B63B | 船舶或其他水上船只；船用设备 |
| 7 | 34 | E02D | 基础；挖方；填方 |
| 8 | 30 | C02F | 水、废水、污水或污泥的处理 |
| 9 | 15 | F03B | 液力机械或液力发动机 |
| 10 | 14 | E04H | 专门用途的建筑物或类似的构筑物；游泳或喷水浴槽或池；桅杆；围栏；一般帐篷 |

表 9-8 通过 IPC 进一步梳理了小组号专利情况，海洋牧场技术专利主要集中在鱼类、贻贝、蛔蛄、龙虾、海绵、珍珠等水生动物的养殖；河岸、海岸或港口的防护构筑物、设备或方法；海藻栽培；水生动物养殖的人工渔场或暗礁等分类。从中可以看出，在海洋牧场技术专利中，有很大一部分是鱼类、贻贝、蛔蛄、龙虾、海绵、珍珠等水生动物的养殖技术以及渔场、港口等防护构建物设备方面，对生态模型监测与预测、漂浮物装置、饲养设备和鱼的存放容器等的研究相对较少。

**表 9-8　海洋牧场技术专利申请大于 10 项的 IPC 布局**　　　　　（单位：项）

| 序号 | 专利申请数量 | IPC 小组号 | 小组号含义 |
|------|------|------|------|
| 1 | 810 | A01K-061/00 | 鱼类、贻贝、蛔蛄、龙虾、海绵、珍珠等水生动物的养殖 |
| 2 | 140 | E02B-003/04 | 河岸、海岸或港口的防护构筑物、设备或方法 |
| 3 | 100 | A01G-033/00 | 海藻栽培 |
| 4 | 82 | A01K-061/70 | 水生动物养殖的人工渔场或暗礁 |
| 5 | 63 | E02B-003/14 | 护岸、坝、水道等的护岸预制块 |
| 6 | 62 | E02B-003/06 | 码头、码头墙、防波堤等 |
| 7 | 42 | A01K-061/73 | 人工渔场或暗礁的组件装置 |
| 8 | 31 | A01K-061/77 | 整体人工渔场或暗礁 |
| 9 | 22 | E02B-003/00 | 与溪流、河道、海岸或其他海域的控制与利用有关的工程；一般水工结构物的接缝或密封 |
| 10 | 19 | E02B-003/12 | 堤岸、水坝、水道或类似物的护岸 |
| 11 | 16 | A01K-061/78 | 渔船下沉和系泊调度 |
| 12 | 15 | C04B-018/14 | 采用冶金流程增强砂浆、混凝土耿懿人造石的填充性能 |
| 13 | 14 | A01K-061/60 | 漂浮养殖设备，如木筏或漂浮养鱼场 |

| 序号 | 专利申请数量 | IPC 小组号 | 小组号含义 |
|---|---|---|---|
| 14 | 14 | A01K-063/04 | 适合存放活鱼的容器 |
| 15 | 12 | A01K-061/02 | 鱼类饲养设备 |
| 16 | 12 | A01K-061/75 | 轮胎漂浮物 |
| 17 | 12 | A01K-063/00 | 存放活鱼的容器，如水族箱 |
| 18 | 12 | C04B-028/00 | 含有无机黏结剂或含有无机与有机黏结剂反应产物的砂浆、混凝土或人造石的组合物，如多元羧酸盐水泥 |
| 19 | 12 | C04B-028/02 | 含有硫酸钙以外的水泥浆 |
| 20 | 11 | B63B-035/44 | 漂浮的建筑物、钻井平台或车间，如携带水-油分离装置 |
| 21 | 11 | C04B-014/10 | 在砂浆、混凝土或人造石中使用黏土作为填料 |
| 22 | 11 | C04B-018/04 | 使用废料或废物作砂浆、混凝土或人造石的填料 |
| 23 | 10 | C02F-003/32 | 以利用动物或植物为特征的（如藻类）水、废水或污水进行处理 |

（5）海洋牧场技术专利布局发展

从专利 IPC 的年度发展变化可以看出海洋牧场技术的发展情况和变化趋势。图 9-11 选取海洋牧场技术专利申请数量大于 10 的 IPC 小类，分析结果显示，关于海洋牧场相关技术近年来呈现出稳步增长的态势，相关技术日趋成熟，A01K、E02B、A01G、C04B 呈现出持续发展的态势，而 B28B、B63B、E02D、C02F 和 F03B 呈现出波动增长的趋势。

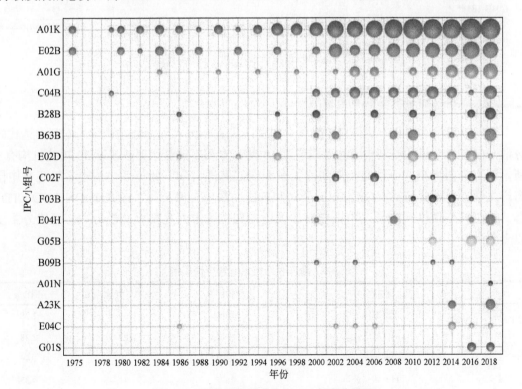

图 9-11 海洋牧场技术专利 IPC 的变化趋势

进一步细化专利 IPC 分类，从小组的年度发展变化能够看出更精细的技术发展趋势。图 9-12 选取海洋牧场技术专利申请数量大于 15 的 IPC 小组号，分析结果可以看出，A01K-6100、E02B-0304、A01G-3300、E02B-003/14 和 E02B-003/06 专利起步比较早，而且一直稳步发展。近年来专利申请数发展较快的，也是发展较热的技术分类有 A01K-061/70、A01K-061/73、A01K-061/77 和 A01K-061/78，基本都是 A01K 小类下的组号，可见水生动物养殖的人工渔场或暗礁组件系统装置是近年来发展的热点技术。

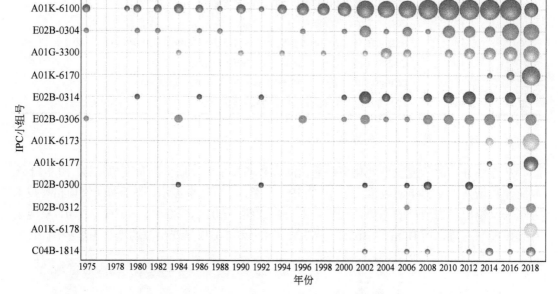

图 9-12　海洋牧场技术专利 IPC 小组变化趋势

（6）海洋牧场技术专利申请机构

海洋牧场技术专利申请机构的具体分布情况见表 9-9，在海洋牧场领域的专利申请比较分散，仅有 5 个机构专利申请达到或超过 10 件，专利申请量达到或超过 30 项的机构有 2 所，都为中国机构，分别是上海海洋大学和浙江海洋大学。此外，申请较多的还有中国海洋大学、日本的冈部（OKABE）公司和韩国的海琼有限公司（HAE JOONG CO LTD）等。就机构申请性质来看，中国在海洋牧场专利申请方面主要以高校为主，而国外主要以企业为主。

表 9-9　海洋牧场技术专利申请机构

| 序号 | 机构名称 | 所属国家 | 专利申请量/项 | 占比/% |
| --- | --- | --- | --- | --- |
| 1 | 上海海洋大学 | 中国 | 30 | 2.28 |
| 2 | 浙江海洋大学 | 中国 | 30 | 2.28 |
| 3 | 中国海洋大学 | 中国 | 19 | 1.44 |
| 4 | 日本冈部公司 | 日本 | 11 | 0.83 |
| 5 | 韩国海琼有限公司 | 韩国 | 10 | 0.76 |

续表

| 序号 | 机构名称 | 所属国家 | 专利申请量/项 | 占比/% |
|---|---|---|---|---|
| 6 | 韩国渔业资源局 | 韩国 | 9 | 0.68 |
| 7 | 韩国大同（TAESUNG）渔业建设有限公司 | 韩国 | 9 | 0.68 |
| 8 | 大连海洋大学 | 中国 | 9 | 0.68 |
| 9 | 中国水产科学研究院南海水产研究所 | 中国 | 8 | 0.61 |
| 10 | 中国水产科学研究院黄海水产研究所 | 中国 | 8 | 0.61 |
| 11 | 日本 Kaiyo Kensetsu 公司 | 日本 | 8 | 0.61 |
| 12 | 韩国海洋研究与发展研究所 | 韩国 | 8 | 0.61 |

## 9.6　海洋牧场科技发展态势总结与展望

经过约四个世纪的发展，在科学技术的推动下，海洋牧场已进入快速发展期，在解决全球食物安全问题、涵养海洋生物资源、修复海洋生态环境方面做出了重要贡献。本部分将从海洋牧场的概念、国际海洋牧场发展状况、主要沿海国家海洋牧场的发展格局、论文分析、专利分析 5 方面切入，描绘并展望海洋牧场的发展态势。

### 9.6.1　从抽象到具体，仍在发展完善的海洋牧场概念

不同的时代赋予了海洋牧场不同的内涵。自 1971 年日本水产厅首次提出海洋牧场以来，海洋牧场概念从最初的"为了人类生存，通过人为管理，在追求海洋资源开发与环境协调发展的同时，应用科学理论与技术实践形成的海洋空间系统"发展到了现在的"基于生态学原理，充分利用自然生产力，运用现代工程技术和管理模式，通过生境修复和人工增殖，在适宜海域构建的兼具环境保护、资源养护和渔业持续产出功能的生态系统"，经历了从抽象到具体的发展过程。随着社会经济的发展，海洋牧场的内涵还在不断地发展完善中，这也反映了海洋牧场技术的发展以及人们对海洋牧场认知的不断深化。

### 9.6.2　步入快速发展期的国际海洋牧场

（1）国际海洋牧场发展阶段

经过长足的发展，国际海洋牧场已历经探索期、雏形期、幼年期，自 2000 年步入快速发展期，海岸工程与人工鱼礁技术、鱼类选种与繁育技术、环境改善与生境修复技术、管理技术等各项海洋牧场建设技术日臻完善。根据经济合作与发展组织（OECD）保守估计，2010 年全球海洋经济每年产生的价值约 1.5 万亿美元，占世界经济总增加值（GVA）的 2.5%。海洋经济每年可提供约 3100 万个工作岗位，其中从事渔业捕捞的人口超过了 1/3（Organisation for Economic Co-operation and Development，2016）。

（2）海洋牧场发展展望

全球许多海洋牧场已竣工，海洋牧场正在向规范化、制度化的生态修复方向发展，海洋经济时代正在来临。预计到 2030 年，海洋经济产生的经济价值将增加一倍以上，达到 3 万亿美元，其中，海洋水产养殖、海上风力、鱼类加工、造船等领域的增值空间最大（Organisation for Economic Co-operation and Development，2016）。

## 9.6.3 主要沿海国家特征鲜明的发展格局

受发展理念、参与主体、技术水平等因素的影响，日本、中国、美国等主要沿海国家海洋牧场的建设模式及现阶段的特点差异显著（表 9-10）。不同的海洋牧场建设模式标志着适用于不同海域特征的技术体系和管理体系的形成，可以为包括发展中国家在内的其他沿海国家建设海洋牧场提供参考借鉴。

表 9-10　主要沿海国家海洋牧场的建设模式及现阶段的特点

| 国家 | 海洋牧场建设模式 | 海洋牧场现阶段的特点 |
| --- | --- | --- |
| 日本 | 政府统筹的技术保障下以海洋生态修复为基础的日本模式 | 技术体系完善、建设主体实现了普遍化、管理机制健全 |
| 韩国 | 政府统筹下依赖集约化苗种培育和增养殖技术，追求产量最大化的韩国模式 | 增养殖技术和生态修复技术发展不均；建设的主体已经完成从国家转向地方政府，正在向普遍化阶段过渡；管理机制健全 |
| 中国 | 政府统筹下公众积极参与、快速发展的中国模式 | 技术相对薄弱、建设主体实现了普遍化、管理机制有待健全 |
| 美国 | 公民主导、尊重自然、以游钓业为特色的美国模式 | 技术体系相对完善、建设主体实现了普遍化、管理机制有待健全 |

### 9.6.3.1　日本

（1）现状

海洋牧场在建设初期具有较高的技术风险，因此，在正式启动建设海洋牧场之前，日本首先整合了政府、企业和科研院所的研究力量，于 1980～1988 年，对海流控制技术、海底控制技术、多种鱼贝类在时间和空间上进行组合的复合型资源培养系统，现代生物工程和电子学等海洋牧场建设的前期关键技术进行研究，具备了相关的技术后，通过开展相关试验，经过仔细的可行性论证后，确定一套科学有效的建设规划，然后再严格执行规划，实施海洋牧场的建设。尽管在海洋牧场建设初期，曾因缺乏渔业资源保护意识和生态风险意识，增殖放流以及酷渔滥捕导致海洋动物种群数量加速下降、资源日益枯竭，但日本这种按照科学规划逐步推进的海洋牧场建设模式避免了很多突发的情况，也避免了在建设过程中因为没有技术指导而多走弯路。1991 年，日本开始着手在外海开发海洋牧场（李春荣，1991）。海洋牧场建设技术已经完成了向渔民、企业的转化，实现了海洋牧场建设的普遍化。独特的地理环境，促使日本海洋牧场高速发展，其独特的音响驯化技术水平，远超其他国家，同时苗种育成、放流技术也相当成熟，其精准的机械化、自动化技术也逐步向更高层次迈进。

日本的管理体制健全，存在专门的管理部门定期维护与检查人工鱼礁等设施，保证其正常使用；充分调动了渔民建设海洋牧场的积极性，并且已做到将建设主体过渡到了渔民；颁布了《沿岸渔场整备开发法》，使沿岸渔场的发展规范化，促进了鱼礁设施事业的发展；日本还对水产机构进行了改革，将栽培渔业协会并入日本水产综合研究中心，专司栽培渔业项目管理和栽培渔业技术研发、评价和实施工作；通过成立栽培渔业协会，在政府与渔民之间架起了有效沟通的桥梁，推动了海洋牧场的发展。此外，日本还重视管、民、产、学、研综合一体化的管理，从而提高了管理效率。

经过几十年的努力，日本建成了世界上最大的海洋牧场——北海道海洋牧场，形成了技术保障下注重自然与资源养护功能、调动渔民和民营企业积极参与的日本海洋牧场建设模式。进入 21 世纪后，日本投资数百亿日元建造数千个人工鱼礁，到 2003 年，日本全国共有国营的栽培渔业中心 16 家，都道府县的 64 家。近年来，日本每年投入 600 亿日元用于人工鱼礁的建设，截至 2010 年，全日本渔场面积的 12.3%已经设置了人工鱼礁，投放人工鱼礁达 5000 个，总投资 12 008 亿日元（朱孔文等，2011）。

（2）展望

结合日本海洋牧场现阶段的特点与其现行的《海洋基本计划》（2018～2022 年）和《海洋科学技术研究开发计划》（2017 年），预计未来 5 年日本海洋牧场的发展趋势如下：① 通过扶持稳定增产的新养殖技术、科学管理海洋资源，日本海洋牧场将进一步向规范化产业发展。②更加注重海洋环境保护和沿海区域的综合管理，通过开发生态系统服务评价技术、阐明生态系统损害与恢复机理，避免海洋生物多样性损失，促进海洋生态系统的可持续管理与利用，日本海洋牧场将进一步向生态修复方向发展。③将通过支持海洋观测和调查技术研发与应用，提高海洋调查、观测与数据的持续获取能力，建设海洋大数据库，从而使日本解决海洋牧场建设与发展中的实际问题更加有据可依、有章可循。④将通过培育专门人才、推进儿童与青年群体的海洋教育、强化国民的整体海洋意识，使日本海洋牧场的人才队伍体系逐步完善。

### 9.6.3.2 韩国

（1）现状

韩国从 1993 年才开始海洋牧场建设的初期探索。1994～1996 年韩国开展了人工鱼礁建设、增殖放流、环境监测和管理等方面的科技研发，从 1996 年开始，韩国进行了为期两年的海洋牧场建设可行性战略研究，并于 1998 年制定并开始实施《海洋牧场事业的长期发展计划》（1998～2030 年）。在战略计划的持续推动下，韩国海洋牧场建设的主体已经完成从国家转向地方政府，自 2015 年开始，海洋牧场建设正在向普遍化阶段过渡（个人和企业成为海洋牧场建设的主体）。

韩国海洋牧场建设虽然起步较晚，但在技术方面已经做到了国际领先。在苗种的亲鱼养成、音响驯化等很多方面有了较大突破，其关键技术主要包括环境监测及投饵、目标品种渔场建设、海流控制设施三方面的内容。环境监测及投饵设施包括投饵及音响装置、太阳能发电系统、环境监测装置、陆上观测控制系统等；目标品种渔场建设包括最具代表性的人工鱼礁和海藻床的建设等；海流控制设施是为确保海洋牧场能对目标品种提供安全的栖息场所，并提高各种设施物稳定性的设施。

在管理方面，韩国在海洋牧场的建设和发展方面，专门成立了水产厅国立水产振兴院、国立水产苗种培育场，并设置专属部门进行海洋牧场管理建设与定期检查（王凤霞和张珊，2017）。2007 年，海洋水产部将海洋牧场建设移交给韩国国立水产科学院管理，该院成立了海洋牧场管理与发展中心，具体负责该项目的实施工作。另外，政府还积极扶持各种民间中介组织的发展，鼓励养殖者加强自我管理，按照市场经济基本规律运作，有力地促进了水产养殖业的有序管理。目前韩国有各种渔业中介组织（协同组合）200 多个，会员之间相互交流技术，统一市场运作，既方便了政府管理，又维护了养殖者的利益。韩国海洋牧场管理条例明晰，责权明确，促进了海洋牧场的建设和发展。

到 2010 年，韩国东部投放人工鱼礁 64 035 个，已建造人工鱼礁面积达到 12 048 公顷，投资力度逐步加大，并建设了许多韩国海洋牧场示范区（佘远安，2008）。目前，韩国已逐渐形成政府统筹下依赖集约化苗种培育和增养殖技术，追求产量最大化的资源养护型海洋牧场建设模式，但因过分强调海洋生态系统为人类提供食品、原材料等产品的供给功能，过度追求某类鱼种群数量的增长，忽视了海洋生态系统可以为人类提供消遣娱乐、美学体验等非物质享受的文化功能，导致区域水生生态环境严重破坏，海洋牧场附加值较低，修复尚需时日。

（2）展望

结合韩国海洋牧场现阶段的特点与其现行的《海洋牧场事业的长期发展计划》（1998～2030 年）可以预见，未来 10 年日本海洋牧场的发展趋势如下：①海洋牧场开发稳步转向普遍化，事业主体由地方政府转向个人、企业，韩国全海岸实现海洋牧场化。②海洋生态环境破坏问题已得到关注，重视海陆一体化管理；环境监测技术、生境改善技术和生态修复技术的研发和推广将成为韩国政府下一阶段海洋牧场部署的重点。③海洋牧场管理经营技术、经济效益评价方法将得到发展完善。④高附加值海洋生物产品的研发也将成为韩国未来的部署重点。

### 9.6.3.3 中国

（1）现状

中国海洋牧场始建于 1979 年，前期经历了漫长的缓慢发展期。2015 年，农业部发布了《农业部关于创建国家级海洋牧场示范区的通知》（农渔发〔2015〕18 号），我国海洋牧场建设进入快速发展期。2017 年以来，连续三年海洋牧场建设被写入中央一号文件，农业部先后发布了《国家级海洋牧场示范区建设规划（2017—2025）》（2017 年）、《国家级海洋牧场示范区管理工作规范（试行）》（2017 年）、《国家级海洋牧场示范区年度评价及复查办法（试行）》（2018 年）等政策文件。地方政府、企业、社会团体、渔民纷纷响应，投入了海洋牧场建设的浪潮中，形成了政府统筹下公众积极参与、快速发展的中国海洋牧场建设模式。

我国海洋牧场受发展历程的限制，相关技术水平发展时间较短，海洋牧场建设还比较依赖国内的增养殖业、人工鱼礁业、增殖放流业等技术体系，所以海洋牧场技术的研发相对滞后，海洋牧场产业技术储备不足，缺乏相对独立的技术体系，特别是许多关键技术如海藻（草）床高效建设技术、大规模优质健康苗种繁育及高效增殖放流技术、放流对象生物学行为的有效控制技术、牧场生物资源高效探测与评估技术、安全高效生产的创新技术及牧场信息化监控管理技术等尚待研发；缺少具有自主知识产权的现代高端技术，创新能力亟待提高。

我国海洋牧场管理体制有待健全：①缺乏统筹规划，科学布局有待加强。缺乏一套完整的海洋牧场行业标准，选址依赖人工鱼礁区的现象较为严重，导致我国一些海洋牧场的规划布局、礁区选址、建设规模及人工鱼礁工程设计等方面缺乏科学论证和统筹规划，建设布局不够合理；一些海洋牧场缺少明确的功能定位，过于强调经济效益而忽视了生态效益，这些都制约了海洋牧场整体功能和效益的发挥。②区域发展不平衡，资金投入总体不足。由于各地区重视程度和资金支持存在较大差异，目前全国海洋牧场发展并不平衡。海洋牧场建设财政资金投入普遍不足，难以形成有效规模，导致我国海洋牧场建设虽然数量多但规模偏小，特别是以生态保护为主要目标的养护型海洋牧场发展受到制约；加上海洋牧场运行和管理缺乏配套资金，导致海洋牧场的综合效益难以充分、持续发挥，严重影响了海洋牧场的实际效果。③法律法规不完善，体制机制不健全。海洋牧场的建设和运营涉及政府、企业、渔民等多方利益主体，需要全面统筹、综合管理。由于缺少专门的规章制度，一些海洋牧场建设、经营和监管责任主体不明确，海洋牧场产权不清晰，导致管理混乱；一些地区对海洋牧场征收海域使用金的标准过高，忽视其资源增殖和养护功能，加之海域批准使用年限过短，都在一定程度上挫伤了海洋牧场建设的积极性；一些地区还存在重建设、轻管理的现象，后续监测和管理监督不到位，管理目标发生偏差，片面追求经济效益与短期利益，一定程度上也制约了海洋牧场综合效益的发挥。④海洋牧场的建设区域选择缺乏依据、投放的鱼礁选型不科学；总体布局未能基于生态系统理论设计；增养殖方式上，水域增殖放流的渔业资源种类单一，生物群落结构简单，系统稳定性差；生态效果方面，海藻场、海草床、贝床等功能区缺乏，生态修复效果难以充分发挥，未能实现牧场的生态恢复功能。究其原因，主要是海洋牧场构建缺乏相关的建设标准。应尽快制定相关标准，规范海洋牧场的选址及规模、礁体设计及投放准则、增殖种类选择、管理制度、维护体系、效果评估等方面（杨红生等，2016；颜慧慧和王凤霞，2016）。

经过近40年的发展，我国沿海从北到南已建设了一系列以投放人工鱼礁，移植种植海草和海藻，底播海珍品，增殖放流鱼、虾、蟹和头足类等为主要内容的海洋牧场。截至2016年，全国已投入海洋牧场建设资金55.8亿元，建成海洋牧场200多个，其中国家级海洋牧场示范区42个，涉及海域面积超过850平方千米，投放鱼礁超过6000万空立方米。目前，全国海洋牧场建设已初具规模，经济效益、生态效益和社会效益日益显著。

（2）展望

结合中国海洋牧场现阶段的特点与其现行的《国家级海洋牧场示范区建设规划（2017—2025》（2017 年）、《国家级海洋牧场示范区管理工作规范（试行）》（2017 年）、《国家级海洋牧场示范区年度评价及复查办法（试行）》（2018 年）等政策文件，可以预见，到 2025 年，中国海洋牧场的发展趋势如下：①到 2025 年建设 178 个国家级海洋牧场示范区，中国海洋牧场的产业基础初具雏形。②海洋牧场实时监测系统与辅助决策技术信息平台构建完成，基本实现对海洋牧场生态环境、资源状况的实时监测。③构建较为完备的科技支撑和服务体系。通过海洋牧场专业人才培养和引进，形成稳定、高效的海洋牧场技术研究和支撑团队；大力扶持海洋牧场选址、礁体设计、礁区布局、礁体投放、海草床和海藻场构建、增殖物种选择、渔业资源管理等方面关键共性技术的研发与应用。④建立起较为完善的海洋牧场建设管理制度。加强海洋牧场选址、巡查管护、质量管理和技术监督等关键环节，确保海洋牧场建设质量；加强执法监管，建立动态监管体系和综合考评体系，确保海洋渔业资源得到有效保护和可持续利用；海洋牧场长期的生态、经济和社会效益评估机制基本建立，为后续管理、开发利用和继续建设提供决策支持。

### 9.6.3.4 美国

（1）现状

美国鲑鱼海洋牧场建设技术处于全球领先地位，远程监测系统开发技术成熟，并将转基因技术应用到海洋牧场鱼类驯化及监控方面，音响驯化技术、标记技术与回捕装置技术等已经相对成熟，其卓越的海洋牧场技术与方法值得其他国家借鉴（王凤霞和张珊，2017）。

在管理方面，美国更注重环境保护与可持续发展，选择性捕捞与合理增殖是维持可持续发展的良好手段。美国的管理环境相对比较自由，政府对海洋牧场建设的干预相对较少。早期都是民间组织对人工鱼礁进行建设和研究，后来政府才参与其中，开始对人工鱼礁建设进行正式的研究和规模化的组织。美国的人工鱼礁的投放量相对来讲是比较大的，但是大部分都是来自社会团体、组织和民间机构的投资，政府对人工鱼礁的投资明显比日本少。因此，美国海洋牧场多是企业制，监测、管理归属于开发企业，同时美国注重环境的修复，其开发管理更自由化。另外，美国经济效益高、污染小的游钓业发达，针对游钓区进行的人工鱼礁的建设也有不少。

经过 150 多年的发展，美国海洋牧场建设逐渐形成了公民主导、尊重自然、以商业性游钓业为特色的美国模式。到 2010 年，美国因游钓业所带来的经济效益达到 500 亿美元，而且每年以 5%～10% 的速度扩建人工鱼礁（朱孔文等，2011）。但受早期民间投资和自然、历史、地理等因素的影响，美国海洋牧场建设目前也存在发展不均衡、民间投资管理难度大、珍贵鱼种繁殖率下降、鱼群回捕率不理想等问题。

（2）展望

结合美国海洋牧场现阶段的特点与其现行的《美国海洋科技发展的未来十年愿景》、

《珊瑚礁保护战略规划》、美国 2020 财年海洋机构相关预算等政策文件，可以预见，未来 10 年美国海洋牧场的发展趋势如下：①通过技术研发，美国海洋牧场中珍贵鱼种繁殖率以及鱼群回捕率将有所提高，海洋牧场的渔获量大幅增加。②受早期民间投资和自然、历史、地理等因素的影响，美国沿岸海域发展不均衡、民间投资管理难度大等问题仍将长期存在。

## 9.6.4 美国领军，澳大利亚、中国和法国奋起直追的海洋牧场研究格局

（1）现状

在研究论文方面，1968~2019 年，海洋牧场论文数量不断攀升。在国家层面上，美国在该领域发表的论文量占据领军地位，我国发表论文居全球第 5 位。但在篇均被引频次、被引率等方面，中国在发文数量 TOP 10 国家中几乎垫底，这从侧面反映了我国有很多研究工作的质量仍有待提高。海洋与淡水生物学、渔业科学、环境科学与生态学是发文数量 TOP 10 国家共同关注的重点学科，但各国关注的程度各有不同，相比其他国家，中国的学科分布相对分散。在机构层面上，在海洋牧场研究领域比较活跃的研究机构主要来自美国和日本。就单独机构而言，日本水产综合研究中心和美国国家海洋和大气管理局是发文量超过 50 篇的 2 所机构。不同的机构关注的研究热点各不相同。在领域分布方面，海洋与淡水生物学相关国际海洋牧场研究论文比例接近 45%。从合作关系看，美国机构是推动国际机构合作的主力，国际合作非常普遍。对于中国机构，国内机构间合作较多，在跨国机构合作中多与美国合作。

（2）展望

未来 10 年，国际海洋牧场研究态势如下：①美国在海洋牧场研究领域仍将占据领军地位，中国和澳大利亚将迎来其海洋牧场研究的快速发展期。②海洋与淡水生物学、渔业科学两个学科领域将持续受到关注，环境科学与生态学将成为最具发展潜力的学科。③水产养殖、人造珊瑚礁、资源增殖放流一直以来都是研究的热点，生态系统和栖息地恢复将受到研究者越来越多的关注。

## 9.6.5 韩国领军，中国、日本、美国积极部署的海洋牧场技术研发格局

（1）现状

在专利方面，海洋牧场技术专利申请最早出现在 1975 年，经过缓慢的初期研发阶段之后，2000 年开始快速发展，近年来上升趋势明显。海洋牧场相关技术专利主要集中在韩国、中国、日本、美国等国家，其中韩国专利申请数量占到了专利总申请量的 42%，在全球海洋牧场技术发展中占据主导地位。中国专利申请量居第二位，占总申请量的 28%。海洋牧场专利技术布局主要涉及农业、固定建筑物、化学冶金和作业运输 4 个大类、126 个小类和 637 个小组，其中 A01K-061/00（鱼类、贻贝、蜊蛄、龙虾、海绵、珍珠等水生动物的养殖）方面的技术专利最多，其他相关技术近年来也都呈现稳步增长的态势，表明技术日

趋成熟。主要机构专利申请人在海洋牧场领域的专利申请比较分散，仅有 5 个机构专利申请达到或超过 10 件，TOP 10 的机构中前 3 都是中国机构，分别是上海海洋大学、浙江海洋大学和中国海洋大学，其余为韩国和日本的机构或企业，中国主要以高校为主，而国外主要以企业为主。

（2）展望

关于海洋牧场相关技术近年来呈现出稳步增长的态势，相关技术日趋成熟，生物育种、海洋资源管理技术、海洋工程技术逐渐成为未来技术研发的热点，其中，人工鱼礁研发、渔船下沉和系泊调度将是近几年发展的热点技术。一些国际组织发布的报告也显示，先进材料、先进制造、水下工程与技术、生物技术将成为未来海洋领域重点关注的几项技术（Lioyd's Register et al.，2015；Organisation for Economic Co-operation and Development，2016）。

# 9.7　我国海洋牧场建设未来发展需求及启示

海洋牧场建设是海洋渔业生产方式的重大变革。因此，致力于海洋牧场的研究、开发和应用已成为主要海洋国家的战略选择，是世界发达国家渔业发展的主攻方向之一，也是解决我国食物安全问题、涵养海洋生物资源、修复海洋生态环境的最好途径。纵观各国海洋牧场的发展历史，基于对中国、美国、日本、韩国等主要海洋国家海洋牧场战略布局的宏观把握，通过对国际海洋牧场发展方向、重点研发领域及热点的深入分析，在我国海洋牧场建设方面，本章得到的启示如下。

## 9.7.1　强化中国近海海洋牧场整体规划布局和监管

1）明确海洋牧场生态保护优先，兼顾经济效益的功能定位，确保海洋牧场整体功能和效益的发挥。

2）经过科学论证和统筹规划，兼顾区域特色与发展平衡，将规模效益纳入考虑，强化中国近海海洋牧场的整体布局。

3）构建专门的监管体系，配套专门的海洋牧场运行和管理资金，出台完善的海洋牧场行业标准，使中国海洋牧场的规划布局、礁区选址、建设规模及人工鱼礁工程设计、海陆一体化监督与管理等有据可依，保障海洋牧场产生持续的综合效益。

4）通过发展"海洋牧场+"产业，带动海洋清洁能源、海滨旅游、海洋游钓业等产业的发展，提高海洋牧场的附加值。

## 9.7.2　积蓄海洋牧场相关科技力量，推动海洋牧场快速发展

1）成立独立的国家级海洋牧场科研管理机构，加大海洋牧场研究领域的研发投入，组织科技力量，整合资源，对海洋牧场产业中环境实时监测技术、产卵场保护技术、生物资源智能管理技术、生物资源智能收获技术等重大技术瓶颈以及生态环境营造技术、生物行为控制技术、生物承载力提升技术等关键与共性技术开展联合攻关，支持我国海洋牧场的

快速发展。

2）海洋与淡水生物学、渔业科学、环境科学与生态学是论文数量 TOP 10 国家最为关注的 3 个研究领域，但各个国家关注的程度各有不同。其中，日本和挪威这 3 个领域的研究在该国总研究中的占比超过了 80%，相比之下，中国这 3 个领域的研究占比最低，尚未达到 60%。这在一定程度上反映了中国的研究领域相对分散，也说明我国的学科领域布局还有待优化的空间。因此，建议针对我国国情，合理优化中国海洋牧场研究的学科领域布局。

3）构建较为完备的科技支撑和服务体系。加强国际合作，并通过海洋牧场专业人才培养和引进，形成稳定、高效的海洋牧场技术研究和支撑团队，提高我国海洋牧场建设方面的研发实力。

4）我国在海洋牧场的主要科研能力集中在高校等科研单位，成果转化率较低。建议构建"民产学研"合作机制，加快成果转化，因地制宜，从而促进我国海洋牧场建设全面升级。

### 9.7.3 加强海洋牧场监测、预测和评估

目前没有统一的海洋牧场生态、环境及生物资源调查评估方法，难以对海洋牧场的建设效果进行量化评估。当前亟须建立科学合理的海洋牧场生态、环境及资源监测、预测与评估方法，以便对海洋牧场建设进行更加科学的评估和规范管理，具体建议如下。

1）建立海洋牧场环境因子和渔业资源信息实时监测网络，研发海洋牧场生态安全与环境保障监测平台，集成建立海洋牧场环境因子大数据处理分析中心，采用多元模型预测评估海洋牧场安全与经济生物资源产出，综合提高海洋牧场对自然灾害的预警能力和智能化管理能力。

2）基于我国南北海域的生境特征，建立海洋牧场生物资源、生物承载力、长期生态和社会效益评估体系，构建海洋牧场生物资源可持续发展、管理利用技术方案，构建增殖结构合理的生态牧场，实现海洋牧场的可持续发展。

3）制定海洋牧场的评估标准，从以往仅针对海洋牧场增养殖产品获得的经济效益层面，拓展至对整个海区的生态、社会和经济效益等多方面，尤其是突出生态效益评价，制定涵盖种群、群落、生态系统等多个层级的功效量化评估指标体系。海洋牧场的监测技术、预测技术和评估技术是相辅相成的，需要同步进行研发及标准的制定，以更系统、更科学地管理海洋牧场，为后续管理、开发利用和继续建设提供决策依据。

**致谢** 中国科学院海洋研究所的杨红生研究员和张立斌研究员、山东省科学院海洋仪器仪表研究所的于慧彬高级工程师、中国科学院烟台海岸带研究所的邹涛副研究员等专家对本章内容提出了宝贵的意见与建议，在此谨致谢忱！

### 参 考 文 献

陈力群, 张朝晖, 王宗灵. 2006. 海洋渔业资源可持续利用的一种模式——海洋牧场. 海岸工程, 25（4）: 71-76.

陈永茂, 李晓娟, 傅恩波. 2000. 中国未来的渔业模式——建设海洋牧场. 资源开发与市场, 16（2）: 78-79.

董利苹，曲建升，王金平，等，2020.国际海洋牧场研究的发展态势.世界农业，1：1-13.

郭璞，注.2011.尔雅.杭州：浙江古籍出版社：237.

胡家文，姚维志.2005.养殖水体富营养化及其防治.水利渔业，25（6）：74-76.

黄宗国.2002.海洋生物学辞典.北京：海洋出版社：172.

李波.2012.关于中国海洋牧场建设的问题研究.中国海洋大学硕士学位论文.

李春荣.1991.日本开发外海海洋牧场.现代渔业信息，6（9）：32.

梁君，毕远新，周珊珊，等.2017.刍议海洋牧场的概念和英文表达.中国渔业经济，3（2）：12-17.

刘卓，杨纪明.1995.日本海洋牧场（Marine Ranching）研究现状及其进展.现代渔业信息，10（5）：14-18.

马军英，杨纪明.1994.日本的海洋牧场研究.海洋科学，（3）：22-24.

缪圣赐.2006.韩国实施海洋牧场事业的长期发展计划.现代渔业信息，21（11）.

蒲新明，傅明珠，王宗灵，等.2012.海水养殖生态系统健康综合评价：方法与模式.生态学报，32（19）：6210-6222.

曲永斐.2018.海洋牧场技术的研究现状和发展趋势.中外企业家，（7）：94.

全国科学技术名词审定委员会.2007.海洋科技名词.北京：科学出版社：261.

阙华勇，陈勇，张秀梅，等.2016.现代海洋牧场建设的现状与发展对策.中国工程科学，18（3）：79-84.

佘远安.2008.韩国、日本海洋牧场发展情况及我国开展此项工作的必要性分析.中国水产，（3）：22-24.

水产名词审定委员会.2002.水产名词.北京：科学出版社：250.

王恩辰，韩立民.2015.浅析智慧海洋牧场的概念、特征及体系架构.中国渔业经济，33（2）：11-15.

王凤霞，张珊.2017.海洋牧场概论.北京：科学出版社：76.

王诗成.2010.海洋牧场建设：海洋生物资源利用的一场重大产业革命.理论学习，（10）：22-25.

颜慧慧，王凤霞.2016.中国海洋牧场研究文献综述.科技广场，（6）：162-167.

杨宝瑞.2007.韩国水产养殖渔场环境现状与应对措施.中国水产，（1）：24-25.

杨红生.2016.我国海洋牧场建设回顾与展望.水产学报，40（7）：1133-1140.

杨红生，霍达，许强.2016.现代海洋牧场建设之我见.海洋与湖沼，47（6）：1069-1074.

杨红生，章守宇，张秀梅，等.2019.中国现代化海洋牧场建设的战略思考.水产学报，43（4）：1255-1262.

杨红生，赵鹏.2013.中国特色海洋牧场亟待构建.中国农村科技，（222）：15.

杨金龙，吴晓郁，石国锋，等.2004.海洋牧场技术的研究现状和发展趋势.中国渔业经济，（5）：48-50.

于沛民，张秀梅.2006.国外人工藻礁的研究进展.海洋与渔业，（6）：12-14.

虞宝存，梁君.2012.贝藻类碳汇功能及其在海洋牧场建设中的应用模式初探.福建水产，34（4）：339-343.

曾呈奎，毛汉礼.1965.海洋学的发展、现状和展望.科学通报，16（10）：876-883.

曾呈奎，徐恭昭.1981.海洋牧业的理论与实践.海洋科学，5（1）：1-6.

张建墅.2018.颇具雄心的日本海洋政策纲领. http://www.chinanews.com/gj/2018/07-04/8556150.shtml ［2019-07-18］.

中华人民共和国农业部.2017.农业部关于印发《国家级海洋牧场示范区建设规划（2017-2025）》的通知. http://www. moa. gov. cn/govpublic/YYJ/201712/t20171219_6123887. htm ［2019-07-11］.

朱孔文，孙满昌，张硕，等.2011.海州湾海洋牧场——人工鱼礁建设.北京：中国农业出版社.79.

自然科学基金委员会.2019.第230期双清论坛"现代化海洋牧场建设与发展"在舟山召开. https://www.ctex. cn/article/zxdt/zcfg/gjkjzc/zrkxjjw/201904/20190400051200. shtml.［2020-01-01］

日本内阁府. 2018. 海洋基本計画第 3 期（平成 30 年 5 月 15 日閣議決定）. http://www8. cao. go. jp/ocean/policies/plan/plan. html［2019-01-16］.

首相官邸. 2013. 海洋基本計画について. http://www. kantei. go. jp/jp/singi/kaiyou/kihonkeikaku/130426 gaiyou. pdf［2019-10-13］.

文部科学省. 2017. 海洋科学技術に係る研究開発計画. http://www.mext.go.jp/b_menu/shingi/gijyutu/gijyutu5/reports/1382579. htm［2019-11-06］.

Andrew N L，Béné C，Hall S J，et al. 2007. Diagnosis and management of small-scale fisheries in developing countries. Fish and Fisheries，8（3）：227-240.

Australian government. 2018. Reef Restoration and Adaptation Program. https://www.gbrrestoration.org/［2019-1-14］.

Bell J D，Leber K M，Blankenship H L，et al. 2008. A new era for restocking，stock enhancement and sea ranching of coastal fisheries resources. Reviews in Fisheries Science，16（1-3）：1-9.

Bell J D. 1999. Transfer of technology on marine ranching to small island states//Marine Ranching：Global Perspectives with Emphasis on the Japanese Experience. FAO Fisheries Circular No. 943，Food and Agriculture Organisation，Rome：53-65.

Billard R，Lecointre G. 2001. Biology and conservation of sturgeon and paddlefish. Reviews in Fish Biology and Fisheries，10：355-392.

Bohnsack J A，Sutherland D L. 1985. Artificial reef research：a review with recommendations for future priorities. Bulletin of Marine Science，37（1）：11-39.

Coen L D，Luckenbach M W . 2000. Developing success criteria and goals for evaluating oyster reef restoration：ecological function or resource exploitation? Ecological Engineering，15：323-343.

EMB. 2017. Marine Biotechnology：Advancing Innovation in Europe's Bioeconomy. http://marineboard.eu/publication/marine-biotechnology-advancing-innovation-europe-bioeconomy-policy-brief［2019-05-04］.

Enda K. 2015. Taoiseach Launches Plan to Double Ireland's Ocean Wealth. https://thefishsite.com/articles/taoiseach-launches-plan-to-double-irelands-ocean-wealth-1［2019-02-01］.

ERA-MBT. 2016. The Marine Biotechnology Research and Innovation Roadmap has been Launched! http://www.marinebiotech.eu/news-and-events/era-news/marine-biotechnology-research-and-innovation-roadmap-has-been-launched［2019-07-11］.

FAO. 2018. The State of World Fisheries and Aquaculture 2018. Meeting the Sustainable Development Goals. http://www.fao.org/3/i9540en/I9540EN.pdf［2019-07-11］.

Fisheries and Oceans Canada. 2016. New Science Investments at Fisheries and Oceans Canada. https://www.canada. ca/en/fisheries-oceans/news/2016/05/new-science-investments-at-fisheries-and-oceans-canada.html［2019-09-12］.

Halpern B S，Frazier M，Potapenko J，et al. 2015. Spatial and temporal changes in cumulative human impacts on the world's ocean. Nature Communications，6（7615）：1-7.

Laikre L，Schwartz M K，Waples R S，et al. 2010. Compromising genetic diversity in the wild：unmonitored large-scale release of plants and animals. Trends in Ecology and Evolution，25（9）：520-529.

Lan A F，Mart R. 1994. Breeding competition in a Pacific salmon（coho Oncorhynchus kisutch）. measures of natural and sexual selection. Evolution ，48（3）：637-657.

Leber K M，Kitada S，Blankenship H L，et al. 2004. Stock Enhancement and Sea Ranching：Developments Pitfalls and Opportunities. Second Edion. New Jersey：Wiley-Blockwell：11-24.

Lioyd's Register. 2015. Global Marine Technology Trends 2030 Report Released. http://www. lr. org/en/news/news/global- marine-technology-trends-2030. aspx［2019-11-25］.

Lorenzen K，Leber K M，Blankenship H L. 1995. Responsible approach to marine stock enhancement. American Fisheries Society Symposium Series，15：167-175.

Marine Institute Ireland. 2016. Marine Research & Innovation Strategy-Deadline for submissionsextended. http://www. marine. ie/Home/sites/default/files/MIFiles/Docs_Comms/Consutlation%20Document%20Draft%20National%20Marine%20Research%20and%20Innovation%20Strategy%202021_0. pdf［2019-12-13］.

MII. 2017. Marine Funding Opportunities from the Horizon 2020 (2018—2020) Work Programmes. https://www.mbari.org/multi-year-submarine-canyon-study-challenges-texkbook-theoriesabout-turbidity-currents/［2018-12-03］.

MII. 2017. Marine Funding Opportunities from the Horizon 2020（2018—2020）Work Programmes. https://www. marine.ie/Home/site-area/news-events/marine-funding-opportunities-horizon-2020-2018-2020-work- programmes［2019-11-16］.

Minister of Fisheries and Oceans，Canadian Coast Guard，Environment and Climate Change. 2016. Canada's Oceans Protection Plan. http://www. tc. gc. ca/media/documents/communications-eng/ oceans-protection-plan. pdf［2019-11-18］.

Mustafa S. 2003. Stock enhancement and sea ranching：objectives and potential. Reviews in Fish Biology and Fisheries，13（2）：141-149.

Nehlsen W，Williams J E，Lichatowich J A. 1991. Pacific salmon at the crossroads：stocks at risk from California，Oregon，Idaho，and Washington. Fisheries，16（2）：4-21.

NOAA. 2018. Updated NOAA Strategic Plan Outlines their Vision to Conserve Coral Reef Ecosystems and All they Provide. https://www. icriforum. org/news/2018/11/updated-noaa-strategic-plan-outlines-their-vision-conserve-coral-reef-ecosystems-and-al［2019-11-03］.

NSTC. 2018. Science and Technology for America's Oceans：A Decadal Vision. https://www. whitehouse. gov/wp-content/uploads/2018/11/Science-and-Technology-for-Americas-Oceans-A-Decadal-Vision. pdf［2018-12-15］.

Organisation for Economic Co-operation and Development. 2016. The Ocean Economy in 2030. http://www. oecd. org/greengrowth/the-ocean-economy-in-2030-9789264251724-en. htm［2017-03-19］.

President's Office. 2019. Overview Of The President's FY 2020 Budget Request. https://oceanleadership. org/overview-of-the-presidents-fy-2020-budget-request/［2019-10-31］.

Robinson S M，Schroeter S C，Steneck R S，et al. 2002. Status and management of world sea urchin fisheries. Oceanography and Marine Biology Annual Review，40，343-425.

UK Government. 2017. The Blue Belt Programme. https://www. gov. uk/government/publications/the- blue-belt-programme［2019-07-06］.

Winemiller K O. 2003. Life history strategies，population regulation，and implications for fisheries management. Canadian Journal of Fisheries and Aquatic Sciences，62（4）：872-885.

# 10 新生代生态环境演化前沿研究国际发展态势分析

张树良 肖仙桃 牛艺博 刘燕飞 刘文浩 卢晓荣

（中国科学院西北生态环境资源研究院文献情报中心）

**摘 要** 关键地史时期生态环境演变过程及其机制研究是破解地球生命演化机理的关键所在，同时对认识现代地球生物演化，特别是认识人类发展演化的内在机制而言具有重要意义。新生代地球地貌以及生态环境是同现代地球最为接近的时代，新生代生态环境演化及其机理研究对于破解现代地球生物及生态环境演化过程，特别是人类发展演化和适应机理这一地学领域的焦点问题具有极其重要的意义。

为把握该领域最新研究趋势及未来研究动向，本章综合运用文献综述、项目分析、文献计量以及专家咨询等方法，对近 10 年以来国际新生代生态环境演化相关研究的发展态势进行全面分析，获得了相关重要结果和结论。

近年来，在国际范围内，新生代生态环境演化相关研究持续受到关注，相关进展和成果多次入选国内外权威机构或组织评选的年度科学进展，其受关注程度和重要性可见一斑。2015 年以来，先后有 4 项相关成果入选 *Science* 十大科学突破，涉及古人类演化及新生代大气环境研究。我国在该领域的研究也取得了重要进展和突破，如完成冰河时代欧亚人群的遗传谱图的绘制、中国许昌发现晚更新世古老型人类头骨、首次证实距今 3 万～4 万年前人类踏足高海拔青藏高原腹地等。近年来新生代生态环境演化相关研究所取得的重要进展涉及古气候、古环境、古海洋与极地、古生物、古脊椎动物与古人类等主要方向，具体表现为：古气候变化与人类活动耦合和驱动关系引发关注、古气候变化机制及影响成为研究热点、古人类活动与古环境之间耦合关系研究取得进展、新生代以来古环境变化机制研究受到持续关注、古环境变化模拟和评估研究不断深入、古大洋环境变化及其诱因不断被明确、古海洋和古气候关系研究获得关注、极地古环境变化及机制研究得到重视、极地与海洋之间交互影响关系研究取得突破、古生物被用于气候与环境变化研究、古生物演化机制研究取得进展、新型古人类证据不断被确定、多地多种古脊椎动物物种被首次发现、古脊椎动物化石被用于重建青藏高原古高度等。

在国际重要科学计划国际地圈生物圈计划（IGBP）、"过去全球变化"研究计划（PAGES）、综合大洋钻探计划（IODP）、国际地球科学计划（IGCP）以及世界气候研究计划（WCRP）等的带动下，新生代生态环境演化相关研究持续深入开展，成为该领域科学研究进步的重要引擎。与此同时，相关研究也持续被欧盟、欧洲主要国家及美国等各主要国家和地区列为政府科学基金项目的资助重点且数量可观，如美国NSF近年来设立相关项目85项，中国自然科学基金委员会共设立相关项目88项。各主要国家和地区近年来的项目资助重点包括：新生代全球气候变冷成因、新生代微生植物分析、新生代海洋浮游生物与硅和碳循环、新生代生物的生态环境演变、新生代气候演变、新生代构造活动演化与机制、碳循环与古气候重建、生命演化与大气成分、物种进化与生态演变、板块运动与进化过程、气候-环境变化对生物生态和演化的影响、新生代地质构造与动力机制、新生代环境演化及其对气候变化的响应、新生代生物起源与演化等方向。

分析表明，近10年来，国际新生代生态环境演化相关研究呈现持续较快增长态势，2018年为峰值年度，表明该领域研究的受关注程度和发展潜力。美国在该领域研究具有领先优势，除美国外，研究较为活跃的国家还包括中国、英国、德国、法国等国。就研究主体而言，相对较为活跃的研究机构主要来自中国、英国、俄罗斯、西班牙、美国、瑞士、法国、阿根廷等国。中国机构表现突出，在国际发文占比≥1%的研究机构中，中国机构入围数量最多，为4所，其中中国科学院居首位，是发文占比唯一超过5%的研究机构。

在科研合作方面，分析结果显示，新生代生态环境演化研究领域的科研合作较为活跃，全球论文平均合著作者人数为4.93人，平均合著机构数为3.37所。欧美发达国家表现出更高的国际合作强度，特别是欧洲主要国家国际合作论文占比明显高于其他国家，如丹麦、瑞士、瑞典、荷兰、比利时、法国等国，其国际合作论文占比均在80%以上。尽管我国的国际合作论文占比超过全球平均水平，但仍相对偏低，甚至不及俄罗斯和巴西，特别是在多国合作方面，同美国相比还存在明显差距。

对近10年来国际新生代生态环境演化研究热点和前沿的分析揭示出相关研究的如下特征：近10年间，国际新生代生态环境演化研究最为关注的地质历史时期分别为全新世、更新世、整个第四纪；关注的热点方向为古气候、气候变化、古生态学、系统发生生物地理学和古环境；研究手段主要集中于孢粉和稳定同位素。

基于相关分析结果和结论，本章就未来中国在该领域的国际合作以及重要研究方向的布局等提出了相关建议。

**关键词** 生态环境演化 关键地史时期 新生代 国际研究态势 科学计量

# 10.1 引言

关键地史时期生态环境演变过程及其机制研究是破解地球生命演化机理的关键所在，

同时对认识现代地球生物演化，特别是认识人类发展演化的内在机制而言具有重要意义。新生代是距今约6500万年地质历史时期的统称，具体被划分为3个阶段即古近纪（包括古新世、始新世、渐新世）、新近纪（包括中新世、上新世）和第四纪（包括更新世、全新世）。新生代以被子植物和哺乳动物的高度繁盛为特征，生物界开始逐步呈现现代的特征。新生代地球地貌以及生态环境是同现代地球最为接近的时代，该时期的生态环境形成及其演化机制对于认识现代地球生态环境形成及其发展演化无疑具有重要的启示意义，同时，新生代作为哺乳动物时代，是人类出现并发展演化的标志性地史时期，因此，新生代生态环境演化及其机理研究对于破解现代地球生物及生态环境演化过程，特别是人类发展演化和适应机理这一地学领域的焦点问题具有极其重要的意义。

本章将综合运用文献综述、项目分析、文献计量和专家咨询相等方法，从宏观至微观系统分析截至2018年国际有关新生代生态环境演化的重要项目的布局情况、主要国家、重要科研机构的分布情况，以及国际新生代生态环境演化的重要进展及其热点研究方向的发展演变等，旨在揭示目前国际有关新生代生态环境演化相关研究的发展现状及其趋势以及研究空白，为该领域最新的研究布局以及关于人类发展演化和适应机理的研究提供科学依据和有价启示。

# 10.2　国际新生代生态环境演化最新研究进展

## 10.2.1　国际重要相关研究计划及项目

### 10.2.1.1　国际计划

（1）国际地圈生物圈计划、"过去全球变化"研究计划

国际地圈生物圈计划（International Geosphere-Biosphere Program，IGBP）是1986年由国际科学联盟理事会（ICSU）发起并组织的重大国际科学计划。IGBP是超级国际科学计划，该计划的主要科学目标是：描述和认识控制整个地球系统相互作用的物理、化学和生物学过程；描述和理解支持生命的独特环境；描述和理解发生在该系统中的变化以及人类活动对它们的影响方式。其应用目标是发展预报理论，预测地球系统在未来十至百年时间尺度上的变化，为国家和国际政策的制定提供科学基础（IGBP，2019）。

IGBP由8个核心研究计划和3个支撑计划组成。8个核心研究计划分别为：国际全球大气化学计划（IGAC）、全球海洋通量联合研究计划（JGOFS）、"过去全球变化"研究计划（PAGES）、全球变化与陆地生态系统（GCTE）、水文循环的生物圈方面（BAHC）、海岸带海陆相互作用（LOICZ）、全球海洋生态系统动力学（GLOBEC）和土地利用与土地覆盖变化（LUCC）。3个支撑计划为：全球分析、解释与建模（GAIM），全球变化分析、研究和培训系统（START），IGBP数据与信息系统（IGBP-DIS）（陈泮勤，1987）。其中，PAGES是为了研究地质历史上发生的气候与环境变化及其原因而开展的。

"过去全球变化"（Past Global Changes，PAGES）研究计划形成于 1991 年 3 月，它通过对历史资料和自然记录（如保存在树木年轮、湖泊和海洋沉积物、珊瑚、冰芯中的自然信息）的研究，并借助于有效的现代物理、化学分析技术恢复过去环境的变化并区分自然因素和人为因素的影响，以此为依据，检验未来全球变化预测模型。通过这些研究，将回答下列问题：①在冰期和间冰期的哪些层序中存在着温室气体和地表温度的变化？②在近 1000 年以来，区域和全球的地表温度是如何变化的？③地球系统的自然反馈在何种程度上对温室气体作用有贡献？④过去的人类活动在何种程度上改变了气候和全球环境？

由于人力和物力资源以及在何地可能获得何种数据的限制，PAGES 将集中研究两个时间阶段：①时间阶段 I 将集中研究最近 2000 年的地球历史，这段时间是人类对地球影响最大的时期，同时也是人类历史资料与自然记录存在重叠的时期。对这段时间（包括小冰期及其前面的温暖时期即所谓的"中世纪温暖期"）的气候和环境变化的深入了解，将为预测未来 50～100 年地球系统的区域至全球尺度的变化速率提供极有价值的参考资料。时间阶段 I 的目标是重建距今 2000 年这段时间内全球气候和环境变化的详细历史，其时间分辨率至少为 10 年尺度，在理想的情况下，应达到年际尺度或季节尺度。②时间阶段 II 将集中研究晚第四纪的最后几十万年的冰期-间冰期旋回，主要是了解引起冰期-间冰期变化的动力学，包括大气化学、海洋环流和生物群的作用，从而阐明控制地球系统对气候驱动力的响应的组成部分间的相互反馈。目的是要弄清在冰期和间冰期期间地球系统变化的原因和地球系统的功能；积累从温暖期向寒冷期和从寒冷期向温暖期转变的原因和特点。时间阶段 II 的目标是重建整个冰期旋回气候和环境变化的历史，以深化我们对引起全球气候变化的自然过程的认识。

PAGES 的研究任务针对以下四项主题：①太阳和轨道作用力及其影响；②地球系统的基本过程，包括痕量气体成分与气候、火山活动的全球影响、冰盖质量平衡与全球海平面变化、生物圈动力学与环境变化；③快速和突然的全球变化；④多种代用资料制图。

PAGES 还致力于研究下列五项"跨计划"的研究主题：①古气候与古环境模拟；②多种数据的恢复和解释技术的进展；③古数据管理；④古环境研究的改进的年代学的发展；⑤南北半球古气候计划（PANASH）。由于人类活动正在迅速破坏那些极具价值的古气候代用资料，为此，PAGES 倡议建立全球古气候观测系统（GPOS），以完善全球气候观测系统（GCOS）、全球海洋观测系统（GOOS）和全球陆地观测系统（GTOS），将气候资料序列延伸至千年以前。

（2）深海钻探计划、国际大洋钻探计划、综合大洋钻探计划

1968 年开始的深海钻探计划（DSDP，1968～1983 年）及其后续的国际大洋钻探计划（ODP，1985～2003 年）、综合大洋钻探计划（IODP，2003～2013 年）和当前的国际大洋发现计划（IODP，2013～2023 年）是地球科学领域迄今规模最大、影响最深、历时最久的大型国际合作研究计划，也是引领当代国际深海探索的科技平台。目前，IODP 共有 26 个国家参与，包括美国、日本、欧洲 18 国、中国、巴西、印度、韩国、澳大利亚和新西兰。

深海钻探计划、国际大洋钻探计划、综合大洋钻探计划等计划获得了新生代以来一系列高分辨率的深海沉积纪录，为研究新生代以来的古气候和生态环境变化提供了良好的平

台。通过海洋沉积物记录，人们对于新生代以来全球古环境变化的研究获得了许多重要的进展，为陆地领域的研究提供了良好的背景资料。

IODP 新十年科学计划的四大科学目标是：理解海洋和大气的演变，探索海底下面的生物圈，揭示地球表层与地球内部的连接，研究导致灾害的海底过程。以下为新的 IODP 计划在这 4 个研究领域的未来发展过程中面临的 14 个挑战（IODP，2011）。

挑战 1：地球气候系统会对大气 $CO_2$ 浓度升高作出怎样的反应？几十年来，如何在气候模型中合理解释海洋钻探的数据一直是一项重大挑战，虽然近年来已有重大突破，但仍有很多难题在基础数据模型中存在，如很多联合国政府间气候变化专门委员会（IPCC）模型低估了气候变化的敏感性。南北极地区地形的差异为海洋钻探提供了分析极地海洋、大气及高纬陆地表面过程的机会。而模型低估了极地温度的变化，高估了热带温度的变化。$CO_2$ 浓度和辐射呈对数函数关系，$CO_2$ 浓度极小的变化就能引起气温变化，尤其在 $CO_2$ 最初的浓度很小时表现更加强烈。海洋钻探显示，温暖的热带太平洋表面海水向极地及东部扩张，高纬海洋表面温度也在升高，尤其北大西洋和挪威的格陵兰海。为了更好地揭示地球系统在过去全球变暖时期的变化行为，一个高水平的钻探战略是必需的。这个钻探战略瞄准极地海域到低纬度上升流海域。

挑战 2：气候系统对化学扰动在影响海洋的情况下的适应性是怎样的？全球气温变化会影响生物的生产力，生物将从大气和海洋表层移向深海，深海碳的增加将促进植物呼吸，导致深海缺氧，这就促使深海的碳酸盐溶解，进而向大气排放 $CO_2$。可利用的氮、磷、钾及微量元素是生物控制生物碳形成的基础，对大气 $CO_2$ 浓度也有着深远影响。

挑战 3：冰原和海平面如何对气候变暖做出响应？过去几十年内，气候变暖导致的海水热膨胀已经导致了海平面上升，预期到 2100 年海平面将上升 0.5～1.5 米。早期研究表明南极冰原活动性更强，冰原面积的减少促进海平面变化几十米。最近的海洋钻探分析显示，南极西部冰原量全部融化相当于海平面升高 4 米，冰原的坍塌比过去 500 万年的强度还要大。格陵兰冰原和南极西部冰原约为潜在海平面的 12 米，而东部南极地区的冰原相当于海平面的 52 米。

挑战 4：什么因素控制区域降水，它与季风或厄尔尼诺现象是否有联系？厄尔尼诺现象使东部热带太平洋变暖，导致全球部分地区出现毁灭性的洪水，部分地区出现干旱，海水温度的微小变化对海水分布有着重要影响。厄尔尼诺现象出现后会导致全球平均气温发生变动，温度在不同区域表现为显著的差异性，进而导致赤道到极地和陆地到海洋的温度表现出一定的温度差值，最终会改变大气、海洋环流，影响降水。

挑战 5：深海生物群落的组成、起源和生物化学机制是什么？以往有关钻探的研究表明，地下生物圈分布范围广、数量大、基因多样性强，而且陆地生物与海洋生物存在很大不同，所以对海洋生物的新陈代谢情况了解得很少。深海钻探是了解深海生态系统的唯一方法，通过钻探数据我们能够测定深海微生物群落的基本组成、形成过程和分布范围。深海生物圈中的微生物群体会发生很多化学过程，其中包括硫酸还原作用、硝酸还原作用和碳氢化合物的生成过程，它们在矿物氧化和还原过程中发挥重要作用。

挑战 6：什么限制深海生物的生命？自然环境条件下到处都存在生命，包括海洋环境。探索深海中物理化学条件对生命的限制是海洋科学钻探的前沿领域。潜在的限制因素包括高温、压强、pH 值、养分含量、碳、能量及含氧量。海洋钻探可以揭示深海生物生活环境的限制范围，深海环境梯度下可用养分、食物、温度、盐分和 pH 值都显示很大的变化范围。而深海微生物群落中 85%的基因序列都属于未知组列，对其新陈代谢的方式还是不能进行具体分析。

挑战 7：生态系统和人类社会对环境变化的敏感程度如何？环境压力如气候变化、海表面温度上升、富营养化、缺氧、海水酸化和过度捕捞等都会影响海洋生态系统，这些环境压力在未来几十年内会导致更多的海洋生物灭绝。另外，由气候变化导致的物种迁移及物种间的竞争会刺激物种进化，使物种出现新的适应特性。300 万年前的上新世温度较现在略高，海平面和大气 $CO_2$ 浓度也较高于现在水平。因此，目前的主要挑战是将过去生物对气候变化的反应运用到当前情况，我们务必了解海洋气候系统的非线性关系，更好地量化环境变化对海洋生物圈的影响。

挑战 8：地幔的组成、结构及活动状态是怎样的？地幔是地球最大的化学元素储藏库（占地球所有元素的 68%），地幔边至地心距离 2890 千米，所有的大洋地壳和大部分陆地地壳来源于地幔的融化。因此，了解地幔的变化对了解地球的进化十分重要。尽管对地幔的组成和结构细节了解得不多，但通过地震我们可以推断地壳的组成和温度均有差异性。采用阶梯式方法的深海钻探是研究地幔的里程碑，对深海地质进行分析、计算矿质组成并对深海碳进行多学科的观察，对地球深海碳循环的研究做出重大贡献。对原始地幔的重组能有效了解地幔的地质及地球化学的形成过程，将为地球的组成和进化提供更好的解释。

挑战 9：地幔融化与控制洋中脊结构的板块构造有何相互作用？海洋科学钻探与海底地图、地球物理实验和模型相结合，解释了洋中脊和大洋地壳的形成。大洋地壳厚度不一，一般大洋地壳表层深 6 千米，目前深海钻探已对表层 1.5～2 千米的大洋地壳进行了研究，深层地壳还没有进行大范围的研究。通过钻探试验研究，我们了解到北极区、大西洋和印度洋的洋壳结构比太平洋复杂得多。大洋地壳的复杂性是由于断层的张力扩展，而不是由于流动离散板块比例的变化，因为后者速率快于地幔融化。

挑战 10：大洋地壳和海水之间化学交换的机制、程度和历史。自 20 世纪 70 年代晚期大洋中脊的深海热液喷口发现以来，我们就认为海水驱动的流动通过大洋地壳循环。事实上，这种流动不仅在流速大、温度高的大洋中脊发生，在大洋中脊侧翼也发生了数亿年。大洋中脊侧翼在较冷的海陆交界处释放出大量的热，促进了海洋和地下玄武岩的化学交换。另外，由于大洋地壳组成的不均质性，不同厚度地壳的化学元素交换速率也不尽相同。海水化学同位素的组成反映了元素供应的动态平衡，它们随着河流输入、热流交换、沉积物的变化而变化，变化程度主要受地球地质作用的影响。通过钻探数据，我们可以定量地、持续地计算流体的变化程度，分析大洋地壳在地球重要化学元素循环中所起到的作用。

挑战 11：俯冲带如何产生周期性的不稳定状态及如何生成大陆地壳？火山常发地区主要分布在俯冲带，俯冲带是地球表面环境的物质与地幔物质进行循环的主要地点。深海沟和地幔下部捕获了大洋地壳及陆地的水与 $CO_2$，它们的热力和压力促使一种重要的未知组分的挥发物的释放。外部深海沟断层使海水渗入整个地壳，减少了地幔下部板块的地震速率，导致地幔释放大量的水和化合物，使地幔发生物理及化学性质的变化。地幔含有大量的各种类型的蛇纹岩，蛇纹岩拥有独特流变学特性，它可能控制俯冲带板块地震的产生。

挑战 12：什么机制控制毁灭性地震、山崩及海啸的发生？沿海地区的地震伴随着海啸给人类带来毁灭性的影响。俯冲带产生的地震释放出全球地震能量的 90% 以上，为沿海地区人类的生命财产带来了最大的自然灾害。海底山崩及火山侧翼坍塌（有海啸伴随）也为沿海居民及海底基础设施带来重大灾害。提高对地震和山崩的时间、地点和强度的预测能力是现代地球科学的重大挑战和任务。地震可能与水合作用和洋壳的蛇纹石化作用有关系，随之影响陆地构造和俯冲带的地震形成及碳的全球循环。物质流、地球化学的进化和地壳构造对火山喷发及山崩有重大影响。近期的测地学和地震学的数据显示岩石圈板块边缘的张力滑动范围比以往研究的大得多。然而，潜在的自然滑动机制及板块边缘多种滑动类型出现的原因仍是一项研究空白。

挑战 13：什么特性和过程控制深海碳的储存和流动？化学沉淀、变形、碳氢化合物的形成和积累、坡面稳定性、地壳碳酸化和复杂的生物群落在海洋中交互作用。这些过程是处理对可持续资源需求的增加、理解气体水合物对坡面不稳定的影响及定量过多释放到大气中的 $CO_2$ 的基础。水合沉积物对深层碳流动压力和温度有很大影响，水合物的分解能够向海洋和大气释放大量甲烷，导致巨大的气候变化。废弃的油田和天然气田、盐水储存库和多能级大洋地壳均为 $CO_2$ 的海底大储存库。由于海洋碳的储存库很大，它的上部与渗透带联系，底部相对较厚与海洋隔离，储存库中不断地进行碳酸化与矿化作用，为长期的物理及化学碳捕获做出贡献。事实上，蛇纹岩化作用及其他形式的洋壳碳酸化作用也为全球碳循环做出重大贡献。

挑战 14：洋流怎样将深海构造、热学过程和地球生物化学过程联系在一起？洋流在很多地球过程中都扮演基础角色，包括矿物质沉积、人口富集区的地震活动及生物资源的维持。钻探技术是收集样品和数据的唯一方法，最近的海洋中脊钻探数据显示，洋流形成的压力、温度和组成反映出一定的区域张力，如地震。俯冲带板块边缘的地上凿洞实验揭示了流体的组成及瞬间流量，但海底水文系统的研究仍存在很多空白。未来通过对洋流样品和活性的测验来研究方向渗透和化学元素的传输特性。

（3）国际地球科学计划

国际地球科学计划（Council of the International Geoscience Programme，IGCP），是联合国教育、科学及文化组织（UNESCO）的五大科学计划之一，也是联合国系统（the United Nations system）唯一的国际地球科学计划。该计划由 NUESCO 和国际地质科学联合会（IUGS）于 1972 年共同发起，于 1974 年正式实施并持续至今，现全球已有 150 多个国家和地区的数千名地球科学家积极参与。国际地球科学界普遍认为 IGCP 是对各国科学家开放的固体地球科学领域内一项最为成功的计划，为地球科学家进行项目合作提供了一个国际平台，是最为引人关注的 UNESCO 科学计划之一。IGCP 内容包含地质科学的全部分支（涉及地质学、地球物理学、地球化学等各个专业领域），具有跨学科性的特点，并与水及海洋科学、大气科学、生物科学（水圈、大气圈、生物圈）等有着密切联系。IGCP 主要处理五个主题的全球地球科学问题。

1）全球变化与生命的演变：来自地质记录的证据。地质记录中保留了地球气候和地球生命的变化。冰和尘埃记录、陆地和海洋沉积物以及化石植物和动物组合的序列都讲述了星球的故事，其中包含有关当前环境挑战以及减轻和管理环境破坏的方法的重要教训。相关项目包括：不同时间尺度上的海平面变化；托尔阶海洋缺氧事件对海洋碳循环和生态系统的影响；赤道冈瓦纳历史和早古生代进化动力学；巴塔哥尼亚有毒浮游植物的历史。

2）地球动力学：控制我们的环境。人类在地球表面的可居住环境是由地球深部发生的过程联系和控制的。地球科学家利用地球物理技术研究地球深部过程，从地球磁场的变化到板块构造，从而更好地了解地球是一个动态变化的行星。这些过程还与自然资源勘探、地下资源的分配和管理以及自然灾害的研究和减缓有关。相关项目包括：超大陆旋回和全球地球动力学；钻石与再生地幔；从聚合到碰撞的造山带结构与地壳生长；世界造山带地图等。

3）地球资源：维护我们的社会。对自然资源（包括矿产、碳氢化合物、地热能和水资源等）的了解与管理，是争取更可持续和公平发展的前提。对这些资源的环保开发是地球科学研究的一项挑战，技术发展的进步同样受到这一前提的约束。相关项目包括：地热资源的特征描述与可持续开发；古元古代比理姆岩系（Birimian）地质学；黑土地关键带的可持续利用；砂岩型铀矿床；可持续发展理念下的地质学等。

4）地质灾害：降低风险。地质灾害包括地震、火山活动、山体滑坡、海啸、洪水、陨石撞击以及地质材料的健康危害，可能包括诸如岩石滑坡或海岸侵蚀等局部事件，以及超级火山或陨石撞击等威胁人类的事件。地球科学家进行研究以更好地了解这些危害，并促成与地质灾害相关的社会和技术问题以及减灾相关的风险管理政策。

5）水文地质学：水循环的地球科学。地球上的生命依赖于水，其可持续利用对于持续的人类活动至关重要。地球的水循环涉及对地下水系统、水文地质以及水系统的来源、污染与脆弱性的研究、理解与管理。相关项目包括：非洲中西部湿热带水资源；喀斯特系统的关键区域；沿海城市地面沉降的影响、机制和监测；水、能源、食品和地下水的可持续性联系；阿里萨比含水层补给的研究。

国际地球科学计划每年为大约 30 个项目提供财政支持，这些项目通过同行评审程序进行评估，为期五年，年度资金水平为 5000～10 000 美元。IGCP 2019 年资助项目的愿景为：高效、安全和可持续的地球资源勘探与开采；创新的可再生能源生产和二氧化碳减排；更好地了解和预测气候变化和地质灾害。IGCP 2019 年资助项目的专题包括：采矿地球科学和可持续性；高效和可持续采掘的工业技术与方法；可再生能源生产可持续的地质条件；地球科学中的大数据、云计算和人工智能；城市附近的地质灾害；利用新方法（如碳封存）减少全球二氧化碳排放；火山岛的水、能源和资源管理；地质遗迹的可持续发展；地球科学与人类世。

（4）世界气候研究计划

世界气候研究计划（World Climate Research Programme，WCRP）由世界气象组织（WMO）与国际科学联合会理事会（ICSU）联合主持，以自然气候系统为主要研究对象。此计划在 20 世纪 70 年代开始酝酿，20 世纪 80 年代开始执行，是全球变化研究中开展得较早的一个计划。WCRP 目的是扩充我们对于气候机制的认识，以便确定气候的可预报程度以及人类对气候的影响程度。它包括对构成地球气候系统的全球大气、海洋、海冰、陆冰以及陆面的研究（WCRP，2019）。

WCRP 主要目标是：确定气候在多大程度上可以预测，以及人类活动对气候系统的影响程度。WCRP 长期目标是：改进和扩大对全球和区域气候的认识；设计和实施深入了解重大气候过程的观测和研究计划，包括海气相互作用、云与辐射间的相互作用、陆气相互作用；发展气候系统模式，论证对各种时空尺度的气候的预报能力；研究气候对人类活动如大气中 $CO_2$ 增加的敏感性。

WCRP 研究的主要焦点包括：观察地球系统的组成部分（大气、海洋、陆地和冰冻圈）以及这些组成部分之间界面的变化；提高我们对全球和区域气候变率和变化的认识和了解，以及造成这一变化的机制；评估和归因全球和区域气候的重大趋势；开发和改进能够在各种空间和时间尺度上模拟和评估气候系统的数值模型；调查气候系统对自然和人为强迫的敏感性，并估计由特定干扰影响引起的变化。

WCRP 包括以下 4 个核心项目：①气候和冰冻圈（CliC）。CliC 鼓励并促进对冰冻圈的研究，以提高对冰冻圈及其与全球气候系统相互作用的了解，并提高冰冻圈用于监测气候变化的能力。②气候和海洋变率、可预测性和变化（CLIVAR）。CLIVAR 的任务是了解耦合海洋-大气系统的动态、相互作用和可预测性。为此，它有助于观测、分析和预测地球气候系统的变化，从而更好地了解气候变率、可预测性和变化。③全球能量和水循环试验（GEWEX）。GEWEX 是一个研究、观测和科学活动的综合计划，侧重于大气、陆地、辐射、水文、耦合过程和相互作用，决定全球和区域水文循环、辐射和能量转换及其参与全球变化。④平流层-对流层过程及其在气候中的作用（SPARC）。SPARC 解决大气动力学和可预测性、化学和气候以及气候理解的长期记录中的关键问题。

### 10.2.1.2 欧盟

2015～2019 年，欧盟共资助新生代生态环境演化相关的研究项目 5 项（表 10-1），其中欧盟"第七框架"计划（FP7）资助 1 项，地平线"2020"计划（H2020）资助 4 项，主要涉及哺乳动物进化的影响因素、新生代全球气候变冷成因和新生代微生植物分析等方向。

**表 10-1　2015～2019 年欧盟资助的相关研究项目**

| 起止日期 | 项目名称 | 资助来源 | 主持机构 | 资助金额/万欧元 |
|---|---|---|---|---|
| 2015-01-01～2016-12-31 | 现代哺乳动物的进化：是由于恐龙灭绝还是因为对环境变化产生响应？ | FP7 | 英国布里斯托大学 | 30 |
| 2015-09-01～2020-08-31 | 亚洲季风导致气候从温室变成冷室 | H2020 | 法国国家科学研究院 | 200 |
| 2015-09-01～2017-08-31 | 新生代早期亚洲季风的机制及其随时间的演变 | H2020 | 德国波茨坦大学 | 15.9 |
| 2015-08-01～2020-08-01 | 利用团簇同位素测温重建新生代变冷过程中的气候变化 | H2020 | 挪威卑尔根大学 | 187.7 |
| 2016-05-01～2019-04-30 | 东非新生代化石采集点的微生植物分析：对 5000 万年前非洲热带稀树草原进化的新见解 | H2020 | 法国艾克斯-马赛大学 | 24.7 |

（1）哺乳动物进化的影响因素

在哺乳动物最初出现的晚三叠世和与恐龙共同生活的中生代（侏罗纪和白垩纪），哺乳动物在生态学上表现为小型和一般化的形式；而在恐龙灭绝后（中生代末期），哺乳动物才分化成更大型和特殊化的形式。因此，来自恐龙竞争的抑制是这种进化模式的通常解释。2015 年，欧盟 FP7 资助"现代哺乳动物的进化：是由于恐龙灭绝还是因为对环境变化产生响应？"（MDKPAD）项目，旨在分析大型哺乳动物的进化是因为恐龙竞争的影响而被抑制，还是因为早期哺乳动物的体型和多样性与环境条件更加相关。在分析恐龙灭绝后哺乳动物的崛起是否反映了植被的变化后，研究发现，在一些哺乳动物成为树栖动物的同时，植被栖息地的复杂性增加，这表明栖息地环境才是更重要的影响因素。

（2）新生代全球气候变冷成因

揭示新生代全球气候变冷的原因是当今地球和环境科学界面临的最重要的未解决问题之一。青藏高原和喜马拉雅山隆升引起的侵蚀和风化增加，被认为是大气 $CO_2$ 浓度降低的主要原因，导致了 5000 万～3400 万年前的全球降温，使地球从温暖的无冰温室环境变成了当今的双极冷室环境。亚洲季风与 5000 万年前印度-亚洲碰撞引起的山地抬升相关，然而，"温室" / "冷室"环境与亚洲季风之间的关系仍有待探索。

2015 年，欧盟 H2020 计划资助了一个 5 年期研究项目"亚洲季风导致气候从温室进入冷室"（MAGIC），目标是了解自 5000 万年前亚洲季风爆发以来控制季风的机制。亚洲季风影响着数十亿人的生活。在过去，亚洲季风一直是古环境变化和生物进化的主要驱动力，塑造了今天亚洲的景观。季风可能因为多种因素增强或减弱，包括山地隆起、大气 $CO_2$ 浓度水平、植被和陆地海洋分布等。该项目将探讨大气 $CO_2$ 浓度水平和全球温度是否会在现在或未来的全球变暖期间使季风增强，并探讨季风如何通过区域性剥蚀、风化和侵蚀与大气 $CO_2$ 浓度水平之间的区域-全球反馈机制来改变全球气候。研究发现，至少 4500 万年前亚洲的季风活动可能引发全球气候变冷，从而使地球气候从温室变成冷室。

长期以来，人们认为亚洲季风在区域地形抬升的驱动下，起源于大约 2300 万年前。然而，最近的研究表明，季风比以前认为的要早数百万年，并且在大气 $CO_2$ 浓度较高的始新世温室事件中可能与当今的气候条件相似。2015 年，欧盟 H2020 计划资助的 2 年期研究项目"新生代早期亚洲季风的机制及其随时间的演变"（ECAMMETT），旨在通过关注始新世季风区内中国、缅甸和土耳其三个区域关键的沉积记录来揭示以下问题：①早期季风在始新世如何演化？②早期季风如何响应始新世短时期的高温和低温事件？研究结果将有助于了解亚洲季风对过去极端 $CO_2$ 浓度强迫的反应，以及对未来 $CO_2$ 浓度不断升高时全球变暖的响应。

气候代用资料是重建过去气候变化的重要证据，但存在的问题是所有代用资料都依赖于时间上日益不确定的假设，最近的碳酸盐团簇同位素测温（clumped isotope thermometer）具有克服这些障碍的巨大潜力。然而，该技术过去需要大量的样本，限制了过去海洋温度重建的广泛应用。2015 年，欧盟 H2020 计划启动的 5 年期项目"利用团簇同位素测温重建新生代变冷过程中的气候变化"（C4T），在对分析方法进行修正和改进的基础上，大大减少团簇同位素测温的样本量需求。对地球历史上主要气候事件中海洋温度变化的重建，将有助于更加了解气候系统在气候转变期的变化。该项目将为气候科学界提供改进工具以重建过去的海洋变化，产生新的可靠数据用于检验未来的气候预测模式，并通过解读过去气候转变期发生的变化进一步了解地球气候系统。

（3）新生代微生植物分析

稀树草原生物群落目前约占非洲陆地面积的 50%，且与多种仅适合热带稀树草原环境生存的哺乳动物有关。2016 年，欧盟 H2020 计划启动的 3 年期研究项目"东非新生代化石采集点的微生植物分析：对 5000 万年前非洲热带稀树草原进化的新见解"（MACEA）将通过植物岩（植物组织中产生的或者植物死后保存在沉积物中的无定形水合二氧化硅微粒）来评估非洲的稀树草原历史。该项目将记录非洲地质历史上稀树草原的出现与扩张，并评估其与现代哺乳动物进化的关系。这项研究的独特之处在于，它将首次应用植物岩分析来记录非洲 1500 万年以前的古环境，并利用植物岩解决非洲大草原的起源问题。该项目将创建新的植物岩化石数据集、新的现代植物岩校准以及热带非洲地区新的古植被重建结果。

### 10.2.1.3　德国

2015～2019 年，德国科学基金会（DFG）共资助新生代生态环境演化相关的研究项目 24 项，其中主要项目情况如表 10-2 所示。研究内容涉及地球物理、地质学、古生物学、海洋学等学科，主要包括新生代生物的生态环境演变、新生代气候演变、新生代海洋浮游生物与硅和碳循环、新生代构造活动演化与机制等方向。

表 10-2　2015～2019 年德国科学基金会资助的相关研究项目

| 起止日期 | 项目名称 | 主持机构 |
| --- | --- | --- |
| 2015 年至今 | 追踪古北界蜥蜴生态热环境的演变 | 布伦瑞克工业大学、柏林自然博物馆 |
| 2015～2019 年 | 新生代早期西南太平洋的气候和构造演变 | 慕尼黑大学 |
| 2015～2019 年 | 南大洋的古气候观测及其在古气候变化中的作用 | 阿尔弗雷德·魏格纳极地与海洋研究所 |
| 2015 年至今 | 印度洋碳酸盐岩平台演变：环流、季风和海平面 | 汉堡大学 |
| 2015～2018 年 | 硅藻、放射虫与新生代硅和碳循环 | 柏林自然博物馆 |
| 2015 年至今 | 对比 Dinarides 造山带和 Hellenides 造山带活跃冲断带前缘的变形类型 | 耶拿大学、亚琛工业大学 |
| 2015 年至今 | 伊兹克库尔盆地古侵蚀速率的变化，以及侵蚀、沉积和变形之间的相互作用 | 波茨坦大学、慕尼黑大学 |
| 2016 年至今 | 晚新生代埃格尔裂谷西部的构造演化 | 哥廷根大学 |
| 2016 年至今 | 古近系哺乳动物的咀嚼功能和摄食适应性 | 波恩大学 |
| 2017 年至今 | 由耦合大地地磁资料反演的数值模拟限制，埃格尔裂谷下方的流体通道 | 亥姆霍兹波茨坦中心-德国地学中心 |
| 2017 年至今 | 控制新生代陆地食草动物多样性的主要因素 | 柏林自然博物馆 |
| 2017 年至今 | 阿尔卑斯造山运动的逆向和正向多尺度数值模拟 | 法兰克福大学 |
| 2017 年至今 | 帕米尔板块是由陆内俯冲还是岩石圈分层形成？从变形到热力历史的线索 | 波茨坦大学、哥廷根大学 |

（1）新生代生物的生态环境演变

物种多样性是否受到生态限制的约束以及这些限制的驱动因素是进化与宏观生态学的重要研究方向。"控制新生代陆地食草动物多样性的主要因素"研究项目将分析新生代陆地大型食草动物的化石记录，研究控制其多样化的主要因素。主要研究目标为：①检验物种多样化是否存在界限；②在控制多样化方面，内在因素（多样性依赖、竞争、捕食和表型创新）是否比外在因素（气候、生产力等）更为普遍。

（2）新生代气候演变

古新世—始新世时期的气候温暖，极地地区全年无冰。这种长期的气候演变曾被几次短暂的超高温事件打断。然而，南半球特别是南太平洋地区没有足够数量的连续地层剖面，而这部分数据在早期新生代热传输中起着至关重要的作用。"新生代早期西南太平洋的气候和构造演变"研究项目基于南太平洋地区的古地磁结果，获得稳定的沉降速率时间模型，并基于钙质超微化石、有孔虫、放射虫和稳定碳同位素生物地层学的综合分析，得到西南太平洋碳循环的生物和物理参数。项目的结果意味着气候动力学理解的显著进步，为更好地整体了解地球模型中的气候变化提供基础。

对南大洋过去的海洋环流的理解有助于理解今天观测的海洋参数的变化，并有助于改进未来气候变化的预测。"南大洋的古气候观测及其在古气候变化中的作用"项目旨在通过古地理测量和古地貌的敏感性研究，生成地质时期一系列古地貌观测网格数据，这对于理解相应时间尺度的海洋环流和气候变化至关重要。

（3）新生代海洋浮游生物与硅和碳循环

现代浮游海洋硅藻在硅和碳循环中作用显著，它们是深海二氧化硅和碳的主要生产者。新生代硅藻和放射虫经历了两次重大事件：第一次事件是始新世—渐新世期间硅藻的数量及其丰度增加，在此期间硅藻控制了海洋硅循环；第二次事件是中新世中期生物蛋白石沉积的空间重组以及硅藻的多样性和丰度不断增加。"硅藻、放射虫与新生代硅和碳循环"研究项目通过测量硅质微化石的绝对丰度，揭示硅藻与新生代气候变化之间的因果关系，以及新生代硅藻生物地理学发生的巨大变化。

（4）新生代构造活动演化与机制

阿尔卑斯山脉是由新生代非洲和欧亚板块碰撞而形成的，这次碰撞形成了复杂的地质构造结构。"阿尔卑斯造山运动的逆向和正向多尺度数值模拟"（IFMMALPO）项目将利用地震观测网络和地质研究的数据，重点关注非洲和欧亚板块的碰撞，创建新生代全地幔对流的反向模拟。

帕米尔—阿莱是活跃内陆俯冲带的典型案例，但目前科学界对这些区域的板块边界类型尚不清楚。"帕米尔板块是由陆内俯冲还是岩石圈分层形成？从变形到热力历史的线索"项目提出了两个模型，来解释在帕米尔北部下方的中深度南倾地震带。该项目将分析在新生代帕米尔高原下，中生代海洋弧后盆地俯冲的证据。基于广泛的地球物理数据分析表明，更下层的地壳和岩石圈地幔分层可以解释帕米尔板块。

### 10.2.1.4 法国

2015～2019 年，法国国家科研署（ANR）共资助新生代生态环境演化相关的研究项目 9 项（表 10-3），主要涉及碳循环与古气候重建、生命演化与大气成分、物种进化与生态演变、板块运动与进化过程等方向。

**表 10-3 2015～2019 年法国国家科研署资助的相关研究项目**

| 起止日期 | 项目名称 | 主持机构 | 资助金额/万欧元 |
|---|---|---|---|
| 2015-11-01～2019-11-01 | 新生代碳循环的新型示踪剂 | 法国国家科学研究院（CNRS）南锡岩石学和地球化学研究中心（CRPG） | 30.5 |
| 2016-01-01～2020-01-01 | 过去大型半水生草食动物的意义：鲸偶蹄目多价生态位的进化史 | 古生物学和人类古生物学研究所 | 26.1 |
| 2016-11-01～2020-11-01 | 新生代气候的数据模型重建 | 欧洲地球科学研究教育中心（CEREGE） | 37.4 |
| 2016-12-01～2020-12-01 | 与生命和气候共同演化的原始新生代大气中的氧化过程 | 欧洲地球科学研究教育中心（CEREGE） | 34.2 |
| 2017-09-30～2021-09-30 | 伽兰迪亚陆桥（GAARlandia land-bridge）与小安的列斯群岛的分散路径：加勒比地区的耦合俯冲动力学和进化过程 | 蒙彼利埃大学 | 49 |
| 2017-12-31～2020-12-31 | 气候变化的行动者和记录者 | 巴黎地球科学研究所（ISTO） | 30.7 |
| 2017-10-31～2021-10-31 | 气候变化对地球形成的影响重建 | 巴黎第十一大学 | 58.8 |
| 2019-08-31～2022-08-31 | 东南亚化石类人猿灵长类动物的进化生态学 | 古生物学和古人类研究所 | 7.5 |
| 2018-10-31～2022-04-30 | 欧洲特有偶蹄类动物的减少 | 蒙彼利埃进化科学研究所 | 17.8 |

（1）碳循环与古气候重建

在长时间尺度下，洋中脊的 $CO_2$ 增加和造山作用中的 $CO_2$ 去除会改变大气中的 $CO_2$ 水平，从而影响地球的表面温度。海洋沉积物中的同位素记录可用于量化这些过程的相对重要性。由于传统示踪剂存在其局限性，"新生代碳循环的新型示踪剂"（INTOCC）项目旨在开发几种新的示踪剂：186Os、40Ca 和 d7Li，并将结果纳入新生代全球碳循环模型中。新同位素示踪剂的高精度测量结果被整合到碳循环的三维模型中，将帮助我们更清晰地了解过去 6000 万年中控制大气 $CO_2$ 及地球气候的地球动力学过程的相对重要性。项目包括五项具体任务：①分析开发，特别是从低 Os 含量的沉积样品中获得高精度氧同位素示踪数据；②新生代海水中三种新的示踪剂变化的表征；③新的示踪剂对大陆地壳上层平均组成的表征，特别是通过黄土样品分析；④以恒河-布拉马普特拉河系统为例，确定输送过程如何影响海水中的同位素示踪剂；⑤使用研究结果作为全球碳循环数值模拟的约束条件。

"新生代气候的数据模型重建"项目将通过研究地球过去经历的冰室和温室状态之间的大型全球气候转变事件来研究碳-气候-冰盖之间的耦合作用。该项目将获取新数据，以更好地量化在始新世—渐新世气候转变（EOT）和中中新世气候转变（MMCT）发生的覆盖大量空间的环境变化，并且，该项目将使用包括海洋大气模型、冰盖模型和海洋碳循环模型在内的数值工具作为信息来源。项目包括三项任务：①对软体动物进行温度校准，从而更广泛地利用软体动物化石；②使用来自三个不同地区的软体动物化石记录对沿海温度进行表征，包括 EOT 和 MMCT 的季节性；③利用地球系统模型进行若干敏感性研究，模拟 EOT 和 MMCT 的一系列事件（$CO_2$、冰增长），作为海洋碳循环中对 $CO_2$ 反馈的限制条件。

（2）生命演化与大气成分

地球大气层中的氧气水平在太阳系中是独一无二的，反映了地球悠久的生命历史。新生代（过去 6600 万年）的环境条件使生命不断多样化，特别是使得哺乳动物进化。"与生命和气候共同演化的原始新生代大气中的氧化过程"（PaleOX）项目旨在探讨整个新生代大气氧化能力的演变，以及如何影响臭氧或甲烷等短寿命温室气体的寿命。该项目将通过弥合过去尖端气候建模方法与大气化学最先进技术之间的差距，研究新生代五个关键时期的大气反应性。具体的研究目标包括：①基于文献中提供的各种代用资料，考虑到关于植被演变、火灾和气候制约因素的假设与信息，确定新生代大气的自清洁能力如何变化；②审查目前用于研究长期气候的建模方法是否忽视短寿命气候强迫因素的化学周期与气候之间的相互作用；③探讨化学-气候联系在调节气候变化及其梯度方面可能发挥的作用，并将对地表状况（如紫外线水平、化合物浓度和酸沉积）进行特征化分析；④评估不同情况下大气化学成分变化引起的反馈。

（3）物种进化与生态演变

大型半水生食草动物（如河马）曾经是陆地和湿地栖息地的生态系统工程师，在连接鲸类动物与偶蹄动物的新生代进化序列中具有普遍的作用。"过去大型半水生草食动物的意义：鲸偶蹄目多价生态位的进化史"（SPLASH）项目将研究进化机制、生态特化和环境约束之间的相互作用如何影响哺乳动物的多样性和分布。研究内容包括两个方面：①描述关键河马类物种的古生物学，使用广泛的组合方法进行形态功能和古生态重建；②将这些古生物信息整合到一个全面的系统发育框架中，对大型半水生食草动物的多样性进行重新评估，并基于对河马的直接观察产生新的形态特征数据集。

新生代化石灵长类动物的进化被认为与其环境密切相关。"东南亚化石类人猿灵长类动物的进化生态学"（EVEPRIMASIA）项目将通过碳和氧同位素生物地球化学的组合方法和哺乳动物类群的牙齿 3D 微观纹理分析，对缅甸新生代动物群的古生态和古环境进行表征。了解生物灭绝是进化生物学和古生物学的核心话题。"欧洲特有偶蹄类动物的减少"（DEADENDER）项目将利用欧洲偶蹄动物数据分析生物灭绝的过程，研究动物对当地环境变化的反应，以及生物驱动因素对其多样性的影响。

（4）板块运动与进化过程

"伽兰迪亚陆桥（GAARlandia land-bridge）与小安的列斯群岛的分散路径：加勒比地区的耦合俯冲动力学与进化过程"（GAARAnti）项目通过结合地球科学和生命科学的多学科研究，揭示深层地球动力学与进化过程之间的联系。通过放射年代学方法、生物地层学和系统发育等理论来协调生物和地质时间框架，约束小安的列斯岛弧的新生代古生物地理学。项目由五个相互关联的科学任务组成：任务 1 将量化新生代过去新出现的区域，估计陆地再现期的出现时间和持续时间；任务 2 将评估来自小安的列斯群岛目前生存的、最近灭绝的和成为化石的哺乳动物的分歧时间，阐明哺乳动物分散到加勒比地区的模式和时间，提出古生物地理模型；任务 3 将完善对阿维斯海岭和小安的列斯岛弧后区域结构的认识，即最可能的扩散路径；任务 4 将运行俯冲的 2D/3D 数值模式和模拟模式，模拟深部过程的表面响应（地形变化），并提出新生代期间小安的列斯岛弧地球动力学演化的全球框架；任务 5 将进行古地理重建，基于出生-死亡模型测试非生物（温度、海面升降、地表陆地区域）与生物变量（物种多样性、进化枝多样性、进化枝-特化转变），开发新的混合模型以检验非生物和生物变量与小安的列斯群岛研究群体宏观进化动态之间的联系。

### 10.2.1.5 美国

2015～2019 年，美国国家科学基金会（NSF）共资助新生代生态环境演化相关的研究项目 85 项，其中资助金额超过 100 万美元的项目 1 项，50 万～100 万美元的项目 9 项，50 万美元以下的项目 75 项。按 NSF 下设机构划分，地球科学部 63 项，生物科学部 19 项，主任办公室 2 项，计算机与信息科学工程学部 1 项。表 10-4 列出了资助金额超过 50 万美元的项目，主要涉及跨亚马孙钻探、气候-环境变化对生物生态和演化的影响、地质构造与板块运动等方向。

**表 10-4　2015～2019 年美国国家科学基金会资助的新生代研究项目（资助金额 50 万美元以上）**

| 起止日期 | 项目名称 | 主持机构 | 资助金额/万美元 |
|---|---|---|---|
| 2018-08-01～<br>2022-01-31 | 跨亚马孙钻探项目 | 杜克大学 | 201 |
| | | 明尼苏达大学双城分校 | 71.1 |
| | | 宾夕法尼亚州立大学 | 12.6 |
| | | 内布拉斯加大学林肯分校 | 12.6 |
| 2015-03-01～<br>2020-02-29 | 新生代气候和环境变化对澳大利亚有袋动物生态和演化的意义：多代用资料方法 | 范德堡大学 | 51.2 |
| 2015-07-15～<br>2019-06-30 | 研究南美洲北部平板俯冲和板块边缘构造 | 威廉马什赖斯大学 | 60 |
| 2015-08-01～<br>2019-07-31 | 记录过去 6600 万年来东太平洋化石中海洋无脊椎动物群落对环境变化的响应 | 洛杉矶县自然历史博物馆基金会 | 60.7 |
| | | 加州大学伯克利分校 | 54.1 |
| | | 加州科学院 | 53 |

续表

| 起止日期 | 项目名称 | 主持机构 | 资助金额/万美元 |
|---|---|---|---|
| 2015-08-01～2019-07-31 | 记录过去 6600 万年来东太平洋化石中海洋无脊椎动物群落对环境变化的响应 | 古生物研究所 | 35.2 |
| | | 华盛顿大学 | 20.3 |
| | | 俄勒冈大学 | 18 |
| | | 阿拉斯加大学费尔班克斯分校 | 6 |
| 2017-09-01～2021-08-31 | 巴塔哥尼亚安第斯山脉对小冰期冰川退缩后的固体地球响应 | 明尼苏达大学双城分校 | 64.6 |
| | | 华盛顿大学 | 58.7 |
| | | 南卫理公会大学 | 51.4 |

（1）跨亚马孙钻探

南美洲热带是地球上的关键区域，亚马孙-安第斯雨林拥有地球上一半以上的陆地植物物种。这一巨大的生物多样性是如何产生的仍然是现代科学的基本问题之一。"跨亚马孙钻探项目"项目将调查从安第斯前陆到大西洋边缘的整个巴西近赤道亚马孙地区的地质和气候演变情况，以及这一历史对区域到全球范围内生物演变的影响。钻探将发生在沿现代亚马孙河排列的古代沉积盆地中，这些盆地跨越巴西整个近赤道亚马孙河地区，从安第斯山脉前陆到大西洋，钻探断面覆盖西经 40°～73°。项目将分析亚马孙地区地质和生物学之间的基本联系，研究内容包括：①新生代历史上亚马孙河流域被子植物主导的暖期森林的植物多样性变化；②自然环境的演变，包括气候、构造和景观变化，如何塑造新热带界植物多样性的分布及其物种起源；③三叠世—侏罗纪亚马孙辉绿岩床的起源和中大西洋岩浆区（CAMP）侵入对全球环境的影响。

（2）气候-环境变化对生物生态和演化的影响

化石提供了过去生物多样性以及个体生物和生态系统如何响应过去和长期的环境变化的唯一直接证据。"记录过去 6600 万年来东太平洋化石中海洋无脊椎动物群落对环境变化的响应"项目将了解过去 6000 万年的变化，确定变化所涉及的因素，并预测当前生物多样性如何受到未来变化的影响。该研究填补了过去环境变化记录中的一个主要空白，从新生代东太平洋海洋无脊椎动物群落丰富的化石记录中获得了数字化数据。

评估哺乳动物如何应对过去的气候和环境变化有助于阐明当前生存的哺乳动物如何应对当前的气候变化。"新生代气候和环境变化对澳大利亚有袋动物生态和演化的意义：多代用资料方法"项目的主要目的是厘清新生代期间澳大利亚有袋类哺乳动物的生态学和生物学，包括两项内容：①评估环境和气候条件的变化，包括森林环境的潜在下降；②阐明哺乳动物如何应对气候变化，包括自中新世以来干旱增加以及自 35 万年前以来更明显的干旱化。

（3）地质构造与板块运动

为了了解地球对冰冻圈质量不平衡的响应，"巴塔哥尼亚安第斯山脉对小冰期冰川退缩后的固体地球响应"项目将通过以下方法推断冰川均衡调整（GIA）速率和时空模式的原因：①利用区域宽带地震数列来描绘奥斯特拉尔俯冲板块的地壳与上地幔的结构和黏度并观察地震活动；②利用舰艇反射地震数据和沉积物芯对冰川下沉积物进行成像和测年；③利用新的地下岩层序列的映射和测年确定南巴塔哥尼亚冰原几何形状随时间的变化；④改进冰川和固体地球响应的地球物理模型。

地质历史表明，约 70%的南美洲西部边缘在新生代经历了平缓俯冲。"研究南美洲北部平板俯冲和板块边缘构造"将安装一个大型宽带地震仪阵列，对俯冲带几何形状进行成像，并测量南美北部板块的耦合流变，以了解地下隆起的地球动力学发展。地震仪阵列记录的局部和区域地震将用于南美洲北部的地震灾害评估。

### 10.2.1.6   中国

2015～2019 年，中国国家自然科学基金委员会（NSFC）共资助新生代生态环境演化相关的研究项目 88，主要涉及新生代地质构造与动力机制、新生代环境演化及其对气候变化的响应、新生代生物起源与演化等方向。表 10-5 列出了最近 3 年的项目（45 项）。

**表 10-5   2017～2019 年中国国家自然科学基金委员会资助的相关研究项目**

| 起止日期 | 项目名称 | 主持机构 |
| --- | --- | --- |
| 2017-01-01～2019-12-31 | 川圹高原中生代以来隆升-剥露过程的磷灰石裂变径迹热年代学制约及意义 | 中国科学院地质与地球物理研究所 |
| 2017-01-01～2019-12-31 | 老挝南部波罗芬高原晚新生代玄武岩及其地幔捕房体地球化学特征 | 成都地质矿产研究所 |
| 2017-01-01～2019-12-31 | 剑川盆地新生界碎屑锆石物源示踪及其对古金沙江演化的指示 | 南京师范大学 |
| 2017-01-01～2019-12-31 | 渭河盆地南缘新生界：年代厘定与物源分析 | 陕西师范大学 |
| 2017-01-01～2019-12-31 | 龙门山构造带南段中-新生代构造变形特征研究 | 西安科技大学 |
| 2017-01-01～2019-12-31 | 南天山-拜城凹陷新生代构造演化过程的低温热年代学分析 | 中国科学院地质与地球物理研究所 |
| 2017-01-01～2019-12-31 | 祁连山南北缘晚新生代孢粉记录对比及其对构造-气候变化的响应 | 中国地震局地质研究所 |
| 2017-01-01～2019-12-31 | 塔里木盆地西部晚新生代沉积物的化学风化记录及其对气候变化和高原隆升的响应 | 安阳师范学院 |
| 2017-01-01～2019-12-31 | 浙江晚中生代至新生代构造-岩浆作用及其对弧后盆地初始形成过程的启示 | 浙江大学 |
| 2017-01-01～2021-12-31 | 青藏高原南北晚新生代古气候记录对比与印度季风-内陆干旱耦合系统的演化 | 中国科学院青藏高原研究所 |
| 2017-01-01～2021-12-31 | 青藏羌塘中部沱沱河新生代侵入岩的时空格架、成因及其形成的地球动力学过程 | 中国科学院广州地球化学研究所 |
| 2017-01-01～2020-12-31 | 低温热年代学重建贵德地区新生代构造地貌发育过程 | 兰州大学 |
| 2017-01-01～2020-12-31 | 中国东南部新生代小规模溢流玄武岩成因研究 | 南京大学 |
| 2017-01-01～2020-12-31 | 东北新生代高镁安山岩的成因 | 南京大学 |
| 2017-01-01～2020-12-31 | 塔吉克盆地晚始新统-中新统风成沉积序列的年代学和古环境记录研究 | 兰州大学 |

| 起止日期 | 项目名称 | 主持机构 |
|---|---|---|
| 2017-01-01～2020-12-31 | 川滇地块东南部新生代构造与地貌过程的构造热年代学与盆地物源分析 | 中国地质大学（武汉） |
| 2017-01-01～2020-12-31 | 鄂尔多斯地块周缘新生代断陷盆地形成机理 | 中国地质科学院地质力学研究所 |
| 2017-01-01～2020-12-31 | 羌塘地块晚新生代构造变形、活动时代及其动力学背景 | 中国地质科学院地质研究所 |
| 2017-01-01～2020-12-31 | 柴达木盆地西部早新生代磁性地层年代学及其对生长地层的制约 | 中国科学院青藏高原研究所 |
| 2018-01-01～2021-12-31 | 金沙江断裂新生代运动过程的古地磁限定 | 昆明理工大学 |
| 2018-01-01～2021-12-31 | 东帕米尔晚新生代构造与地貌协同演化：基于断裂带运动学、水系演变和构造地貌模拟研究 | 浙江大学 |
| 2018-01-01～2021-12-31 | 秦岭中段（陕西段）新生代构造地貌研究 | 中国地震局地质研究所 |
| 2018-01-01～2021-12-31 | 新生代青藏高原形成与全球温度变化对东亚气候影响的对比研究 | 中国科学院大气物理研究所 |
| 2018-01-01～2021-12-31 | 兰坪盆地新生代构造变形及其对铅锌铜成矿的控制 | 中国地质科学院地质研究所 |
| 2018-01-01～2021-12-31 | 新生代伊犁盆地与周缘山脉耦合关系研究 | 防灾科技学院 |
| 2018-01-01～2021-12-31 | 北祁连—阿拉善地块南缘的地壳精细结构及古生代构造对新生代青藏高原向北扩展的约束 | 中国地质科学院地质研究所 |
| 2018-01-01～2021-12-31 | 先存岩石圈薄弱带对阿尔金断裂系新生代运动学过程的控制作用研究 | 浙江大学 |
| 2018-01-01～2021-12-31 | 龙门山新生代构造格架的横向差异：来自三维热-动力模拟的制约 | 中山大学 |
| 2018-01-01～2021-12-31 | 帕米尔—南天山构造汇聚带新生代构造演化过程的古地磁学制约 | 中国科学院新疆生态与地理研究所 |
| 2018-01-01～2021-12-31 | 晚新生代大空间尺度上炭屑-古火记录与亚洲干旱-季风气候演化研究 | 中国科学院寒区旱区环境与工程研究所 |
| 2018-01-01～2021-12-31 | 南海深水海盆晚新生代有孔虫古海洋学 | 同济大学 |
| 2018-01-01～2021-12-31 | 西秦岭北缘断裂带新生代构造变形几何学-运动学分析及构造变形演化 | 天津城建大学 |
| 2018-01-01～2021-12-31 | 南海东北部新生代岩浆活动的时空分布及岩浆运移过程研究 | 中国科学院南海海洋研究所 |
| 2018-01-01～2021-12-31 | 南极西罗斯海新生代岩浆活动时空分布及其与构造和冰川作用的关系 | 国家海洋局第二海洋研究所 |
| 2018-01-01～2021-12-31 | 四川盆地中生代沉积盆地楔体在新生代冲断构造和前陆盆地发育过程中的动力机制研究 | 河海大学 |
| 2018-01-01～2021-12-31 | 中国东部苏、皖、浙新生代玄武岩源区特征及深部过程研究：Li 和 B 同位素制约 | 中国地质大学（武汉） |
| 2018-01-01～2021-12-31 | 中国东北新生代板内火山物质起源的数值模拟研究 | 南方科技大学 |
| 2018-01-01～2021-12-31 | 雷琼地区新生代玄武岩的含水性研究 | 浙江大学 |
| 2018-01-01～2021-12-31 | 琼东南盆地晚新生代陆架边缘陆坡生长沉积过程与体量计算 | 中国地质大学（武汉） |
| 2019-01-01～2022-12-31 | 中国北方猛犸象的起源、演化和扩散事件及其对晚新生代环境变迁的响应 | 中国科学院古脊椎动物与古人类研究所 |

| 起止日期 | 项目名称 | 主持机构 |
|---|---|---|
| 2019-01-01～2022-12-31 | 晚白垩世以来四川盆地旋转运动及其对盆地边界构造带新生代构造演化的控制作用 | 中国地质科学院地质力学研究所 |
| 2019-01-01～2022-12-31 | 青藏高原北缘柴达木盆地新生代以来古高度定量重建 | 延安大学 |
| 2019-01-01～2022-12-31 | 剑川盆地新生代沉积物碎屑云母 Ar-Ar 定年对金沙江上游水系演化的启示 | 中山大学 |
| 2019-01-01～2022-12-31 | 腾冲地块新生代盆岭构造格局的形成：来自低温热年代学的约束 | 中山大学 |
| 2019-01-01～2022-12-31 | 小江断裂新生代启动时间的低温热年代学限定 | 昆明理工大学 |

## 10.2.2  国际相关重大发现/重要研究成果

### 10.2.2.1  多项新生代生态环境相关演化研究成果入选国内外年度科学进展

近年来，新生代生态环境演化相关研究多次入选国内外权威机构或组织评选的年度科学进展，其重要性及突破性可见一斑。为此，本章对 2015 年以来入选不同类别年度进展的研究进行了整理，以供参考。

（1）*Science* 公布的十大科学突破技术

2015 年以来，先后有 5 项新生代生态环境演化相关研究成果入选 *Science* 公布的十大科学突破技术，分别是：①新古人种化石（2015 年）；②早期美洲人来自亚洲（2015 年）；③30 万年前的智人化石（2017 年）；④270 万年前的地球大气；⑤古人类的"混血儿"（2018 年）。

（2）中国科学十大进展

新生代生态环境演化相关研究也多次入选中国科学十大进展，包括：①发现东亚最早的现代人化石（2015 年）；②中国发现新型古人类化石（2017 年）；③将人类生活在黄土高原的历史推前至距今 212 万年（2018 年）。

（3）中国高等学校十大科技进展

由教育部科学技术委员会评选的中国高等学校十大科技进展中也多次出现了新生代生态环境演化相关研究。包括：①农业革新促使史前人类永久定居青藏高原（2015 年）；②亚洲季风的变化规律及其与全球气候变化的关系（2016 年）。

（4）中国古生物学十大进展

中国古生物学会发布的中国古生物学十大进展集中体现我国在古生物学及相关研究领域所取得的具有国际影响力的重大科学成果，新生代生态环境演化相关研究进展多次入选，包括：①绘制冰河时代欧亚人群的遗传谱图（2016 年）；②中国许昌发现晚更新世古老型人类头骨（2017 年）；③距今 3 万～4 万年前人类踏足高海拔青藏高原腹地（2018 年）。

### 10.2.2.2　国内外新生代生态环境演化相关研究动态及进展

*Science*、*Nature*、*PNAS* 这三大国际知名期刊长期以来被认为是世界科学研究发展的风向标，代表着各学科领域最前沿的研究动态，为此，本章对这三大期刊自 2015 年以来刊发的新生代生态环境演化相关研究论文进行了分析，结合文章被引次数、媒体关注度等指标总结了国际有关新生代生态环境演化研究的重要进展和成果，主要涉及古气候、古环境、古海洋与极地、古生物、古脊椎动物与古人类等五大研究领域。此外，适当补充了国内相关研究成果和进展，以期全面掌握国内外新生代生态环境演化相关研究的整体进展和动态。

（1）古气候研究

A. 基于不同指标方法的古气候模拟成为主流趋势

美国普林斯顿大学地球科学系的一项研究提出了一个用 $O_2/N_2$ 比值重建冰中古老空气大气 $O_2$ 分压（$P_{O_2}$）记录的新方法（Stolper et al.，2016）。美国密苏里大学地球科学系研究通过分析来自全球层型剖面和位于突尼斯埃尔凯夫的白垩纪/古近纪界线点鱼类碎屑氧同位素显示了最早的古近纪变暖（MacLeod et al.，2018）。英国南安普顿大学利用高分辨率二氧化碳记录评估上新世—更新世气候敏感性，发现在全球范围内，在上新世温暖期间没有出现意外的气候反馈（Martinez-Boti et al.，2015）。

B. 古气候变化与人类活动耦合和驱动关系引发关注

美国夏威夷大学马诺阿分校根据化石和考古资料推测，在 5 万至 12 万年前，智人从非洲迁徙到欧亚大陆的过程中，经历了几次按轨道节奏进行的迁徙。该研究提出了一个人类扩散数值模型，并模拟了 10.6 万～9.4 万年前、8.9 万～7.3 万年前、5.9 万～4.7 万年前和 4.5 万～2.9 万年前，智人在阿拉伯半岛和黎凡特地区的整体扩散情况。研究结果表明，轨道尺度的全球气候变化对更新世晚期全球人口分布的形成起了关键作用（Timmermann et al.，2016）。

C. 古气候变化机制及影响成为研究热点

新加坡南洋理工大学研究表明盆地的降雨在温度和大气中二氧化碳浓度方面与冰川边界条件的变化密切相关。该研究发现，与低地西部边缘的洞穴记录相比，亚马孙在最后一个冰河时期更为干燥，水的循环利用要少得多，植物蒸腾作用可能也减少了，尽管雨林在这段时间内一直存在（Wang et al.，2016）。加拿大不列颠哥伦比亚大学新数据表明，加拿大最西部的大部分地区在 1.25 万年之前是无冰的，有些地区早在 1.4 万年之前就无冰，这对气候动态和向太平洋和北冰洋排放融水的时间有影响（Menounos et al.，2017）。德国亥姆霍兹极地与海洋研究中心的一项研究使用一个海洋和陆地温度代理网络显示，随着气候从最后一次冰期（大约 2.1 万年前）到全新世（过去 1.15 万年）升温 3～8 摄氏度，全球温度变异性下降了 4 倍（Rehfeld et al.，2018）。

D. 季风研究取得多项突破

英国伦敦大学皇家霍洛威学院利用光释光（OSL）测年法测定沙丘、海岸线和河湖底部沉积的年代，重建了非洲最大的洪积湖——乍得湖的涨落，支持了非洲季风以一种明显非线性的方式对太阳辐射强迫做出响应的假设（Armitage et al.，2015）。美国哥伦比亚大学利用中国东北封闭盆地湖泊地区的晚更新世—全新世东亚夏季风（EAM）降水强度记录，重建了位于 EAM 现代西北边缘的晚更新世—全新世 EAM 降水强度，提出东亚季风的北向程度在轨道和千禧年尺度上随强度的变化而变化（Goldsmit et al.，2017）。中国科学院地质与地球物理研究所展示了黄土高原 21 个黄土剖面末次盛冰期（LGM）以来的大量有机质的同位素记录，提出随着全球变暖的持续，中国北方近几十年来季风雨带的向南位移和干燥趋势将很快逆转（Yang et al.，2015）。中国科学院地球环境研究所利用来自中国西南部小白龙洞的洞穴三角洲 O-18 记录显示了过去 25.2 万年以来印度东北部、喜马拉雅山麓、孟加拉国和中南半岛北部夏季季风降水的变化（Cai et al.，2015）。中国地质大学提供了一个 speleothem 磁性矿物的记录，记录了全新世 ENSO 相关风暴的发生（Zhu et al.，2017）。西安交通大学通过建立具有精确的绝对年代控制的石笋同位素记录及其与海洋和冰芯记录的对比关系，提出了 64 万年以来的亚洲季风记录与冰期终止之间的关系（Cheng et al.，2016）。

（2）古环境研究

A. 古人类活动与古环境之间耦合关系研究取得进展

英国牛津大学对斯里兰卡 4 个晚更新世—全新世考古遗址的人牙釉质和动物群牙釉质进行了碳氧同位素稳定分析。结果表明，人类觅食主要依赖于至少与 2 万年前相似的热带雨林资源，对半开放热带雨林和雨林边缘有着明显的偏好（Roberts et al.，2015）。兰州大学提出 3600 年以后农业促进了人类对青藏高原的永久占领（Chen et al.，2015）。奥地利因斯布鲁克大学报道了对青藏高原中部海拔 4270 米的楚桑遗址年代学的重新分析。该地点的最低年龄被确定为大约 7.4 万年（钍-230/铀测年），最大年龄在 8.20 万～12.67 万年（碳 14 测定法）（Meye et al.，2017）。这些发现挑战了目前对青藏高原定居的模式。2017 年 11 月 11 日，兰州大学张冬菊发表评论文章对该观点进行了再评，指出 Meye 等人的相关结果不能支持人类在青藏高原的永久定居。北京大学考古文博学院提出公元前 1920 年的溃决洪水支持中国传说中大洪水和夏王朝的存在（Wu et al.，2016）。中国科学院广州地球化学研究所提出古人类约在 210 万年前占据黄土高原（Zhu et al.，2018）。

B. 新生代以来古环境变化机制研究受到持续关注

美国华盛顿大学生物系提出了一种基于叶片表皮细胞的光依赖形态及其衍生的植物体来重建叶面积指数（LAI）的方法。利用这个方法，研究重建了中纬度巴塔哥尼亚新生代（4900 万～1100 万年前）的 LAI（Dunn et al.，2015）。法国艾克斯-马赛大学将过去 1 万年中由气候驱动的土地生态系统未来变化的情景与重建的生态系统动态进行了比较，发现：只有 1.5 摄氏度的升温才允许生态系统保持在全新世的变化范围内；当气温升高 2 摄氏度或以上时，气候变化将导致地中海陆地生态系统发生全新世无法比拟的变化（Guiot et al.，2015）。南京师范大学应用放射性同位素方法来精确测定地层中保存的火山凝灰岩的年代。将初始沙漠化限制在渐新世晚期至中新世早期，在 2670 万～2260 万年（Zheng et al.，2015）。中国科学院地球与地球物理研究所提出内蒙古浑善达克沙地地下水侵蚀是造成沙漠化不可逆转的原因（Yang et al.，2015）。

C. 古环境变化模拟和评估研究不断深入

法国巴黎萨克雷大学利用同位素装备的环流模型，研究了始新世古地理和气候变化对古海拔估算的影响。研究的模拟结果表明，由于对流降水的增加、气团的混合和普遍的干旱，稳定的同位素古高度计方法在始新世亚洲并不适用，结果表明，青藏高原在始新世只达到了低到中等（不到 3000 米）的海拔高度，这使氧同位素数据与其他代用指标相一致（Botsyun et al.，2019）。加拿大不列颠哥伦比亚大学提出了一个全面的数据集，允许明确地检查控制冰川侵蚀的因素跨气候制度。结果表明，气候和冰川热状态对侵蚀率的控制要大于对冰层覆盖范围、冰通量或滑动速度的控制（Koppes et al.，2015）。德国波茨坦气候影响研究所提出了北极夏季日照与全球二氧化碳浓度之间的关键功能关系，这解释了过去八个冰期的开始，并可能预测未来的冰期开始（Ganopolsk et al.，2016）。

D. 人类世及人地关系研究成果显著

英国地质调查局提出人类活动在地球上留下了普遍而持久的印记。通过地层记录回顾了地球系统功能变化的人为标志，认为这些综合信号使人类世在地层上有别于全新世和更早的时代（Waters et al.，2016）。瑞典斯德哥尔摩大学提出了人类世背景下地球系统的发展轨迹，探讨了这样一种风险，即自我强化的反馈可能会将地球系统推向一个行星阈值，如果超过这个阈值，就可能阻止气候在中等温度上升时保持稳定，并导致"温室地球"路径上的持续变暖，即使人类排放减少了。如果跨过这个门槛，全球平均气温将比过去 120 万年的间冰期高得多，海平面也将明显高于全新世的任何时期（Steffen et al.，2018）。

（3）古海洋与极地研究

A. 古大洋环境变化及其诱因不断被明确

英国南安普顿大学提供了硼同位素数据——海水 pH 值的一个代表——表明海洋表面的 pH 值在古新世—始新世极热时期一直很低。研究提出，与北大西洋火成岩区的火山活动有关，而不是来自地表储集层的碳（Gutjahr et al.，2017）。威尔士卡迪夫大学提出冰山不是北大西洋寒冷事件的导火索，虽然从融化的冰山中提取的淡水可以为增强和延长冰期提供积极的反馈，但它不会触发北部冰期事件（Barker et al.，2015）。加拿大多伦多大学地球科学系分析了古新世—始新世极热事件（PETM）期间的大规模海洋脱氧作用，提出了硫同位素数据，记录了 PETM 时期的一个~1‰的正偏移。模型显示，中层和深层海洋大规模脱氧，微生物参与的硫酸盐还原作用加强，产生大量剧毒 $H_2S$（Yao et al.，2018）。中国自然资源部第一海洋研究所等单位指出，西风增强加快了南大洋夏季表层酸化速率；反之则减缓了酸化速率。该研究提高了对南大洋酸化机制的认识，为预测南大洋碳吸收和评估其对生态系统的影响提供了重要的理论依据（Xue et al.，2018）。

B. 古海洋和古气候关系研究获得关注

美国哥伦比亚大学观察到南极绕极流（ACC）开始于大约 3000 万年前，当时南大洋钕同位素特征值发生了永久性转变，即变为现代印度洋-大西洋钕同位素特征值。大约 3000 万年前，ACC 的发生与全球海洋环流的重大变化同时发生，这可能是造成此后大气中二氧化碳水平降低的原因之一（Scher et al.，2015）。英国伦敦大学提供了几条古海洋学证据，表明拉布拉多海深层对流和 AMOC 在过去 150 年左右（自小冰期结束以来（LIA），大约在公元

1850 年）与之前的 1500 年相比异常微弱。荷兰乌得勒支大学提出了一个连续的始新世赤道海面温度记录，基于生物标志物古温度学应用于大西洋沉积物。研究发现，在长期气候趋势和短期事件的影响下，热带和深海温度同时发生变化（Cramwinckel et al.，2018）。

C. 极地古环境变化及机制研究得到重视

德国布朗施威格工业大学利用南极海洋的高分辨率岩心来估计全新世全球硅质沉积物中汞的积累（硅藻软泥），揭示了硅藻作为快速固汞载体和硅藻作为大型海洋汞汇的重要作用（Zaferani et al.，2018）。英国杜伦大学分析了作为二氧化碳库的北极有机碳的侵蚀发现了全新世时期高效陆生有机碳埋藏的证据，表明有机碳富集的高纬度土壤的侵蚀可能导致重要的地质二氧化碳汇（Hilton et al.，2015）。英国南极调查局提出全新世暖水入侵导致南极西部冰盖退缩，这些结果增加了对现有冰原模型预测能力的信心（Hillenbrand et al.，2017）。法国巴黎大学提出赤道热积累是南极永久冰原在新生代形成的一个长期触发因素（Tremblin et al.，2016）。澳大利亚阿德莱德大学提出突发性变暖事件导致晚更新世全北极巨潮的发生。

D. 极地与海洋之间交互影响关系研究取得突破

佛罗里达大学地质科学系提出在过去的温暖时期极地冰盖的质量下降导致海平面上升，研究概述了利用古海平面记录来限制冰盖对气候变化的敏感性所涉及的进展和挑战（Dutton et al.，2015）。马萨诸塞大学使用了一个耦合冰盖和气候动力学的模型，该模型是根据上新世和上一次间冰期海平面估算值进行校准的，并应用于未来的温室气体排放情景。如果排放量继续不减，到 2100 年，南极洲有可能造成海平面上升 1 米以上，到 2500 年，海平面上升 15 米以上（DeConto et al.，2016）。英国南安普顿大学分析了来自南大西洋的一个新的高分辨率深海氧同位素记录，显示了深海温度和南极冰量的重大振荡，保守的最小冰量估计表明，如果要解释 110ky 的偏心率调制现象，至少相当于现在南极东部冰盖体积的 85% 到 110% 的总量。

（4）古生物研究

A. 古生物演化与人类之间关系的讨论逐渐增多

美国史密森博物馆通过量化过去 3 亿年间 80 个群落中 359 896 对独特分类单元的共现结构，来评估植物和动物群落组织随地质时间的变化结果表明，聚集规则已被人类活动所改变（Lyons et al.，2016）。德国波茨坦大学地球与环境科学研究所通过对喀麦隆西南部 Barombi 湖的植被和水文变化的连续记录，基于植物蜡的碳和氢同位素组成的变化，提供了人类在 2600 年前引发雨林破碎化的证据（Garcin et al.，2018）。

B. 古生物被用于气候与环境变化研究

美国加州科学院分析了海山和岛屿的火山脊特有的礁鱼的进化历史，以了解它们与岛屿进化和海平面波动的关系。研究发现，大多数特有物种是在最近（更新世）进化而来的，这一时期海平面不断变化，并且海山的反复暴露导致间歇性的连通性，这一发现与一个短暂的生态物种的形成过程相一致（Pinheiro et al.，2017）。巴拿马史密森学会基于生物学证据分析巴拿马地峡的早期和复杂的出现，结果表明，与美国生物大交换有关的生物的急剧更替是一个漫长而复杂的过程，早在渐新世—中新世过渡时期就开始了（Bacon et al.，

2015）。中国科学院南京地质古生物研究所通过高分辨率的测年手段和孢粉研究，重建了当地过去 3 万年以来的植被与气候变化过程（Meng et al.，2017）。中国科学院南京地质古生物研究所首次报道了西藏产的琥珀化石，该发现为了解青藏高原的古环境提供了关键证据。研究结果表明，西藏琥珀来源于龙脑香科植物（Wang et al.，2018）。

C. 古生物演化机制研究取得进展

美国乔治·华盛顿大学确定了 15 个生物地理区域，并在它们的边界内发现了 26 个孤立和多样化的事件，这些事件通过姐妹类群的分离分布得到了独立的证实。研究发现，所确定的生物岩的驱动因素是更新世温度振荡所促进的安第斯隆起和山脉扩散过程（Hazzi et al.，2018）。中国科学院植物研究所提出了中国被子植物区系的演化史，研究明确了中国被子植物物种丰富和系统发育多样性高的热点区域，为中国生物多样性保护和自然保护区建设提供了坚实的科学基础（Lu et al.，2018）。中国科学院地质与地球物理研究所通过碳 14 测定水稻化石的年代揭示了全新世初期水稻的驯化过程。中国科学院南京地质古生物研究所详细阐述过去 90 万年以来葡萄牙岸外底栖有孔虫属种特征及群落组合变化过程，首次揭示了长时间尺度上地中海溢出流的详细演化过程（Guo et al.，2017）。中国科学院南京地质古生物研究所在全面整理前人研究成果和广泛对比邻区孢粉序列的基础上，建立了浙江东部中新世孢粉组合序列（Yang et al.，2018）。

（5）古脊椎动物与古人类研究

A. 新型古人类证据不断被确定

丹麦哥本哈根大学通过对 USR1 基因组进行平均约 17 倍的测序，研究发现 USR1 与美洲原住民的关系最为密切，因此，USR1 代表了一个独特的古白令人种群。利用人口统计模型，研究推断，古白令人以及其他美洲原住民的祖先是一个创始族群的后裔（Moreno-Mayar et al.，2018）。加州大学伯克利分校利用古代和现代全基因组数据，研究发现，所有现代美洲原住民的祖先，包括阿萨巴坎人和美洲印第安人，在不早于 2.3 万年前、不超过 8000 年的隔离期之后，作为单一的移民浪潮从西伯利亚进入美洲。土著美洲人祖先到达美洲后，在 1.3 万年左右分化成两个基本的遗传分支（Raghavan et al.，2015）。普林斯顿大学地球科学学院报告了在埃塞俄比亚阿法尔州的 Ledi-Geraru 研究区发现的一种具有牙齿的部分人类下颌骨，该研究表明人属存在于 280 万~275 万年前。该标本结合了早期南方古猿的原始特征和晚期人属的衍生形态。中国科学院古脊椎动物与古人类研究所发现了中国许昌市晚更新世古人类头骨，表明晚更新世早期，在中国境内可能存有多种古人类群体，不同群体之间有杂交或者基因交流产生（Li et al.，2017）。

B. 古脊椎动物形态研究取得突破

英国肯特大学研究结果支持考古证据证明非洲南方古猿在南方岩石中使用石器工具，形态学证据表明上新世人的手部姿势比以前认为的更早，更频繁地实现类似人类的手部姿势（Skinner et al.，2015）。德国莱比锡大学的一项研究称，在丹尼索瓦洞穴中，研究人员在接近地层底部的中更新世地层中提取到了丹尼索瓦 DNA。该工作开启了在没有发现骨骼残骸的地点和地区发现人族的可能性（Slon et al.，2017）。美国新墨西哥大学研究量化了哺乳动物灭绝的选择性、大陆体型分布和分类多样性，时间跨度横跨过去 12.5 万年，并延伸到未来约200年。该研究证明了大小选择性灭绝在最古老的时期就已经开始了（Smith et al.，2018）。

C. 多地多种古脊椎动物物种被首次发现

俄罗斯科学院提出西伯利亚中部的一个猛犸象猎杀点，可以追溯到距今4.5万年以前，它将人口密度扩大到近72度。猛犸象狩猎的发展可能使人类得以生存，并在西伯利亚最北端广泛分布（Pitulko et al.，2016）。得克萨斯大学奥斯汀分校描述了一种来自肯尼亚Nakwai的原始东半球猴子，其年龄与2200万年相近，这为角猿牙齿进化的最初关键步骤提供了直接证据。中国科学院古脊椎动物与古人类研究所进行大数据分析之后，发现在渐新世早期，中国南部存在多种多样的灵长类动物群，其中包括1种类人猿、1种眼镜猴和4种狐猴一样的灵长类（Ni et al.，2016）。此外，该所研究人员还利用支序分析的办法，建立了17种嵌齿象与后来现代象的系统演化关系。结果证明，施泰因海姆嵌齿象正是嵌齿象中与现代象在系统发育上最接近的种类（Wu et al.，2018）。西班牙古生物学家和中国科学院古脊椎所联合在新疆乌伦古河流域首次发现刃齿貂（VALENCIANO et al.，2019）。

D. 古脊椎动物化石被用于重建青藏高原高度

脊椎动物化石在青藏高原的隆升历程中留下了非常关键的证据，国际刊物《全球和行星变化》（*Global and Planetary Change*）刊发中国科学院古脊椎动物与古人类研究所论文表明，渐新世时期尼玛和伦坡拉等盆地的海拔高度不超过2000米；到中新世，吉隆、伦坡拉和可可西里等盆地的数据反映高原上升至海拔3000米左右；直至上新世，札达和昆仑山口等盆地达到了4000米以上的现代海拔高度，由此形成冰冻圈环境，导致冰期动物群的出现（Deng et al.，2019）。

# 10.3 国际新生代生态环境演化科学研究发展态势

## 10.3.1 研究增长趋势

2009～2018年，国际新生代生态环境演化相关研究论文产出累计达近4万篇（39 239篇），其时序分布可以勾勒出10年间该领域科学研究的发展轨迹（图10-1）。总体来看，国际上新生代生态环境演化研究起步较早，10年间呈现出稳步增长的态势，SCI论文发文量以年均6.4%的增幅持续增长，2018年论文总量达到近10年以来的峰值，为4865篇。

## 10.3.2 论文主要来源国家/地区

分析结果显示，截至目前，国际新生代生态环境演化研究的活跃国家/地区主要为北美、中国、欧洲和澳大利亚等（图10-2）。按照研究强度（发文总量①），可以将国际新生代生态环境演化研究主要国家划分为以下4个层级。

---

① 为全部作者论文，包括第一作者论文和非第一作者论文，下同。

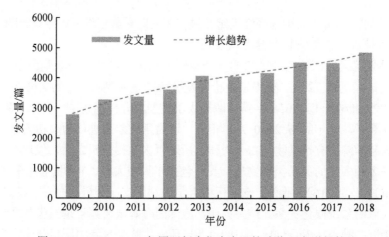

图 10-1　2009～2018 年国际新生代生态环境演化研究增长趋势

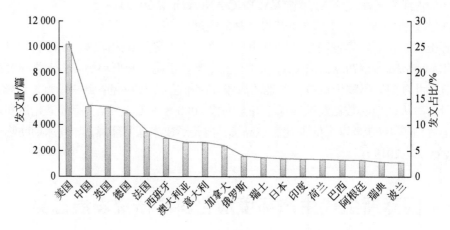

图 10-2　2009～2018 年国际新生代生态环境演化研究主要发文国家（发文量≥1000 篇）

1）研究引领国家。分析表明，美国目前是全球国际新生代生态环境演化研究的中心，2009～2018 年其论文累计产出总量超过 10 000 篇，国际占比接近 26%。

2）研究高度活跃国家。分析显示，中国、英国和德国是仅次于美国的国际新生代生态环境演化研究高度活跃国家，2009～2018 年其累计论文产出国际占比均超过 10%。

3）研究活跃国家。分析显示，法国、西班牙、澳大利亚、意大利和加拿大在国际新生代生态环境演化研究领域也相当活跃，2009～2018 年其累计论文产出国际占比超过 5%。

4）研究一般活跃国家。2009～2018 年，俄罗斯、瑞士、日本、印度、荷兰、巴西、阿根廷、瑞典和波兰等国家，累计发文量在 1000 篇以上，国际占比为 2%～5%。

中国有关国际新生代生态环境演化研究的论文共计 5375 篇，国际占比为 13.7%，是仅次于美国的第二大论文产出国，在国际新生代生态环境演化研究领域具有较高显示度。

### 10.3.3 重要研究机构分布特征

在机构层面,在国际新生代生态环境演化研究领域比较活跃的研究机构主要来自中国、俄罗斯、西班牙、美国、瑞士、法国、阿根廷、英国、荷兰、瑞典、德国、意大利、澳大利亚和挪威等国。在发文量占比达到或超过 1%的主要研究机构中,中国的研究机构有 4 所,分别为中国科学院、兰州大学、中国科学院大学和中国地质大学(北京),4 所机构发文合并占比达 9.43%;英国机构共 3 所,分别为牛津大学、伦敦大学学院和英国自然历史博物馆,合计发文量占比为 3.24%;俄罗斯、西班牙、美国、瑞士、法国、阿根廷、荷兰、瑞典、德国和意大利均各有一所。

在国际新生代生态环境演化领域比较活跃的中国机构主要集中于国立科研机构和高校,其中中国科学院发文量排名第一,其在国际新生代生态环境演化研究领域居于引领地位;兰州大学在国际新生代生态环境演化研究领域中的表现抢眼,排名第五;中国科学院大学和中国地质大学(北京)在国际新生代生态环境演化研究领域也相当活跃(表 10-6)。

表 10-6　2009~2018 年国际新生代生态环境演化研究主要科研机构

| 排序 | 机构 | 所属国家 | 发文量/篇 | 发文占比/% |
|---|---|---|---|---|
| 1 | 中国科学院 | 中国 | 2352 | 5.99 |
| 2 | 俄罗斯科学院 | 俄罗斯 | 1010 | 2.57 |
| 3 | 西班牙国家研究理事会 | 西班牙 | 554 | 1.41 |
| 4 | 美国地质调查局 | 美国 | 525 | 1.34 |
| 5 | 兰州大学 | 中国 | 474 | 1.21 |
| 6 | 伯尔尼大学 | 瑞士 | 473 | 1.21 |
| 7 | 法国国家科学研究院 | 法国 | 457 | 1.16 |
| 8 | 阿根廷国家科学技术研究理事会 | 阿根廷 | 446 | 1.14 |
| 9 | 中国科学院大学 | 中国 | 446 | 1.14 |
| 10 | 牛津大学 | 英国 | 446 | 1.14 |
| 11 | 乌得勒支大学 | 荷兰 | 438 | 1.12 |
| 12 | 伦敦大学学院 | 英国 | 431 | 1.10 |
| 13 | 中国地质大学(北京) | 中国 | 428 | 1.09 |
| 14 | 斯德哥尔摩大学 | 瑞典 | 426 | 1.09 |
| 15 | 不来梅大学 | 德国 | 426 | 1.09 |
| 16 | 意大利国家研究理事会 | 意大利 | 397 | 1.01 |
| 17 | 英国自然历史博物馆 | 英国 | 394 | 1.00 |
| 18 | 剑桥大学 | 英国 | 385 | 0.98 |
| 19 | 澳大利亚国立大学 | 澳大利亚 | 384 | 0.98 |
| 20 | 卑尔根大学 | 挪威 | 377 | 0.96 |

## 10.3.4　科研合作分析

随着科学研究不断深入发展和科技创新水平不断提高，科学研究合作规模和强度越来越大，多著者合作、多机构合作和跨国合作已成为主流科研范式。本章基于对 SCI 论文合著特征的分析，揭示新生代生态环境演化研究领域科研合作概况。

### 10.3.4.1　论文合著情况

表 10-7 和图 10-3 分别对美国、中国该领域 SCI 论文的合著人数分布情况进行统计。

表 10-7　美国、中国论文篇均合著人数比较　　　　　　　　（单位：人）

| 范围 | 篇均合著者人数 | |
| --- | --- | --- |
| | 全部著者论文 | 第一著者论文 |
| 美国 | 5.35 | 5.55 |
| 中国 | 6.03 | 5.72 |
| 其中：中国科学院 | 6.13 | 5.49 |
| 全球平均 | 4.93 | |

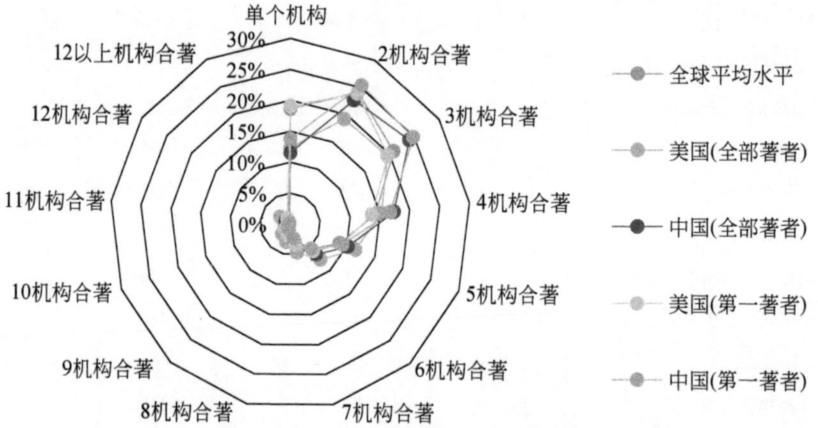

图 10-3　论文合著者人数分布（文后附彩图）

统计显示，中国论文平均合著者人数高于全球，也高于美国。全球论文中占比最多的合著人数为 2～5 人，而中国和中国科学院论文中占比最多者为 4～7 人，中国和中国科学院第一著者论文篇均合著者人数略低于其全部著者论文，而美国第一著者论文篇均合著者人数略高于其全部著者论文，中国的独著论文占比明显少于全球和美国占比。这可能说明，中国论文更倾向于多著者合作。

图 10-4 绘制了全球发文最多的 25 个著者之间的合作网络。该领域主要研究人员之间多有合作，其中 Cheng，Hai 与 Edwards，R Lawrence、Herzschuh，Ulrike 之间、Mischke，Steffen 与 Blain，Hugues-Alexandre 之间、Manuel Lopez-Garcia，Juan 与 Cuenca-Bescos，Gloria 之间的合作更为密切。

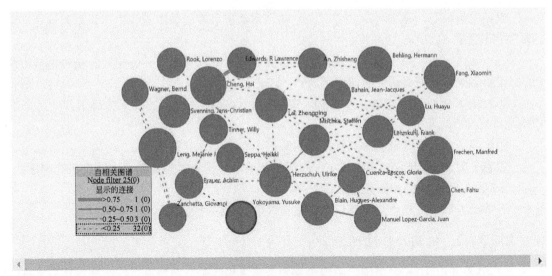

图 10-4　全球论文主要著者合作网络

图 10-5 绘制了中国论文主要著者（论文产出前 100 名）的合著网络。2009～2018 年，中国在该领域研究已形成多个较有规模的研究团队，主要研究团队如下：

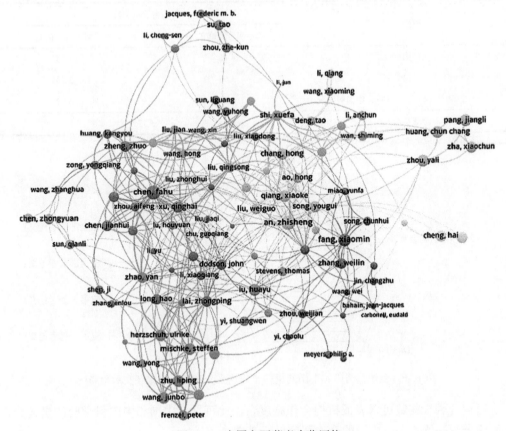

图 10-5　中国主要著者合作网络

安芷生为核心，强小科、常宏、宋友桂、敖红等主要成员组成的中国科学院地球环境研究所研究团队；

方小敏为核心，张伟林、颜茂都、昝金波、宋春晖、吴福莉、韩文霞、杨一博等组成的中国科学院青藏高原研究所研究团队；

陈发虎为核心，陈建徽、李国强、刘建宝、魏海涛、饶志国、周爱峰等组成的研究团队；

鹿化煜、弋双文等组成的南京大学团队；

赖忠平为核心，隆浩、孙永娟、于禄鹏等组成的中国科学院青海盐湖研究所研究团队；

朱立平、王君波合作研究团队；

石学法为核心，刘升发、刘焱光、姚政权等组成的研究团队。

### 10.3.4.2 机构合作情况

表 10-8 和图 10-6 对美国、中国论文的合著机构数量分布情况进行统计。统计显示，在该领域中国论文平均合著机构数高于全球平均水平，但低于美国。中国科学院论文平均合著机构数高于我国论文平均合著机构数。

**表 10-8　美国、中国论文篇均合著机构数比较**　　　　　　（单位：个）

| 范围 | 篇均合著机构数 | |
|---|---|---|
| | 全部著者论文 | 第一著者论文 |
| 美国 | 4.16 | 3.43 |
| 中国 | 3.65 | 3.23 |
| 其中：中国科学院 | 4.10 | 3.57 |
| 全球平均 | 3.37 | |

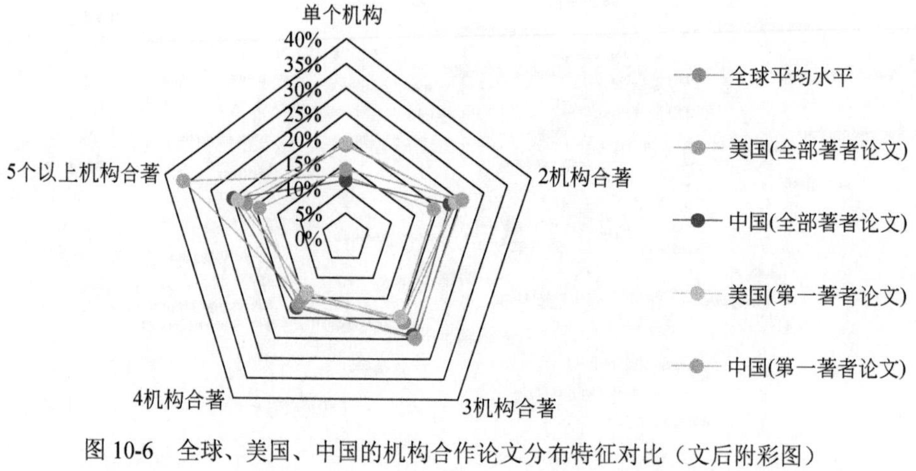

图 10-6　全球、美国、中国的机构合作论文分布特征对比（文后附彩图）

篇均合著机构数可以表征机构合作强度，由此可见，中国和中国科学院的机构合作强度高于全球平均水平，中国的合作强度低于美国。

中国科学院的非合作论文占比明显低于全球、美国和中国的非合作论文平均占比。图 10-6 显示，从全部论文中 5 个及以上机构合著论文平均占比来看，美国为 36%，中国为 25%，而全球为 22%，美国的超多机构合作论文占比较大。

### 10.3.4.3 主要国家国际合作情况

表 10-9 统计了本研究领域主要研究国家的国际合作论文占比情况。统计显示，欧洲主要国家的国际论文占比最高，印度国际论文占比最低，其次是阿根廷。中国的国际合作论文占比不仅明显低于欧美科技大国，也低于俄罗斯和巴西。

**表 10-9 主要国家（论文被引频次 TOP 20）国际合作论文占比** （单位：%）

| 主要国家 | 国际合作论文占比 | 主要国家 | 国际合作论文占比 |
|---|---|---|---|
| 美国 | 59.62 | 荷兰 | 84.71 |
| 英国 | 75.90 | 瑞典 | 86.10 |
| 德国 | 77.13 | 丹麦 | 88.24 |
| 中国 | 51.05 | 挪威 | 79.59 |
| 法国 | 80.16 | 日本 | 56.76 |
| 澳大利亚 | 66.74 | 俄罗斯 | 55.05 |
| 西班牙 | 68.74 | 印度 | 33.08 |
| 加拿大 | 70.09 | 巴西 | 54.16 |
| 意大利 | 57.36 | 比利时 | 83.56 |
| 瑞士 | 86.58 | 阿根廷 | 50.68 |

### 10.3.4.4 主要研究机构国际合作情况

表 10-10 对全球主要研究机构论文的国际合作情况进行了统计，数据显示，这些机构都非常重视国际合作。大部分机构的国际合作论文均占其论文的 70% 以上，中国科学院和美国地质调查局的国际合作论文比例较低，分别为 54.00% 和 40.67%。

**表 10-10 论文影响力 TOP 20 机构的国际合作情况**

| 机构 | 国别 | 国际合作论文占比/% |
|---|---|---|
| 法国国家科学研究院 | 法国 | 79.15 |
| 中国科学院 | 中国 | 54.00 |
| 加州大学系统 | 美国 | 62.24 |
| 亥姆霍兹联合会 | 德国 | 79.54 |
| 西班牙国家研究理事会 | 西班牙 | 71.29 |
| 伦敦大学学院 | 英国 | 72.80 |
| 英国自然环境研究理事会 | 英国 | 65.59 |
| 法国发展研究院 | 法国 | 79.53 |
| 法国原子能安全委员会 | 法国 | 78.79 |
| 巴黎-萨克雷大学 | 法国 | 80.12 |

| 机构 | 国别 | 国际合作论文占比/% |
|---|---|---|
| 乌得勒支大学 | 荷兰 | 84.13 |
| 波恩大学 | 德国 | 84.74 |
| 美国地质调查局 | 美国 | 40.67 |
| 斯德哥尔摩大学 | 瑞典 | 86.98 |
| 牛津大学 | 英国 | 83.48 |
| 澳大利亚国立大学 | 澳大利亚 | 74.68 |
| 艾克斯-马赛大学 | 法国 | 76.16 |
| 意大利国家研究理事会 | 意大利 | 54.60 |
| 哥伦比亚大学 | 美国 | 69.13 |
| 哥本哈根大学 | 丹麦 | 86.71 |

### 10.3.4.5 中国国际合作情况

表 10-11 和图 10-7 对该领域美国、中国论文的篇均合著国家数进行比较。中国和中国科学院论文篇均合著国家数大致与国际平均水平持平，与发达国家和其他主要研究机构相比，中国和中国科学院的国际合作还有进一步提升的空间。

**表 10-11　美国、中国论文篇均合著国家数对比**　　　　（单位：个）

| 范围 | 篇均合著国家数 | |
|---|---|---|
| | 全部著者论文 | 第一著者论文 |
| 美国 | 2.10 | 1.57 |
| 中国 | 1.79 | 1.52 |
| 其中：中国科学院 | 1.83 | 1.58 |
| 全球平均 | 1.72 | |

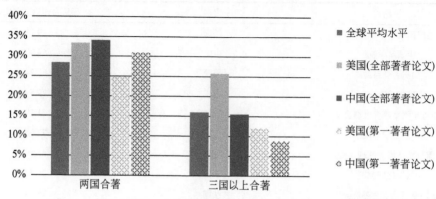

图 10-7　全球、美国、中国的国际合作论文占比对比（文后附彩图）

从国际合作论文占比来看，全球、美国、中国和中国科学院分别为 44%、59%、50% 和 52%，中国和中国科学院的国际合作论文占比显著超过全球同比，但与美国相比，还有一定差距。从三国以上合著论文占比来看，全球、美国、中国和中国科学院分别为 16%、26%、15.5% 和 16.2%，在多国合作方面，中国与美国还有较大差距。

图 10-8 绘制了中国的主要合作国家（地区），其中圆圈大小代表合作论文的多少。中国与 100 多个国家和地区开展合作研究，主要合作研究国家有美国、德国、英国、澳大利亚、法国、日本、加拿大、荷兰、瑞典、西班牙、俄罗斯、韩国、丹麦、奥地利、印度、意大利、瑞士、挪威、比利时等。

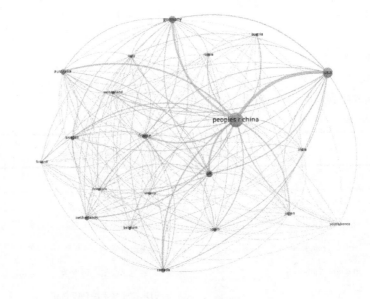

图 10-8　中国主要合作国家（地区）

表 10-12 和表 10-13 分别统计了中国的主要国际合作机构和国际合著者。主要合作机构分布在美国（6 个）、德国（4 个）、澳大利亚（2 个）、荷兰（2 个）、英国（1 个）、瑞典（1 个）、俄罗斯（1 个）、日本（1 个）、丹麦（1 个）。

表 10-12　中国主要国际合作机构

| 机构 | 国别 | 合作论文数/篇 |
| --- | --- | --- |
| 柏林自由大学 | 德国 | 71 |
| 波茨坦大学 | 德国 | 56 |
| 乌得勒支大学 | 荷兰 | 50 |
| 路易斯安那州立大学 | 美国 | 48 |
| 俄罗斯科学院 | 俄罗斯 | 48 |
| 昆士兰大学 | 澳大利亚 | 46 |
| 威斯康星大学 | 美国 | 46 |

续表

| 机构 | 国别 | 合作论文数/篇 |
|---|---|---|
| 伦敦大学学院 | 英国 | 43 |
| 哥伦比亚大学 | 美国 | 40 |
| 澳大利亚国立大学 | 澳大利亚 | 39 |
| 东京大学 | 日本 | 39 |
| 阿尔弗雷德·韦格纳极地与海洋研究所 | 德国 | 35 |
| 伯恩大学 | 德国 | 37 |
| 得克萨斯大学奥斯汀分校 | 美国 | 34 |
| 普渡大学 | 美国 | 34 |
| 乌普萨拉大学 | 瑞典 | 34 |
| 亚利桑那大学 | 美国 | 32 |
| 阿姆斯特丹自由大学 | 荷兰 | 32 |
| 奥尔胡斯大学 | 丹麦 | 31 |

**表 10-13　中国主要的国际合著者**

| 著者 | 所在机构 | 合著论文数/篇 |
|---|---|---|
| R Lawrence，Edwards | 明尼苏达大学 | 69 |
| Steffen，Mischke | 柏林自由大学 | 39 |
| Ulrike，Herzschuh | 波茨坦大学 | 39 |
| Eudald，Carbonell | 罗维拉·维尔吉利大学 | 27 |
| Yoshiki，Saito | 日本产业技术综合研究所 | 24 |
| Torsten，Haberzettl | 耶拿大学 | 22 |
| Peter D，Clift | 路易斯安那州立大学 | 21 |
| Philip A，Meyers | 密歇根大学 | 20 |
| Jean-Jacques，Bahain | 法国国家历史博物馆 | 23 |
| David K，Ferguson | 维也纳大学 | 21 |
| Peter，Frenzel | 耶拿大学 | 19 |
| Jef，Vandenberghe | 阿姆斯特丹自由大学 | 23 |
| Thomas，Stevens | 乌普萨拉大学 | 18 |

　　中国科学院与 70 多个国家和地区开展合作研究，主要合作研究国家有美国、德国、英国、澳大利亚、法国、日本、加拿大、荷兰、瑞典、印度、俄罗斯、韩国、西班牙、奥地利、瑞士、丹麦、意大利、挪威、芬兰，主要合作国家与中国大体相同。中国科学院主要国际合作机构见表 10-14。

**表 10-14　中国科学院主要国际合作机构**

| 机构 | 国别 | 合作论文篇/篇 |
| --- | --- | --- |
| 明尼苏达大学 | 美国 | 33 |
| 澳大利亚国立大学 | 澳大利亚 | 32 |
| 路易斯安那州立大学 | 美国 | 27 |
| 昆士兰大学 | 澳大利亚 | 27 |
| 哥伦比亚大学 | 美国 | 26 |
| 伦敦大学学院 | 英国 | 24 |
| 耶拿大学 | 德国 | 24 |
| 维也纳大学 | 奥地利 | 24 |
| 俄罗斯科学院 | 俄罗斯 | 23 |
| 乌得勒支大学 | 荷兰 | 23 |
| 威斯康星大学 | 美国 | 22 |
| 美国国家历史博物馆 | 美国 | 21 |
| 赫尔辛基大学 | 芬兰 | 21 |
| 得克萨斯大学奥斯汀分校 | 美国 | 21 |
| 澳大利亚核科学技术组织 | 澳大利亚 | 20 |
| 东田纳西州立大学 | 美国 | 20 |
| 柏林自由大学 | 德国 | 20 |
| 开放大学 | 英国 | 19 |

## 10.3.5　研究热点与前沿分析

### 10.3.5.1　研究热点与前沿分布特征

（1）基于高频关键词分析

通过对文献中的关键词出现频次统计分析可以发现，holocene、paleoclimate、pleistocene、climate change、pollen、quaternary、palaeoecology、phylogeography、paleoenvironment、stable isotope 等关键词出现频率较高（表 10-15），表明国际新生代生态环境演化研究领域对相关问题和方向的关注度高，可能是研究热点。

但仅依据关键词词频不能表达出各关键词之间关系和随时间发展的变化。因此，需要进一步对关键词进行分析，深入挖掘关键词之间的内在联系。

表 10-15　2009～2018 年新生代生态环境演化研究领域高频关键词 TOP50

| 排序 | 关键词（英文） | 关键词（中文） | 频次/次 |
| --- | --- | --- | --- |
| 1 | holocene | 全新世 | 2768 |
| 2 | paleoclimate | 古气候 | 1218 |
| 3 | pleistocene | 更新世 | 1201 |
| 4 | climate change | 气候变化 | 1036 |
| 5 | pollen | 花粉 | 822 |
| 6 | quaternary | 第四纪 | 804 |
| 7 | palaeoecology | 古生态学 | 793 |
| 8 | phylogeography | 系统发生生物地理学 | 711 |
| 9 | paleoenvironment | 古环境 | 676 |
| 10 | stable isotope | 稳定同位素 | 583 |
| 11 | climate | 气候 | 463 |
| 12 | diatom | 硅藻 | 448 |
| 13 | biogeography | 生物地理学 | 436 |
| 14 | late pleistocene | 晚更新世 | 406 |
| 15 | neogene | 新近纪 | 394 |
| 16 | palynology | 孢粉学 | 394 |
| 17 | miocene | 中新世 | 391 |
| 18 | geochemistry | 地球化学 | 370 |
| 19 | late holocene | 晚全新世 | 364 |
| 20 | lake sediment | 湖泊沉积物 | 320 |
| 21 | human impact | 人的影响 | 287 |
| 22 | taxonomy | 分类学 | 273 |
| 23 | pliocene | 上新世 | 265 |
| 24 | late quaternary | 晚第四纪 | 263 |
| 25 | stratigraphy | 地层学 | 257 |
| 26 | cenozoic | 新生代 | 254 |
| 27 | last glacial maximum | 末次冰盛期 | 249 |
| 28 | geomorphology | 地貌学 | 246 |
| 29 | taphonomy | 埋藏学 | 239 |
| 30 | paleogene | 古近纪 | 234 |
| 30 | foraminifera | 有孔虫 | 234 |
| 30 | pollen analysis | 花粉分析 | 234 |
| 33 | radiocarbon dating | 放射性碳年代测定 | 232 |
| 34 | South America | 南美洲 | 225 |
| 35 | extinction | 灭绝 | 224 |

续表

| 排序 | 关键词（英文） | 关键词（中文） | 频次/次 |
|---|---|---|---|
| 36 | biostratigraphy | 生物地层学 | 222 |
| 36 | eocene | 始新世 | 222 |
| 38 | China | 中国 | 220 |
| 39 | loess | 黄土 | 218 |
| 40 | phylogeny | 发展史 | 199 |
| 41 | charcoal | 木炭 | 193 |
| 42 | sea level | 海平面 | 182 |
| 43 | sedimentology | 沉积 | 153 |
| 44 | vegetation | 植被 | 147 |
| 45 | Mediterranean | 地中海 | 125 |
| 46 | osl dating | 光释光测年 | 122 |
| 47 | speciation | 形态 | 120 |
| 48 | evolution | 演化 | 119 |
| 49 | little ice age | 小冰期 | 116 |
| 50 | glaciation | 冰川作用 | 115 |

（2）基于核心关键词分析

利用 CiteSpace 对 2009～2018 年新生代生态环境演化研究相关文献的关键词进行共现分析，绘制关键词的共现图谱，并对关键词进行聚类，结果如图 10-9 所示。

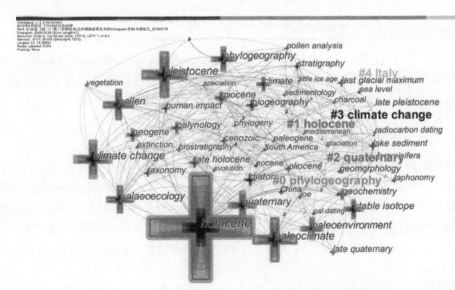

图 10-9　关键词聚类分析（文后附彩图）

在用 CiteSpace 对关键词进行聚类分析的过程中，关键词被聚为八大类，每一类都包含相应的核心词，即代表了 8 个方向的热点，在图中自动过滤了包含较少关键词的类，可以明显看出 5 个最主要的类，分别是：#0 phylogeography、#1 holocene、#2 quaternary、#3 climate change、#4 Italy。

在关键词聚类分析中，节点的大小表示关键词出现次数的多少，节点越大则关键词出现的相应次数就越多，关注度就越高。在图中，不难看出，关键词 holocene 节点最大，在 2009～2018 年文献中出现的次数最多，其次是 paleoclimate、pleistocene、climate change 等，其共同揭示出该领域研究的热点和重要方向。除此之外，研究热点还包括 pollen、quaternary、palaeoecology、phylogeography、paleoenvironment、stable isotope 等。

除了对关键词词频进行分析之外，关键词的中心性也是非常重要的指标之一。中介中心性高的关键词是指在知识图谱共现网络中处于核心位置，具有左右连接、前后相承作用，影响力比较大。中心性高的节点一般是核心节点、枢纽节点，具有很高的热度和潜力。如果某一关键词在共现网络中的中心性越强，则该关键词与其他关键词共现的概率就越大，对其他节点之间的联系起到控制作用，体现了其在整个网络中的重要地位。表 10-16 展示了中心性大于 0.1 的关键词。

**表 10-16  高中心性关键词**

| 关键词（英文） | 关键词（中文） | 频次/次 | 中心性 |
| --- | --- | --- | --- |
| holocene | 全新世 | 2768 | 0.38 |
| pleistocene | 更新世 | 1201 | 0.19 |
| palaeoecology | 古生态学 | 793 | 0.15 |
| paleoclimate | 古气候 | 1218 | 0.13 |
| pollen | 花粉 | 822 | 0.11 |
| late pleistocene | 晚更新世 | 406 | 0.1 |

由表 10-16 可以看出，holocene、pleistocene、palaeoecology、paleoclimate、pollen、late pleistocene 的中心性较高，说明这些关键词在文献中出现频次较高，而且其与其他关键词之间联系紧密程度较高，枢纽作用比较显著。

（3）基于突发关键词分析

突发关键词或称突现词，是指在某个时间段内出现频次变化率偏高的关键词。由于突发关键词反映了除词频以外的关键词随研究活动变化的重要特征，并且该特征具有一定的隐含性，因而突发关键词更能揭示研究领域的热点与前沿。由图 10-10 可以看到，从 2009 年到 2018 年，国际新生代生态环境演化研究领域出现了 29 个突现词，而且突现词多出现在 2009～2010 年，说明在此时间段该领域出现了研究热点和重要前沿研究方向，具体突现词如表 10-17 所列。

突发关键词分析结果表明，2009～2018 年，热点研究区主要包括南极、青藏高原、巴塔哥尼亚高原、地中海地区、欧洲、意大利、阿根廷、西班牙、新西兰；研究所关注的地质历史时期主要集中于中更新世、小冰期、早更新世、白垩纪等时期；热点研究问题主要包括环境变化、物种特征、人类进化、冰川消退、地质年代学、季风、冰川作用、海平面变化、植被分布等；热点研究方法主要聚焦氧同位素分析和光释光测年。

| 关键词 | 年 | 突现度 | 起始年 | 结束年 | 2009~2018年 |
|---|---|---|---|---|---|
| Cretaceous | 2009 | 15.0841 | **2009** | 2010 | |
| Environmental change | 2009 | 22.799 | **2009** | 2012 | |
| Mtdna | 2009 | 19.4038 | **2009** | 2010 | |
| Tectonics | 2009 | 17.2434 | **2009** | 2010 | |
| Patagonia | 2009 | 22.799 | **2009** | 2012 | |
| Luminescence dating | 2009 | 8.1005 | **2009** | 2010 | |
| Glaciation | 2009 | 10.3278 | **2009** | 2012 | |
| Little ice age | 2009 | 19.4403 | **2009** | 2013 | |
| New zealand | 2009 | 15.6238 | **2009** | 2010 | |
| Geochronology | 2009 | 16.1636 | **2009** | 2010 | |
| Sea-level change | 2009 | 8.6413 | **2009** | 2010 | |
| Speciation | 2009 | 20.0932 | **2009** | 2014 | |
| Monsoon | 2009 | 15.0841 | **2009** | 2010 | |
| Sediment | 2009 | 17.7834 | **2009** | 2010 | |
| Spain | 2009 | 15.0841 | **2009** | 2010 | |
| Italy | 2009 | 26.8385 | **2011** | 2014 | |
| Antarctica | 2009 | 28.7893 | **2011** | 2014 | |
| Argentina | 2009 | 23.5903 | **2011** | 2014 | |
| Tibetan plateau | 2009 | 24.4609 | **2013** | 2016 | |
| Vegetation | 2009 | 7.0481 | **2013** | 2015 | |
| Oxygen isotope | 2009 | 17.6676 | **2013** | 2014 | |
| Early pleistocene | 2009 | 18.506 | **2013** | 2014 | |
| Middle pleistocene | 2009 | 24.2322 | **2015** | 2016 | |
| Deglaciation | 2009 | 16.7236 | **2015** | 2016 | |
| Europe | 2009 | 24.1339 | **2015** | 2018 | |
| Evolution | 2009 | 9.5894 | **2015** | 2016 | |
| osl dating | 2009 | 8.2007 | **2015** | 2016 | |
| Archaeology | 2009 | 22.3625 | **2015** | 2016 | |
| Mediterranean | 2009 | 8.9078 | **2015** | 2016 | |

图 10-10  突发关键词分布情况

**表 10-17  突发关键词列表**

| 关键词 | 关键词特征值 | | |
|---|---|---|---|
| | 突现度 | 中心性 | Sigma 值 |
| Antarctica | 28.79 | 0.02 | 1.68 |
| Italy | 26.84 | 0.05 | 3.75 |
| Tibetan Plateau | 24.46 | 0 | 1 |
| middle pleistocene | 24.23 | 0 | 1 |
| Europe | 24.13 | 0.02 | 1.65 |
| Argentina | 23.59 | 0 | 1 |

| 关键词 | 关键词特征值 | | |
| --- | --- | --- | --- |
| | 突现度 | 中心性 | Sigma 值 |
| Patagonia | 22.8 | 0 | 1 |
| environmental change | 22.8 | 0 | 1.01 |
| archaeology | 22.36 | 0 | 1.01 |
| speciation | 20.09 | 0 | 1.07 |
| little ice age | 19.44 | 0 | 1.01 |
| mtdna | 19.4 | 0 | 1 |
| early pleistocene | 18.51 | 0 | 1 |
| sediment | 17.78 | 0 | 1.02 |
| oxygen isotope | 17.67 | 0 | 1.05 |
| tectonics | 17.24 | 0.01 | 1.21 |
| deglaciation | 16.72 | 0 | 1.02 |
| geochronology | 16.16 | 0 | 1 |
| New Zealand | 15.62 | 0 | 1 |
| cretaceous | 15.08 | 0 | 1 |
| monsoon | 15.08 | 0 | 1.04 |
| Spain | 15.08 | 0 | 1 |
| glaciation | 10.33 | 0.08 | 2.14 |
| evolution | 9.59 | 0.01 | 1.05 |
| Mediterranean | 8.91 | 0.04 | 1.39 |
| sea-level change | 8.64 | 0 | 1 |
| osl dating | 8.2 | 0 | 1.01 |
| luminescence dating | 8.1 | 0 | 1 |
| vegetation | 7.05 | 0 | 1.03 |

### 10.3.5.2　研究热点与前沿演化分析

在对研究热点分析的基础上，进一步对关键词节点分布进行时间区域图统计分析，以揭示研究热点的变化或演进路径，如图 10-11 所示。从时间区域图来看，2009~2010 年，新生代生态环境演化就已经有了广泛的研究，并且之后的每个时间段里都衍生出不同的研究热点：

1）2009~2010 年，研究热点主要集中在 holocene、paleoclimate、pleistocene、climate change、pollen 等方面，诸多研究内容相互交叉；

2）2011~2012 年，研究热点主要集中在 loe、Argentina、sedimentology、Antarctic、biostratigraphy、Italy、taphonomy、last glacial maximum、deglaciation 等方面；

3）2013~2014 年，研究热点主要集中在 Tibetan Plateau、early pleistocene、vegetation 等方面；

4）2015~2016 年，研究热点主要集中在 archaeology、middle pleistocene、Europe 等方面；

5）2017～2018 年,研究热点主要集中在 geoarchaeology、paleoclimatology、paleolimnology、provenance、permafrost 等方面。

同时,分析结果显示,关键节点大部分出现在 2009～2010 年,并与之后的研究存在着联系。综合来看,关键词密度最高的时间段在 2009～2010 年,研究内容呈现多元化的趋势。

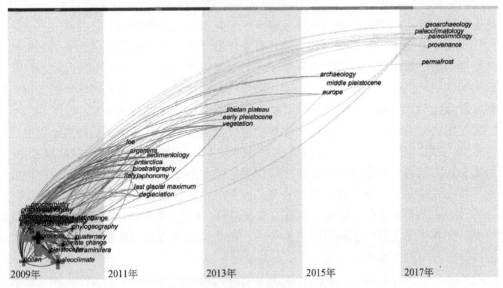

图 10-11　关键词演化分析（Timezone）

图 10-12 揭示了各聚类之间的关系和各聚类中文献的历史跨度。从图中可以看出 phylogeography、holocene、quaternary、climate change、Italy 是近 10 年新生代生态环境演化的重要研究前沿;延续时间最长的为#1 holocene、#2 quaternary、#3 climate change,其次是#0 phylogeography 聚类,而聚类#4 Italy 出现延续的时间最短。

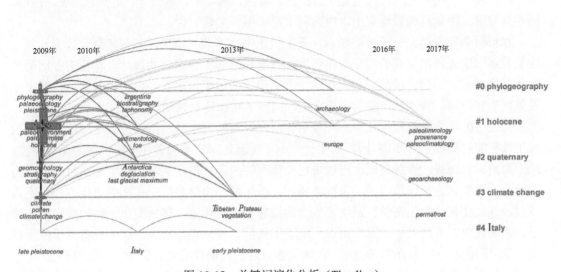

图 10-12　关键词演化分析（Timeline）

# 10.4  总结与建议

随着全球人口激增，人类活动对整个生态环境的影响无论是范围和深度都在持续扩大，全球生态环境变化特别是人为导致的生态环境变化已成为全球共同面临的重大挑战之一。特别是在可持续发展大背景下，如何应对日益加剧的生态环境变化将成为人类社会实现可持续发展的核心议题。而应对生态环境变化的关键在于全面认识和理解地球生态环境过程及其演变机理，这也是全球地学界正试图破解的有关地球系统及其发展演化的关键问题。但到目前为止，人类对地球系统及其过程的认识还仅仅是"冰山一角"。

通过地质记录，开展对关键地史时期生态环境演变过程及其机制的研究不仅是破解地球生命演化以及地球系统发展演化机理的关键所在，而且也是认识现代地球系统、生态环境变化及其发展趋势的重要路径。新生代作为与现代地球环境及面貌最为接近的地质历史时期，其无疑是揭示地球生态环境形成及其演变机制的重要窗口。本章通过文献综述、项目分析、文献计量以及专家咨询等方法的综合运用，对近 10 年来，国际新生代生态环境演化相关研究的格局及发展态势进行全面分析，以期为把握该领域最新研究趋势及发现未来可能的研究方向提供参考。

近年来，在国际范围内，新生代生态环境演化相关研究持续受到关注，相关进展和成果多次入选国内外权威机构或组织评选的年度科学进展。在 IGBP、PAGES、IODP、IGCP、WCRP 等国际重要科学计划的带动下，新生代生态环境演化相关研究不断深入开展。与此同时，相关研究也连续被美国以及欧洲的主要国家列为政府科学基金项目的资助重点。

分析表明，近 10 年来，国际新生代生态环境演化相关研究呈现持续较快增长态势，2018 年为峰值年度，表明该领域研究的受关注程度和发展潜力。美国在该领域研究具有领先优势，除美国外，研究较为活跃的国家还包括中国、英国、德国、法国等国。就研究主体而言，相对较为活跃的研究机构主要来自中国、英国、俄罗斯、西班牙、美国、瑞士、法国、阿根廷等国。中国机构表现突出，中国科学院位居发文量首位。

在科研合作方面，分析结果显示，新生代生态环境演化研究领域科研合作较为活跃。欧美发达国家表现出更高的国际合作强度，特别是欧洲主要国家的国际合作论文占比明显高于其他国家，尽管我国的国际合作论文占比超过全球平均水平，但仍相对偏低，甚至不及俄罗斯和巴西，特别是在多国合作方面，同美国相比还存在明显差距。

对近 10 年来国际新生代生态环境演化研究热点和前沿分析揭示出该领域研究发展的如下特征和趋势：近 10 年间，国际新生代生态环境演化研究最为关注的研究区主要有南美、地中海地区、南极、青藏高原、巴塔哥尼亚高原等地区；最受关注的地质历史时期分别为全新世、更新世、整个第四纪、末次冰盛期、小冰期；为学界广泛关注的热点方向包括古气候、气候变化、古生态学、系统发生生物地理学、古环境、环境变化、物种特征、人类世、人类演化、人地关系、冰川消退、地质年代学、季风等；研究手段主要集中于孢粉研究、稳定同位素分析和光释光测年。在研究热点与前沿演化方面，近 10 年来，新生代生态环境演化相关研究之间表现出较为明显的演替和继承关系，研究内容呈现多元化的趋势。

研究热点和前沿集中分布于 2009～2010 年，研究关注点从 2009～2010 年的 holocene、paleoclimate、pleistocene、climate change、pollen 等方面转向 2017～2018 年的 geoarchaeology、paleoclimatology、paleolimnology、provenance、permafrost 等方面。

作为地球系统过程及其演化研究的重要组成部分，关键地史时期生态环境演化过程及其机制研究具有显著的前沿性和跨学科性，所涉及的诸多问题都是破解地球系统发展演化机理的关键基础性问题，同时，由于生态环境过程及其演化是地球系统各要素及过程相互作用的结果，因而相关研究的全面深入开展需要不同学科领域的广泛合作。特别对我国开展相关研究而言，我国需要在现有合作基础上进一步拓宽合作方向、扩大合作范围。在国家层面，应当扩大同欧美主要国家之间的合作，特别是同美国、英国、德国以及丹麦、瑞士、瑞典、荷兰等国家之间的合作；在机构层面，应当加强与美国地质调查局、俄罗斯科学院、西班牙国家研究理事会、法国国家科学研究院以及美国加州大学、德国亥姆霍兹联合会、伦敦大学、英国自然环境研究理事会等研究机构之间的合作交流；在未来研究方向的布局方面，需要更多地聚焦更新世及全新世古生态学、生物多样性研究，以及古气候、人类世等方向的研究。同时，在研究手段方面，应当在现有以孢粉分析和稳定同位素示踪分析为主向的综合性、跨领域的技术手段发展。

**致谢** 中国科学院古脊椎动物与古人类研究所李小强研究员、邓涛研究员等专家对本章内容提出了宝贵的意见与建议，在此谨致谢忱！

## 参 考 文 献

陈泮勤. 1987. 国际地圈、生物圈计划——全球变化的研究. 中国科学院院刊，（3）：206-211.

Armitage S J，Bristow C S，Drake N A. 2015. West African monsoon dynamics inferred from abrupt fluctuations of Lake Mega-Chad. Proceedings of the National Academy of Sciences of the United States of America，112（28）：8543-8548.

Bacon C D，Silvestro D，Jaramillo C，et al. 2015. Biological evidence supports an early and complex emergence of the Isthmus of Panama. Proceedings of the National Academy of Sciences of the United States of America，112（19）：6110-6115.

Barker S，Chen J，Gong X，et al. 2015. Icebergs not the trigger for North Atlantic cold events. Nature，520（7547）：333.

Botsyun S，Sepulchre P，Donnadieu Y，et al. 2019. Revised paleoaltimetry data show low Tibetan Plateau elevation during the Eocene. Science，363（6430）：eaaq1436.

Cai Y，Fung I Y，Edwards R L，et al. 2015. Variability of stalagmite-inferred Indian monsoon precipitation over the past 252,000 y. Proceedings of the National Academy of Sciences of the United States of America，112（10）：2954-2959.

Chen F H，Dong G H，Zhang D J，et al. 2015. Agriculture facilitated permanent human occupation of the Tibetan Plateau after 3600 BP. Science，347（6219）：248-250.

Cheng H, Edwards R L, Sinha A, et al. 2016. The Asian monsoon over the past 640 000 years and ice age terminations. Nature, 534 (7609): 640-646.

Council of the International Geoscience Programme (IGCP). 2019. IGCP Projects. http://www. unesco. org/new/ en/natural-sciences/environment/earth-sciences/international-geoscience-programme/igcp-projects/ [2019-10-31].

Cramwinckel M J, Huber M, Kocken I J, et al. 2018. Synchronous tropical and polar temperature evolution in the Eocene. Nature, 559 (7714): 382-386.

DeConto R M, Pollard D. 2016. Contribution of Antarctica to past and future sea-level rise. Nature, 531 (7596): 591-597.

Deng T, Wang X, Wu F, et al. 2019. Implications of vertebrate fossils for paleo-elevations of the Tibetan Plateau. Global and Planetary Change, 174: 58-69.

Dunn R E, Strömberg C A E, Madden R H, et al. 2015. Linked canopy, climate, and faunal change in the Cenozoic of Patagonia. Science, 347 (6219): 258-261.

Dutton A, Carlson A E, Long A J, et al. 2015. Sea-level rise due to polar ice-sheet mass loss during past warm periods. Science, 349 (6244): aaa4019.

Ganopolski A, Winkelmann R, Schellnhuber H J. 2016. Critical insolation-$CO_2$ relation for diagnosing past and future glacial inception. Nature, 529 (7585): 200-203.

Garcin Y, Deschamps P, Ménot G, et al. 2018. Early anthropogenic impact on Western Central African rainforests 2,600 y ago. Proceedings of the National Academy of Sciences of the United States of America, 115 (13): 3261-3266.

Goldsmith Y, Broecker W S, Xu H, et al. 2017. Northward extent of East Asian monsoon covaries with intensity on orbital and millennial timescales. Proceedings of the National Academy of Sciences of the United States of America, 114 (8): 1817-1821.

Guiot J, Cramer W. 2016. Climate change: The 2015 Paris Agreement thresholds and Mediterranean basin ecosystems. Science, 354 (6311): 465-468.

Guo Q, Li B, Kim J K, et al. 2017. Benthic foraminiferal assemblages and bottom water evolution off the Portuguese margin since the Middle Pleistocene. Global and Planetary Change, 150: 94-108.

Gutjahr M, Ridgwell A, Sexton P F, et al. 2017. Very large release of mostly volcanic carbon during the Palaeocene–Eocene Thermal Maximum. Nature, 548 (7669): 573-577.

Hazzi N A, Moreno J S, Ortiz-Movliav C, et al. 2018. Biogeographic regions and events of isolation and diversification of the endemic biota of the tropical Andes. Proceedings of the National Academy of Sciences of the United States of America, 115 (31): 7985-7990.

Hillenbrand C D, Smith J A, Hodell D A, et al. 2017. West Antarctic Ice Sheet retreat driven by Holocene warm water incursions. Nature, 547 (7661): 43-48.

Hilton R G, Galy V, Gaillardet J, et al. 2015. Erosion of organic carbon in the Arctic as a geological carbon dioxide sink. Nature, 524 (7563): 84-87.

International Geosphere Biosphere Programme (IGBP). 2019. http://www. igbp. net/ [2019-10-31].

International Ocean Discovery Plan (IODP). 2011. IODP Science Plan 2013-2023. http://www. iodp. org/about-iodp/iodp-science-plan-2013-2023 [2019-10-31].

Koppes M，Hallet B，Rignot E，et al. 2015. Observed latitudinal variations in erosion as a function of glacier dynamics. Nature，526（7571）：100-103.

Li Z Y，Wu X J，Zhou L P，et al. 2017. Late Pleistocene archaic human crania from Xuchang，China. Science，355（6328）：969-972.

Lu L M，Mao L F，Yang T，et al. 2018. Evolutionary history of the angiosperm flora of China. Nature，554（7691）：234-238.

Lyons S K，Amatangelo K L，Behrensmeyer A K，et al. 2016. Holocene shifts in the assembly of plant and animal communities implicate human impacts. Nature，529（7584）：80-83.

MacLeod K G，Quinton P C，Sepúlveda J，et al. 2018. Postimpact earliest Paleogene warming shown by fish debris oxygen isotopes（El Kef，Tunisia）. Science，360（6396）：1467-1469.

Martínez-Botí M A，Foster G L，Chalk T B，et al. 2015. Plio-Pleistocene climate sensitivity evaluated using high-resolution CO 2 records. Nature，518（7537）：49-54.

Meng Y，Wang W，Hu J，et al. 2017. Vegetation and climate changes over the last 30 000 years on the Leizhou Peninsula，southern China，inferred from the pollen record of Huguangyan Maar Lake. Boreas，46（3）：525-540.

Menounos B，Goehring B M，Osborn G，et al. 2017. Cordilleran Ice Sheet mass loss preceded climate reversals near the Pleistocene Termination. Science，358（6364）：781-784.

Meyer M C，Aldenderfer M S，Wang Z，et al. 2017. Permanent human occupation of the central Tibetan Plateau in the early Holocene. Science，355（6320）：64-67.

Moreno-Mayar J V，Potter B A，Vinner L，et al. 2018. Terminal Pleistocene Alaskan genome reveals first founding population of Native Americans. Nature，553（7687）：203-207.

Ni X，Li Q，Li L，et al. 2016. Oligocene primates from China reveal divergence between African and Asian primate evolution. Science，352（6286）：673-677.

Past Global Changes（PAGES）. 2019. General Overview.http://www.pastglobalchanges. org/about/ general-overview［2019-10-31］.

Pinheiro H T，Bernardi G，Simon T，et al. 2017. Island biogeography of marine organisms. Nature，549（7670）：82.

Pitulko V V，Tikhonov A N，Pavlova E Y，et al. 2016. Early human presence in the Arctic：Evidence from 45 000-year-old mammoth remains. Science，351（6270）：260-263.

Raghavan M，Steinrücken M，Harris K，et al. 2015. Genomic evidence for the Pleistocene and recent population history of Native Americans. Science，349（6250）：aab3884.

Rehfeld K，Münch T，Ho S L，et al. 2018. Global patterns of declining temperature variability from the Last Glacial Maximum to the Holocene. Nature，554（7692）：356-359.

Roberts P，Perera N，Wedage O，et al. 2015. Direct evidence for human reliance on rainforest resources in late Pleistocene Sri Lanka. Science，347（6227）：1246-1249.

Scher H D，Whittaker J M，Williams S E，et al. 2015. Onset of Antarctic Circumpolar Current 30 million years ago as Tasmanian Gateway aligned with westerlies. Nature，523（7562）：580-583.

Skinner M M，Stephens N B，Tsegai Z J，et al. 2015. Human-like hand use in Australopithecus africanus. Science，347（6220）：395-399.

Slon V，Hopfe C，Weiß C L，et al. 2017. Neandertal and Denisovan DNA from Pleistocene sediments. Science，356（6338）：605-608.

Smith F A，Smith R E E，Lyons S K，et al. 2018. Body size downgrading of mammals over the late Quaternary. Science，360（6386）：310-313.

Steffen W，Rockström J，Richardson K，et al. 2018. Trajectories of the Earth System in the Anthropocene. Proceedings of the National Academy of Sciences of the United States of America，115（33）：8252-8259.

Stolper D A，Bender M L，Dreyfus G B，et al. 2016. A Pleistocene ice core record of atmospheric O2 concentrations. Science，353（6306）：1427-1430.

Timmermann A，Friedrich T. 2016. Late Pleistocene climate drivers of early human migration. Nature，538（7623）：92-95.

Tremblin M，Hermoso M，Minoletti F. 2016. Equatorial heat accumulation as a long-term trigger of permanent Antarctic ice sheets during the Cenozoic. Proceedings of the National Academy of Sciences of the United States of America，113（42）：11782-11787.

Turney C A，Hughen K A，et al. 2015. Abrupt warming events drove Late Pleistocene Holarctic megafaunal turnover. Science，349（6248）：602-606.

Valenciano A，JIANGZUO Q，Wang S，et al. 2019. First Record of Hoplictis（Carnivora，Mustelidae）in East Asia from the Miocene of the Ulungur River Area，Xinjiang，Northwest China. Acta Geologica Sinica（English Edition），93（2）：251-264.

Villmoare B，Kimbel W H，Seyoum C，et al. 2015. Early Homo at 2. 8 Ma from Ledi-Geraru，Afar，Ethiopia. Science，347（6228）：1352-1355.

Wang H，Dutta S，Kelly R S，et al. 2018. Amber fossils reveal the Early Cenozoic dipterocarp rainforest in central Tibet. Palaeoworld，27（4）：506-513.

Wang X，Edwards R L，Auler A S，et al. 2017. Hydroclimate changes across the Amazon lowlands over the past 45,000 years. Nature，541（7636）：204-207.

Waters C N，Zalasiewicz J，Summerhayes C，et al. 2016. The Anthropocene is functionally and stratigraphically distinct from the Holocene. Science，351（6269）：aad2622.

World Climate Research Programme（WCRP）.2019. Our Mission. https://www.wcrp-climate. org/about-wcrp/wcrp-overview［2019-10-31］.

Wu Q，Zhao Z，Liu L，et al. 2016. Outburst flood at 1920 BCE supports historicity of China's Great Flood and the Xia dynasty. Science，353（6299）：579-582.

Wu Y，Deng T，Hu Y，et al. 2018. A grazing Gomphotherium in Middle Miocene Central Asia，10 million years prior to the origin of the Elephantidae. Scientific Reports，8（1）：7640.

Xue L，Cai W J，Takahashi T，et al. 2018. Climatic modulation of surface acidification rates through summertime wind forcing in the Southern Ocean. Nature Communications，9（1）：3240.

Yang S，Ding Z，Li Y，et al. 2015. Warming-induced northwestward migration of the East Asian monsoon rain belt from the Last Glacial Maximum to the mid-Holocene. Proceedings of the National Academy of Sciences of the United States of America，112（43）：13178-13183.

Yang X，Scuderi L A，Wang X，et al. 2015. Groundwater sapping as the cause of irreversible desertification of Hunshandake Sandy Lands，Inner Mongolia，northern China. Proceedings of the National Academy of Sciences of the United States of America，112（3）：702-706.

Yang Yi，Wang Wei-Ming，Shu Jun-Wu，et al. 2018. Miocene palynoflora from Shengxian Formation，Zhejiang Province，southeast China and its palaeovegetational and palaeoenvironmental implications. Review of Palaeobotany and Palynology，259：185-197.

Yao W，Paytan A，Wortmann U G. 2018. Large-scale ocean deoxygenation during the Paleocene-Eocene Thermal Maximum. Science，361（6404）：804-806.

Zaferani S，Pérez-Rodríguez M，Biester H. 2018. Diatom ooze—A large marine mercury sink. Science，361（6404）：797-800.

Zhang D D，Li S H. 2017. Comment on "Permanent human occupation of the central Tibetan Plateau in the early Holocene". Science，357（6351）：eaam9231.

Zheng H，Wei X，Tada R，et al. 2015. Late Oligocene-early miocene birth of the Taklimakan Desert. Proceedings of the National Academy of Sciences of the United States of America，112（25）：7662-7667.

Zhu Z，Dennell R，Huang W，et al. 2018. Hominin occupation of the Chinese Loess Plateau since about 2.1 million years ago. nature，559（7715）：608.

Zhu Z，Feinberg J M，Xie S，et al. 2017. Holocene ENSO-related cyclic storms recorded by magnetic minerals in speleothems of central China. Proceedings of the National Academy of Sciences of the United States of America，114（5）：852-857.

# 11　X射线自由电子激光国际发展态势分析

李泽霞　魏　韧　郭世杰　刘小平　董　璐　李宜展

（中国科学院文献情报中心）

**摘　要**　X射线自由电子激光是一种全新的光源，具有高峰值亮度、超短时间脉冲、接近傅立叶变换极限的频谱线宽、波长可调谐和全相干的优越特性，让人们能用亚纳米尺度的空间分辨能力研究飞秒时间尺度的原子与分子体系的结构和超快动力学过程，已成为破解生物、物理、化学及材料等众多科学前沿重大难题的科研利器，为实验科学的发展提供了一个崭新的革命性技术。为把握X射线自由电子激光领域的国际发展态势，本章定性调研了主要国家/地区X射线自由电子激光设施的布局情况和战略部署，基于X射线自由电子激光设施的论文产出数据定量分析了该领域的研究热点和前沿，对X射线自由电子激光在各领域的应用发展趋势做了分析，并建议我国应该积极开展X射线自由电子激光的实验技术与方法学研究，以保证未来X射线自由电子激光装置能够高水平地服务于各学科的前沿研究；重视对相关科研应用的支持，基于X射线自由电子激光的技术特点，预先规划部署相关科研应用；同时建议在国家层面设立X射线自由电子激光国际合作专项，大力推动与世界各X射线自由电子激光装置建设运行单位的合作交流。

**关键词**　X射线自由电子激光　设施布局　战略部署　文献计量

## 11.1　引言

　　1971年，John Madey发现在波荡器中运动的相对论性自由电子能与光相互作用从而产生相干辐射放大，自由电子激光（FEL）也因此得名。按照放大增益，可将自由电子激光分为低增益和高增益两种放大机制的自由电子激光：低增益自由电子激光的放大器部分由波荡器和光学谐振腔组成；高增益自由电子激光的放大器仅由波荡器或外加常规种子激光系统组成。高增益模式是短波长自由电子激光的基本工作原理。高功率、短波长的自由电子激光已经成为现代科学研究越来越重要的工具，真空紫外、极紫外到X射线的短波长自由电子激光是自由电子激光发展的一个主要方向。传统激光器很难达到硬X射线区，而且它们不能调谐，覆盖的波长范围也很小。因此，自由电子激光是最有希望的相干 X 射线光源，其在短波长激光领域的研究引起人们的强烈兴趣（赵振堂和冯超，2018）。

X 射线自由电子激光（X-ray free electron laser，XFEL）是一种全新的光源，比第三代同步辐射光源性能更为优越。XFEL 具有高峰值亮度、超短时间脉冲、接近傅立叶变换极限的频谱线宽、波长可调谐和全相干的优越特性，已成为破解生物、物理、化学及材料等众多科学前沿重大难题的科研利器。XFEL 的出现使得泵浦-探针实验、X 射线相干散射成像实验、X 射线衍射成像实验成为可能，也使得化学、物理、材料、生物学研究从拍摄分子照片的时代跨越到了录制分子电影的时代。

2005 年，德国汉堡自由电子激光装置（如 FLASH）在极紫外到软 X 射线波段的自由电子激光出光并开始用户实验，成为世界首台自放大自发辐射自由电子激光（SASE FEL）用户装置。2009 年，美国 SLAC 国家加速器实验室的直线加速器相干光源（Linac Coherent Light Source，LCLS）装置顺利出光，标志着硬 XFEL 时代的到来。2010 年，意大利的 FERMI@Elettra 装置首次出光，投入用户实验。2011 年，日本的"紧凑型"硬 X 射线 FEL SACLA 装置首次出光。2015 年 6 月，瑞典软 X 射线自由电子激光 MAX IV Linac 投入运行，其首要目标是向 MAX IV 的两个存储环光源提供光束线，当目标达成时可作为 FEL 使用（Thorin et al.，2014）。2017 年 6 月，韩国的 PAL-XFEL 向用户开放。2017 年 9 月，全球最大的 X 射线激光器欧洲 X 射线自由电子激光（European XFEL）在汉堡大都市区正式投入使用。2017 年 11 月，Swiss-FEL 开始接待首批用户。上海软 X 射线自由电子激光装置（SXFEL）的试验装置和用户装置分别于 2014 年 12 月和 2016 年 11 月动工建设，目前已经完成建设，相关设备正在调试中。2018 年 4 月，我国迄今为止投资最大的重大科技基础设施项目"硬 X 射线自由电子激光装置"在上海启动建设，计划于 2025 年建成。

目前，XFEL 光源进入了快速发展阶段，一系列化学、生物、物理、材料科学的前沿研究成果不断涌现。XFEL 让人们能用亚纳米尺度的空间分辨能力研究飞秒时间尺度的原子与分子体系的结构和超快动力学过程。国际 XFEL 的快速发展为实验科学的发展提供了一个崭新的革命性技术，将带来物理、化学、材料科学、生命科学及核技术等领域的一系列重大变革。

## 11.2　各国 X 射线自由电子激光设施布局

### 11.2.1　各国硬 X 射线自由电子激光装置

硬 X 射线通常是指波长较短、能量较高的 X 射线，波长为 0.01～0.1 纳米，穿透性较强，适用于金属部件的无损探伤及金属物相分析。硬 X 射线自由电子激光将为多学科提供高分辨成像、超快过程探索、先进结构解析等尖端研究手段。主要国家在 X 射线自由电子激光方面均积极布局，截至目前，世界上在运行的硬 X 射线自由电子激光装置有 5 个，在建或升级的有 2 个（表 11-1）。

**表 11-1　国际上运行、在建或设计中的硬 XFEL 装置**

| XFEL 装置名称<br>/所在地 | 最短工作<br>波长/纳米 | 电子束能量<br>/吉电子伏 | 加速器类型/FEL<br>工作模式 | 预算经费<br>/计划完成年 | 现状 |
| --- | --- | --- | --- | --- | --- |
| LCLS/美国 SLAC 国家加速器实验室 | 0.15 | 14 | S 波段常温/SASE | 约 4 亿美元//2009 | 饱和出光 |
| SACLA/日本理化学研究所 | 0.06 | 8 | C 波段常温/SASE | 约 4 亿美元/2012 | 饱和出光 |
| PAL-XFEL/韩国电子同步加速器研究所 | 0.1 | 10 | S 波段常温/SASE | 约 4 亿美元/2016 | 饱和出光 |
| Swiss-FEL/瑞士保罗谢尔研究所（PSI） | 0.1 | 6 | C 波段常温/SASE | 约 4 亿美元/2017 | 饱和出光 |
| Euro-XFEL/德国浦项加速器实验室 | 0.08 | 17.5 | L 波段超导/SASE | 大于 11.5 亿欧元/2017 | 饱和出光 |
| LCLS-Ⅱ/美国 SLAC 国家加速器实验室 | 0.25 | 4 | L 波段超导/SASE | 约 9 亿美元/2021 | 在建 |
| LCLS-Ⅱ HE/美国 SLAC 国家加速器实验室 | — | 8 | 超导 SASE/自种子 | — | 规划 |
| SHINE/中国上海 | 0.05 | 8 | L 波段超导/SASE | 100 亿元人民币 | 在建 |

### 11.2.1.1　美国 SLAC 国家加速器实验室的 LCLS

美国 LCLS 是世界上首台硬 X 射线自由电子激光，经过 30 多年持续不断的努力，2009 年 4 月，美国 SLAC 国家加速器实验室的 X 射线 FEL 成功出光，9 月向用户开放，LCLS 首次实现了波长为 0.15 纳米的硬 X 射线 SASE 饱和出光，在国际科技界引起了巨大反响。同时，这一巨大成功，也标志着 X 射线自由电子激光进入硬 X 射线时代：LCLS 产生的 X 射线脉冲比先前在同步加速器上产生的光亮十亿倍[①]。LCLS 实现了 X 射线激光实验手段从无到有的跨越，极大地推动了国际上 X 射线 FEL 的发展和应用，LCLS 共建有 7 个实验站（图 11-1），为生物结构与功能、药物设计、健康、化学结构与功能、能源、环境、材料结

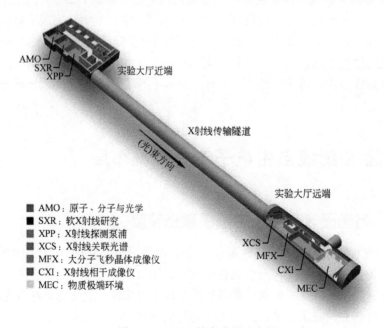

■ AMO：原子、分子与光学
■ SXR：软X射线研究
■ XPP：X射线探测泵浦
■ XCS：X射线关联光谱
■ MFX：大分子飞秒晶体成像仪
■ CXI：X射线相干成像仪
■ MEC：物质极端环境

**图 11-1　LCLS 的实验站分布图**

① LCLS,LCLS Overview,https://lcls.slac.Stanford.edu/overview[2018-01-15].

构与功能、信息技术等众多科技领域提供革命性的研究平台。截至 2018 年底，LCLS 已经发表超过 1300 篇文章[①]，2016 年一年，服务科研用户 1062 个，实验运行时间 6930 小时。

### 11.2.1.2　日本理化学研究所的 SACLA（SACLA，2018）

日本 Spinger-8 紧凑型自由电子激光器（Spring-8 Angstrom Compact free electron Laser，SACLA）是在美国 LCLS 之后建立的第二个 XFEL 装置。2000 年，日本科学家开始 SACLA 的概念设计；2005 年 1 月，日本文部科学省批准了 SACLA 的建设方案，4 月开始建设 XFEL 的实验装置；2007 年 7 月，正式启动建设 SACLA；2011 年完成建设，并于 6 月成功实现了 0.06 纳米 SASE 出光，成为世界上波长最短的硬 X 射线激光。2012 年 1 月实验运行，在能量为 8 吉电子伏的直线加速器中获得的 X 射线能量达 10 千电子伏以上，波长已经短于 0.1 纳米。SACLA 已经建立了一套适用于结构生物学研究的实验站设备，包括激光聚焦系统、低温成像设备 KOTOBUKI，串联飞秒晶体学以及可以测定晶体无辐射损伤结构的相关实验装置（图 11-2、表 11-2）。

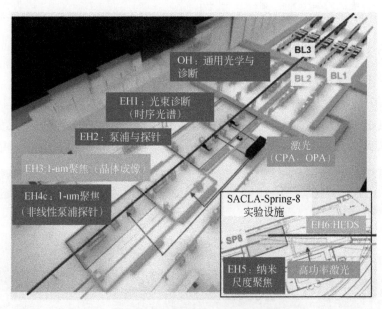

图 11-2　SACLA 的实验站分布图（文后附彩图）

**表 11-2　SACLA 实验站相关参数列表**

| 实验站 | 聚焦光学（光斑尺寸） | 光学激光器 | 到达定时监测 | 典型仪器 | 典型应用 | 光束线 |
|---|---|---|---|---|---|---|
| EH2 | 大于 1 微米 | 啁啾脉冲放大器/飞秒光学参量放大器 | 可用 | 多轴衍射仪 | 超快材料科学 | BL3 |
| | | | | 高性能红外探测器 | 超快化学 | BL3 |
| | | | | | 晶体衍射成像 | BL3 |
| | | | | | 原子分子光学 | BL3 |

① LCLS. LCLS Publications Statistics. https://oraweb. slac. stanford. edu/apex/slacprod/slacesaf. pubs_lcls_stats［2018-03-22］.

| 实验站 | 聚焦光学（光斑尺寸） | 光学激光器 | 到达定时监测 | 典型仪器 | 典型应用 | 光束线 |
|---|---|---|---|---|---|---|
| EH4c | 约 1 微米 | 啁啾脉冲放大器 | 可用 | 高性能红外探测器<br>实验腔体系统 | 晶体衍射成像 | BL3 |
| | | | | | 相干衍射成像 | BL3 |
| | | | | | 超快化学 | BL3 |
| | | | | | 原子分子光学 | BL3 |
| EH5 | 约 50 纳米 | 高功率激光 | | | 非线性/量子 X 射线光学 | BL3 |
| | | | | | 高能量密度科学 | BL3 |
| EH3/EH4b | 约 1 微米 | 啁啾脉冲放大器/飞秒光学参量放大器 | | 高性能红外探测器<br>实验腔体系统 | 晶体衍射成像 | BL2 |
| | | | | | 相干衍射成像 | BL2 |
| EH6 | 约 1 微米 | 500 太瓦激光器 | 规划中 | 互作用腔 | 高能量密度科学 | BL2 |
| | 约 1 微米 | | | | 线性/量子 X 射线光学 | BL2 |
| EH4a | 大于 10 微米 | 啁啾脉冲放大器 | 规划中 | | | BL1 |

### 11.2.1.3 韩国浦项加速器实验室的 PAL-XFEL

韩国浦项加速器实验室 X 射线自由电子激光（PAL-XFEL）项目于 2011 年启动，2013 年 5 月，正式开工建设。建成后可为用户提供 0.1～6 纳米范围内的 X 射线自由电子激光。该设施总计划建设 5 条束线，其中 3 条硬 X 射线和 2 条软 X 射线。目前，已完成 2 条硬 X 射线和 1 条软 X 射线的建设（图 11-3）。PAL-XFEL 于 2016 年 11 月实现 0.144 纳米饱和出

图 11-3　PAL-XFEL 的束线分布图

光，并于 2017 年 6 月开始提供用户服务。它是全球第三个硬 X 射线自由电子激光，继 2009 年的 LCLS 和 2011 年的 SACLA 之后，成为世界领先的 XFEL 之一。目前，开放两个线站为用户服务，包括飞秒 X 射线散射站和相干 X 射线成像站[①]。

### 11.2.1.4　瑞士保罗谢尔研究所的 Swiss-FEL

瑞士保罗谢尔研究所于 2011 年开始 SwissFEL 的建设，SwissFEL 总长度为 713 米，规划了三条硬 X 射线自由电子激光线站，主加速器可提供能量近 6 吉电子伏的束流。SwissFEL 的设计基于产生波长覆盖范围为 0.1～7 纳米的激光脉冲。250 兆电子伏加速器实验设施于 2010 年 8 月开始运行。SwissFEL 将于 2018 年开始试验。2016 年 12 月，SwissFEL 饱和出光，2017 年 11 月，SwissFEL ARAMIS 光束线首次进行了试验性实验，SwissFEL 成功进入实验阶段。

Swiss FEL 初期有两个终端站运行，分别是 Alvra 和 Bernina 终端站。Alvra 实验站包括 Alvra Prime 和 Alvra Flex。Prime 可以提供各种技术包括飞秒晶体学、X 射线散射和 X 射线吸收以及发射光谱等，能量范围覆盖 2～12.4 千电子伏。Flex 则利用 X 射线光谱仪进行许多不同类型的测量，包括非弹性 X 射线散射（IXS）和高能量分辨非共振光谱（HEROS）[②]。Bernina 仪器专门用于研究凝聚态物质系统中的超快现象。X 射线束线设计强调实验稳定性，需采用最先进的 X 射线光学元件和单脉冲诊断，可在数天内确保稳定的 FEL 光束指向和飞秒定时。灵活的衍射平台需要结合低温或强磁场等不同的样品环境提供各类共振和非共振衍射技术（图 11-4）。

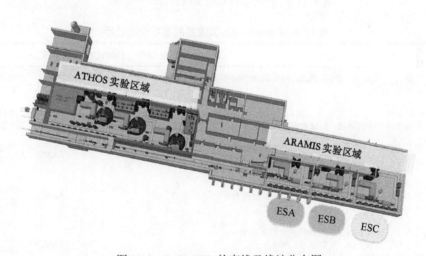

图 11-4　Swiss FEL 的束线及线站分布图

### 11.2.1.5　欧洲的 Euro-XFEL

欧洲 X 射线自由电子激光装置 Euro-XFEL 于 2009 年启动建设，共 12 个国家合作建设，

---

① PAL-XFEL. PAL-XFEL Beamlines. http://pal. postech. ac. kr/paleng/Menu. pal?method=menuView&page Mode=paleng&top=7&sub=2&sub2=0&sub3=0［2018-3-20］.

② PSI. SwissFEL ARAMIS and ATHOS beamlines. https://www. psi. ch/swissfel/beamlines-and-instruments［2018-06-12］.

包括法国、丹麦、德国、希腊、匈牙利、意大利、波兰、西班牙、瑞典、瑞士、俄罗斯和英国。建设成本高达 12.5 亿欧元，其中德国投入约占 57%，俄罗斯投入约占 26%，其他国际合作伙伴各自投入占 1%～3%。Euro-XFEL 于 2016 年建成并开始调试，2017 年 9 月投入运行，每年的运行经费预算额达 1.17 亿欧元。Euro-XFEL 包括三种不同的波荡器，即为实验仪器提供三种不同性质的 X 射线光源。Euro-XFEL 计划建设 6 个实验站，初期建成的两个实验站分别是 FXE 和 SPB/SFX，于 2017 年 9 月开始为用户提供服务；2018 年底，又建成两个实验站（SCS 和 SQS）；还有两个实验站于 2019 年建成运行，相关信息见图 11-5、表 11-3。

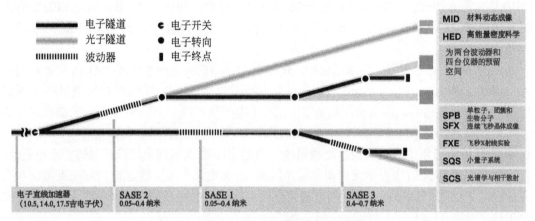

图 11-5　Euro-XFEL 的束线及线站分布图

**表 11-3　Euro-XFEL 实验站的基本情况说明**

| 实验站 | 说明 | 微结构 | 超快过程 | 极端状态 | 光源 | 状态 |
|---|---|:---:|:---:|:---:|---|---|
| FXE | 飞秒 X 射线实验：固体、液体、气休动力学的时间分辨研究 | | √ | | SASE1 | 2017 年 9 月向用户开放实验 |
| HED | 高能量密度物质：使用硬 X 射线 FEL 辐射在极端条件下研究物质，如探测密集的等离子体 | | √ | √ | SASE2 | 2019 年 5 月开始运行 |
| MID | 材料成像和动力学：纳米器件的结构测定和纳米尺度的动力学 | √ | √ | | SASE2 | 2019 年 3 月开始运行 |
| SCS | 光谱学和相干散射：使用软 X 射线的纳米系统和不可再生的生物物体的电子和原子结构和动力学 | √ | √ | | SASE3 | 2018 年 12 月开始运行 |
| SPB/SFX | 单粒子、簇和生物分子的超快相干衍射成像：单个粒子（原子簇、生物分子、病毒粒子、细胞）的结构测定，连续飞秒晶体学 | √ | √ | | SASE1 | 2017 年 9 月向用户开放实验 |
| SQS | 小量子系统：研究强场中的原子、离子、分子和团簇以及非线性现象 | | √ | √ | SASE3 | 2018 年 11 月开始运行 |

## 11.2.2　各国软 X 射线自由电子激光装置

软 X 射线指波长在 0.1 纳米以上的 X 射线。目前，国际上正在运行的软 X 射线自由电子激光装置有 2 台，设计和在建的装置有 6 台（表 11-4）。

表 11-4 国际上运行、在建或设计中的软 X 射线 FEL 装置

| X 射线 FEL 装置名称/所在地 | 最短工作波长/纳米 | 电子束能量/吉电子伏 | 重复频率 | 加速器类型/FEL 工作模式 | 现状 |
|---|---|---|---|---|---|
| FLASH/DESY@德国 | 4.1 | 1.2 | 1 兆赫（5 赫兹） | SASE/HGHG/Seeded | 运行 |
| FERMI/ELETTRA@意大利 | 10 | 1.2 | 50 赫兹 | 级联 HGHG | 运行 |
| MAX-IV/Max-lab[8]@瑞典 | 1 | 3.4 | 100 赫兹 | 级联 HGHG | 设计 |
| LCLS-II 软 X 分支/SLAC@美国 | 4 | 4 | 120 赫兹 | Seeded | 在建 |
| SwissFEL 软 X 分支/PSI@瑞士 | 1 | 2.1 | 100 赫兹 | Seeded | 设计 |
| PAL-XFEL 软 X 分支/PAL@韩国 | 1 | 4 | 120 赫兹 | SASE/Seeded | 在建 |
| 软 X 射线自由电子激光装置@中国 | 2 | 1.5 | 50 赫兹 | SASE、HGHG、EEHG、级联 HGHG 和级联 EEHG-HGHG | 在建 |

### 11.2.2.1 德国电子同步加速器研究所的 FLASH

　　FLASH 是由德国电子同步加速器研究所（Deutsches Elektronen Synchrotron，DESY）建造的世界上第一个软 X 射线自由电子激光器设施①，于 2005 年起开始投入运行，可产生脉冲短于 30 飞秒的超短脉冲 X 射线。FLASH 有两条光束线站，即 FLASH1 和 FLASH2，可同时向用户提供具有基本独立光束参数的自由电子激光束，完全重复频率为 10 赫兹。在 FLASH 实验大厅，光子束传输系统通过一组平面镜在光子束线之间切换，一次将自由电子激光脉冲传输到其中一个实验站，为了最有效地利用每一束光，在不同的端站可同时进行多个实验。FLASH 加速器提供 350 兆电子伏到 1.25 吉电子伏的电子能量范围，覆盖 52 纳米到 4 纳米的波长范围，可进行原子时间尺度上的过程研究（图 11-6、表 11-5）。

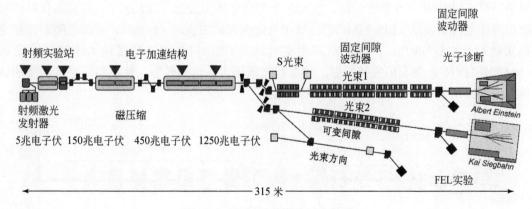

图 11-6 FLASH 的实验站分布图

---

① DESY. Free-electron laser FLASH. https://flash. desy. de/［2019-03-25］.

表 11-5 FLASH 的两条实验站的基本情况

| 参数 | FLASH1 | FLASH2 |
| --- | --- | --- |
| 电子束能量 | 0.35~1.25 吉电子伏 | 0.4~1.25 吉电子伏 |
| 1 束团电荷（rms）标准发射度 | 1.4 mm 毫弧度 | 1.4 mm 毫弧度 |
| 能量扩散 | 200 千电子伏 | 500 千电子伏 |
| 电子束电荷 | 0.1~1.2 纳库仑 | 0.02~1 纳库仑 |
| 峰值电流 | 1~2.5 千安培 | 1~2.5 千安培 |
| 每秒电子束数（典型值/最大值） | 300/5000 | 300/5000 |
| 光子能量（基本） | 24~295 电子伏 | 14~310 电子伏 |
| 光子波长（基本） | 51~4.2 纳米 | 90~4 纳米 |
| 光子脉冲持续时间（半峰全宽） | 小于 30~200 飞秒 | 小于 10~200 飞秒 |
| 峰值功率 | 1~5 吉瓦 | 1~5 吉瓦 |
| 单光子脉冲能量（平均值） | 1~500 微焦 | 1~1000 微焦 |
| 光谱宽度（半峰全宽） | 0.7%~2% | 0.5%~2% |
| 每脉冲光子数 | $10^{11}~10^{14}$ | $10^{11}~10^{14}$ |
| 峰值亮度 | $10^{28}~10^{31}$ B | $10^{28}~10^{31}$ B |

### 11.2.2.2 意大利 ELETTRA 实验室的 FERMI

FERMI（即用于多学科研究的自由电子激光辐射的缩写）是目前全球自由电子激光光源中唯一一种在紫外线和软 X 射线范围内工作的光源设施[①]，由意大利 ELETTRA 实验室于 2009 年开始建造，2010 年 12 月出光，可以提供完全相干的超高亮度 X 射线脉冲，脉冲长度为 100~10 飞秒，波长范围为 100~4 纳米，峰值亮度比第三代光源高出 6 个数量级左右，偏振和能量可调等特点，用于超高速和超高分辨率材料科学以及物理生物科学过程的科学研究。FERMI 有 6 个实验站，包括相干衍射成像实验站（DIPROI）、极端条件材料吸收和弹性散射实验站（EIS-TIMEX）、气相与团簇光谱实验站（LDM）、非弹性瞬态光栅光谱实验站（EIS-TIMER）、太赫兹应用实验站（TERAFERMI）和磁动力学研究实验站（MAGNEDYN），为利用各种衍射、散射和光谱技术探索凝聚态、软质和低密度物质的结构和瞬态提供了独特的实验条件（图 11-7）。

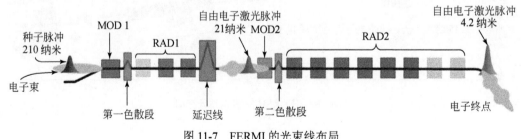

图 11-7 FERMI 的光束线布局

---

① ELETTRA. Diagnostics and Beamlines. http://www. elettra. trieste. it/lightsources/fermi. html［2018-12-15］.

### 11.2.2.3 中国软 X 射线自由电子激光（赵振堂和王东，2019）

2011 年，上海 SXFEL 项目建议书获国家批复，项目正式进入可行性研究阶段。SXFEL 投资约 1.95 亿，其建筑总长为 532 米，包括了长度约 250 米的直线加速器隧道，40 米长的束流分配厅，160 米长的波荡器大厅以及 80 米长的光束线和实验大厅。SXFEL 装置采用常温直线加速器产生高能量的电子束团，再将此电子束送入波荡器系统中产生高功率的相干辐射。用户装置第一阶段将建设两条光束线（分别对应于种子型 FEL 线和 SASE 线）和五个实验站，包括生物成像（如活细胞荧光超分辨显微镜）、超快物理、近常压光电子能谱、表面化学、原子分子光学（如分子动态成像系统和复合速度成像系统）（图 11-8）。

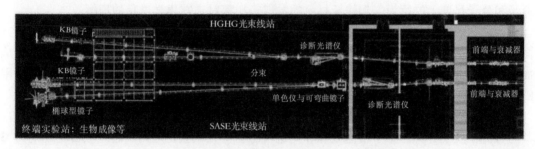

图 11-8　SXFEL 用户装置光束线布局（文后附彩图）

## 11.3　各国在 X 射线自由电子激光的发展战略和部署

2013 年 7 月，美国能源部批准 SLAC 规划对 LCLS 进行升级改造。该改造项目称为 LCLS-Ⅱ。LCLS-Ⅱ建成后与 LCLS 相比增强的主要功能是：①在现有 SLAC 隧道，新建一个 4 吉电子伏超导线性加速器。②LCLS-Ⅱ可提供飞秒级的 X 射线脉冲；LCLS-Ⅱ提高重复频率，从 LCLS 的每秒 120 个脉冲增加到 LCLS-Ⅱ的每秒 100 万脉冲；可提供 250 电子伏至 5 千电子伏的光子能量。LCLS-Ⅱ将是世界上唯一一台能够提供均匀间隔的可编程的重复频率脉冲的 XFEL 装置。③LCLS-Ⅱ用两个新的波荡器替换 LCLS 早先的一个波荡器，提供可调的 X 射线光源。④LCLS-Ⅱ可提供 X 射线激光束的中间能级能量，这是 LCLS 无法提供的，这对新材料、化学催化和生物学研究至关重要。⑤扩展 X 射线激光束的能量范围，从目前的约 11 千电子伏扩展到约 25 千电子伏。⑥支持基于种子激光的新技术，提供完全相干 X 射线。⑦保持 LCLS 已有的铜线常温直线加速器，升级部分已有的研究设施。

2018 年 4 月，美国能源部科学办公室基于圆桌会议研讨的结果发布《XFEL 超快科学前沿的基础研究机遇》（DOE，2018）报告，介绍了 XFEL 在科学发展过程中发挥的重要作用，并研讨了未来要发展和部署的重点方向，总结了可利用新兴 XFEL 能力的新的重大科学前沿。圆桌会议遴选出以下三个优先研究机遇，包括：①探测和控制单个分子内的电子运动。随着更短和更强脉冲的生成，XFEL 能力的提升使研究者能够对化学变化的步骤进行空间观测。这些研究将影响对电子相互作用的最基础的理解，乃至可提高能量储存和转化能力的分子的辨识。②通过光子-物质相干耦合发现新量子相位。结合超高重复频率的 X 射线脉冲，在极短和极快尺度下探测材料基于 XFEL 的技术能够创造和控制的光诱导物质状态，进而发现设计物质新量子相位所需要的一般原理。③捕捉物质转变的稀有事件和中间状态。新兴的 XFEL 光源能够以较高的重复频率产生飞秒级的 X 射线脉冲，这是捕捉分子和材料变化的复杂过程的关键。理解化合物和物质状态的形成和控制将推动多种工艺革命性的进展，如催化剂和化学合成，这对能源基础设施而言至关重要。

2018 年 7 月 25 日，美国能源部基于《XFEL 超快科学前沿的基础研究机遇》中提出的三个优先研究方向，为 10 个项目提供 3000 万美元资金，用于推进超快（ultrafast）科学领域的研究。这些项目研究内容涵盖材料科学和化学，目标是通过更好地观察、控制物质在原子和分子尺度上的行为，加快新材料的发现、加深对未知化学过程的理解。

部署这些项目的另一目的是支持美国 LCLS 的升级计划。为了保持美国在超快科学方面的领先地位，LCLS 目前正在进行升级，其目标是每秒产生高达 100 万个激光脉冲，从而提供更精细的时间分辨率。超前部署相关项目将使研究人员可以在未来更加高效地使用 LCLS-Ⅱ的实验技术。

此次资助的新研究项目有助于推进催化剂研究、化学反应中电子的运动和交换研究，甚至可能在量子计算、量子信息处理和先进传感器等领域获得应用。这些项目资助期为 3 年，其负责机构及研究方向如表 11-6 所示（DOE，2018）。

**表 11-6 能源部资助的超快科学项目**

| 负责机构 | 研究方向 |
| --- | --- |
| 阿贡国家实验室（ANL） | 利用超快 X 射线自由电子激光阐释激发态电荷定向转移机制 |
| 加州大学伯克利分校 | 多尺度驱动系统 |
| SLAC 国家加速器实验室 | 超快反应动力学和捕捉非均相催化过程中间体的应用 |
| 华盛顿大学 | 混合价化合物超快电子转移过程中的电子相关和振动耦合 |
| 加州大学欧文分校 | 超快多维非线性 X 射线分子光谱的理论和模拟 |
| 麻省理工学院 | 利用超快相干 X 射线研究太赫兹诱导的量子态 |
| 布鲁克海文国家实验室 | 复合氧化物中磁有序和电荷有序 |
| 堪萨斯州立大学 | 飞秒/亚飞秒时间尺度内电荷转移和电荷迁移 |
| SLAC 国家加速器实验室 | 利用 LCLS-Ⅱ研究物质的新奇状态 |
| 康奈尔大学 | 用于控制量子材料中非热相性质的异质结构的工程界面和缺陷 |

2016 年 8 月，英国科学与技术设施理事会（STFC）发布"自由电子激光器（FELs）装置战略评估报告"[①]，报告强调，XFEL 装置具有其他设施无法比拟的独特性能，可以应对物理学、材料科学、生命科学、软凝聚态物质等很多学科的关键科学挑战，开拓新的科学领域。XFEL 装置可以使英国成为全球科研领导者，并使英国企业在医药、能源安全等重要的战略性领域具有竞争优势。为满足英国的短期需求，英国须加强与 EURO-XFEL 合作；为满足未来需求，英国要探索如何更好地利用美国的 LCLS 装置和 LCLS-Ⅱ装置、日

---

① STFC. Free Electron Laser Strategic Review published. http://www. stfc. ac. uk/news/free-electron-laser-strategic-review-published/ ［2018-12-18］.

本的 SACLA 装置、瑞士的 SwissFEL 装置以及韩国的 PAL-XFEL 装置。英国将在 2020 年决定是否建设英国自己的 XFEL 装置。

# 11.4  X 射线自由电子激光研究及应用论文分析

为了从 X 射线自由电子激光光源设施的论文产出角度了解该领域的发展态势，我们遴选了以日本理化学研究所的 SACLA 光源和美国 SLAC 国家加速器实验室的 LCLS 光源为代表的硬 X 射线自由电子激光设施，以及以德国电子同步加速器研究所的 FLASH 光源和意大利 ELETTRA 实验室的 FERMI 光源为代表的软 X 射线自由电子激光设施，分别对硬 X 射线和软 X 射线这两种类型光源设施的论文产出情况做了统计，并利用 DDA 和 Excel 等工具进行分析。

## 11.4.1  年代分布

X 射线自由电子激光设施的论文产出最早开始于 1993 年，前期主要侧重于设施自身的研发，论文产出较少，但自 2007 年开始，随着各类 X 射线自由电子激光光源设施陆续投入运行，该领域的论文产出开始迅速增长，近 3 年的论文产出均在 200 篇以上，其中硬 X 射线光源的论文产出量远高于软 X 射线光源，并与总体论文产出变化趋势一致，图 11-9 是 X 射线自由电子激光设施论文产出的年代趋势情况。

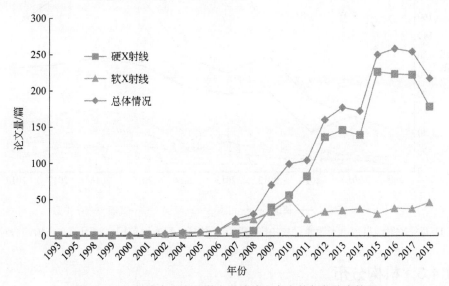

图 11-9　X 射线自由电子激光设施论文产出的年代分布情况

## 11.4.2  国家/地区分布

从 X 射线自由电子激光设施论文产出的国家/地区分布情况看，TOP 10 国家依次是美国、德国、日本、瑞典、英国、法国、意大利、瑞士、中国和韩国，其中中国排名第 9，

图 11-10 是具体的国家分布情况。

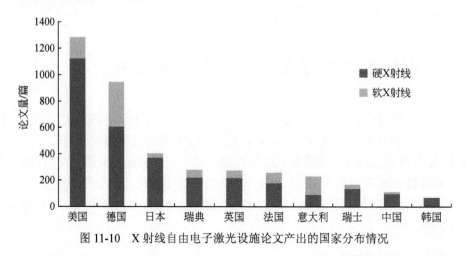

图 11-10　X 射线自由电子激光设施论文产出的国家分布情况

为具体了解我国与美国、德国、日本、英国、法国在利用 X 射线自由电子激光设施论文产出的差距情况，我们对比了近 10 年（2009 年以来）美国、德国、日本、英国、法国、中国 6 国在该领域的论文产出情况，可以看到自 2012 年尤其是 2015 年以来，我国在该领域保持了较高的增长速度（图 11-11）。

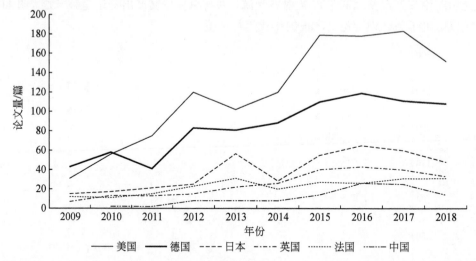

图 11-11　X 射线自由电子激光设施中国与美国、德国、日本、英国、法国论文产出趋势对比

## 11.4.3　机构分布

从 X 射线自由电子激光设施论文产出的机构分布情况看，美国 SLAC 国家加速器实验室的论文产出远高于其他研究机构，其次是德国电子同步加速器研究所和日本理化学研究所，这与这些机构自身拥有 X 射线自由电子激光设施密不可分，表 11-7 列出了 X 射线自由电子激光设施论文产出的机构分布情况，中国科学院位列第 55。

表 11-7  X 射线自由电子激光设施论文产出的机构分布情况

| 排序 | 机构 | 国家/地区 | 硬 X 射线/篇 | 软 X 射线/篇 |
|---|---|---|---|---|
| 1 | SLAC 国家加速器实验室 | 美国 | 830 | 65 |
| 2 | 电子同步加速器研究所 | 德国 | 212 | 188 |
| 3 | 日本理化学研究所 | 日本 | 255 | 7 |
| 4 | 汉堡大学 | 德国 | 161 | 116 |
| 5 | 欧洲 XFEL 股份有限公司 | 欧洲 | 166 | 86 |
| 6 | 加州大学伯克利分校 | 美国 | 197 | 29 |
| 7 | 斯坦福大学 | 美国 | 201 | 8 |
| 8 | 劳伦斯利弗莫尔国家实验室 | 美国 | 145 | 43 |
| 9 | 日本同步辐射研究所 | 日本 | 153 | 2 |
| 10 | 乌普萨拉大学 | 瑞典 | 105 | 34 |
| 11 | 阿贡国家实验室 | 美国 | 120 | 8 |
| 12 | 保罗谢尔研究所 | 瑞士 | 105 | 19 |
| 13 | ELETTRA 实验室 | 意大利 | 30 | 96 |
| 14 | 牛津大学 | 英国 | 91 | 30 |
| 15 | 亚利桑那州立大学 | 美国 | 102 | 7 |
| 16 | 东北大学 | 日本 | 75 | 28 |
| 17 | 马普医学研究所 | 德国 | 90 | 9 |
| 18 | 柏林工业大学 | 德国 | 52 | 53 |
| 19 | 马普核物理研究所 | 德国 | 57 | 40 |
| 20 | 劳伦斯伯克利国家实验室 | 美国 | 83 | 8 |
| …… | …… | | …… | …… |
| 55 | 中国科学院 | 中国 | 27 | 7 |

为了解中国科学院在利用 X 射线自由电子激光设施的论文产出与其他国际机构的差距情况，我们横向对比了近 10 年（自 2009 年以来）该领域中国科学院与美国 SLAC 国家加速器实验室、德国电子同步加速器研究所、日本理化学研究所、意大利 ELETTRA 实验室的论文产出情况，可以看到中国科学院与其他国际机构的差距依然较大，这与我国缺乏 X 射线自由电子激光光源设施的现状密切相关（图 11-12）。

## 11.4.4  期刊分布

从 X 射线自由电子激光设施论文产出的期刊分布情况看，该领域论文主要集中在 *Physical Review Letters*、*Journal of Synchrotron Radiation*、*Journal of Physics B*、*Optics Express*、*Nature Communication* 等高影响力期刊，侧面说明依托 X 射线自由电子激光设施产出的论文有较高的影响力，图 11-13、图 11-14 分别列出了 X 射线自由电子激光设施论文产出的 TOP20 期刊分布情况以及在 *Nature*、*Science* 期刊的发文趋势情况。

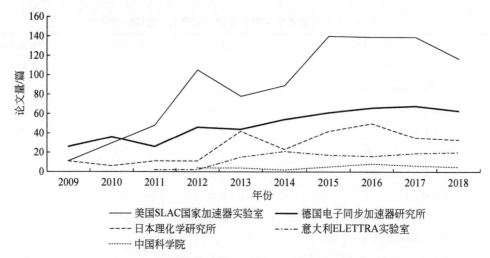

图 11-12　X 射线自由电子激光设施论文产出的重要机构情况

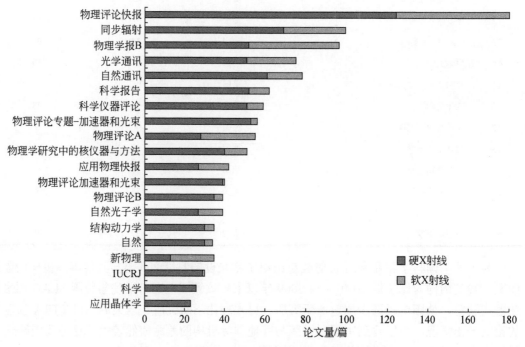

图 11-13　X 射线自由电子激光设施论文产出的期刊分布

## 11.4.5　学科分布

从 X 射线自由电子激光设施论文产出的学科类分布情况看，该领域论文产出的学科分布较广，涵盖物理、光学、化学、多学科科学、仪器仪表、材料科学、晶体学、生物化学与分子生物学、核科学技术等领域，表明 X 射线自由电子激光设施在多个学科均有重要的研究应用。表 11-8、图 11-15 分布列出了该领域论文产出在 TOP20 学科方向上的分布情况，以及硬 X 射线与软 X 射线自由电子激光设施论文产出的 TOP10 学科方向对比情况。

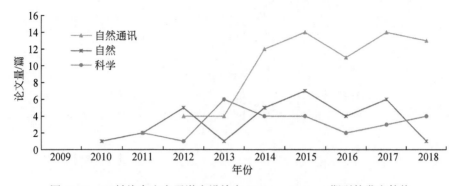

图 11-14 X 射线自由电子激光设施在 *Nature*、*Science* 期刊的发文趋势

表 11-8 X 射线自由电子激光设施论文产出的学科方向分布情况

| 序号 | TOP20 学科方向 | 硬 X 射线 | | 软 X 射线 | |
|---|---|---|---|---|---|
| | | 论文量/篇 | 占比/% | 论文量/篇 | 占比/% |
| 1 | 物理 | 903 | 61.10 | 321 | 75.53 |
| 2 | 光学 | 315 | 21.31 | 178 | 41.88 |
| 3 | 化学 | 255 | 17.25 | 33 | 7.76 |
| 4 | 多学科科学 | 245 | 16.58 | 38 | 8.94 |
| 5 | 仪器仪表 | 203 | 13.73 | 57 | 13.41 |
| 6 | 材料科学 | 134 | 9.07 | 17 | 4.00 |
| 7 | 晶体学 | 76 | 5.14 | 1 | 0.24 |
| 8 | 生物化学与分子生物学 | 63 | 4.26 | 0 | 0.00 |
| 9 | 核科学技术 | 59 | 3.99 | 15 | 3.53 |
| 10 | 工程类 | 47 | 3.18 | 9 | 2.12 |
| 11 | 生命科学与生物医学-其他主题 | 29 | 1.96 | 0 | 0.00 |
| 12 | 生物物理学 | 25 | 1.69 | 0 | 0.00 |
| 13 | 细胞生物学 | 16 | 1.08 | 0 | 0.00 |
| 14 | 光谱法 | 15 | 1.01 | 10 | 2.35 |
| 15 | 研究与实验医学 | 14 | 0.95 | 0 | 0.00 |
| 16 | 天文学和天体物理学 | 9 | 0.61 | 0 | 0.00 |
| 17 | 环境科学与生态学 | 4 | 0.27 | 1 | 0.24 |
| 18 | 放射、核医学和医学成像 | 4 | 0.27 | 1 | 0.24 |
| 19 | 生物技术与应用微生物学 | 3 | 0.20 | 0 | 0.00 |
| 20 | 计算机科学 | 3 | 0.20 | 0 | 0.00 |

## 11.4.6 高引用论文分析

为了解 X 射线自由电子激光设施产出论文的学科影响情况，我们将该领域的论文产出按硬 X 射线和软 X 射线分为两类，表 11-9、表 11-10 分别统计了在不同学科方向论文发表

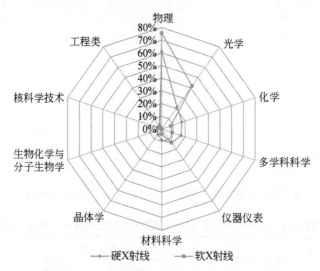

图 11-15　硬 X 射线与软 X 射线自由电子激光设施论文产出的 TOP10 学科方向对比

的学科平均年，以及该领域被引用次数前三位的高引用论文情况，可以看到两类设施的最高被引用论文均分布在光学、化学、物理、多学科科学、仪器仪表领域。

**表 11-9　硬 X 射线自由电子激光设施高引用论文情况**

| 学科方向 | 学科平均年 | 出版年 | 论文标题 | 第一作者机构 | 被引次数/次 |
|---|---|---|---|---|---|
| 光学 | 2014.1 | 2010 | First lasing and operation of an angstrom-wavelength free-electron laser | 美国 SLAC 国家加速器实验室 | 1631 |
| | | 2012 | A compact X-ray free-electron laser emitting in the sub-angstrom region | 日本理化学研究所 | 807 |
| | | 2012 | Highly coherent and stable pulses from the FERMI seeded free-electron laser in the extreme ultraviolet | 意大利 ELETTRA 实验室 | 445 |
| 多学科科学 | 2015.5 | 2011 | Femtosecond X-ray protein nanocrystallography | 德国电子同步加速器研究所 | 1027 |
| | | 2011 | Single mimivirus particles intercepted and imaged with an X-ray laser | 瑞典乌普萨拉大学 | 495 |
| | | 2010 | Femtosecond electronic response of atoms to ultra-intense X-rays | 美国阿贡国家实验室 | 470 |
| 化学 | 2015.3 | 2015 | Identification of Highly Active Fe Sites in（Ni，Fe）OOH for Electrocatalytic Water Splitting | 美国加州大学伯克利分校 | 617 |
| | | 2014 | $Mn_4Ca$ Cluster in Photosynthesis：Where and How Water is Oxidized to Dioxygen | 美国加州大学伯克利分校 | 246 |
| | | 2016 | Water：A Tale of Two Liquids | 意大利罗马大学 | 147 |
| 物理 | 2014.3 | 2004 | Femtosecond and subfemtosecond X-ray pulses from a self-amplified spontaneous-emission-based free-electron laser | 美国斯坦福直线加速器中心 | 213 |
| | | 2009 | Measurements and Simulations of Ultralow Emittance and Ultrashort Electron Beams in the Linac Coherent Light Source | 美国 SLAC 国家加速器实验室 | 208 |
| | | 2017 | The 2017 terahertz science and technology roadmap | 法国巴黎第六大学 | 175 |

续表

| 学科方向 | 学科平均年 | 出版年 | 论文标题 | 第一作者机构 | 被引次数/次 |
|---|---|---|---|---|---|
| 分子生物学 | 2015.6 | 2015 | Structure of the Angiotensin Receptor Revealed by Serial Femtosecond Crystallography | 美国南加州大学 | 145 |
| | | 2014 | Determination of damage-free crystal structure of an X-ray-sensitive protein using an XFEL | 日本理化学研究所 | 119 |
| | | 2012 | In vivo protein crystallization opens new routes in structural biology | 德国图宾根大学 | 103 |
| 仪器仪表 | 2014.3 | 2012 | Injector for scattering measurements on fully solvated biospecies | 美国亚利桑那州立大学 | 121 |
| | | 2015 | Mega-electron-volt ultrafast electron diffraction at SLAC National Accelerator Laboratory | 美国 SLAC 国家加速器实验室 | 106 |
| | | 2015 | The Coherent X-ray Imaging instrument at the Linac Coherent Light Source | 美国 SLAC 国家加速器实验室 | 74 |

**表 11-10　软 X 射线自由电子激光设施高引用论文情况**

| 学科方向 | 学科平均年 | 出版年 | 论文标题 | 第一作者机构 | 被引次数/次 |
|---|---|---|---|---|---|
| 光学 | 2012.7 | 2007 | Operation of a free-electron laser from the extreme ultraviolet to the water window | 德国电子同步加速器研究所 | 1020 |
| | | 2012 | Highly coherent and stable pulses from the FERMI seeded free-electron laser in the extreme ultraviolet | 意大利 ELETTRA 实验室 | 445 |
| | | 2006 | First operation of a free-electron laser generating GW power radiation at 32 nm wavelength | 德国电子同步加速器研究所 | 275 |
| 物理 | 2012.3 | 2006 | Femtosecond diffractive imaging with a soft-X-ray free-electron laser | 劳伦斯利弗莫尔国家实验室 | 663 |
| | | 2000 | First observation of self-amplified spontaneous emission in a free-electron laser at 109 nm wavelength | 波兰科学院核物理研究所 | 261 |
| | | 2009 | The soft x-ray free electron laser FLASH at DESY: beamlines, diagnostics and end-stations | 德国电子同步加速器研究所 | 258 |
| | | 2002 | Multiple ionization of atom clusters by intense soft X-rays from a free-electron laser | 德国电子同步加速器研究所 | 360 |
| 多学科科学 | 2014.5 | 2007 | Femtosecond time-delay X-ray holography | 劳伦斯利弗莫尔国家实验室 | 177 |
| | | 2013 | Two-colour pump-probe experiments with a twin-pulse-seed extreme ultraviolet free-electron laser | 意大利 ELETTRA 实验室 | 104 |
| | | 2008 | Single particle X-ray diffractive imaging | 劳伦斯利弗莫尔国家实验室 | 164 |
| 化学 | 2015.3 | 2013 | Molecular Imaging Using X-Ray Free-Electron Lasers | 德国电子同步加速器研究所 | 92 |
| | | 2012 | Free-Electron Lasers: New Avenues in Molecular Physics and Photochemistry | 德国马普核物理研究所 | 87 |
| | | 2009 | Experiments at FLASH | 德国电子同步加速器研究所 | 65 |
| 仪器仪表 | 2014.9 | 2008 | New infrared undulator beamline at FLASH | 德国电子同步加速器研究所 | 59 |
| | | 2009 | The photon analysis, delivery, and reduction system at the FERMI@Elettra free electron laser user facility | 意大利国家研究委员会材料研究所 | 47 |

| 学科方向 | 学科平均年 | 出版年 | 论文标题 | 第一作者机构 | 被引次数/次 |
|---|---|---|---|---|---|
| 材料科学 | 2012.9 | 2010 | Single-pulse resonant magnetic scattering using a soft X-ray free-electron laser | 德国电子同步加速器研究所 | 46 |
| | | 2009 | Resonant magnetic scattering with soft X-ray pulses from a free-electron laser operating at 1.59 nm | 德国 DESY | 24 |
| | | 2013 | Photon energy dependence of graphitization threshold for diamond irradiated with an intense XUV FEL pulse | 法国波尔多大学 | 19 |

## 11.4.7　高频关键词分析

基于论文关键词的词频统计，表 11-11 分别列出了硬 X 射线和软 X 射线自由电子激光设施论文产出的高频关键词分布情况，光谱散射、辐射、过冷水等是该领域的共同高频词，衍射、飞秒连续晶体学、晶体结构在硬 X 射线方向分布占比较高，而激光脉冲、极紫外在软 X 射线方向分布占比较高。

**表 11-11　X 射线自由电子激光设施论文产出的高频关键词分布情况**

| 序号 | 关键词 | 硬 X 射线 | | 软 X 射线 | |
|---|---|---|---|---|---|
| | | 词频数/个 | 占比/% | 词频数/个 | 占比/% |
| 1 | pulses | 144 | 9.74 | 100 | 23.53 |
| 2 | diffraction | 173 | 11.70 | 20 | 4.70 |
| 3 | extreme-ultraviolet | 87 | 5.89 | 110 | 25.88 |
| 4 | radiation | 107 | 7.24 | 74 | 17.41 |
| 5 | spectroscopy | 92 | 6.22 | 43 | 10.12 |
| 6 | serial femtosecond crystallography | 127 | 8.59 | 2 | 0.47 |
| 7 | crystalstructure | 125 | 8.46 | 2 | 0.47 |
| 8 | scattering | 91 | 6.16 | 34 | 8.00 |
| 9 | water | 77 | 5.21 | 29 | 6.82 |
| 10 | ionization | 51 | 3.45 | 43 | 10.12 |
| 11 | resolution | 81 | 5.48 | 6 | 1.41 |
| 12 | coherent | 45 | 3.04 | 44 | 10.35 |
| 13 | crystallography | 69 | 4.67 | 4 | 0.94 |
| 14 | atoms | 58 | 3.92 | 17 | 4.00 |
| 15 | photoionization | 25 | 1.69 | 44 | 10.35 |
| 16 | photosystem-ii | 61 | 4.13 | 0 | 0.00 |
| 17 | transition | 45 | 3.04 | 16 | 3.76 |
| 18 | room-temperature | 55 | 3.72 | 1 | 0.24 |
| 19 | region | 43 | 2.91 | 7 | 1.65 |
| 20 | states | 32 | 2.17 | 19 | 4.47 |

　　利用 VOSview 软件，我们对 X 射线自由电子激光设施论文产出的关键词做了可视化分析，如图 11-16 所示，其中圆圈的大小代表关键词出现的频率高低。可以看出，该领域研究论文大体可以分为 5 个领域：①X 射线自由电子激光机身的相关技术研究，如 X 射线散射、光谱、动力学等（红色）；②X 射线自由电子激光在物理、化学、生命科学领域的应用（蓝色），涉及 X 射线衍射、膜蛋白等相关研究；③极紫外 X 射线自由电子激光相关研究（绿色），如软 X 射线、原子簇等；④X 射线自由电子激光在晶体学领域的相关研究（黄色）；⑤X 射线自由电子激光在仪器仪表领域的相关研究（紫色）。

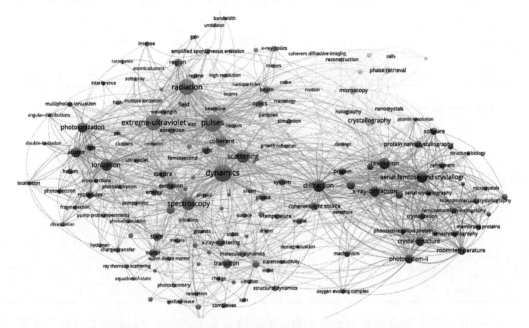

图 11-16　X 射线自由电子激光设施论文高频关键词分布

## 11.4.8　中国情况分析

　　中国科研机构利用 X 射线自由电子激光设施产出 112 篇研究论文，表 11-12 列出了该领域论文产出的 TOP10 国内机构情况，其中中国科学院产出 34 篇论文，居首位，占中国总体产出的 30.35%。

**表 11-12　X 射线自由电子激光设施论文产出的 TOP 10 国内机构**　　　　（单位：篇）

| 序号 | TOP10 国内机构 | 论文量 |
| --- | --- | --- |
| 1 | 中国科学院 | 34 |
| 2 | 上海科技大学 | 13 |
| 3 | 清华大学 | 11 |
| 4 | 北京计算机科学研究中心 | 10 |
| 5 | 北京大学 | 8 |
| 6 | 同济大学 | 7 |

| 序号 | TOP10 国内机构 | 论文量 |
|------|----------------|--------|
| 7 | 上海交通大学 | 6 |
| 8 | 北京航空航天大学 | 4 |
| 9 | 吉林大学 | 4 |
| 10 | 山东大学 | 4 |

为具体了解中国科学院各研究所利用 X 射线自由电子激光设施的科研产出情况，表 11-13 统计了中国科学院下属研究所的论文产出情况，共有 9 个研究所有论文产出，其中上海应用物理研究所、上海高等研究院、上海药物研究所、高能物理研究所位居前列。

**表 11-13　中国科学院下属研究所利用 X 射线自由电子激光设施的论文产出情况　（单位：篇）**

| 序号 | 研究所 | 论文量 |
|------|--------|--------|
| 1 | 上海应用物理研究所 | 11 |
| 2 | 上海高等研究院 | 10 |
| 3 | 上海药物研究所 | 10 |
| 4 | 高能物理研究所 | 6 |
| 5 | 物理研究所 | 2 |
| 6 | 植物研究所 | 2 |
| 7 | 上海生命科学研究院 | 2 |
| 8 | 生物物理研究所 | 1 |
| 9 | 半导体研究所 | 1 |

从中国科研人员利用 X 射线自由电子激光设施论文产出的学科分布情况看，物理学科论文产出占绝对优势，占比 58.93%，其次是多学科科学、化学和光学，分别占比 23.21%、19.63%和 16.07%（表 11-14）。

**表 11-14　中国利用 X 射线自由电子激光设施论文产出的学科分布情况**

| 序号 | 学科方向 | 论文量/篇 | 占比/% |
|------|----------|-----------|--------|
| 1 | 物理 | 66 | 58.93 |
| 2 | 多学科科学 | 26 | 23.21 |
| 3 | 化学 | 22 | 19.64 |
| 4 | 光学 | 18 | 16.07 |
| 5 | 材料科学 | 10 | 8.93 |
| 6 | 生物化学与分子生物学 | 7 | 6.25 |
| 7 | 仪器仪表 | 5 | 4.46 |
| 8 | 核科学技术 | 5 | 4.46 |
| 9 | 晶体学 | 4 | 3.57 |
| 10 | 细胞生物学 | 2 | 1.79 |

续表

| 序号 | 学科方向 | 论文量/篇 | 占比/% |
|---|---|---|---|
| 11 | 光谱学 | 2 | 1.79 |
| 12 | 生物物理学 | 1 | 0.89 |
| 13 | 生命科学与生物医学-其他主题 | 1 | 0.89 |
| 14 | 植物学 | 1 | 0.89 |

表 11-15 列出了我国科研人员在该领域的国际合作总体情况，因我国目前暂时没有 X 射线自由电子激光设施，论文产出比较依赖国际合作，其中总体合作论文占比为 77.68%，近 3 年为 69.23%。

**表 11-15    中国利用 X 射线自由电子激光设施论文产出的国际合作情况**

| 类别 | 总论文量/篇 | 合作论文量/篇 | 合作论文占比/% |
|---|---|---|---|
| 总体情况 | 112 | 87 | 77.68 |
| 近 3 年情况 | 65 | 45 | 69.23 |

为了解我国在该领域与各国的具体合作情况，图 11-17、表 11-16 列出了具体的国际合作情况，可以看到中国与美国科研机构合作产出的论文占到 50% 以上，其次为德国、日本、英国、法国。美国 SLAC 国家加速器实验室、德国电子同步加速器研究所、美国亚利桑那州立大学等科研机构是我国在该领域的主要合作机构。

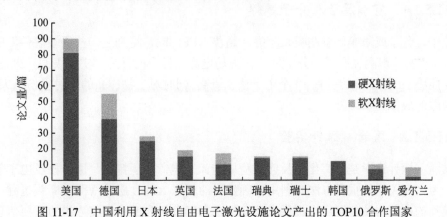

图 11-17    中国利用 X 射线自由电子激光设施论文产出的 TOP10 合作国家

**表 11-16    中国利用 X 射线自由电子激光设施论文产出的 TOP10 国际合作机构** （单位：篇）

| 序号 | TOP10 国外合作机构 | 所属国家/地区 | 合作论文量 |
|---|---|---|---|
| 1 | SLAC 国家加速器实验室 | 美国 | 66 |
| 2 | 电子同步加速器研究所 | 德国 | 25 |
| 3 | 亚利桑那州立大学 | 美国 | 20 |
| 4 | 欧洲 XFEL 股份有限公司 | 欧洲 | 19 |
| 5 | 日本同步辐射研究所 | 日本 | 18 |

| 序号 | TOP10 国外合作机构 | 所属国家/地区 | 合作论文量 |
|---|---|---|---|
| 6 | 斯坦福大学 | 美国 | 16 |
| 7 | 东北大学 | 日本 | 16 |
| 8 | 保罗谢尔研究所 | 瑞士 | 14 |
| 9 | 京都大学 | 日本 | 13 |
| 10 | 日本理化学研究所 | 日本 | 12 |

# 11.5 X 射线自由电子激光的应用发展趋势

## 11.5.1 X 射线自由电子激光在物理研究方面的应用

XFEL 在物理科学方面的应用将解答下述问题：化学键断裂过程中原子是如何运动的？光致原子运动或者辐射损伤的反应通道是什么？这些原子运动规律是所有化学反应的基础。原子核运动的时间尺度为飞秒级，价电子运动的时间尺度为百阿秒级，而内层电子的运动会更快。XFEL 提供的超短脉冲和超高强度特性为原子尺度空间分辨的分子结构动力学研究提供了强有力的工具（赵振堂和王东，2015）。

### 11.5.1.1 空心原子与分子爆炸

原子、分子或团簇体系在吸收超强、超快 XFEL 时，将产生一些极端条件下的奇异物态。LCLS 实验观测轻原子、分子体系在强场电离过程中的行为，实验表明，聚焦的 X 射线激光能将 Ne 原子外的所有 10 个电子依次剥离，同时对生物样品的辐射损伤也大大减小，从而为散射成像提供可能。

### 11.5.1.2 泵浦—探针实验

泵浦—探针谱学是研究化学反应过程中能流与电荷输运特征、原子核及电子的位置与运动行为之间关系的重要方法。利用精确延时的超强 XFEL 脉冲观测在断裂过程中相互远离的碎片的电荷与动能，可以提供电荷输运在时间分辨和键长尺度分辨的重要信息。利用时间分辨的瞬态俄歇电子谱仪可以对复杂分子、电荷输运过程进行快速拍照。

### 11.5.1.3 关联体系动力学

超导与超流态是凝聚态物理学的研究热点之一，XFEL 可以帮助实现超导与超流态相变过程的飞秒级时间分辨的动力学研究，加深对量子集体行为的理解。

## 11.5.2 X 射线自由电子激光在结构生物学中的应用

2012 年，研究人员利用 LCLS 获得了尺寸仅为 1 微米左右的溶菌酶晶体的室温下 1.8

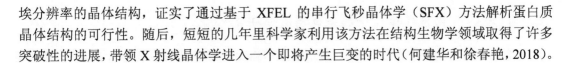

埃分辨率的晶体结构,证实了通过基于 XFEL 的串行飞秒晶体学(SFX)方法解析蛋白质晶体结构的可行性。随后,短短的几年里科学家利用该方法在结构生物学领域取得了许多突破性的进展,带领 X 射线晶体学进入一个即将产生巨变的时代(何建华和徐春艳,2018)。

### 11.5.2.1 近自然/生理状态下解析微小蛋白质晶体结构

利用高强度的 X 光脉冲可以在晶体损伤发生之前完成测量,这使得在室温研究晶体结构,并且利用比其他光源所需的晶体尺寸小得多的晶体学实验成为可能。科学家甚至可以在细胞内进行原位的体内结晶然后衍射,从而获得蛋白的结构信息。

### 11.5.2.2 重要膜蛋白晶体结构解析

在目前的药物开发中,有近 70% 的药物靶点为膜蛋白,而蛋白质数据库中却只有不到 1% 的结构数据来自膜蛋白,但膜蛋白结构解析是结构生物学最具有挑战性的难题之一。SFX 的出现为膜蛋白的研究带来无限生机,采用 SFX 实验方法,样品不需要进行冷冻,因此可以在接近天然的状态下获得膜蛋白晶体的结构。

### 11.5.2.3 时间分辨晶体学的研究

蛋白质在执行生物功能时都要经历结构变化,了解蛋白质三维结构变化的全过程才能真正理解、掌握、调控生物分子实施功能的过程。利用 XFEL 固有的超快时间分辨能力,能够以亚纳米尺度的空间分辨能力研究飞秒时间尺度的超快动力学过程,基于 XFEL 的泵浦探测技术不仅用于研究光合作用,也可用于研究催化反应。另外,伴随着高重复频率自由电子激光的进展,利用光(例如与光电子遗传学及生物光执行器相结合)操纵生物系统并实时实地触发特定残基,成为当前迅速发展的生物学研究领域。

### 11.5.2.4 底物驱动的慢反应过程监测

由于底物在晶体内部的扩散速度依赖于晶体的尺寸,SFX 结构研究所用的小晶体尺寸有助于实现毫秒级时间分辨率;此外,利用小晶体的另一优势是诱发的构象变化在整个晶体中的时间和空间上更为一致。通过 SFX 实验方法,还可以通过混合后注入(mix-and-inject)的样品输送方式对底物触发的慢反应过程进行观测。

## 11.5.3 X射线自由电子激光对原子分子的实验研究(冯赫等,2016)

X 射线自由电子激光可以对惰性气体原子在强激光场中的电离行为进行研究,也可以用于观察光化学反应中的超快动力学过程。X 射线自由电子激光可以满足化学反应中电子、原子和分子的动力学在飞秒时间尺度的研究,引入在飞秒化学中非常成熟的时间分辨(抽运—探测)实验方法,结合先进的探测技术,如吸收或发射光谱、光电离能谱(光子-离子/光电子能谱),反应碎片动量分布和角分布等,实时测量分子在时域上的结构变化和控制电离、解离过程中的反应通道,再现分子内部的微观动力学过程。

### 11.5.3.1 惰性气体原子的光电离激发研究

X 射线自由电子激光可以提供高强度的相干辐射，这为研究短波多光子吸收多电子电离激发的非线性现象提供了可能，这些非线性光学现象呈现出复杂的电子-电子强关联，进一步提升人们对强关联体系的认知。相关研究包括 He 原子双光子双电离研究、Ne 原子的多光子多电离非线性光谱研究、Xe 原子的电离行为研究和 Kr 原子的光激发电离研究等。

### 11.5.3.2 分子超快动力学研究

由于分子具有振动等更多的自由度，这里不仅有更复杂的非线性过程，还有更丰富的分子动力学过程。利用 X 射线自由电子激光抽运—探测技术，进行由锥形交叉等引起的分子中间态能量转移、分子成键断键、分子构型变化等的研究。通过对反应碎片动能（Kinetic Energy Release，KER）和角分布的测量，能够得到分子与自由电子激光相互作用后不同的反应通道，以及在抽运光和探测光产生的延迟时间坐标下得到反应通道的时间信息，从空间和时间上探索光激发分子反应动力学过程。

## 11.5.4 X 射线自由电子激光在材料方面的研究（张文凯，2018）

飞秒光谱常被用来研究体系的超快动力学过程，它能帮助我们理解物质的结构和功能、化学反应过程、相变，以及样品中的核运动及物质表界面中的许多现象。然而，由于空间分辨率低，复杂系统的光学光谱观测往往不能够清楚地反映分子间的结构动力学信息。因此，长期以来，研究人员一直在尝试利用波长在原子间距量级或更短的辐射脉冲代替光探针脉冲。其中，由于其固有的短波长特性，X 射线和电子是最主要的两个选择，主要的技术难点在于如何产生足够强度的飞秒 X 射线或电子脉冲。在飞秒电子脉冲方面，近年来有研究人员已经取得了长足的进步并应用于超快电子散射、衍射和显微镜等技术上。

由 XFEL 产生的飞秒 X 射线脉冲同时拥有原子纳米空间分辨率和飞秒时间分辨率两大鲜明优势，从而为我们在原子运动时间尺度上研究体系的结构动力学过程提供了前所未有的技术手段。XFEL 的出现不仅提高了现有超快 X 射线实验方法的研究能力，而且使得一些新的实验方法成为可能。

对于不同的样品、不同的反应过程和生物化学结构，其动态过程的时间尺度是不一样的。所以，选择合适的探测手段，对我们研究不同的动力学过程至关重要。同时，恰当的探测方式不但会提高系统的分辨率，还可以提高资源的利用效率。XFEL 大量的实验技术可以用于高时间分辨的材料研究，相关技术包括：时间分辨技术、飞秒 X 射线吸收光谱、飞秒 X 射线发射光谱、飞秒共振非弹性 X 射线散射（Resonant Inelastic X-ray Scattering，RIXS）、飞秒 X 射线衍射（X-ray Diffraction）、飞秒 X 射线漫散射（X-ray Diffuse Scattering，XDS）。

利用这些技术，在原子和分子物理学领域，符合技术（coincidence techniques）将捕获罕见事件并深入理解具有飞秒分辨率的电荷转移过程。在化学领域，先进的 X 射线光谱技术有望提高我们对光催化电子机制的理解，从而改善太阳能转换效率。双色 X 射线脉冲将捕获光激发催化系统中的电荷动态和构象变化。在强相关系统中，使用时间分辨的高分辨率 X 射线光谱方法研究由晶格、自旋和电荷之间的相互作用引起的突发现象。通过增加高重复频率 X 射线 FEL 的通量将促进这些方法的进步。大于 15 千电子伏的高能量自由电子激光可在极端条件下更深入地穿透物质，从而在原子尺度上提供瞬态冲击现象。溶液散射方法可以在自然环境中实时展示复合物的生物学功能。高重复频率的硬 X 射线源将提高串联纳米晶体实验的吞吐量。由于解决了单粒子成像的技术挑战，实现了高强度超短 X 射线脉冲，因此可以常规表征生物分子结构而无须结晶。X 射线自由电子激光的应用产生了许多意料之外的方法和成果进展。随着近几年国际上多个 X 射线自由电子激光开始应用，可以预见科学的突破将进一步加速（Bostedt et al.，2016）。

# 11.6　启示与建议

## 11.6.1　积极开展 XFEL 实验技术与方法学研究

在科学家和技术专家大量扎实预研工作的基础上，我国软 X 射线自由电子激光的用户装置于 2016 年 11 月开工建设，目前已经完成建议，相关设备正在调试中。2018 年 4 月我国硬 X 射线自由电子激光启动建设，预计于 2025 年完成建设。目前国际上对 XFEL 的实验技术和分析方法研究，在光源性能提升、实验装置研发、实验数据采集技术、结构分析技术等方面已经取得了很大进展，但是 XFEL 的实验技术和分析方法还没有成熟定型，仍处在发展之中。

我国目前还没有 X 射线自由电子激光装置，实验方法学的研究与国际上有很大差距，有很大加强和提升的空间。我国应该积极开展 XFEL 的实验技术与方法学研究，以保证未来 X 射线自由电子激光装置能够高水平地服务于各学科的前沿研究。同时，也应当考虑与现有的软 X 射线自由电子激光、光源、散裂源的实验技术互为补充，合理布局。

## 11.6.2　加强对基于 XFEL 的科学研究的部署

XFEL 作为多学科支撑平台，为多个学科的研究，包括物理、化学、材料和生命科学等提供了强大的探测和研究能力，基于 XFEL 强大的研究和探测能力，各个领域的前沿科学都得到了极大推动，取得了大量突破性的进展，同时也推动了众多科学领域的技术发展，辐射带动了相关产业的发展，如光学、光电子、材料、制药等产业。虽然目前我国还没有自己可用的 XFEL 实验技术，但是应当重视对相关科研应用的支持，基于 XFEL 的技术特点，预先规划部署相关科研应用，与 XFEL 实验技术相辅相成，从而牵引并推动我国 XFEL 实验技术的研究和发展。

## 11.6.3　积极开展国际合作

建议在国家层面设立 XFEL 国际合作专项，大力推动与世界各 XFEL 装置建设运行单位的合作交流。国际上其他 XFEL 建设单位在实验技术与分析方法上各具特色，应结合各自优势展开多方位合作。特别加强与美国 SLAC 国家加速器实验室的 LCLS 合作。LCLS 作为世界上第一台硬 X 射线自由电子激光装置，在飞秒纳米结晶学、动态研究及小角散射等领域具有领先水平。加强与日本理化学研究所的 SACLA 的合作，其作为世界上第二台硬 X 射线自由电子激光装置，在相干衍射成像领域非常具有特色，加强在本领域的合作，能够使我们在更广的视野下了解成像方法的拓展及相关装置的提升，缩短我们在本领域的探索时间。在目前复杂的国际环境下，需要拓展并深化 XFEL 相关技术的国际合作，提高带动我国相关技术的自主设计和研发能力，确保我国 X 射线自由电子激光装置能够为我们的前沿科学研究和技术提供强有力的支撑。

**致谢**　中国科学院上海高等研究院赵振堂院士审阅全文，并提出宝贵的修改意见和建议，谨致谢忱！

# 参 考 文 献

冯赫，张逸竹，江玉海. 2016. 自由电子激光场中原子分子实验研究进展. Bucksbaum P H, Berrah N（trans）. 激光与光电子学进展，（010002）：1-15.

何建华，徐春艳. 2018. X 射线自由电子激光晶体学在结构生物学中的应用. Bucksbaum P H，Berrah N（trans）. 物理，（7）：437-445.

张文凯，孔庆宇，翁祖谦. 2018. X 射线自由电子激光在化学与能源材料科学中的应用. Bucksbaum P H，Berrah N（trans）. 物理，（8）：504-514.

赵振堂，冯超. 2018. X 射线自由电子激光. 物理，（8）：481-490.

赵振堂，王东，等. 2015. 更亮与更快：X 射线自由电子激光的前景与挑战. Bucksbaum P H，Berrah N 物理，（7）：456-457.

赵振堂，王东，殷立新，等. 2019. 上海软 X 射线自由电子激光装置. 中国激光，（1）：33-42.

Bostedt Christoph，Boutet Sébastien，Fritz David M，et al. 2016. Linac Coherent Light Source：the first five years. Reviews of Modern Physics，（1）：1-59.

DOE. 2018. Opportunities for Basic Research at the Frontiers of XFEL Ultrafast Science. https://science.energy. gov/~/media/bes/pdf/reports/2018/Ultrafast_x-ray_science_rpt. pdf［2018-08-16］.

DOE. 2018.Research at the Frontiers of X-Ray Free Electron Laser Ultrafast Chemical and Materials Sciences. https://science.energy.gov/~/media/bes/pdf/Funding/Research_at_the_Frontiers_of_X-Ray_Free_Electron_ Laser_ Ultrafast_Chemical_and_Materials_Sciences_Awards. pdf［2018-12-18］.

Thorin S，Andersson J，Curbis F，et al. 2014. THE MAX IV LINAC，Proceedings of LINAC2014，Geneva，Switzerland：400-403.

彩　　图

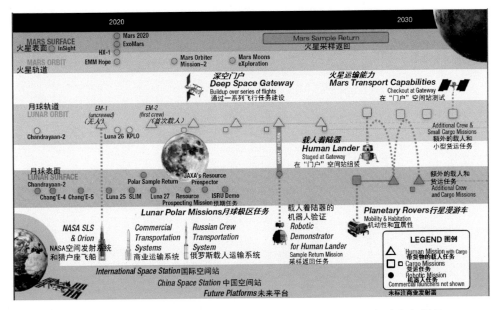

图 2-2　第三版《全球探索路线图》中面向近地轨道、月球和火星的国际探索任务图景

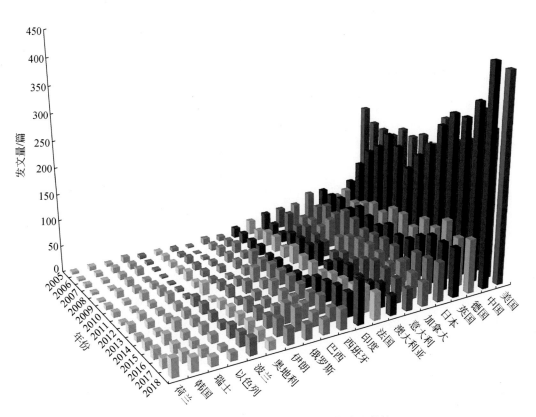

图 3-4　量子计算研究 TOP20 国家逐年发文趋势

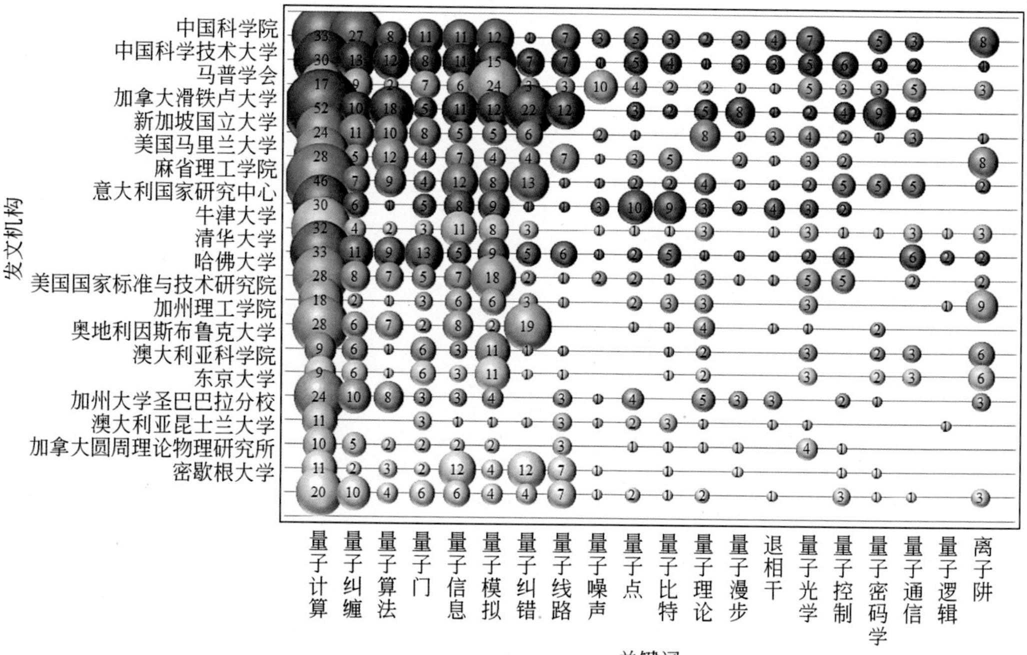

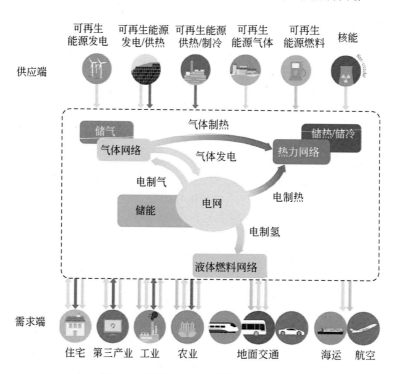

图 3-10 量子计算 TOP20 发文机构与 TOP20 关键词的矩阵图谱

图 5-2 欧洲综合能源系统愿景示意图

资料来源：ETIP SENT（2018）

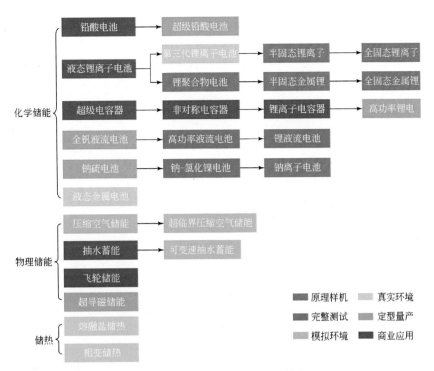

图 5-11　主要储能技术及发展趋势

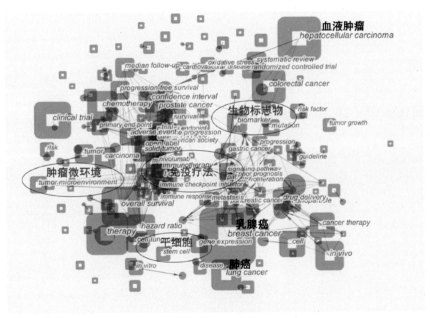

图 7-7　2018 年癌症研究论文数量

资料来源：Web of Science 数据库

文献范围：2018 年发表的高被引和热点论文

图示说明：圆形色块代表论文的关键词，方形色块代表 Citespace 自动从论文的标题、摘要提取出的词/词组，
色块大小代表频次高低，连线代表词/词组的共现

图 8-2　植物微生物组领域研究主题分布

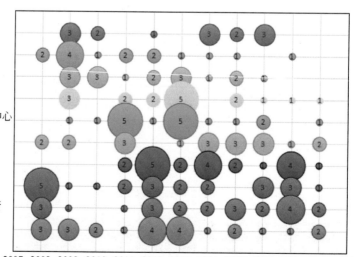

图 8-14　植物微生物组领域高影响力论文研究机构分布

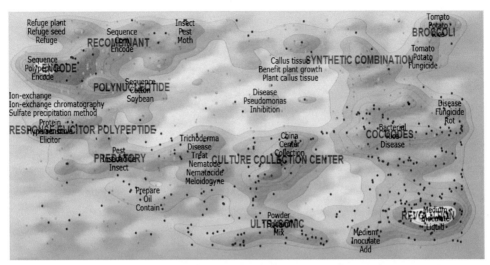

图 8-16　植物微生物农药研究方向专利主题分布

注：山峰表示相似专利形成的不同技术主题，红色点表示中国申请的专利，绿色点表示美国申请的专利。

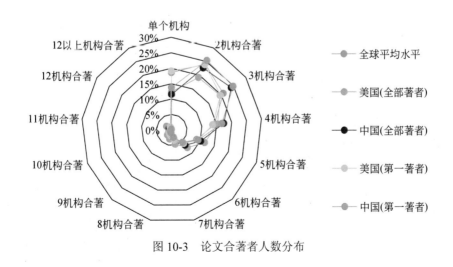

图 10-3　论文合著者人数分布

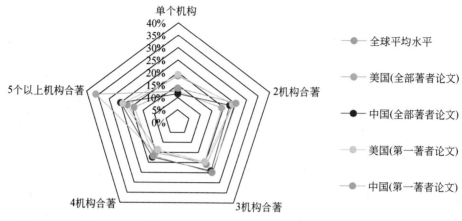

图 10-6　全球、美国、中国的机构合作论文分布特征对比

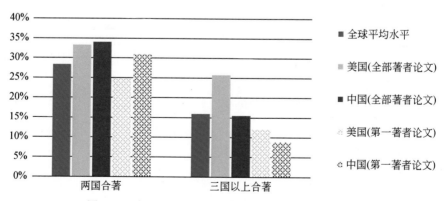

图 10-7　全球、美国、中国的国际合作论文占比对比

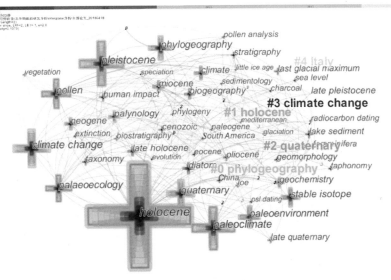

图 10-9　关键词聚类分析

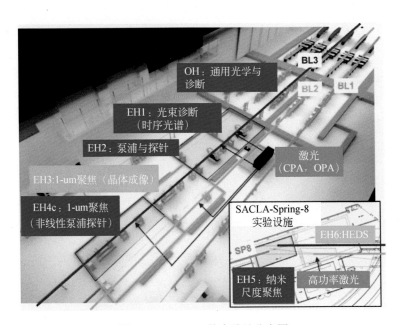

图 11-2　SACLA 的实验站分布图

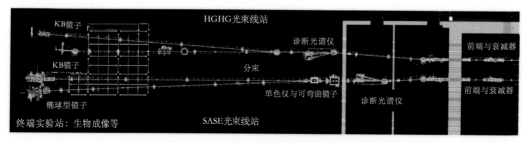

图 11-8  SXFEL 用户装置光束线布局